“十四五”高等教育机械类专业新形态系列教材

系列教材主编　吴鹿鸣　王大康

机械制图

田怀文　孙丽丽　张胜霞◎主编

刘锡彭◎主审

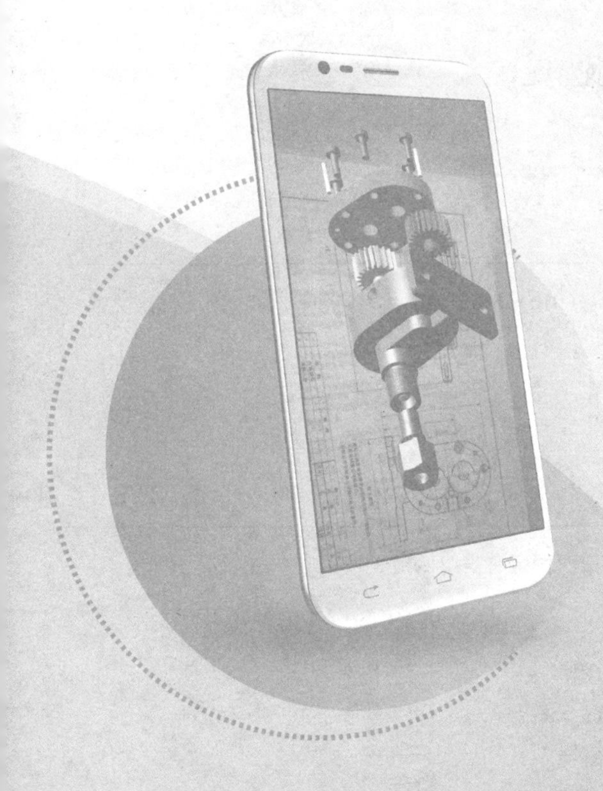

中国铁道出版社有限公司
CHINA RAILWAY PUBLISHING HOUSE CO., LTD.

内 容 简 介

本书根据教育部“普通高等院校工程图学课程教学基本要求”，结合编者长期课程教学改革和课程建设实践而编写。本书以机械设计建模和设计表达为核心，继承了传统画法几何内容的精华，突出了设计过程中精度表达的需求，内容全面，图例典型，说明清晰。

本书主要内容包括制图基本知识和技能、投影制图基础、基本立体的投影、轴测图与展开图、组合体三视图、机件的图样画法、标准件与常用件、零件图、装配图。为满足学习和教学需要，本书配有“机械制图 App”（安卓版），含 AR 模型和装配体。

本书适合作为普通高等院校机械类和近机类专业本科教材，亦可作为企业设计人员和工程技术人员的参考书。

图书在版编目(CIP)数据

机械制图/田怀文，孙丽丽，张胜霞主编．—北京：中国铁道出版社有限公司，2023. 7
“十四五”高等教育机械类专业新形态系列教材
ISBN 978-7-113-30171-2

Ⅰ. ①机…　Ⅱ. ①田…②孙…③张…　Ⅲ. ①机械制图-高等学校-教材　Ⅳ. ①TH126

中国国家版本馆 CIP 数据核字（2023）第 082634 号

书　　名：**机械制图**
作　　者：田怀文　孙丽丽　张胜霞

策　　划：曾露平　　　　　**编辑部电话**：（010）63551926
责任编辑：曾露平
封面设计：一克米工作室
封面制作：刘　颖
责任校对：刘　畅
责任印制：樊启鹏

出版发行：中国铁道出版社有限公司（100054，北京市西城区右安门西街 8 号）
网　　址：http://www.tdpress.com/51eds/
印　　刷：中煤（北京）印务有限公司
版　　次：2023 年 7 月第 1 版　2023 年 7 月第 1 次印刷
开　　本：787 mm×1 092 mm　1/16　**印张**：23　**字数**：558 千
书　　号：ISBN 978-7-113-30171-2
定　　价：58.00 元

前言

本书根据教育部高等学校工程图学课程教学指导分委员会制定的“普通高等院校工程图学课程教学基本要求”，参考有一定影响的国内外同类教材，结合西南交通大学多年来机械制图课程教学改革和课程建设实践中积累的经验，针对本科教学的特点编写而成。

党的二十大报告强调，教育要以立德树人为根本任务，坚持科技自立自强，加强建设科技强国。在数字化设计和无纸化生产的技术背景下，以有利于培养学生综合素质和创新能力为目标，重新审视机械制图课程在工科人才培养体系中的定位和作用，需要进一步厘清制图课程涉及的知识与能力的关系。为此，本书紧扣培养设计构形能力及图形表达能力这条主线，在继承传统内容精华的基础上，融入编者多年的教学经验，并增加面向工程的知识，调整、充实机械制图内容体系。在编写过程中，力求内容全面、知识新颖、表述清晰、图例典型，以期本书成为培养机械设计创新能力的基础教材之一。

本书具有以下几个方面的特点：

(1) 内容体系设计遵循由浅入深的学习规律，继承画法几何内容的精华，系统论述基本投影理论、图解图示方法，逐渐深入到技术制图，便于组织教学和自主学习。

(2) 围绕工程设计能力的培养，强化了构形设计方面的内容。从基本体的截切相贯，到组合体的构形设计、机械零件结构分析与结构设计，再到装配体结构分析与拆画零件图，对在不同情况下实施构形设计的方法和步骤进行了介绍，力图为产品设计打下基础。

(3) 以图形为载体的产品设计表达和设计交流的方法是本书的核心内容。在全面介绍产品设计形状表达方法的基础上，突出产品设计精度表达，加强了机械图中的结构设计合理性和工艺要求内容，增强工程性和实用性。

(4) 采纳当前最新机械制图国家标准。根据需要选择相关国家标准并分别编写在正文或附录中，以培养读者贯彻最新国家标准的意识和查阅国家标准的能力。

(5) 强化了教材内容对于学生素质拓展培养的支撑。无论是绪论中对于课程历史沿革的介绍，还是各个章节内容的描述，始终贯彻了技术制图在国家经济建设和技术进步中的支撑作用，以增强文化自信。

(6) 精心设计配套习题集，确保基本功训练和强化实践性教学环节。注意正确处理徒手绘图、仪器绘图和计算机绘图三者之间的关系，注重培养科学、严谨、求实的作风及对制图知识、技能的应用能力。

本书由西南交通大学田怀文、孙丽丽、张胜霞主编，全书由田怀文统稿，由西南交通大学刘锡彭教授主审。西南交通大学王及忠、梁萍、曾明华、郭仕章、陈天星、安维胜、尹海涛、兰纯纯、蒋淑蓉、张玲玲、王伟、范志勇等老师对本书提出了宝贵意见，在此向他们表示衷心的感谢。同时，中铁工程服务有限公司李开富高级工程师参加了本书审定，尤其对零件图和装配图部分提出了很好的修改意见，增强了本书的实用性，在此谨致感谢。

本书的出版得到四川省产教融合示范项目“交大-九州电子信息装备产教融合示范”及成都市鼓励校地校企合作培养产业发展人才补贴项目“轨道交通施工装备产业人才联合培养”的资助。

本书在编写过程中，参考了若干国内外同行出版的同类书籍，在此致以诚挚的谢意。向为本书编辑出版过程中付出辛勤劳动的各位专家、编辑及相关人士表示衷心感谢。限于编者能力，书中难免有不妥和错误之处，敬请读者批评指正。

编　者

2023 年 2 月于成都

目　录

第0章 绪 论

0.1 课程的性质和任务

人类世界是一个有形的世界,世间万物千姿百态,五彩缤纷。山川河流、日月星辰,大自然为我们提供了美妙的生存环境。同时,人们追求美好生活的脚步从未停止,不断地发明创造了各种人造物,诸如飞机、汽车、高铁、盾构机、轮式装载机、数控铣床等,如图0-1所示,为我们的社会生产和日常生活服务。

(a)飞机

(b)汽车

(c)和谐号电力机车

(d)盾构机

图0-1 典型的交通工具和装备

(e) 轮式装载机

(f) 数控铣床

图 0-1　典型的交通工具和装备(续)

上述这些“人造物”统称为工程对象,形成工程对象的一个关键环节称之为工程设计(Engineering Design)。所谓工程设计是利用知识、原理和各种资源去解决问题的过程,进而创造出新的对象以满足人类社会的某种需要。工程设计需要遵循一定的流程和方法,传统的工程设计是一个线性过程,可按顺序划分为六个主要环节,起始于功能需求描述,结束于设计细化表达,如图 0-2 所示。

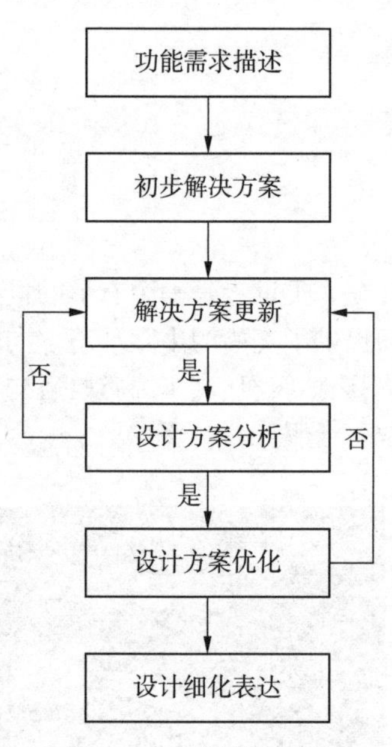

图 0-2　工程设计流程

广义上讲,任何一个工程对象,无论桥梁、隧道等土木工程对象,还是装载机、数控机床等机械工程对象,实现从无到有,常常包含了设计和建造两个过程。机械工程对象,即机械,也称为机器(Machine),是一种人为的实物构件的组合,其各部分之间具有确定的相对运动,能完成有用的机械功或转换机械能。常见的如机床、汽车、起重机、洗衣机等,在国民经济和社会生活中发挥着十分重要的作用;而这类工程对象的形成,一般需要经历产品设计和产品制造过程。设计和制造这些机器的过程中,需要产生、存储和交换大量的信息,例如描述机器的设计原理、方案、造型、结构、大小、精度、材料、加工工艺、装备工艺、检验、测试等信息。怎样表达、存储、传递和交换这些信息是设计和制造过程必须解决的问题,尤其是产品的造型、结构、位置和大小信息必须直观、形象、精确地表达。

事实上,在人类社会进步和生产技术发展过程中,作为信息交流的手段,可以是语言、文字、数学公式、图形符号等方式。由于人的眼睛从图上所能接收信息的内容比数字、文字、表格快很多倍,并且人对图也具有高度的理解本能,用图来表达、存储、传递产品的造型、结构、位置和大小信息具有简明、形象、容易理解的特点,所以作为工程设计的信息载体和交流工具,人们选择了图形。

近代一切机器、仪器和装备都是根据机械工程图样进行制造和建设的。设计者通过图样来描述设计的产品,表达其设计意图;制造者通过图样来了解设计要求,进行产品的制造;使用者通过图样来了解使用产品的结构和性能,进行保养和维修。所以,作为一种可视化的交流工具,图样被称为工程界的技术语言。可以看出,技术图样在工程中发挥着十分重要的作用,以可视化的形式刻画和表现设计意图,作为信息载体帮助同行之间进行理解交流,还可作为技术档案永久记录设计结果。机械制图课程正是以机械工程图样为研究对象,分析研讨图样生成和图样理解的原理、方法,以达成培养设计表达能力的目标。

随着科学技术的进步,现代计算机科学技术、通信技术、图形处理技术为图形的生成、处理、存储提供了强有力的手段和工具,使快速、方便、实时生成图形成为现实。计算机图形技术(Computer Graphics,CG)和计算机辅助设计(Computer Aided Design,CAD)已经在各个行业广泛应用。CAD技术不仅使得设计绘图工作产生了变革,从传统以手工二维平面图形表达三维空间对象,转变为直接以三维数字化模型形式呈现设计成果;同时也改变了工程设计流程,工程设计由传统的串行线性流程,改变为基于统一数据库的共享并行过程。

21世纪是信息和知识经济的时代,工程科技人员每天需要接收和处理大量的图形信息,这就要求工程科技人员应具备更高的图形素质和图形表达及识别能力。因此,无论过去、现在还是将来,在培养工程技术人才的高等院校机械类专业教学计划中,都应把机械制图作为一门必修的专业基础课程实施教学。学习机械制图课程的主要任务是:

(1)学习正投影的基本理论和方法,理解空间对象到投影平面的映射关系,培养形象思维和空间分析能力,掌握工程图形成的原理和主要表达方法,具有正确绘制和阅读机械工程图样的能力。

(2)熟练掌握以三维CAD建模和计算机绘图为重点的现代设计和图形技术,提高机械零部件三维CAD造型设计和应用计算机绘图软件绘制满足生产要求的机械零件图和装配图的能力。

(3)了解机械设计和制造工艺的基础知识,理解功能与结构之间的映射关系,掌握形体分析法和几何构形设计方法,能根据功能需求进行产品和零件的造型设计。

(4)理论学习与实践训练相结合,强化技术标准应用,培养严谨的工作作风和认真负责的工作态度,提升工程素养,增强遵守国家标准和设计规范的自觉性。

0.2 课程的发展历程

图是一个广义的概念,我们大家熟悉的图形(Graphics)、图像(Image)、图样(Drawing)、图画(Picture)统称为图。用直线段或谓矢量组成的图称为线图,通常称之为图形。由点阵或像素组成的图称为点图,通常称之为图像。在工程技术中用以准确地表达产品或工程的形状、结构及尺寸大小和技术要求的图称为工程图样,它是以线图的形式来表达产品或工程项目的设计。在日常生活中用来描绘风景、人物,给人美的享受的图称为图画。研究处理这些图形和图像的科学称为工程图学,而机械制图则是工程图学的重要组成部分。

图作为人类信息交流的工具,具有悠久的历史,几乎与人类技术进展同步。自从人类文明历史有记录以来,人类就在努力利用二维平面图形来交流表现三维物理对象。我国在新石器时代,就能绘制一些几何图形、花纹,具有简单的图示能力。在春秋战国时期的一部技术著作《周礼·考工记》中,有画图工具“规、矩、绳、墨、悬、水”的记载。在战国时期我国人民就已运用设计图来指导工程建设。宋代李诫所著《营造法式》,总结了我国历史上的建筑成就,是一部闻名世界的建筑图样巨著,其中6卷是图样(包括平面图、轴测图、透视图),图上运用投影法表达了复杂的建筑结构。制图技术在我国虽有光辉成就,但因长期处于封建制度的统治,在理论上缺乏完整的系统的总结。新中国成立后,20世纪50年代,我国学者赵学田教授,简明地总结了三视图的投影规律“长对正、高平齐、宽相等”。1956年原机械工业部颁布了第一个部颁标准《机械制图》,1959年国家科学技术委员会颁布了第一个国家标准《机械制图》,随后又颁布了国家标准《建筑制图》,使得全国工程图样标准得到了统一,标志着我国工程图学进入一个崭新的阶段。

国外在图学理论及技术应用方面同样有着许多卓有成效的工作,并有力地推动了西方的技术进步。古希腊在几何作图方面产生了很大的影响,诸如圆规、三角板等绘图工具就是那个时代发明的。

欧洲文艺复兴时期发明了透视投影图画法，这种表达方法在很长一段时间内成为图形交流的主要形式。然而，图学作为一门独立的科学，则应归功于18世纪末期的法国数学家蒙日（Gaspard Monge），他被誉为画法几何之父。他在总结前人经验的基础上创立了技术制图科学，即画法几何，建立了从三维空间到二维平面的映射转换关系，以作图法解决空间几何问题，使工程图的表达和绘制实现了规范化，奠定了今天技术制图图示表达方法的理论基础。

1946年发明的电子计算机极大地促进了科学技术进步，同样，对技术制图以及工程设计变革也起到重要的推动作用。1963年美国麻省理工学院博士Ivan Sutherland开发建立了人机图形交互系统，首次在计算机屏幕上绘制工程图，被誉为计算机图形学（Computer Graphics）之父，而由其开发的SKETCHPAD被认为是CAD的开端。

CAD即计算机辅助设计（Computer Aided Design/Drafting）是由计算机软件和相关硬件组合成的一个系统，用于完成技术制图和创建模型工作，可以替代传统手工工具，一般可分为2-D CAD和3-D CAD。所谓2-D CAD是指利用计算机软件和硬件资源支撑，用鼠标等进行交互，在计算机屏幕上显示图形，仍然以二维图形形式来表达物体，因此，2-D CAD被认为是计算机绘图工具。随着20世纪80年代中期计算机三维建模（3-D Modeling）技术的成熟和应用，包括线框模型、表面模型以及实体模型的有效表达和实时建立，被认为是计算机建模工具的3-D CAD走向实用。特别是90年代约束建模（Constraint Modeling）技术的提出，即基于特征的造型，以更加接近工程设计和制造过程的元素来实施建模，每个特征的几何属性通过约束进行控制修改，进而方便模型更新。至此，计算机三维模型技术实现了设计与建模的统一，3-D CAD融入了工程设计过程。事实上，不仅在产品设计制造过程中人们可以借助CAD系统建立描述设计对象的模型、进行设计对象的仿真、生成表达对象的图形，代替人的手工计算和绘图，提高设计的效率和质量，而且科学计算可视化、信息可视化、虚拟现实的研究和应用对计算机图形技术的需求也日益迫切。人们对图形信息的要求越来越多，图形应用领域越来越广阔，从工程技术到科学研究，以及人们的社会生活，无所不及。

作为机械类专业人才培养体系中的重要专业基础课程，曾先后开出了画法几何、机械制图、计算机绘图等与图形技术密切相关的课程，后来陆续整合为机械工程图学。科学技术，日新月异，也许将来作为指导设计生产的图纸无须存在了，但作为工程设计载体的图或模型依然无可替代。因此，以CAD为核心的工程图学依然将是工程教育的重要内容。

0.3 课程的主要内容

工程图学是研究图、数、形的关系及转换的学科，即研究如何用图表达空间的形体和信息，以及怎样根据图想象其表达形体的形状、结构和大小的科学。所以工程图学学科的内涵很丰富，它包括对设计对象的进行形体构思（Design）、建立模型（Modeling）、设计描述（Representation）及数字化定义和表达（Render），即生成表示设计对象的图样或真实感图形所需要的理论体系、方法体系和应用技术体系。例如，投影理论、几何建模理论、曲线理论、曲面理论、分形理论；图样画法与制图标准、几何造型方法、图形处理算法、可视化方法、虚拟现实；机械设计制图、建筑设计制图等。工程图学课程内容的组成结构如图0-3所示。

机械制图作为工程图学学科内容的一个组成部分，特点是把机械产品造型和机械零件的构形设计与图形表达紧密结合，把工程图学的理论和方法应用到机械设计中。所以它是一门实践性很强的技术基础课。机械制图把以正投影理论为基础的投影制图作为重点，通过点、线、面、体的投影到组合体的三面视图和机件的图样画法，培养学生空间想象能力，使学生能够应用正投影法，并按机械制

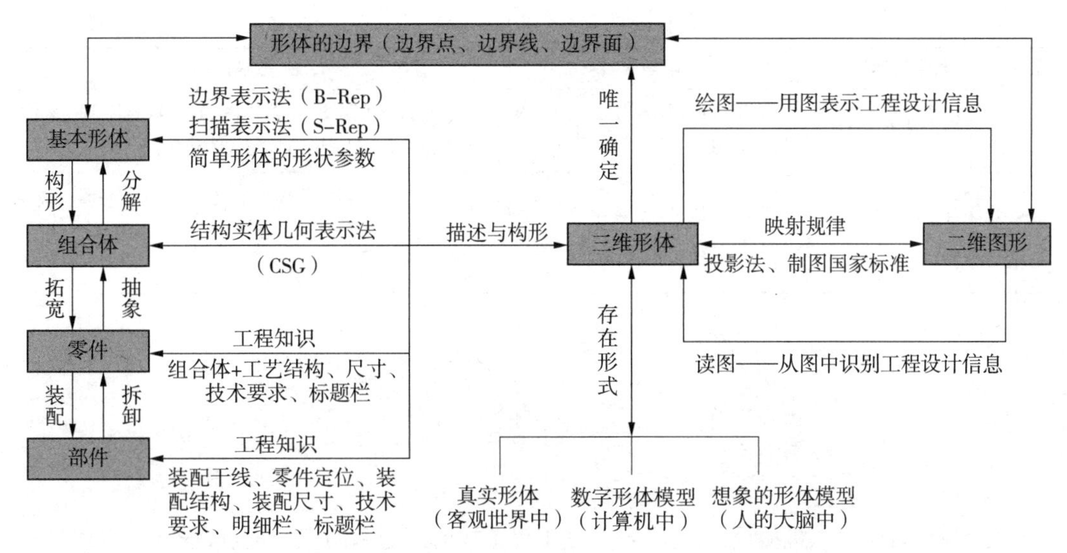

图 0-3 工程图学课程的内容及结构组成

图国家标准正确绘制和阅读机械零件图和装配图。引导学生学习与机械制图相关的机械设计、加工和装配工艺、极限与配合、几何公差、标准化等基础知识，学习和掌握机械产品和零部件的造型设计的基本方法，学习零件图、装配图等机械工程图样的画法和读图方法，正确绘制符合生产要求的机械图样。掌握计算机绘图、徒手绘图、仪器绘图的方法和技巧。通过课堂教学、课后练习和实验、实践的结合，使学生扎实掌握投影制图、构形设计、表达方法和制图规范等基础知识，并具备较强的设计绘图能力。课程学习的主要内容包括：

(1)学习投影理论和方法，以及组合体三视图与机件的图样画法。

(2)学习机械设计基本知识、机械零件常用材料及其选择、装配的工艺结构设计、极限与配合、形状公差和位置公差、表面粗糙度等机械设计基础内容

(3)学习机械产品造型设计和零件的构形设计，掌握产品造型和零件构形设计的基本方法和设计准则。

(4)学习机械工程图样绘制与阅读。以机械零件图、装配图的绘制与阅读为重点，掌握零件图、装配图的表达方法、规定画法，学习有关零件构形、结构设计及加工和装配的有关工艺知识和合理标注尺寸的方法。进一步培养学生绘制和阅读机械零件图、装配图的基本能力，达到正确绘制和阅读中等复杂程度的零件图(视图不少于 4 个)和中等复杂程度的装配图(装配体要有非标准零件 10 个左右)的要求。

基于工程教育认证产出导向理念，机械制图课程教学内容与教学目标、教学产出的关系见表 0-1。

表 0-1 机械制图教学内容与教学目标、教学产出关系

序号	教学目标	教学内容	教学产出
1	学习技术制图基本理论和原理	投影法、多面正投影、轴测投影、投影变换、基本体投影、组合体三视图	理解投影法和建立工程图的基本原理，正确完成三维空间几何对象到二维绘图平面的映射及表现
2	掌握技术制图基本知识和方法	制图技术标准、表达方法、尺寸标注、标准件和常用件	掌握技术制图表达方法，能完成空间形体对象内外结构和形状的清晰表现，并正确标注尺寸
3	培养设计创意可视化能力	基本体截交、基本体相贯、组合体形体分析、构形设计	理解形体构造原理，能根据约束要求完成形体组合构建，并能以图形的方式呈现设计构思结果

续上表

序号	教学目标	教学内容	教学产出
4	熟悉设计表达工具	徒手画图、尺规作图、CAD 软件及其应用	熟练徒手画图、仪器作图和计算机绘图的基本方法和步骤,能利用工具完成图形绘制或模型生成
5	综合应用课程知识和技能	零件构造分析、装配结构分析、公差与配合、零件图和装配图	理解机械零件及部件的结构与功能关系,明确零件加工及装配的精度要求,正确完成零件图和部件装配图绘制

0.4 课程的教学建议

机械制图的教学要以机械设计为主线,机械工程图样的绘制和阅读为重点,设计和表达紧密结合。学习本课程必须理论联系实际,要充分利用认识实践、现场参观和零部件测绘等实践环节,尽量靠多接触机械和机械零部件增加感性认识,并逐步熟悉零件的结构和工艺,为制图与设计的结合打下初步基础。根据机械设计和制造的要求,通过对机械零件图和装配图的绘制和读图练习,熟练应用正投影的方法,分析和想象机械零部件及其零件图和装配图之间的映射关系,这样才能逐步提高对机械零件和部件的形象思维和空间构形分析能力,正确绘制和阅读机械工程图样。

课程的主要教学环节包括课堂讲授、绘图课、实践课等。由于现在各种教学资源比较容易获得,同时又需要培养学生自主学习能力,因此根据不同教学内容和教学目标,可以采取课堂讲授、自主学习、小组研讨、项目式教学等多种方式实施教学。但无论采用哪种方式,都需要教师进行教学设计,并及时获得学习反馈,以不断改进课程教学,提升学生学习体验。

(1)体现素质拓展教育。教学永远具有教育的作用,教师要把教书和育人统一在本课程的教学活动中。通过言传身教,让学生明确学习目的,培养他们严谨认真、实事求是、踏踏实实的工作作风及对工作的高度负责精神,并运用辨证唯物主义的观点和方法分析问题的能力。

(2)强化启发式教学。具体教学要向学生阐明问题提出的缘由和解决此问题的意义,激发学生发现问题、追求结果的求知欲,提高学习的兴趣,增加学生自觉性和主动性。在讲授过程中重点要讲清思路,并通过典型案例引导学生积极思考,把分析问题和解决问题的方法教给学生。课堂上要教学互动,提出问题引导学生举一反三,切忌不提问、不启发、满堂灌,使学生完全处于被动听课状态。

(3)突出教学内容直观性。该课程的直观教学是很重要的,要通过机械零部件的实物,或它的计算机三维模型的帮助,引导学生把观察与分析、观察与想象结合起来,建立具体与抽象之间的联系。但是直观和形象教学的量要适度,要给学生留下思考的空间。讲课中要不断引导和启发学生进行空间想象、空间分析,必要时辅以直观教具,让学生在空间-平面-空间的反复思考中对讲课内容得到较深的理解,训练培养学生的分析能力和构形能力,

(4)传授知识与培养能力统一。没有坚实的基础知识和技能,能力的培养就会落空,但知识和技能不能自然形成能力。正确的思想方法、观察分析能力、空间想象能力和表达能力、自学能力等,需要通过实践的锻炼去培养。在整个教学过程中,能力的培养是在知识的传授和技能的训练过程中实现的,两者必须统一起来,让学生知识、素质和能力得到协调发展。

机械制图课程是大学期间接触到的第一门专业技术基础课程,需要一定的工程背景知识来支撑;同时要把图形绘制与产品设计有机结合起来,突出设计表现能力,培养绘制机械图样的能力。因此,除了正常的课堂教学环节外,还需要建立一定的实验教学支撑条件,设置课程实践教学环节。

(1)模型室。提供各类几何形体模型,包括基本体截切、基本体相贯、组合体、剖切模型等,用作学生观察分析以及表达描绘对象。

(2)绘图室。提供绘图桌、绘图橙、图板、丁字尺等尺规绘图环境,可供学生自主训练徒手绘图和尺规作图,提高基本绘图技能。

(3)测绘室。提供典型机械零件和机械部件,学生根据安排进行拆装和测绘,分析机械零部件结构,增强工程意识和设计构形能力。

(4)CAD 室。建立网络环境,配置计算机和绘图机等硬件,同时配备 AutoCAD、SolidWorks 等 CAD 软件,为开展计算机绘图和建模提供支持,提升设计表达能力。

学习好一门课程,需要教师和学生密切配合,不仅课内要有互动,而且课后应有答疑交流。学生需要大量作业和实践来巩固理解知识,训练提升能力。本课程学习过程中,不仅要完成配套习题集上相应小作业,还要有计划地安排尺规作图大作业、测绘实践、CAD 软件应用实践等。做练习时,无论徒手绘草图或用仪器工具绘图,还是用计算机绘图,都应在掌握有关理论和思路的基础上,遵循正确的作图方法和步骤,并严格遵守国家标准的有关规定。制图作业应该做到:视图选择与配置恰当,投影正确,图线分明,尺寸完整,字体工整,图面整洁。

由于机械工程图样是机械产品设计和制造中最重要的技术文件,绘图和读图的差错都会带来损失,所以在做机械设计制图作业时,要有工程意识,把平时的作业作为正式的设计对待,尽量考虑到设计和生产工艺的实际要求,注意培养工程设计人员必须具备的认真负责的工作态度和细致严谨的工作作风。

第1章 制图基本知识和技能

思维导图

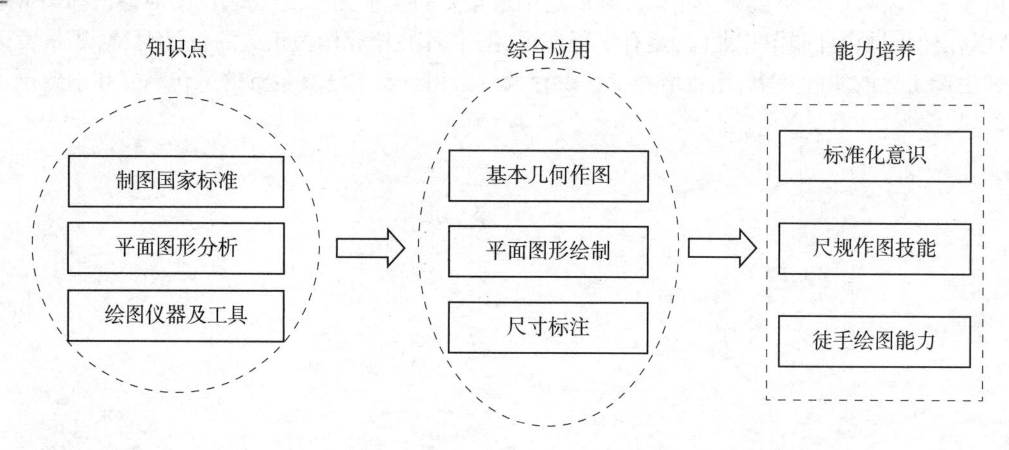

重点难点

1. 基本几何作图方法;
2. 利用尺规正确规范绘制平面图形。

素质拓展

学习制图基本知识及制图国家标准,培养工程标准化意识,体现人才工程素养。制图作为工程师语言,须遵循工程技术规范。图形即工程,一笔一画皆设计。起手落笔,责任担当,细微之处彰显人文情怀;方圆纵横,粗细虚实,点滴积累成就大师风范。

机械图样是交流和传递产品设计与制造信息的重要技术资料,必须遵守相应的规范。现行的有关制图的国家标准主要有《技术制图》《机械制图》《CAD 制图》。《技术制图》国家标准是面向各行业的通则标准,对各行业共性的制图规定提出统一的要求。《机械制图》国家标准主要是针对机械行业制定的制图规则。《CAD 制图》标准是对利用计算机绘制工程图样的补充规定,是指导 CAD 制图及 CAD 开发应用的标准。

本章将重点介绍中华人民共和国国家标准《技术制图》和《机械制图》中的基本规定,它是绘制图样的重要依据。同时介绍绘图工具的使用方法及绘制平面图形的基本技能。

1.1　机械制图国家标准的基本规定

机械图样是机械设计和制造过程中的重要技术资料,是交流设计思想的语言,即工程师语言。我国在1959年首次颁布了国家标准《机械制图》,这是我国颁布的一项重要技术规范,统一规定了有关机械方面的生产和设计部门共同遵守的画图规则。国家标准(简称国标)的代号是国标汉语拼音首写字母"GB"。相关制图国标分别对图纸幅面格式、比例、图线、字体、尺寸标注作了统一规定。

1.1.1　图幅和标题栏

1. 图纸幅面

图纸幅面是指绘制图样所采用图纸的宽度与长度组成的图面,图纸幅面和格式由国家标准GB/T 14689—2008《技术制图 图纸幅面和格式》规定。绘制图样时,必须优先采用表1-1所规定的基本幅面,必要时也可以使用表1-2、表1-3所规定的加长幅面,这些幅面是按对应基本幅面的短边整数倍增加后得出的,如图1-1所示。

表1-1　图纸基本幅面及图框尺寸　　单位:mm

幅面代号	A0	A1	A2	A3	A4
尺寸 *B*×*L*	841×1189	594×841	420×594	297×420	210×297
e	20		10		
c	10		5		
a	25				

注:*a*、*c*、*e* 为周边宽度。

表1-2　图纸加长幅面(第二选择)　　单位:mm

幅面代号	A3×3	A3×4	A4×3	A4×4	A4×5
尺寸 *B*×*L*	420×891	420×1189	297×630	297×841	297×1051

表1-3　图纸加长幅面(第三选择)　　单位:mm

幅面代号	尺寸 *B*×*L*	幅面代号	尺寸 *B*×*L*
A0×2	1189×1682	A3×5	420×1486
A0×3	1189×2523	A3×6	420×1783
A1×3	841×1783	A3×7	420×2080
A1×4	841×2378	A4×6	297×1261
A2×3	594×1261	A4×7	297×1471
A2×4	594×1682	A4×8	297×1682
A2×5	594×2102	A4×9	297×1892

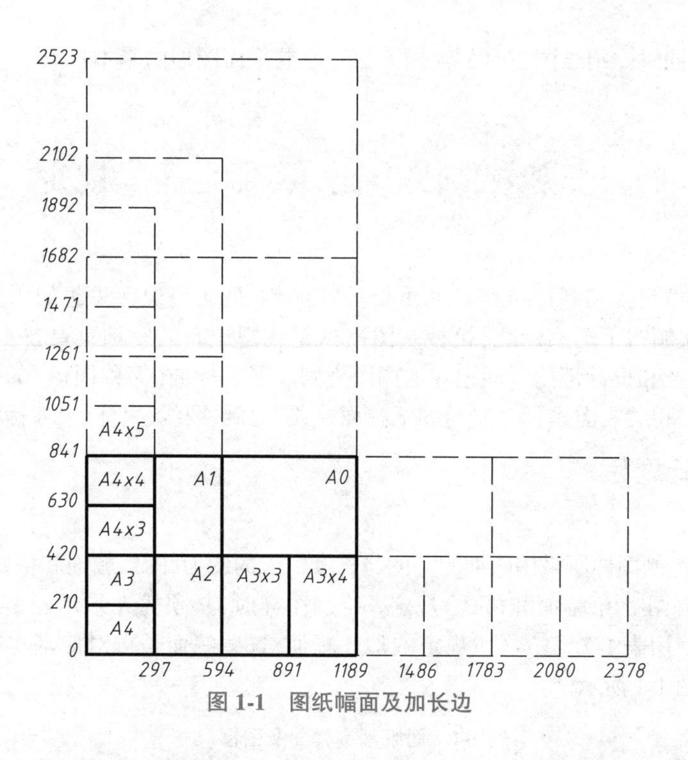

图 1-1　图纸幅面及加长边

2. 图纸折叠

为方便保存和管理,通常会把尺寸较大图纸进行折叠。折叠后的图纸幅面一般应有 A4(210 mm×297 mm)或 A3(297 mm×420 mm)的规格。折叠后图纸的标题栏均应露在外面,折叠方法见表 1-4 和表 1-5。

表 1-4　折叠成 A4 幅面的方法　　单位:mm

图幅	有装订边	无装订边
A0		
A1		

续上表

图幅	有装订边	无装订边
A2		
A3		

表 1-5　折叠成 A3 幅面的方法　　单位：mm

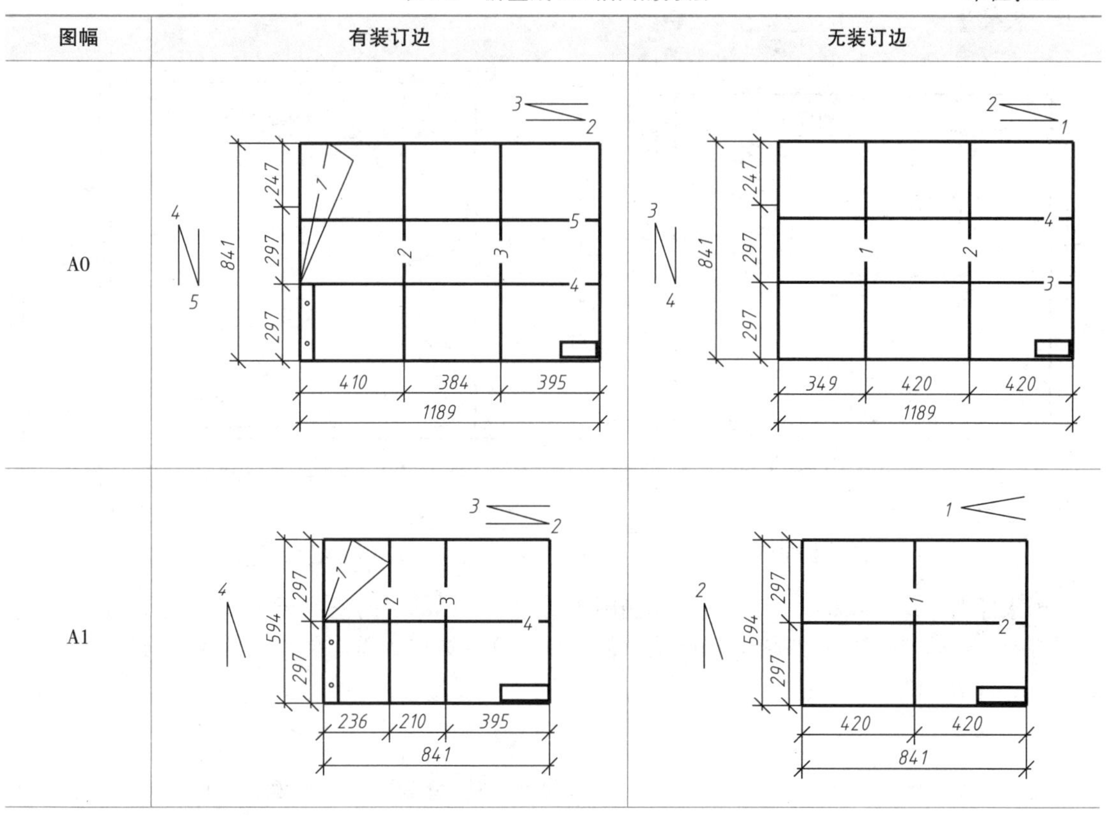

续上表

图幅	有装订边	无装订边
A2	3 2 1 4 123 420 297 2 3 112 87 395 594	1 2 123 420 297 1 174 420 594

3. 图框格式

图纸可以横放或竖放。图纸上限定绘图区域的线框称为图框。在绘制图形时,必须用粗实线画出图框,其格式分为留装订边和不留装订边两种,其中具体尺寸按表 1-1 规定画出。需要注意的是同一产品中所有图样均采用统一格式。

加长幅面的图框尺寸按所选用的基本幅面大一号的图框尺寸确定。例如 A2×3 的图框尺寸,按 A1 的图框尺寸确定,即 e 为 20 或 c 为 10。

不留装订边的图纸,其图框格式如图 1-2 所示;留有装订边的图纸,其图框格式如图 1-3 所示,具体尺寸按表 1-1 规定选取。

4. 标题栏

标题栏是由名称、签字区、更改区等组成的栏目,是图样上不可缺少的一部分。标题栏的位置应按图 1-2、图 1-3 所示配置,即在图纸上位于看图方向的右下角,标题栏的底边与下图框线重合,右边与右图框线重合。

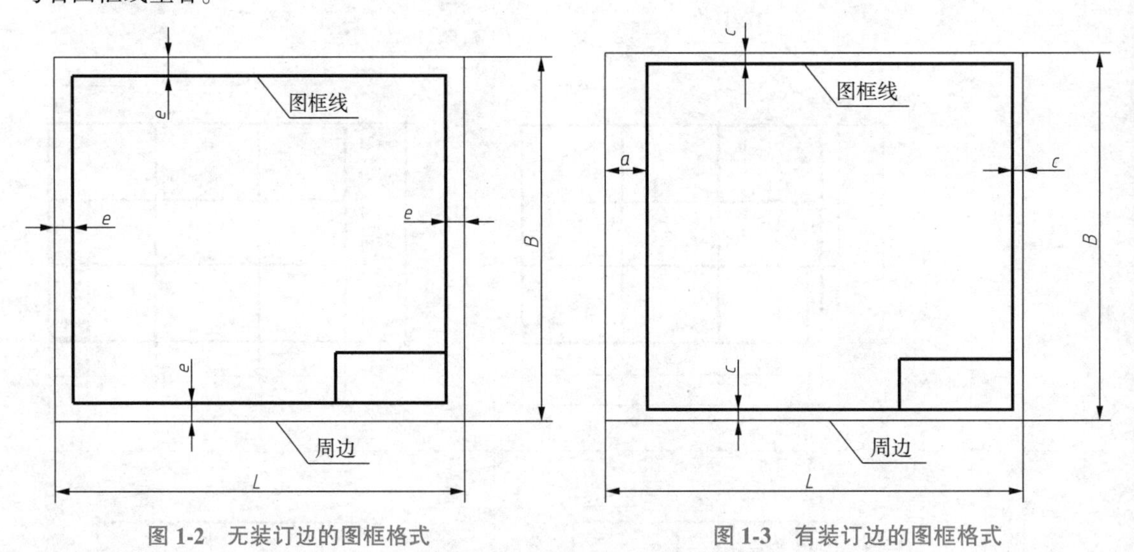

图 1-2　无装订边的图框格式　　图 1-3　有装订边的图框格式

国家标准 GB/T 10609. 1—2008《技术制图 标题栏》对标题栏的基本要求、内容、格式与尺寸等作了规定,推荐标题栏格式如图 1-4 所示,标题栏中的文字方向为看图的方向。各个设计单位可根据需要进行增减改变。

1.1.2　比例

图样中所绘图形与实际物体相应要素的线性尺寸之比,称为图样的比例。图形比相应的实物大

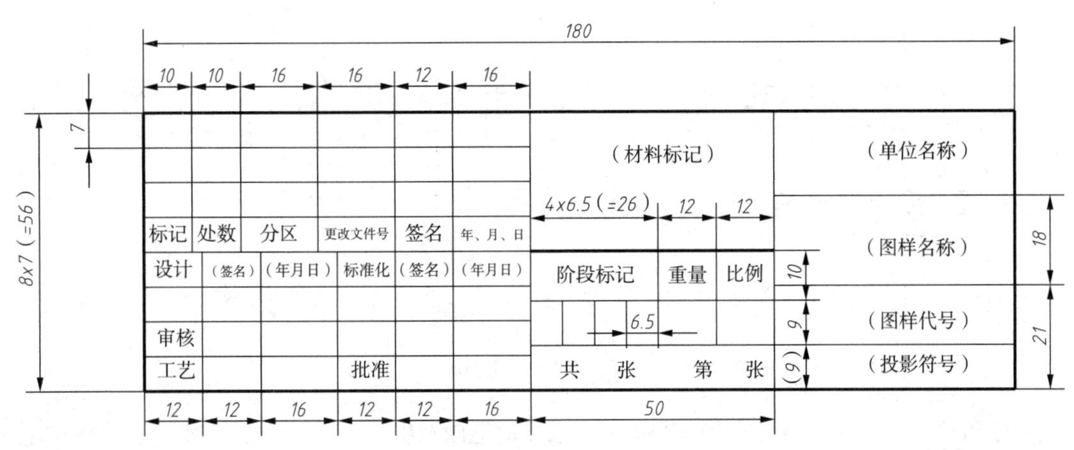

图1-4　推荐标题栏格式

时,其比值大于1,称为放大比例;图形比相应的实物小时,其比值小于1,称为缩小比例;图形和相应的实物一样大小,比值为1,称为原值比例。

国家标准GB/T 14690—1993《技术制图 比例》对绘图比例的选用作了规定。绘制机械图样时,一般采用表1-6中规定的系列中优先选取不带括号的适当比例,必要时也允许选取带括号的比例。

比例的标注采用数学比例形式,比例符号应以"∶"表示,如1∶1,1∶5,2∶1等。比例一般应标注在标题栏中的比例栏内,必要时,可在视图名称的下方或右侧标注比例。

表1-6　比例系列

与实物相同	1∶1
缩小的比例	(1∶1.5),1∶2,(1∶2.5),(1∶3),(1∶4),1∶5,(1∶6),1∶1×10^n,(1∶1.5×10^n) 1∶2×10^n,(1∶2.5×10^n),(1∶3×10^n),(1∶4×10^n),1∶5×10^n,(1∶6×10^n)
放大的比例	2∶1,(2.5∶1),(4∶1),5∶1,1×10^n∶1,2×10^n∶1,(2.5×10^n∶1),(4×10^n∶1),5×10^n∶1

注:n为正整数。

1.1.3　字体

工程图样上除了表达机件形状的图形外,还要用文字和数字说明机件的大小、技术要求及其他内容。

国家标准GB/T 14691—1993《技术制图 字体》规定在图样中书写字体必须做到:字体工整、笔画清楚、间隔均匀、排列整齐。如果在工程图样上的字体书写潦草,不仅会影响到图样的美观,更有可能会造成差错,给生产制造带来损失。

字体高度(用h表示)的公称尺寸系列为1.8,2.5,3.5,5,7,10,14,20,单位:mm。如果要书写更大的字,其字体高度应按$\sqrt{2}$的比率递增。字体号数代表字体高度,如10号字即表示字高为10 mm。图样中字体可分为汉字、字母和数字。

汉字应写成长仿宋体字,并应采用中华人民共和国国务院正式公布推行的《汉字简化方案》中规定的简化字。汉字的高度不应小于3.5 mm,其字宽一般为$h/\sqrt{2}$。

书写长仿宋体汉字的要领是:横平竖直,起落分明,结构均匀,粗细一致,呈长方形。长仿宋体汉字的示例如图1-5所示。

10 号字

字体工整笔画清楚间隔均匀排列整齐

7 号字

横平竖直注意起落结构均匀填满方格

5 号字

技术制图机械电子汽车航空船舶土木建筑矿山井坑港口纺织服装

图 1-5　汉字示例

字母和数字分 A 型和 B 型两类,其中 A 型字体的笔画宽度(d)为字高的 1/14,B 型字体的笔画宽度(d)为字高的 1/10,在同一张图样上,只允许选用一种类型的字体。

字母和数字可写成斜体或直体,一般采用斜体。斜体字的字头向右倾斜,与水平基准线成 75°。

技术图样中常用的字母有拉丁字母和希腊字母两种,常用的数字有阿拉伯数字和罗马数字两种,字母及数字的示例如图 1-6 所示,综合应用示例如图 1-7 所示。

图 1-6　字母及数字示例

1.1.4　图线

国家标准 GB/T 17450—1998《技术制图 图线》规定了适用于各种技术图样的图线名称、线型、线宽及画法等,工程图样中常用的图线的名称、型式、宽度及其用途见表 1-7。

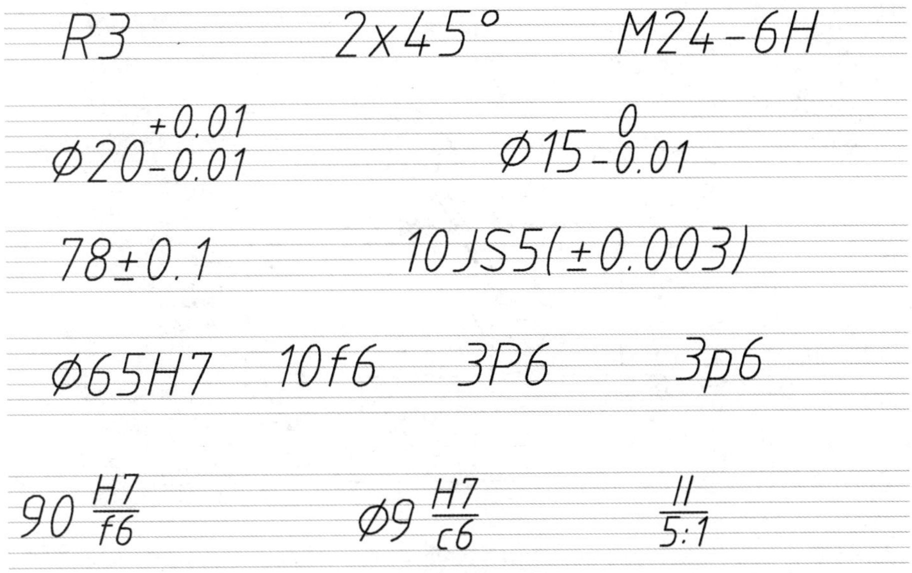

R3　2×45°　M24-6H

$\phi 20^{+0.01}_{-0.01}$　$\phi 15^{0}_{-0.01}$

78±0.1　10JS5(±0.003)

ϕ65H7　10f6　3P6　3p6

$90\frac{H7}{f6}$　$\phi 9\frac{H7}{c6}$　$\frac{II}{5:1}$

图 1-7　综合应用示例

表 1-7　线型及应用

名　称	型　式	宽度	主要用途及线素长度	
粗实线	——	粗	表示可见轮廓	
细实线	——	细	表示尺寸线、尺寸界线、通用剖面线、引出线、重合断面的轮廓、过渡线	
波浪线	～～		表示断裂处的边界、局部剖视的分界	
双折线	—∧∨—		表示断裂处的边界	
虚线	------		表示不可见轮廓。画长 12*d*,短间隔长 3*d*(*d* 为粗线宽度)	
点画线	—·—		表示轴线、圆中心线、对称线、轨迹线	长画长 24*d*、短间隔长 3*d*
双点画线	—··—		相邻辅助零件的轮廓线	

国家标准 GB/T 4457. 4—2002《机械制图 图样画法 图线》规定了机械制图中所用图线的一般规则。在机械图样中,采用粗、细两种线宽,它们之间的比例为 2 : 1。图线线宽的推荐系列为 0. 25、0. 35、0. 5、0. 7、1、1. 4、2,单位:mm。一般粗线优先采用 0. 5 或 0. 7 的线宽。图线的应用如图 1-8 所示。

如图 1-9 所示,画图线时需要注意以下几个问题:

①在同一张图样中,同类图线的宽度应基本一致。虚线、点画线及双点画线的短画、长画和间隔应各自大致相等。

②绘制圆的对称中心线时,圆心应为长画的交点。点画线、双点画线、虚线与其他线或自身相交时,均应尽量交于短画或长画处。

③点画线及双点画线的首末两端应是长画而不是点。点画线应超出轮廓线 2~5 mm。

④当图中的线段重合时,优先次序为粗实线、虚线、点画线,只画出排序在前的图线。

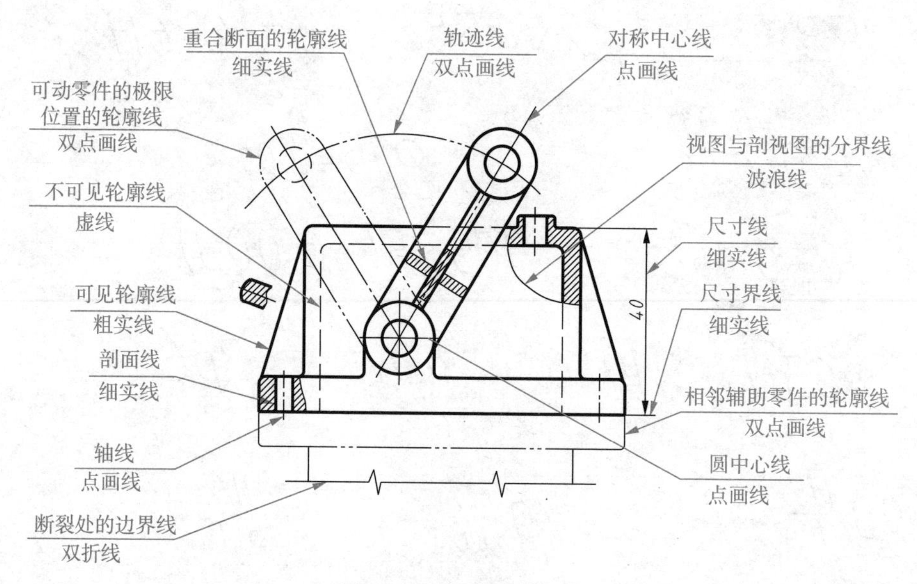

图 1-8　图线的应用示例

⑤在较小图形上画点画线或双点画线有困难时,可用细实线代替。

⑥虚线在粗实线的延长线上时,在虚线和粗实线分界处应留有间隙;虚线直线与虚线圆弧相切时,虚线圆弧的短画应画到切点。

⑦除非另有规定,两平行线之间的最小间隙不得小0.7 mm。

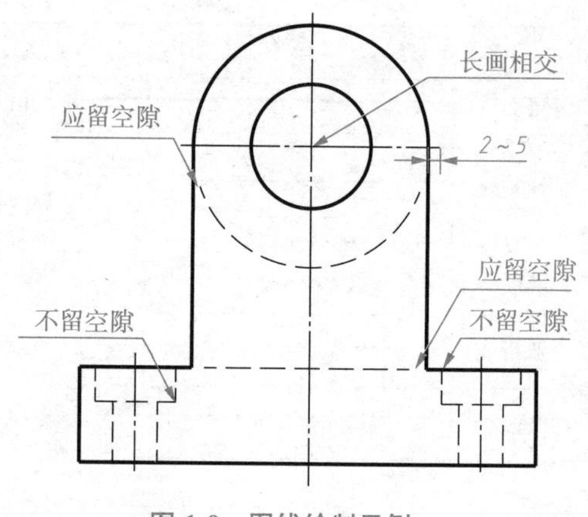

图 1-9　图线绘制示例

1.1.5　尺寸注法

图样中的图形只能表达机件的形状,而机件的大小则通过标注的尺寸来确定。因此,标注尺寸是绘制技术图样的重要工作内容,国家标准 GB/T 4458.4—2003《机械制图尺寸注法》规定了在图样中标注尺寸的基本方法。

1. 基本规则

①机件的真实大小应以图样上所注尺寸数值为依据,与图形的大小及绘图的准确度无关。

②图样中(包括技术要求和其它说明)的尺寸以毫米为单位时,不需要标注计量单位符号或名称,如采用其他单位,则必须注明相应的单位符号。

③图样中所标注的尺寸,为该图样所示机件的最后完工尺寸,否则应加以说明。

④机件的每一尺寸,一般只标注一次,并应标注在反映该结构最清晰的图形上。

2. 尺寸组成

一个完整的尺寸标注一般应包括尺寸界线、尺寸线、尺寸数字和表示尺寸线中断的箭头或斜线,如图 1-10 所示。

(1)尺寸界线

尺寸界线表示尺寸的范围,用细实线绘制,并应由图形的轮廓线、轴线或对称中心线处引出。也可利用轮廓线、轴线或对称中心线作尺寸界线。尺寸界线一般应与尺寸线垂直,尺寸界线超出尺寸线终端 2~3 mm。当尺寸界线贴近轮廓线时,允许与尺寸线倾斜,但两尺寸界线必须相互平行,如

图 1-11(a)所示。在光滑过渡处标注尺寸时,必须用细实线将轮廓线延长,从它们的交点处引出尺寸界线,如图 1-11(b)所示。

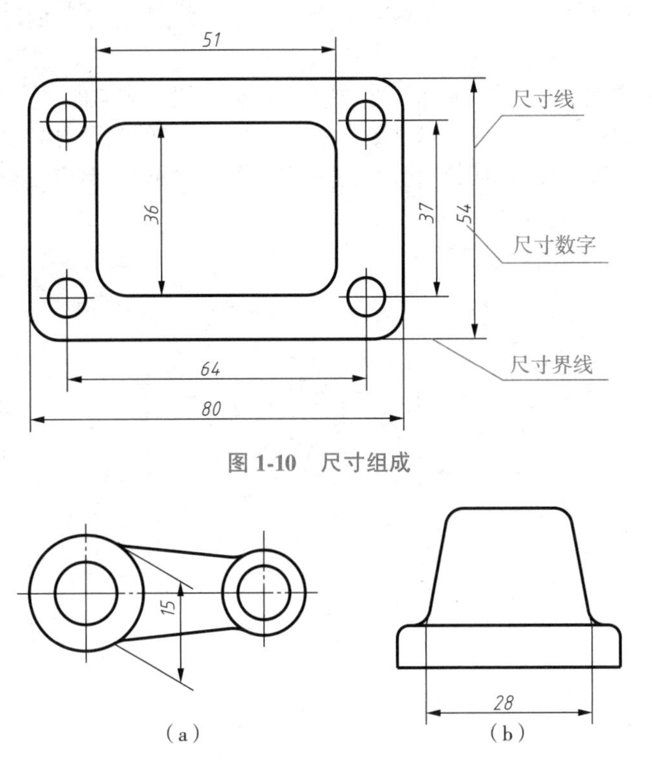

图 1-10　尺寸组成

(a)　(b)

图 1-11　尺寸界线

(2)尺寸线

尺寸线表示尺寸度量的方向,用细实线绘制。尺寸线必须单独画出,不能与图线重合或在其延长线上。标注线性尺寸时,尺寸线须与所标注的线段平行;在圆或圆弧上标注直径或半径尺寸时,尺寸线一般应通过圆心。尺寸线与轮廓线的间距、相同方向上尺寸线之间的间距应大于 7 mm。同一图样中尺寸线间距大小应保持一致。

尺寸线终端有两种形式,如图 1-12 所示。其中箭头适用于各种类型的图样,图中的 d 为粗实线的宽度,箭头尖端与尺寸界线接触,但不得超出。而斜线用细实线绘制,图中 h 为字体高度。当尺寸线终端采用斜线形式时,尺寸线与尺寸界线必须相互垂直。同一图样中只能采用一种尺寸线终端形式。圆的直径、半径及角度的尺寸线的末端应画成箭头。机械图样中一般采用箭头作为尺寸线的终端。

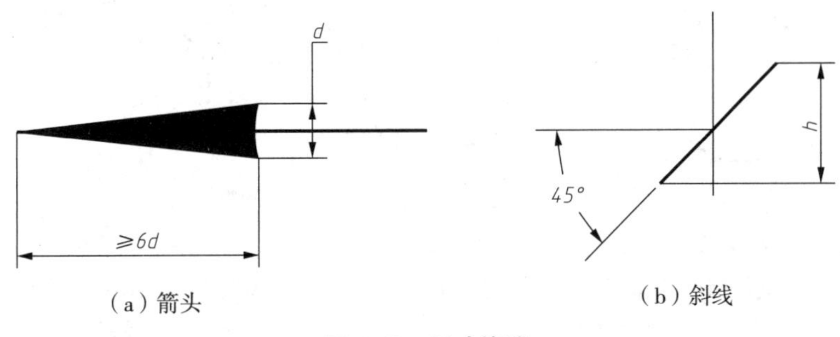

(a)箭头　(b)斜线

图 1-12　尺寸终端

(3)尺寸数字

尺寸数字表示尺寸的大小。一般应标注在尺寸线的上方,也允许注写在尺寸线的中断处。线性尺寸数字一般标注在尺寸线的上方、左侧或中断处。在同一张图样上注写的尺寸数字的字高应保持一致,位置不够时可引出标注。

尺寸数字注写基本规定:水平方向的尺寸数字字头向上,铅垂方向的尺寸数字字头向左,倾斜方向的尺寸数字字头偏向斜上方,并应尽量避免在图 1-13 所示 30°的范围内标注尺寸。

在图样中,不论尺寸线方向如何,均允许尺寸数字一律水平书写,但应注意尺寸数字不得被任何图线通过,当无法避免时,应将图线断开。

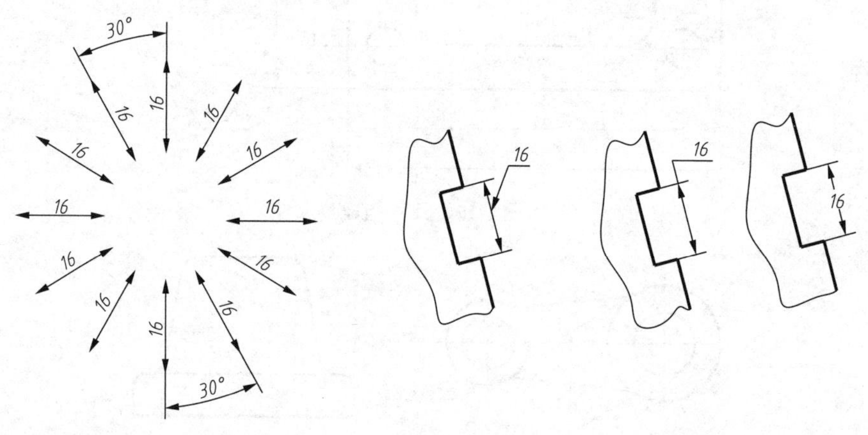

图 1-13 尺寸数字注写方位

3. 常见尺寸标注

(1)线性尺寸的注法

线性尺寸表征被测要素的长度、宽度和高度的大小。标注线性尺寸时,尺寸线必须与所标注方向的线段平行,尺寸数字注写方位如图 1-13 所示。为避免尺寸线与尺寸界线相交,相互平行的尺寸线应从小到大依次向外排列,即大尺寸应注在小尺寸的外侧,如图 1-14 所示。

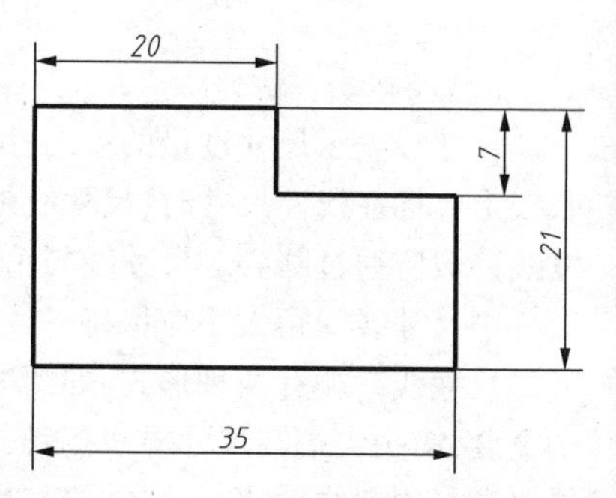

图 1-14 线型尺寸标注

(2)圆的尺寸注法

圆或大于半圆的圆弧,应标注直径,在数字前加注符号“ϕ”。标注直径尺寸时,其尺寸线应通过圆心,尺寸线的终端应画成箭头,如图 1-15 所示。

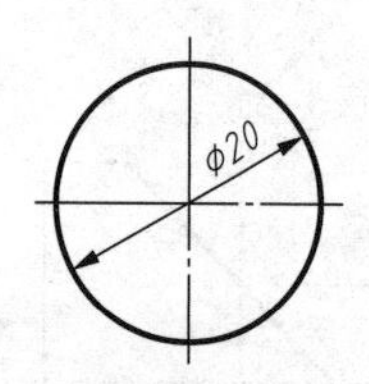

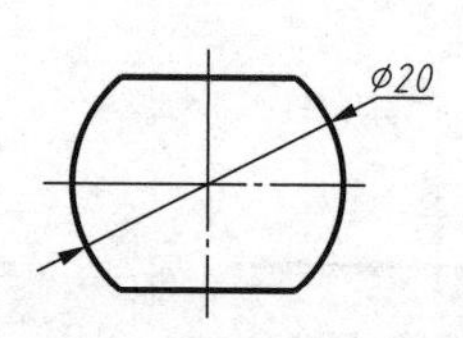

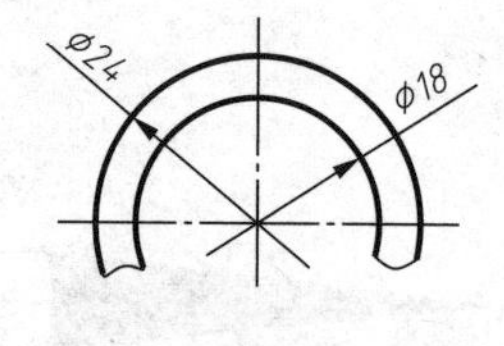

图 1-15 圆的尺寸注法

(3)圆弧的尺寸注法

等于或小于半圆的圆弧,应标注半径,在数字前加注符号“R”,其尺寸线应通过圆心,尺寸线的终端应画成箭头。当半径过大或在图纸范围内无法标出其圆心位置时,可将尺寸线折弯或将箭头端部分绘出,如图 1-16 所示。

(4)球面的尺寸注法

标注球面的直径或半径时,应在符号“$\varnothing$”或“R”前再加注符号“S”,如图 1-17 所示。

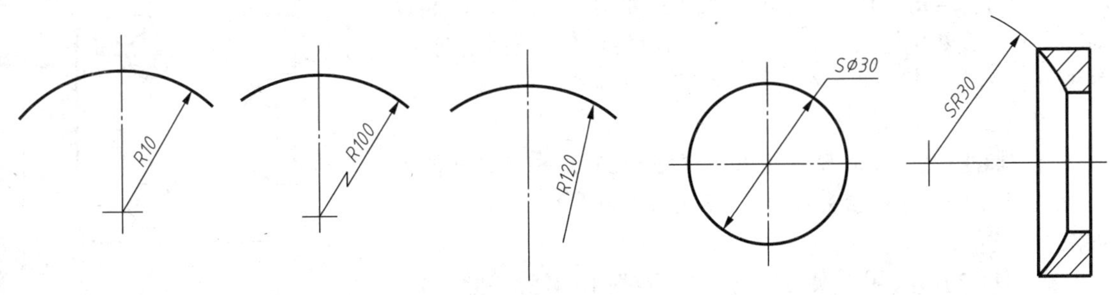

图 1-16　圆弧的尺寸注法　　　图 1-17　球面尺寸标注

(5)角度的注法

角度的尺寸界限应沿径向引出,尺寸线为圆弧,圆心为该角的顶点。角度尺寸数字一律水平书写,一般注在尺寸线的中断处,也可注在尺寸线的外侧或上方,或引出标注,如图 1-18 所示。

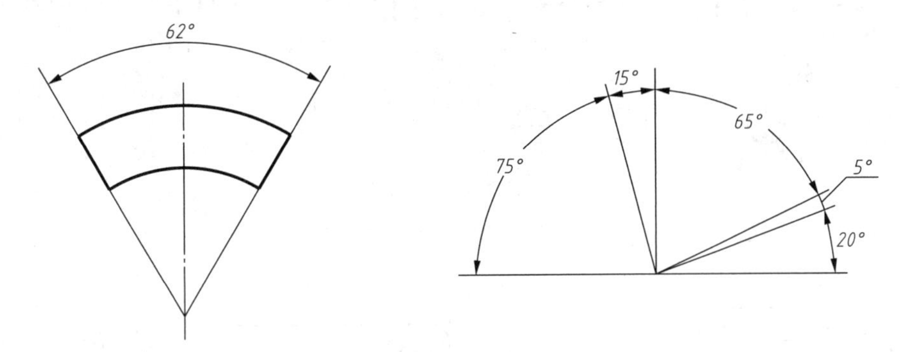

图 1-18　角度的标注

(6)弦长和弧长的标注

弦长和弧长的尺寸界线应平行于该弦的垂直平分线。弧长的尺寸线为与该弧同心的圆弧。标注弧长时,应在尺寸数字前加注符号“⌒”(以字高为半径的细实线圆弧),如图 1-19(a)所示。当弧度较大时,弧长的尺寸界线可沿径向引出,如图 1-19(b)所示。

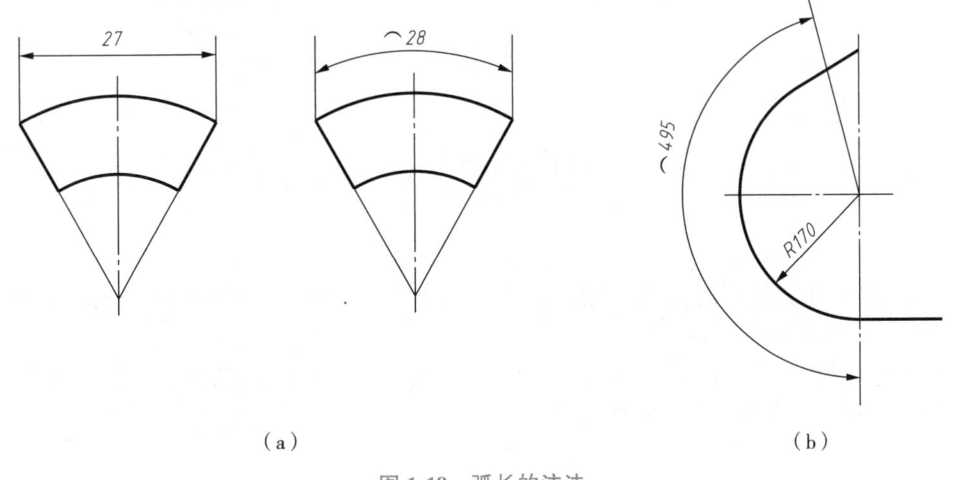

图 1-19　弧长的注法

（7）对称结构的尺寸注法

标注对称结构时，以对称中心两侧对应要素的总体尺寸进行标注。当对称结构只画出一半或略大于一半时，尺寸线应略超过对称中心线或断裂处的边界线，且仅在尺寸线的一端画出箭头，如图 1-20 所示。其中 4×⌀6 代表直径相同都为 6 mm 的 4 个圆。

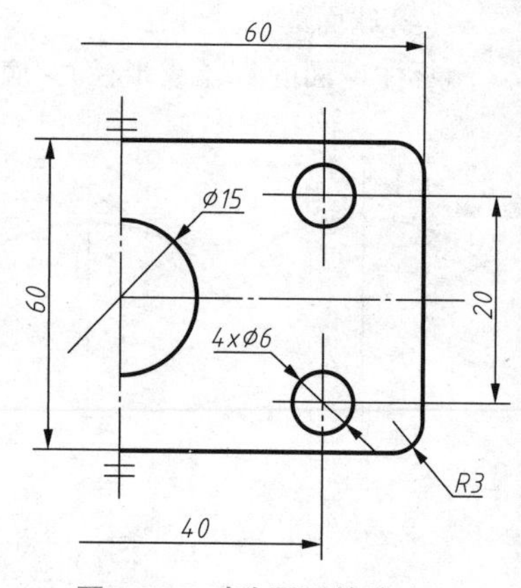

图 1-20 对称图形的注法

（8）小尺寸的注法

当被标注对象较小，没有足够位置时，尺寸箭头可画在图形外面，或用小圆点代替箭头；尺寸数字也可写在外面或引出标注，如图 1-21 所示。

如图 1-22 所示，用正误对比的方法，列举了标注尺寸时的一些常见错误，其中图 1-22(a)是正确的标注方式，图 1-22(b)为错误的标注方式。

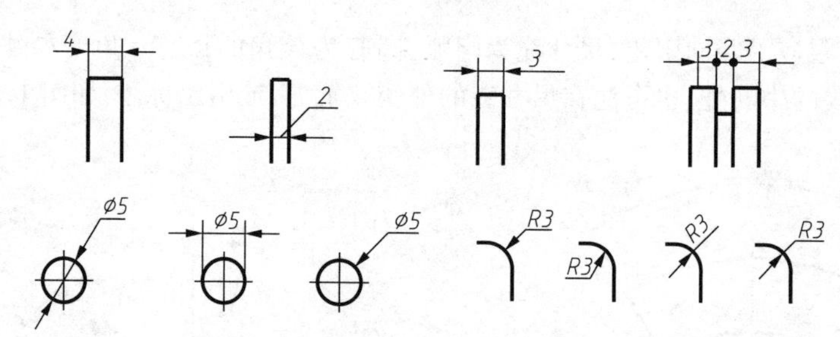

图 1-21 小尺寸的注法

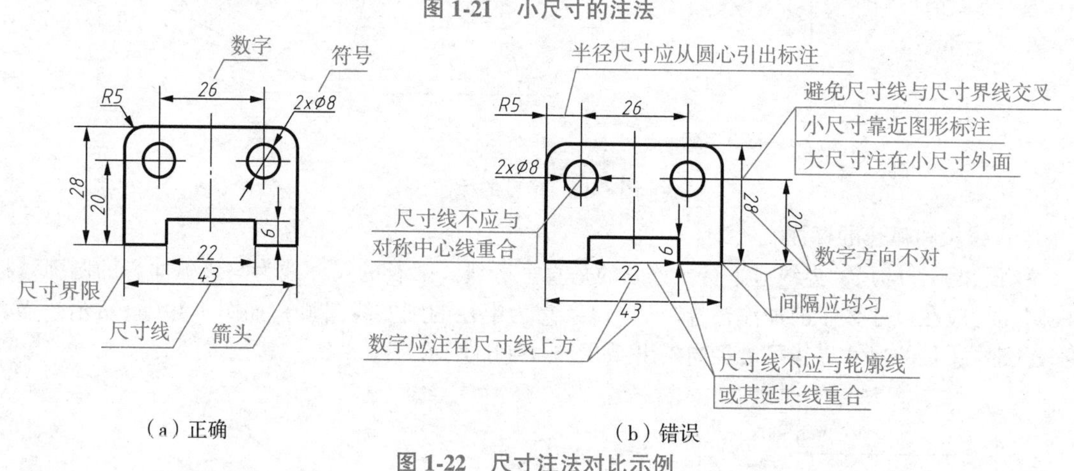

（a）正确　　（b）错误

图 1-22 尺寸注法对比示例

1.2 绘图仪器及工具的使用

正确使用绘图工具和仪器，是保证绘图质量、提高绘图效率的一个重要方面。因此，必须养成正确使用绘图工具及仪器的良好习惯。

常用的手工绘图工具及仪器有图板、丁字尺、三角板、圆规、分规、曲线板、铅笔等。采用这些仪器和工具进行绘图，常常称为仪器绘图或尺规绘图。

1. 图板

图板是画图时的垫板，画图时需将图纸平铺固定在图板上。因此，要求图板表面光洁平整，四边平直且富有弹性。图板的左侧边称为导边,也即工作边,必须平直。常用的图板规格有 A0、A1 和 A2 三种。

2. 丁字尺

丁字尺由尺头和尺身组成,尺头和尺身的连接处必须牢固,尺头的内侧边与尺身的上边(称为工作边)必须垂直。丁字尺主要用于画水平线,使用时用左手扶住尺头,将尺头的内侧边紧贴图板的导边,上下移动丁字尺,自左向右可画出一系列不同位置的水平线,如图 1-23(a)所示。

3. 三角板

一幅三角板有 30°、60°和 45°各一块,将三角板与丁字尺配合使用,可画出铅垂位置的直线,以及与水平线成 30°、45°、60°的斜线,如图 1-23(b)所示;还可画出与水平线成 15°、75°等的斜线,如图 1-24 所示。

直接利用两块三角板,可以画出已知直线的平行线或垂直线,如图 1-25 所示。

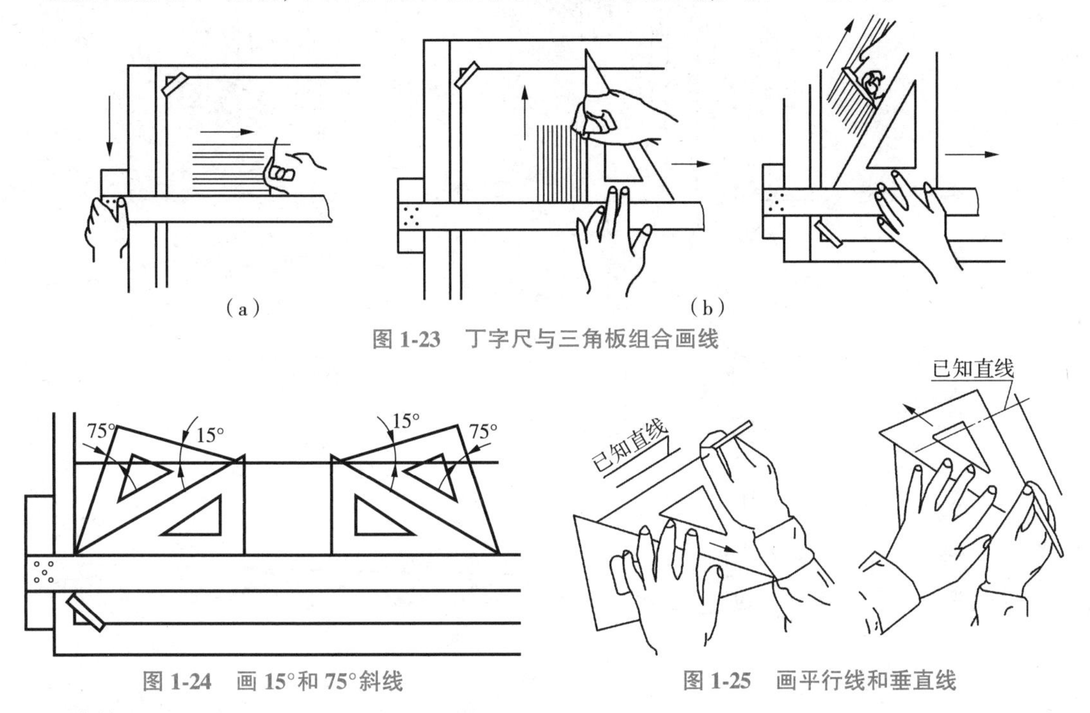

图 1-23 丁字尺与三角板组合画线

图 1-24 画 15°和 75°斜线

图 1-25 画平行线和垂直线

4. 圆规

圆规是用来画圆或圆弧的工具。圆规固定腿上的钢针具有两种不同形状的尖端:带台阶的尖端是画圆或圆弧时定心用的;带锥形的尖端可作分规使用。活动腿上有肘形关节,可随时装换铅芯插脚、鸭嘴脚及作分规用的锥形钢针插脚,如图 1-26 所示。

画圆或圆弧时,要注意调整钢针在固定腿上的位置,使两腿在合拢时针尖比铅芯稍长些,以便将针尖全部扎入图板内,如图 1-27(a)所示;按顺时针方向转动圆规,并稍向前倾斜,此时,要保证针尖和笔尖均垂直纸面,如图 1-27(b)所示;画大圆时,可接上延长杆后使用,如图 1-27(c)所示。

5. 分规

分规是用来量取尺寸、截取线段、等分线段的工具。分规的两腿端部有钢针,当两腿合拢时,两针尖应重合于一点,其使用方法如图 1-28 所示。

6. 铅笔

手工绘图时应采用绘图铅笔,绘图铅笔的铅芯有软硬两种,用字母 B 和 H 表示,B 或 H 前面的数字越大表示铅芯愈软或愈硬。字母“HB”表示软硬适中的铅芯。绘制机械图样时,常用 2H 或 H 铅笔画底稿图线或加深细线;用 HB 或 H 铅笔写字画箭头;用 B 或 2B 铅笔画粗线,加深粗线的圆或圆弧时,比加深直线用铅笔软一级。

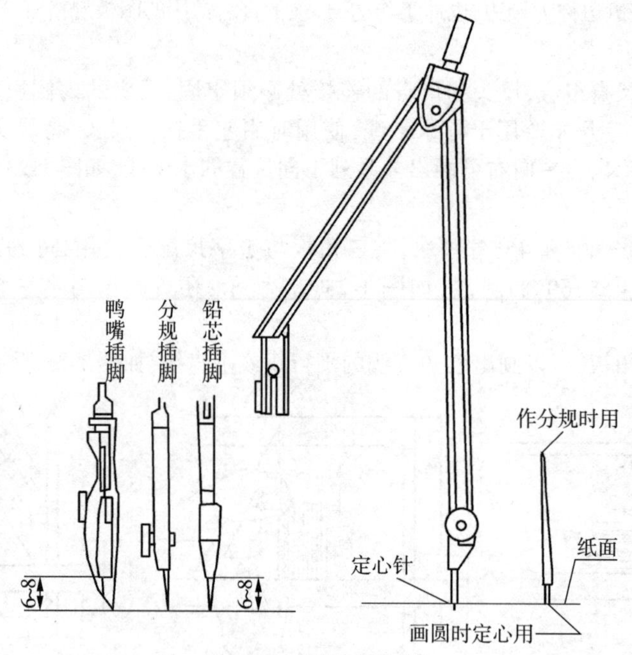

图 1-26 圆规及其附件

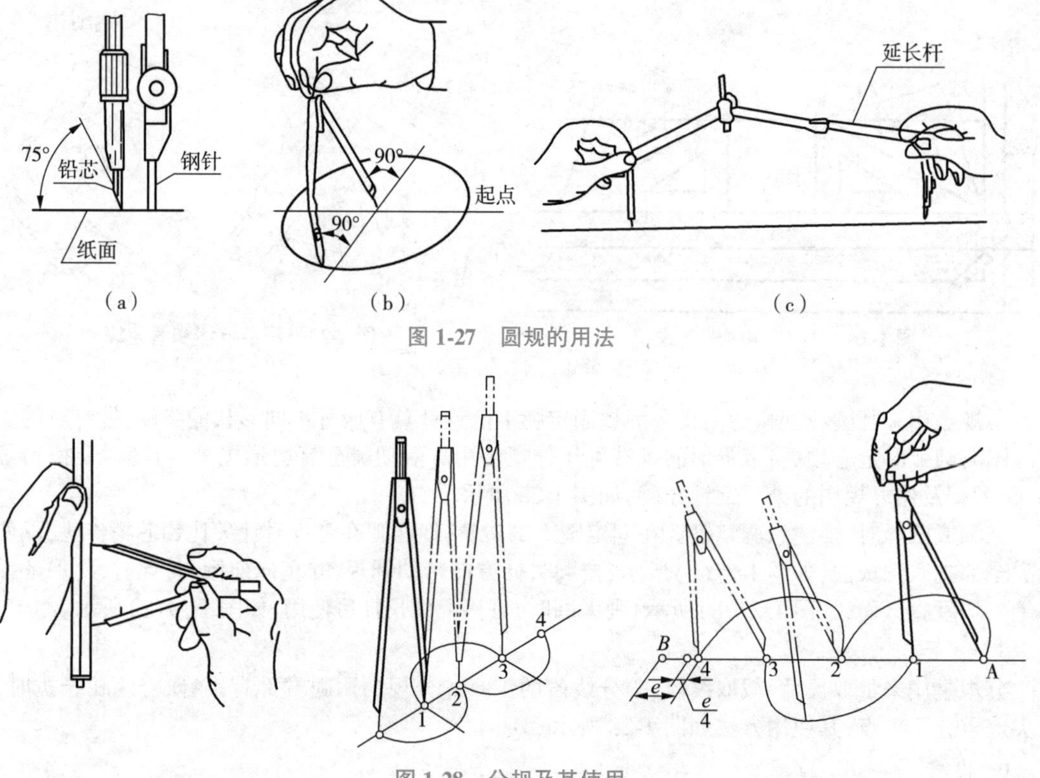

图 1-27 圆规的用法

图 1-28 分规及其使用

铅笔尖端应根据作图线型不同修磨成锥状或铲状。画底稿线、细线和写字用的铅笔，笔芯应磨成锥状；画粗线时，铅芯宜磨成呈铲形的头部，因其磨损较缓，线型易于一致，如图 1-29 所示。圆规用铅芯的修磨如图 1-30 所示。

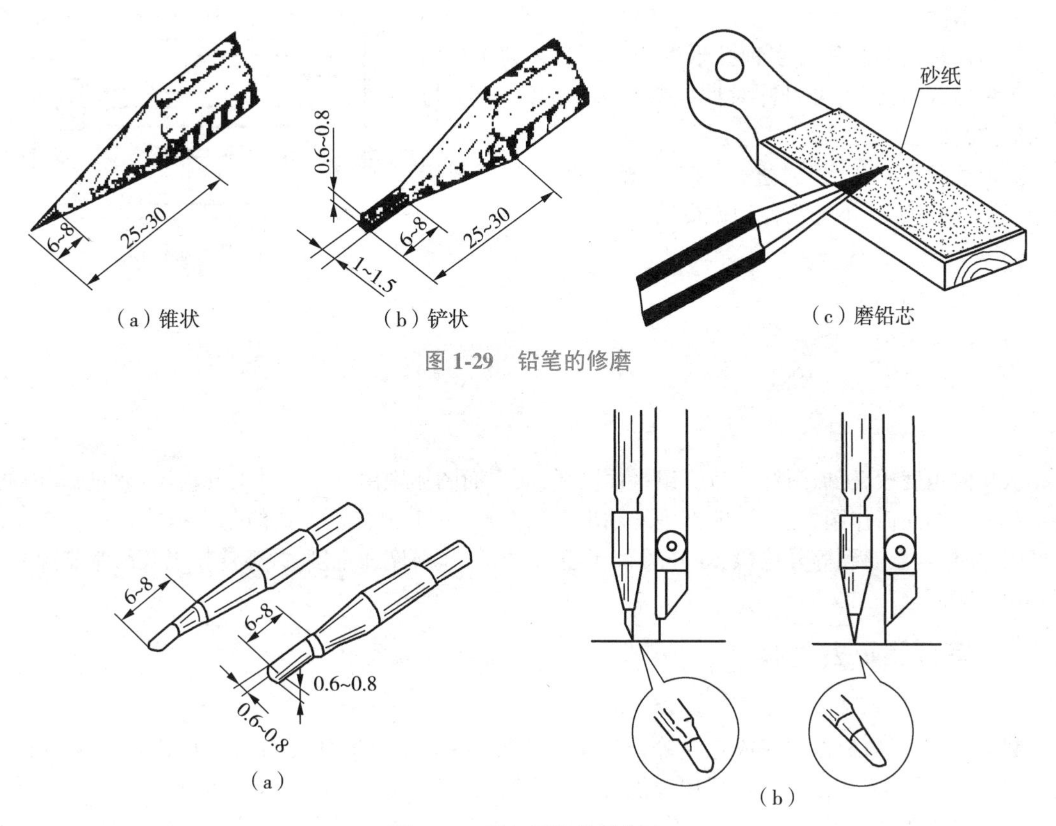

（a）锥状　（b）铲状　（c）磨铅芯

图 1-29　铅笔的修磨

（a）　（b）

图 1-30　圆规用铅芯的削法

7. 比例尺

比例尺是刻有不同比例的直尺，分别在三个侧面上刻有六种不同比例，可放大或缩小尺寸，以量取不同比例所对应的绘图尺寸，如图 1-31 所示。

8. 曲线板

曲线板是用于绘制非圆曲线的模板，如图 1-32（a）所示。绘图时应先求出非圆曲线上的一系列点，将需连接的各点用铅笔徒手轻轻地连成光滑曲线，然后从一端开始在曲线板上选择至少通过三点与所画曲线相吻合的一段进行描绘。依次连续进行，直到画完全部曲线。为了使所画曲线光滑，前后两段应有一小段重合，如图 1-32（b）所示。

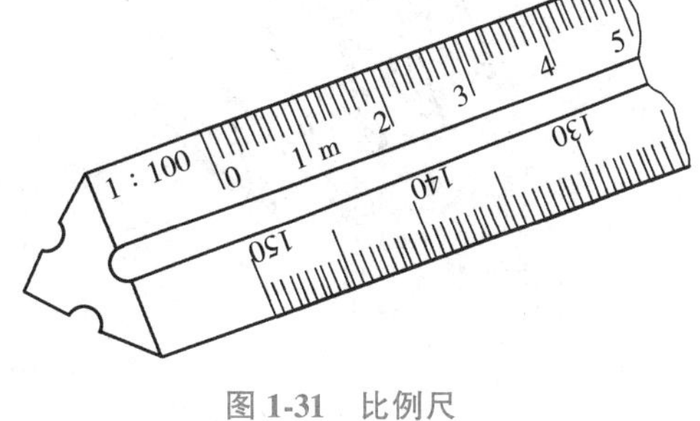

图 1-31　比例尺

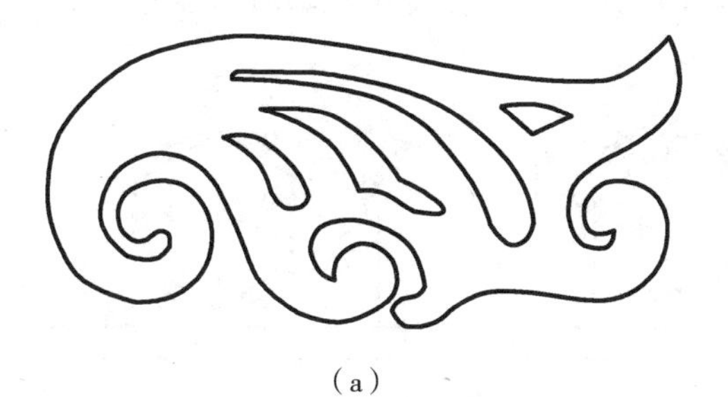

（a）

前次描绘　本次描绘　留待下次描绘
1 2 3 4 5 6 7 8 9 10 11

（b）

图 1-32　曲线板及其使用

9. 擦图片

擦图片是其上制作有多种孔形的金属薄片。利用擦图片上各种形式的镂孔,可以针对性地擦去多余的线条,保持图面清洁,如图1-33所示。

除上述仪器和工具外,进行手工尺规绘图时,还需要用胶带纸、毛刷、橡皮、小刀及各种模板等工具。

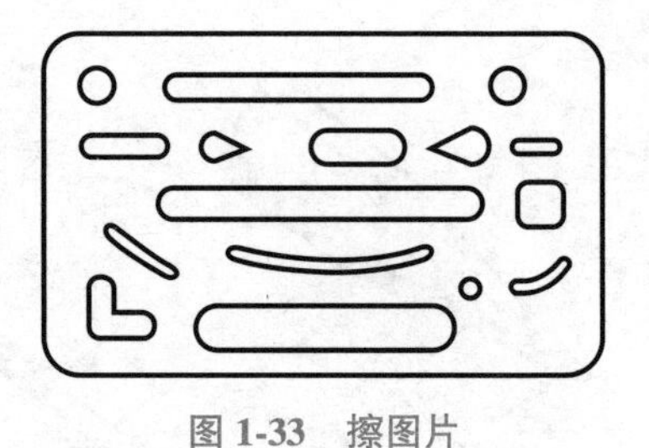
图1-33 擦图片

1.3 常用几何作图方法

从几何角度看,机械图样对应一组平面图形,而平面图形则由一些基本的几何图形组成。因此,熟练掌握基本几何作图方法,迅速准确地画出平面图形,是工程技术人员的基本技能之一。在绘制机械图样时,常会遇到等分线段、等分圆周、作正多边形、作斜度和锥度、圆弧连接以及绘制非圆曲线等几何作图问题。

1.3.1 等分及正多边形

1. 等分直线段

利用分规、三角板作图完成直线等分工作。如图1-34所示,将直线AB分为5等份。首先过直线AB端点A作任意直线AC,然后用分规自A点在直线AC上连续取5个等分点1、2、3、4、5,接着连接最后分点5和直线端点B,最后沿各分点作线段$5B$的平行线与直线AB相交,即完成对直线等分。

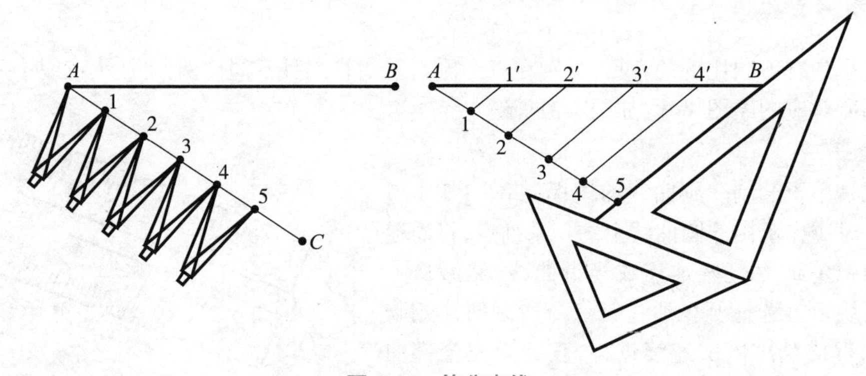

图1-34 等分直线

2. 六等分圆周和作正六边形

先用圆规绘出圆,再以半径为弦长等分圆周六份,连接各点即画出圆的内接正六边形。也可用丁字尺和三角板画正六边形,如图1-35所示。

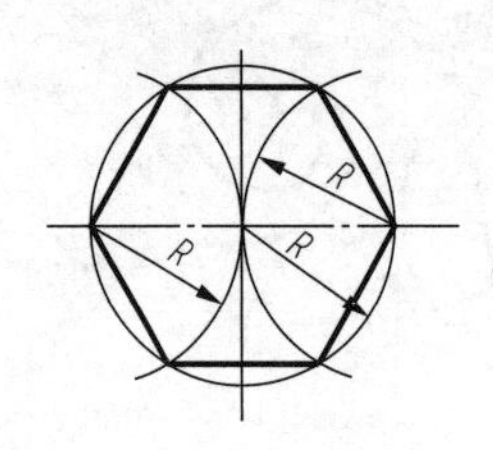

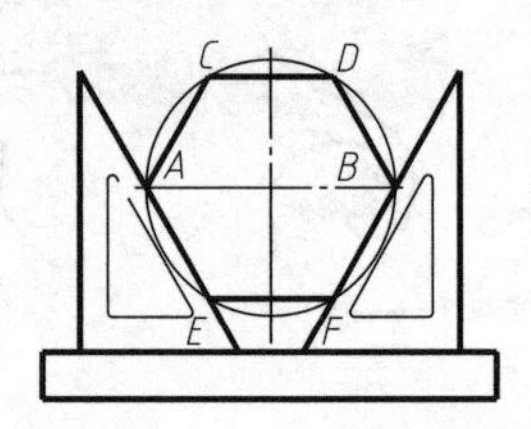

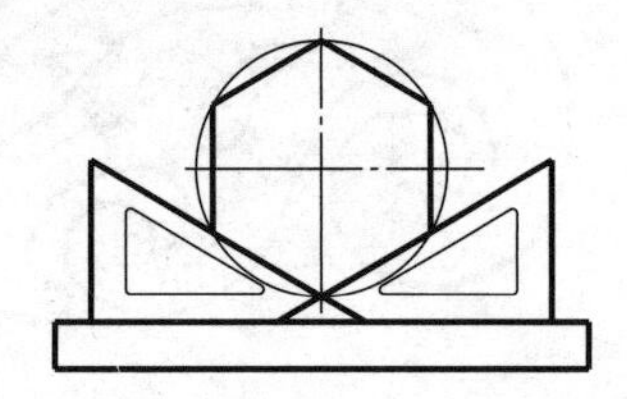
图1-35 正六边形画法

3. 五等分圆周及作正五边形

作图步骤：

①作 OB 的垂直平分线交 OB 于点 P；

②以 P 为圆心，PC 长为半径画弧交直径于 H 点；

③CH 即为五边形的边长，等分圆周得五等分点 C、E、G、K、F；

④连接圆周各等分点，即成正五边形，如图 1-36 所示。

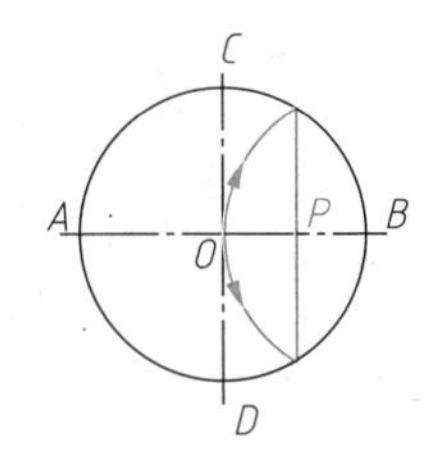

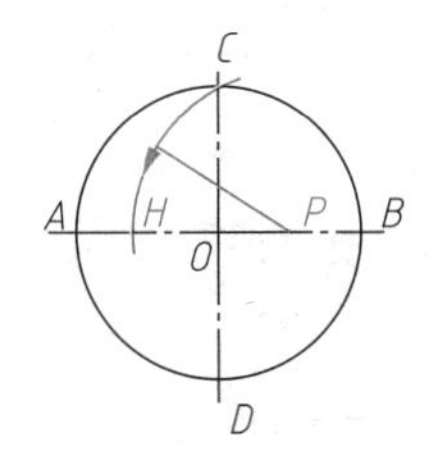

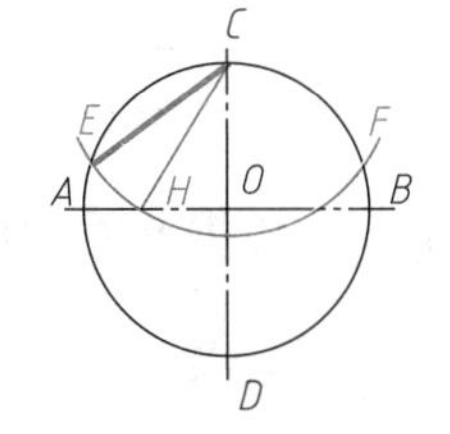

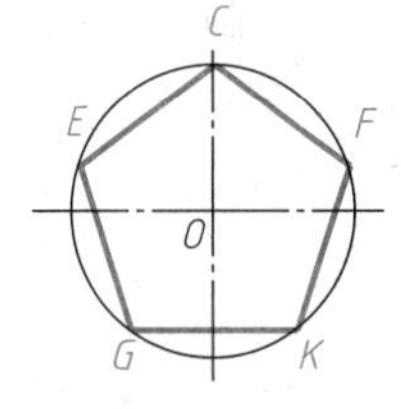

图 1-36　正五边形画法

4. 任意等分圆周及作圆内接正多边形

将直径铅垂线 AK 进行 n 等分（图中 $n=7$），以 K 点为圆心，KA 为半径，作圆弧交水平中心线于点 M、N，连接 M 和偶数点，延长与外接圆相交，并求出其交点的对称点（即连接 N 点与偶数点），即为正 n 边形之顶点，如图 1-37 所示。

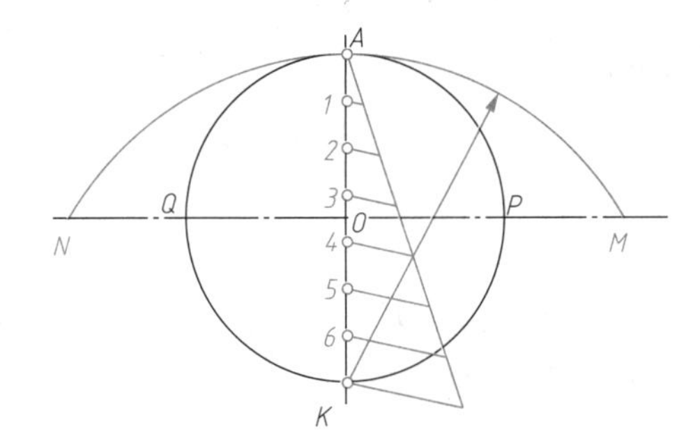

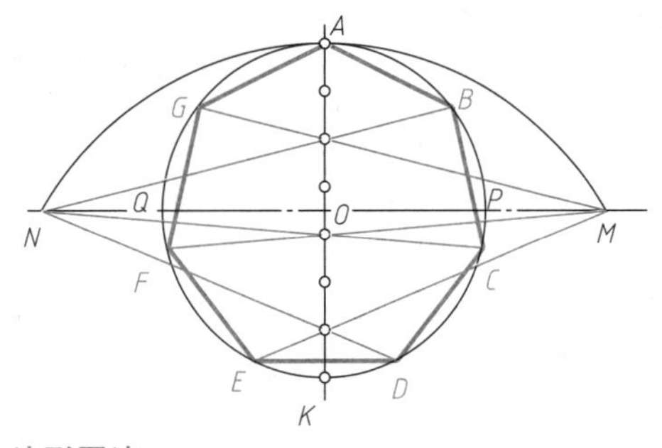

图 1-37　正 n 边形画法

1.3.2　斜度和锥度

1. 斜度

斜度是指直线或平面对另一直线或平面的倾斜程度，其大小用它们之间夹角的正切函数来表示，制图中通常写成 1∶n 的形式，如图 1-38（a）所示。即

$$斜度=\tan\alpha=H:L=1:n$$

斜度的画法如图 1-38（b）所示，过点 C 对水平直线 AB 作一条斜度为 1∶5 的倾斜线 CD，步骤为：

（1）作 $BK\perp AB$；

（2）取 $BN=1$ 个长度单位，$BM=5$ 个长度单位，连接 M、N；

（3）过点 C 作 $CD/\!/MN$，CD 即为所求。

斜度标注用符号表示，如图 1-39（a）所示，h 为字高，符号的线宽为 $h/10$。符号的方向应与斜度的方向一致，标注方法如图 1-39（b）所示。

2. 锥度

锥度是指正圆锥的底圆直径与高度之比，若为锥台，则为两个底圆直径之差与锥台高度之比。制图中通常写成 1∶n 形式，如图 1-40（a）所示。

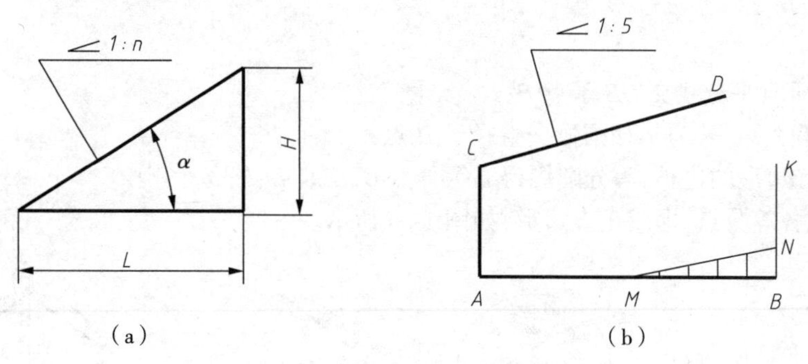

(a) (b)

图 1-38 斜度及其画法

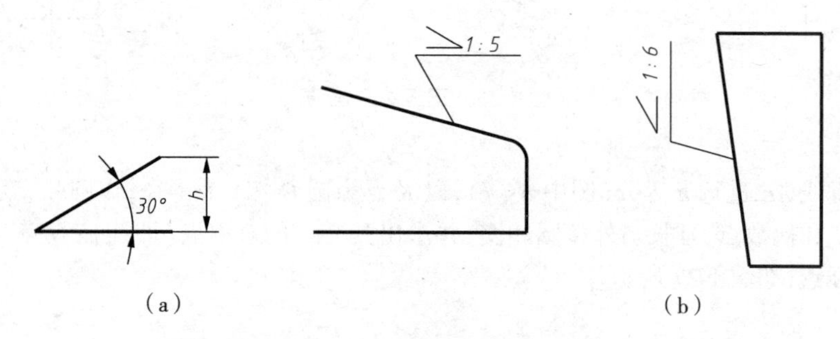

(a) (b)

图 1-39 斜度符号及其注法

即 $锥度 = D : L = (D-d) : l = 1 : n$

锥度的画法如图 1-40(b)所示，如画 1∶5 的锥度线方法如下：

(1)在水平线上取 OC=5 个长度单位；

(2)过 O 作 OC 的垂线，在其上对称量取 BB_1=1 个单位长，连 BC、B_1C；

(3)定点 A、A_1，并过 A、A_1 作 BC 和 B_1C 的平行线，即为所求的锥度线。

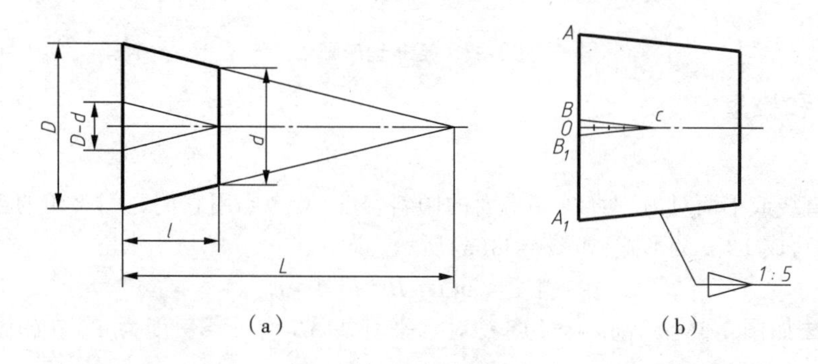

(a) (b)

图 1-40 锥度及其画法

锥度也用符号进行标注，如图 1-41(a)所示，h 为字高，符号线宽为 $h/10$。符号的方向应与锥度的方向一致，注法如图 1-41(b)所示。

1.3.3 圆弧连接

在绘制机械图样时，常遇到一条线直线或圆弧光滑地过渡到另一条直线或圆弧的情况，这种光滑过渡实质是平面几何中的相切关系，在制图中称为连接，切点称为连接点。常见的是用圆弧连接两条已知直线、两已知圆弧或一条直线与一段圆弧，这个用作连接其他线段的圆弧称为连接弧。作图时，连接弧的半径一般是给定的，而连接弧的圆心和连接点则需作图确定。

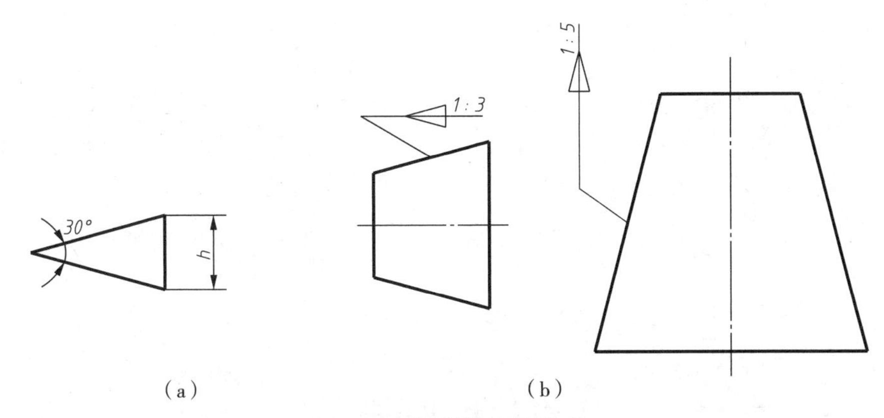

图 1-41 锥度符号及其注法

1. 半径为 R 的圆弧连接两已知直线

所有与已知直线相切、半径为 R 的圆的圆心轨迹为一条直线，该直线与已知直线平行且相距为 R，如图 1-42 所示。

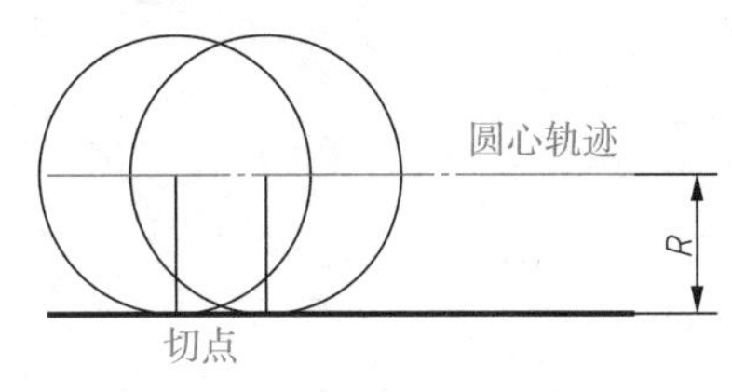

图 1-42 与直线相切的圆心轨迹

基于上述原理，用半径为 R 的圆弧连接两已知直线，如图 1-43 所示，其作图过程如下：

(1) 在已知两直线的内侧，分别作与已知直线相距为 R 的平行线，它们相交于 O；

(2) 过点 O 分别作两已知直线的垂线，交于 P、N 点；

(3) 以 O 为圆心，R 为半径作弧 PN 即完成连接。

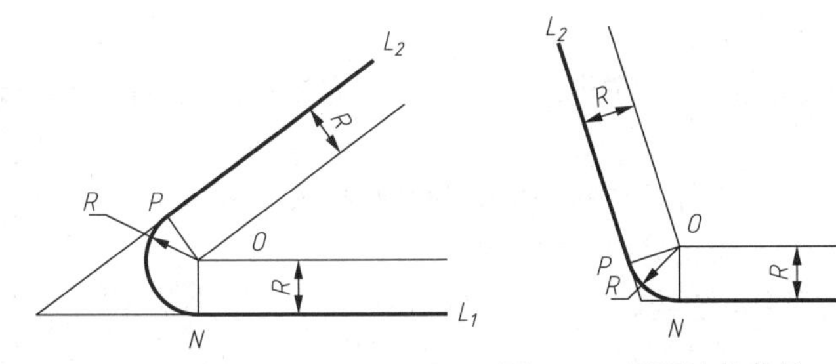
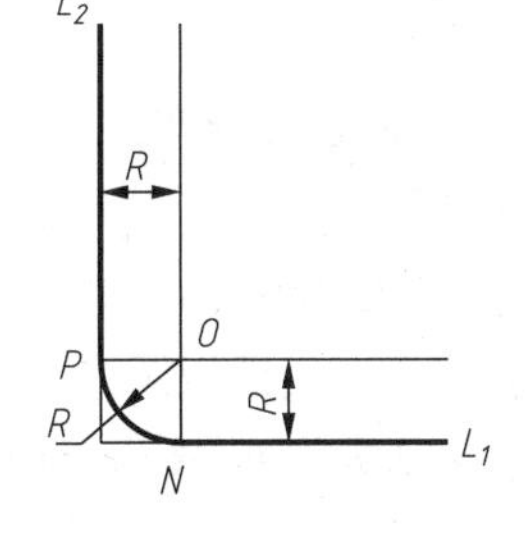

图 1-43 圆弧连接直线

2. 半径为 R 的圆弧连接两已知圆弧

连接圆弧与已知圆弧的连接关系可以是外切或内切。如果半径为 R 的连接圆弧与已知圆弧外切，则所有连接圆弧的圆心轨迹为一个圆，其圆心为已知圆弧的圆心，半径为连接圆弧半径与已知圆弧半径之和，连接点为连心线与已知圆弧的交点，如图 1-44(a) 所示。如果半径为 R 的连接圆弧与已知圆弧内切，则所有连接圆弧的圆心轨迹也是一个圆，其圆心为已知圆弧的圆心，半径为连接圆弧半径与已知圆弧半径之差的绝对值，连接点为连心线延长线与已知圆弧的交点，如图 1-44(b) 所示。

(1) 外连接两圆弧，即作半径为 R 的圆弧与已知两圆弧外切，如图 1-45 所示。

①以两已知圆弧的圆心 O_1、O_2 为圆心，分别以 R_1+R、R_2+R 为半径画弧，两弧交于 O；

②连 OO_1、OO_2 分别交已知两弧于 A、B 两点；

③以 O 为圆心，R 为半径画弧 AB，即完成连接。

(2) 内连接两圆弧，即作半径为 R 的圆弧与已知两圆弧内切，如图 1-46 所示。

①以两已知圆弧的圆心 O_1、O_2 为圆心，分别以 $R-R_1$、$R-R_2$ 为半径画弧，两弧交于 O；

②连 OO_1、OO_2 并延长，分别交已知圆弧于 A、B 两点；

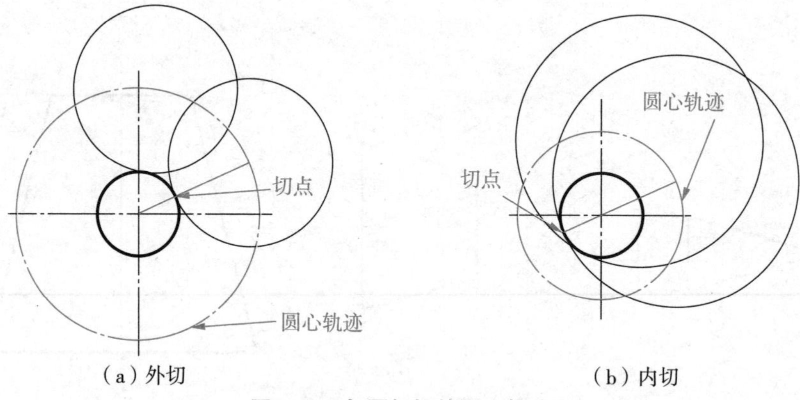

（a）外切　　（b）内切

图 1-44　与圆相切的圆心轨迹

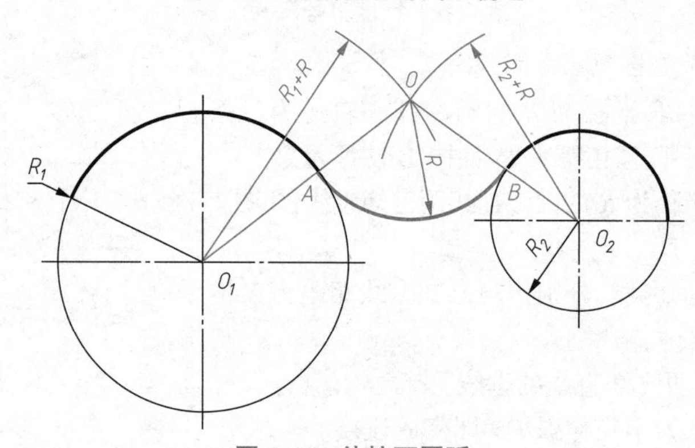

图 1-45　外接两圆弧

③以 O 为圆心，R 为半径画弧 AB，即完成连接。

（3）内外连接两圆弧，如图 1-47 所示，作半径 R 的圆弧，与半径 R_1 的圆弧外切，并同半径 R_2 的圆弧内切。

①以两已知圆弧的原心 O_1、O_2 为圆心，分别以 R_1+R、R_2-R 为半径画弧，两弧交于 O；

②连 OO_1 交已知圆弧于 B，连 O_2O 并延长交另一已知圆弧于 A；

③以 O 为原心，R 为半径画弧 AB，即完成连接。

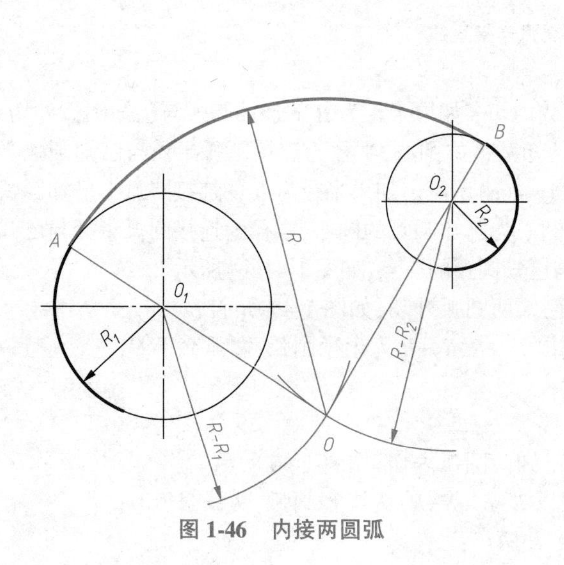

图 1-46　内接两圆弧

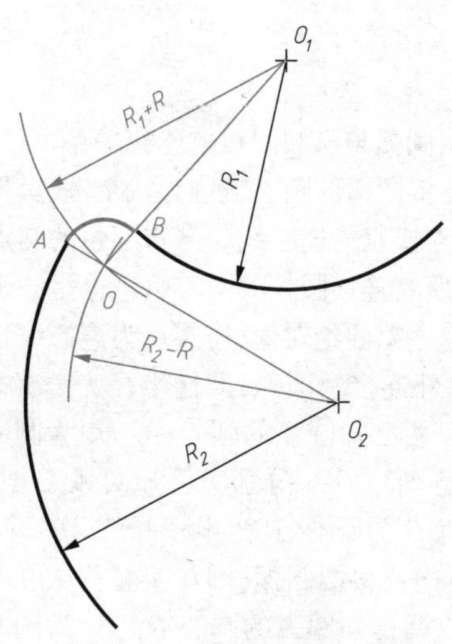

图 1-47　内外连接两圆弧

3. 半径为 R 的圆弧连接直线和圆弧

如图 1-48 所示,画法如下:

(1)作直线平行于已知直线,其间距为 R;

(2)以已知圆弧的圆心为圆心,R_1+R(外切圆弧)或 $R-R_1$(内切圆弧)为半径画弧与所作直线交于 O;

(3)过 O 作已知直线的垂线交其于 A,连 OO_1(或连 OO_1 并延长)交已知圆弧于 B;

(4)以 O 为圆心,R 为半径画弧 AB,即完成连接。

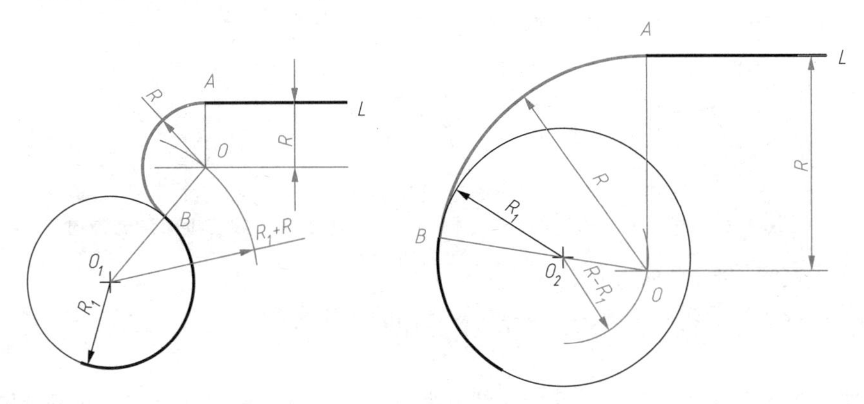

图 1-48　圆弧连接直线和圆弧

1.3.4　平面曲线

1. 椭圆

已知椭圆的长、短轴 AB、CD,画椭圆常用两种方法。

(1)同心圆法

如图 1-49 所示,作图过程如下:

①以椭圆中心 O 为圆心,分别以长、短轴为直径作两同心圆;

②过 O 作若干条径向直线,交大圆于 1′、2′、…各点;交小圆于 1、2、…各点;

③过径向直线与大圆的交点 1′、2′、…作长轴的垂线与过同一径向直线与小圆的交点 1、2、…所作的长轴的平行线相交于Ⅰ、Ⅱ、…及 A、B、C、D 各点;

④用曲线板依次光滑连接Ⅰ、Ⅱ、…及 A、B、C、D 各点,即得椭圆。

(2)四心近似画法

如图 1-50 所示,作图过程如下:

①画出椭圆的长、短轴 AB 和 CD,连接 AC;

②以 O 为圆心,OA 为半径画弧交 OC 的延长线与 E,再以 C 为圆心,CE 为半径画弧交 AC 于 F;

③作 AF 的垂直平分线,分别交长、短轴于 O_1、O_2 两点,再求出其对称点 O_3、O_4;

④作连心线 O_2O_1、O_2O_3、O_4O_1、O_4O_3,并适当延长;

⑤以 O_1、O_3 为圆心,O_1A 或 O_3B 为半径画弧,再以 O_2、O_4 为圆心,O_2C 或 O_4D 为半径画弧,四段弧相切于连心线上的 1、2、3、4 点,即得四心扁圆代替椭圆。

2. 圆的渐开线

圆的切线绕圆周作连续无滑动的滚动,则切线上任一点的轨迹称该圆的渐开线,如图 1-51 所示,其作图步骤如下:

①将圆周若干等分(图 1-51 中为 10 等分);

②从最后一个分点作圆的切线,自切点量取圆周长 πD,得到末端切线 AK,并将其分为同样等份;

③在圆周上从其余各分点按同一方向作圆的切线,并在切线上分别自各切点量取末端切线上从

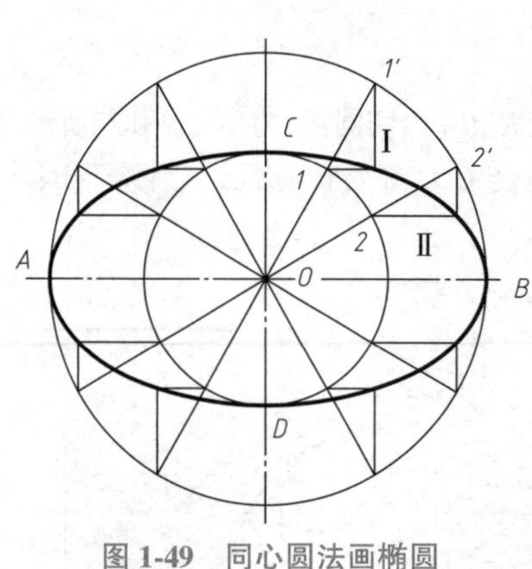

图 1-49 同心圆法画椭圆

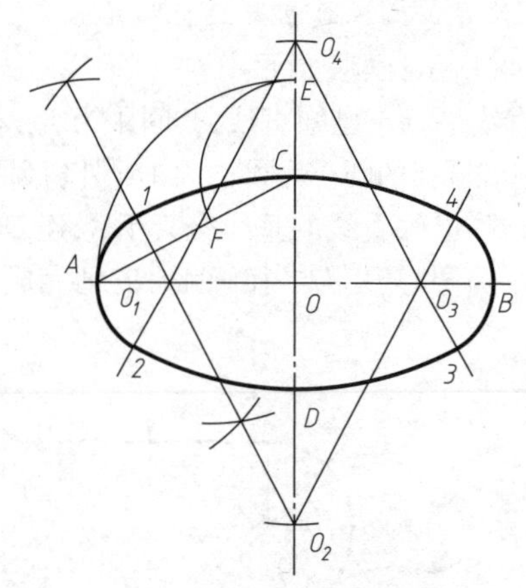

图 1-50 四心近似法画椭圆

点 A 到对应分点之间的距离，而得到点 B、C、……；

④用曲线板依次光滑连接 A、B、……各点，即得圆的渐开线。

3. 阿基米德涡线

一动点沿直线作等速运动，同时该直线又绕其上一定点作等角速转动，则动点的轨迹称阿基米德涡线。直线旋转一周，动点沿直线移动的距离称为导程，如图 1-52 所示。若已知导程，其作图步骤如下：

①以导程 08 为半径画圆，将圆周和半径 08 分为相同的等分（图中为 8 等分）；

②以 O 为圆心，分别以 O_1、O_2……为半径画圆弧与过圆周上对应分点的辐射线相交于 A、B、……；

③用曲线板光滑连接 A、B、……各点，即得阿基米德涡线。

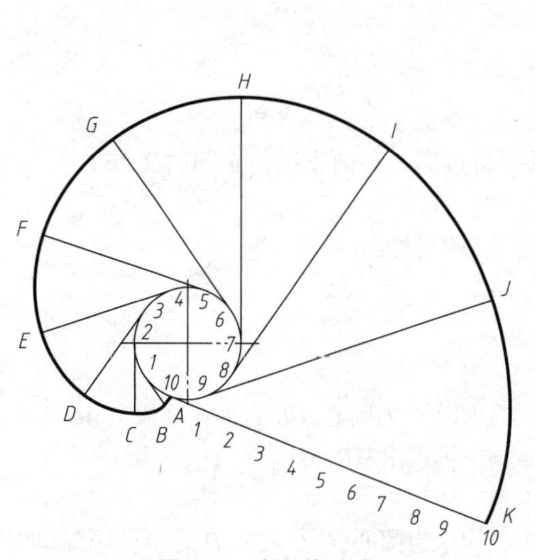

图 1-51 渐开线画法

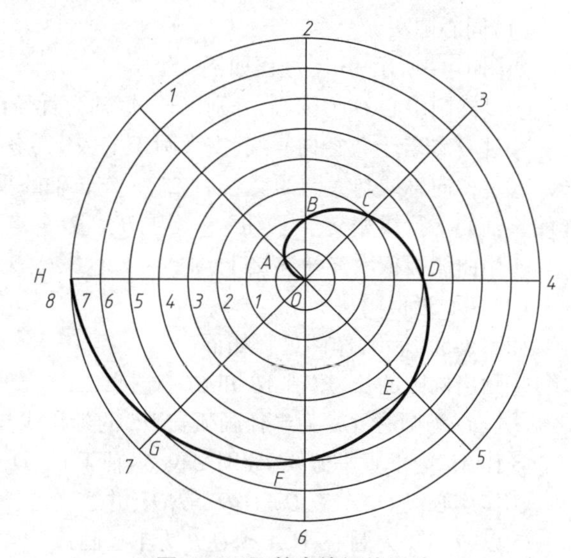

图 1-52 阿基米德涡线画法

1.4 平面图形绘制及尺寸标注

机械图样表现为平面图形，而平面图形一般由若干直线段、圆弧和圆等基本图形元素所组成。

图形元素之间或平行或垂直，相邻线段之间或相交或相切，由此形成平面图形的结构。平面图形的结构在一定程度上反映机件的形状，而具体大小则通过尺寸标注来表达。因此，掌握平面图形的分析及尺寸标注方法，对于正确而迅速地绘制机械图样有着重要的作用。

1.4.1　平面图形的分析

1. 平面图形的尺寸分析

针对已有平面图形进行尺寸分析，可以帮助理解图形，检查尺寸的完整性，也可以帮助学习正确的尺寸标注。这里介绍与平面图形尺寸相关的若干概念。

(1)尺寸基准

确定平面图形的尺寸标注起点位置的几何元素称为尺寸基准。平面图形需要两个方向的基准，一般分为长度基准和高度基准，如直角坐标系中 X、Y 轴方向，用以确定平面图形中图形元素的上下、左右相对位置。常用作基准的有：①对称图形的对称中心线；②较大圆的中心线；③较长的直线轮廓。如图 1-53 所示，图形的底边为高度方向的基准，右侧边为长度方向的基准。

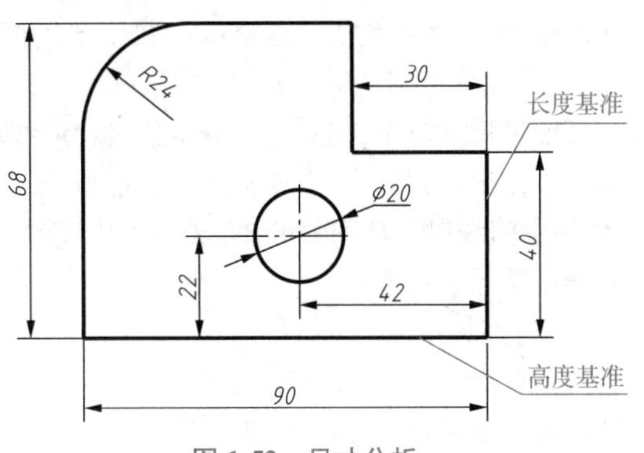

图 1-53　尺寸分析

(2)定形尺寸

确定平面图形总体和平面图形中各线段大小的尺寸称为定形尺寸。如直线段的长度、圆的直径、圆弧的半径、角度的大小等。图 1-53 中的 90、68、40、30、⌀20、R24 均为定形尺寸。

(3)定位尺寸

确定平面图形中各线段或线框间相对位置的尺寸称为定位尺寸。平面图形的每一个图形元素应该有两个方向的定位尺寸。图 1-53 中确定⌀20 圆心位置的 42 和 22 即是定位尺寸。

下面以图 1-54 所示的平面图形为例进行尺寸分析。

①图中注有⌀36 圆的两条中心线分别为该平面图形水平和垂直方向的尺寸基准，常常也是画图时用于进行布局的定位基准线。

②图中所注 90、18 和 5 均属定位尺寸。

③除上述的定位尺寸外，其余尺寸均为定形尺寸。

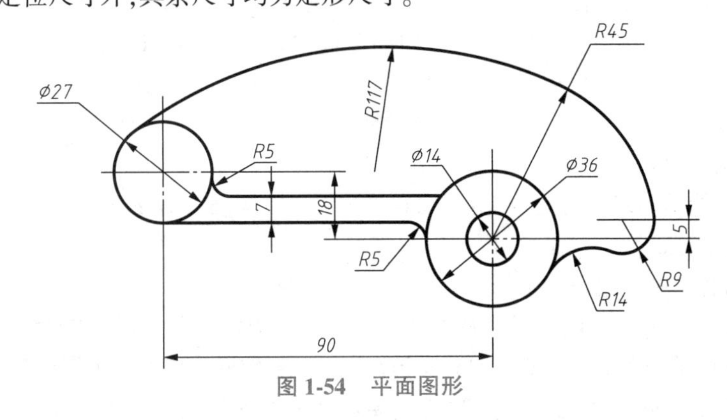

图 1-54　平面图形

注意：

有时某些尺寸既可视为定位尺寸，也可看成是定形尺寸。对于复杂的平面图形，某一方向上的尺寸基准不止一个,此时基准与基准间应有相互联系的定位尺寸。

2. 平面图形的线段分析

确定平面图形中某一线段或线框一般需要三个条件,即长度和宽度方向上的定位条件和确定大小的定形条件。如要画一个圆,应在知道其圆心的位置(长度、宽度方向的位置)及直径尺寸才能将其正确绘出。凡已具备三个条件的线段可直接画出,否则要利用线段连接关系找出潜在的补充条件才能画出。通过分析各个组成线段与给定尺寸间的关系,可以帮助认识图形结构,进而确定作图步骤。

组成平面图形的各个线段,根据给出尺寸的不同情况可以分为三类线段,而常常重点针对平面图形中的圆弧类线段进行分析。

(1)已知线段

凡是定位尺寸和定形尺寸均齐全的线段,称为已知线段。该类线段可根据这些尺寸直接画出。如图 1-54 所示,图中⌀27、⌀36、⌀14 的圆,*R*45 的圆弧及两条相距 7 mm 的直线,都属于已知线段。

(2)中间线段

定形尺寸齐全,但只有部分定位尺寸的线段,称为中间线段。该类线段需待与其一端相邻的已知线段作出后,利用一个连接条件才能画出。如图 1-54 中圆弧 *R*9 的只有一个定位尺寸 5,故圆弧 *R*9 为中间线段。从图中可知,该 *R*9 的圆弧与 *R*45 圆弧相内切且与⌀36 水平中心线距离为 5,据此可以确定其圆心位置。

(3)连接线段

只有定形尺寸,而无定位尺寸的线段,称为连接线段。该类线段需待其两端相邻的线段作出后,利用两个连接条件才能画出。图 1-54 中 *R*117、*R*14 和 *R*5 对应圆弧段均是连接线段。其中,圆弧 *R*117 与⌀27 和 *R*45 相切,圆弧 *R*14 与⌀36 和 *R*9 相切,圆弧 *R*5 与⌀27 和直线相切。

注意:

在两条已知线段之间,可有多条中间线段,但有且只能有一条连接线段。

1.4.2 平面图形的画图步骤

在抄画平面图形时,首先要对其进行尺寸和线段分析,然后确定画图步骤,即先画出所有的已知线段,然后顺次画出各中间线段,最后画出连接线段。现以图 1-54 为例,将平面图形的画图步骤归纳如下。

(1)画出尺寸基准线,进行图形布局

图 1-54 中圆⌀36 的中心线分别是水平方向和竖直方向的尺寸基准,因此先画出⌀36 的两条中心线作为基准线,然后由定位尺寸 90 和 18 定出⌀27 圆心的位置,画⌀27 的两条中心线,完成图形布局,如图 1-55(a)所示。

(2)画出所有已知线段

根据已经绘出的基准线进行定位,由已知定形尺寸⌀27、⌀36、⌀14 画出相应的圆,画出 *R*45 圆弧及两条相距 7 的直线,如图 1-55(b)所示。

(3)顺次画出各个中间线段

图 1-54 中的圆弧 *R*9 为中间线段。从图中可知,*R*9 与 *R*45 内切,并已知圆弧 *R*9 的一个定位尺寸为 5。现以 *R*45 的圆心为圆心,*R*36(*R*45−*R*9=*R*36)为半径画弧,该弧与平行⌀36 水平中心线且相距为 5 的直线相交于 *a* 点,*a* 点为 *R*9 的圆心,连接 *a* 点和 *R*45 的圆心并延长得切点 1,即可作出 *R*9 的圆弧,如图 1-55(c)所示。

(4)分别画出各个连接线段

图 1-54 中的圆弧 *R*117、*R*14 和 *R*5 都是连接线段。该类线段只给出了定形尺寸,需要利用与连

接线段前后相邻线段的连接条件进行作图方能实现定位。连接线段 *R*117 与∅27、*R*45 内切，分别以∅27 和 *R*45 的圆心为圆心，*R*117−*R*13.5 和 *R*117−*R*45 为半径画弧，两圆弧的交点 *b* 为 *R*117 的圆心；分别连接 *b* 与已知圆弧的圆心，并延长至已知圆弧得到的交点即是要求作的切点 2 和切点 3 两点，从而可作出 *R*117 圆弧，如图 1-55(d)所示。

连接线段 *R*14 与∅36 和 *R*9 均外切，连接线段 *R*5 与∅27 外切并与直线相切，参考 1.3.3 圆弧连接中作图方法，可以完成连接线段 *R*14 和 *R*5 绘制，如图 1-55(e)所示。

(5)检查整理，加深图线，完成绘图

检查无误后，擦去多余的作图线，整理图形，按线型要求加深图线，作图结果如图 1-55(f)所示。

图线加深应做到线型正确、粗细分明、连接光滑、图面整洁。一般先加深圆弧，后加深直线；加深直线时，应按照从上至下，从左至右的顺序依次加深水平、竖直直线，然后再加深倾斜的直线。

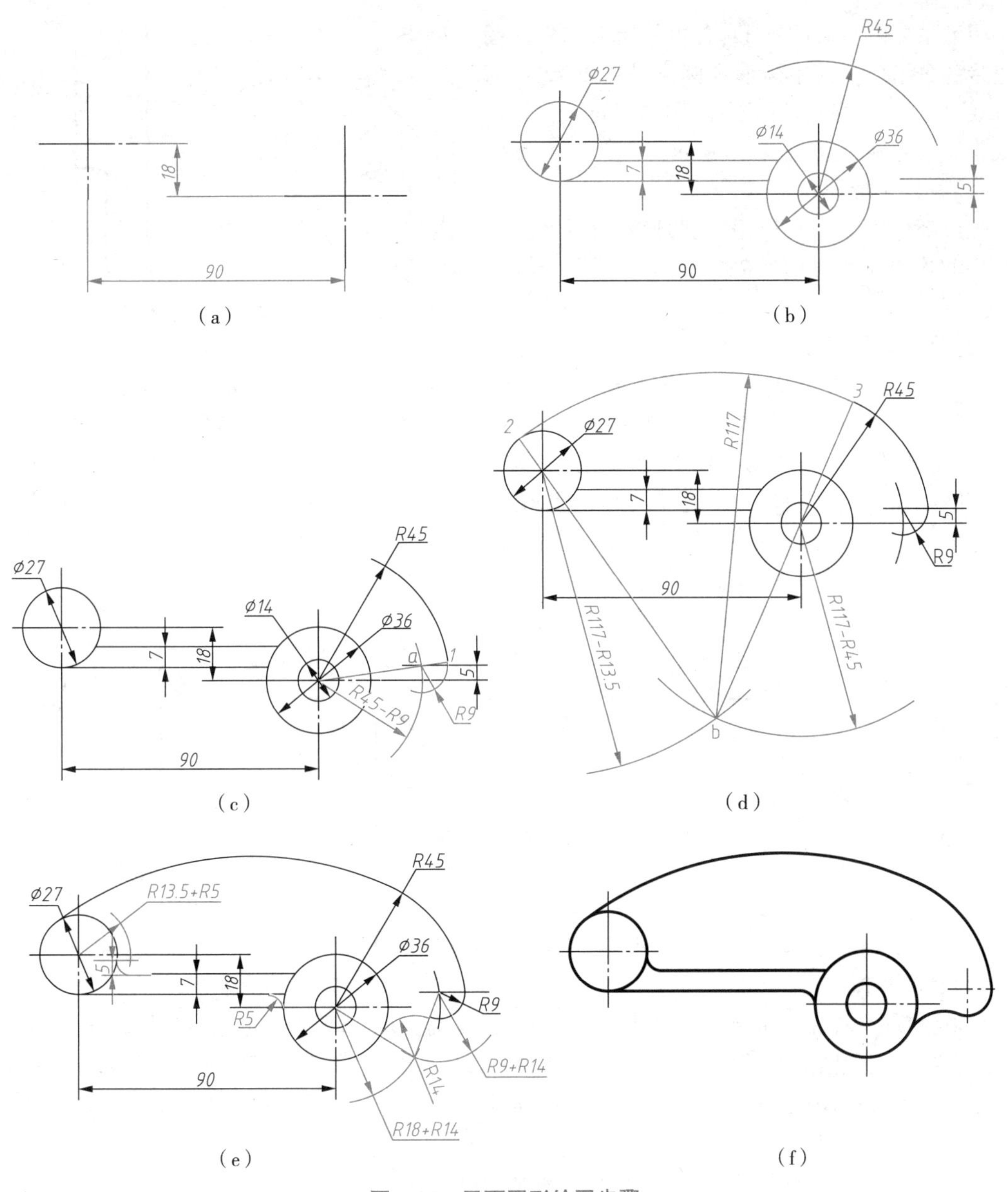

图 1-55　平面图形绘图步骤

1.4.3 平面图形尺寸标注

平面图形的尺寸标注要求做到正确、完整、清晰。正确是指标注尺寸要按国家标准的规定标注，尺寸标注式样及类别不能有错误，尺寸数值不能出现矛盾；完整是指平面图形的尺寸要注写齐全，定位尺寸和定形尺寸要足够，不能遗漏；清晰是指尺寸的位置要安排在图形的明显处，布局整齐，便于看图理解。

1. 平面图形的尺寸标注方法

在标注平面图形的尺寸时，应对图形进行必要的分析，确定尺寸基准，并按一定步骤进行标注。首先标注定形尺寸，然后标注定位尺寸，最后按标注尺寸的基本要求进行校核。

下面以图1-56所示支架轮廓图为例进行说明。

(1)确定尺寸基准

图形主要由左边的圆形、右边的矩形和中间圆弧连接部分组成。其中矩形和圆形是主要部分，为已知线段，而矩形又是该图形主体，所以可选择矩形边线作为尺寸基准，如图1-56所示。

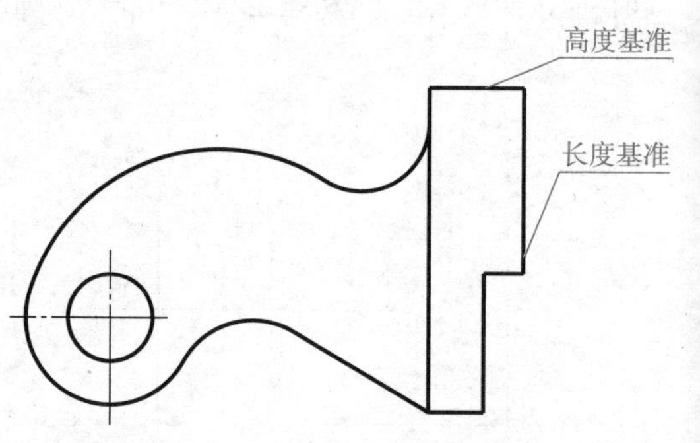

图1-56 支架轮廓图

(2)标注定形尺寸

矩形部分的56、32、17和7；圆形部分的⌀15和*R*15；中间连接部分的*R*12、*R*35和*R*14，如图1-57(a)所示。

(3)标注定位尺寸

确定左边圆形的位置，应标注两个定位尺寸：66和40，如图1-57(b)所示。

中间连接部分的上部有两个圆弧(*R*12和*R*35)，其中必然有一个连接线段，另一个作为中间线段，为了测量方便，确定圆弧*R*12为中间线段，并标注一个定位尺寸6。同样，中间连接部分的下部有一直线段和一圆弧*R*14，确定直线段为中间线段，并注上一个定位尺寸60°。连接线段不标注定位尺寸。

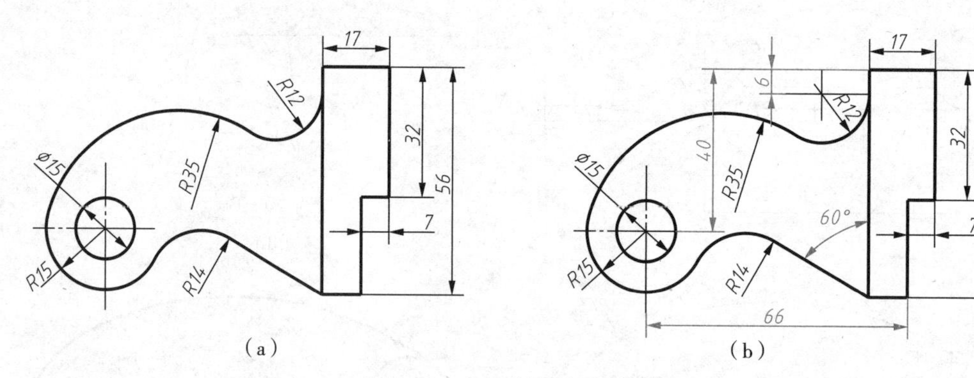

图1-57 支架轮廓图尺寸标注

(4)校核整理

校核整理时，首先分析尺寸完整性。一个确定的平面图形，其需要尺寸数目是恒定的，既不应缺少，也不应多余，但图形上尺寸的配置方案并不是唯一的。其次考察尺寸清晰性，使尺寸标注符合国标规定，各尺寸位置清楚，排列整齐，各尺寸线不应相交。

2. 平面图形尺寸标注示例

图1-58所示为平面图形尺寸标注示例。由图中可以看出以下几点。

(1)按圆周均匀分布的几何要素,当方位很明显时,定位尺寸可只标注直径,省略角度,如图1-58(a)~图1-58(d)所示。

(2)对称图形线性尺寸按对称形式标注,如图1-58(e)~图1-58(q)所示。

(3)同一图形中,直径相同的圆,可只标注一个,并在直径符号前注明数量,如图1-58(a)~图1-58(h)、图1-58(l)、图1-58(m)、图1-58(q)、图1-58(r)所示。

(4)在对称图形中,半径相同的对称圆弧,可只标注一个,但在半径符号前不需注明数量。如图1-58(b)、图1-58(c)、图1-58(e)、图1-58(f)、图1-58(h)、图1-58(j)、图1-58(m)、图1-58(q)所示。不对称时,即使半径相同,也必须注出,如图1-58(q)所示。

(5)图形的端部为半圆时,只标注圆心的定位尺寸,不必再注出总尺寸,如图1-58(n)所示。端部为圆弧,并且该圆弧与圆同心时,同样只标注圆心的定位尺寸,不必再注总尺寸,如图1-58(c)、图1-58(f)、图1-58(p)、图1-58(s)所示。不同心时,则需标注总尺寸,如图1-58(l)、图1-58(o)所示,或端部顶点的定位尺寸,如图1-58(q)所示。

(6)由作图得出的长度,不应标注尺寸,如图1-58(i)、图1-58(l)所示。

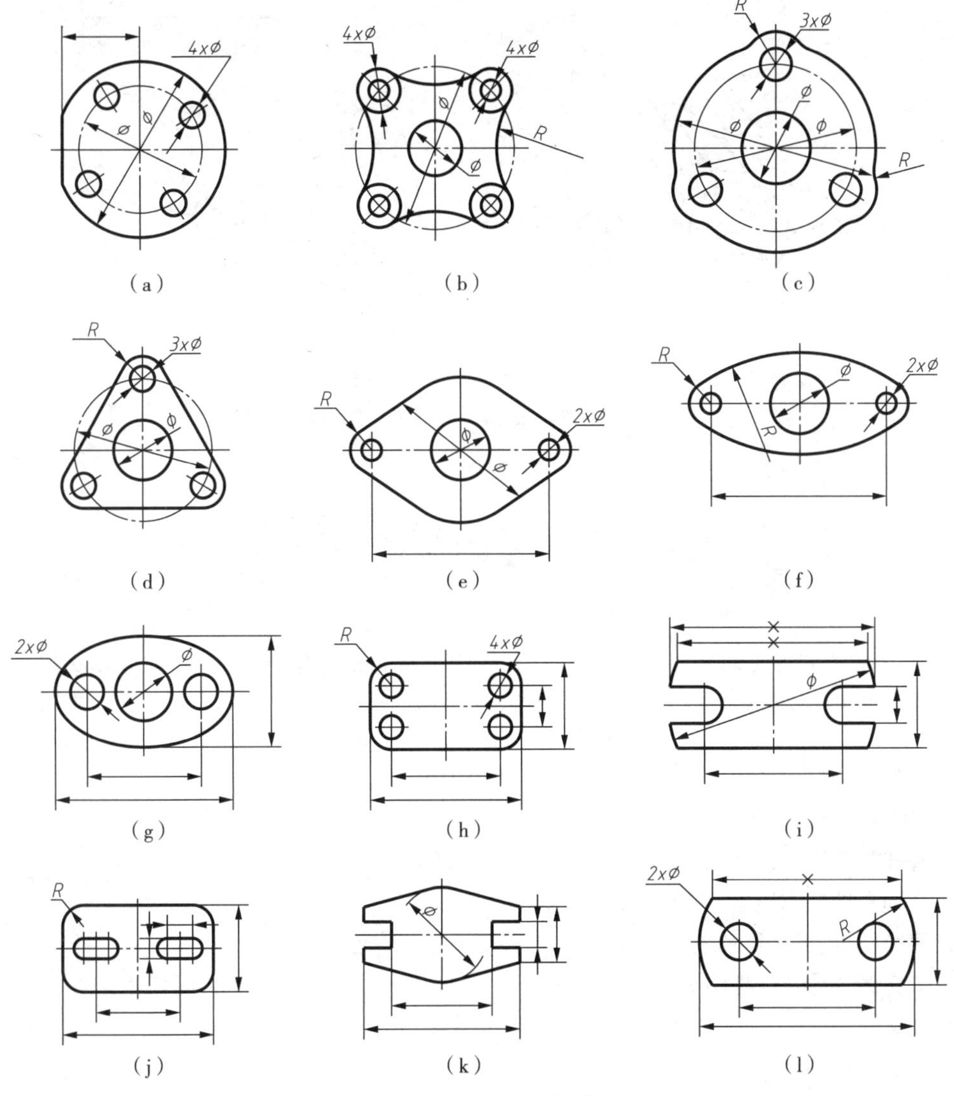

图1-58 平面图形尺寸标注示例

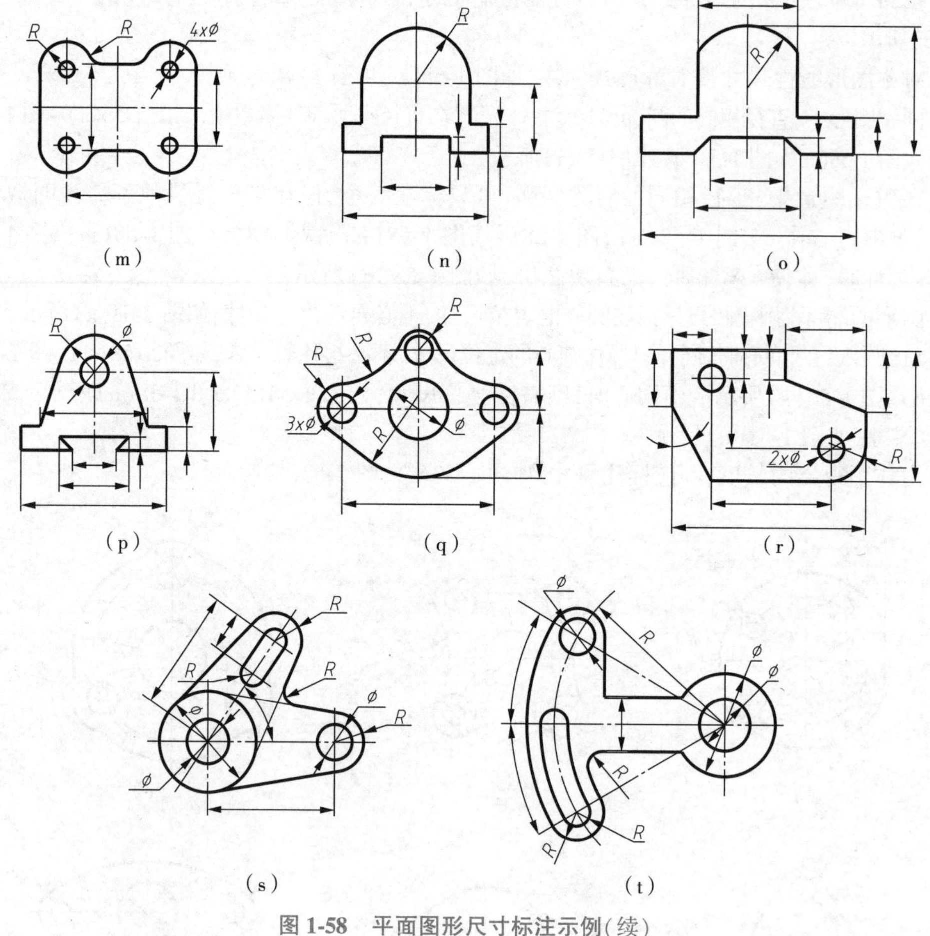

图 1-58 平面图形尺寸标注示例(续)

1.5 尺规作图与徒手画图

为了使图样绘制得又好又快,除了掌握几何作图方法和正确使用绘图工具外,还必须掌握正确的绘图方法和绘图程序。

1.5.1 尺规作图

1. 绘图前的准备工作

(1)备齐制图用品、工具和仪器,以及有关参考资料。

(2)合理安排工作地点,应使光线从图板的左前方进入。

(3)擦净图板、丁字尺和三角板,将手洗干净。

(4)选比例、定图幅,将图纸正面向上固定在图板上。固定时一般应将图纸固定在图板的左下方,图纸要放正。

2. 绘制底稿

底稿用 2H~4H 铅笔绘制,图线要轻而细,但应分清各种图线。

(1)先画图框和标题栏。

(2)画出轴线、对称中心线和主要轮廓线进行布局,以确定图在图纸上的位置。

(3)逐一画图形上各种结构要素。

(4)画尺寸线、尺寸界线。

(5)校核,擦去多余线。

3. 线条描深及图面标注

对整幅图面,用铅笔加深图线,并注写文字。描深时应做到线型正确,粗细均匀,连接光滑,图面整洁。一般的成图顺序是:

(1)描深所有的圆及圆弧,先粗后细,先实后虚。

(2)描深所有的粗实线。

(3)描深所有的虚线。

(4)描深所有的点画线、细实线(包括尺寸线、尺寸界线)和波浪线。

(5)画箭头、注写尺寸数字。

(6)描深图框和标题栏。

(7)填写标题栏。

描深图线时,对图面上所有水平线应从上向下描深,垂直线应从左向右描深。一般用 2B 或 B 的描深粗实线,用 HB 铅笔描深虚线,用 H 铅笔描深细线,写字和画箭头用 HB 铅笔。另外,圆规的铅芯应比画直线的铅芯软一级。

1.5.2　徒手画图

徒手绘图是指不用绘图仪器和工具,靠目测确定物体各部分的比例,徒手绘制图样的过程。徒手绘图画出的图样称为草图或徒手图。

在设计开始阶段,为提出设计方案,需要快速画出方案草图;在仿制或修理机器时,需要现场测绘,也需要画草图;在参观和讨论中,为了及时把看到和想到的东西记录和表达出来,都常常需要徒手画草图。所以徒手草图是很重要的一项绘图技能,其基本要求是图形正确、比例匀称、线型分明、字体工整、图面整洁。

画徒手图一般用 HB 的铅笔,铅芯磨成圆锥形。为了画好草图,执笔时力求自然,手要放松,同时需要掌握直线、曲线和角度斜线的画法。

1. 直线的绘制

绘制直线时,画短线常用手腕运笔,画长线则以手臂动作,且肘部不宜接触纸面,否则不易画直。画水平线时,图纸可放斜一点,不要将图纸固定死,以便随时可将图纸调整到画线最为顺手的位置,由左向右画出,如图 1-59(a)所示;画垂直线时,自上而下运笔,如图 1-59(b)所示。画斜线时的运笔方向如图 1-59(c)所示。每条图线最好一笔画成;对于较长的直线,可以用目测在直线中间定出几个点,然后分段画。

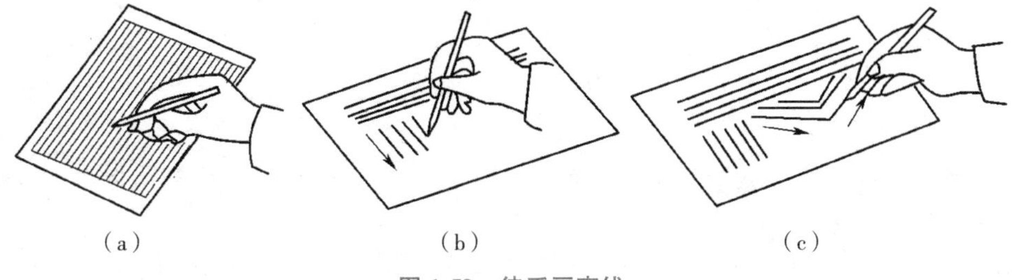

(a)　(b)　(c)

图 1-59　徒手画直线

2. 等分线段

等分线段时,根据等分数的不同,凭目测先分成相等或成一定比例的两或几大段,然后再逐步分成符合要求的多个相等小段。如八等分线段,先目测取得中点4,再取分点2、6,最后取其余分点1、3、5、7,如图1-60(a)所示。又如五等分线段,先目测将线段分成3∶2,得分点2,再得分点3,最后取得分点1和4,如图1-60(b)所示。

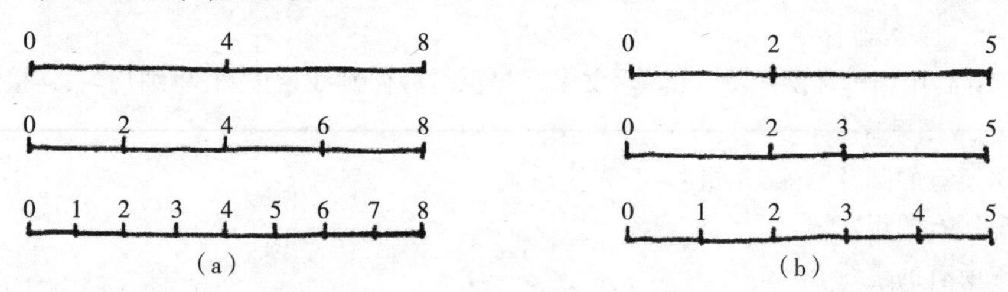

图1-60 徒手等分线段的方法

3. 角度线

对30°、45°、60°等常见角度,可根据两直角边的比例关系,定出两端点,然后连接两点即为所画的角度线,如图1-61所示。如画10°、15°等角度线,可先画出30°角后,再等分求得。

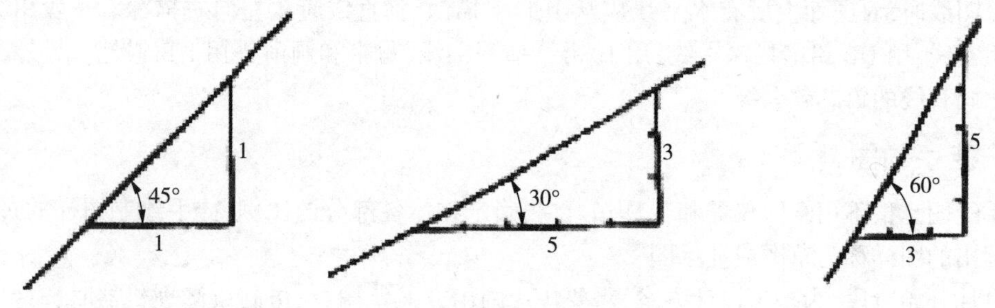

图1-61 徒手画特殊角斜线

4. 圆的绘制

画圆时,先徒手作两条互相垂直的中心线,定出圆心,再根据直径大小,用目测估计半径大小,在中心线上截得四点,然后徒手将各点连接成圆,如图1-62(a)所示。对于直径较大的圆,可在45°方向的两中心线上再目测增加四个点,分段逐步完成,如图1-62(b)所示。

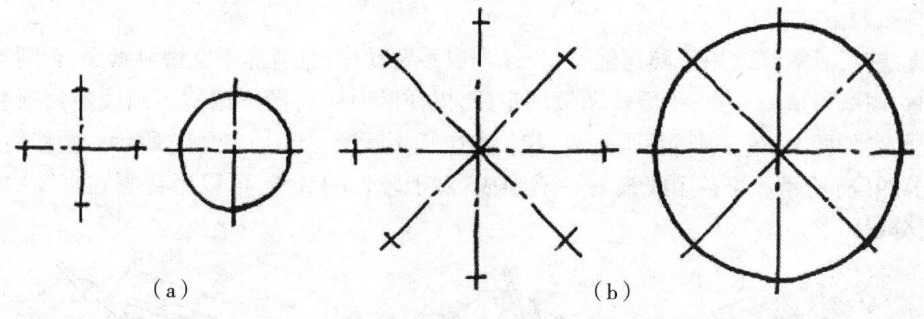

图1-62 徒手画圆

5. 椭圆的绘制

根据椭圆的长短轴,目测定出其端点位置,过四个端点画一矩形,徒手作椭圆与此矩形相切,并注意图形的对称性,如图1-63所示。

总之,徒手画图的基本要求是:画图速度尽量要快,目测比例尽量要准,画面质量尽量要好。对于一个工程技术人员来说,除了熟练地使用仪器绘图之外,还必须具备徒手绘制草图的能力。

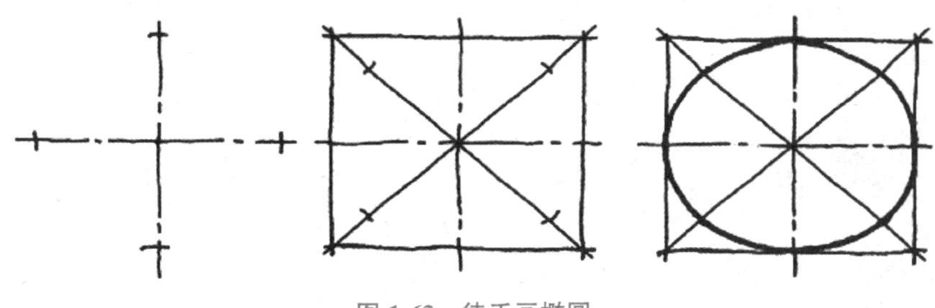

图 1-63　徒手画椭圆

6. 目测方法

画中、小物体时，可用铅笔当尺直接放在实物上测各部分的大小，然后按测量的大体尺寸画出草图，如图 1-64 所示。也可用此方法估计出各部分的相对比例，画出缩小或放大的草图。

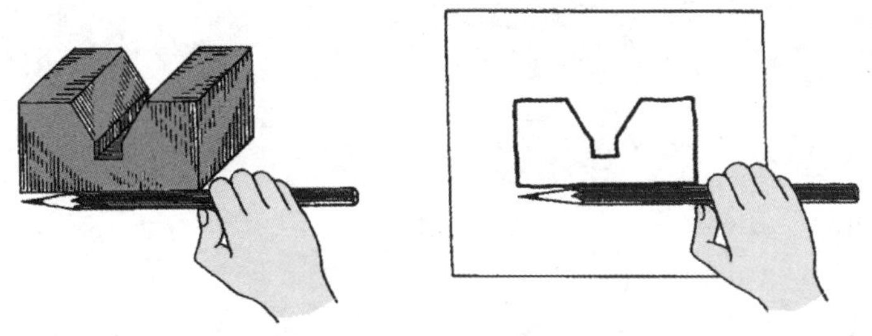

图 1-64　目测中小物体

画较大的物体时，用手握一铅笔进行目测度量。目测时，人的位置保持不动，握铅笔的手臂要伸直。人和物体的距离大小，应根据所需图形的大小来确定，如图 1-65 所示。在绘制及确定各部分相对比例时，建议先画大体轮廓，然后再画细小局部。

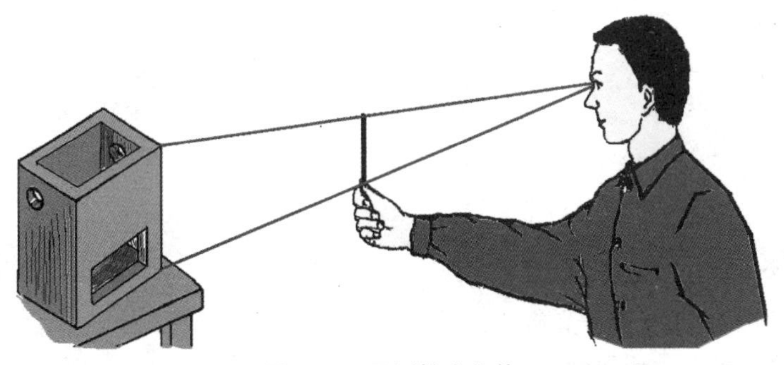

图 1-65　目测较大物体

下面以一个例子来说明。徒手画一个不规则物体轮廓图，首先按比例分割，画出表征各部分的简单线条图，然后添加画出各部分轮廓曲线的大致方向，接下来补充画出其他细节部分，最后擦掉多余的线条，加深草绘图线，完成轮廓草图绘制，如图 1-66 所示。

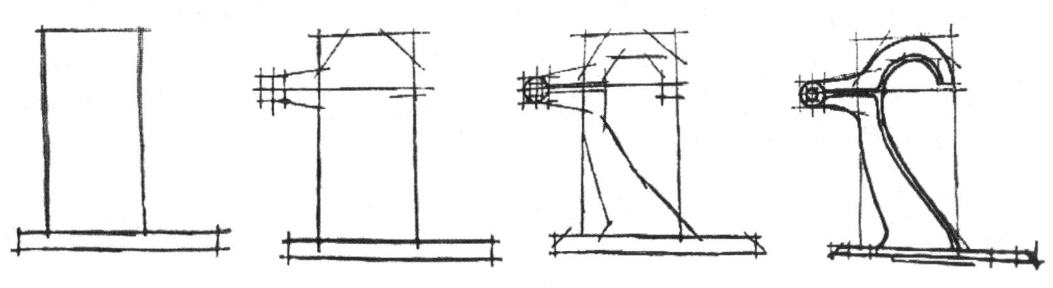

图 1-66　徒手轮廓图

第2章 投影制图基础

思维导图

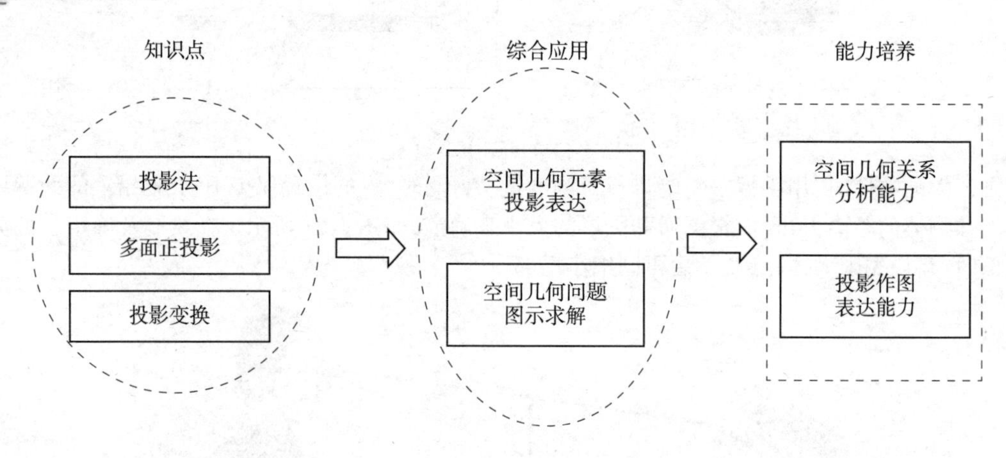

重点难点

1. 求直线与平面的交点、两个平面的交线；
2. 直线与平面垂直、两平面垂直问题；
3. 换面法解决几何度量问题和定位问题；
4. 综合问题解题方法。

素质拓展

学习投影知识及多面正投影方法，训练工程对象二维图示表达能力。投影是基于降维处理的表达方法，理解空间与平面之间的映射转换，建立“三维空间几何元素”与“二维平面投影”间的对应关系。“眼见未必为实”，两条直线的投影相交，但在空间不一定真实相交。学会多视角观察问题，透过现象发现本质，形成多维空间思考能力。

2.1 投影法

光线照射物体时,可在平面上产生物体的影像。利用这一原理在平面上绘制出物体的图像用以表示物体的形状和大小,这种产生图形的方法称为投影法。工程上应用投影法获得工程图样的方法是从日常生活中自然界的一种光照投影现象抽象而来的。由投影中心、投射线和投影面三要素所决定的投影法可分为中心投影法和平行投影法。

1. 中心投影法

如图 2-1 所示,投射线自投影中心 S 出发,将空间 $\triangle ABC$ 投射到投影面 P 上,所得 $\triangle abc$ 即为 $\triangle ABC$ 的投影。这种投射线自投影中心出发的投影法称为中心投影法,所得投影称为中心投影。

中心投影法主要用于绘制产品或建筑物的立体图,真实感较强,也称透视图。

2. 平行投影法

若将投影中心 S 移到离投影面无穷远处,则所有的投射线都相互平行,这种投射线相互平行的投影法,称为平行投影法,所得投影称为平行投影。平行投影法根据投射线与投影面是否垂直又可分为正投影法和斜投影法。若投射线垂直于投影面,称为正投影法,所得投影称为正投影,如图 2-2(a)所示;若投射线倾斜于投影面,称为斜投影法,所得投影称为斜投影,如图 2-2(b)所示。

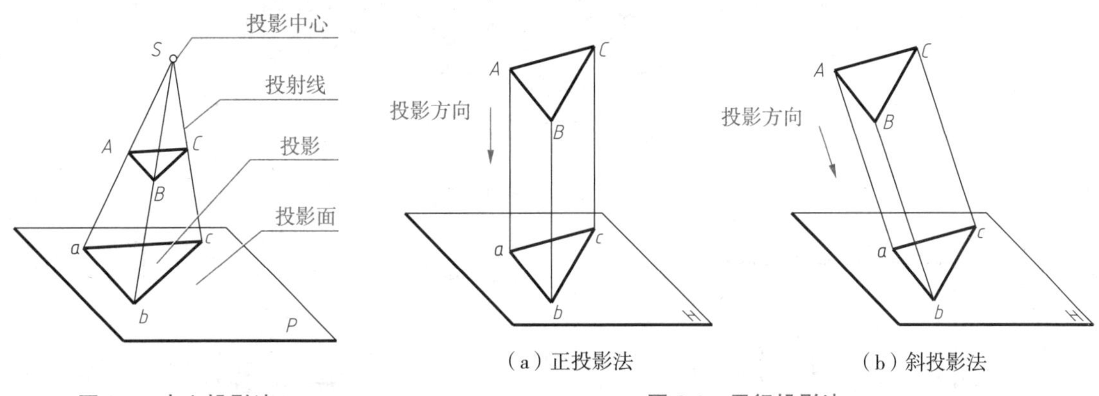

(a) 正投影法　(b) 斜投影法

图 2-1 中心投影法　图 2-2 平行投影法

正投影法主要用于绘制工程图样;斜投影法主要用于绘制有立体感的图形,如斜轴测图。

3. 平行投影特性

(1) 平行性。两线段空间平行,它们的投影也平行,空间两线段长度之比等于其投影长度之比,即若 $AB//CD$,则 $ab//cd$,且 $AB:CD=ab:cd$,如图 2-3(a)所示。

(2) 定比性。点分线段之比,投影后保持不变,即 $MK:KN=mk:kn$,如图 2-3(b)所示。

(3) 实形性。平行于投影面的线段或平面图形,其投影反映实长或实形,如图 2-3(c)所示。

(4) 积聚性。垂直于投影面的直线或平面图形,其投影积聚成点或直线,如图 2-3(d)所示。

(5) 类似性。当直线或平面图形既不平行也不垂直于投影面时,直线的投影仍然是直线,平面图形的投影是原图形的类似形,如图 2-3(e)所示。

4. 工程上常用的投影图

(1) 多面正投影图

正投影图是用两个或两个以上互相垂直的投影面建立的多面投影来表达物体,在每个投影面上分别用正投影法得到物体的投影，如图 2-4(a)所示，然后再将投影面按一定规律展开在一个平面上，如图 2-4(b)所示。这种多面正投影图可以确切地表达物体的形状和大小，且作图简便，度量性好，所以在工程中广泛使用。本书以后各章节中无特殊说明，均系正投影图，“投影”二字均指“正投影”。

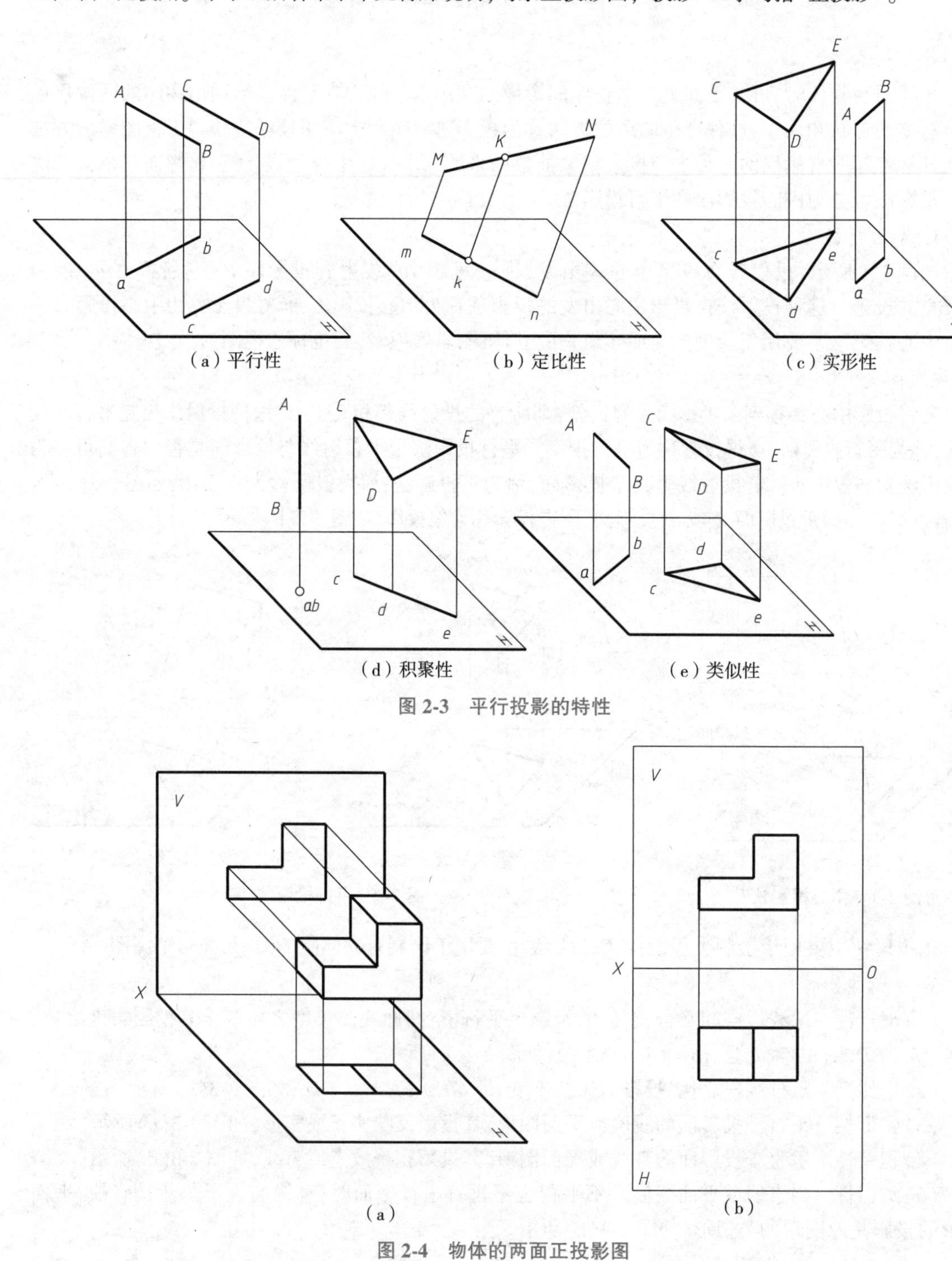

（a）平行性　（b）定比性　（c）实形性

（d）积聚性　（e）类似性

图 2-3　平行投影的特性

（a）　（b）

图 2-4　物体的两面正投影图

(2)轴测图

轴测图是按平行投影法，将物体及其直角坐标系 O-XYZ 沿不平行于任一坐标平面的方向投射到单一投影面上,所得到的图形称为轴测图,如图 2-5 所示。轴测图的特点是立体感强,但作图较复杂,因此常作为工程上的辅助图样。

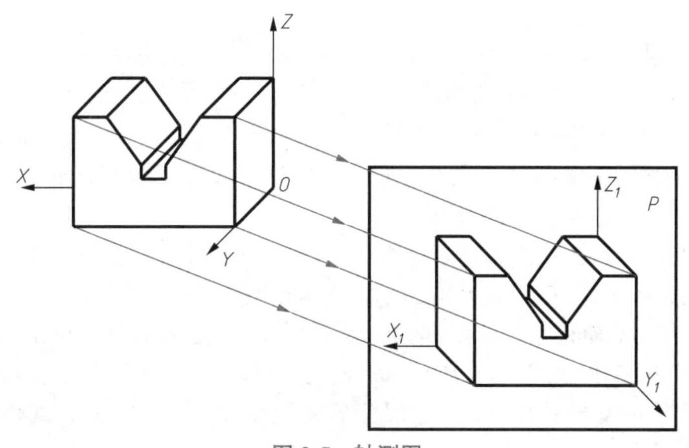

图 2-5　轴测图

(3)透视图

透视图是用中心投影法画出的单面投影图,透视投影符合人的视觉规律,看起来自然、逼真,具有近大远小的特点,但它不能将真实形状和度量关系表示出来,且作图复杂,因此该图主要在建筑、工业设计等工程中作为效果图使用,如图 2-6 所示。

(4)标高投影

标高投影是用正投影法画出的单面投影图。它是把不同高度的点或平面曲线向投影面投射,然后在点或曲线的投影上标出高度坐标。标高投影在地形图绘制中广泛采用,如图 2-7 所示。

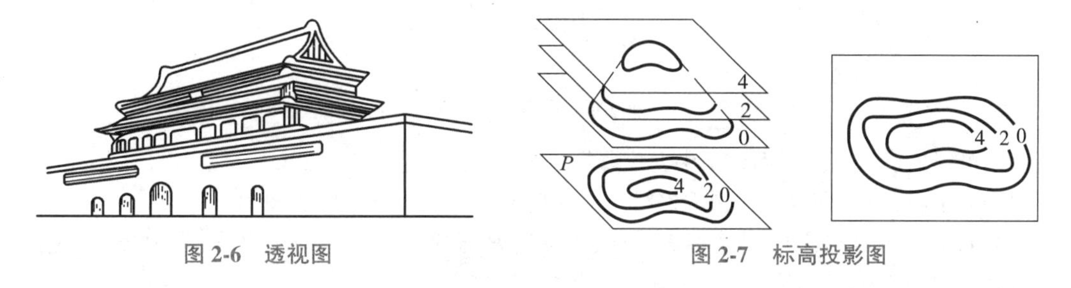

图 2-6　透视图　　　　图 2-7　标高投影图

2.2　点的投影

组成物体的基本元素是点、直线和平面。因此要表达各种产品的结构,必须首先掌握几何元素的投影特性。要唯一确定几何元素的空间位置、形状和大小,乃至物体的形状和大小,必须采用多面正投影的方法。后续将重点讨论点、直线和平面在三面投影体系中的投影规律和作图方法。

2.2.1　点在两投影面体系中的投影

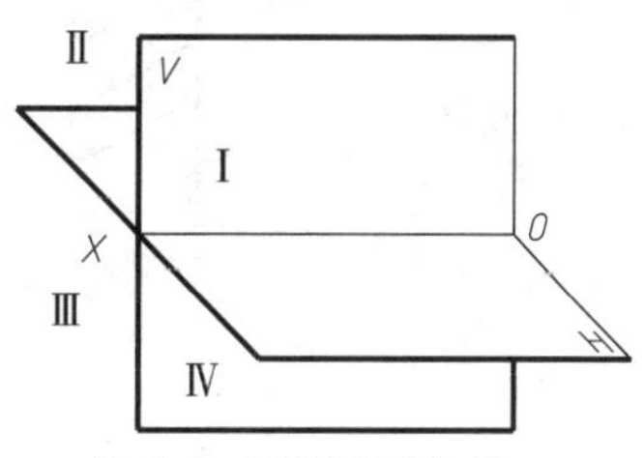

图 2-8　两投影面体系

要根据点的投影确定其在空间的位置,需要引入两个相互垂直的投影平面 V 和 H,如图 2-8 所示。通常把 V 面称为正立投影面(简称正面),把 H 面称为水平投影面(简称水平面)。两个投影面相交

于投影轴 OX(简称 X 轴),把整个空间划分为四个区域,每一个区域称为一个分角,按图 2-8 的顺序来称呼这四个分角。

1. 点在第一分角的投影

国家标准《技术制图 投影法》规定,绘制技术图样时,采用正投影法为主,并采用第一分角画法。因此,以下着重讨论点在第一分角中的投影。

如图 2-9(a)所示,假设空间有一点 A,经过点 A 分别向 H 面和 V 面作正投影,得到投影 a 和 a',则 a 称为点 A 的水平投影,a'称为点 A 的正面投影。规定用大写字母 A 表示空间的点,分别用小写字母 a 和 a'表示点的水平投影和正面投影。

展开时,使 V 面保持不动,按图 2-9(a)中箭头所指的方向,使 H 面绕 OX 轴向下旋转 90°,与 V 面重合,即得到点 A 的正投影图,如图 2-9(b)所示。为了作图方便,去掉边框,即是如图 2-9(c)所示的投影图。这样,确定了 OX 轴和原点后,点的空间位置可以由点的投影图来确定。

从图 2-9(a)中可以看出:因为 $Aa \perp H$ 面;$Aa' \perp V$ 面,所以 Aa 和 Aa'所组成的平面,既垂直于 V 面和 H 面,又垂直于它们的交线(OX 轴)。在展开后的投影图上,a、a_x、a'三点必在同一直线上,且 $aa' \perp OX$ 轴,aa'称为投影连线。

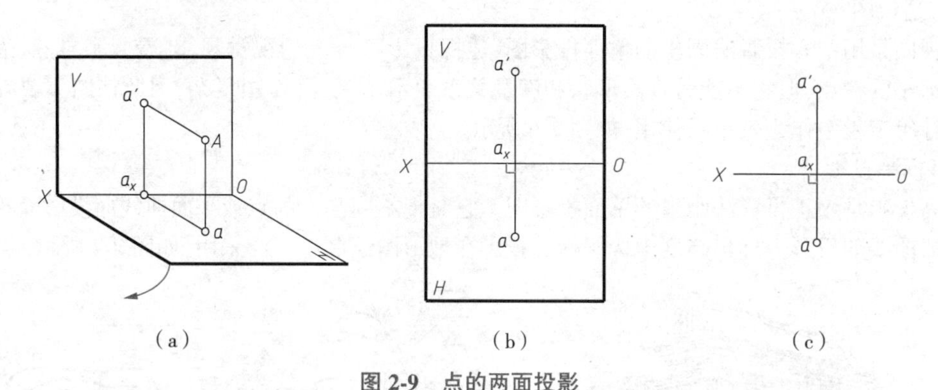

(a)　(b)　(c)

图 2-9　点的两面投影

由此可得出点在两投影面体系中的投影规律:

(1)点的正面投影和水平投影的连线一定垂直于 OX 轴,即 $aa' \perp OX$ 轴。

(2)点的正面投影到 OX 轴的距离,反映该点到 H 面的距离;点的水平投影到 OX 轴的距离,反映该点到 V 面的距离,即 $a'a_x = Aa$, $aa_x = Aa'$。

2. 点在其他分角的投影

图 2-10(a)所示为点在第一、二、三、四分角内的投影情况,从图中可得出下列规律:

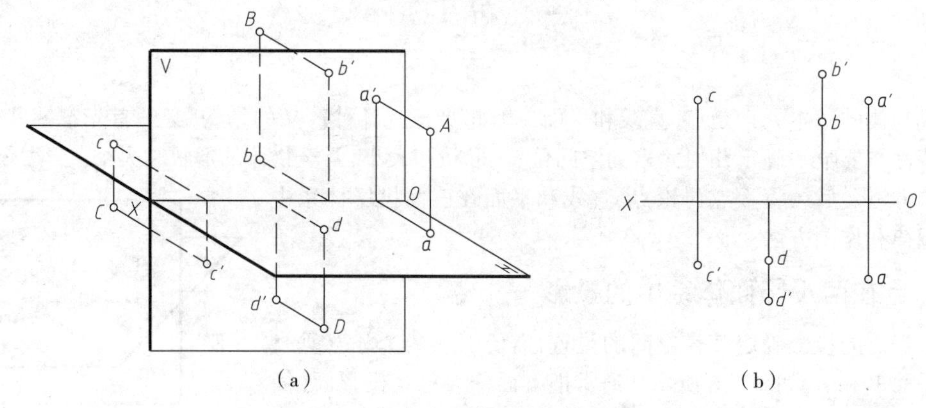

(a)　(b)

图 2-10　点在四个分角中的投影

(1)点的正面投影在 OX 轴的上方(或下方),表示空间该点在 H 面的上方(或下方)。

(2)点的水平投影在 OX 轴的下方(或上方),表示空间该点在 V 面的前方(或后方)。

从图 2-10(b)中可以看出:在第一和第三分角中的点,它们的正面投影和水平投影分别处在 OX 轴的两侧,这样画出的图形清晰。因此,我国和欧洲国家多采用第一角投影法绘制工程图,也有一些国家如美国、英国等采用第三角投影。而应用图解法时,常常会遇到需要把线或面延长的情况,很难使它们始终局限在第一分角中。为此对点(包括直线、平面等一切要表达的空间要素)在其他分角的投影,尤其是在第三分角的投影规律亦应予以掌握。

3. 投影面和投影轴上的点

图 2-11 所示为点在投影面内的情况,其投影特点是:

(1)点的一个投影落在 OX 轴上。

(2)点的另一个投影与其自身重合。

其中点 E 为投影轴上的点,其两面投影与自身重合,都落在 OX 轴上。

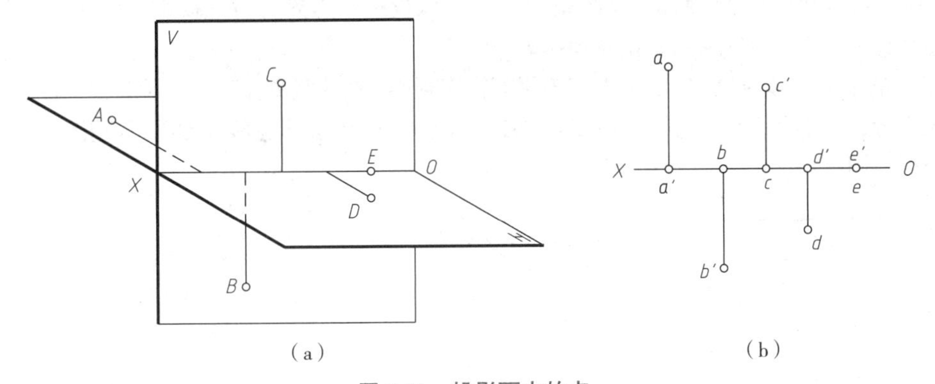

图 2-11　投影面内的点

2.2.2　点在三投影面体系中的投影

1. 三投影面体系

为了表达的需要,在两投影面体系的基础上增加一个投影面,形成三个互相垂直的投影面,建立三投影面体系。三个投影面分别称为正立投影面 V、水平投影面 H、侧立投影面 W。它们将空间分为八个部分,每个部分为一个分角,其顺序如图 2-12(a)所示。我国国家标准中规定采用第一分角画法,故本教材重点讨论第一分角画法。三投影面体系的立体图在后文中出现时,都画成图 2-12(b)的形式。

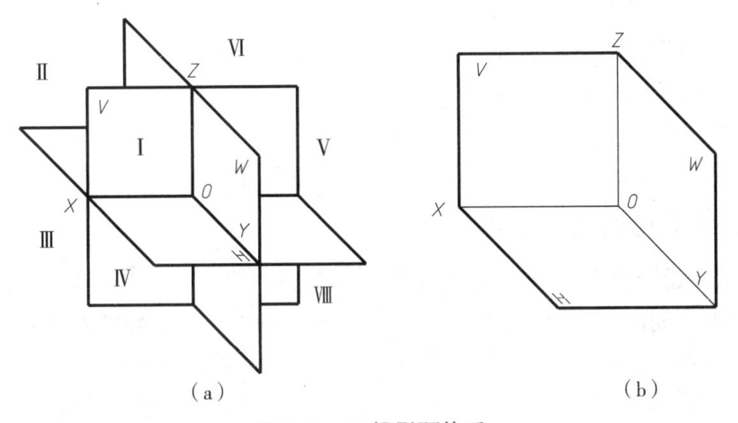

图 2-12　三投影面体系

三个投影面两两垂直相交，得三个投影轴分别为 OX、OY、OZ，其交点 O 为原点。画投影图时需要将三个投影面展开到同一个平面上。展开的方法是 V 面不动，H 面和 W 面分别绕 OX 轴或 OZ 轴向下或向右旋转 90°与 V 面重合，展开后，画图时去掉投影面边框，如图 2-13 所示。

2. 点在三投影面体系中的投影

国家标准中规定空间点用大写字母表示，如 A、B、C 等；水平投影用相应的小写字母表示，如 a、b、c 等；正面投影用相应的小写字母加“′”表示，如 a'、b'、c'；侧面投影用相应的小写字母加“″”表示，如 a''、b''、c''，如图 2-13 所示。三投影面体系展开后，点的三个投影在同一平面内，得到了点的三面投影图。应注意的是：投影面展开后，OY 轴一方面随着 H 面旋转到 OY_H 的位置，另一方面又随着 W 面旋转到 OY_W 的位置，因此在投影图上有两个位置。由于投影面相互垂直，所以三投影轴也相互垂直，8 个顶点 A、a、a_x、a'、a_z、a''、a_Y、O 构成正六面体，根据正六面体的性质可以得出三面投影图的投影特性如下：

（1）点的正面投影和水平投影的连线垂直于 OX 轴，即 $aa' \perp OX$；点的正面投影和侧面投影的连线垂直于 OZ 轴，即 $a'a'' \perp OZ$；同时 $aa_{Y_H} \perp OY_H$，$a''a_{Y_W} \perp OY_W$。

（2）点的投影到投影轴的距离，反映空间点到以该投影轴为界的另一投影面的距离，即：$a'a_Z = Aa'' = aa_{Y_H} = x$；$aa_X = Aa' = a''a_Z = y$；$a'a_X = Aa = a''a_{Y_W} = z$。

由于点的水平投影到 OX 轴的距离等于侧面投影到 OZ 轴的距离，即：$aa_X = a''a_Z$，从点的水平投影和侧面投影分别作水平线和垂直线必相交于自点 O 的所作的 45°角平分线，因此可采用图 2-13(c)所示的方法进行作图。

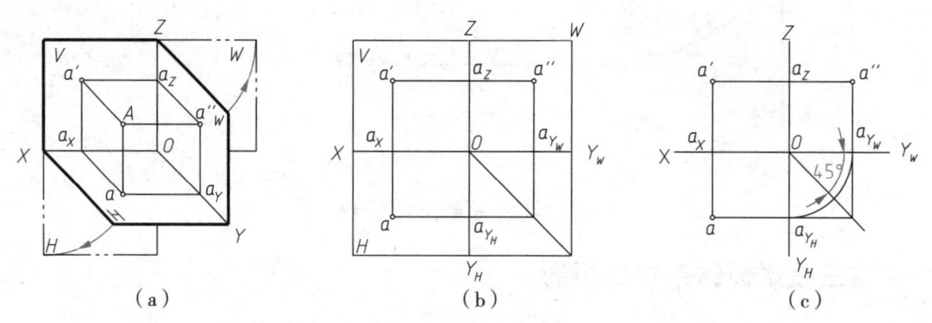

图 2-13　点的三面投影

2.2.3　点的坐标与投影的关系

点的空间位置也可由其坐标来确定。为了方便起见，可以把投影面当作坐标面，把投影轴当作坐标轴，点 O 即为坐标原点，如图 2-14 所示。规定 OX 轴从点 O 向左为正，OY 轴从点 O 向前为正，OZ 轴从点 O 向上为正。点的投影与坐标间的关系为：

点 A 到 W 面的距离 $= Oa_X = X$ 坐标；

点 A 到 V 面的距离 $= aa_X = Y$ 坐标；

点 A 到 H 面的距离 $= a'a_X = Z$ 坐标；

因此，若已知点的坐标 (x, y, z)，它的三面投影就可以确定。

2.2.4　两点之间的相对位置关系

几何元素在同一投影面上的投影，称为同面（或同名）投影。观察分析两点的各个同面投影之间的关系，可以判断空间两点的相对位置。根据 X 坐标值的大小可以判断两点的左右位置；根据 Z 坐标值的大小可以判断两点的上下位置；根据 Y 坐标值的大小可以判断两点的前后位置。如图 2-15 所示，点 B 的 X 坐标和 Z 坐标均小于点 A 的相应坐标，而点 B 的 Y 坐标大于点 A 的 Y 坐标，因而，点 B 在点 A 的右方、下方、前方。

2.2.5 重影点及其可见性判断

从图 2-16 可以看出，当空间两点位于垂直于某一投影面的同一条投射线上时，两点在该投影面上的投影重合，这两点称为重影点。如图 2-16 所示，若 A、B 两点无左右、前后距离差，点 A 在点 B 正上方，两点的 H 面投影重合，则点 A 和点 B 称为对 H 面投影的重影点。同理，若一点在另一点的正前方或正后方时，则两点是对 V 面投影的重影点；若一点在另一点的正左方或正右方时，则两点是对 W 面投影的重影点。我们可以分析得出，重影点必有两对同名坐标值相等，另一对坐标值不等。如 A、B 两点的 X、Y 坐标值相等，Z 坐标值不等。

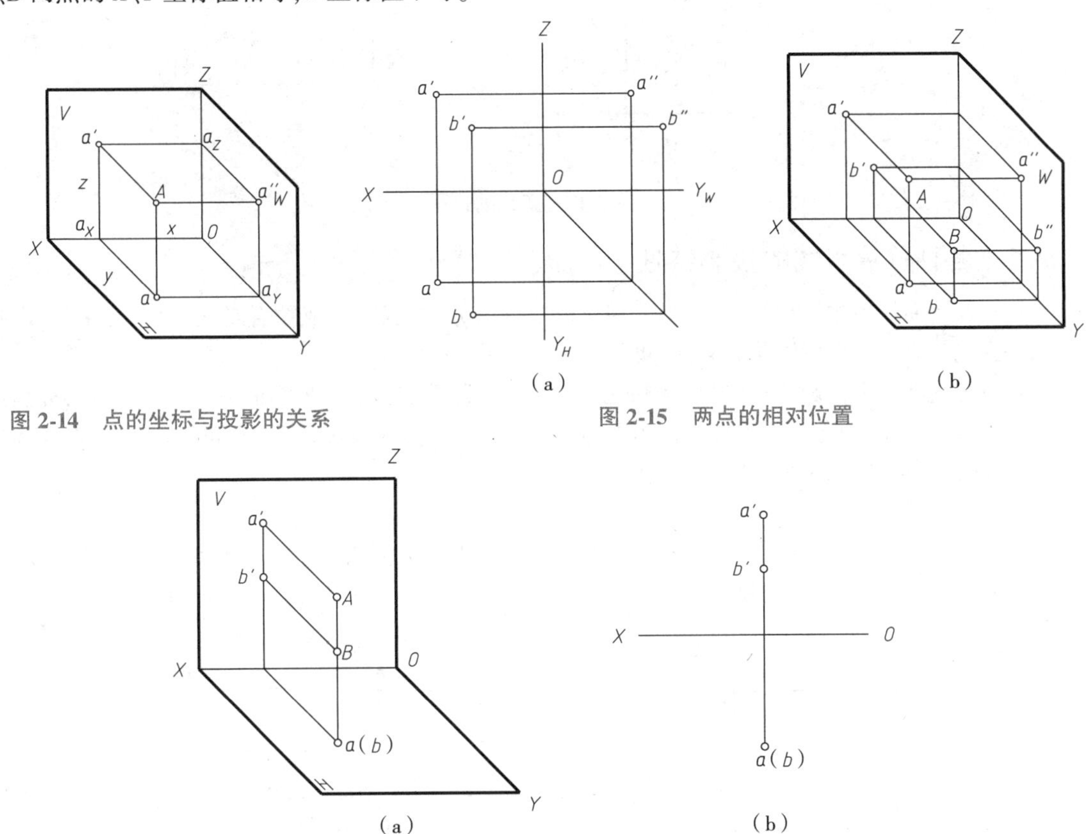

(a) (b)

图 2-14 点的坐标与投影的关系

图 2-15 两点的相对位置

(a) (b)

图 2-16 重影点

重影点需判别可见性。根据正投影特性，可见性的区分应是前遮后、上遮下、左遮右。图 2-16 中 A、B 两点是对 H 面的重影点，要设想从上向下观察，上面的点 A 遮挡住下面的点 B，因此点 A 可见，点 B 不可见。用坐标值判断时，因为 A、B 两点的 X 坐标和 Y 坐标相等，需比较 Z 坐标值，由于 $Z_A>Z_B$，即点 A 在点 B 的正上方，点 A 可见。我们规定不可见点的投影加圆括号表示记为(b)。

2.3 直线的投影

2.3.1 直线的投影特性

一般情况下，直线的投影仍是直线，如图 2-17(a)中的直线 AB。在特殊情况下，若直线垂直于投影面，直线的投影可积聚为一点，如图 2-17(a)中的直线 CD。直线的投影可由直线上两点的同面投

影连接得到，如图 2-17(b)所示，分别作出直线上两点 A、B 的三面投影，将其同面投影相连，即得到直线 AB 的三面投影图。

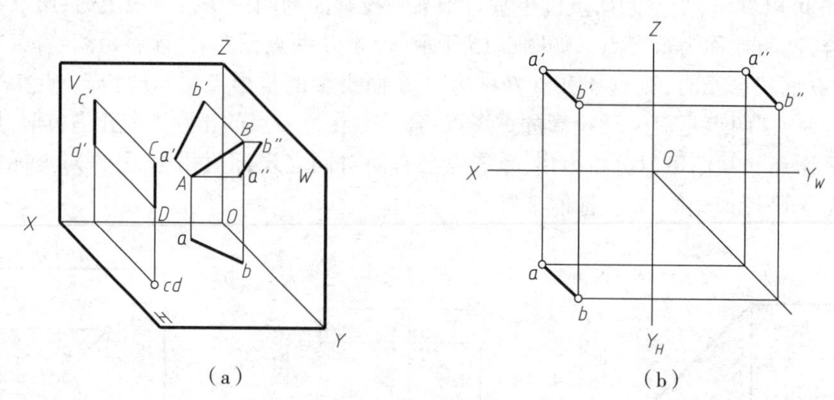

图 2-17　直线的投影

2.3.2　各种位置直线的投影特性

在三投影面体系中，直线对投影面的相对位置可以分为三类：一般位置直线、投影面平行线、投影面垂直线。后两类为特殊位置直线，可再各分成三种。

直线与它的水平投影、正面投影、侧面投影的夹角，称为该直线对投影面 H、V、W 的倾角，分别用 α、β、γ 表示。当直线平行于投影面时，倾角为 0°；当直线垂直于投影面时，倾角为 90°；当直线倾斜于投影面时，倾角在 0°到 90°之间。

1. 一般位置直线

一般位置直线与三个投影面都倾斜，因此在三个投影面上的投影都不反映实长，投影长度小于直线的实长；投影与投影轴之间的夹角也不反映直线与投影面之间的倾角，如图 2-18 所示。

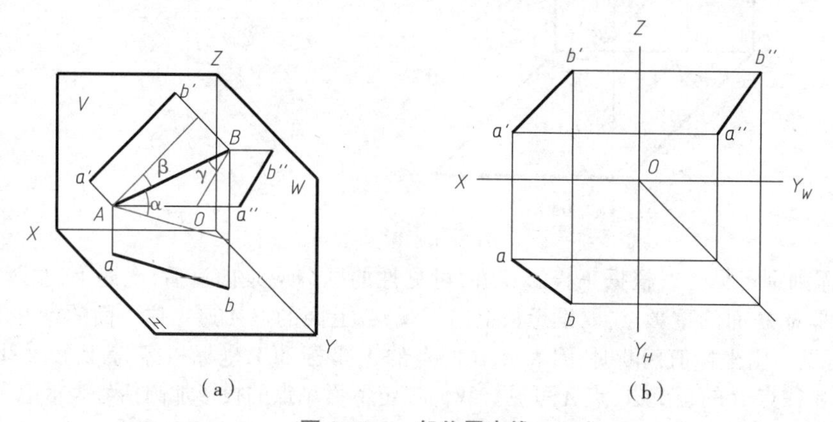

图 2-18　一般位置直线

2. 投影面平行线

平行于一个投影面，同时与另外两个投影面倾斜的直线称为投影面平行线。根据直线与投影面位置的不同可分为水平线、正平线、侧平线三种。它们的投影图及投影特性见表 2-1。

从表 2-1 中可以总结出投影面平行线的投影特性：

(1) 在所平行的投影面上的投影，反映实长；该投影与投影轴的夹角，分别反映直线对其他两投影面的真实倾角。

(2) 在另外两个投影面上的投影，平行于相应的投影轴，长度变短。

表 2-1 投影面平行线

直线的位置	直观图	投影图及特性	实 例
水平线 (平等于 H 面 对 V、W 面倾斜)	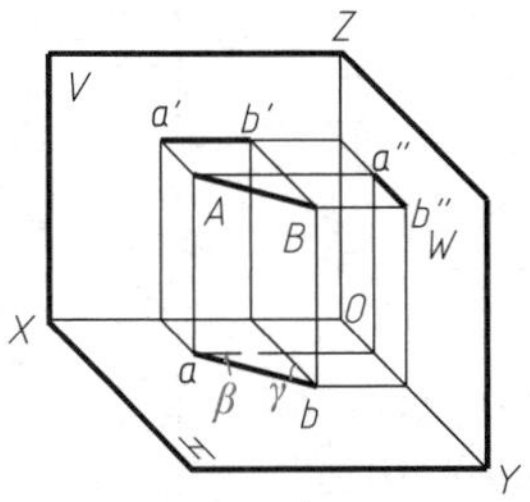	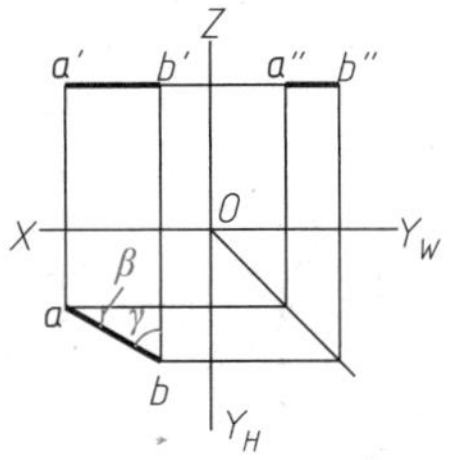 (1) $ab=AB$; (2) $a'b'//OX, a'b'//OY_W$; (3) β,γ 反映实角	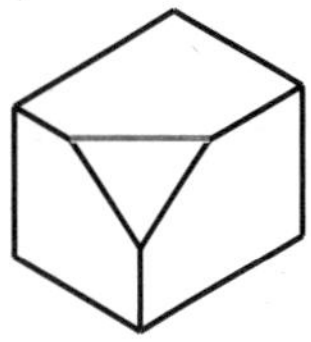
正平线 (平等于 V 面 对 H、W 面倾斜)	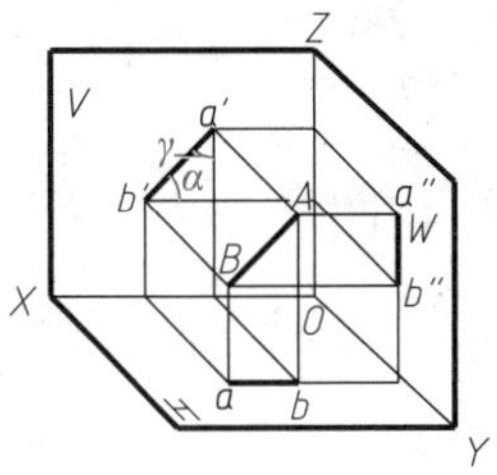	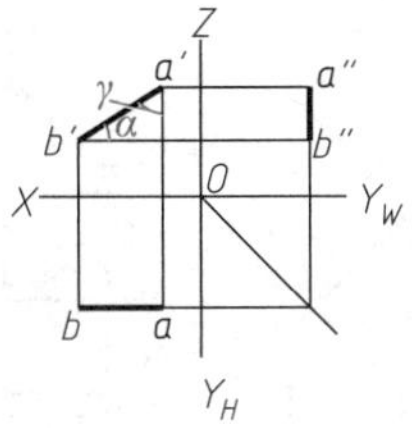 (1) $a'b'=AB$; (2) $ab//OX, a''b''//OZ$; (3) α,γ 反映实角	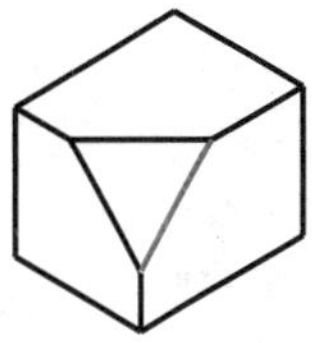
侧平线 (平等于 W 面 对 V、H 面倾斜)	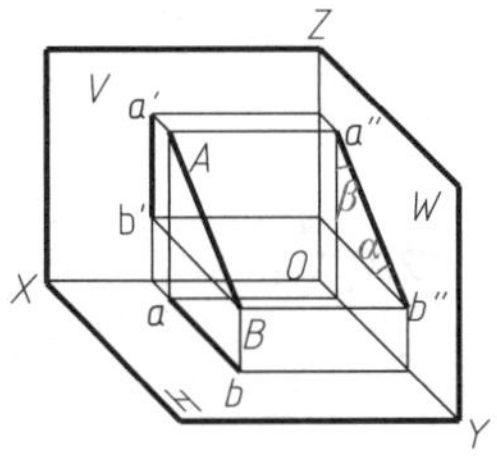	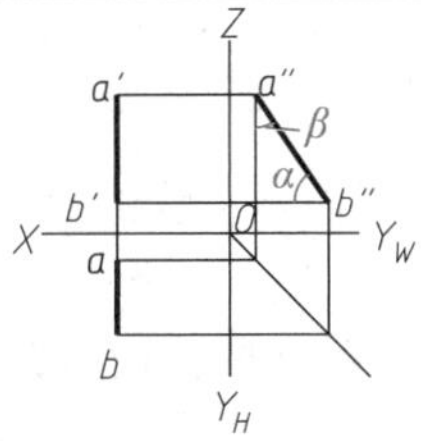 (1) $a''b''=AB$; (2) $a'b'//OZ, ab//OY_H$; (3) α,β 反映实角	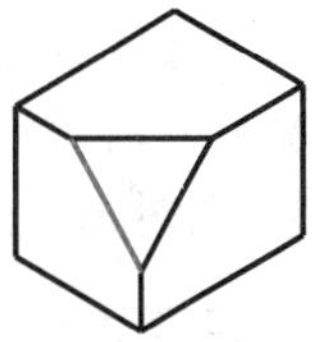

3. 投影面垂直线

垂直于一个投影面,与另外两个投影面平行的直线称为投影面垂直线。根据与投影面位置的不同可分为铅垂线、正垂线、侧垂线三种,它们的投影图及投影特性见表 2-2。

表 2-2 投影面垂直线

直线的位置	直观图	正投影图及特性	实 例
铅垂线 (垂直于 H 面)	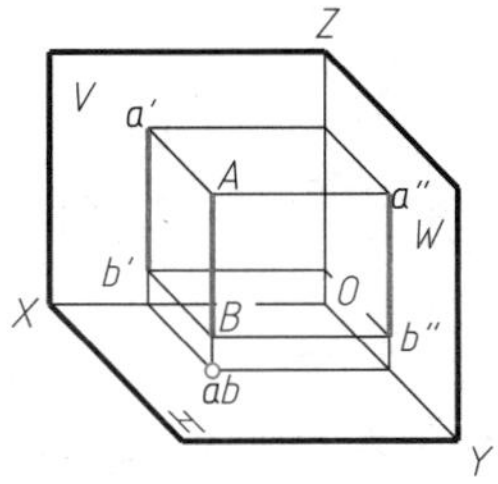	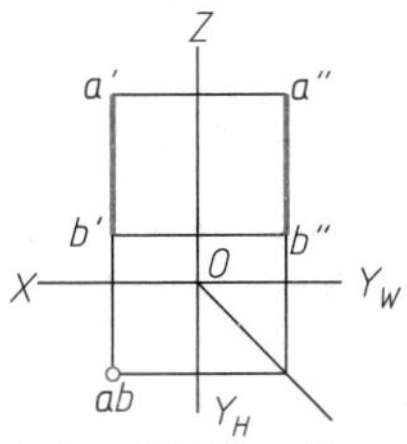 (1) ab 积聚为一点; (2) $a'b'//OZ, a''b''//OZ$; (3) $a'b'=a''b''=AB$	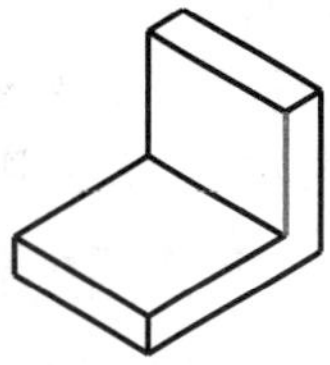

续上表

直线的位置	直观图	正投影图及特性	实例
正垂线 （垂直于 V 面）	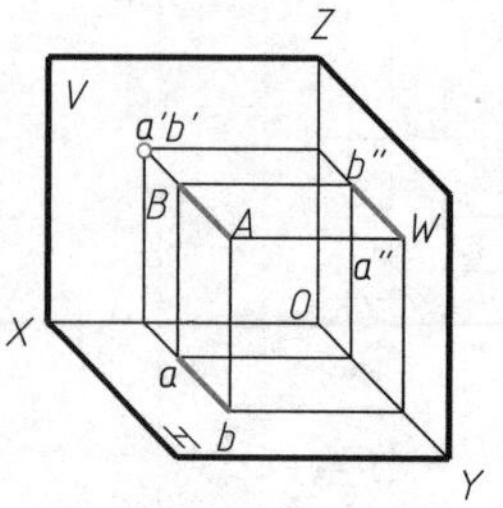	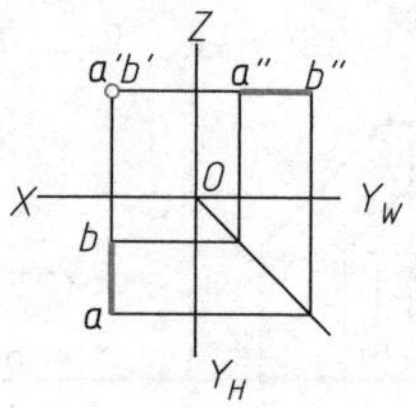 (1) $a'b'$ 积聚为一点； (2) $ab // OY_H$，$a''b'' // OY_W$； (3) $ab = a''b'' = AB$	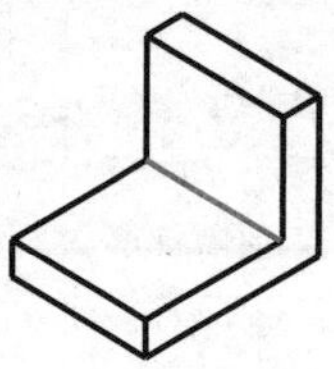
侧垂线 （垂直于 W 面）	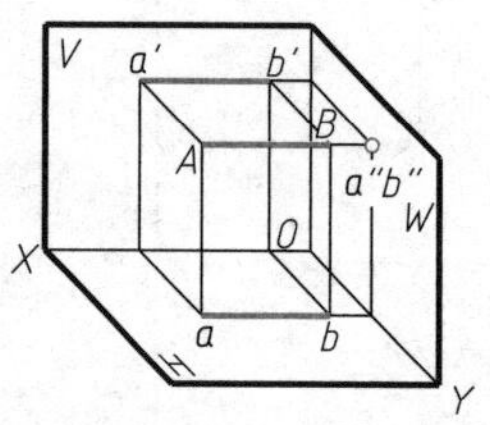	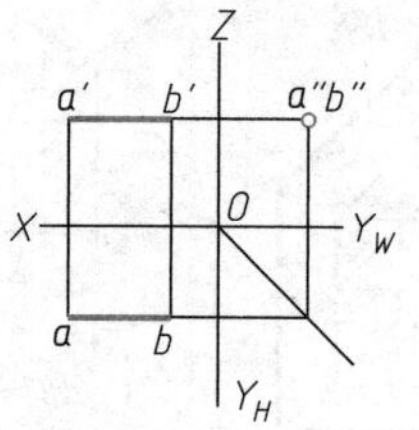 (1) $a''b''$ 积聚为一点； (2) $a'b' // OX$，$ab // OX$； (3) $a'b' = ab = AB$	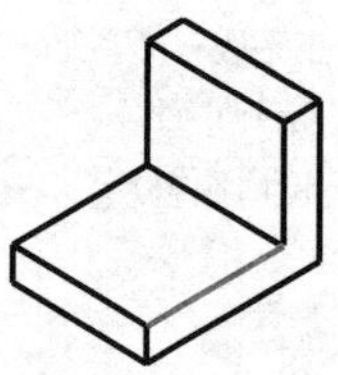

同样，可以从表 2-2 中总结出投影面垂直线的投影特性：

(1)在所垂直的投影面上的投影积聚成一个点。

(2)在另外两个投影面上的投影平行于相应的投影轴，反映实长。

2.3.3 直线上的点

几何元素在同一投影面上的投影，称为同面(或同名)投影。根据平行投影特点可知，直线上点的投影，必然落在直线的同面投影上，同时点分割线段之比，投影后保持不变。如图 2-19 所示，点 C 在直线 AB 上，则 c 在 ab 上，c' 在 $a'b'$ 上，并且满足 $AC : CB = ac : cb = a'c' : c'b'$。

例 2-1 在直线 AB 上取一点 C，使 $AC : CB = 2 : 3$，作出点 C 的两面投影。

解：如图 2-19 所示，根据直线上点的投影特性，有 $AC : CB = ac : cb = a'c' : c'b' = 2 : 3$，可先将线段的任一投影分为 2 : 3，从而得到分点 C 的一个投影，再作出点 C 的另一投影。

作图方法：

(1)从 a 作任一直线，在其上量取 5 个单位长度。

(2)连接 5 和 b，过 2 点作 $2c // 5b$，与 ab 相交于 c。

(3)由 c 作投影连线，与 $a'b'$ 相交得到 c'。

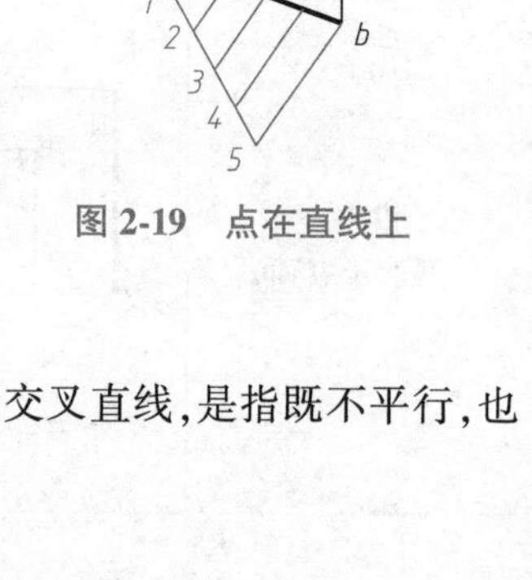

图 2-19 点在直线上

2.3.4 两直线的相对位置关系

空间两直线的相对位置关系有三种情况：平行、相交和交叉。所谓交叉直线，是指既不平行，也不相交的两条直线，也称为异面直线。

根据平行投影性质,以及点、直线关系的投影特征,可以得出两平行直线的投影特性。即空间两直线平行,其同面投影也分别平行,如图 2-20 所示;反之,如果两直线的同面投影都相互平行,则两条直线在空间也一定相互平行。

对于一般位置直线,只要两条直线的任意两对同面投影相互平行,就能判断两条直线在空间上是相互平行的。但对于投影面平行线来说,还不能直接判断,需求出第三投影后才能确定。

空间两相交直线,其同面投影必然相交,并且交点符合点的三面投影特性,如图 2-21 所示,直线 AB、CD 相交于点 M,其三面投影也分别交于 m、m'、m'',且 m、m'、m''符合点的三面投影特性。

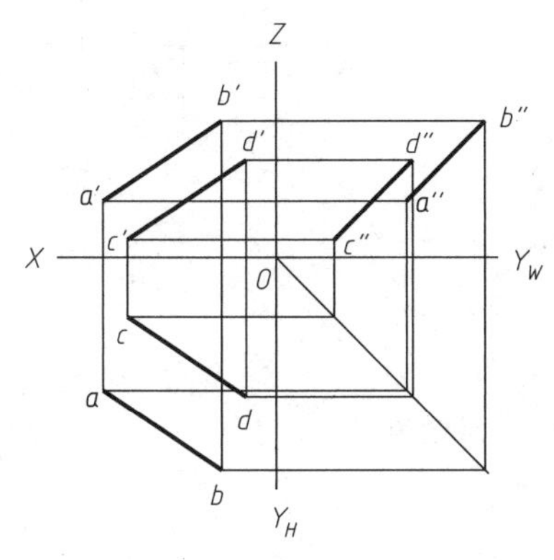

图 2-20　平行两直线

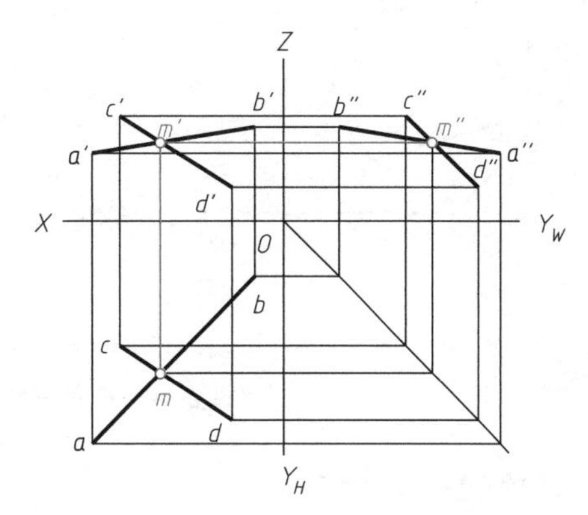

图 2-21　相交两直线

由于交叉两直线在空间既不平行,也不相交,所以它们的同面投影可能相交,也可能不相交;即使相交,同面投影的交点也不符合点的三面投影特性,如图 2-22 所示。事实上,此时同面投影的交点在空间分别位于两直线上,是一对重影点,可从另一投影中用"前遮后、上遮下、左遮右"的原则来判断它们的可见性。如图 2-22 所示,对于水平投影 ab 和 cd 的交点,其实分别是空间直线 AB 上的 1 点和 CD 上的 2 点。要判断水平投影的可见性,则需利用正面投影分别找到对应的投影点 1′和 2′,可以看出 1′在 2′之上,因此水平投影中 1 可见,2 不可见,标记为 1(2)。

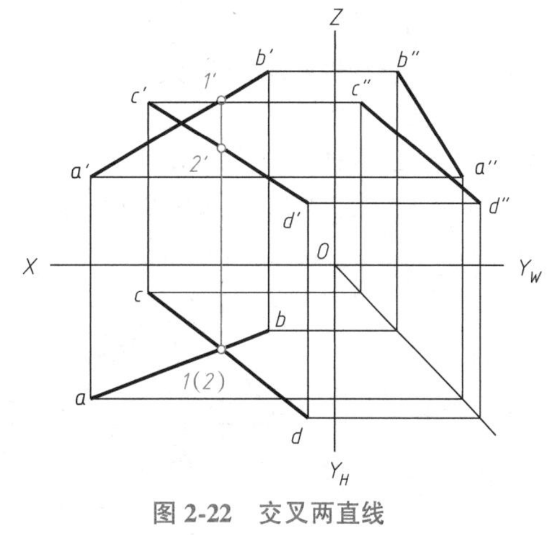

图 2-22　交叉两直线

2.3.5　一般位置直线的实长及对投影面的倾角

一般位置直线的投影不能反映线段的实长,也不能反映直线与各投影面所成倾角的真实大小,求一般位置直线的实长和对投影面的倾角常采用直角三角形法。

如图 2-23(a)所示,在垂直于 H 面的 $AabB$ 平面内,过点 A 作 $AB_0//ab$,得到直角三角形 ABB_0。其中,一条直角边 $AB_0=ab$,另一直角边 BB_0 等于 A、B 两点的 Z 坐标之差,斜边即为线段 AB 的实长,AB 与 AB_0 之间的夹角,就是 AB 对 H 面的倾角 α。

按照上述原理,同样可以求出线段 AB 的实长及其对 V 面的倾角 β 和对 W 面的倾角 γ。

可以归纳总结出用直角三角形法求一般位置直线的实长及对投影面的倾角的原理:

(1)直角三角形的一条直角边为直线在某一投影面上的投影,另一直角边为直线两端点对该投影面的距离差,斜边即为直线的实长。

(2)斜边与直线某一投影的夹角即为直线与对该投影面的倾角，一个直角三角形只能求出直线对一个投影面的倾角。在投影图上求解直线的实长及倾角，可参考图 2-23(b)和图 2-23(c)所示。

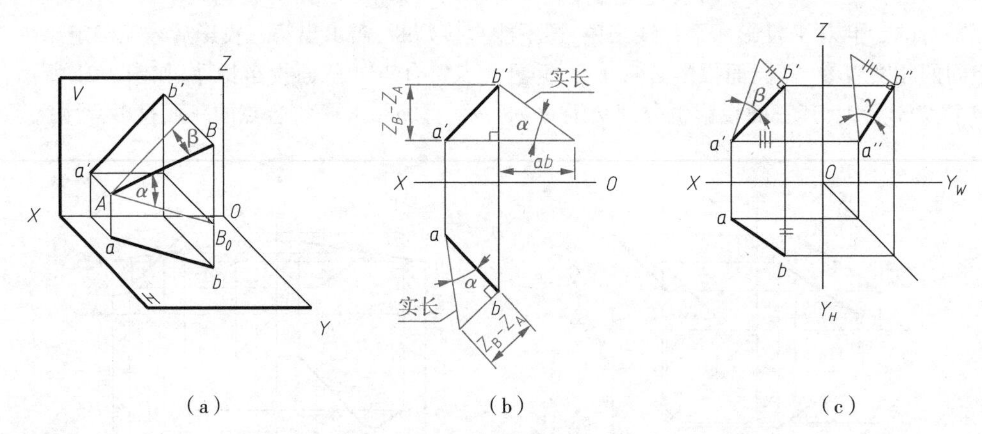

图 2-23 直角三角形法求实长及倾角

2.3.6 直角的投影特性

空间垂直两直线的投影通常不能反映其夹角的实形，但在一些特殊条件下，能在投影中反映其真实直角，这就是直角的投影特性。

空间两直线垂直(相交或交叉)，如果其中一条直线是某一投影面的平行线时，则这两直线在该投影面上的投影互相垂直。反之，如果两直线的某一投影垂直，其中有一直线是该投影面的平行线，那么该空间两直线垂直。如图 2-24(a)所示，AB 与 BC 垂直相交，BC 为水平线，则 $ab \perp bc$；图 2-24(b)中，$d'e' \perp e'f'$，DE 为正平线，则可判断 DE 与 EF 垂直相交。

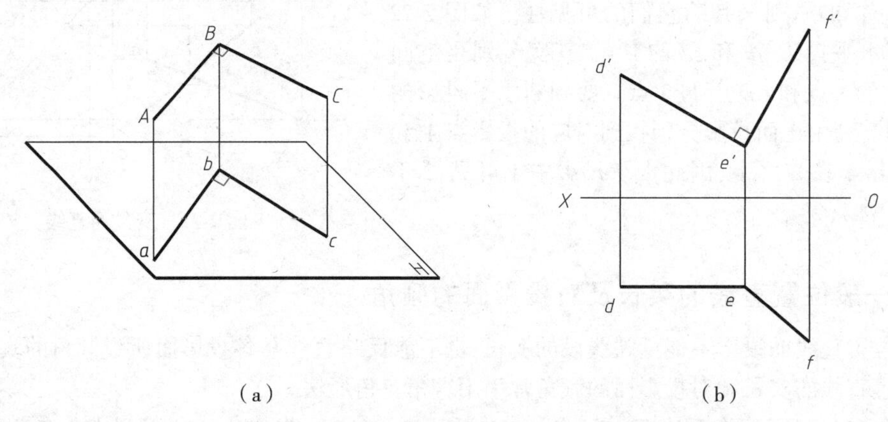

图 2-24 直角的投影特性

例 2-2 如图 2-25(a)所示，过点 A 作直线 AB 与 CD 垂直相交。

解：过空间点 A 与直线 CD 相交的直线有无数条，但垂直相交的只有一条。从图中可以看出，CD 为正平线，根据直角的投影特性，如图 2-25(b)所示，在正面投影中作 $a'b' \perp c'd'$，交 $c'd'$ 于 b'，得到点 B 的正面投影，由 b' 作出点 B 的水平投影 b，连接 ab 即可。

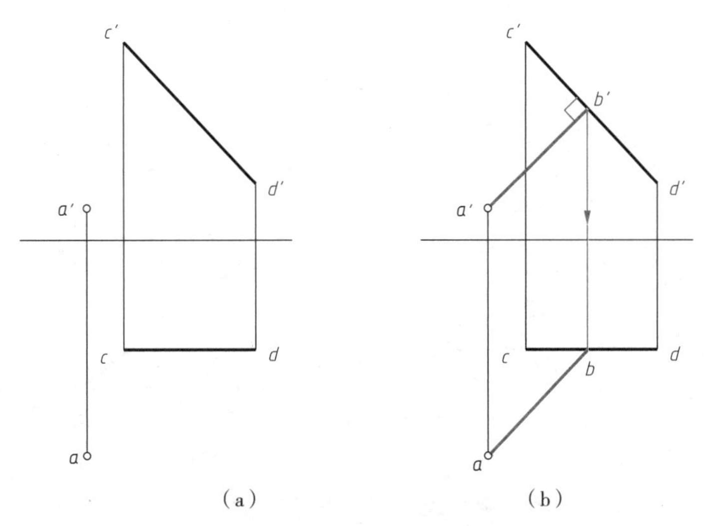

图 2-25　作直线与已知直线垂直相交

2.4　平面的投影

2.4.1　平面的表示法

1. 几何元素表示法

由初等几何可知，不属于同一直线的三点确定一个平面。因此，可由下列任意一组几何元素的投影表示平面，如图 2-26 所示，图 2-26(a)为不在同一直线上的三个点；图 2-26(b)为一直线和不属于该直线的一点；图 2-26(c)为相交两直线；图 2-26(d)为平行两直线；图 2-26(e)为任意平面图形。

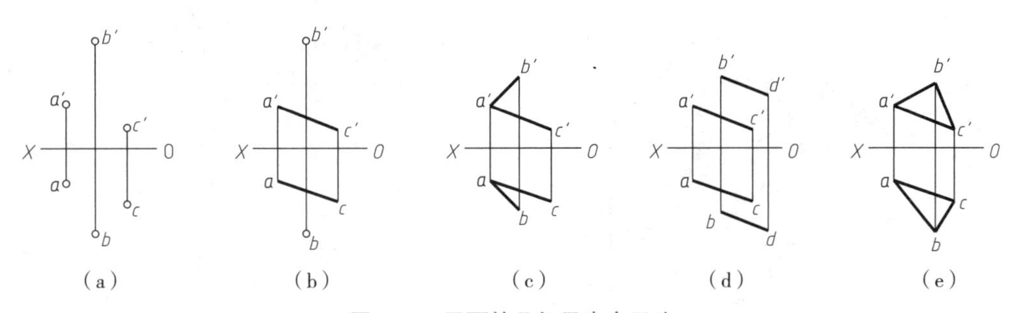

图 2-26　平面的几何元素表示法

2. 迹线表示法

理论上讲，所讨论的平面是无限大的。平面与投影面的交线，称为平面的迹线，用迹线也可以表示平面，如图 2-27 所示。用迹线表示的平面，称为迹线平面。平面与 H 面、V 面和 W 面的交线，分别称为水平迹线、正面迹线和侧面迹线。迹线的符号用表示平面名称的大写字母加投影面名称作为注脚来表示，如图 2-27 中的 P_H、P_V、P_W。显然，迹线是投影面上的直线，迹线在该投影面上的投影位于原处，用粗实线表示，在另外两个投影面上的投影，分别重合在相应的投影轴上，不需表示和标注。

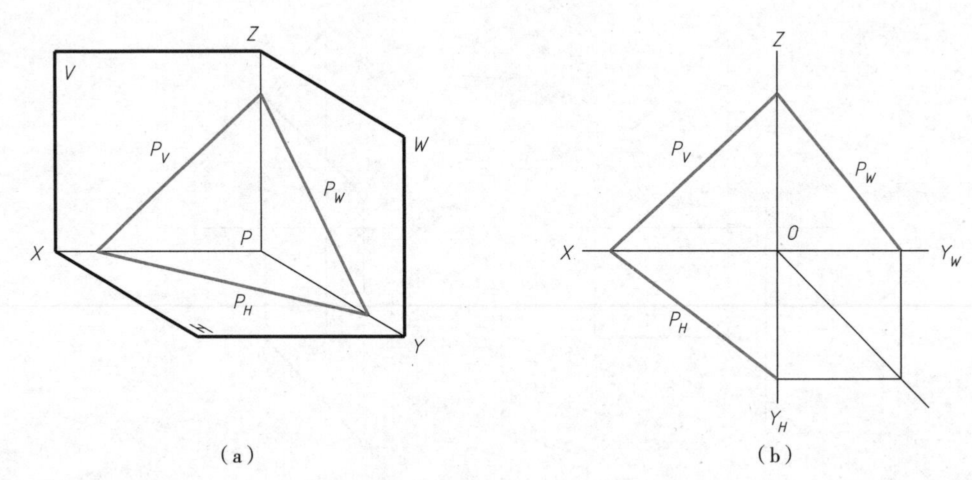

(a)　　　　(b)

图 2-27　平面的迹线表示法

2.4.2　各种位置平面的投影特性

在三投影面体系中,根据平面和投影面的相对位置不同,可以分为三类:一般位置平面、投影面平行面、投影面垂直面。后两类为特殊位置平面,可再各分成三种。

平面与 H、V、W 面的两面角,分别是平面对投影面 H、V、W 的倾角。同样,规定倾角分别用 α、β、γ 表示。当平面平行于投影面时,倾角为 0°;垂直于投影面时,倾角为 90°;倾斜于投影面时,倾角在 0°到 90°之间。

1. 一般位置平面

一般位置平面与三个投影面都倾斜,因此在三个投影面上的投影都不反映实形,而是缩小的类似形,如图 2-28 所示。

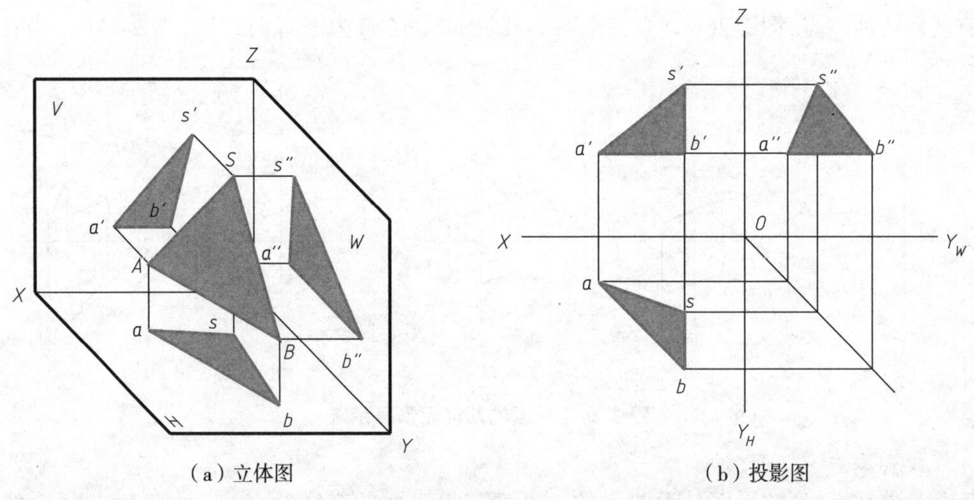

(a) 立体图　　　　(b) 投影图

图 2-28　一般位置平面

2. 投影面平行面

平行于一个投影面,同时与另外两个投影面垂直的平面称为投影面平行面。与 H 面平行的平面称为水平面,与 V 面平行的平面称为正平面,与 W 面平行的平面称为侧平面。它们的投影图及投影特性见表 2-3。

表 2-3　投影面平行面

	水平面	正平面	侧平面
直观图	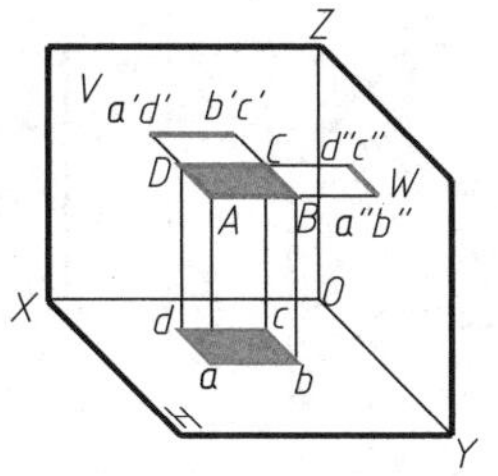	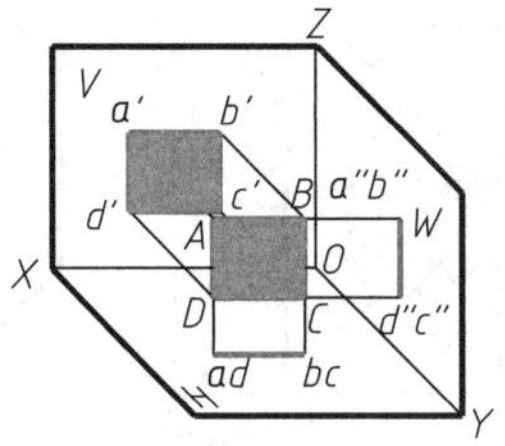	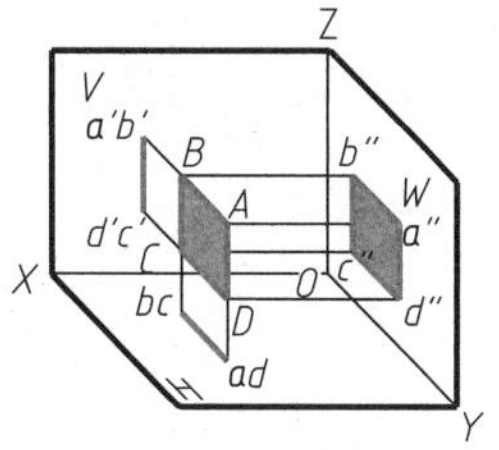
投影图	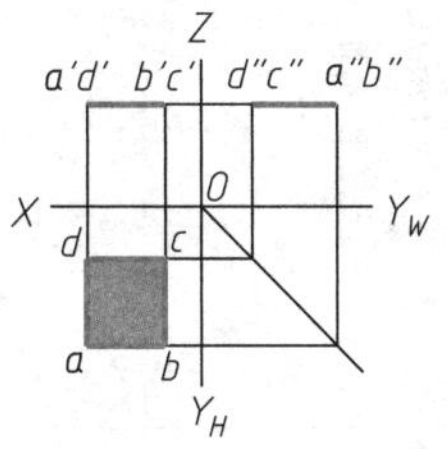	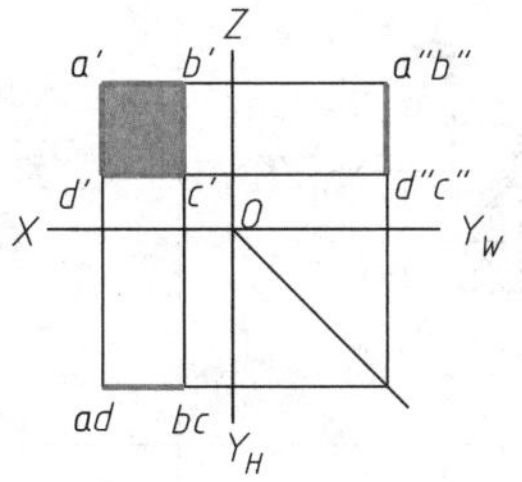	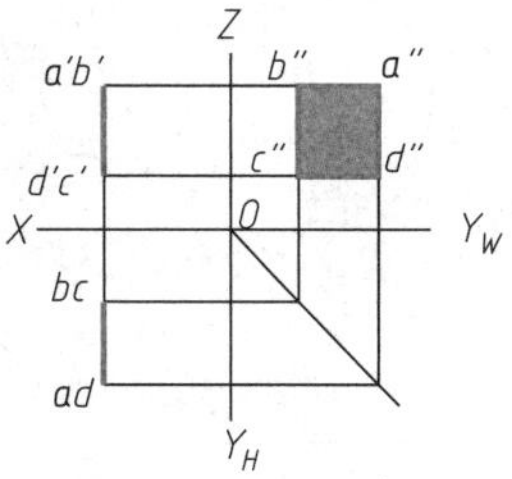
实例	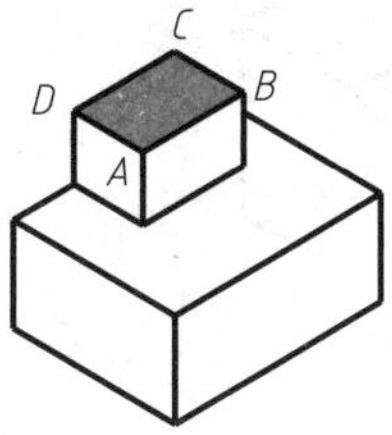	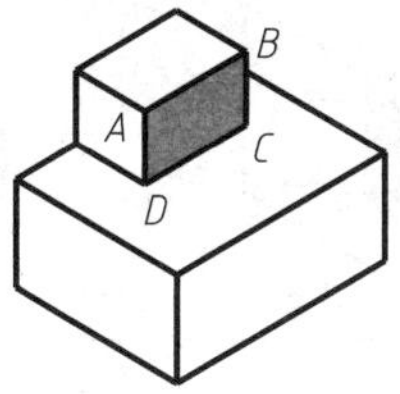	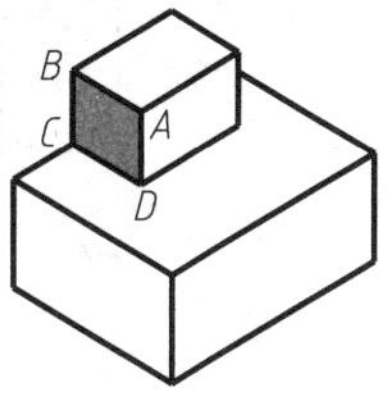
迹线表示法	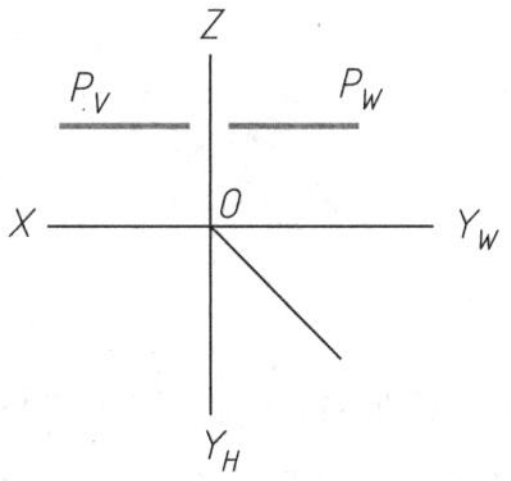	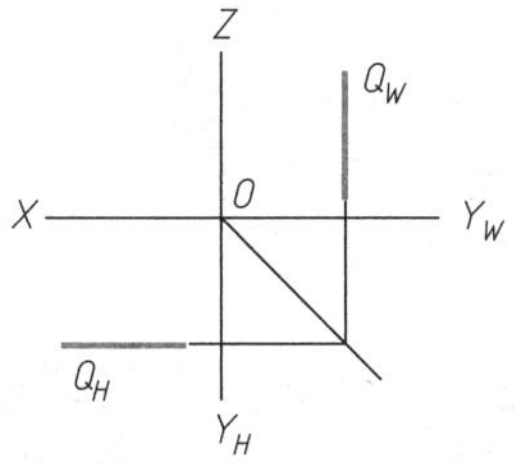	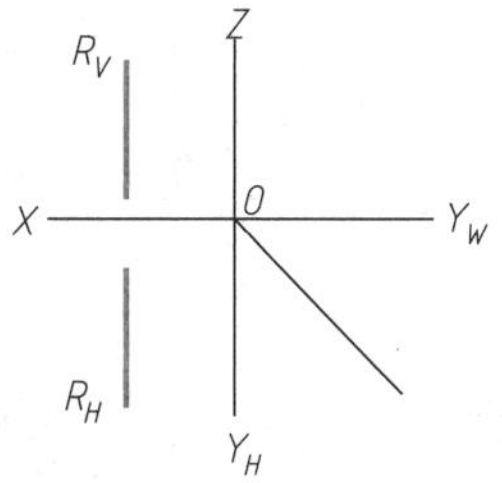
投影特性	（1）水平投影反映实形； （2）正面投影平行于 OX 轴，侧面投影平行于 OY_W 轴，分别积聚成直线	（1）正面投影反映实形； （2）水平投影平行于 OX 轴，侧面投影平行于 OZ 轴，分别积聚成直线	（1）侧面投影反映实形； （2）正面投影平行于 OZ 轴，水平投影平行于 OY_H 轴，分别积聚成直线

从表 2-3 中可以总结出投影面平行面的投影特性：

（1）在平行的投影面上的投影反映实形；

（2）在另外两个投影面上的投影，分别积聚成一条直线，并平行于相应的投影轴。

3. 投影面垂直面

垂直于一个投影面，同时与另外两个投影面倾斜的平面称为投影面垂直面。与 H 面垂直，与 V 面、W 面倾斜的平面称为铅垂面；与 V 面垂直，与 H 面、W 面倾斜的平面称为正垂面；与 W 面垂直，与 H 面、V 面倾斜的平面称为侧垂面。它们的投影图及投影特性见表 2-4。

表 2-4　投影面垂直面

	铅垂面	正垂面	侧垂面
直观图	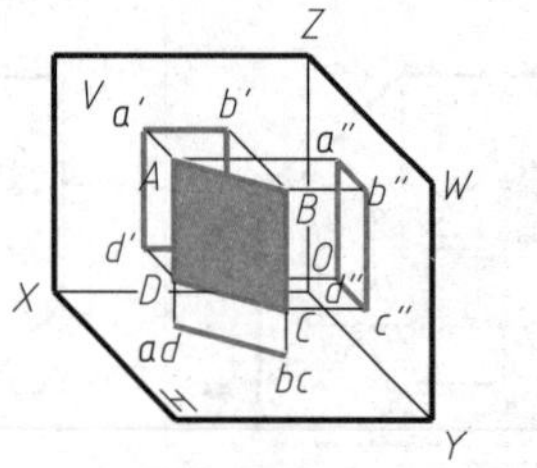	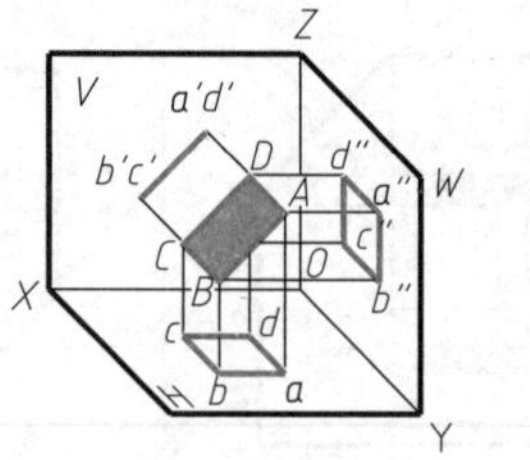	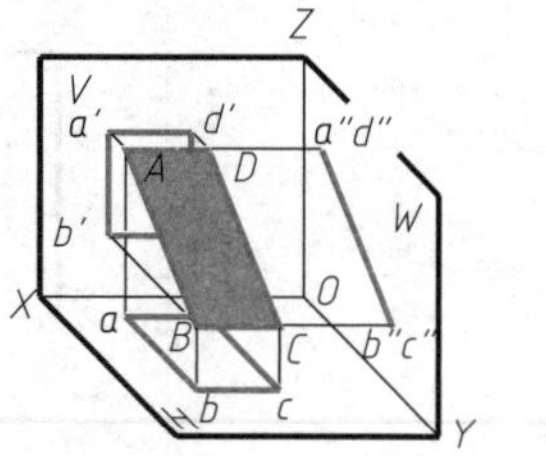
投影图	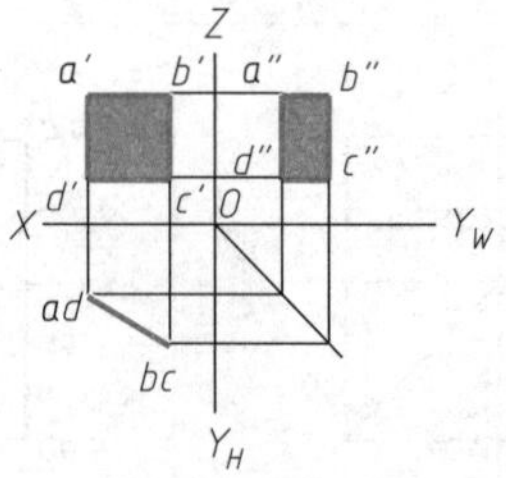	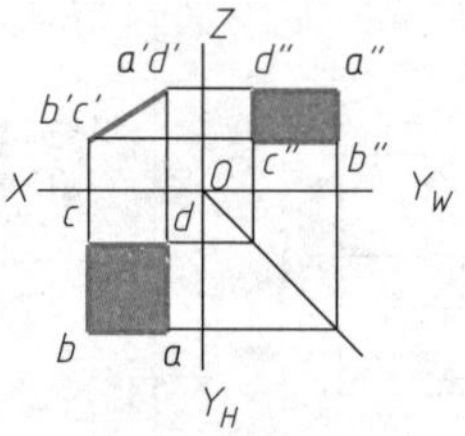	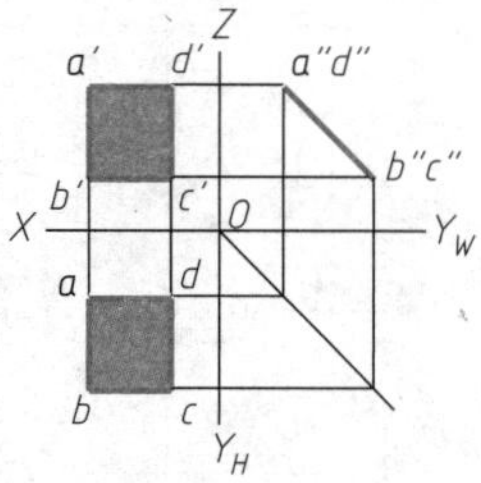
实例	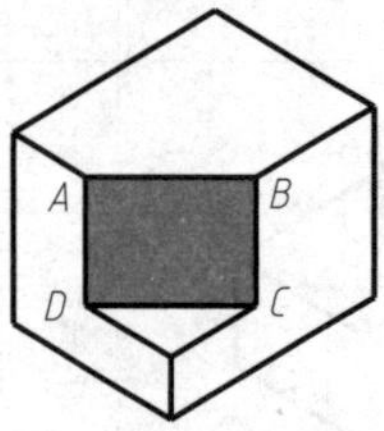	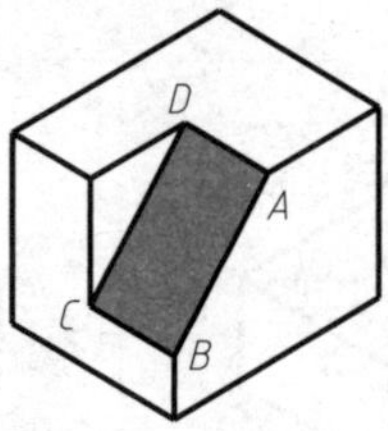	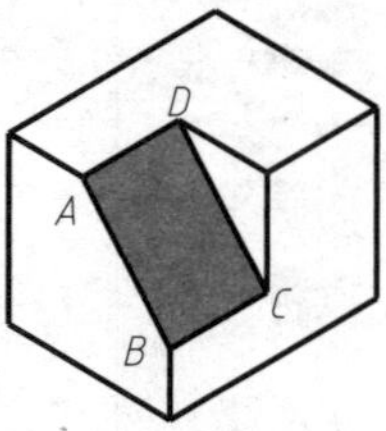
迹线表示法	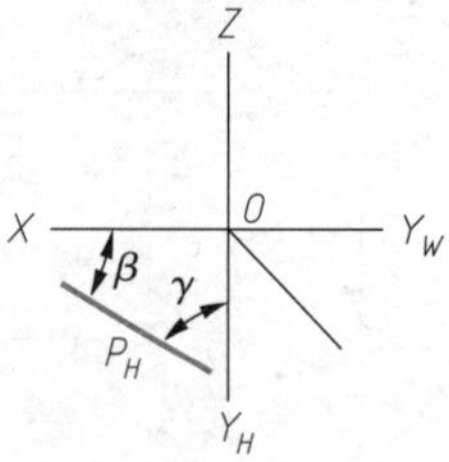	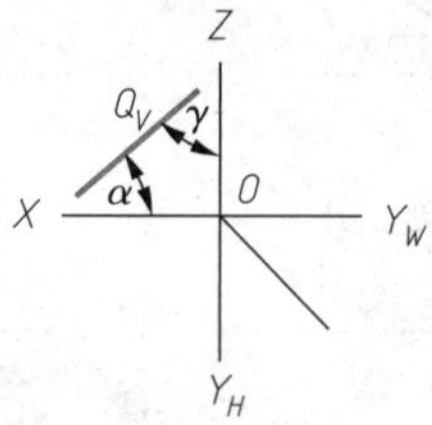	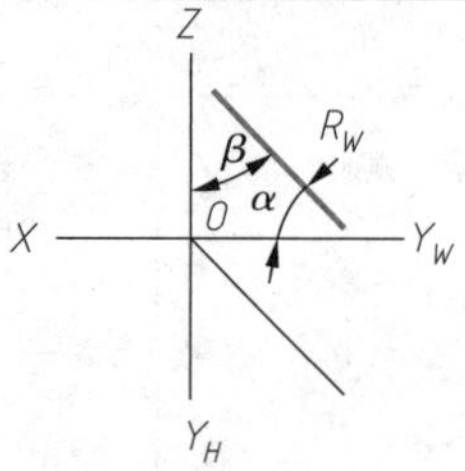
投影特性	(1)水平投影积聚成直线,并反映真实倾角 β、γ; (2)正面投影、侧面投影仍为平面图形,面积缩小	(1)正面投影积聚成直线,并反映真实倾角 α、γ; (2)水平投影、侧面投影仍为平面图形,面积缩小	(1)侧面投影积聚成直线,并反映真实倾角 α、β; (2)水平投影、正面投影仍为平面图形,面积缩小

同样,从表 2-4 中可以总结出投影面垂直面的投影特性:

(1)在垂直的投影面上的投影,积聚成一条直线,它与投影轴的夹角,分别反映平面对另两投影面的倾角。

(2)在另外两个投影面上的投影为平面图形的类似形,并且面积缩小。

2.4.3　平面内的点和直线

1. 在平面内作点

点在平面内,则该点必在这个平面的一条直线上。如图 2-29 所示,点 D 在平面 ABC 的一条直线 AB 上,则点 D 在平面 ABC 内。因此要在平面内作点,必须先在平面内作一直线,然后在该直线上取点。

例 2-3　如图 2-30(a)所示,已知点 K 在平面 ABC 内,求点 K 的水平投影。

解:点位于平面内的直线上,则点的投影必然处于该直线的同面投影上。可利用点、线、面从属关系几何条件求出该点水平投影。连接 $b'k'$ 与 $a'c'$ 交于 d',作出直线 AC 上点 D 的水平投影 d,按投影关系在 bd 上求得点 K 的水平投影 k,如图 2-30(b)所示。

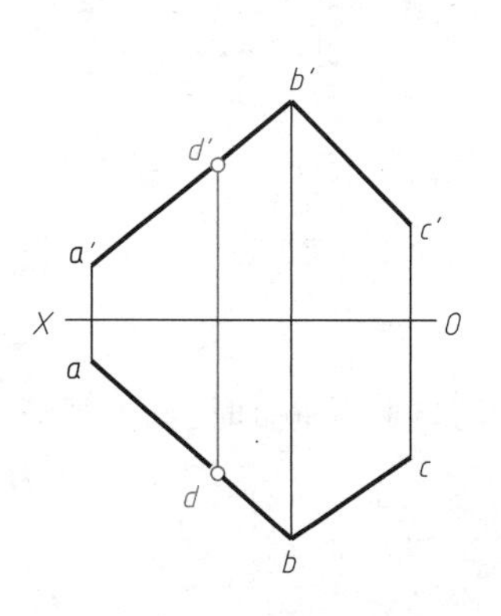

图 2-29　平面内的点

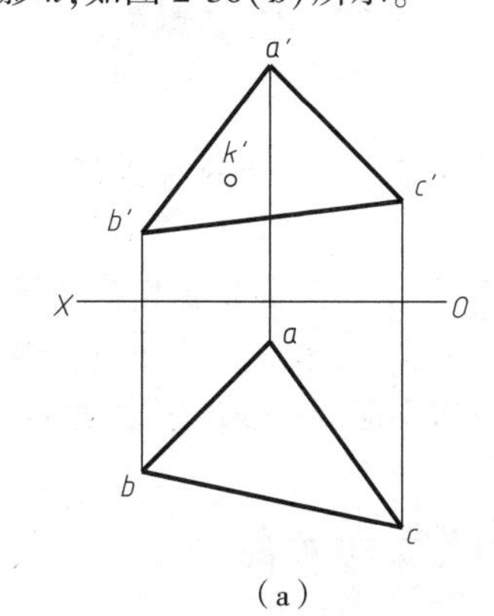

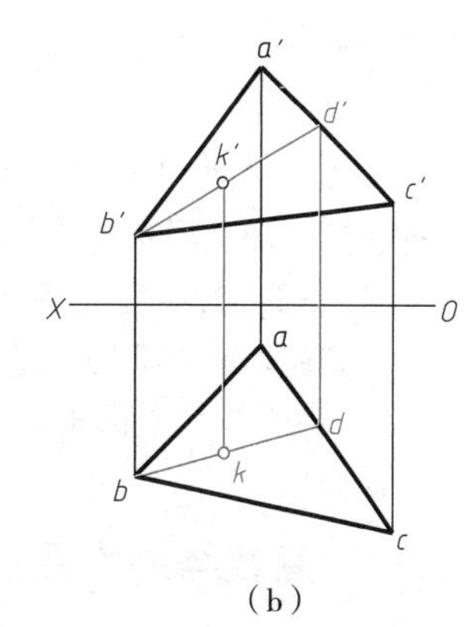

图 2-30　平面内取点

2. 在平面内作线

直线在平面内要满足的几何条件是:

(1)若一直线通过平面内的两个已知点,则直线在平面内。

(2)若一直线通过平面内的一个已知点且平行于这个平面的另一直线,则直线在平面内。

如图 2-31 所示,相交两直线 AB、BC 确定平面 ABC,则直线 DE 属于平面 ABC。图 2-31(a)中,直线 DE 通过平面 ABC 内的两个点 D 和 E;图 2-31(b)中,直线 DE 通过平面 ABC 内的点 D,且平行于平面 ABC 内的一条直线 BC,则直线 DE 在平面 ABC 内。

3. 属于平面的投影面平行线

既属于平面又与投影面平行的直线,称为属于平面的投影面平行线。根据直线与投影面位置的不同,可分为属于平面的水平线、属于平面的正平线和属于平面的侧平线。此类直线既要符合投影面平行线的投影特性,又要符合直线在平面内的投影特点。

例2-4　如图 2-32 所示,已知 ABC 平面,试过点 A 作属于该平面的正平线,过点 C 作属于该平面的水平线。

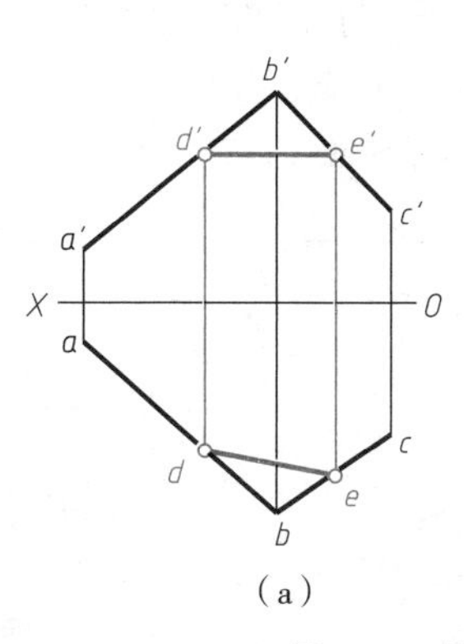

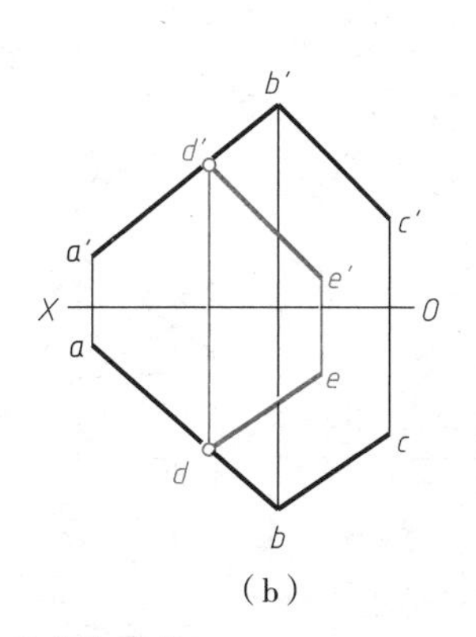

图 2-31　平面内的点和直线

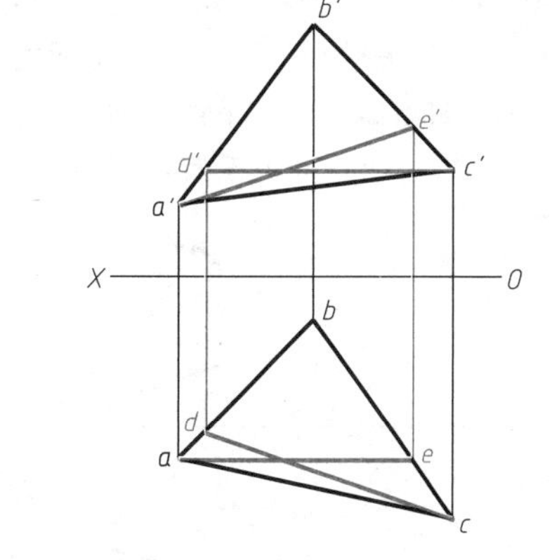

图 2-32　属于平面的投影面平行线

解:正平线的水平投影平行于 OX 轴,可通过 a 作直线平行于 OX 轴,交 bc 于 e,作出 e 的正面投影 e',连接 $a'e'$ 即得到属于该平面的正平线 AE。同理可作出过点 C 且属于该平面的水平线 CD。

2.5 线面相对位置关系

直线与平面,平面与平面的相对位置问题,可划分为三类,即平行问题、相交问题、垂直问题。本节将在投影图上讨论以下问题。

(1)平行时,如何判断直线与平面、平面与平面是否相互平行。

(2)相交时,如何求作直线与平面的交点,平面与平面的交线。

(3)当直线与平面垂直时,如何确定平面的垂线(法线)方向;当平面与平面垂直时,如何判别它们是否垂直。

2.5.1 直线与平面平行及平面与平面平行

1. 直线与平面平行

若直线平行于平面内的任一直线,则直线与该平面平行。反之,若直线平行于平面,通过平面内的任一点必能在该平面内作一直线平行于已知直线。如图 2-33(a)所示,直线 *AB* 平行于平面 *P* 内的直线 *CD*,则直线 *AB* 与平面 *P* 平行。

若直线与投影面垂直面平行,则直线必有一个投影与平面具有积聚性的投影平行,如图 2-33(b)所示,直线 *AB* 的水平投影 *ab* 平行于铅垂面 *CDEF* 的水平投影 *cdef*,因此直线 *AB* 平行于平面 *CDEF*。

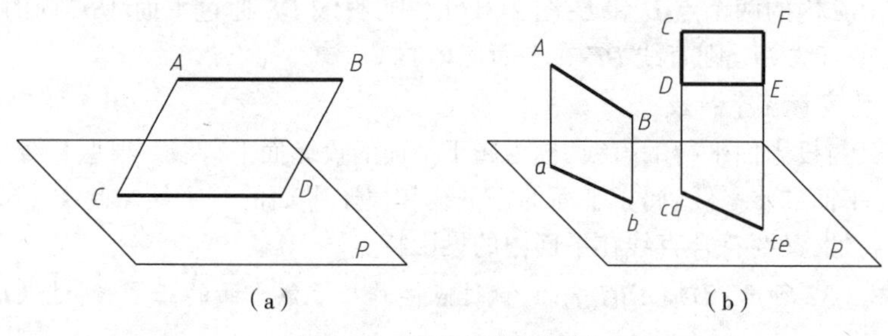

图 2-33 直线与平面平行

例2-5 如图 2-34(a)所示,判断已知直线 *AB* 与平面 *CDE* 是否平行。

解:本题的关键在于是否能在平面内作出一条直线平行于已知直线。为此,可在平面 *CDE* 内作一直线 *EF*,如图 2-34(b)所示,先使 $e'f'/\!/a'b'$,再作相应的水平投影 *ef*,判断 *ef* 与 *ab* 是否平行。由于 *ef* 与 *ab* 不平行,即平面内没有与直线 *AB* 相平行的直线,所以直线 *AB* 不平行于平面 *CDE*。

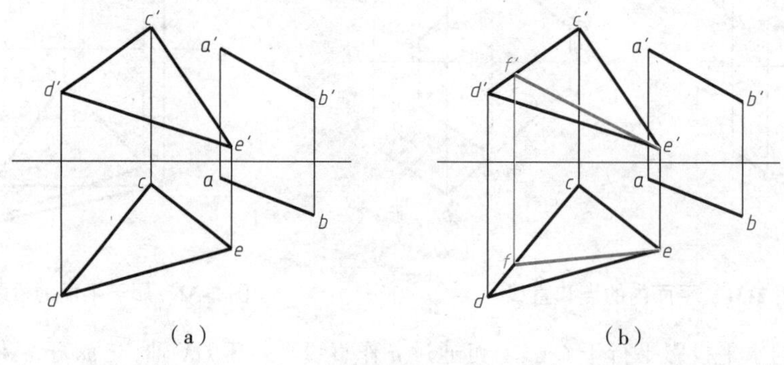

图 2-34 例 2-5 图

例2-6 如图 2-35(a)所示,过已知点 A 作一正平线 AB 平行于已知平面 CDE。

解:过点 A 可作无穷多平行于已知平面的直线,其中只有一条正平线。如图 2-35(b)所示,可在已知平面 CDE 内作任一正平线如 CF;再过点 A 作直线 AB 平行于面平内正平线 CF,使 $ab//cf$,$a'b'//c'f'$,此直线 AB 即为所求。

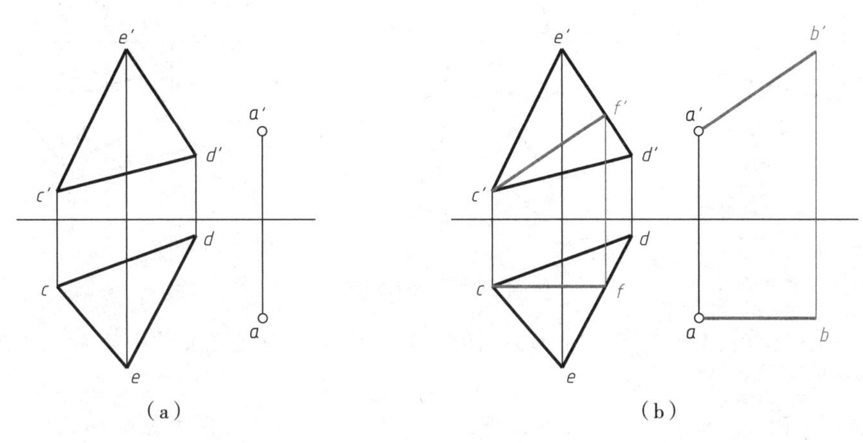

图 2-35 例 2-6 图

2. 平面与平面平行

若一个平面内的相交两直线与另一个平面内的相交两直线对应平行,则两平面相互平行。如图 2-36(a)所示,两对相交直线 AB、CD 与 EF、LK 分别在平面 P 与平面 Q 内,且对应平行,即 $AB//EF$,$CD//LK$,则平面 P 与平面 Q 平行。

若两投影面垂直面互相平行,则它们具有积聚性的投影必然相互平行。如图 2-36(b)所示,两铅垂面 P 和 Q 的水平投影分别积聚成直线且相互平行,则平面 P 平行于平面 Q。

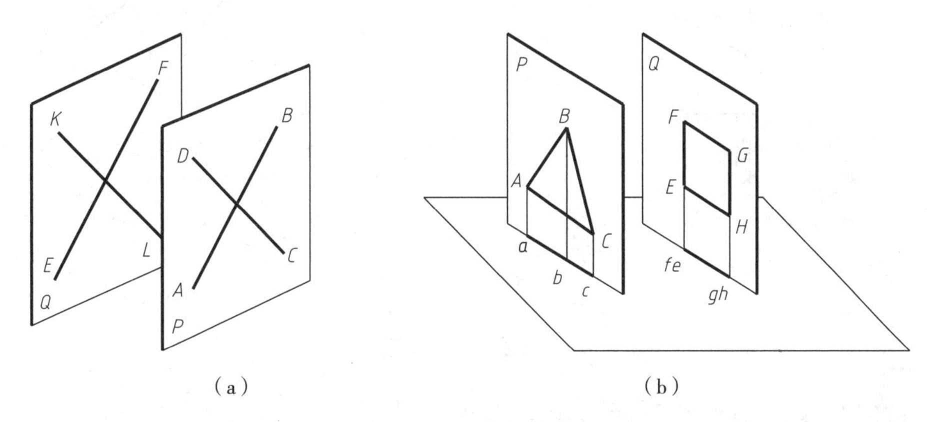

图 2-36 平面与平面平行

例2-7 如图 2-37(a)所示,判断平面 ABC 与平面 $DEFG$ 是否平行。

解:本题的关键在于是否能在平面 $DEFG$ 内作出相交两直线,且对应平行于平面 ABC 内的相交两直线。如图 2-37(b)所示,作图步骤如下:

①在 $f'g'$ 上任取一点 k',过 k' 作两相交直线,使 $k'm'//a'c'$,$k'n'//a'b'$。

②由 $k'm'$、$k'n'$ 作出其水平投影 km、kn。

③由于水平投影中 km 不平行 ac,kn 不平行 ab,因此给定的两平面不平行。

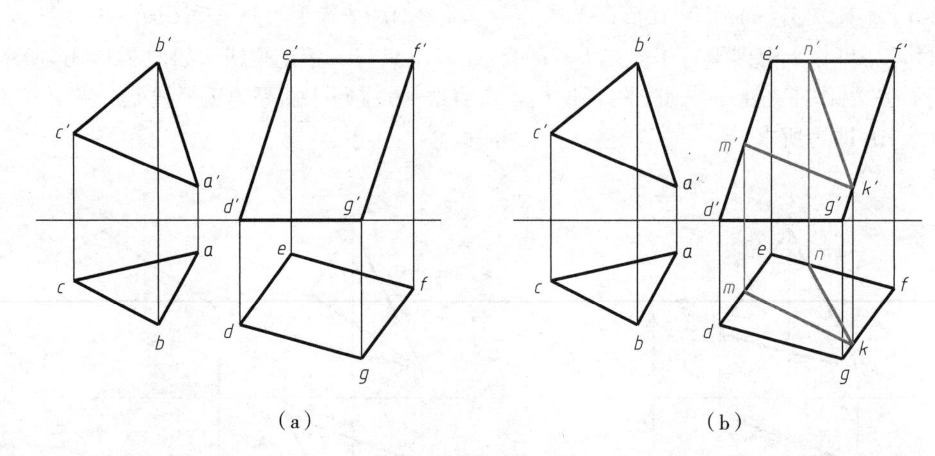

图 2-37 例 2-7 图

例2-8 如图 2-38(a)所示,已知平面 $P(AB/\!/CD)$ 及定点 K,试过点 K 作平面 KEF 与已知平面 P 平行。

解:根据两平面平行的几何条件,可先把已知平面($AB/\!/CD$)转化为相交两直线所表示的平面,然后过点 K 作相交两直线分别平行于已知平面内的两条相交直线,连成三角形即为所求平面。如图 2-38(b)所示,作图步骤如下:

①在平面 $P(AB/\!/CD)$ 内,分别连接 ac,$a'c'$。

②过 k 作 $ke/\!/ac$,$kf/\!/ab$,过 k' 作 $k'e'/\!/a'c'$,$k'f'/\!/a'b'$。

③分别连接直线 ef、$e'f'$,则△KEF 即为所求平面。

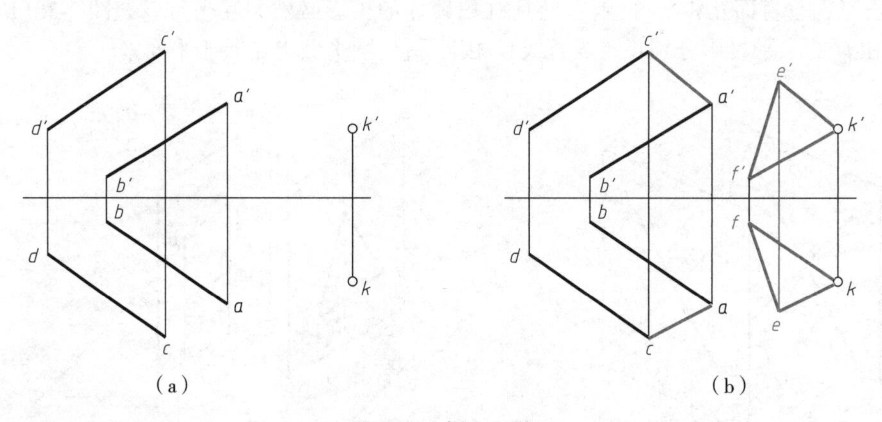

图 2-38 例 2-8 图

2.5.2 直线与平面相交及平面与平面相交

直线与平面相交只有一个交点,即公有点,它既属于直线又属于平面。

平面与平面相交于一条直线,该交线同属于两相交平面。要求交线,只需找出交线上的两个公有点(或一个公有点及交线的方向)即可,这两个公有点就确定了两平面的交线位置。因直线及平面相对投影面位置的不同,求交点及交线的方法也各不相同。

求解相交问题的另一部分工作是进行可见性判别,即在投影图上对线面重影部分作可见与不可见的判别。将平面看作有限大且不透明的面,便可对直线的某一部分产生遮挡,被遮挡部分即为不可见,在投影图上画成虚线(或不画),以提高投影图的表现力。

1. 直线或平面处于特殊位置的线面交点

由于特殊位置的直线或平面的某一投影有积聚性,可利用点线面的从属性,在直线或平面有积聚性的投影上直接找到交点。

(1)平面投影有积聚性

如图 2-39(a)所示,一般位置直线 *MN* 与铅垂面 *ABCD* 相交,铅垂面 *ABCD* 的水平投影积聚成一条直线 *abcd*。根据交点的公有性,交点 *K* 的水平投影 *k* 必在 *abcd* 与直线 *MN* 的水平投影 *mn* 的相交处;又根据点线的从属性,交点 *K* 的正面投影 *k′*必然在直线 *MN* 的正面投影 *m′n′*上,交点求取过程如图 2-39(b)所示。

图 2-39(c)中正面投影需作可见性判别,由于交点是直线可见与不可见的分界点,交点 *K* 把直线 *MN* 分成两段,即 *MK* 与 *KN*。其水平投影具有直观性,*mk* 在 *abcd* 的右前方,故 *m′k′*可见,*k′n′*被平面 *abcd* 遮挡部分不可见,用虚线表示,*k′n′*超出平面边界外的部分未被遮挡,则为可见。

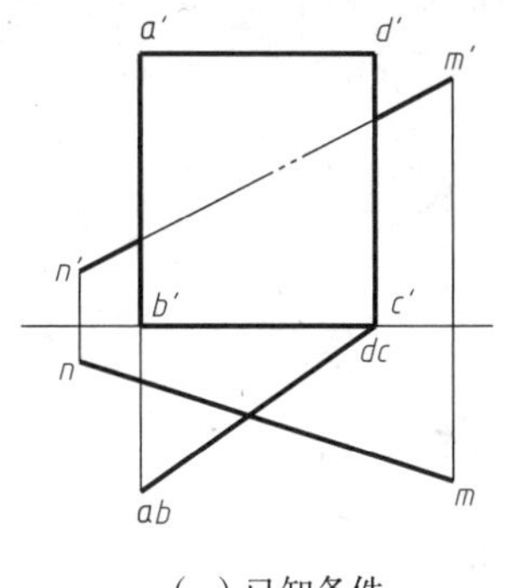

(a)已知条件

(b)求交点作图过程

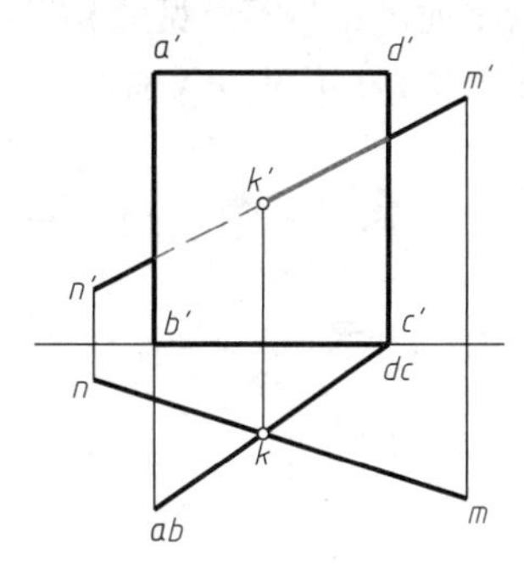

(c)判断可见性后作图结果

图 2-39 平面投影有积聚性情况

(2)直线投影有积聚性

如图 2-40(a)所示,一般位置平面 *ABC* 与正垂线 *MN* 相交,由于正垂线 *MN* 的正面投影积聚成一点 *m′n′*,交点 *K* 的正面投影 *k′*必然与 *m′n′*重合。因为点 *K* 是直线 *MN* 与平面 *ABC* 的公有点,所以可转化为已知平面 *ABC* 内点 *K* 的正面投影 *k′*,求其水平投影 *k*,可利用面上取点的方法求取。在平面 *ABC* 内通过 *k′*任作一直线 *a′d′*;水平投影 *k* 必在其水平投影 *ad* 与正垂线 *MN* 的水平投影 *mn* 的交点处,交点求取过程如图 2-40(b)所示。

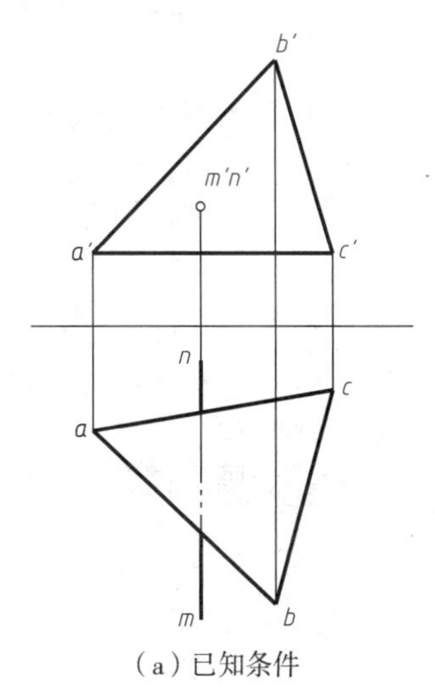

(a)已知条件

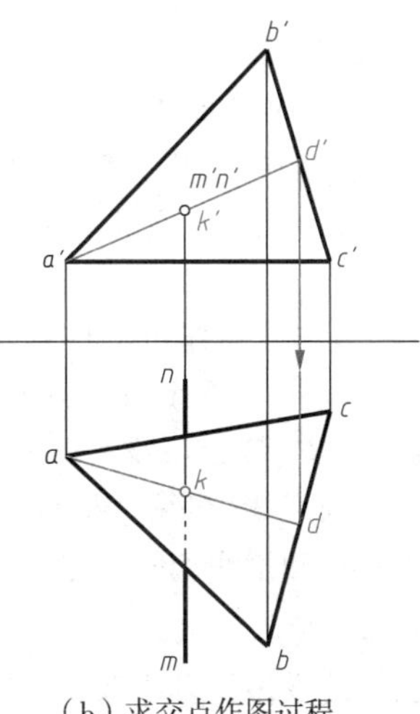

(b)求交点作图过程

(c)判断可见性后的作图结果

图 2-40 直线投影有积聚性情况

图 2-40(c)中水平投影需作可见性判别，可利用交叉两直线 *AB* 与 *MN* 在水平投影上的重影点作判别。假定点 1 在 *AB* 上，点 2 在 *MN* 上，由于其正面投影 1′在 2′之上，故水平投影 1 可见，(2)不可见，因而 *k*(2)线段不可见，交点 *k* 为分界点，则 *kn* 线段可见。

2. 相交两平面处于特殊位置的面面交线

由于特殊位置平面的某一投影有积聚性，故在平面有积聚性的投影上能够直接找到交线。再利用点线面的从属关系，求出交线的其他投影。

(1)相交两平面垂直于同一投影面

如图 2-41(a)所示，正垂面 *ABC* 与正垂面 *DEF* 相交，交线为正垂线，因此在正面投影中可直接找到 *a′b′c′*和 *d′e′f′*的交点，即为交线 *MN* 有积聚性的正面投影 *m′n′*，水平投影 *mn* 垂直于坐标轴，取正垂线水平投影在两平面内的公有部分即为交线的水平投影，交线求取过程如图 2-41(b)所示。

由于平面 *ABC* 和平面 *DEF* 的正面投影都具有积聚性，因此可以直接判断水平投影的可见性，交线是平面可见与不可见的分界线。如图 2-41(c)中，交线 *MN* 左侧，平面 *DEF* 在平面 *ABC* 的上方，故水平投影 *def* 可见；*MN* 右侧可见性相反。

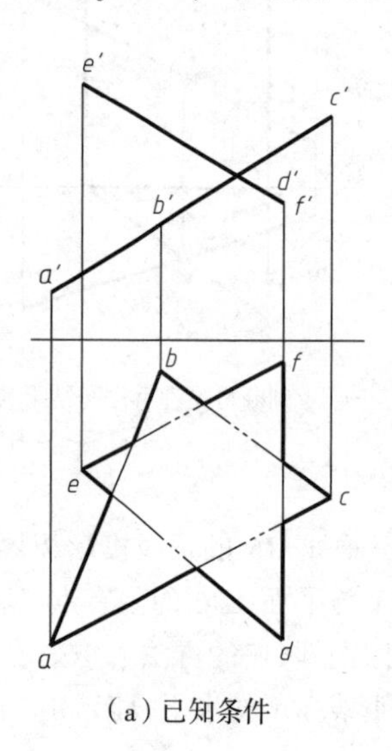

(a) 已知条件

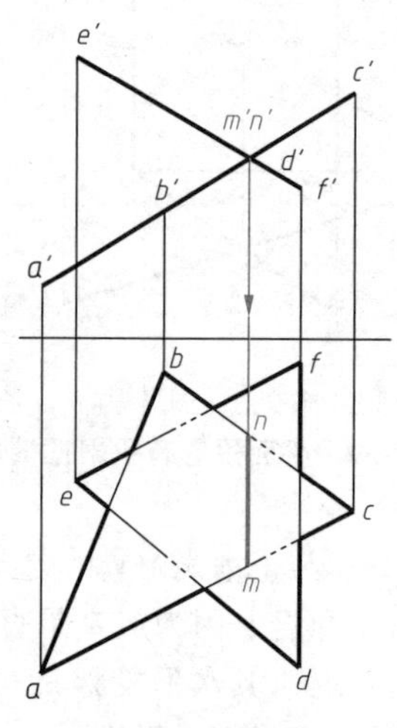

(b) 求交点作图过程

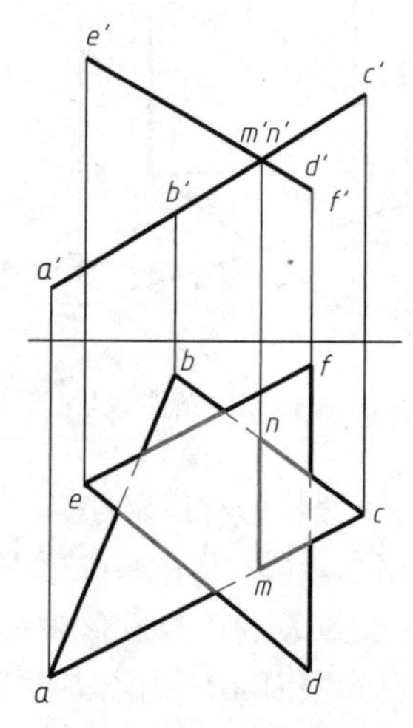

(c) 判断可见性后的作图结果

图 2-41　两投影面垂直面相交

(2)一个平面为投影面垂直面

如图 2-42(a)所示，一般位置平面 *ABC* 与铅垂面 *DEF* 相交，由于铅垂面 *DEF* 的水平投影 *def* 有积聚性，可直接得到平面 *ABC* 的 *AC*、*BC* 边与平面 *DEF* 的交点 *M*、*N* 的水平投影 *m*、*n*。根据点 *M* 在 *AC* 上，点 *N* 在 *BC* 上，可求得正面投影 *m′*、*n′*。连接 *m′n′*和 *mn*，即为交线的投影，交线求取过程如图 2-42(b)所示。

图 2-42(c)中两平面正面投影的重影部分需作可见性判别。由于两面相交的方位，其水平投影具有直观性：平面 *ABC* 被平面 *DEF* 分隔成两部分，*ABNM* 位于平面 *DEF* 的左前方，故正面投影 *a′b′n′m′*可见；*MNC* 位于平面 *DEF* 的右后方，其重影部分不可见，非重影部分可见。

对于两平面重影部分的画法，有这样的规律：交线总是可见的，规定用粗实线画出；重影部分的边线呈可见与不可见交替状，规定用粗实线和虚线相间画出。

3. 直线与平面均为一般位置的线面交点

由于直线与平面均为一般位置，它们的投影没有积聚性，其交点的投影在图中不能直接找到，通常需用辅助平面法求解。

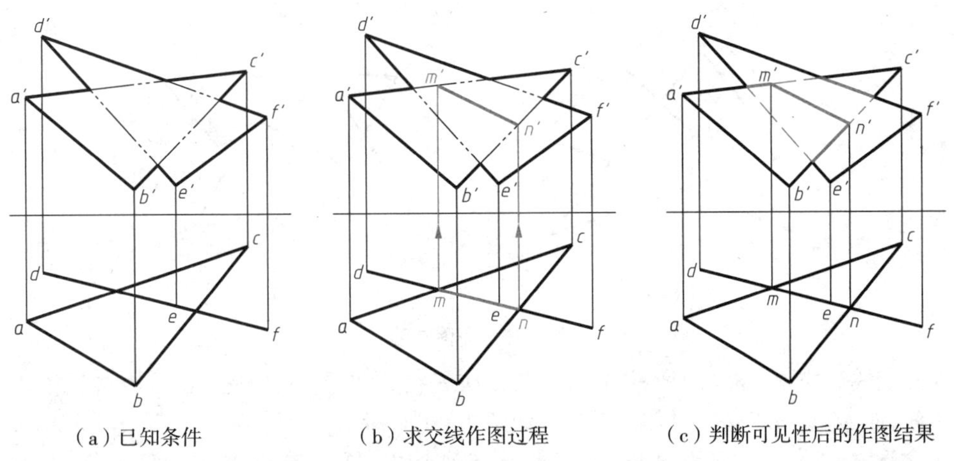

（a）已知条件　　（b）求交线作图过程　　（c）判断可见性后的作图结果

图 2-42　一般位置平面与铅垂面相交

如图 2-43 所示，要求直线 AB 与平面 CDF 的交点，可包含直线 AB 作一辅助平面 P，则平面 P 与平面 CDE 产生交线 MN，它是两个平面的公有线。此时直线 AB 与交线 MN 均属于平面 P，因此 AB 与 MN 的交点就是 AB 与平面 CDE 的公有点，也就是 AB 与平面 CDE 的交点。如图 2-44 所示，利用辅助平面法求一般位置线面交点的步骤如下：

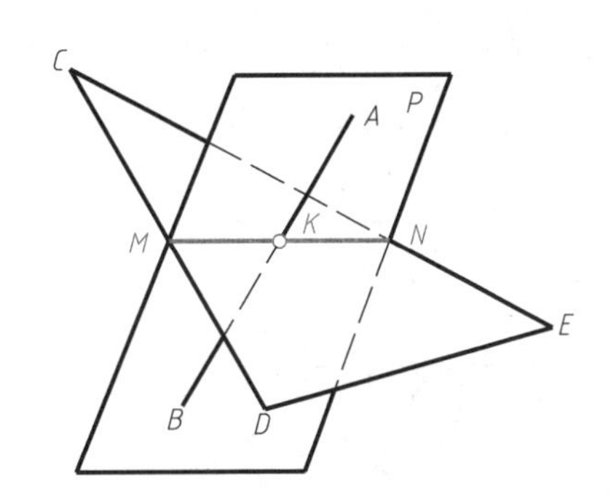

图 2-43　线面交点示意图

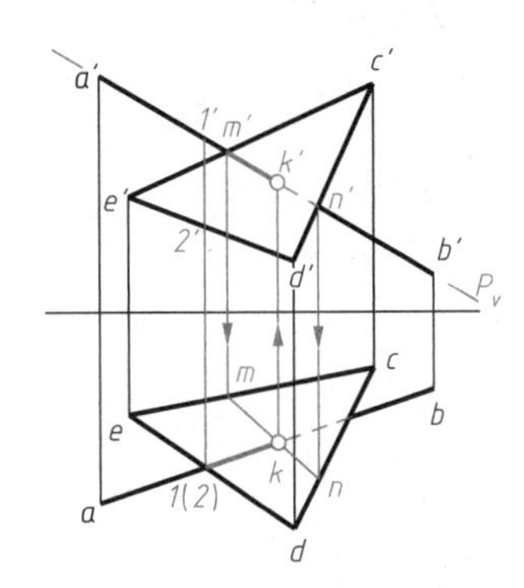

图 2-44　辅助平面法求直线与平面的交点

①包含已知直线 AB 作特殊位置的辅助平面，例如正垂面 P，其正面迹线 P_V 有积聚性，因而与 $a'b'$ 重合；

②求作辅助正垂面 P 与已知平面 CDE 的交线 $MN(m'n',mn)$；

③求作交线 MN 与已知直线 AB 的交点 $K(k,k')$，即为直线 AB 与平面 CDE 的交点；

④判别可见性。直线与平面均处于一般位置，需利用重影点进行判别。以水平投影为例，取 ab 与 de 的重影点(1,2)作判别。假定点Ⅰ在 AB 上，点Ⅱ在 DE 上，其正面投影 1′在 2′之上，故 1 可见，2 不可见，即在重影点(1,2)处直线 AB 在平面上的直线 DE 之上，所以 ab 在交点 k 左边一段 $1k$ 是可见的，交点 k 是分界点，另一段是不可见的。正面投影可见性的判断亦同，请大家自行判别。

4. 相交两平面均为一般位置情况下的面面交线

两平面相交，有两种情况，一种为单向贯穿，如图 2-45(a)所示；另一种为互相贯穿，如图 2-45(b)所示。

(1)线面交点法

两个一般位置平面相交，可视为求取一个平面内参与相交的两条直线与另一平面的两个交点。因此，可用前面介绍的一般位置平面与直线相交时的线面交点法求出两个交点，两个交点的连线即

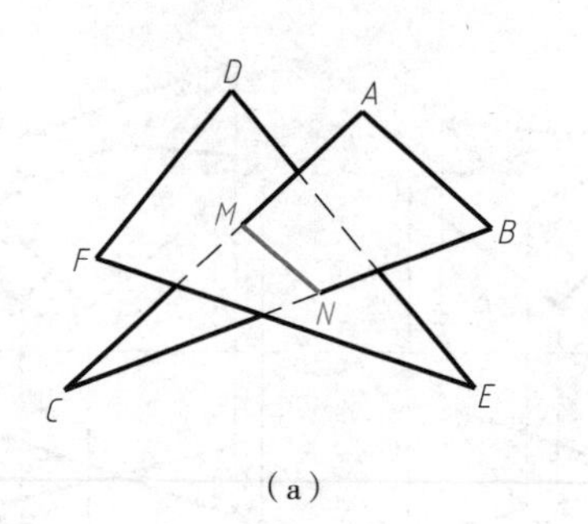

（a）

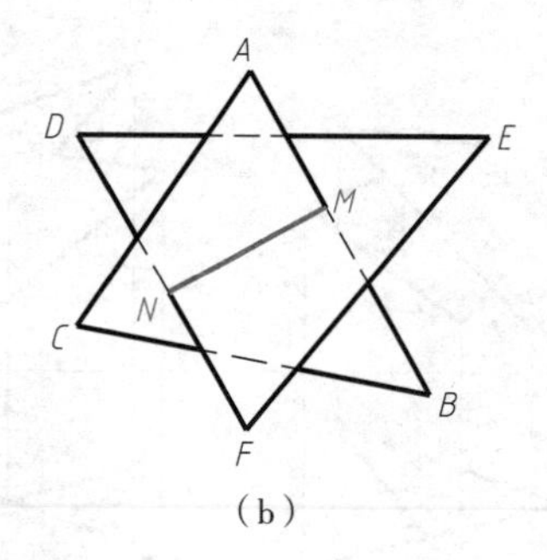

（b）

图 2-45　面面交线

为两平面的交线。如图 2-46(a)所示，△*ABC* 与△*DEF* 相交，作图前，应先排除在有界范围内未参与相交的边线，如 *AC* 边、*DF* 边。具体作图步骤如图 2-46(b)所示：

①包含直线 *AB* 作辅助正垂面 P_V，求直线 *AB* 与△*DEF* 平面的交点 $M(m,m')$。

②包含直线 *CB* 作辅助铅垂面 Q_H，求直线 *CB* 与△*DEF* 平面的交点 $N(n,n')$。

③将交点 $M(m,m')$ 与交点 $N(n,n')$ 连线，直线 $MN(mn,m'n')$ 即为所求。

④对两平面的重影部分，可利用重影点作可见性的判别(读者可自行判别)。

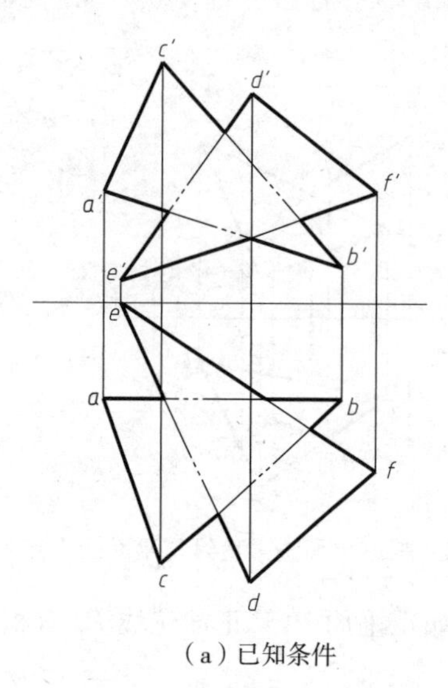

（a）已知条件　　　　（b）求解过程

图 2-46　线面交点法

(2)辅助平面法

图 2-47 是用辅助平面法求两平面公有点的示意图，要求两平面 *P* 和 *Q* 的公有点，根据三面共点原理，选取任意辅助平面 *R* 与 *P*、*Q* 两平面分别相交于直线Ⅰ Ⅱ和Ⅲ Ⅳ，而Ⅰ Ⅱ和Ⅲ Ⅳ的交点 K_1 即为 *P*、*Q* 两平面的一个公有点；同理，再选辅助平面 *S* 与 *P*、*Q* 两平面分别相交于直线Ⅴ Ⅵ和Ⅶ Ⅷ，而Ⅴ Ⅵ和Ⅶ Ⅷ的交点 K_2 即为 *P*、*Q* 两平面的第二个公有点，K_1K_2 连线即为平面 *P* 和平面 *Q* 的交线。

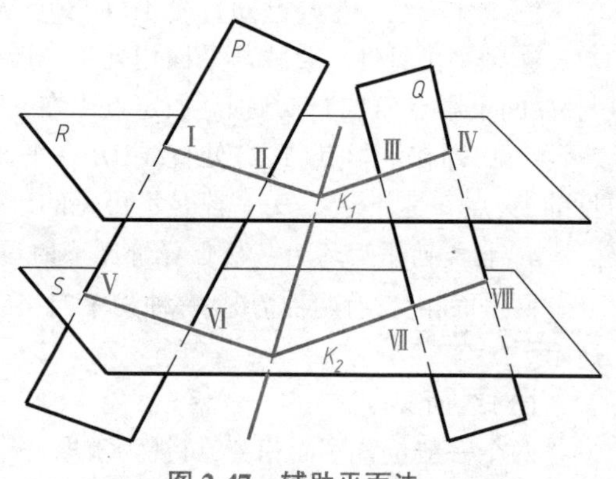

图 2-47　辅助平面法

图 2-48(a)所给两平面都是由两平行直线所确定的，要求两平面的交线，为了使作图简便，应取特殊位

置平面为辅助平面。根据图 2-47 所示原理，取水平面 R 为辅助平面。利用 R_V 有积聚性，分别求出辅助水平面与已知两平面的交线Ⅰ Ⅱ和Ⅲ Ⅳ。Ⅰ Ⅱ与Ⅲ Ⅳ的交点 K_1 便是第一个公有点。同理，再取水平面 S 为辅助平面，求出第二个公有点 K_2，连接 $k_1'k_2'$、k_1k_2 即为所求交线，具体作图步骤如图 2-48(b)所示。

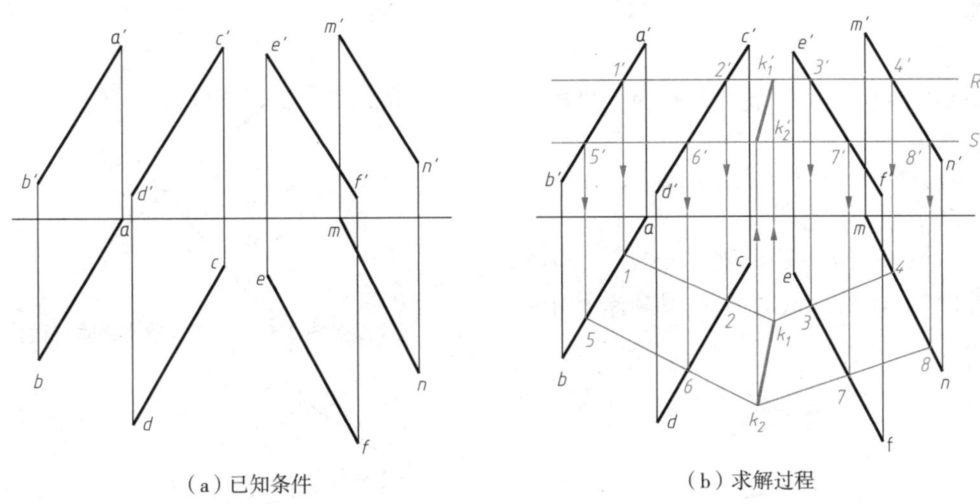

(a) 已知条件　　　　(b) 求解过程

图 2-48　辅助平面法求两平面交线

2.5.3　直线与平面垂直及平面与平面垂直

1. 直线与平面垂直

若直线垂直于一平面内的两相交直线，则此直线与该平面垂直。如图 2-49(a)所示，直线 LK 垂直于平面 P，则必垂直于平面内一切直线，其中包括水平线 AB 和正平线 CD。根据直角投影定理，如图 2-49(b)所示，投影图上必然表现为直线 LK 的水平投影垂直于水平线 AB 的水平投影($lk \perp ab$)；直线 LK 的正面投影垂直于正平线 CD 的正面投影($l'k' \perp c'd'$)。

若直线垂直于一平面，则该直线的水平投影垂直于属于该平面内水平线的水平投影；直线的正面投影垂直于属于该平面内正平线的正面投影。由于平面内的正平线和水平线分别平行于该平面的同名迹线，因此，当直线垂直于平面时，则该直线的投影必定垂直于平面的同名迹线。如图 2-49 所示，直线 $LK \perp$ 平面 P，则 $l'k' \perp P_V$；$lk \perp P_H$。因此可总结出，要确定平面的垂线方向，必须先确定平面内的投影面平行线的方向。

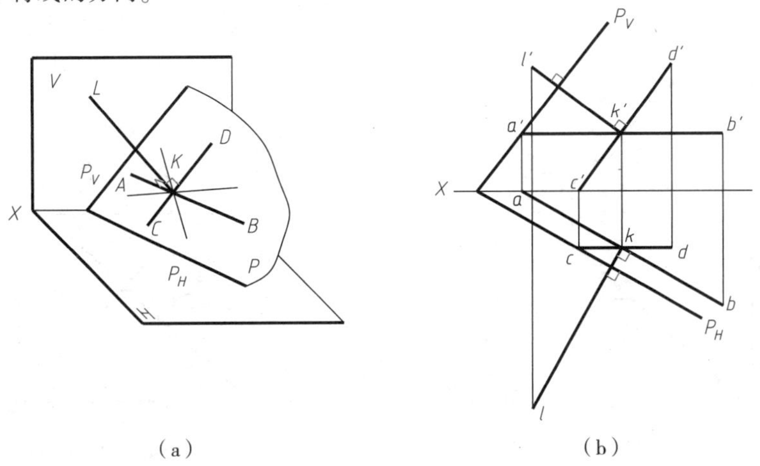

(a)　　　　(b)

图 2-49　直线与平面垂直

特殊的，若直线垂直于投影面垂直面时，则直线一定平行于该平面所垂直的投影面，即该直线一定是投影面平行线。如图 2-50 所示，直线 MN 垂直于铅垂面 ABC，则直线 MN 必为水平线，水平投影中 $mn \perp abc$。

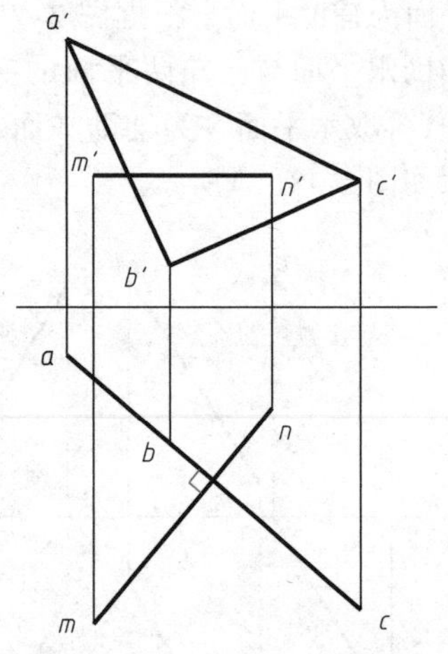

图 2-50 直线与投影面垂直面垂直

例 2-9 如图 2-51(a)所示，过定点 E 作一直线垂直于已知平面△ABC。

解：平面的垂线方向，是由平面内的投影面平行线的方向所确定，具体作图步骤如图 2-51(b)所示：

①在△ABC 平面内作一水平线 $AM(am, a'm')$ 和一正平线 $CN(cn, c'n')$。

②作 $ef \perp am$，$e'f' \perp c'n'$，则直线 $EF(ef, e'f')$ 即为所求。

例 2-10 如图 2-52(a)所示，过定点 E 作平面垂直于已知直线 AB。

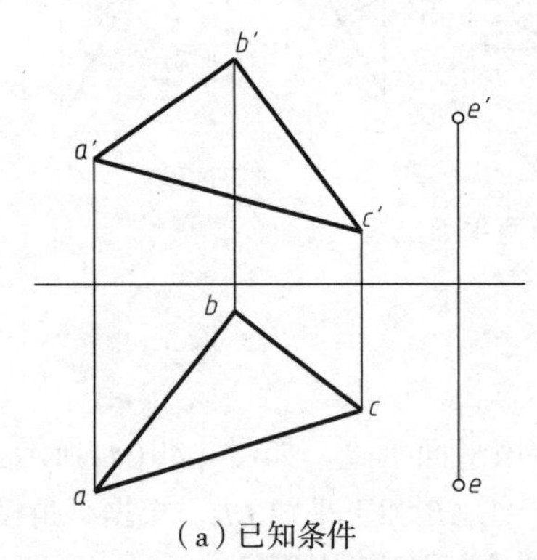

(a) 已知条件

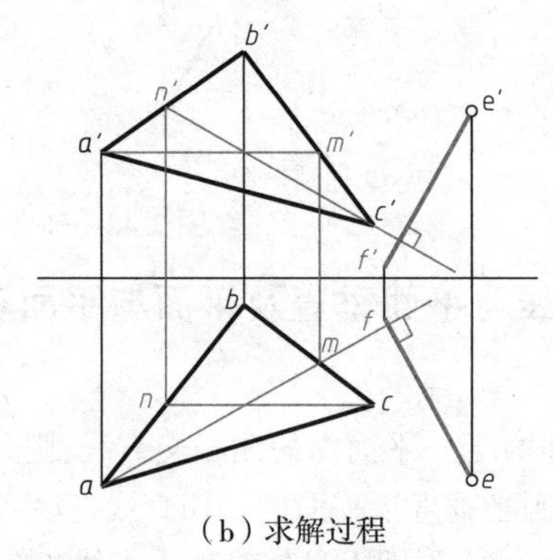

(b) 求解过程

图 2-51 例 2-9 图

解：过点 E 作两条投影面平行线，一条为正平线，一条为水平线，并分别垂直于直线 AB，则此相交两直线所确定的平面一定垂直于已知直线 AB，具体作图步骤如图 2-52(b)所示：

①过点 E 作水平线 $EN \perp AB(en \perp ab, e'n' /\!/ OX)$。

②过点 E 作正平线 $EM \perp AB(e'm' \perp a'b', em /\!/ OX)$。

则相交两直线 EM 和 EN 确定的平面即为所求。

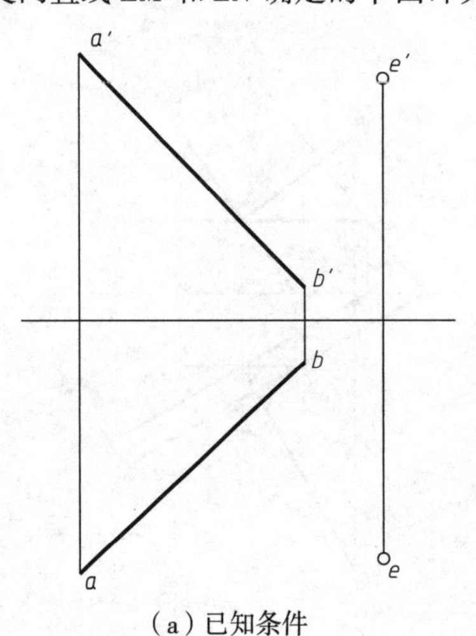

(a) 已知条件

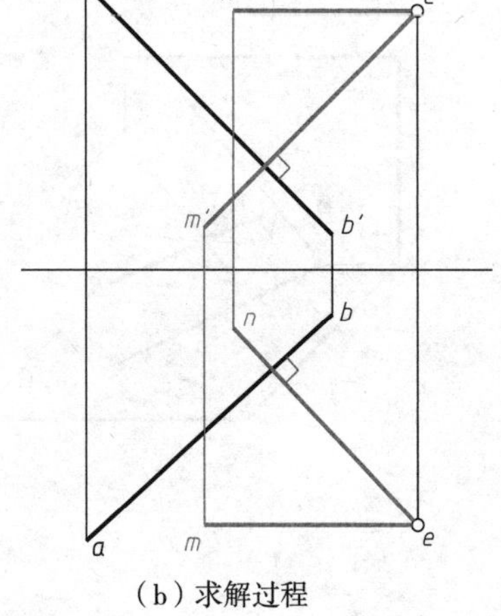

(b) 求解过程

图 2-52 例 2-10 图

例2-11 如图2-53(a)所示，直线AK垂直于直线BC，点K为垂足，试求直线AK的正面投影$a'k'$。

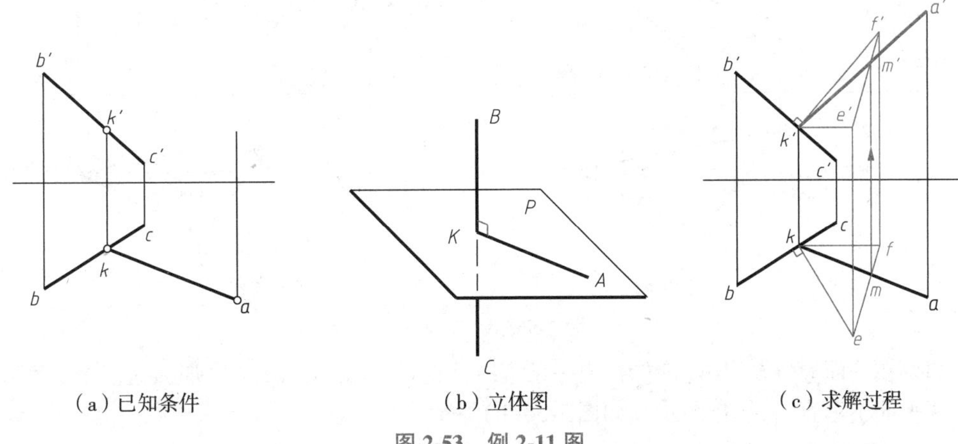

(a)已知条件　(b)立体图　(c)求解过程

图2-53 例2-11图

解：因为$AK \perp BC$，所以直线AK一定在通过垂足K且垂直于BC的平面P内，如图2-53(b)所示。因此求直线AK的正面投影，可用面内定点取线的方法求得，如图2-53(c)所示，具体作图步骤如下：

①过点K作直线BC的垂直面。过点K作正平线$KF \perp BC$($k'f' \perp b'c'$，$kf // OX$)。

②过点K作水平线$KE \perp BC$($ke \perp bc$，$k'e' // OX$)。

③由于直线AK在平面P(△KEF)内，因此，由水平投影kma可求出正面投影$k'm'a'$，此$a'k'$即为所求。

2. 平面与平面垂直

若一个平面包含了另一个平面的垂线，则此两平面必互相垂直。反之，若两平面互相垂直，则在一个平面内必能作出另一个平面的垂线，否则，两平面互相不垂直。

图2-54(a)中直线AB垂直于平面Q，且在平面P内，所以两平面互相垂直；图2-54(b)中直线AB虽然垂直于平面Q，但不在平面P内，所以两平面互相不垂直。

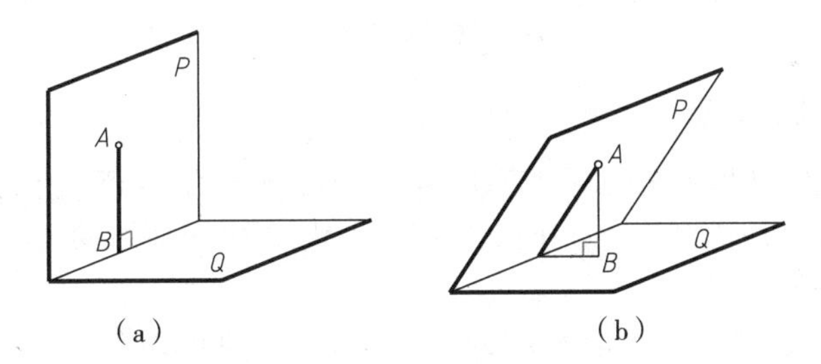

(a)　(b)

图2-54 平面与平面垂直

例2-12 如图2-55(a)所示，过定点A作平面垂直于已知平面BCD。

解：通过点A作平面BCD的垂线AE，再作包含垂线AE的平面，因为包含垂线AE的一切平面都垂直于平面BCD，所以本题有无穷多解，具体作图步骤如图2-55(b)所示：

①在平面BCD内，任取正平线BM和水平线CN。

②自点A作平面BCD的垂线AE($a'e' \perp b'm'$，$ae \perp cn$)。

③任作另一直线AF($a'f'$，af)，则两相交直线AE、AF所确定的平面即为所求。

例2-13 如图2-56(a)所示，已知平面P(△ABC)和平面Q(FG//MN)，试判别平面P和平面Q是否垂直。

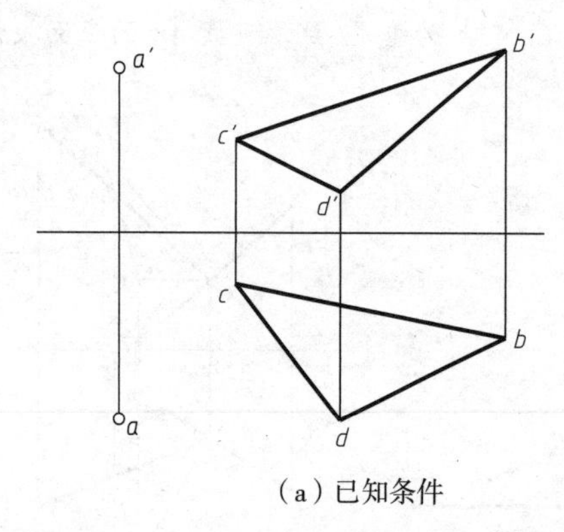

（a）已知条件

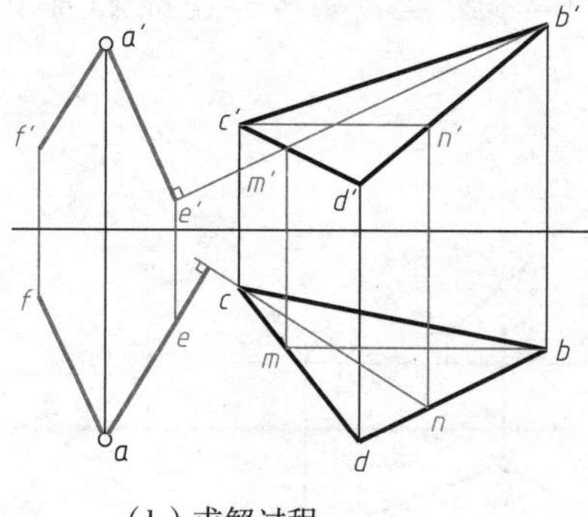

（b）求解过程

图 2-55　例 2-12 图

解：如果在平面 $Q(FG/\!/MN)$ 内能作出一条直线垂直于平面 $P(\triangle ABC)$，那么这两个平面互相垂直，否则两平面不垂直，具体作图步骤如图 2-56（b）所示：

①在平面 P 内，取正平线 AE 和水平线 CD。

②在平面 Q 内任作直线 FK，使 $f'k' \perp a'e'$，由于 FK 的水平投影 fk 与 cd 不垂直，也就是说在平面 Q 内无法作出与平面 P 垂直的直线，因此，两平面不垂直。

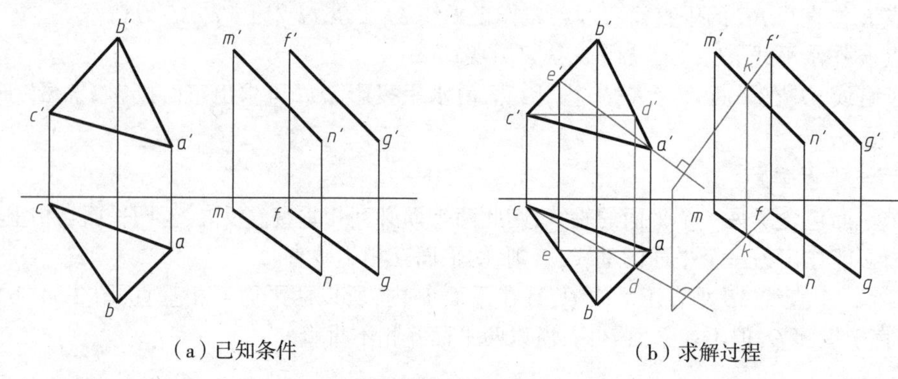

（a）已知条件　　　　（b）求解过程

图 2-56　例 2-13 图

2.5.4　平面的最大斜度线

平面上的最大斜度线是指平面内所有直线中与 H 面（或 V 面、W 面）所成角度最大的直线。假设投影面与地面重合，在与地面倾斜的平面上放置一个球，球沿斜面滚动下来所经过的最短距离直线就是该平面的最大斜度线。

平面上的最大斜度线垂直于属于该平面的投影面平行线。如图 2-57 所示，过 P 平面内一点 A 作一条与平面内水平线 EF 垂直的直线 AB，则 AB 为 P 平面内对 H 面的最大斜度线。过点 A 在 P 平面内还可以作任意直线 AC，则 $\triangle ABa$ 和 $\triangle ACa$ 都是直角三角形，由于 Aa 边为公共边，因此斜边长度不同，其倾角 α 和 α_1 也不同，显然斜边最短的 AB 所对应倾角 α 最大。因此平面 P 内垂直于该平面的水平线的直线称为对水平投影面的最大斜度线。依此类推可以得到，平面上垂直于该平面的正平线的直线称为对正面投影面的最大斜度线，平面上垂直于该平面的侧平线的直线称为对侧面投影面的最大斜度线。

图 2-57 中，平面 P 上对 H 面的最大斜度线 AB 与 H 面所成 α 角也是平面 P 与 H 面所成二面角，因此，平面对投影面的最大斜度线与该投影面的夹角，就是平面与该投影面的夹角，可利用最大斜度线求取平面对投影面的倾角大小。

例 2-14　如图 2-58 所示，求平面 ABC 对 H 面的倾角 α。

解：求平面 ABC 对 H 面的倾角 α，需先求出平面 ABC 内对 H 面的最大斜度线，然后求出最大斜

度线对 H 面的倾角 α,具体作图步骤如下:

①过点 A 作水平线 AM,即使 $a'm'//OX$ 轴,作出 am。

②过点 B 作最大斜度线,即过点 b 作直线 $bn\perp am$,得到 $b'n'$。

③用直角三角形法求出直线 BN 与 H 面所成 α 角即为所求。

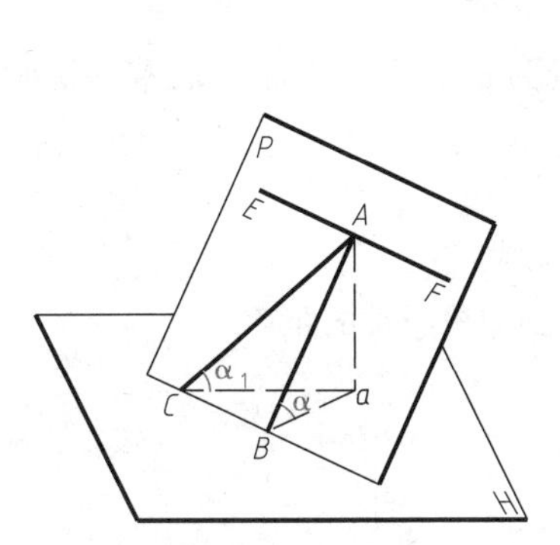

图 2-57　平面对 H 面的最大斜度线

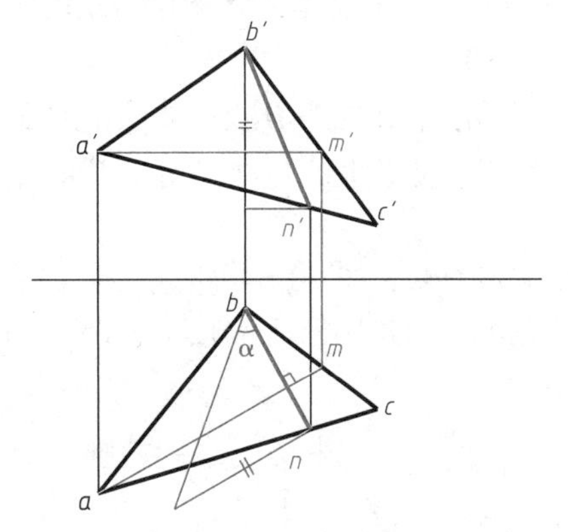

图 2-58　平面对 H 面的倾角

2.6　投影变换

当直线或平面相对于投影面处于特殊位置(平行或垂直)时,它们的投影可以反映线段的实长、平面的实形及其与投影面的倾角;当它们处于垂直位置时,其中有一投影具有积聚性。当直线或平面相对投影面处于一般位置时,它们的投影不具备上述特性。投影变换就是希望将直线或平面从一般位置变换到与投影面平行或垂直的位置,以简便地解决它们的定位和度量问题。

因此,若能将相对投影面处于倾斜位置的几何元素变为特殊位置,那么解题就方便得多。投影变换的方法就是研究如何改变空间几何元素相对投影面的位置,以达到简化解决空间定位和度量问题的目的。通常采用两种基本方法:变换投影面法和旋转法。本书仅介绍变换投影面法,简称换面法。

2.6.1　换面法的基本概念

换面法就是保持空间几何元素不动,用新的投影面替换旧的投影面,使新投影面对于空间几何元素处于有利于解题的位置,然后作出其在新投影面的投影,以达到解题的目的。

如图 2-59 所示,空间平面△ABC 为铅垂面,用新的投影面 V_1 代替原有投影面 V,使平面△ABC 平行于 V_1 面,则相对于新的 V_1 面和 H 面构成的两面投影体系来说,平面△ABC 就成为投影面的平行面,其在 V_1 面上的投影反映实形。

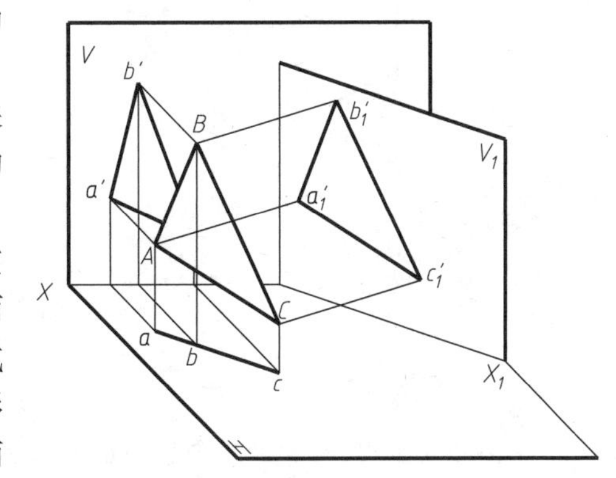

图 2-59　换面法的基本概念

很明显,新投影面是不能任意选择的,首先要使空间几何元素在新投影面上的投影能符合解题的要求,而且新投影面必须与原投影体系中某一投影面垂直,构成正交的两面体系,才能运用正投影原理作出新的投影图。因此采用换面法解题,新投影面的选择必须符合两个条件:

(1)新投影面必须和空间几何元素处于最有利于解题的位置。

(2)新投影面必须垂直于原投影体系的一个投影面。

2.6.2 点的投影变换规律

点是构成几何形体的基本元素,因此采用换面法来作图解题时,首先要了解点的投影变换规律。

1. 点的一次变换

如图 2-60 所示,点 A 在 V/H 投影体系中的投影分别为 a, a'。令 H 面不变,取一平面 V_1($V_1 \perp H$)来代替 V 面,构成新投影体系 V_1/H。由于空间点 A 位置不动,按正投影原理可得出点的投影变换规律如下:

(1)点的新投影和不变投影的连线,必垂直于新投影轴。

(2)点的新投影到新投影轴的距离等于点的旧投影到旧投影轴的距离。

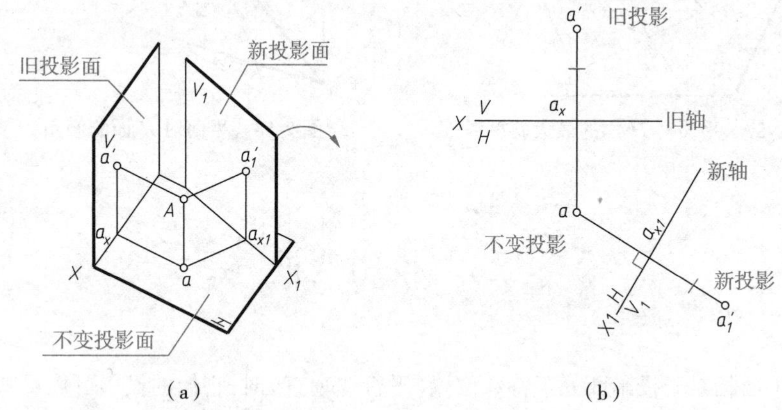

图 2-60 点的一次变换

2. 点的二次变换

工程中有些实际问题,变换一次投影面还不能解决问题,要变换两次或多次才行。如图 2-61 所示,求点的新投影的方法、作图原理和变换一次投影面相同。

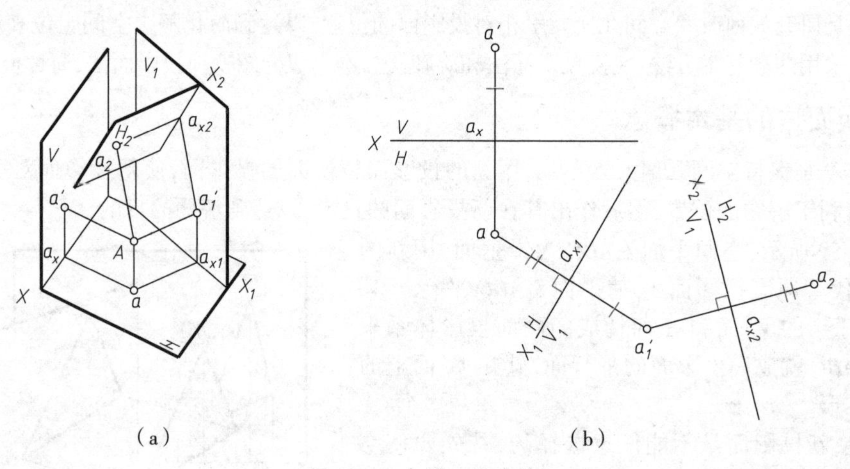

图 2-61 点的二次变换

注意:

更换投影面时,每次新投影面的选择都必须符合本节开头所述新投影面选择的两个条件,而且不能同时变换两个投影面,只能交替进行,每次变换时新、旧投影面的概念也随之改变。如图 2-61 所示,

先变换一个投影面 V 面，用 V_1 面代替 V 面，构成新投影面体系 V_1/H，X_1 为新轴，a' 为旧投影，a_1' 为新投影，a 为不变投影。再变一次投影面时须变换 H 面，用 H_2 面代替 H 面，又构成新投影面体系 V_1/H_2，这时 X_2 为新轴，a 为旧投影，a_2 为新投影，a_1' 为不变投影。依此类推可根据解题需要变换多次。

2.6.3　四个基本问题

以上讨论了换面法的基本原理和点的投影变换规律。在解决实际问题时会遇到各种情况，从作图过程可以归纳为四个基本问题。

1. 将一般位置直线变换为投影面平行线

如图 2-62(a)所示，线段 AB 为一般位置直线，在 H 面和 V 面中的投影均不反映实长。为此可设一个新投影面 V_1，使 V_1 与线段 AB 平行且垂直于 H 面，此时只要 V_1 面平行于四边形 $AabB$ 即可，则 AB 在新的投影面体系 V_1/H 中变为 V_1 面的平行线，它在 V_1 面上的投影 $a_1'b_1'$ 反映实长，同时在投影图中还可以反映出线段 AB 与水平面 H 的倾角 α。

图 2-62(b)表示了线段 AB 变换为正平线的投影图作法。首先画出新投影轴 X_1，X_1 必须平行于 ab，但与 ab 间距离可以任意选取，然后按点的投影变换规律作出线段 AB 两端点 A 和 B 的新投影 a_1' 和 b_1'，连接 $a_1'b_1'$ 即为线段 AB 的新投影，同时反映线段 AB 与水平面的倾角 α。如果仅为求线段的实长，当给出水平投影和正面投影时变换 H 面或 V 面均可。

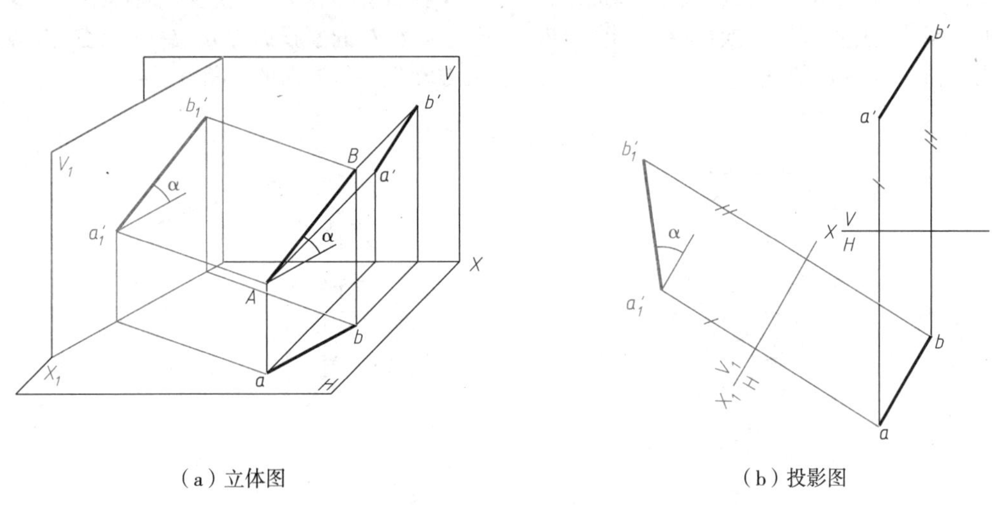

(a) 立体图　　(b) 投影图

图 2-62　一般位置直线变换为投影面平行线

2. 将一般位置直线变换为投影面垂直线

要把一般位置直线变换为投影面垂直线，变换一次投影面显然是行不通的。若选择的投影面垂直于一般位置直线，则所选的新投影面为投影面倾斜面，它与原投影面体系中任何一个投影面均不垂直，故不能构成新的直角投影体系。我们知道，将投影面平行线变换为投影面垂直线，变换一次投影面即可。因此，将一般位置直线变换为投影面垂直线可经过两次变换达到目标，如图 2-63(a)所示，先将一般位置直线变换为投影面平行线，再将投影面平行线变换为投影面垂直线，图 2-63(b)所示为作图过程。

3. 将一般位置平面变换为投影面垂直面

如图 2-64(a)所示，要使一般位置平面△ABC 变换为投影面垂直面，只要把属于该平面的任意一条直线变换为投影面垂直线即可。前面讨论过，只有投影面平行线才能经过一次变换成为投影面垂直线，因此在平面中任取一条投影面平行线作为辅助线，取与它垂直的平面为新投影面，则△ABC 就成为了新投影面的垂直面。

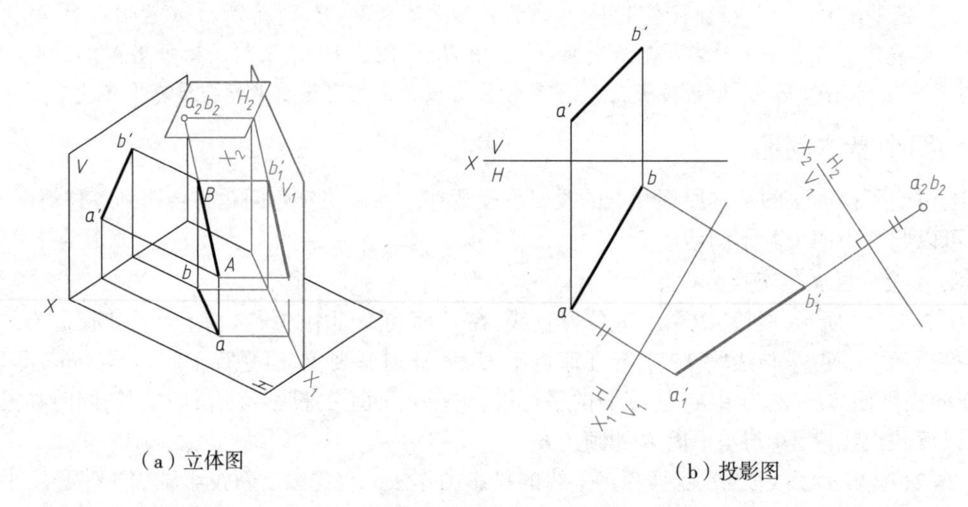

（a）立体图　　（b）投影图

图 2-63　一般位置直线变换为投影面垂直线

图 2-64(b)表示△ABC 变换成投影面垂直面的作图过程。在平面△ABC 内取一条正平线 AD 为辅助线,用新投影面 H_1 代替 H 面,使新轴 $X_1 \perp a'd'$,则平面△ABC 在 V/H_1 新投影面体系中就成为投影面垂直面。按点的投影变换规律,求出△ABC 三顶点 A、B、C 的新投影点 a_1、b_1、c_1,此三点必在同一直线上,同时 $a_1b_1c_1$ 直线与 X_1 轴的夹角即为平面△ABC 平面与 V 面的倾角 β。

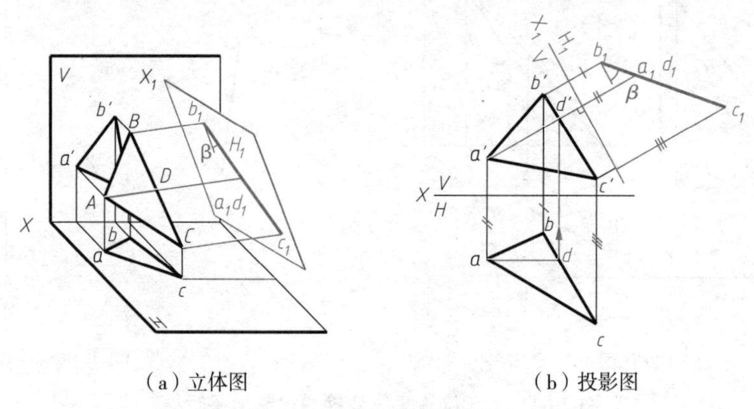

（a）立体图　　（b）投影图

图 2-64　一般位置平面变换为投影面垂直面

4. 将一般位置平面变换为投影面平行面

把一般位置平面变换为投影面平行面,只变换一次投影面显然也是不行的。因为新投影面若平行于一般位置平面,则它也为投影面倾斜面,与原投影体系中任何一个投影面都不垂直,不能构成正交的两面体系。如图 2-65(a)所示,通过一次变换,可将投影面的垂直面变换为投影面的平行面。因此,对于一般位置平面,应先将其变换为投影面垂直面,再把投影面垂直面变换为投影面平行面,图 2-65(b)所示为将一般位置平面△ABC 变换为投影面平行面的作图过程。第一次变换 H 面,取正平线 AD 为辅助线,把平面△ABC 变换为投影面垂直面;第二次变换 V 面,取新轴 $X_2//b_1a_1c_1$,求出 V_2 面上△ABC 三顶点 A、B、C 的新投影 a_2'、b_2'、c_2',则△$a_2'b_2'c_2'$反映平面△ABC 的实形。

2.6.4　综合问题图解实例

在投影图上解决空间几何关系的问题时,先要针对命题给定的基本条件和各项要求对其几何关系进行空间分析,可绘制空间分析示意图帮助思维想象,从中找出图解方法和步骤。

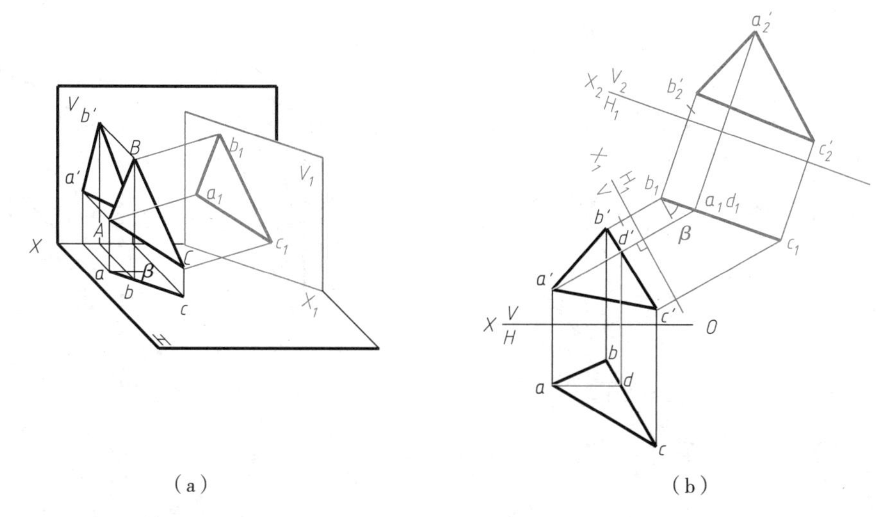

（a） （b）

图 2-65 一般位置平面变换为投影面平行面

图解综合问题时，往往有不同的解题方案，作图简繁各异，但其解题思路却有共同之处。一般可先考虑满足求解的某一要求，想象其所有答案（常引用轨迹的概念）；再分别考虑满足求解的其他要求；最后在上述答案中找出能同时满足这些要求的解答。

例2-15 如图 2-66(a)所示，过点 *L* 作一直线 *LK*，使之平行于平面△*ABC* 且与直线 *DE* 相交。

解：过点 *L* 作直线平行于平面△*ABC*，若无其他要求可有无穷多解，其轨迹是一个与平面△*ABC* 平行的平面 *Q*，如图 2-66(b)所示，其中必有一条与直线 *DE* 相交，其交点就是直线 *DE* 与平面 *Q* 的交点 *K*，连接点 *L* 及点 *K* 即为所求直线 *LK*，具体作图步骤如图 2-66(c)所示：

①过点 *L* 作平面 *Q* 平行于平面△*ABC*。为此，过点 *L* 作相交两直线 *LF*、*LG* 使其对应平行于平面△*ABC* 的相交两直线 *AB*、*AC*，即正面投影 $l'f'//a'b'$、$l'g'//a'c'$，水平投影 $lf//ab$、$lg//ac$。

②求直线 *DE* 与平面 *Q*(*LF*×*LG*)的交点。因直线 *DE* 与平面 *Q* 均为一般位置，故可利用辅助平面法求交点 *K* 的投影 k，k'。

③分别连接两面投影 lk 和 $l'k'$ 即为所求。

本题还可用其他方案求解，如图 2-67(a)所示。从前面分析已知，过点 *L* 作与平面△*ABC* 平行的直线，其轨迹是一个平面 *Q*；不难想象，过点 *L* 作与直线 *DE* 相交的直线轨迹也是一个平面 *LDE*。能同时满足这两项要求的直线必定是平面 *Q* 与平面 *LDE* 的交线。具体作图步骤如图 2-67(b)所示。

例2-16 如图 2-68(a)所示，已知平面△*ABC* 和平面△*DEF*，试在平面△*DEF* 内求作一条直线 *MN*，与平面△*ABC* 距离为 15 mm。

解：如图 2-68(b)所示，与平面△*ABC* 相距为 15 mm 的直线，其轨迹是平面△*ABC* 的平行面 *P*(*KL*×*KS*)，又要满足在平面△*DEF* 内，则所求直线 *MN* 必为平行面 *P* 与平面△*DEF* 的交线，具体作图步骤如图 2-68(c)所示：

①过点 *A* 作平面 *ABC* 的垂线 *AG*($ag\perp cd$，$a'g'\perp a'c'$)。

②求垂线 *AG* 的实长 ag_0，在 ag_0 上截取 $ak_0=15$ mm，找到对应水平投影 ak 和正面投影 $a'k'$。

③过点 *K* 作平面△*ABC* 的平行面，分别作正面投影 $k's'//a'c'$、$k'l'//b'c'$，水平投影 $ks//ac$、$kl//bc$。

④用线面交点法求平面 *KLS* 与平面△*DEF* 的交线 *MN*(mn，$m'n'$)，即为所求。

此题若用换面法图解，则作图更为简捷。具体作图过程如图 2-69 所示，请读者自行分析。

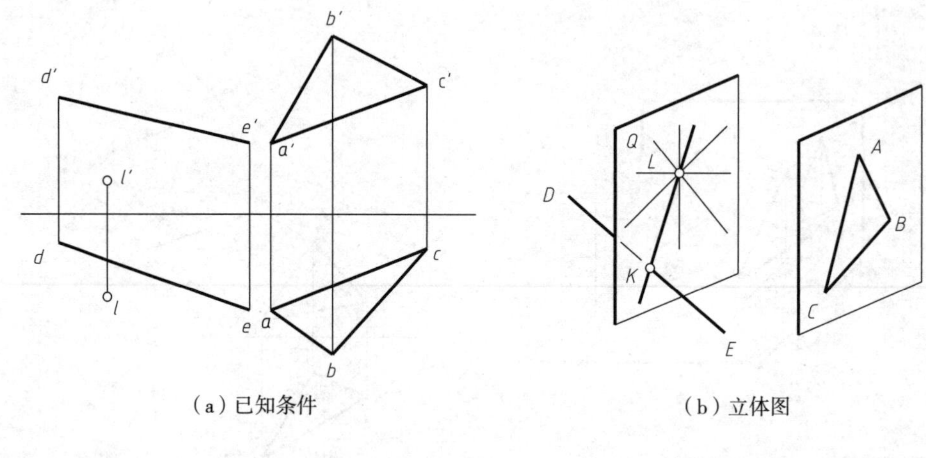

（a）已知条件　　（b）立体图

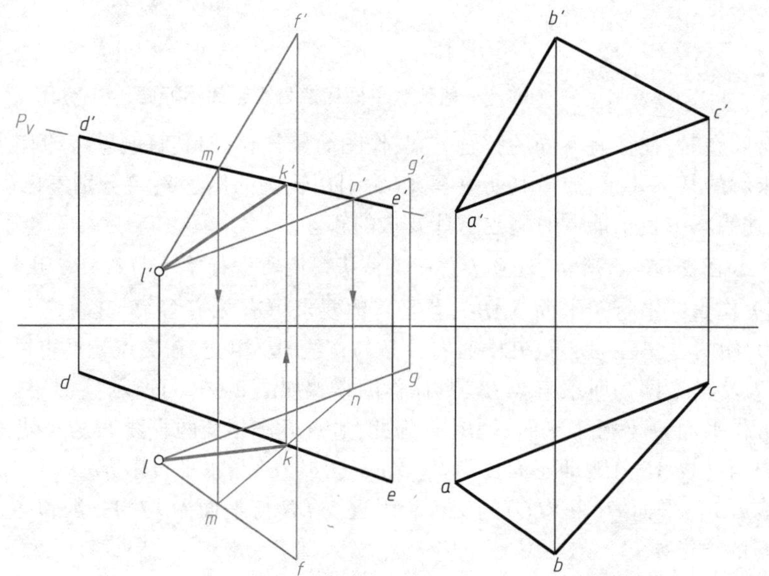

（c）作图过程

图 2-66　例 2-15 图(1)

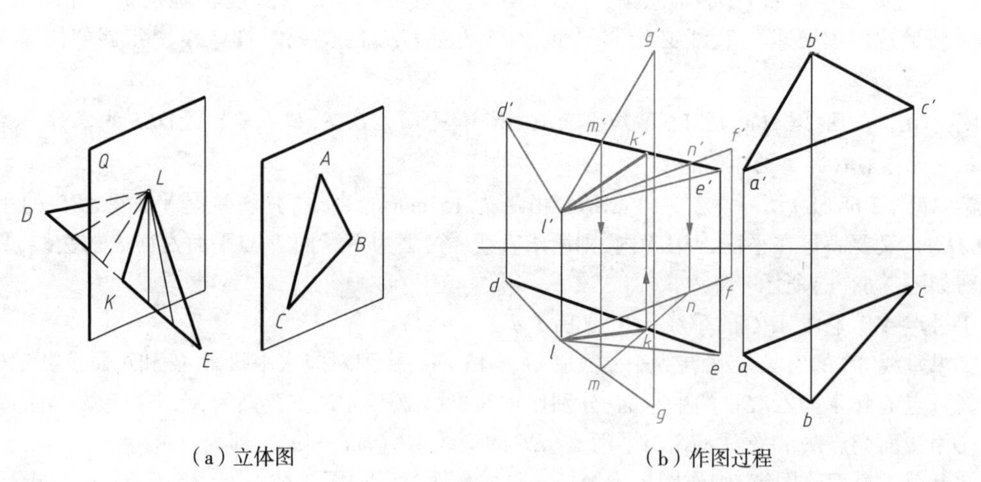

（a）立体图　　（b）作图过程

图 2-67　例 2-15 图(2)

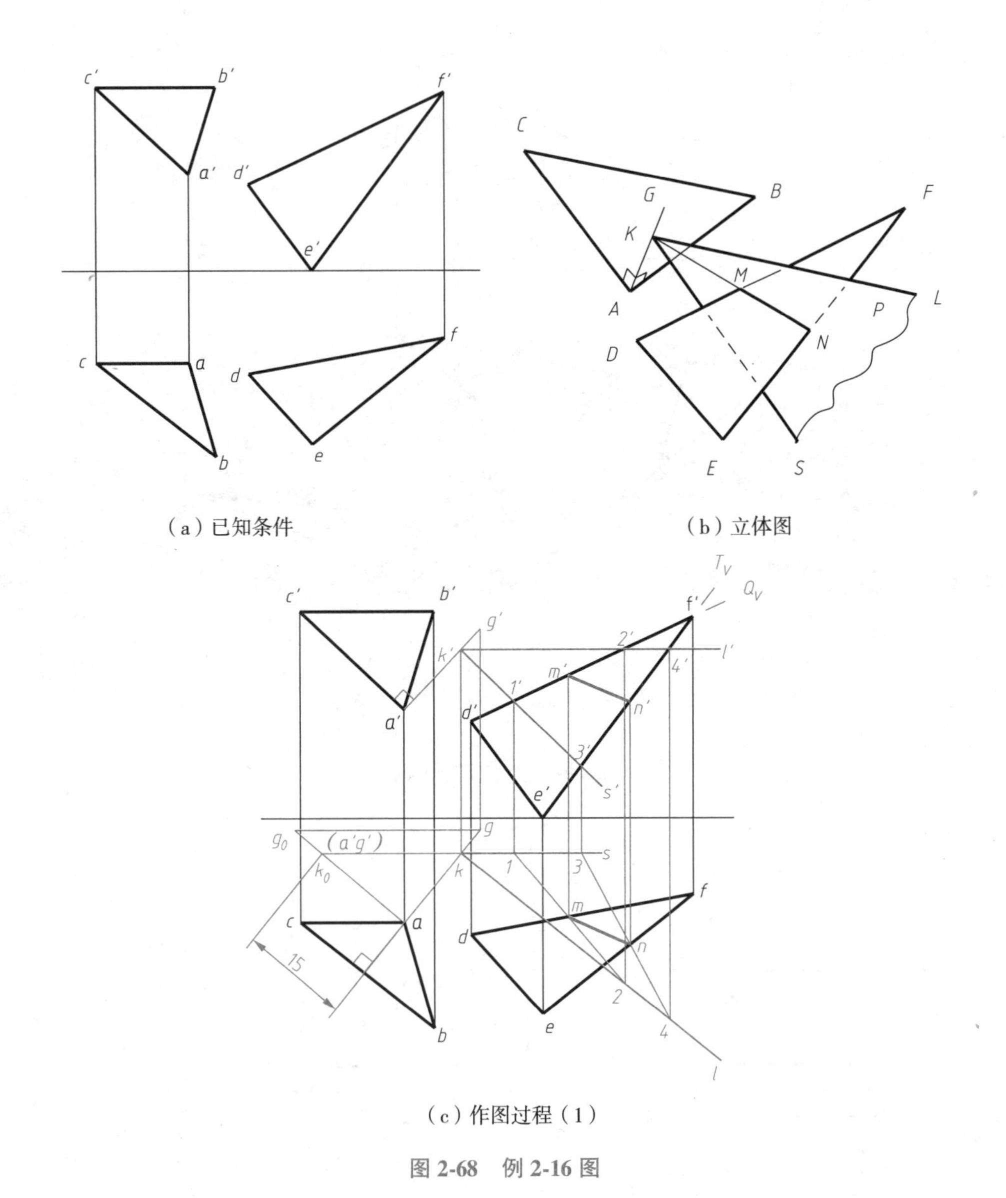

（a）已知条件

（b）立体图

（c）作图过程（1）

图 2-68 例 2-16 图

例2-17 2018 年 5 月 14 日，川航 3U8633 航班在巡航阶段，驾驶舱右座前风挡玻璃破裂脱落，随后机组安全备降成都双流机场。飞机风挡玻璃，必须具备多种功能：(1) 强度充足，能承受座舱压力和启动载荷；(2) 透光性好，为驾驶人员提供良好视线；(3) 使用寿命长，具有很强的可靠性。此外，有些飞机玻璃，还要具有防弹、抗鸟撞的安全性以及防冰去霜、隐身等功能。图 2-70(a) 为飞机座舱的风挡玻璃，求出平面 M 与 N、M 与 K 所成夹角的真实大小。

解：求两个平面所成夹角的真实大小，可将两平面通过投影变换变为投影面的垂直面，也就是将两平面的交线变为投影面垂直线，即可在其所垂直的投影面上直接反映夹角的真实大小。如图 2-70(b) 所示，平面 M 与平面 N 的交线 AB 为正平线，可通过一次换面将 AB 变换为投影面垂直线，角 α 即为平面 M 与平面 N 所成夹角真实大小。平面 M 与平面 K 的交线 DE 为一般位置直线，需通过两次换面将 DE 变换为投影面垂直线，角 β 即为平面 M 与平面 K 所成夹角真实大小。

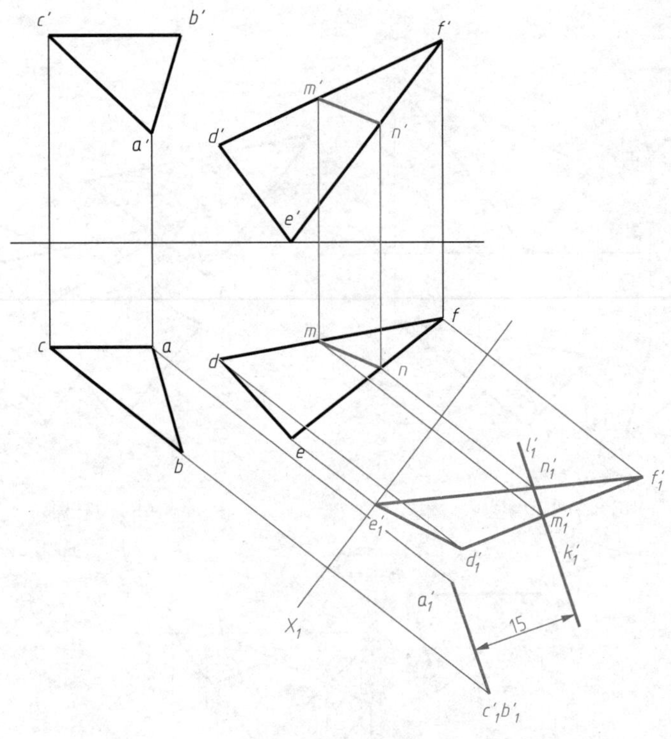

图 2-69 作图过程(2)

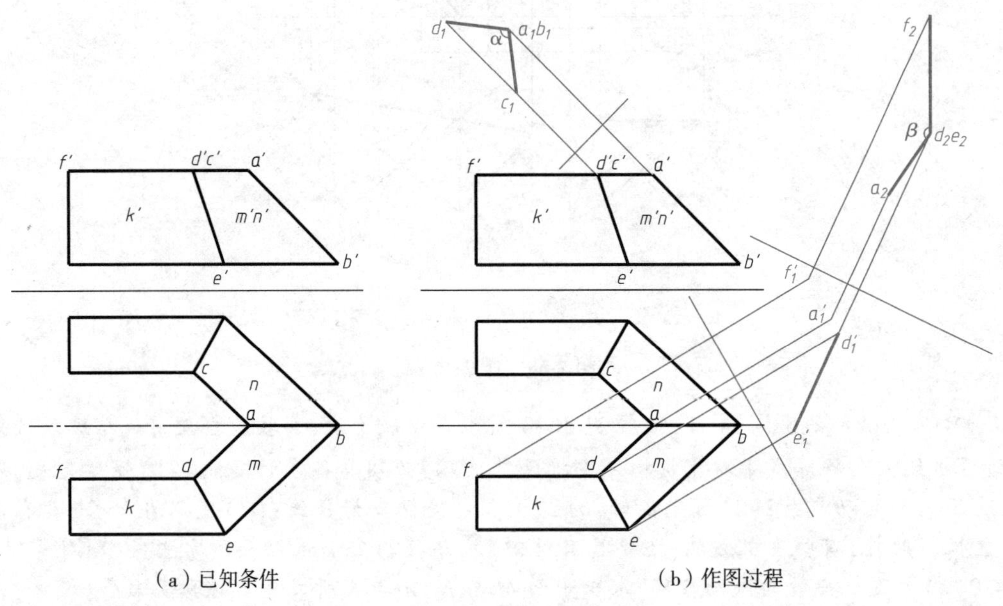

（a）已知条件 （b）作图过程

图 2-70 例 2-17 图

第3章 基本立体的投影

思维导图

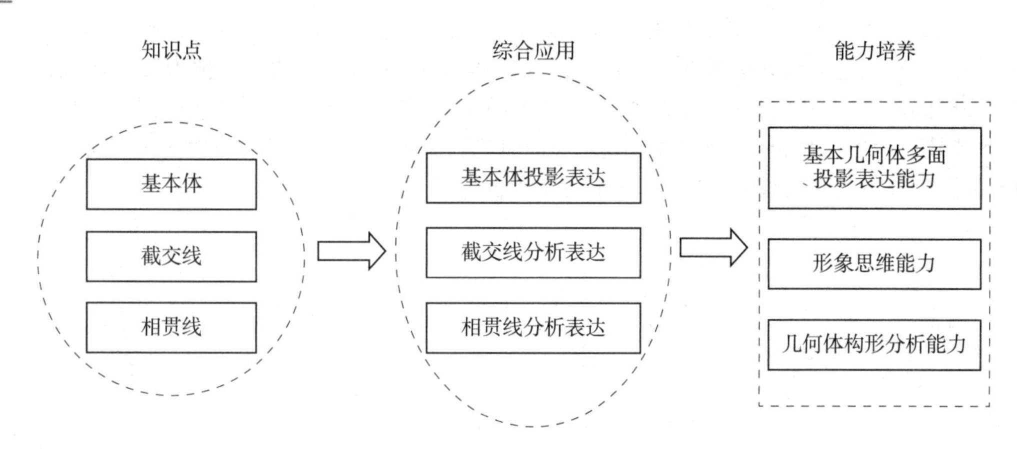

重点难点

1. 回转体的转向轮廓线概念；
2. 利用纬圆法在回转体表面取点；
3. 多个平面截切立体产生的交线画法；
4. 辅助平面法求取相贯线的方法与步骤。

素质拓展

理解基本几何体的投影，建立视图之间的三等关系，是学习投影制图的重要基础。平面截切立体产生截交线，立体与立体相交形成相贯线，而截交线和相贯线的求取表达，都是通过先求取点、然后连线的方法完成，即以离散化的思路来解决问题。同时，从基本立体出发，利用截切或是叠加构型手段，即能生成形态各异的复杂形体，可谓夯实基础、一生万物。

3.1 立体及其表面上的点与线

在设计和表现产品结构时，总是需要构造他们的几何模型。在工程设计中经常使用的、成形简单的形体，诸如棱柱、棱锥、圆柱、圆锥、球体等单一几何形体，称为基本立体，简称基本体。而其他复杂形体都可以看成是由基本体组合而成的。

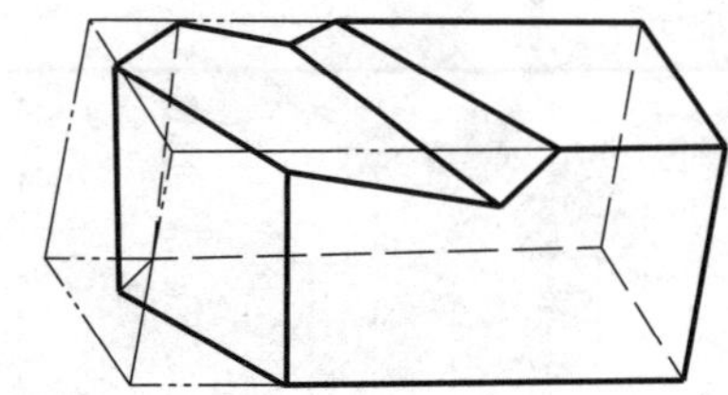

图 3-1 车刀头部

3.1.1 平面立体的投影

立体表面全由平面围成的立体称为平面立体，如图 3-1 所示的车刀头部。基本平面立体主要分为棱柱和棱锥两种。

1. 棱柱

(1)棱柱的形成

如图 3-2 所示，棱柱可以看成是由一个平面多边形沿与其不平行的直线移动一段距离所扫掠形成的立体。棱柱以它的法向截面的形状定义，例如法向截面为四边形的棱柱称为四棱柱；由原平面多边形形成的两个相互平行的面称为底面，其余各面称为侧面，也称为棱面；相邻两侧面的交线称为侧棱，各侧棱互相平行且相等；当侧棱垂直于底面时称为直棱柱，此时，底面即为法向截面；底面为正多边形的直棱柱称为正棱柱；侧棱不垂直于底面时，称为斜棱柱。

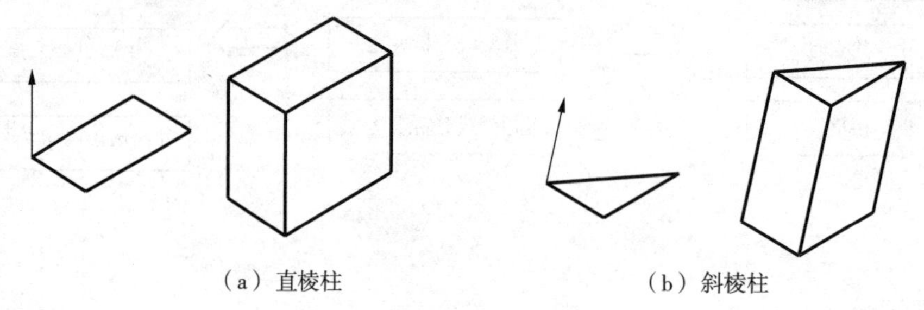

（a）直棱柱　　（b）斜棱柱

图 3-2 直棱柱和斜棱柱

(2)棱柱的投影

平面立体上的每一条棱线是相邻两棱面的交线，是平面立体上棱面的轮廓线，因此，平面立体的投影实际上是所有棱线的投影。当轮廓线为可见时，画成粗实线；不可见时，画成虚线；当粗实线与虚线重合时，应画粗实线。为了更好地利用平行投影的实形性和积聚性，以便于看图和画图，放置物体时，应尽量将物体的主要表面与投影面平行或垂直。

由于在三面投影图中，各投影图与投影轴的距离，只反映物体与投影面的距离。而物体与投影面距离的大小并不影响它的形状表达，因此从本节起，在画立体的投影图时为了使作图简便，可将投影轴省略不画，但三投影之间仍必须保持“长对正，高平齐，宽相等”的投影关系。

图 3-3(a)是一个正六棱柱在三面投影体系中的投影情况，正六棱柱的上、下底面平行于水平投影面，前后棱面平行于正立投影面，图 3-3(b)是该正六棱柱的三面投影图。

正六棱柱是由六个棱面和上下底面组成，由于上、下底面均为水平面，所以其水平投影反映实形，即重合在一起的正六边形；正面和侧面投影积聚为水平直线段。前后两棱面为正平面，其正面投影反映实形并重合在一起，水平投影和侧面投影积聚为直线段 de 和 $d''c''$ 等。其余四个棱面均为铅垂面，所以水平投影积聚为直线，正面和侧面投影均为相应地重合在一起的类似形。

由于各棱面及上下底面处于特殊位置，所以它们之间的交线(棱线)也是特殊位置直线。如 AB、DE 等为投影面垂直线，AD 等为投影面平行线。这些棱线在投影图中都应具有特殊位置直线的投影特性。

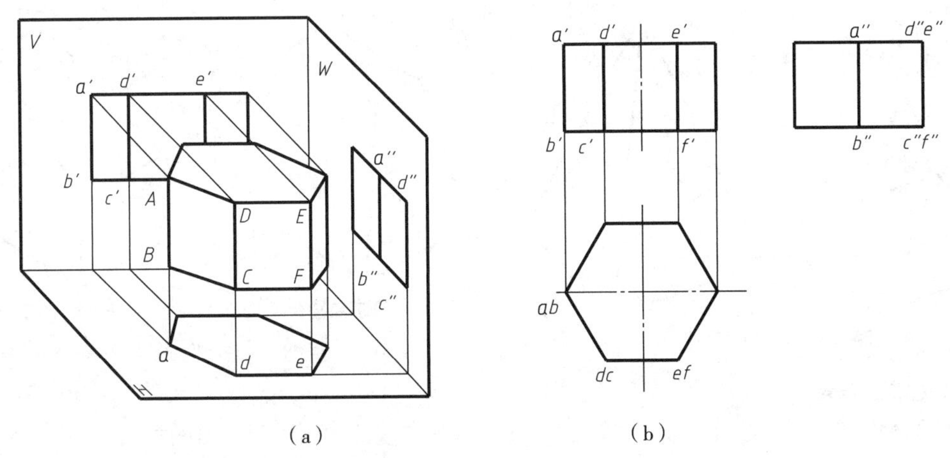

图 3-3　正六棱柱的投影

(3)棱柱表面上取点

在平面立体表面上取点、线的方法与在平面上取点、线的方法相同。首先，要分析点所在表面的空间位置，特殊位置表面上的点可利用面的投影积聚性作图，一般位置表面上的点需借助于棱面内过已知点的辅助线来作图。

例3-1　图 3-4 中，已知正六棱柱的棱面上点 M 的正面投影 m'，求其水平投影 m 和侧面投影 m''。

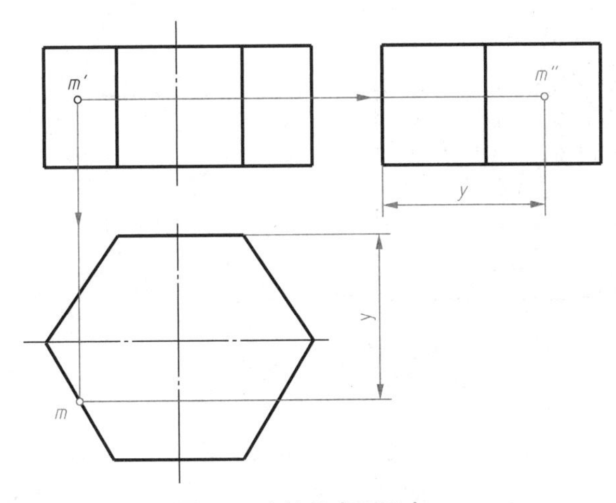

图 3-4　六棱柱表面取点

解：根据 m' 是可见的，判断点 M 必在该棱柱的左前棱面上。由于棱面水平投影有积聚性，故可直接求出 m，再按投影关系，由 m' 和 m 作出 m''，且为可见。

2. 棱锥

(1)棱锥的形成

如图 3-5 所示，棱锥可以看成由一个平面多边形沿与其不平行的直线移动，同时各边按相同的比例线性缩小(或放大)而形成的立体。产生棱锥的平面多边形称为底面，其余各面为侧面，侧面的交线称为侧棱。各侧棱汇交于一个公共点，称为锥顶。棱锥是以底面多边形的边数定义的，底面是正多边形，锥顶在底面上的投影又位于这个多边形的几何中心时，这样的棱锥体称为正棱锥，否则是斜棱锥。棱台是截去头部的棱锥体,其上底面与下底面平行,如两者不平行,则称为截头棱锥,图 3-6 分别是四棱台和截头四棱锥的示意图。

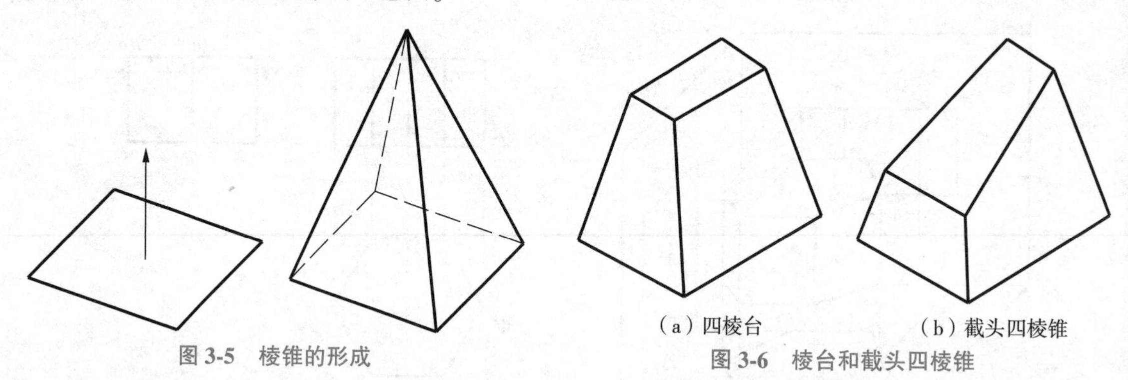

图 3-5　棱锥的形成

（a）四棱台　　（b）截头四棱锥

图 3-6　棱台和截头四棱锥

(2)棱锥的投影

常见的棱锥有三棱锥、四棱锥、五棱锥等,下面以正三棱锥为例说明棱锥的投影。

图 3-7(a)为一正三棱锥在三面投影体系中的投影情况,从图可知,其底面平行于水平投影面,底面三角形的一边 AC 垂直于侧立投影面。图 3-7(b)是该正三棱锥的三面投影图。

正三棱锥由底面和三个棱面组成,按所放位置,底面为水平面,其水平投影反映实形,正面和侧面投影积聚为直线。棱面△SAC 为侧垂面,其侧面投影积聚为直线,水平投影和正面投影都是类似形。棱面△SAB 和△SBC 都是一般位置平面,三面投影均为类似形,各棱线的投影请读者自己分析。

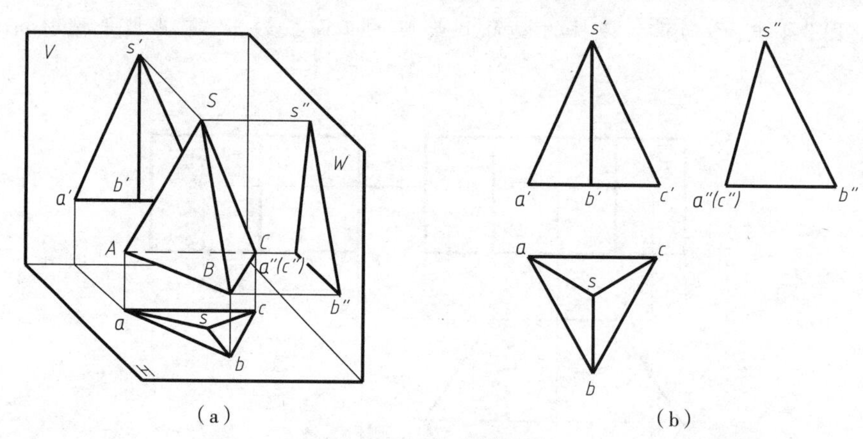

（a）　　（b）

图 3-7　三棱锥的投影

(3)棱锥表面取点

例3-2　图 3-8(a)中,已知三棱锥表面上点 K 的正面投影 k',求其水平投影 k。

解:由图可知,K 点所在平面为△SAC,是一般位置平面,因此可利用面上取点的方法来求取 K 点的水平投影,辅助线可选取平面内通过 K 点的任意直线。图 3-8(b)中辅助线采用点 K 与锥顶 S 的连线 SK;图 3-8(c)中采用的辅助线为通过 K 点与 AC 平行的直线;图 3-8(d)中为通过点 K 在平面△SAC 内的任一直线。

3.1.2　常用回转体的投影

曲面立体是表面由曲面或平面和曲面组成的立体。工程上常见的是回转体,所谓回转体是由一条线绕轴线旋转一周而形成的立体,这条运动的线称为母线,曲面上任一位置的母线称为素线。母线上的各点绕轴线旋转时,形成回转面上垂直于轴线的纬圆。常用的回转体包括圆柱、圆锥、圆球和圆环。

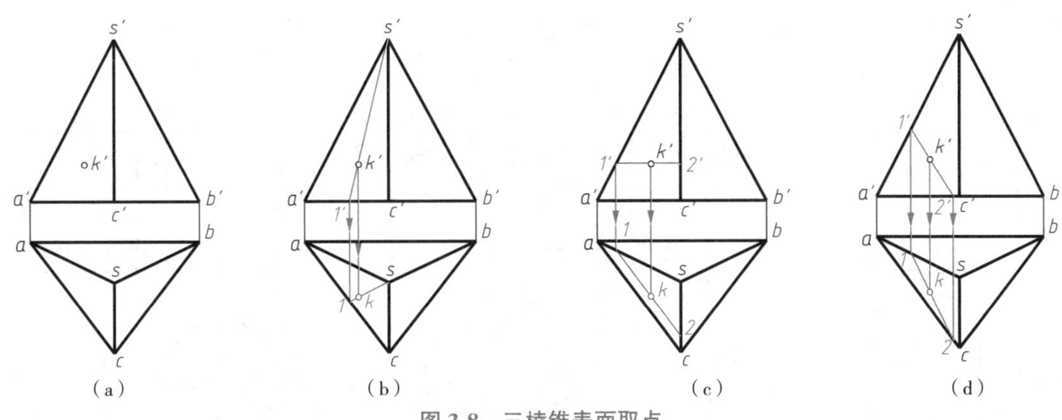

图 3-8　三棱锥表面取点

画曲面投影时，常常要画出曲面投影的转向轮廓线。所谓转向轮廓线，是指沿某一投射方向相切于曲面的诸投射线与投影面的交点的集合，也就是这些投射线所组成的平面或柱面与曲面的切线的投影，常常也是曲面上某一方向可见投影与不可见投影的分界线。如图 3-9 所示，圆球的水平投影转向轮廓线是球面上的水平大圆的水平投影，也是圆球水平投影中可见的上半球面与不可见的下半球面的分界线。同理，圆球的正面投影转向轮廓线和侧面投影转向轮廓线分别是球面上的正平大圆的正面投影和侧平大圆的侧面投影。

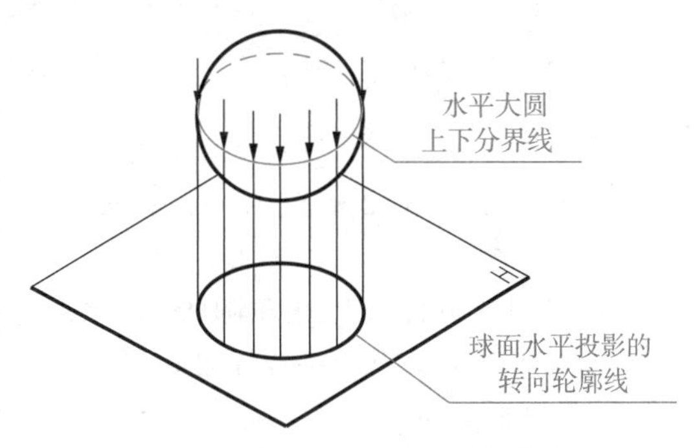

图 3-9　圆球水平投影的转向轮廓线

1. 圆柱体

(1)圆柱体的形成

圆柱体是由圆柱面和上下两端面组成的。如图 3-10 所示，圆柱面可以看成由一条直母线绕与其平行的轴线旋转而成，圆柱面上的所有素线都与轴线平行。

(2)圆柱体的投影

图 3-11(a)是轴线处于铅垂线位置的圆柱体的空间情况，图 3-11(b)是该圆柱的三面投影图。用点画线画出轴线的正面投影和侧面投影；水平投影中，用点画线画出对称中心线。当圆柱体的轴线垂直于水平投影面时，柱面的水平投影为圆，且具有积聚性，即柱面上所有点、线的水平投影都积聚在这个圆周上。其正面投影和侧面投影为相同的两个矩形。圆柱的轴线即对称中心线用点画线画出，当转向轮廓线投影和中心线投影重合时，只画中心线。

在正面投影中，矩形的左右两边是圆柱正面投影的转向轮廓线，它们是圆柱上最左、最右素线的正面投影，也是圆柱上可见的前半圆柱面与不可见的后半圆柱面的分界线。例如点 C 正面投影可见，点 D 的正面投影不可见。这两条转向轮廓线在侧面投影中和轴线的侧面投影重合，在水平投影中积聚为圆周上最左、最右两个点。

同样，在侧面投影中，矩形的两个竖直边是圆柱侧面投影的转向轮廓线，它们是圆柱上最前、最后两条素线的侧面投影，也是圆柱可见左半圆柱面与不可见的右半圆柱面的分界线，它们在正面上的投影和轴线的正面投影重合，在水平投影中积聚为圆周上最前、最后两个点。

(3)圆柱表面上取点、取线

圆柱表面上取点的方法可按点在圆柱表面位置不同分为两种：若点在转向轮廓线上，可按线上取点的方法，直接做出；若点不在转向轮廓线上，可以利用圆柱面投影成有积聚性的圆作出。

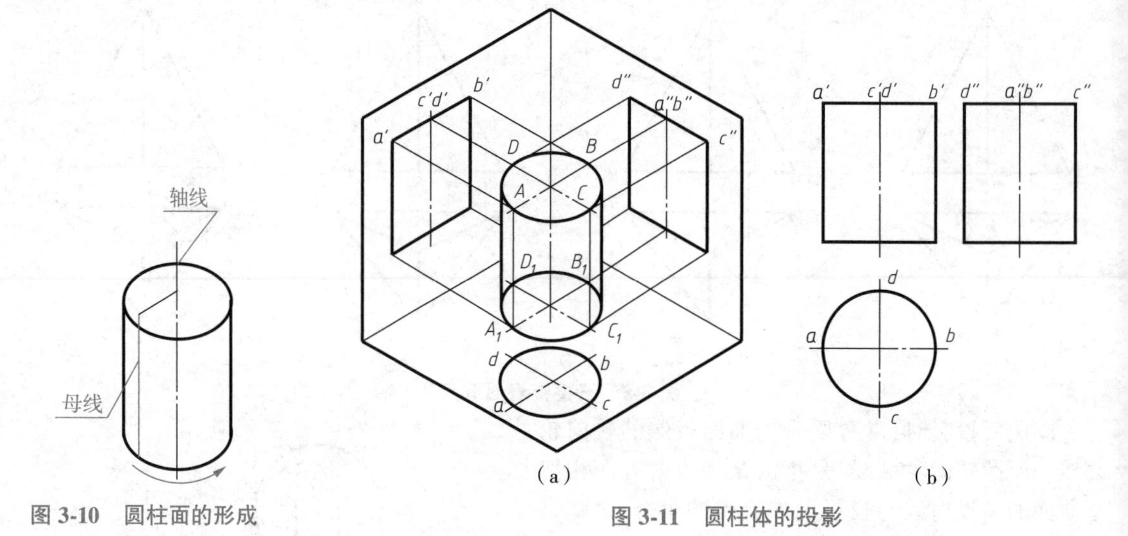

图 3-10 圆柱面的形成

图 3-11 圆柱体的投影

例3-3 如图 3-12 所示,已知圆柱表面上点 A、点 B 的正面投影,求作它们的水平投影和侧面投影。

解:点 A 在圆柱面上,由于圆柱面的水平投影有积聚性,则点 A 的水平投影 a 应积聚在圆周上。由 a'可见得知,点 A 在前半圆柱面上,可作出其水平投影 a。再根据 a'和 a 作出侧面投影 a'',因点 A 在左半圆柱面上,故侧面投影 a''可见。点 B 在圆柱正面转向轮廓线上,其侧面投影位于轴线上,水平投影积聚在最右边的点上。

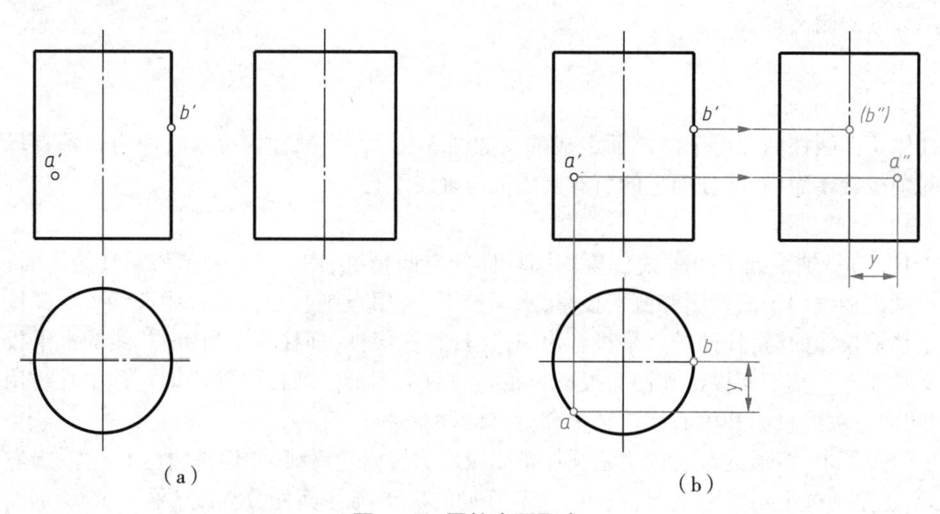

图 3-12 圆柱表面取点

图 3-13 是在圆柱面上取线的示意图,可在圆柱表面上做出关键点的投影,连接各点的投影即得到线的投影。尤其注意要选取圆柱侧面转向轮廓线上的Ⅰ点,该点为曲线 AB 上的最前点,连线过程中注意判断可见性。

2. 圆锥体

(1)圆锥体的形成

如图 3-14 所示,圆锥体是由圆锥面和底面组成的。圆锥面可以看成由一条直的母线绕着与其倾斜相交的轴线旋转而成。圆锥面上通过锥顶 S 的任一直线称为圆锥面的素线。

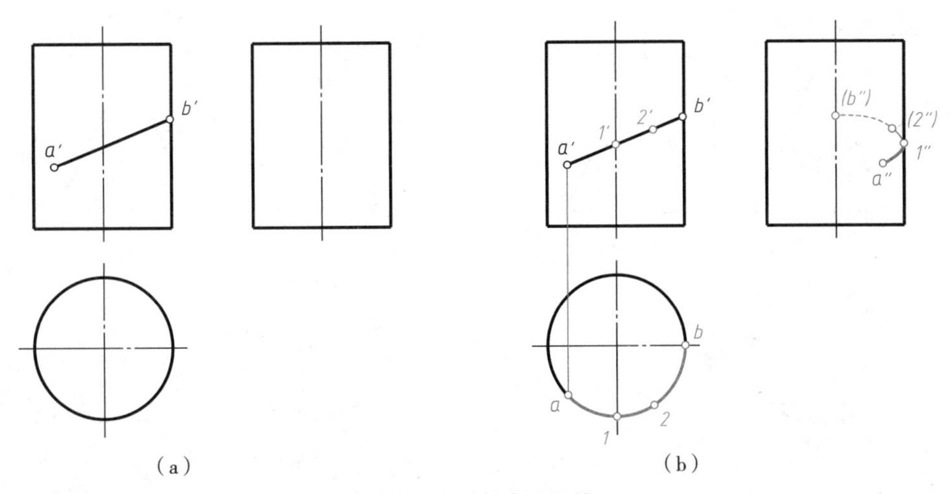

图 3-13　圆柱表面取线

(2)圆锥体的投影

图 3-15(a)是轴线处于铅垂线位置的圆锥体的空间情况,图 3-15(b)是该圆锥的三面投影图。用点画线画出轴线的正面投影和侧面投影;水平投影中,用点画线画出对称中心线。圆锥面的水平投影是圆,没有积聚性。正面投影中画出圆锥面的正面转向轮廓线,即最左素线 SA 和最右素线 SB 的投影 $s'a'$和 $s'b'$,以及底面圆周的投影 $a'b'$,正面投影 $s'a'b'$是一个等腰三角形,SA、SB 的侧面投影 $s''a''$、$s''b''$与轴线的侧面投影重合;在侧面投影中画出圆锥面的侧面转向轮廓线,即最前素线 SC 和最后素线 SD 的投影 $s''c''$和 $s''b''$,以及底圆周的投影 $c''d''$,侧面投影 $s''c''d''$也是一个等腰三角形,SC、SD 的正面投影 $s'c'$和 $s'd'$与轴线的正面投影重合。

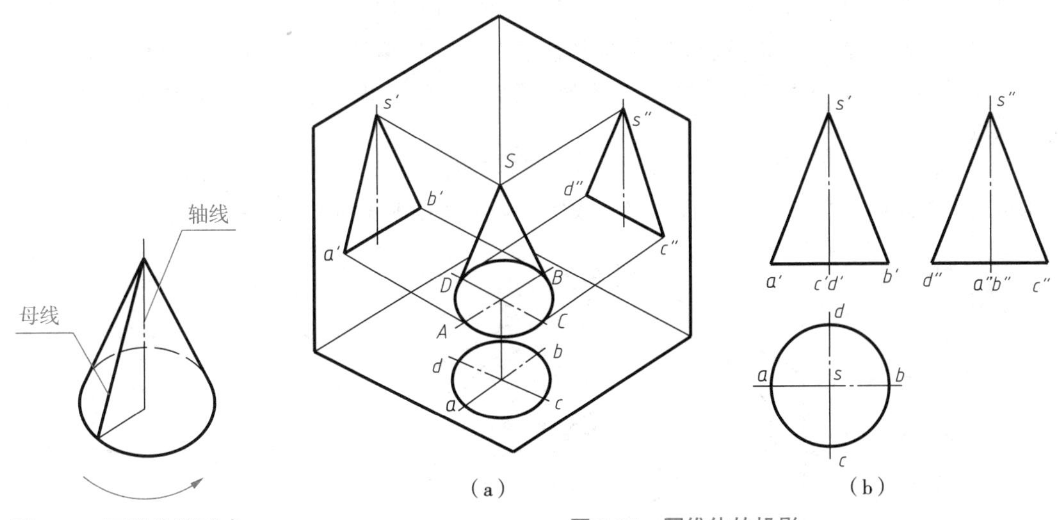

图 3-14　圆锥体的形成

图 3-15　圆锥体的投影

(3)圆锥表面上取点

圆锥表面上取点的方法有两种:一种是通过点作辅助素线,如图 3-16(a)所示,作通过点 A 的素线 SB,在 SB 的各面投影中找到点 A 的投影;另一种是通过点作辅助纬圆,如图 3-16(b)所示,过点 A 作垂直于轴线的纬圆,正面投影积聚成直线,水平投影反应圆的实形,在圆上找到点 A 的投影。用素线法取点的方法只适用于母线为直线的曲面,而利用纬圆法取点的方法可适用于各种回转面。

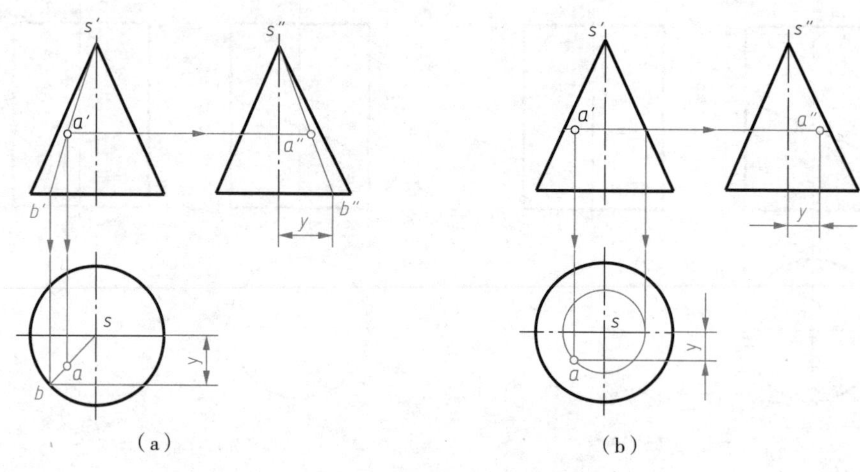

图 3-16 圆锥表面取点

3. 圆球

(1)圆球的形成

如图 3-17(a)所示,球面是由半圆绕其直径旋转所形成的曲面。

(2)圆球的投影

图 3-17(b)是球面向三个投影面投射的空间情况。图 3-17(c)是球面的三面投影图,它的三面投影都是直径等于圆球直径的圆(分别用 a、b'、c''表示)。必须注意,这三个圆不是球面上某一个圆的三面投影,而是球面上三个方向的转向轮廓线。水平投影的圆 a 是平行于水平面的最大圆 A(即上下两半球面的分界圆)的投影,A 的正面投影 a'和侧面投影 a''分别与 b'和 c''的水平中心线重合。正面投影的圆 b',是球面上平行于正面的最大圆 B(即前后两半球的分界圆)的投影,其水平投影 b 与 a 的水平中心线重合,侧面投影 b''与 c''的竖直中心线重合;侧面投影的圆 c'',是球面上平行于侧面的最大圆 C(即左右两半球面的分界圆)的投影,其水平投影 c 和正面投影 c',分别与 a 和 b'的竖直中心线重合。

由于球面是光滑的曲面,所以圆 A 的正面投影和侧面投影、圆 B 的水平投影和侧面投影、圆 C 的水平投影和正面投影均不用画出,但在各投影中必须用点画线画出圆的中心线。

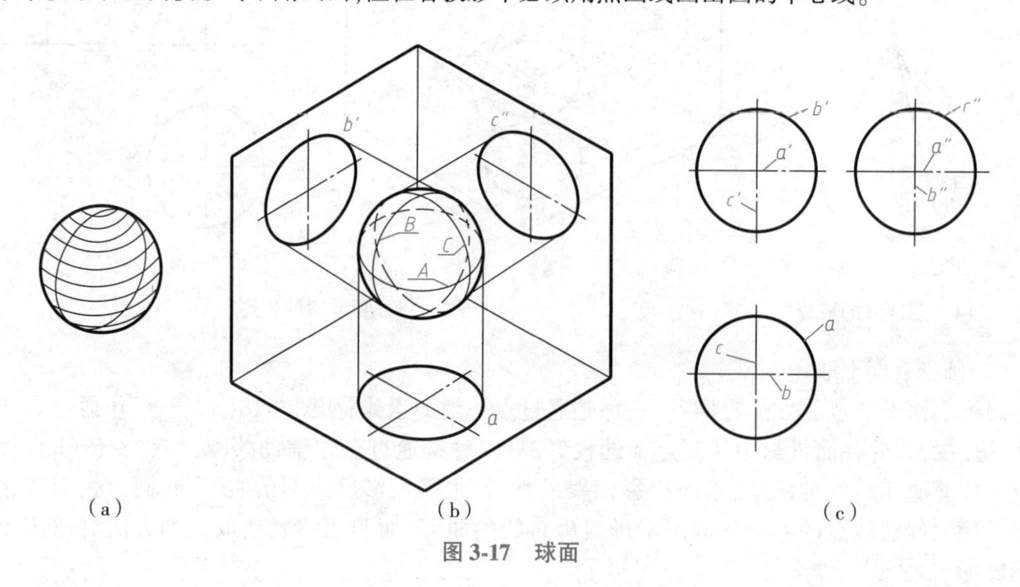

图 3-17 球面

(3)圆球表面上取点

圆球表面上取点可采用纬圆法，在球面上过已知点可作三个不同方向的辅助圆。

图3-18中，给出了已知球面上点A的水平投影a，求a'和a''的作图过程。在水平投影中，过a作正平辅助纬圆的水平投影mn；在正面投影中以o'为圆心，mn为直径画圆，在此圆上作出a'；由a和a'即可求出a''。在图中，还标示出已知点B的正面投影b'，求其水平投影b及侧面投影b''的作图方法。

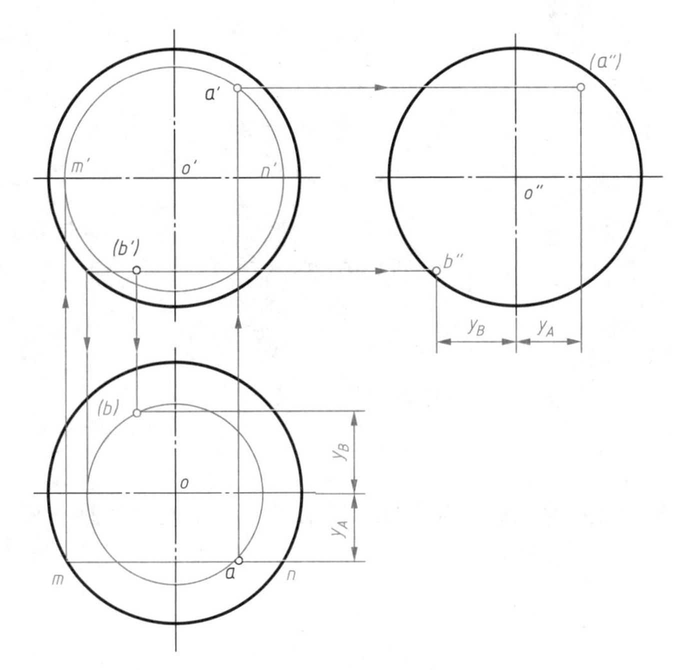

图3-18 圆球表面取点

4. 圆环

(1)圆环的形成

圆绕其所在平面上的一条直线旋转，当轴线不过圆心时所形成的曲面称为环面，如图3-19(a)所示。

(2)圆环的投影

图3-19(b)为一轴线垂直于水平投影面的环面投影图。正面投影中，画出圆环面外形线的投影(两个圆)和内、外环面分界圆的投影(与两圆相切的平行直线段)。环面上由远离轴线的半圆ABC旋转而成的部分称为外环面，由靠近轴线的半圆CDA旋转而成的部分称为内环面。水平投影中，画出两个同心圆，分别为外环面和内环面的水平投影的转向轮廓线。此外，还须用点画线画出轴线的投影，母线圆中心线和母线圆圆心轨迹圆的投影。母线圆上的各点绕轴线旋转时，都形成垂直于轴线的水平纬圆。

(3)圆环表面上取点

在环面上取点，是利用垂直于轴线的辅助纬圆进行作图。如图3-19(b)所示，已知环面上点N的水平投影n，求其正面投影n'。作法如图3-19(c)所示，在水平投影中作出通过N点的水平纬圆，正面投影积聚成一条直线，由于N点的水平投影n可见，得知其在上半环面，在纬圆的正面投影中找到n'的位置，由于N在前半内环面上，故n'不可见。

环面上取线，可将线看成由一系列点组成，在线上选取若干点，利用辅助纬圆作出这些点的投影，判断可见性并依次光滑连接。

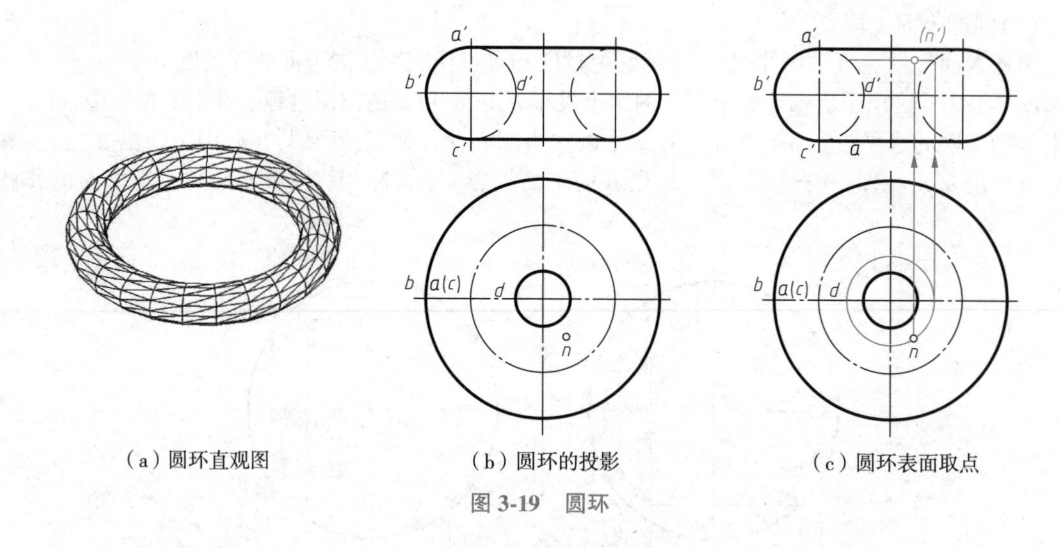

（a）圆环直观图　（b）圆环的投影　（c）圆环表面取点

图 3-19　圆环

3.2　平面与平面体表面相交

平面与立体相交时产生的交线称为截交线，与立体相交的平面称为截平面，由截交线围成的图形称为截断面。如图 3-20 所示，分别为棱锥和圆柱被平面截切后产生的截交线。

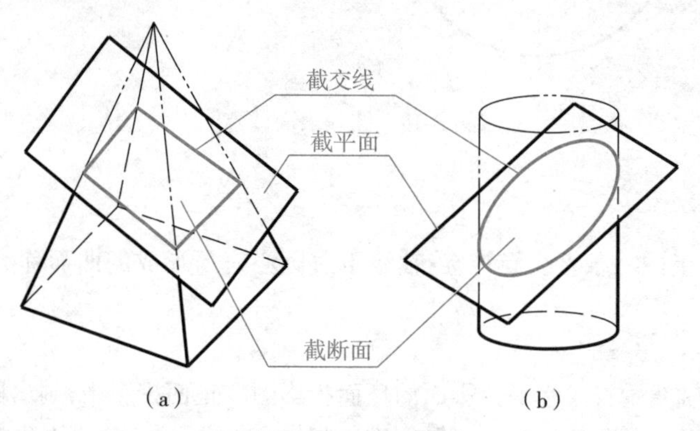

（a）　（b）

图 3-20　截交线

平面体的截交线是截平面和平面立体表面的公有线，是由直线围成的封闭多边形。如图 3-20(a)所示，截平面与四棱锥相交，截交线为四边形，其顶点是四棱锥参与相交的各棱线与截平面的交点，各边是四棱锥参与相交的各表面与截平面的交线。在投影图中求解截交线，根据平面体与截平面的相对位置的不同，可以应用如下两种方法：

①棱线法。求出立体上参与相交的各棱线与截平面的交点，然后沿各交点依次用直线段连接，即为截交线。

②棱面法。直接求出立体上参与相交的各表面与截平面的交线（直线段），这些交线首尾相连组成截交线。

例3-4　如图 3-21(a)所示，完成三棱锥被正垂面截切后的三面投影图。

解：如图 3-21(a)所示，截平面与三个侧棱都相交，交点分别为Ⅰ、Ⅱ、Ⅲ，截交线就是由三个交点围成的三角形。因为截平面是正垂面，其正面投影有积聚性，所以截交线的正面投影已知，三角形的三个顶点就是三侧棱 SA、SB、SC 与截平面的交点，水平投影和侧面投影可以依据点线的从属关系作出，如图 3-21(b)所示。具体作图过程如下：

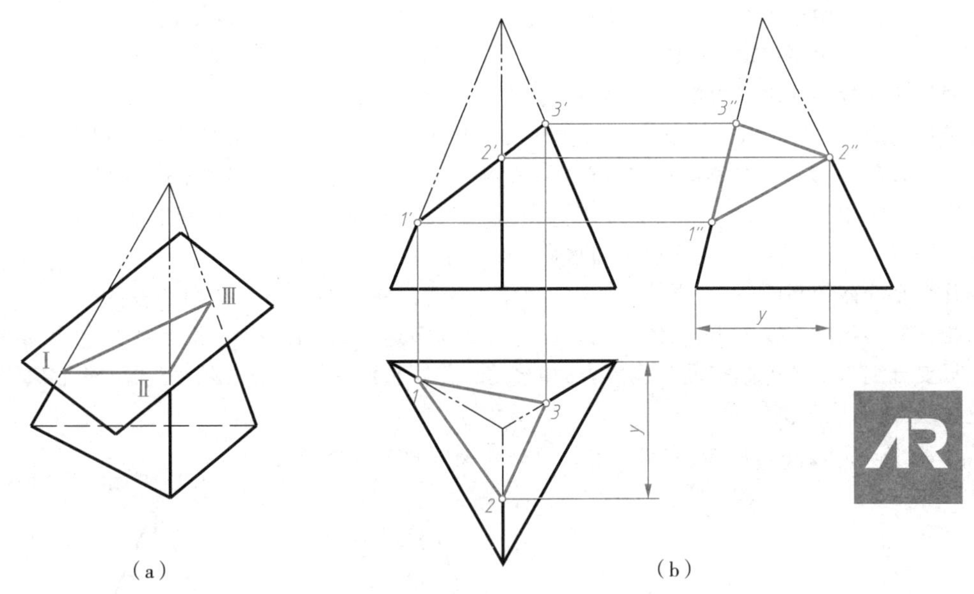

图 3-21　平面与三棱锥相交

①在正面投影的三个侧棱中标出其与截平面的交点 1′、2′、3′。

②根据点线投影的从属关系，作出水平投影 1、2、3 和侧面投影 1″、2″、3″。

③在水平投影和侧面投影中依次连接各点的同名投影。

④判别可见性。三棱锥的三个棱面的水平投影可见，故截交线的水平投影△123 可见。在侧面投影中，由于棱锥上部被截去，故△1″2″3″可见。

例3-5　如图 3-22(a)所示，完成五棱柱被正垂面截切后的三面投影图。

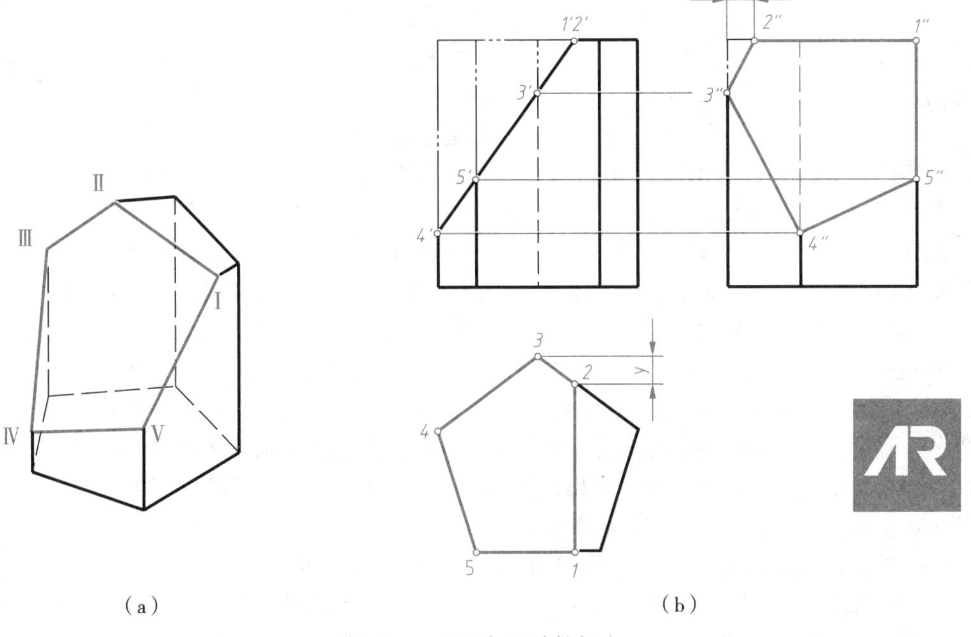

图 3-22　平面与五棱柱相交

解:如图 3-22(a)所示,截平面与五棱柱的三条棱线和上表面相交,截交线为五边形ⅠⅡⅢⅣⅤ。截平面是正垂面,其正面投影有积聚性,所以截交线的正面投影已知。具体作图过程如图 3-22(b)所示:

①在正面投影中标出截平面与上表面交线的投影 1′2′和与三条棱线的交点 3′、4′、5′,根据正面投影完成截交线的水平投影 12345。

②根据正面投影和水平投影作出侧面投影 1″2″3″4″5″。

③整理轮廓线。正面投影中截平面以上轮廓线移去,侧面投影中后方棱线点 3″以上部分,上轮廓线点 2″以左部分移去。左侧棱线在点Ⅳ之上的部分已被截掉,而右侧棱线仍是全部存在的,所以侧面投影中应将 4″以上的粗实线改为虚线,表示侧面投影中不可见的右侧棱线上部一段。

④判别可见性,截交线的侧面投影和水平投影全部可见。

用几个平面截切平面体,在立体上产生一个切口,切口轮廓线是参与截切的各截平面与平面体各表面相交所得各段交线的组合,此交线为封闭的空间多边形,是由多个平面折线组合而成。在投影图上只要分别求出各个截平面和立体表面的交线,并使它们在连接点处顺序连接,就形成完整的切口轮廓线,下面以实例说明。

例3-6 如图 3-23(a)所示,完成带有切口的四棱锥的三面投影图。

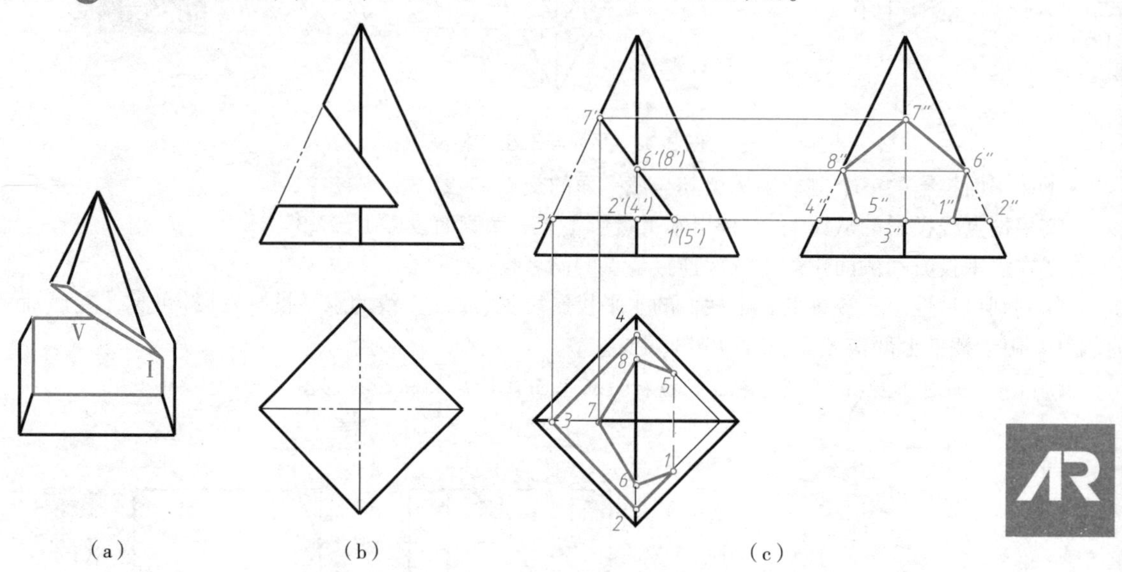

图 3-23 带有切口的四棱锥

解:如图 3-23(a)和(b)所示,切口由水平面和正垂面组合截切而成,水平面与底面平行,与四棱锥四个侧面的交线为与底面四边形平行且相似的四边形,利用平行线的投影性质可求出交线的投影,由于没有完整截切,截断面为五边形。正垂面与四棱锥的三个侧棱相交,交点的正面投影可直接求出,同时与水平面产生交线,截断面为五边形。此外,两个截平面相交产生一条交线,如图 3-23(a)中的线段ⅠⅤ,交线为正垂线,贯穿于立体之中。作图过程如图 3-23(c)所示:

①作水平面与四个侧面的交线。正面投影有积聚性,有效部分为 1′2′3′4′5′,水平投影为与底面四边形对应边相互平行的线段组成,即 12345。由正面投影和水平投影作出侧面投影 1″2″3″4″5″。

②作正垂截平面与四个侧面的交线。在正面投影中直接标出正垂截平面与四棱锥三个侧棱的交点 6′、7′、8′,作出其他两面投影 6、7、8 和 6″、7″、8″,分别与 1、5 和 1″、5″连接得到截断面。

③可见性判断。以上求出的交线全部可见。

④根据两截切平面交线的正面投影 1′5′作出水平投影 15,不可见。

⑤整理轮廓线。水平投影中分别移去三侧棱中的 26、37、48 线段,侧面投影中分别移去前后侧棱中的 2″6″、4″8″线段,棱线 3″7″段改为不可见,表示棱锥右侧棱线被遮挡部分的投影。

3.3　平面与曲面体表面相交

平面与常用回转体相交，一般情况下截交线为一条封闭的平面曲线，或由曲线和直线围成的平面图形，特殊情况下为直线，如图 3-24 所示。

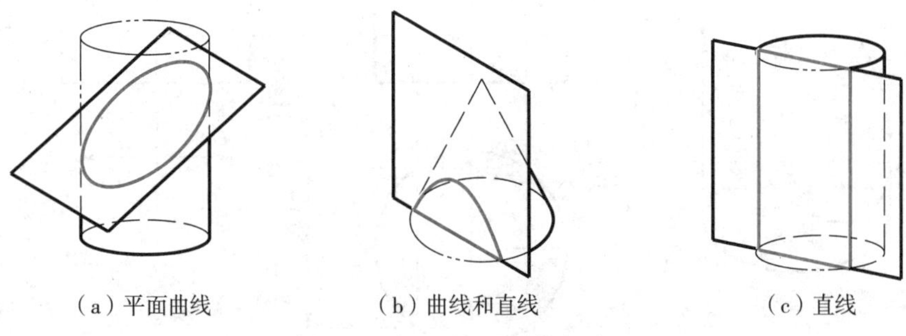

(a) 平面曲线　(b) 曲线和直线　(c) 直线

图 3-24　平面与回转体相交

截交线是截平面与回转体表面的公有线，因此截交线上所有的点都是截平面与立体表面的公有点，求取截交线的投影可归结为求一系列公有点的投影，但截交线为直线或圆且处于特殊位置时则可简化。为了较精确地表示截交线，必须作其上的某些特殊点，即转向轮廓线上的点或最高、最低、最左、最右、最前、最后点等。通常先作出这些特殊点，再作出一些一般点，最后连接成线，即为截交线的投影，同时表明可见性并整理轮廓线。

3.3.1　平面与圆柱相交

平面与圆柱面相交时，因截平面与圆柱轴线相对位置不同，截交线有三种情况，见表 3-1。

表 3-1　平面与圆柱面相交

截平面位置	与轴线平行	与轴线垂直	与轴线倾斜相交
截交线形状	矩形	圆	椭圆
直观图			
投影图			

例3-7 如图3-25(a)所示,完成圆柱被正垂面截切后的三面投影图。

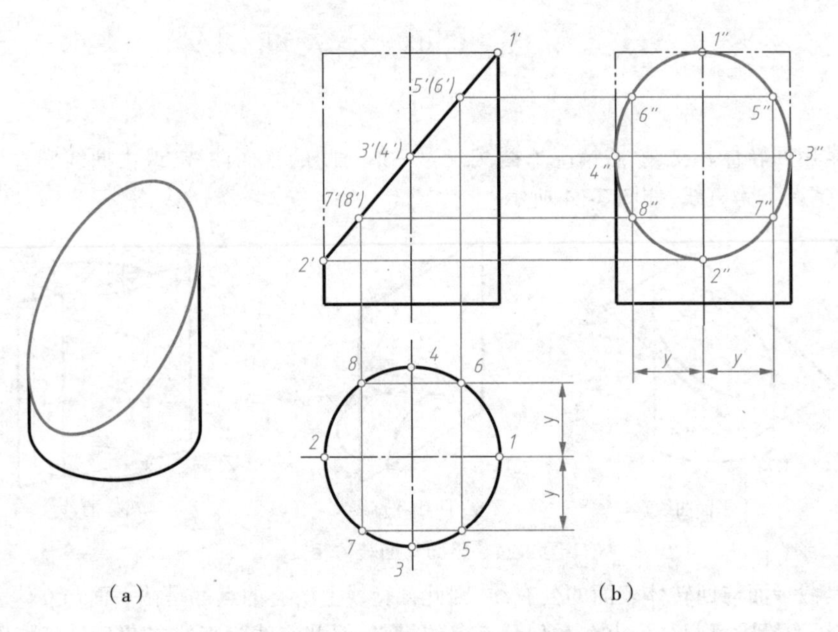

图3-25 圆柱被正垂面截切

解:截平面为正垂面,与圆柱轴线倾斜,因此截交线为椭圆。其正面投影与截平面重合,水平投影与圆柱面水平投影重合,侧面投影为椭圆,由正面投影和水平投影可求出椭圆上若干点的侧面投影,作图过程如图3-25(b)所示:

①作特殊点。在正面投影中标出截平面与正面转向轮廓线的交点1′、2′,按点的从属关系可求得水平投影1、2及侧面投影1″、2″,此为最高点、最低点的投影,也是最右点、最左点的投影。在正面投影中标出截平面与圆柱轴线即侧面转向轮廓线的交点3′、4′,进而作出3、4和3″、4″,此为最前点、最后点的投影,上述四点1、2、3、4也是椭圆长短轴端点。

②作一般点。在水平投影中取对称的5、6、7、8四点,进而标出正面投影5′6′7′8′,并作出侧面投影5″、6″、7″、8″。

③连接曲线并判别可见性。根据各点正面投影的次序,在侧面投影中光滑连接各点,全部可见。

④整理轮廓线。由正面投影可知,侧面投影中侧面转向轮廓线3″、4″以上被截去。

例3-8 如图3-26(a)所示,完成圆柱被正平面及铅垂面截切后的三面投影图。

解:图示圆柱的轴线为侧垂线,即水平放置。圆柱首先被正平面截切,截平面与圆柱轴线平行,交线为圆柱表面两条素线,是两条侧垂线。然后被铅垂面截切,截平面与圆柱轴线倾斜相交,交线为椭圆弧,其正面投影为椭圆弧,侧面投影与圆柱面的侧面投影重合,水平投影与截平面的水平投影重合。此外,两截平面相交,交线为一条铅垂线。作图过程如图3-26(b)所示:

①作截交线椭圆弧的特殊点。由水平投影中圆柱最前素线与截平面的交点1定出正面投影1′与侧面投影1″,此为椭圆弧最右点也是最前点的投影,同时是椭圆弧长轴一个端点的投影。由水平投影中截平面与正面转向轮廓线的交点2、3定出正面投影2′、3′与侧面投影2″、3″,此为最高最低点的投影,也是椭圆短轴端点的投影。由水平投影中两截平面交线的连接点4、5定出侧面投影4″、5″,然后定出正面投影4′、5′,此为椭圆弧两端点,也是最左点的投影。

②作截交线椭圆弧的一般点。在水平投影中取中间点6、7,继而作出侧面投影6″、7″,然后作正面投影6′、7′。

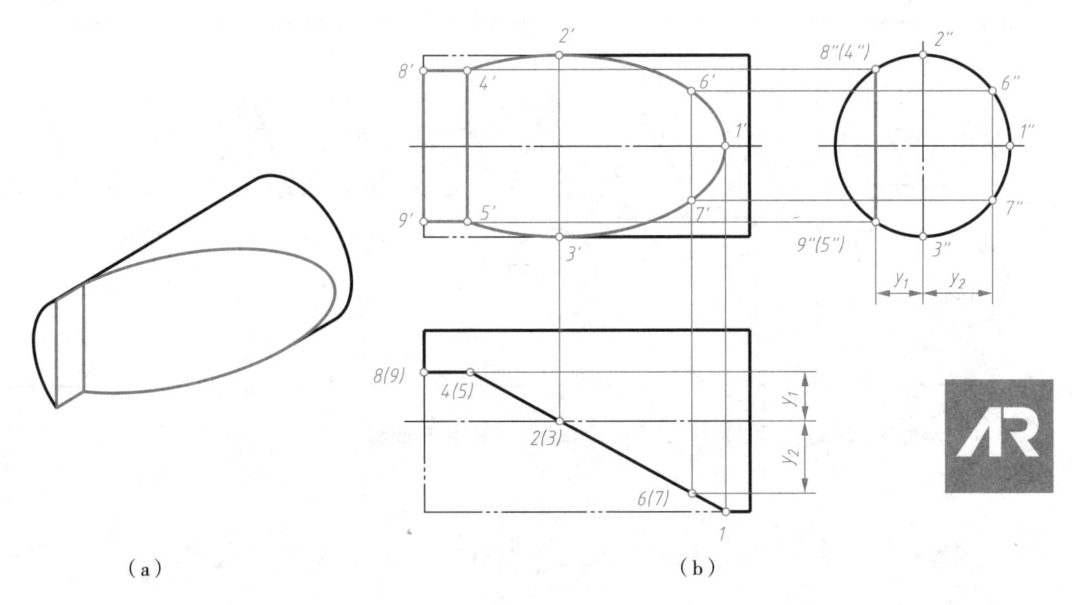

图 3-26　圆柱被正平面及铅垂面截切

③作正平面与圆柱左端面的交线，其水平投影 8、9 积聚为一点，正面投影 8′、9′与左端面重合，侧面投影 8″、9″与 4″、5″重合。作正平面与圆柱面的交线，正面投影中连接 4′、8′及 5′、9′，水平投影中连接 4、8 及 5、9。

④作两截平面的交线。正面投影中连接点 4′、5′，侧面投影中连接点 4″、5″。

⑤连接曲线并判别可见性。根据侧面投影中各点的连接顺序，在正面投影中依次光滑连接各点，完成椭圆弧，全部可见。

⑥整理轮廓线。由水平投影可知正面转向轮廓线 2′、3′以左部分被移去。

3.3.2　平面与圆锥相交

平面与圆锥相交，根据截平面与圆锥轴线相对位置不同，截交线有五种情况，见表 3-2。其中 θ 为截平面与圆锥轴线的倾角，α 为圆锥锥顶半角。

表 3-2　平面与圆锥面相交

截平面位置	垂直轴线($\theta=90°$)	平行于轴线($\theta=0°$)或倾斜于轴线且 $\theta<\alpha$	倾斜于轴线且 $\theta>\alpha$	倾斜于轴线且 $\theta=\alpha$	通过锥顶
截交线形状	圆	双曲线	椭圆	抛物线	两条素线
直观图					

续上表

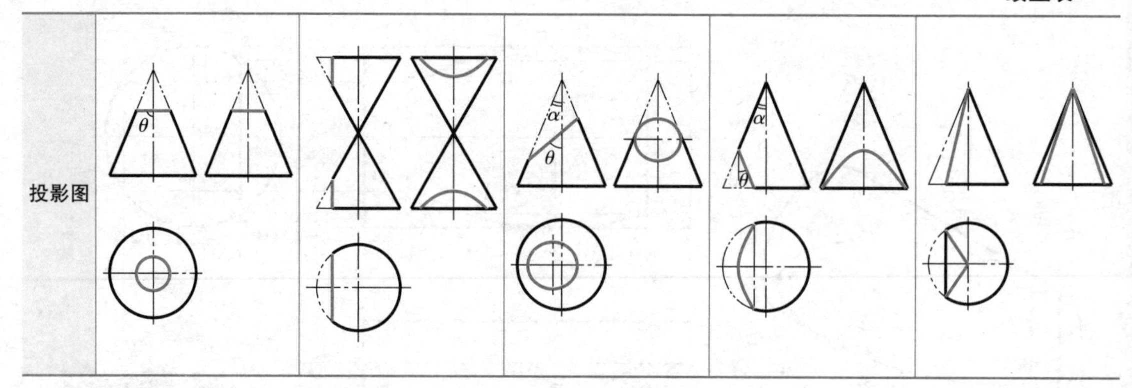

例3-9 如图 3-27(a)所示，圆锥被正垂面截切，完成其三面投影。

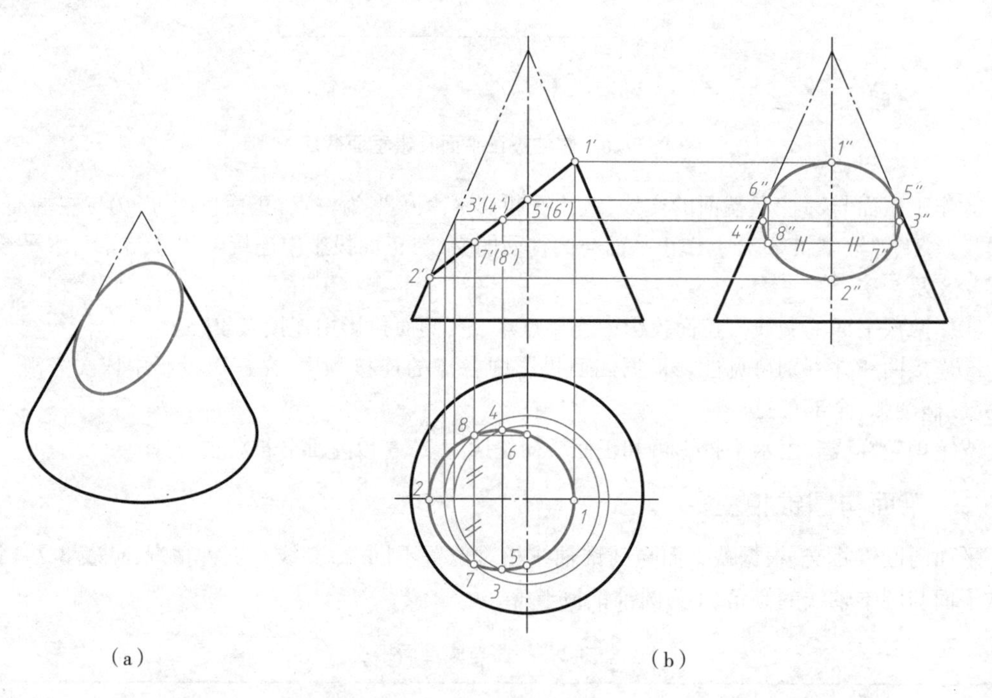

图 3-27 平面与圆锥相交

解：圆锥被正垂面截切，交线为椭圆，其正面投影有积聚性且与截平面重合，水平投影与侧面投影为椭圆。可用素线法或纬圆法求出若干点投影，再依次光滑连接。具体作图过程如图 3-27(b)所示：

①作特殊点。由正面投影中截平面与正面转向轮廓线的交点 1′、2′作出水平投影 1、2 和侧面投影 1″、2″，此为椭圆长轴端点，也是最右、最左和最高、最低点的投影。由于椭圆长短轴互相垂直平分，在正面投影中 1′2′的中点处标出点 3′、4′，此为短轴两端点，为一条正垂线，用纬圆法作出水平投影 3、4 及侧面投影 3″、4″。在正面投影中圆锥侧面转向轮廓线与截平面交于 5′、6′，可作出侧面投影 5″、6″和水平投影 5、6。

②作一般点。在椭圆正面投影的适当位置取重影点 7′、8′，用纬圆法作出水平投影 7、8 和侧面投影 7″、8″。

③连接曲线并判别可见性。依次光滑连接水平投影、侧面投影各点。由于圆锥上部被截去,椭圆的水平投影和侧面投影都可见。

④整理轮廓线。从正面投影可以看出,圆锥侧面转向轮廓线 5′、6′以上被截去,因此侧面投影中侧面转向轮廓线只画点 5″、6″以下部分。

例3-10　如图 3-28(a)所示,完成带切口的圆锥的三面投影图。

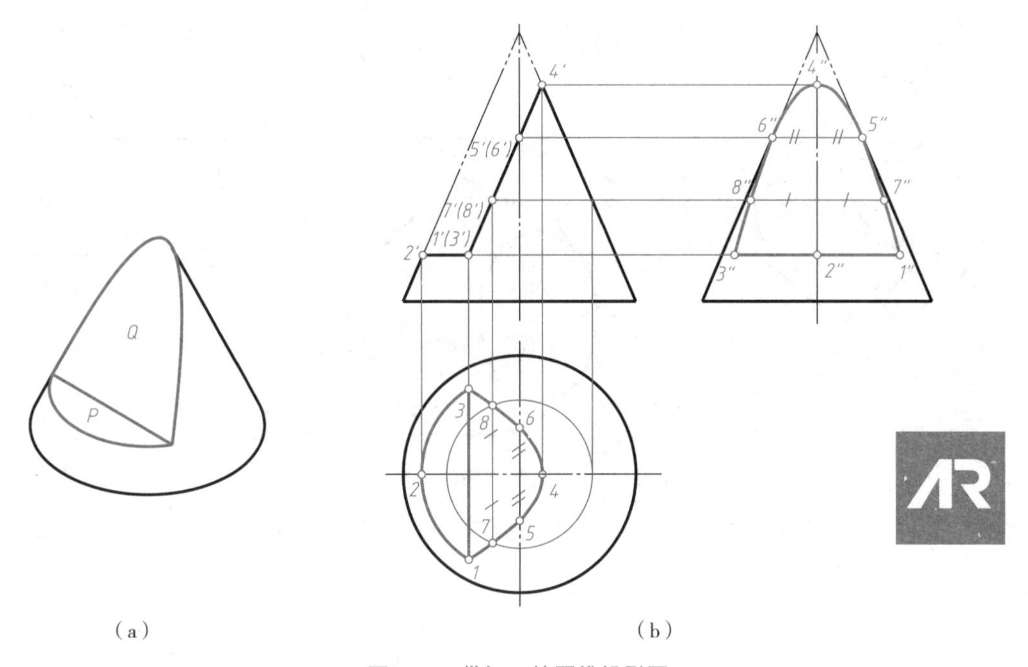

(a)　　　　(b)

图 3-28　带切口的圆锥投影图

解:切口由两个截平面组合截切而成,上部截平面为与圆锥最左侧素线平行的正垂面,截交线为一段抛物线,下部截平面为平行于底面的水平面,截交线为圆弧。两个截平面相交,交线为正垂线。正面投影中截交线的投影与截平面的投影重合,具体作图过程如图 3-28(b)所示:

①作水平面 P 与圆锥产生的截交线。其正面投影为 1′2′3′,用纬圆法作出水平投影 123,继而完成侧面投影 1″2″3″。

②作正垂面 Q 与圆锥产生的截交线。上面求得的截交线圆的两端点 1′、3′也为抛物线端点的正面投影,是两最低点的投影。由正面投影中圆锥最右素线与截平面的交点 4′作出水平投影 4 及侧面投影 4″,此为截交线的最高点,也是最右点。由正面投影中圆锥侧面转向轮廓线与截平面的交点 5′、6′作出侧面投影 5″、6″及水平投影 5、6。在正面投影中适当位置取一般点 7′、8′,用纬圆法作出水平投影 7、8 及侧面投影 7″、8″。

③连接曲线并判别可见性。水平投影和侧面投影中依次连接各点形成光滑曲线,两曲线全部可见。

④连接两截平面之间的交线,在水平投影中连直线 13。

⑤整理轮廓线。从正面投影可以看出,圆锥侧面转向轮廓线 5′、6′以上被截去,因此侧面投影中侧面转向轮廓线只画点 5″、6″以下部分。

3.3.3　平面与圆球相交

平面截切圆球,不论截平面与圆球的相对位置如何截交线均为圆。如图 3-29 所示,当截平面为投影面平行面时,截交线在截平面所平行的投影面上的投影反映实形,另两投影积聚为直线;当截平面为投影面垂直面时，截交线在截平面所垂直的投影面上的投影积聚为直线，长度等于截交线圆的直径；当截平面倾斜于投影面时，截交线在该投影面上的投影为椭圆。

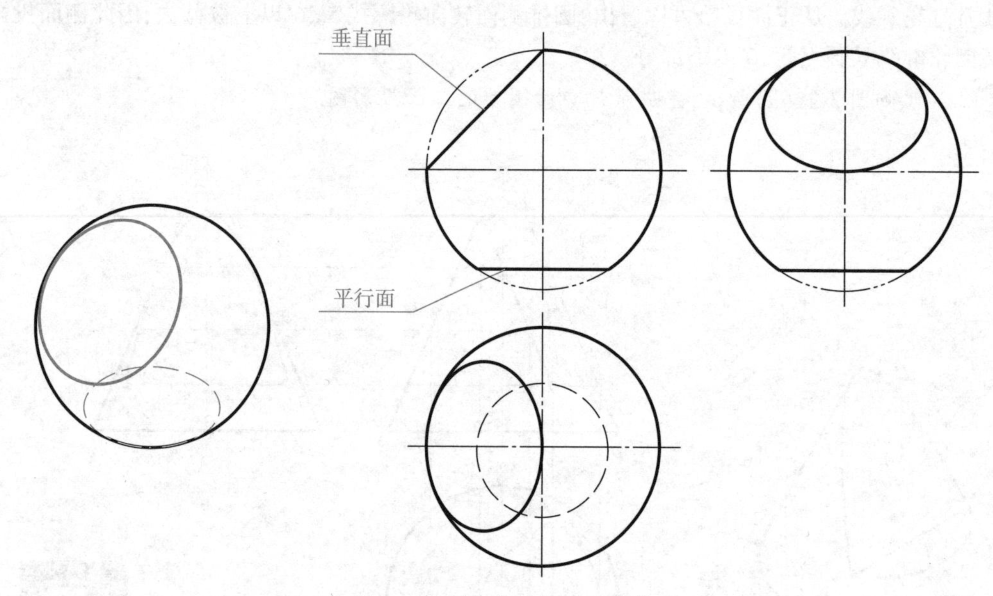

图 3-29 平面与球面的截交线

例3-11 如图 3-30(a)所示，圆球被正垂面截切，作出其三面投影图。

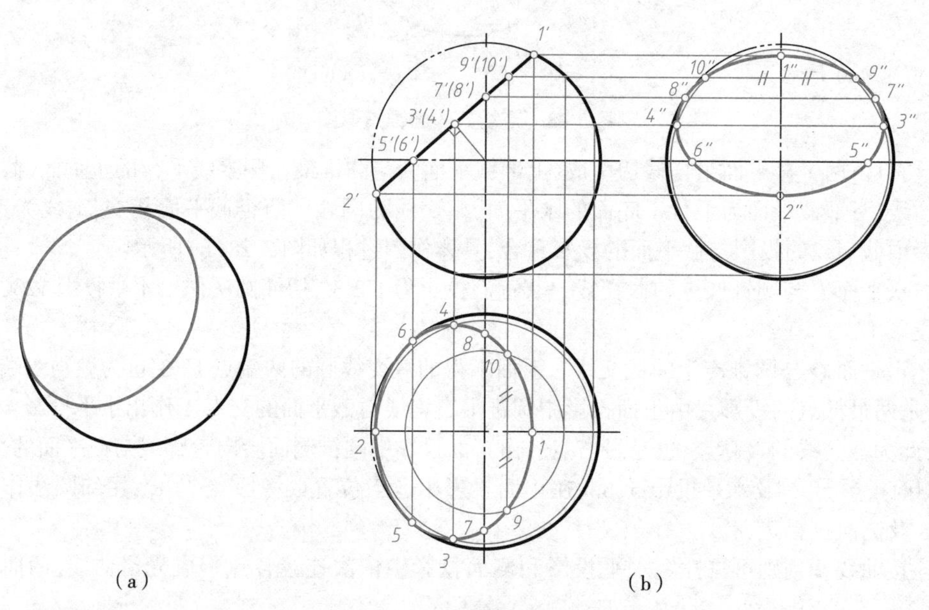

图 3-30 圆球被正垂面截切

解：圆球被正垂面截切，截交线为圆，正面投影积聚为直线，与截平面的投影重合，截交线的水平投影及侧面投影皆为椭圆，具体作图过程如图 3-30(b)所示：

①作特殊点。正面投影中正面转向轮廓线上的点 1′、2′是截交线圆直径的两个端点，可直接定出侧面投影 1″、2″与水平投影 1、2，此为椭圆短轴端点的投影。在 1′2′的中点取点 3′、4′，用纬圆法作出 3、4 与 3″、4″，此为椭圆长轴端点的投影，也为截交线上最前点、最后点的投影。在正面投影中分别定出水平转向轮廓线上的特殊点 5′、6′和侧面转向轮廓线上的特殊点 7′、8′的位置，作出另外两面投影。

②作一般点。在正面投影中选定截交线上的点 9′、10′，用纬圆法求出水平投影 9、10 和侧面投影 9″、10″。

③连接曲线并判别可见性。依次连接水平投影、侧面投影各点成光滑曲线，圆球的上部移去后，两面投影全部可见。

④整理轮廓线。从正面投影可以看出，水平转向轮廓线 5′、6′以左和侧面转向轮廓线 7′、8′以上被截去，因此水平投影画出点 5、6 右方轮廓线，侧面投影画出点 7″、8″下方轮廓线。

例3-12　如图 3-31(a)所示，完成带切口的半圆球的三面投影图。

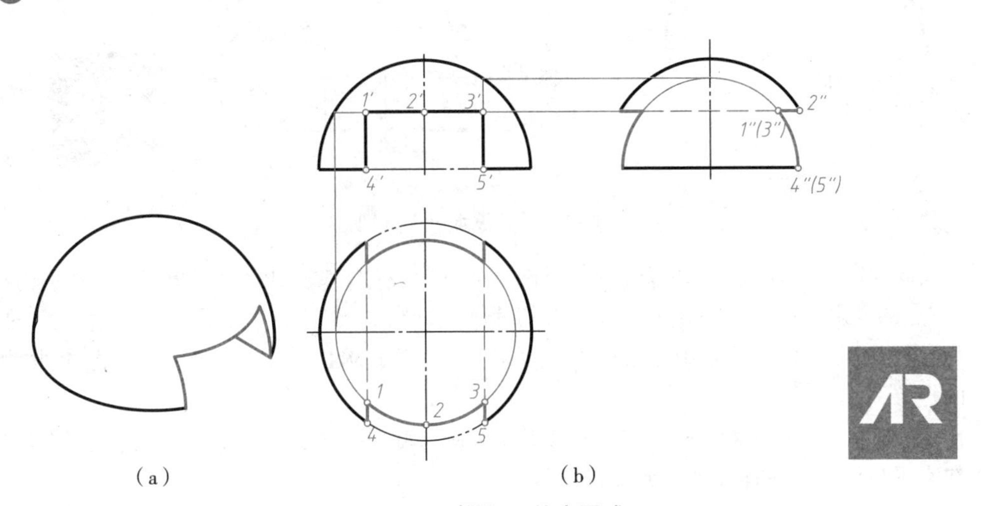

(a)　　(b)

图 3-31　带切口的半圆球

解：切口由左右对称的两个侧平面及一个水平面组合截切而成。水平面截交线的正面投影及侧面投影积聚为直线，水平投影反映圆弧实形；侧平面截交线的水平投影及正面投影积聚成直线，侧面投影反映圆弧实形。三截平面两两相交，交线为两条正垂线，具体作图过程如图 3-31(b)所示，两支截交线前后对称，作图中可只标记对称平面前方的点。

①作水平截平面的截交线。根据正面投影中的点 1′2′3′利用纬圆法作出圆弧的水平投影 123，进而作出侧面投影 1″2″3″。

②作侧平截平面的截交线。根据正面投影中的 1′4′及 3′5′用纬圆法作出侧面投影圆弧 1″4″及 3″5″，进而作出水平投影 14 及 35。

③判别可见性。截交线的水平投影和侧面投影全部可见。

④作截平面之间的交线。

⑤整理轮廓线。根据正面投影可知，水平转向轮廓线 4′5′中间被截掉，因此水平投影中 4、5 间轮廓线移去；侧面转向轮廓线 2′以下被截掉，因此侧面投影中 2″以下的轮廓线移去。

3.3.4　平面与圆环相交

根据截平面与圆环相对位置不同，截交线可分为两种情况：当截平面垂直于回转轴线或通过回转轴线时截交线是圆；当截平面平行回转轴线时截交线为多种平面曲线。

例3-13　如图 3-32(a)所示，完成回转轴线为正垂线的半圆环被水平截平面截切后的两面投影图。

解：截平面为水平面，与内外环面都相交，截交线为前后、左右对称的平面曲线，其正面投影与截平面重合，水平投影反映实形。在有积聚性的正面投影上取若干点，利用纬圆法作出其他投影，具体作图过程如图 3-32(b)所示，由于截交线前后对称，作图中只标记对称平面前方各点的标记。

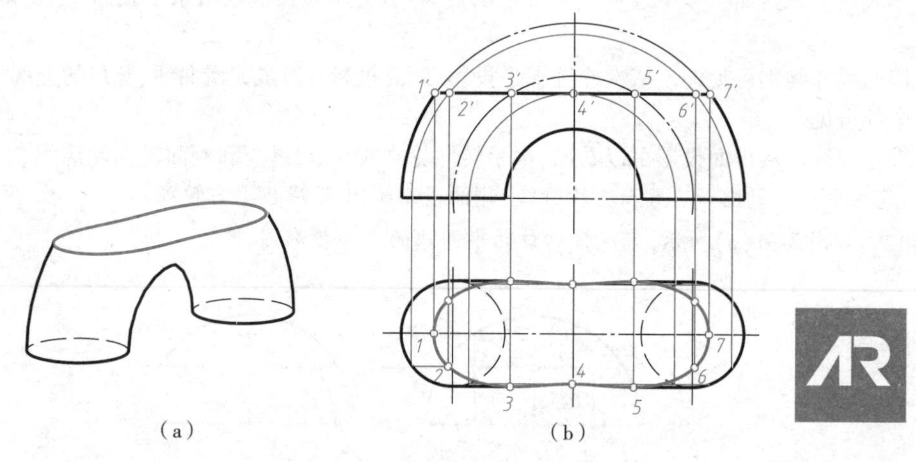

（a） （b）

图 3-32 圆环被水平面截切

①作特殊点。在正面投影中由截平面与外轮廓线的交点 1′、7′作出水平投影 1、7，此为截交线上最左、最右点的投影。在正面投影中由最前方的纬圆上的点 3′、5′作出水平投影中轮廓线上的点 3、5。过正面投影中截平面与垂直中心线的交点 4′作辅助纬圆，求出其水平投影，作出点 4，此为最小纬圆上的点。

②作一般点。在正面投影中作适当大小的辅助纬圆与截平面交于点 2′、6′，按上述方法求出 2、6。

③在水平投影中依次连接各点成光滑曲线。

④判别可见性。截交线的水平投影全部可见。

⑤整理轮廓线。水平投影中点 3、5 之间不画轮廓线。

3.4 两立体表面相交

根据立体的几何性质不同，两立体相交可分为：

①平面体与平面体相交。

②平面体与曲面体相交。

③曲面体与曲面体相交。

立体相交指的是立体表面相交，相交所产生的交线称为相贯线。参与相交立体可能是实体或虚体。若参与相交的两立体以叠加形式生成一个新的形体，此时的立体即为实体；若相交的两立体以相减形式，从一个立体中减去另一立体而生成一个带有孔或槽的形体，此时减去的立体即为虚体。参与相交的立体的几何性质不同，相贯线的几何形态也各异，一般情况是封闭的或不封闭的空间曲线、折线、空间多边形，相贯线可能是一条或两条。

3.4.1 平面体与平面体相交

平面体与平面体相交，相贯线是由直线段组成的封闭的或不封闭的空间多边形，如图 3-33 所示，多边形的边是两多面体参与相交表面的交线，多边形的顶点是一平面体中参与相交的棱线与另一平面体的交点。因此求平面体与平面体的相贯线可归结为求平面与平面体的交线和直线与平面体的交点问题。

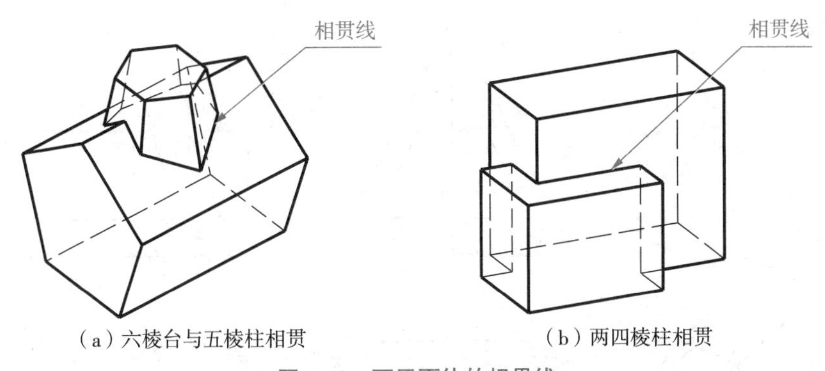

（a）六棱台与五棱柱相贯　　（b）两四棱柱相贯

图 3-33　两平面体的相贯线

例3-14　如图 3-34(a)所示，求作两四棱柱相贯的三面投影图。

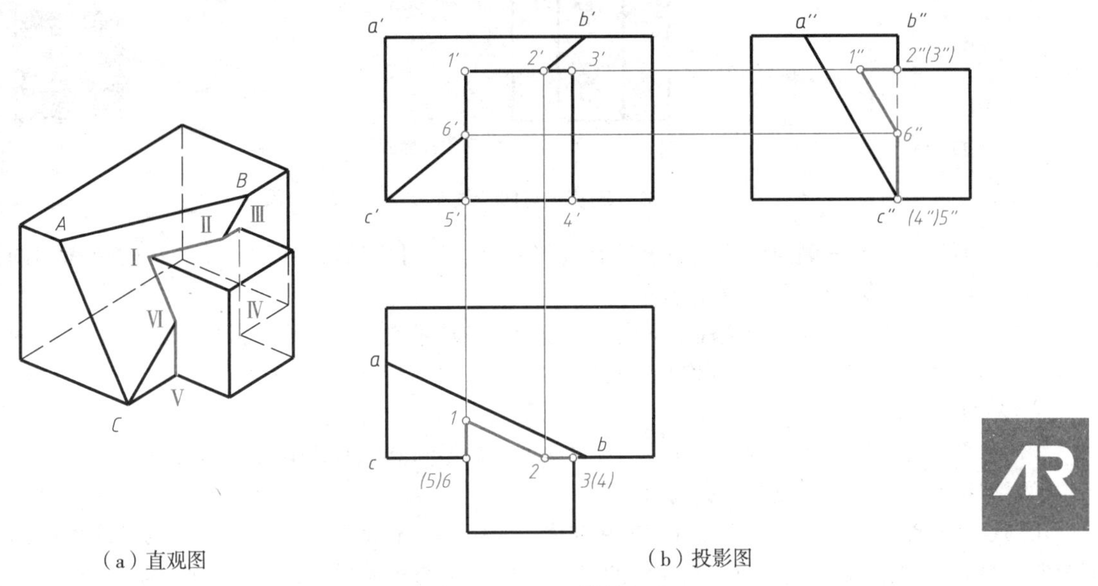

（a）直观图　　（b）投影图

图 3-34　两四棱柱相交

解：两四棱柱中除较大的四棱柱有一斜面 *ABC* 外，其余各表面皆为投影面平行面，小棱柱各侧面的正面投影积聚成矩形，由图 3-34 所示它与大棱柱斜面 *ABC* 及前梯形表面相交，它的顶面为水平面和斜面 *ABC* 相交，交线为水平线ⅠⅡ，其水平投影 12 平行于 *ab*，左棱面为侧平面，与斜面 *ABC* 相交，交线为侧平线ⅠⅥ，其侧面投影 1″6″平行于 *a″c″*。相贯线的其余线段皆为投影面垂直线。相贯线为一开口的空间五边形。作图步骤如图 3-34(b)所示：

①在正面投影中由 2′定出水平投影 2，过 2 作 21 平行于 *ba*，进而作出侧面投影 2″1″；

②在侧面投影中过 1″作 1″6″平行于 *a″c″*，进而作出其他两投影 1′6′、16；

③定出相贯线的其余线段(垂直线)ⅡⅢ、ⅢⅣ、ⅤⅥ的投影，各投影与有关轮廓线重影；

④两棱柱底表面在同一平面上，Ⅳ、Ⅴ间不存在直线，故水平投影中 4、5 间无轮廓线。

例3-15　如图 3-35(a)所示，作三棱锥与四棱柱相贯的三面投影图。

根据两平面体的相对位置可以判定四棱柱的四个侧面与三棱锥的三个侧面参与相交，因此只要求出相交平面之间的交线即可。四棱柱的四侧面中，上下两侧面为水平面、左右两侧面为正垂面，相贯线的正面投影与四棱柱的正面投影轮廓线重合。四棱柱的上下表面与三棱锥的三个侧面相交，如果扩展上下表面，则交线为与三棱锥底面三角形的三边对应平行的直线，取其有效部分即可。四棱

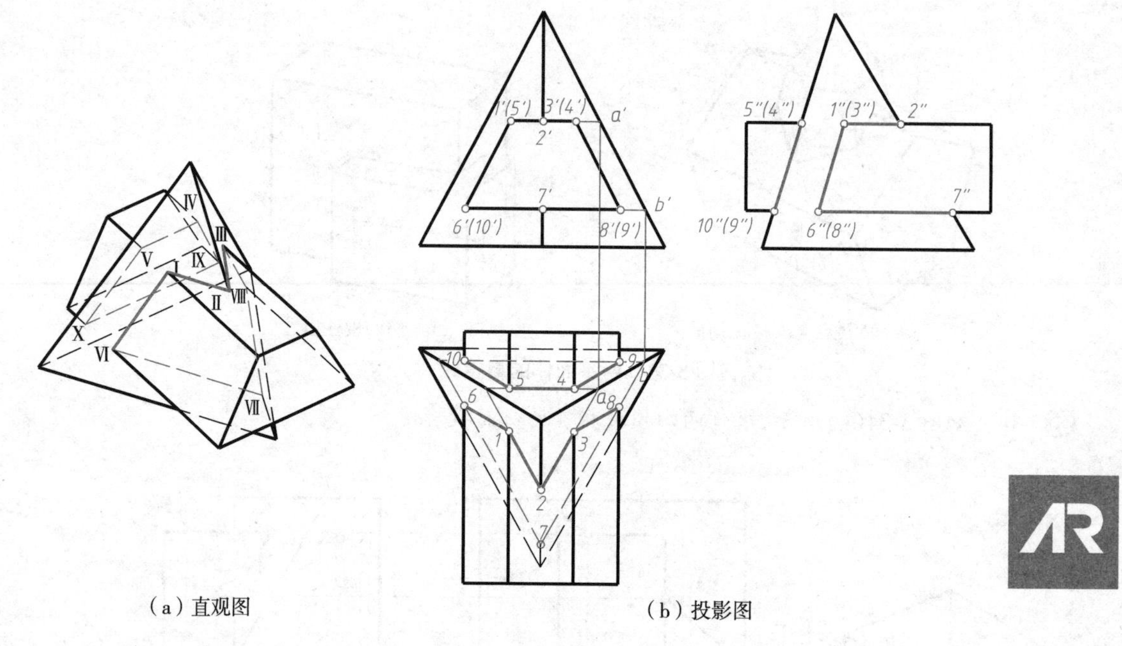

（a）直观图

（b）投影图

图 3-35 三棱锥与四棱柱相交

柱左右两侧面与三棱锥三侧面的交线为上述有效部分交线的对应端点（在同一个三棱锥侧面中的端点）的连线。作图步骤如图 3-35(b)所示：

①在正面投影中向右延伸四棱柱上下表面的投影与三棱锥右边棱线的投影分别相交于 a'、b'两点，水平投影中定出 a、b，过 a、b 分别作与三棱锥三条底边平行且过侧棱的三条直线，取其有效部分，得交线 123、45、678、9 10。

②在水平投影中将上述线段中在同一三棱锥侧面内的端点连成直线 16、38、49、5 10。

③根据正面投影与水平投影完成侧面投影。

④判定可见性。水平投影中交线 67、78、910 位于四棱柱的下表面，不可见，交线 123、45 位于四棱柱的上表面，可见。侧面投影中交线 4″5″、5″10″、10″9″、9″4″与棱锥后棱面（侧垂面）重合。交线 1″2″3″、4″5″及 6″7″8″、9″10″分别与四棱柱上下棱面重影。交线 1″6″与 3″8″重合，画可见线。

⑤整理轮廓线。水平投影中三棱锥底面投影被四棱柱遮挡部分画不可见线。侧面投影中三棱锥前边棱线 2″7″段穿入四棱柱体内融为一体不应画线；四棱柱上下表面从三棱锥左右棱面穿入，从后棱面伸出，其间部分与三棱锥融为一体不画线。此外，水平投影中三棱锥的前棱可见部分只由锥顶画至点 2，线段 27 穿入四棱柱内与其融为一体不画线，其余部分画不可见线。

若设想将四棱柱从三棱锥中移出，即等价于在三棱锥上穿一梯形孔，如图 3-36 所示。此时孔口的轮廓线就是上面求得的相贯线，作图方法完全相同，但有两点不同：

①梯形孔内各棱线穿过三棱锥实体部分的水平投影和侧面投影必须画出，为不可见线。

②水平投影中表面相贯线皆为可见线。

由此可见，两个平面体相贯时，相贯线的形状只取决于立体表面的形状及相对位置，而与立体本身是实体或是虚体（空的）无关。

3.4.2 平面体与曲面体相交

平面体与曲面体相交，相贯线是由若干段平面曲线或平面曲线与直线围成的封闭或不封闭的空间图形，其中每段平面曲线与直线是平面立体上相应表面与曲面的交线，如图 3-37 所示。相贯线中

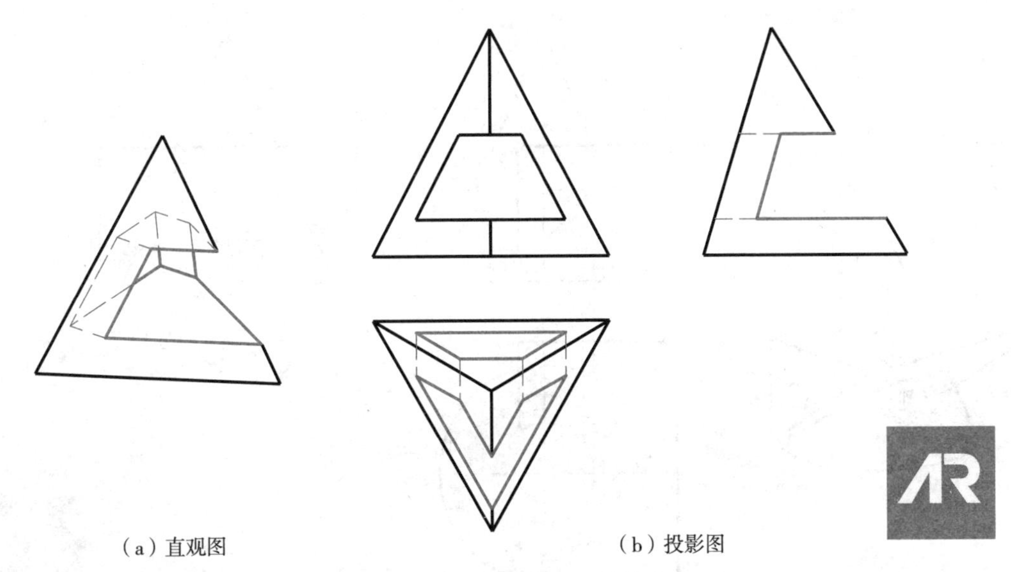

（a）直观图　　（b）投影图

图 3-36　三棱锥贯穿四棱柱孔

每两段线段的交点是平面立体的一棱线与曲面立体的交点。因此求平面体与曲面体的相贯线可归结为求平面与曲面体的交线和直线与曲面体的交点的问题。

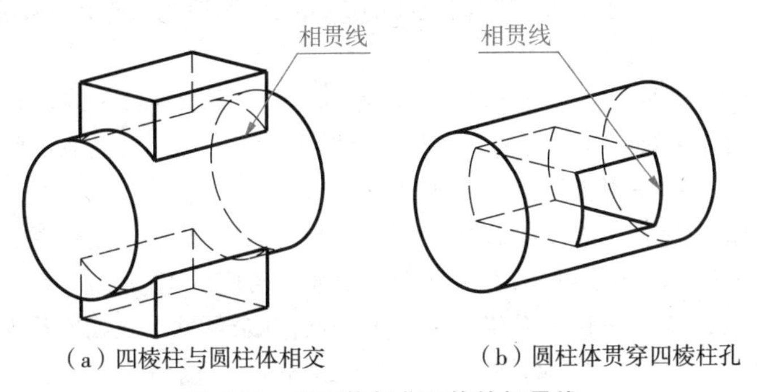

（a）四棱柱与圆柱体相交　　（b）圆柱体贯穿四棱柱孔

图 3-37　平面体与曲面体的相贯线

例3-16　如图 3-38(a)所示，求作三棱柱与圆锥相贯的三面投影图。

解：三棱柱的三个侧面皆与圆锥面相交。上棱面为水平面，与圆锥面的交线为圆弧，水平投影反映实形，其他投影积聚为直线。下棱面为正垂面，与圆锥面的交线为椭圆弧，其正面投影积聚为直线，与下棱面投影重合，其他两投影为椭圆弧。右棱面为侧平面，与圆锥面的交线为双曲线，其侧面投影反映实形，其他两投影积聚为直线与右棱面投影重合。可知相贯线由三条交线组成的封闭空间曲线。三棱柱右上棱线贯穿圆锥表面于Ⅷ、Ⅸ点，此两点是交线圆弧与双曲线的分界点，下棱线贯穿圆锥表面于Ⅰ、Ⅶ点，此两点是椭圆弧与双曲线的分界点。左棱线不参与相交。作图步骤如图 3-38(b)所示：

①作截交线椭圆弧。特殊点：由三棱柱下棱线贯穿点的正面投影 1′、7′，用纬圆法作出其他两投影 1、7 和 1″、7″，此为椭圆弧的两端点的投影，也是最前、最后点的投影。在正面投影中，由圆锥侧面转向轮廓线与三棱柱下棱面的交点 2′、6′作出侧面投影的 2″、6″，进而作出 2、6，此两点位于圆锥侧面投影的转向轮廓线上。在正面投影中，由圆锥左轮廓素线与三棱柱下棱面的交点 4′作出其他两投影 4″、4，此为椭圆弧最高点的投影。一般点：在正面投影中点 2′、4′之间定出前后对称的两点 3′、5′，用纬圆法作出 3、5 和 3″、5″。

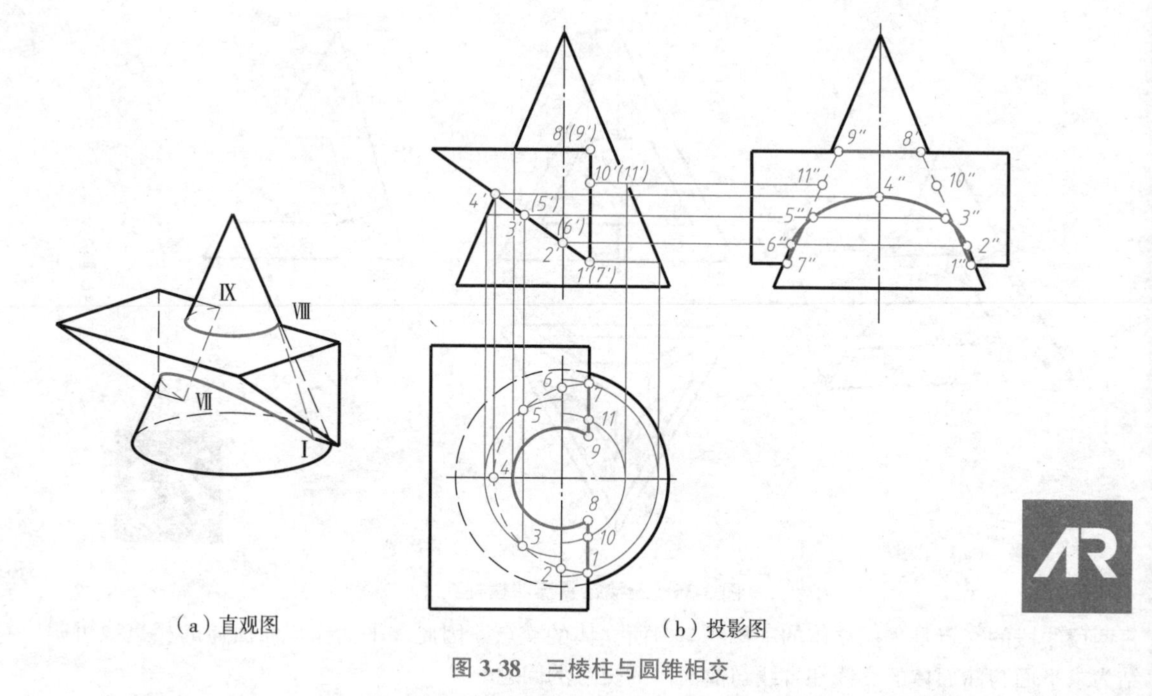

（a）直观图　　（b）投影图

图 3-38　三棱柱与圆锥相交

②作截交线圆弧。三棱柱上表面与圆锥表面的交线圆弧用纬圆法作出，圆弧两端点的水平投影分别为 8、9。

③作截交线双曲线。特殊点：以上求得的交点Ⅰ、Ⅶ分别为两双曲线段的两个下端点（最低点），而交点Ⅷ、Ⅸ分别为两双曲线段的两个上端点（最高点）。一般点：在双曲线正面投影端点之间取前后对称两点 10′、11′，用纬圆法作出其他两投影 10、11 和 10″、11″。

④连接曲线并判别可见性。在水平投影中依次光滑连接椭圆弧上各点 1、2、3、4、5、6、7 成光滑曲线，因其位于三棱柱下棱面故不可见，在侧面投影中连接对应的 1″、2″、3″、4″、5″、6″、7″成光滑曲线，点 2″、6″为可性分界点，2″、6″以下位于右半圆锥面不可见，其余可见。在侧面投影中依次光滑连接双曲线上各点 1″、10″、8″与 7″、11″、9″成两段双曲线段，因其位于右棱面故不可见。圆弧位于棱柱上棱面，其水平投影可见。

⑤整理轮廓线。正面投影中圆锥的左轮廓素线位于三棱柱上下棱面之间的部分与三棱柱融为一体不应画出。在水平投影中 8、9 点之间的棱线投影不画出。圆锥底圆投影被三棱柱投影遮挡部分画不可见线。侧面投影中圆锥前轮廓素线的 2″8″段、后轮廓素线的 6″9″段不画出，点 7″、1″至圆锥左、右轮廓素线之间的线段为不可见，1″、7″间的三棱柱下棱线不应画出。

例3-17　如图 3-39 所示，求作三棱柱与半球相贯的三面投影图。

解：三棱柱的三个棱面皆与半球面相交，三条交线都是圆，组成不封闭的空间曲线。由于前棱面为铅垂面，右棱面为侧平面，后棱面为正平面，因此交线的水平投影与棱面的水平投影重合。后棱面与球面交线的正面投影反映圆弧实形，侧面投影积聚为直线段；右棱面与球面交线的侧面投影反映圆弧实形，正面投影积聚为直线段；前棱面与球面交线的正面投影和侧面投影都为椭圆弧。具体作图步骤如图 3-39（b）所示：

①作后棱面、右棱面与球面的交线。由后棱面与球面交线的水平投影 12 用辅助纬圆求出圆弧正面投影 1′2′及侧面投影 1″2″。用同样方法作右棱面与球面的交线 23、2′3′、2″3″。点Ⅱ为两圆弧的交点。

②作前棱面与球面的交线椭圆。作特殊点：在水平投影中通过半球面侧面转向轮廓线与前棱面的交点 4 作出侧面投影 4″，进而作出点 4′。在水平投影中由球心作前棱面投影的垂线得垂足点 5，进而作

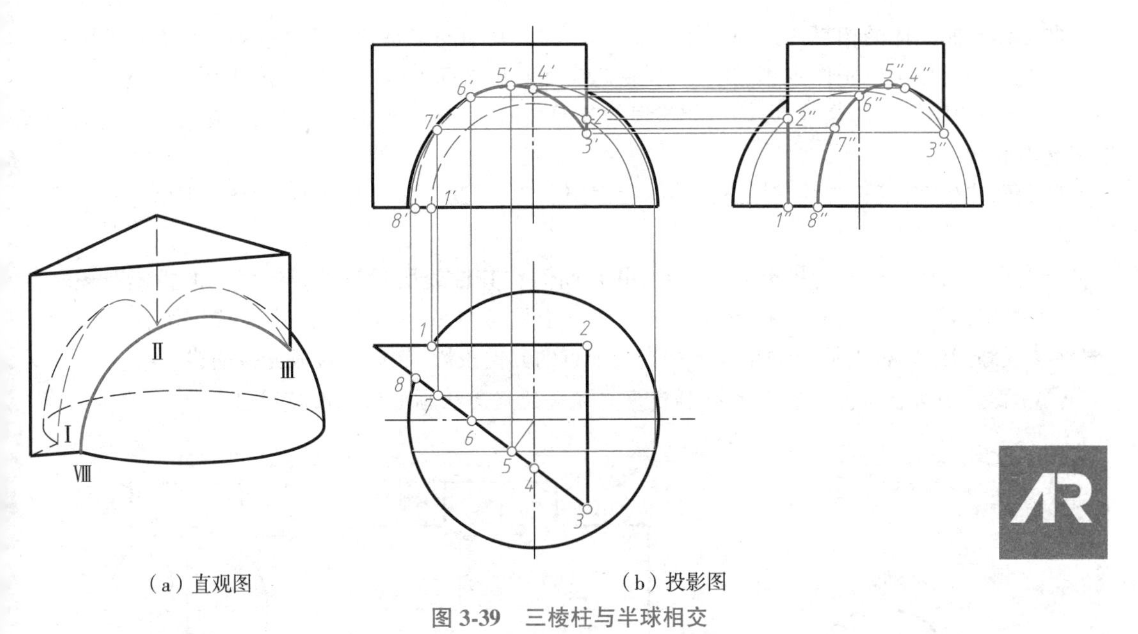

（a）直观图　　　　（b）投影图

图 3-39　三棱柱与半球相交

出 5′、5″，此为椭圆弧最高点的投影，也是其长轴的一个端点的投影。在水平投影中通过半球面正面转向轮廓线与前棱面的交点 6 作出正面投影 6′，进而作出点 6″。在水平投影中由半球水平轮廓线与前棱面的交点 8 作出 8′、8″，此为椭圆弧短轴的一个端点，也是最低点、最左点的投影，而另一端点为点Ⅲ，即与圆弧ⅡⅢ的交点。作一般点：在水平投影中点 6、8 之间任选点 7，作出其他两投影 7′、7″。

③连接椭圆曲线与判别可见性。在正面投影中依次光滑连接椭圆上各点成光滑曲线，其中 6′位于正面转向轮廓线上，是可见性分界点，3′4′5′6′段可见，6′7′8′段不可见。侧面投影中的椭圆曲线的连接及可见性判别按上述方法处理。圆弧ⅠⅡ位于后半球，其正面投影 1′2′不可见，圆弧ⅡⅢ位于右半球，其侧面投影 2″3″不可见

④整理轮廓线。水平投影中半球轮廓线 18 段因半球与三棱柱融为一体不画线。正面投影中由点 6′至右棱面投影之间半球正面转向轮廓线、侧面投影中由点 4″至后棱面投影之间半球侧面转向轮廓线同样不画出。

3.4.3　曲面体与曲面体相交

此处的曲面体是指工程技术中常用的典型曲面体，如圆柱、圆锥、圆球、圆环。一般情况下，两曲面体相交其相贯线是封闭的或不封闭的空间曲线，如图 3-40 所示。特殊情况时相贯线可能是直线、圆、椭圆等。

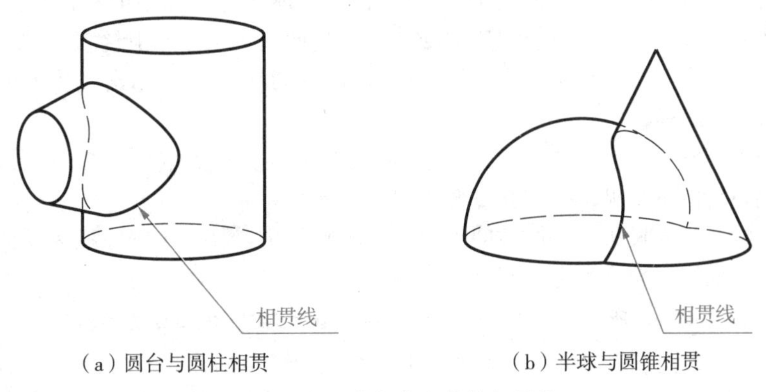

（a）圆台与圆柱相贯　　　　（b）半球与圆锥相贯

图 3-40　曲面体与曲面体的相贯线

曲面体与曲面体的相贯线是两立体表面的公有线,其中的点是两曲面体表面的公有点。求作相贯线的过程一般尽可能先作出相贯线上的特殊点,如对称平面上的点、最高、最低、最左、最右、最前、最后点、转向轮廓线上的点等,以确定相贯线的范围和形状,然后再加入一般点,最后依次连接这些点成光滑曲线。

两曲面体相交,其相贯线求取方法包括表面定点法、辅助平面法和辅助球面法,下面分别描述。

1. 表面定点法

当一个曲面体的轴线为投影面垂直线,并且曲面在其轴线所垂直的投影面上的投影有积聚性时,相贯线与其重合,如垂直于投影面的圆柱面。于是可在另一曲面中用素线或纬圆作为辅助线(素线法或纬圆法),根据从属关系求出相贯线上点的其他投影,然后连接成光滑曲线。

例3-18　如图 3-41(a)所示,求作轴线垂直相交的两圆柱相贯的三面投影图。

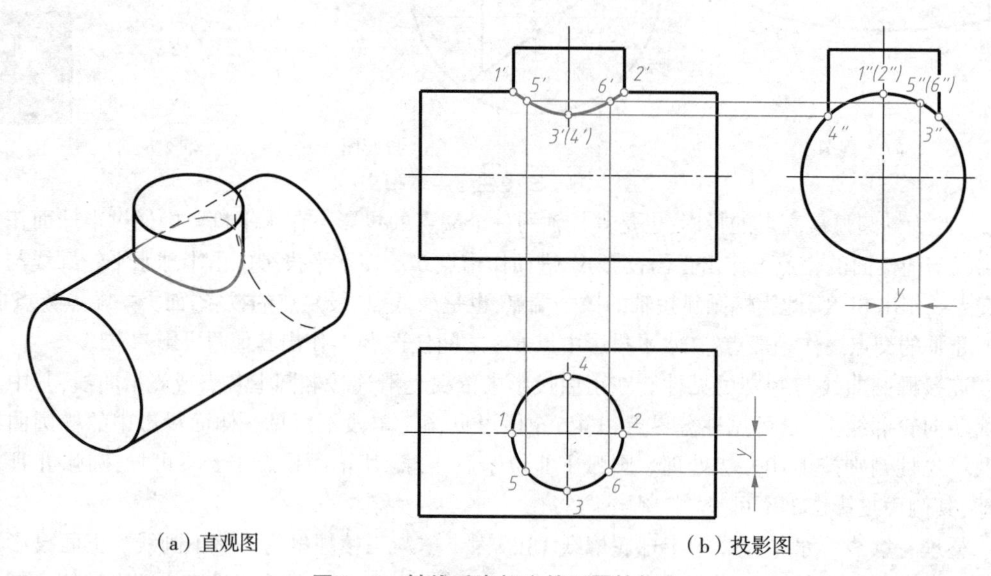

(a) 直观图　　(b) 投影图

图 3-41　轴线垂直相交的两圆柱相交

解:小圆柱面的所有素线均与大圆柱相交,且两圆柱有共同的前后、左右对称面,所以相贯线也是前后对称、左右对称的闭合空间曲线。小圆柱的轴线为铅垂线,圆柱面的水平投影有积聚性,因此相贯线的水平投影与其重合。大圆柱的轴线为侧垂线,圆柱面的侧面投影有积聚性,相贯线的侧面投影也与有积聚性的圆重合,且为小圆柱穿入大圆柱处的一段圆弧。可根据两个已知投影作出相贯线的正面投影,具体作图步骤如图 3-41(b)所示:

①作特殊点。在相贯线水平投影中,定出最左、最右、最前、最后四个点的投影 1、2、3、4,在侧面投影中找到对应的 1″、2″、3″、4″,由此作出正面投影 1′、2′、3′、4′。这四点同时也是相贯线上最高点与最低点。

②作一般点。在小圆柱的水平投影上,任取左右对称的两点 5、6,用素线法求出相应的侧面投影 5″、6″,进而作出正面投影 5′、6′。

③连接曲线并判别可见性。在正面投影中,依次光滑连接 1′、5′、3′、6′、2′、各点,此为可见部分的投影,由于前后对称,不可见部分与其重合。

④整理轮廓线。正面投影中大圆柱的正面转向轮廓线 1′2′段与小圆柱融为一体不必画出。侧面投影中小圆柱侧面转向轮廓线分别画至点 4″、3″。

例3-19　如图 3-42(a)所示,求作轴线不相交的两圆柱相贯的三面投影图。

解:两圆柱相互贯穿但轴线不相交,相贯线是一条闭合的空间曲线。两圆柱有共同的前后、上下对称面,故相贯线也是前后、上下对称的。相贯线的正面投影和水平投影分别重合在两圆柱面相应

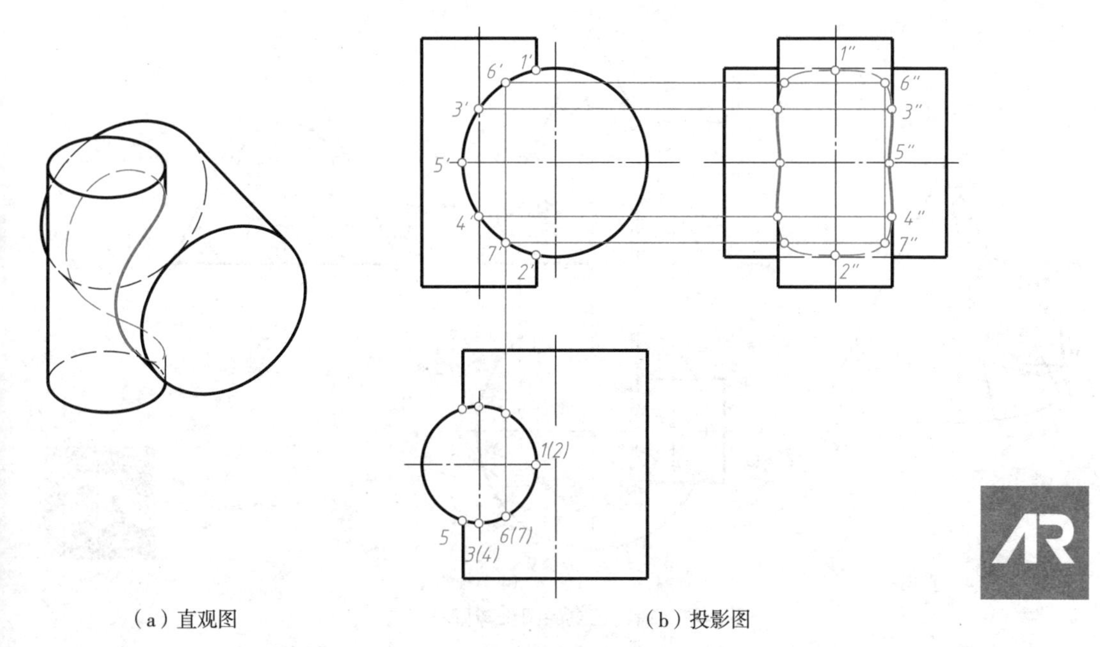

（a）直观图　　（b）投影图

图 3-42　轴线不相交的两圆柱相交

投影中的相交部分上,于是问题就归结为已知两投影求作第三投影。具体作图步骤如图 3-42(b)所示(为图面清晰起见,相贯线上的点只标记前后对称平面前方的点):

①作特殊点。由正面投影中小圆柱右轮廓素线与大圆柱表面投影的交点 1′、2′标记水平投影 1、2,作出侧面投影 1″、2″,它们分别是相贯线上的最高点和最低点的投影,并同时是最右点的投影。由正面投影中小圆柱轴线与大圆柱表面的投影的交点 3′、4′及对应的水平投影 3、4 作出侧面投影 3″、4″,即小圆柱侧面转向轮廓线上的点,它们分别是相贯线上的最前点和最后点的投影。由大圆柱左轮廓素线与小圆柱表面的投影的交点 5′、5 作出侧面投影 5″,此为相贯线最左点的投影。

②作一般点。用表面定点法在水平投影中相贯线上的点较稀疏之处定出一般点的投影 6、7,继而作出正面投影 6′、7′和侧面投影 6″、7″。

③连接曲线并判别可见性。在侧面投影中依次光滑连接各点成封闭的曲线,从正面投影可以看出,相贯线中的线段 3′5′4′都位于两圆柱面的左半部,故其对应的侧面投影 3″5″4″可见,而其余部分皆不可见。

④整理轮廓线。正面投影中小圆柱右轮廓素线的 1′2′段融入大圆柱体内,不必画出。水平投影中大圆柱左轮廓素线的 55 段融入小圆柱体内,不必画出。侧面投影中小圆柱两轮廓素线的 3″4″段与大圆柱融为一体不画线;此外大圆柱上下两轮廓素线被小圆柱面的投影遮挡部分,应画不可见线。

例3-20　如图 3-43(a)所示,求作轴线正交的圆锥与圆柱相交的三面投影图。

解:圆锥与圆柱的轴线正交,两立体有共同的前后对称面,相贯线也是一条前后对称的闭合的空间曲线。圆柱面的侧面投影有积聚性,相贯线的侧面投影与其重合,要作的是相贯线的正面投影与水平投影,可用素线法或纬圆法求解相贯线上的点。具体作图步骤如图 3-43(b)所示:

①作特殊点。由正面投影中圆锥左轮廓素线与圆柱两轮廓素线的交点 1′、2′作出水平投影 1、2,此为相贯线的最高点和最低点的相应投影。在正面投影中取过圆柱中心轴线的圆锥纬圆并作出其水平投影,得到纬圆与圆柱两轮廓线的交点 3、4,进而定出正面投影 3′、4′,它们分别为相贯线的最前点和最后点的相应投影。侧面投影中自锥顶作圆柱面投影的两切线得切点 5″、6″,用素线法求出其他投影 5、5′和 6、6′。此两点确定相贯线的范围在圆锥面上通过点Ⅴ、Ⅵ的两素线之间的左锥面上。

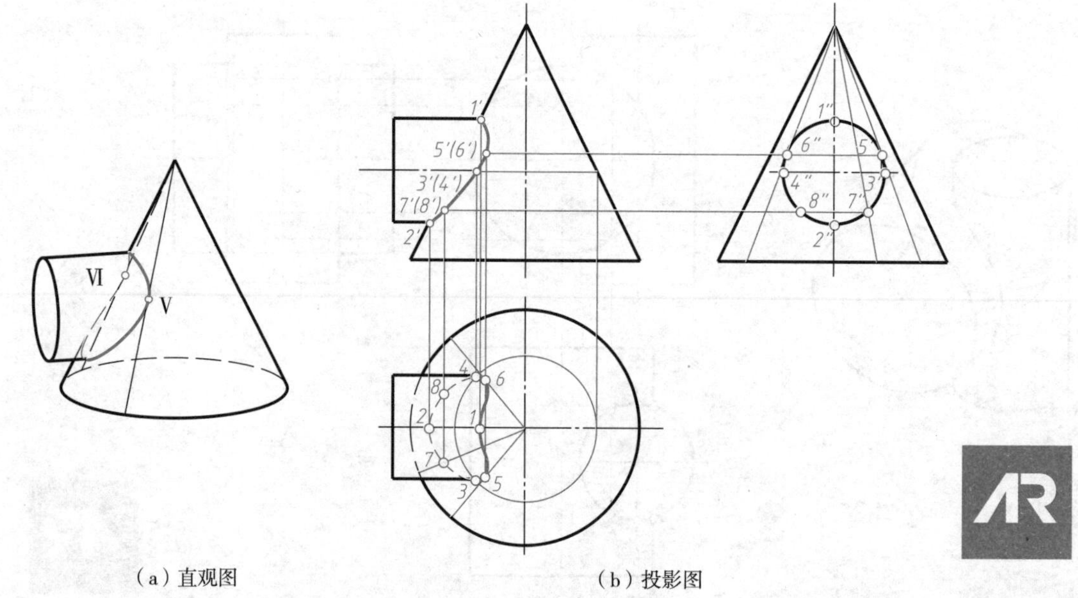

（a）直观图　　（b）投影图

图 3-43　轴线正交的圆锥与圆柱相交

②作一般点。侧面投影中，在相贯线上点较稀疏之处取对称点 7″、8″，用素线法求出 7、8 和 7′、8′。

③连接曲线并判别可见性。在正面投影中依次连接可见点 1′、5′、3′、7′、2′各点成光滑曲线，因相贯线前后对称，前半部分和后半部分相贯线的正面投影重合。在水平投影中依次连接各点成光滑曲线，由正面投影可知，圆柱水平转向轮廓线上点 3′、4′为水平投影可见与不可见的分界点，位于 3′、4′以上的点水平投影可见，以下的点不可见。

④整理轮廓线。水平投影中圆柱水平转向轮廓线只画至 3、4 两点，圆锥底圆被圆柱遮挡部分画成不可见线。正面投影中圆锥左轮廓素线位于圆柱轮廓素线之间的部分不画线。

2. 辅助平面法

选用与两曲面立体都相交的辅助平面截切两立体，得到两条截交线，两条截交线的交点是辅助平面和两立体表面的公有点，即为相贯线上的点。为了作图方便准确，一般选用特殊位置平面作为辅助平面，并使辅助平面与两曲面体的截交线的投影简单，如截交线为直线或平行于投影面的圆。注意：辅助平面的位置要在相贯线范围内。如图 3-44（a）所示为两圆锥相贯，为求取相贯线上的点，可作一水平面 P 为辅助平面，与两圆锥相交皆为圆，两圆的交点即为相贯线上的点。如图 3-44（b）

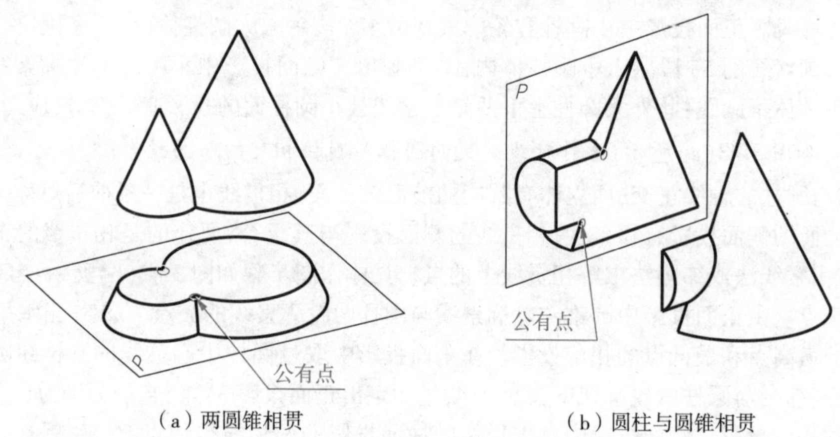

（a）两圆锥相贯　　（b）圆柱与圆锥相贯

图 3-44　辅助平面法

所示为圆柱与圆锥相贯，选取过锥顶且与圆柱轴线平行的正平面 P 为辅助平面，平面 P 与圆柱相交为两条素线，与两圆锥相交也为两条素线，两类素线的交点即为相贯线上的点。

例3-21　如图 3-45(a)所示，求作半球与圆台相贯的三面投影图。

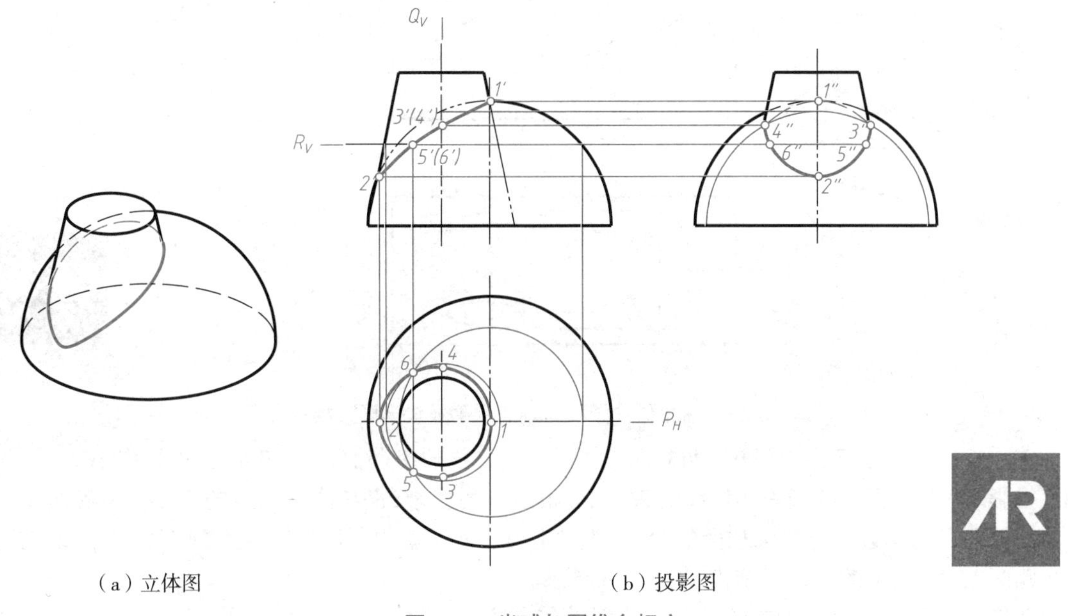

（a）立体图　　　　（b）投影图

图 3-45　半球与圆锥台相交

解：半球与圆台相贯，圆台轴线不通过球心，从半球的左上方穿入半球，相贯线是一条前后对称的闭合空间曲线。由于两立体表面的各投影都没有积聚性，应用辅助平面法求相贯线上的点。具体作图步骤如图 3-45(b)所示：

①作特殊点。在水平投影中过两立体的前后对称面作辅助平面 P_H（正平面），与两立体交线的正面投影皆为其正面转向轮廓线，得到交点 1′、2′，作出其他两投影 1、2 和 1″、2″，此为相贯线上的最高点、最低点，也是最右点、最左点的投影。在正面投影中过圆台轴线作辅助平面 Q_v（侧平面），与半球交线的侧面投影为半圆，与圆台交线的侧面投影为两轮廓素线，得到交点 3″、4″，进而作出其他两投影 3、4 和 3′、4′，此为相贯线上最前点和最后点的投影。

②作一般点。过正面投影中交点稀疏处作辅助平面 R_v（水平面），与两立体表面相交的交线皆为水平纬圆，在水平投影中画出两圆，得两交点 5、6，进而作出其他两投影 5′、6′和 5″、6″。

③连接曲线并判别可见性。正面投影中连接 1′、3′、5′、2′成光滑曲线，全部可见，不可见部分与其投影重合。水平投影中连接 1、3、5、2、6、4、1 各点成光滑曲线，可见。侧面投影中连接 1″、3″、5″、2″、6″、4″、1″成光滑曲线，以侧面转向轮廓线上的点 3″、4″分界，4″1″3″段交线因位于右半锥面故不可见，其余可见。

④整理轮廓线。正面投影中圆台左右轮廓素线分别画至点 2′、1′，同时 2′、1′轮廓素线之间的半球轮廓线移去。侧面投影中圆锥台左右轮廓素线分别画至点 4″、3″，同时两轮廓素线之间的半球轮廓线为不可见线。

例3-22　如图 3-46(a)所示，求作轴线斜置的圆柱与轴线水平放置的半圆柱相贯的三面投影图。

解：两圆柱轴线斜交且同时平行于正立投影面。相贯线为一条前后对称的闭合空间曲线，其正面投影为一条前后重影的曲线，水平投影为前后对称的闭合曲线，侧面投影与斜圆柱两条轮廓素线之间的半圆柱面的投影重合。具体作图步骤如下：

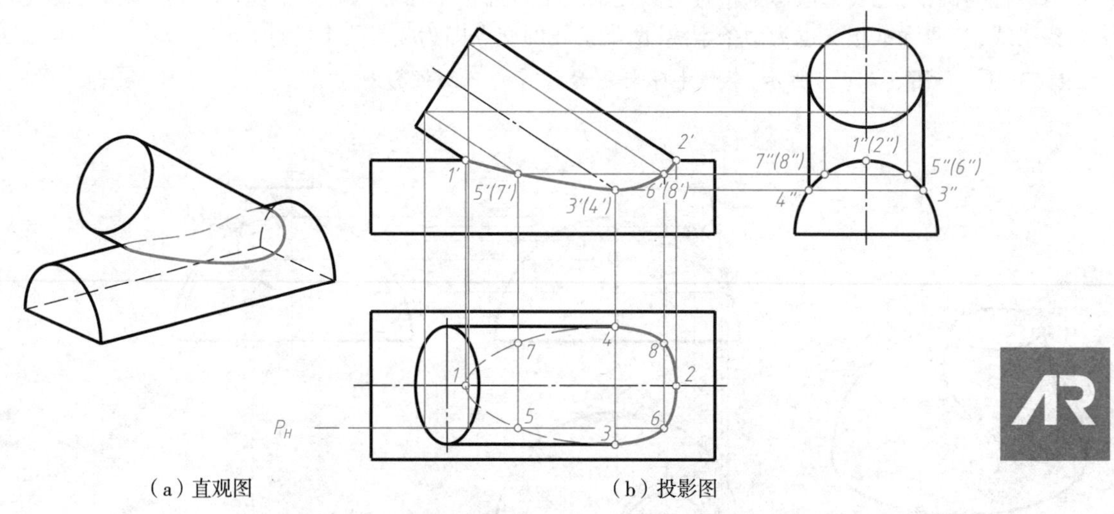

（a）直观图　　（b）投影图

图 3-46　轴线斜置圆柱与轴线水平放置半圆柱相交

①作特殊点。在正面投影中由两曲面正面转向轮廓线的交点 1′、2′可直接定出水平投影 1、2 和侧面投影 1″、2″,此两点分别为相贯线的最左点、最右点的投影,也是两最高点的投影。由侧面投影中斜圆柱两条轮廓素线与半圆柱面的交点 3″、4″定出正面投影中斜圆柱轴线上的 3′、4′和水平投影 3、4,此两点分别为相贯线的最前点、最后点的投影。

②作一般点。水平投影中,在水平中心线的前方适当位置作一辅助平面 P_H(正平面),它与半圆柱面交于一条素线并与斜圆柱交于两条素线,作出此三条素线的正面投影,得两交点 5′、6′,作出其水平投影 5、6。同样可得到其对称点 7、8,正面投影中 7′、8′分别与 5′、6′重合。

③连接曲线并判别可见性。水平投影中依次连接 1、5、3、6、2、8、4、7、1 点形成封闭光滑曲线,斜圆柱水平转向轮廓线上的点 3、4 是相贯线水平投影可见性分界点,分界点以左的线段不可见,其余可见。正面投影中光滑连接 1′5′3′6′2′为可见线段,后半部分和前半部分相贯线的正面投影重合。

④整理轮廓线。水平投影中斜圆柱两条轮廓素线分别画 3、4 以左部分;正面投影中斜圆柱两条轮廓素线分别画 1′、2′以上线段,半圆柱上部轮廓素线中的 1′2′线段不画。

3. 辅助球面法

以球面作为辅助面求解相贯线上点的方法称为辅助球面法。根据球心情况的不同可分为同心球面法和移心球面法两种,分述如下。

(1)同心球面法

图 3-47 中圆柱与圆锥相贯,如以水平面作为辅助平面,则辅助平面与圆锥面的交线为圆,与圆柱面的交线为椭圆;如以不过锥顶的正平面作为辅助平面,则辅助平面与圆锥面的交线为双曲线,与圆柱面的交线为直线。这两种情况都使求解相贯线变得困难。如果以两立体轴线的交点作为球心,选适当长度为半径作球面,则球面与圆锥面、圆柱面的交线皆为圆且正面投影都积聚为直线,圆的交点为三面

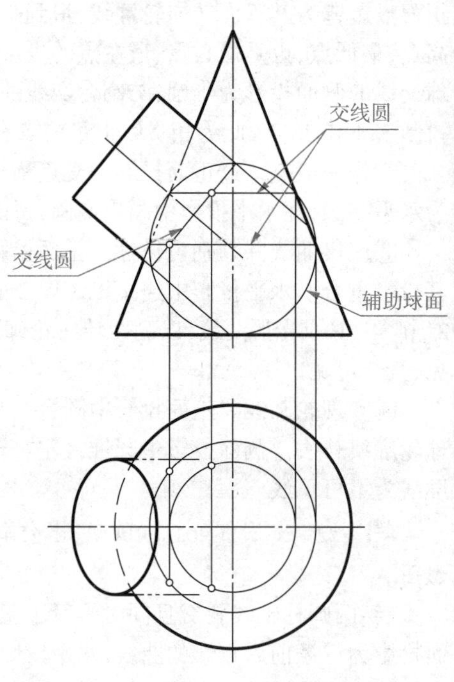

图 3-47　同心球面法

的公有点,也即相贯线上的点。球心不变改变半径大小就可以求出一系列相贯线上的点,此法称为同心球面法。

可见,同心球面法的使用条件为:

①两曲面体必须都是回转体。

②两曲面体的轴线交于一点且所在平面平行于某一投影面,这样辅助球面与曲面的交线圆在该投影面上的投影才积聚成直线。

例3-23 如图 3-48 所示,求作圆台与圆柱相贯的三面投影。

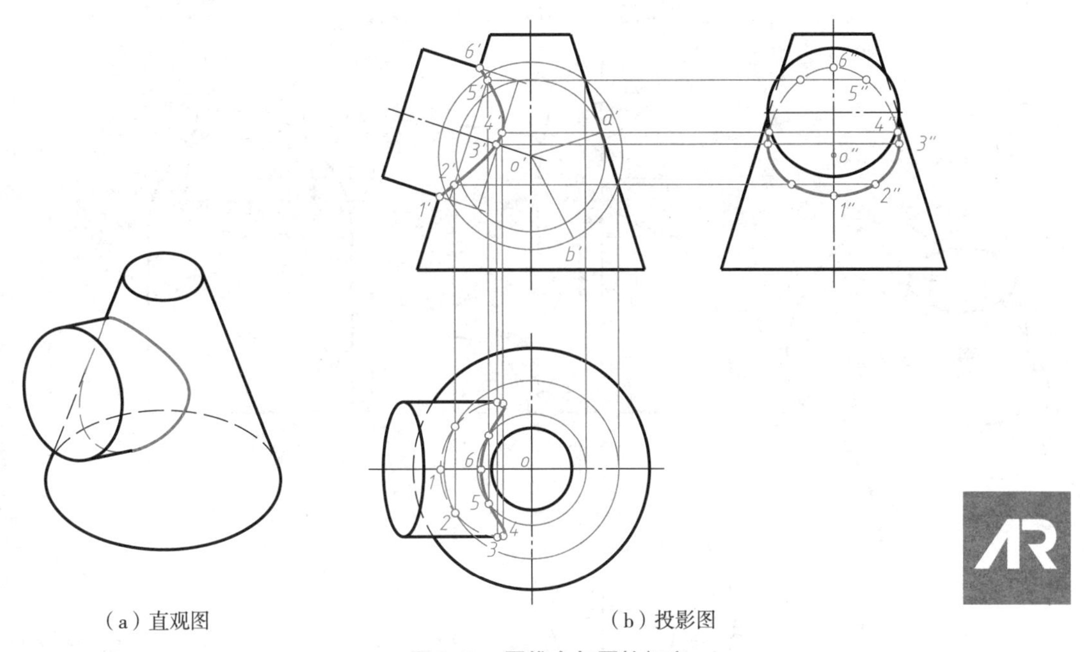

(a)直观图　　(b)投影图

图 3-48 圆锥台与圆柱相交

解:两回转体轴线倾斜相交且同时平行于正立投影面,适合用辅助球面法求取。以两立体轴线的交点 O 为球心作球面,一般情况它与每个曲面相交于两个圆,两圆相交,其交点即是两立体相贯线上的点。两曲面体前后对称,交线为前后对称的闭合空间曲线。

本例中,半径最小的辅助球为锥面的内切球,半径最大的辅助球半径端点为圆台左轮廓素线与圆柱轮廓线的交点。具体作图步骤如下(为作图清晰起见,相贯线上的点只标记对称面前方的点):

①作特殊点。由正面投影中圆台左轮廓素线与圆柱正面转向轮廓线的交点 1′、6′求出其他两投影 1、6 和 1″、6″,此为相贯线的最低、最高点的投影,以两轴线的交点 O'为球心作圆台的内切球(半径 $O'a'$),与两曲面各交于一圆,正面投影都积聚为直线,两直线的交点 4′为相贯线上点的投影,用表面定点法作出 4、4″,此点为极限点(辅助球面半径最小)。

②作一般点。在正面投影中,以 $O'b'$为半径作辅助球,与圆台表面交于两圆,与圆柱交于一圆,得交点 2′、5′,进而作出 2、5 和 2″、5″。按此步骤还可作出其他一般点。

③作圆柱水平转向轮廓线上的点。用辅助球面法无法作出水平投影中圆柱水平转向轮廓线上的点,为此,连接正面投影中的 1′2′4′5′6′点成光滑曲线,由此曲线与圆柱轴线的交点 3′作出水平投影 3 及侧面投影 3″。

④连接曲线并判别可见性。依次连接水平投影、侧面投影中的各点成光滑曲线。相贯线的水平投影中的点 3 为可见性分界点,左侧不可见右侧可见。侧面投影中的点 3″为可见性分界点,上部不可见下部可见。

⑤整理轮廓线。正面投影中圆柱正面转向轮廓线及圆台左轮廓素线画至点 1′、6′。水平投影中圆台底面投影被圆柱投影遮挡部分画不可见线,侧面投影中圆台侧面转向轮廓线被圆柱遮挡部分画不可见线。

(2)异心球面法

有时两曲面体轴线不相交,不能采用上述的同心球面法,而是采用异心球面法,即球心位置不固定。这种方法适用于两个曲面中有一个是回转面,另一个是圆纹曲面(母线为圆的曲面),同时它们的轴线位于同一平面内的情况,下面以实例说明异心球面法的原理与方法。

例3-24 如图 3-49 所示,求作圆环与圆台相贯的三面投影图。

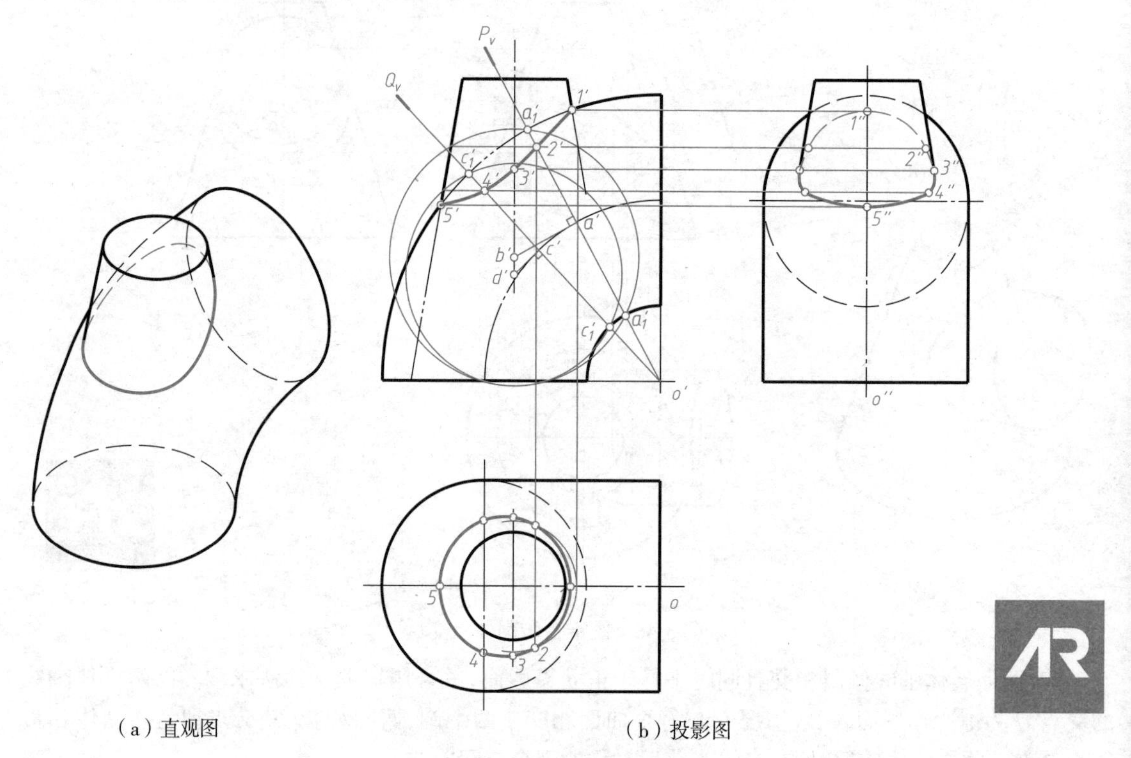

(a)直观图　　(b)投影图

图 3-49　圆环与圆台相交

解:两曲面体轴线不相交,不能采用同心球面法,但圆台的轴线与圆环母线圆的中心轨迹线在同一平面内,因此可采用异心球面法。两立体前后对称,相贯线为一条前后对称的闭合空间曲线。具体作图步骤如图 3-49(b)所示(为图面清晰起见,在水平投影和侧面投影中相贯线上的点只标记对称平面前方的点):

①作一般点。在正面投影中过环面的回转中心 O'任作一正垂面 P_v,它与圆环相交于圆,该圆正面投影积聚成直线 $a_1'a_1'$,与圆环母线中心回转圆交于 a',此点即 P_v 与圆环交线圆的圆心。过 a'作 P_v 的垂线,它与圆台轴线交于 b',以 b'为球心,$b'a_1'$为半径作辅助球面。球面与圆台及圆环相交皆为圆,正面投影均积聚为直线,二者的交点 2′即为相贯线上的点。再作一正垂面 Q_v,以同样过程作点 c'、d',以 d'为球心,$d'c_1'$为半径作球面,得到点 4′。根据 2′、4′分别求出其他两投影。按此过程还可再求一般点。

②作特殊点。正面投影中圆环正面转向轮廓线与圆台正面转向轮廓线的交点 1′、5′为相贯线的最高、最低点,也是最右、最左点的投影。侧面投影中相贯线位于圆台侧面转向轮廓线上的点,即可见性分界点,不能用球面法直接求得,这里采用间接作图方法,即在正面投影中根据已求出的点 1′、2′、4′、5′连成光滑曲线,得到与圆台轴线的交点 3′,进而作出侧面投影 3″及水平投影 3。

③连接曲线并判别可见性。在水平、侧面投影中分别依次连接各点成光滑曲线。其中侧面投影

3″为可见性分界点,其上部相贯线 3″2″1″不可见,下部可见,相贯线的水平投影可见。

④整理轮廓线。正面投影中圆环正面转向轮廓 1′5′间线段不存在。侧面投影中圆台转向轮廓线画至点 3″。此外,圆环下端面的水平投影、右端面的侧面投影圆都画不可见线。

4. 两曲面立体相交的特殊情况

两曲面立体表面相交,相贯线一般为空间曲线,但在特殊情况下可能为直线或平面曲线。

①两轴线平行的圆柱面相交时,相贯线是两条平行于轴线的直线,如图 3-50 所示。

②共锥顶的两圆锥面相交时,相贯线是两条过锥顶的直线,如图 3-51 所示。

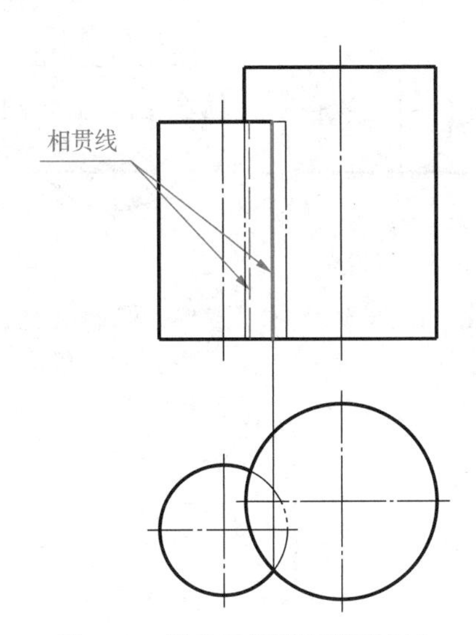

图 3-50　轴线平行的圆柱面相交

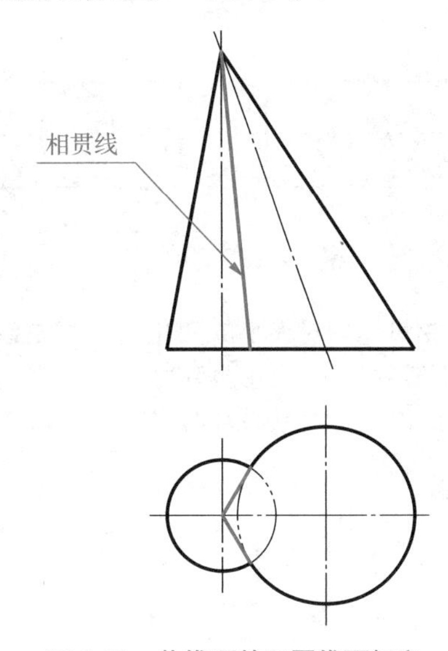

图 3-51　共锥顶的两圆锥面相交

③两同轴回转面相交时,相贯线是垂直于轴线的圆,如图 3-52 所示。

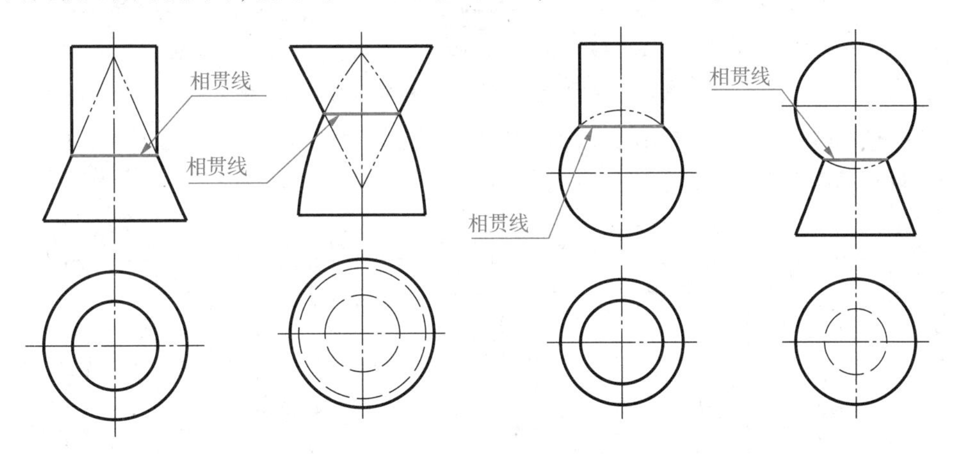

图 3-52　两同轴回转面相交

④有公共内切球的两回转面相交时,相贯线为两个相交的椭圆,两椭圆所在的平面都垂直于两回转轴所决定的平面,如图 3-53 所示。

5. 影响相贯线形状的因素

相贯线的形状取决于三个因素:参与相交的两立体的形状、相对大小和相对位置。

①两相贯体的形状不同引起相贯线形状的不同。由图 3-41、图 3-43、图 3-45 可以看出,参与相交的两立体形状不同,相贯线的形状也不同。

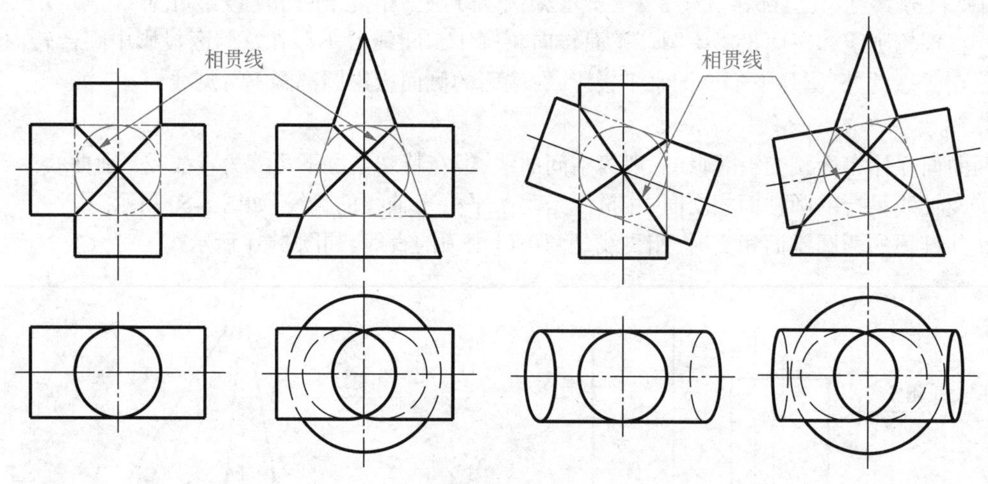

图 3-53　有公共内切球的两回转面相交

②两相贯体相对大小的变化引起相贯线形状的变化。由图 3-54 可以看出，两圆柱的大小发生变化，相贯线的形状、大小也随之变化。当两圆柱直径相等时，相贯线为平面曲线——椭圆；当两圆柱直径不等时，相贯线为空间曲线，其形状弯向直径较大的圆柱轴线。

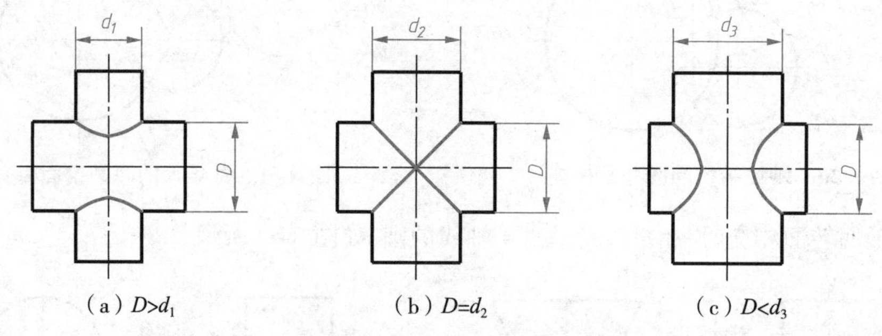

图 3-54　两圆柱大小不同引起相贯线形状的变化

③两相贯体的相对位置变化引起相贯线形状的变化。由图 3-55 可知，随着小圆柱的前移，相贯线的形状、位置也发生改变。

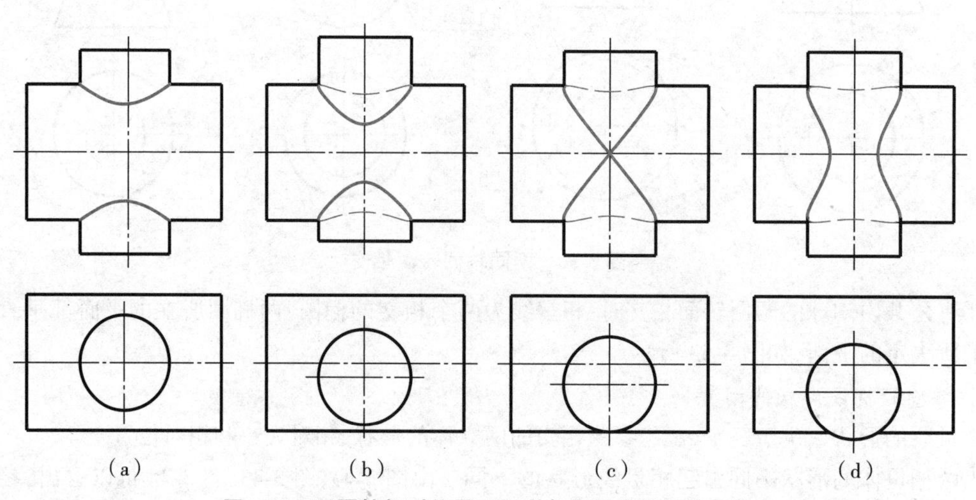

图 3-55　两圆柱相对位置不同引起相贯线形状的变化

3.4.4　三个曲面立体相交

三个曲面体相交表面所形成的交线称为复合相贯线。复合相贯线由三条相贯线复合而成。三条相贯线交于一点,此点是三条相贯线的交汇点和分界点,是三个曲面的公有点,如图 3-56 所示。

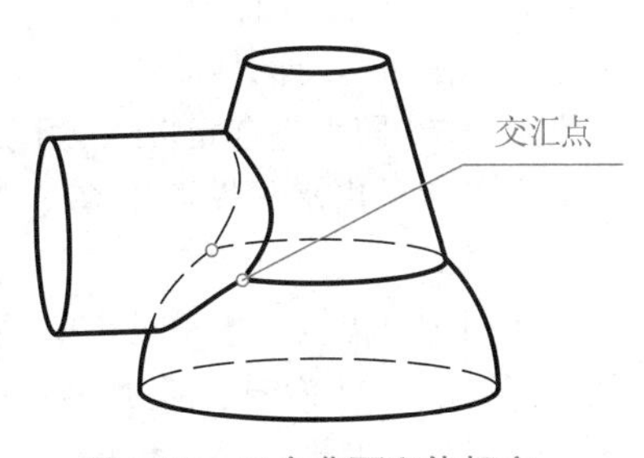

图 3-56　三个曲面立体相交

绘制三个曲面立体相交的复合相贯线投影图,一般情况可按如下顺序:先分别求出立体 1 与立体 2,立体 2 与立体 3 的相贯线,找出交汇点,取其有效部分,去掉嵌入部分,再从交汇点开始求出立体 3 与立体 1 的相贯线。

例3-25　如图 3-57 所示,完成四分之一圆柱、圆台及小圆柱三者相贯的三面投影图。

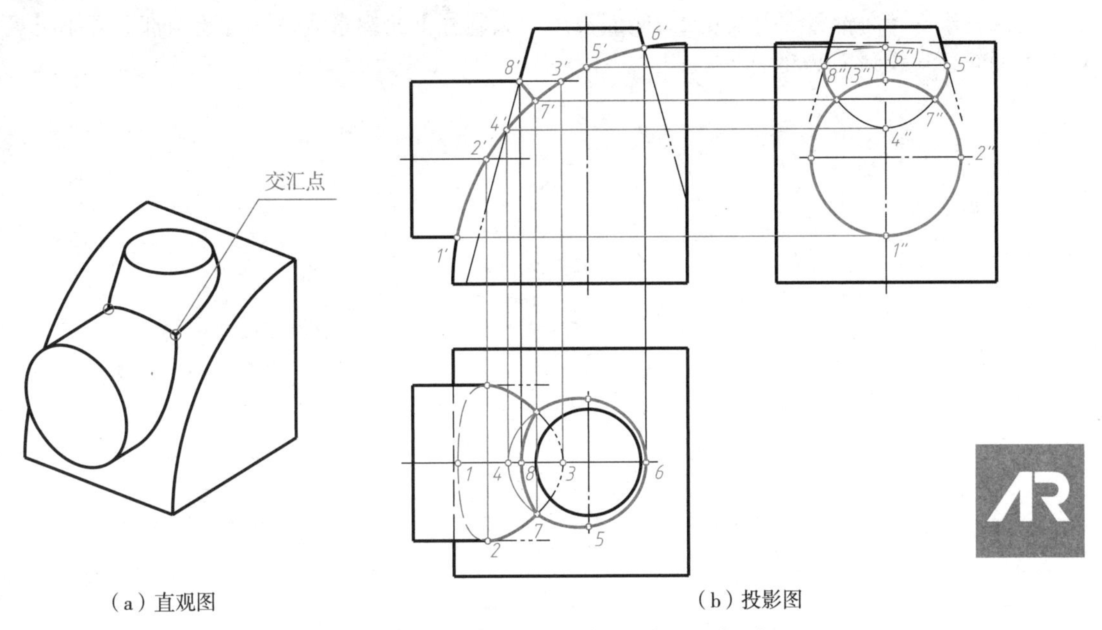

(a) 直观图　　(b) 投影图

图 3-57　三曲面体相贯的直观图与三面投影图

解:①大小两圆柱相交,小圆柱的侧面投影和大圆柱的正面投影都具有积聚性,相贯线与其相应投影的圆重合。

②圆台与大圆柱相交,交线的正面投影积聚在大圆柱的正面投影上,用表面定点法可求出其他投影。

③圆台与小圆柱相交,交线的侧面投影积聚在小圆柱面的侧面投影上,用表面定点法可求出交线的其他投影。

④三条相贯线皆为前后对称的空间曲线。

⑤从图 3-57(a)可看到三条相贯线相交的交汇点。

作图步骤如图 3-57(b)所示,为图面清晰起见,投影图中相贯线上的点只标记对称平面前方的点:

①作小圆柱与大圆柱的相贯线。由正面投影中小圆柱转向轮廓线上的 1′、2′、3′作出水平投影 1、2、3,此为相贯线的特殊点。再作若干一般点(为清晰起见,图中未显示)。连接 12321 成光滑曲线。

②作圆台与大圆柱的相贯线。由正面投影中圆台转向轮廓线上的 4′、5′、6′作出侧面投影 4″、5″、

6″和水平投影 4、5、6，此为相贯线的特殊点，再作若干一般点（为清晰起见，图中未显示），连接 45654 及 4″5″6″5″4″成光滑曲线。

③作圆台与小圆柱的相贯线。在侧面投影和水平投影中，求出上面求得的两相贯线的交点 7″和 7，再定出 7′，即为复合相贯线交汇点的三面投影。由正面投影中小圆柱上轮廓素线与圆台左轮廓素线的交点 8′作出水平投影 8，在 7′、8′间作一般点（为清晰起见，图中未显示），连接 7′、8′及 7、8、7 成光滑曲线。

④判别可见性。水平投影中，第一条相贯线中 212 部分不可见，737 为嵌入部分。第二条相贯线全部可见，747 为嵌入部分；侧面投影中，5″6″5″不可见，7″4″7″为嵌入部分。第三条相贯线的正面投影 7′8′及水平投影 787 可见。

⑤整理轮廓线。正面投影中小圆柱上轮廓素线及圆台左轮廓素线画至点 8′、小圆柱下轮廓素线画至点 1′，圆台右轮廓素线画至点 6′。水平投影中大圆柱左轮廓素线被小圆柱投影遮挡部分画不可见线，小圆柱水平转向轮廓线画至点 2。侧面投影中大圆柱上轮廓素线被圆台遮挡部分画不可见线，圆台两轮廓素线画至点 5″。

第4章 轴测图与展开图

思维导图

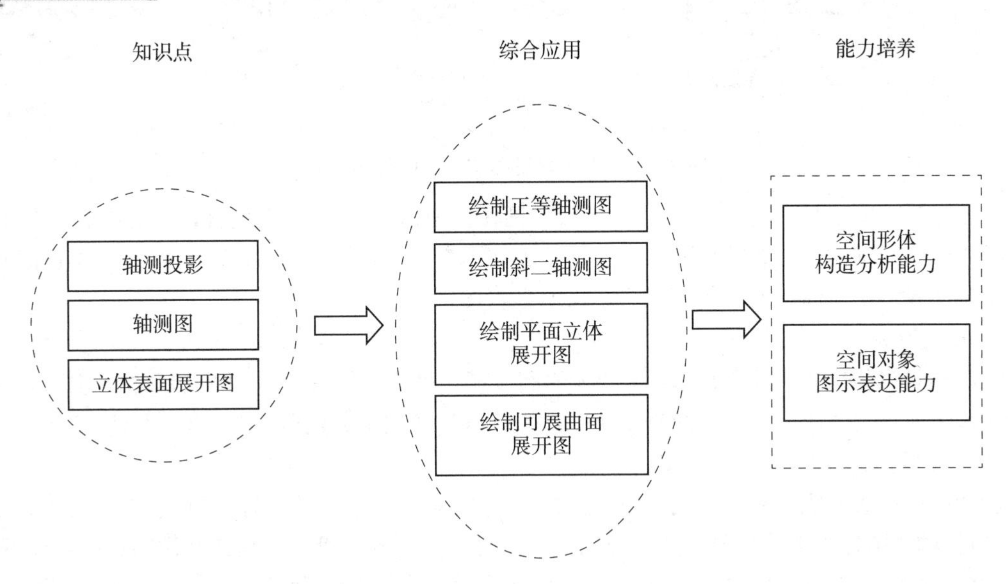

重点难点

1. 轴测投影及轴测图画法；
2. 平行于坐标面的圆的正等轴测图画法；
3. 轴测图上可见性及遮挡问题的处理。

素质拓展

学习轴测图的作图方法，培养简单空间形体的构形分析及二维图示表达能力，丰富设计交流手段。复杂形体的轴测图可通过叠加、截切等过程化繁为简，引导学生在思考复杂问题时要学会变通，可以将复杂的问题分解、简化，通过现象来了解本质。展开图可增强工程意识，建立制造思维，进一步培养精益求精的工匠精神。

4.1 轴测投影的基本知识

多面正投影图能够准确而完整地表达物体的形状和大小,度量性好,而且作图简便,如图 4-1(a)所示,因而在机械制造、工程建设中得到广泛使用。但是,它缺乏立体感,直观性差,理解相对困难。

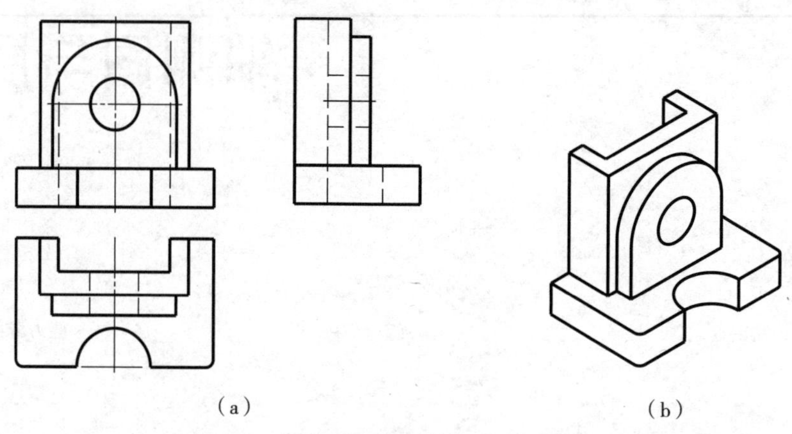

图 4-1 多面正投影图与轴测图效果比较

为了弥补它的不足,工程上常采用轴测投影图作为辅助图样,来帮助理解较复杂的结构,在设计中也可以借助于轴测图更有效地进行空间构思和技术交流。如图 4-1(b)所示,即为图 4-1(a)所示物体的轴测投影图(简称轴测图),其直观性强,但作图过程较繁琐。

1. 轴测图的形成

轴测图是将物体连同其直角坐标系沿不平行于任一坐标面的方向,用平行投影法将其投射在单一投影面上所得到的图形。它能同时反映出物体长、宽、高三个方向的尺度,富有立体感,但不能反映物体的真实形状和大小,度量性差。

轴测图的形成一般有两种方式,一种是改变物体相对于投影面的位置,而投影方向仍垂直于投影面,所得轴测图称为正轴测图,如图 4-2(a)所示;另一种是改变投影方向使其倾斜于投影面,而不改变物体对投影面的相对位置,所得投影图为斜轴测图,如图 4-2(b)所示。

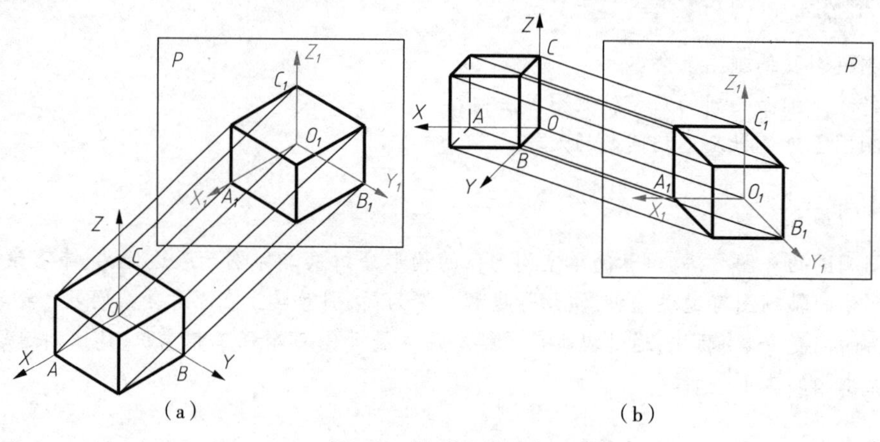

图 4-2 轴测图的概念

如图 4-2 所示，改变物体相对于投影面位置后，用正投影法在平面 P 上作出四棱柱及其参考直角坐标系的平行投影，得到了一个能同时反映四棱柱长、宽、高三个方向的富有立体感的轴测图。其中平面 P 称为轴测投影面；坐标轴 OX、OY、OZ 在轴测投影面上的投影 O_1X_1、O_1Y_1、O_1Z_1 称为轴测投影轴，简称轴测轴；轴测轴之间的夹角 $\angle X_1O_1Y_1$、$\angle X_1O_1Z_1$、$\angle Y_1O_1Z_1$，称为轴间角；空间点 A 在轴测投影面上的投影 A_1 称为轴测投影；轴测轴的单位长度与相应直角坐标轴上单位长度的比值，称为轴向伸缩系数，X、Y、Z 方向的轴向伸缩系数分别用 p、q、r 表示，表达式为

$$p=\frac{O_1A_1}{OA},q=\frac{O_1B_1}{OB},r=\frac{O_1C_1}{OC}$$

2. 轴测图的特性

轴测投影属于平行投影，因此它具有平行投影的基本特性：

(1)两直线在空间平行，其轴测投影必平行。

(2)沿坐标轴的轴向长度可以按伸缩系数进行度量。

由于平行线的轴测投影仍互相平行，因此，凡是平行于 OX、OY、OZ 轴的线段，其轴测投影必须相应地平行于 O_1X_1、O_1Y_1、O_1Z_1 轴，且具有和 OX、OY、OZ 轴相同的轴向伸缩系数。在轴测图中只有沿轴测轴方向才可以测量长度，这就是“轴测”二字的含义。

(3)一般情况下，轴测图不保持空间图形的量度性质。例如，圆的轴测投影成为椭圆，正方形、矩形的轴测图成为平行四边形。

3. 轴测图的分类

根据投影方向不同，轴测图可分为两类：正轴测图和斜轴测图。根据轴向伸缩系数不同，每类轴测图又可分为等三种：

(1)正轴测投影(投影方向垂直轴测投影面)

①正等轴测投影(简称正等测)：轴向伸缩系数 $p=q=r$。

②正二等轴测投影(简称正二测)：轴向伸缩系数 $p=r\neq q$。

③正三测轴测投影(简称正三测)：轴向伸缩系数 $p\neq q\neq r$。

(2)斜轴测投影(投影方向倾斜于轴测投影面)

①斜等轴测投影(简称斜等测)：轴向伸缩系数 $p=q=r$。

②斜二等轴测投影(简称斜二测)：轴向伸缩系数 $p=r\neq q$。

③斜三测轴测投影(简称斜三测)：轴向伸缩系数 $p\neq q\neq r$。

工程上主要使用正等轴测图和斜二轴测图，因此主要介绍这两种轴测图的画法。

4.2 正等轴测图的画法

4.2.1 轴间角和轴向伸缩系数

在正投影情况下，当 $p=q=r$ 时，三个坐标轴与轴测投影面的倾角都相等，均为 $35°16'$。由几何关系可以证明，其轴间角均为 $120°$，如图 4-3 所示。三个轴向伸缩系数均为：$p=q=r=\cos35°16'\approx0.82$。

在实际画图时，为了作图方便，一般将 O_1Z_1 轴取为铅垂位置，各轴向伸缩系数采用简化系数 $p=q=r=1$。这样，沿各轴向的长度都均被放大 $1/0.82\approx1.22$ 倍，轴测图也就比实际物体大，但对形状没有影响。

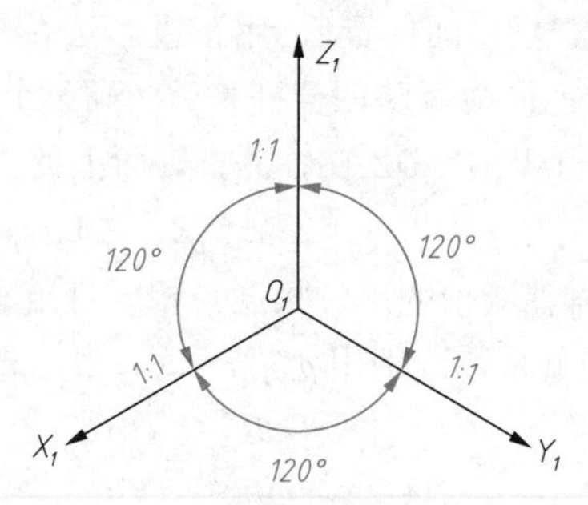

图 4-3 正等轴测图的轴间角

4.2.2 基本作图方法

正等轴测图的基本作图方法包括坐标法、切割法和叠加法,其中坐标法是所有方法的基础。

1. 坐标法

使用坐标法时,先在视图上选定一个合适的直角坐标系 *OXYZ* 作为度量基准,然后根据物体上每一点的坐标,定出它的轴测投影,再连线成图。

例4-1 画出正六棱柱的正等轴测图。

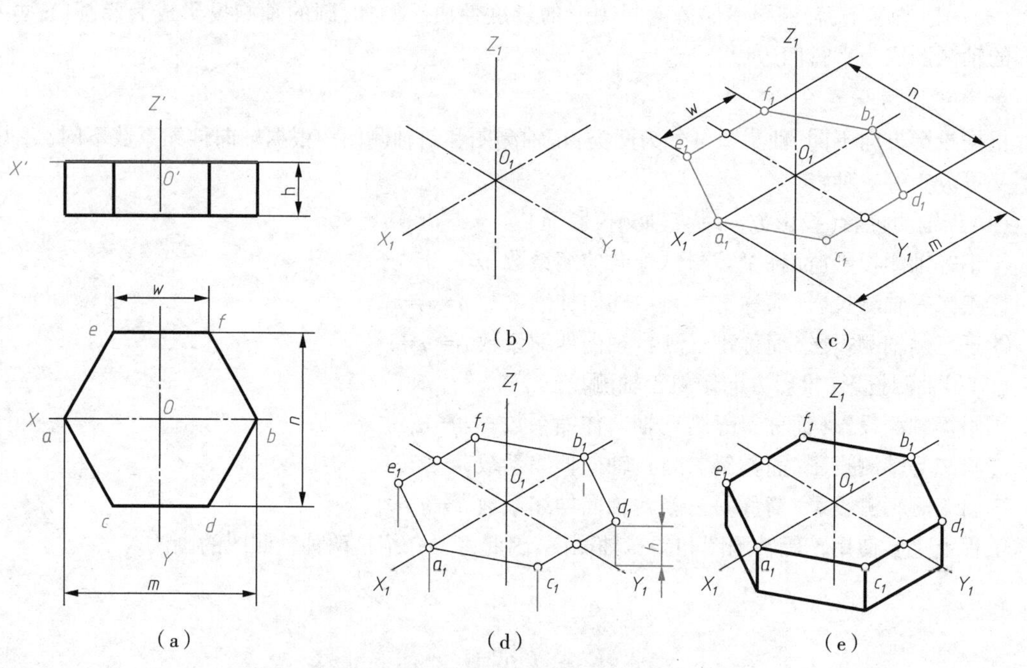

图 4-4 坐标法画正等轴测图

解:如图 4-4(a)所示为形体两面投影图,其正等轴测图作图过程如下:

①首先进行形体分析,在正投影图上确定原点和坐标轴的位置。将直角坐标系原点 *O* 放在顶面中心位置,并确定坐标轴,如图 4-4(a)所示。

②参考图 4-3,作正等轴测图的轴测轴 $X_1Y_1Z_1$,如图 4-4(b)所示。

③根据坐标值 m、n 和 w,分别沿轴测轴方向量取,得到顶面各点的轴测投影,连接各点得到顶面图形,如图 4-4(c)所示。

④从顶面 a_1、b_1、c_1、d_1、e_1、f_1 点沿 Z_1 轴向下量取 *h* 高度,得到底面上的对应点,从而得到底面图形,如图 4-4(d)所示。

⑤连接各条棱线，用粗实线画出物体的可见轮廓，擦去不可见部分，得到六棱柱的正等轴测图，如图 4-4(e)所示。

在轴测图中，为了使画出的图形清晰、明显，通常不画出物体的不可见轮廓。上例中坐标系原点放在正六棱柱顶面有利于沿 Z 轴方向从上向下量取棱柱高度 h，避免画出多余作图线，使作图简化。

2. 切割法

切割法是把形状较复杂的物体看成由形状简单的基本体经过截切和挖孔形成的，它是以坐标法为基础，先用坐标法画出简单形体的轴测图，然后按形体构造过程逐块切去多余的部分，最后得到物体的轴测图。

例4-2　画出如图 4-5(a)所示物体的正等轴测图。

解：该物体可以看成由长方体被铅垂面切割而成。在正投影图上确定原点和坐标轴，如图 4-5(a)所示。首先作出轴测轴，根据尺寸画出完整的长方体的正等轴测图，如图 4-5(b)所示；然后根据视图中尺寸 a 和 b 确定铅垂面的位置，以此面切去长方体左前角的三棱柱，如图 4-5(c)所示；最后，擦去作图线，描深可见部分即得物体的正等轴测图，如图 4-5(d)所示。

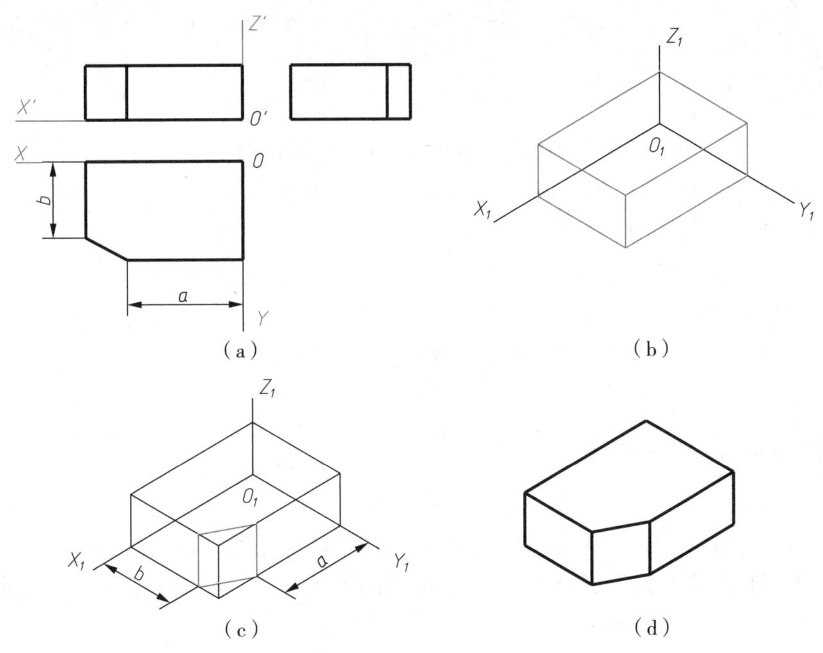

图 4-5　切割法画正等轴测图

3. 叠加法

叠加法是把形状较复杂的物体看成由几个形状简单的基本体叠加而成，于是将各组成部分的轴测图按照它们之间的相对位置叠加起来，并表达出各表面之间的连接关系，即可得到物体轴测图。

例4-3　画出如图 4-6(a)所示立体的正等轴测图。

解：根据给定的三面投影，通过形体分析可知，该物体可以分解为底板、竖板和方槽三个部分，底板为带切角的长方体，竖板叠加在底板之上，方槽是在竖板上挖去一个长方体而形成。选定附加直角坐标系 $OXYZ$，如图 4-6(a)所示。形体正等轴测图的作图过程如下：

①参考图 4-3 画出轴测轴 $O_1X_1Y_1Z_1$，利用三面投影图中底板尺寸大小，绘制带切角的长方体底板轴测图，如图 4-6(b)所示。

②根据三面投影图中竖板尺寸大小，利用底板与竖板分别在 $X_1O_1Z_1$ 和 $Y_1O_1Z_1$ 面对齐的位置关系，绘制竖板的轴测图，如图 4-6(c)所示。

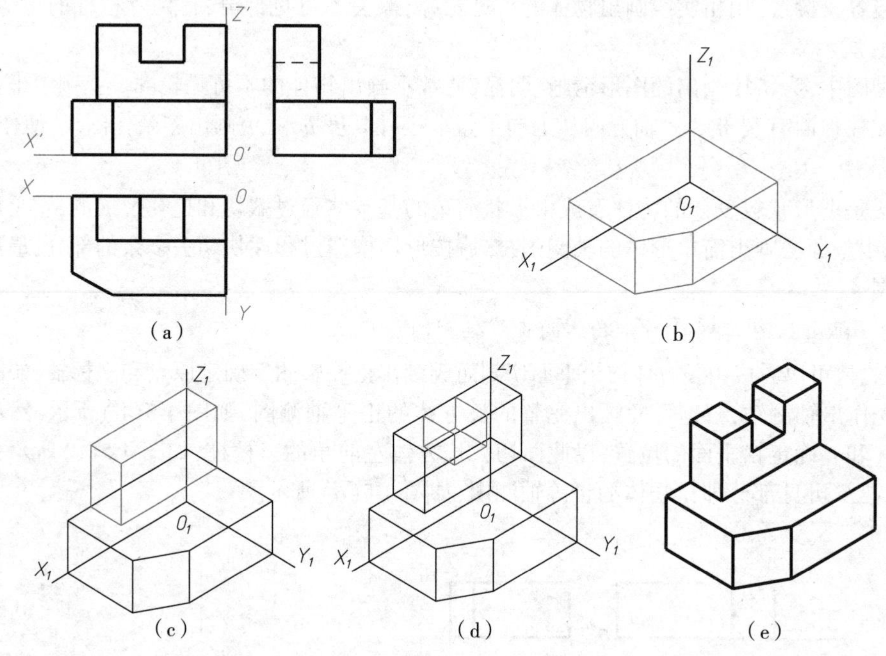

图 4-6　叠加法画正等轴测图

③依据三面投影图中方槽的尺寸关系，分别沿 X_1、Z_1 方向确定方槽的位置和大小，绘制出挖切长方体的轴测图，如图 4-6(d)所示。

④擦去作图线和多余线条，描深后即得物体的正等轴测图。如图 4-6(e)所示。

切割法和叠加法需根据形体结构特征来选用，在绘制复杂形体对象的轴测图时，常常是综合在一起使用的，即根据物体形状特征，决定物体上某些部分是用叠加法画出，而另一部分需要用切割法画出。

4.2.3　回转体的正等轴测图

1. 平行于坐标面的圆的正等轴测图画法

常见的回转体有圆柱、圆锥、圆球、圆台等。在作回转体的轴测图时，首先要解决圆的轴测图画法问题。圆的正等轴测图是椭圆，平行于三个投影面的圆的正等轴测图是大小相等、形状相同的椭圆，只是长短轴方向不同，如图 4-7 所示。

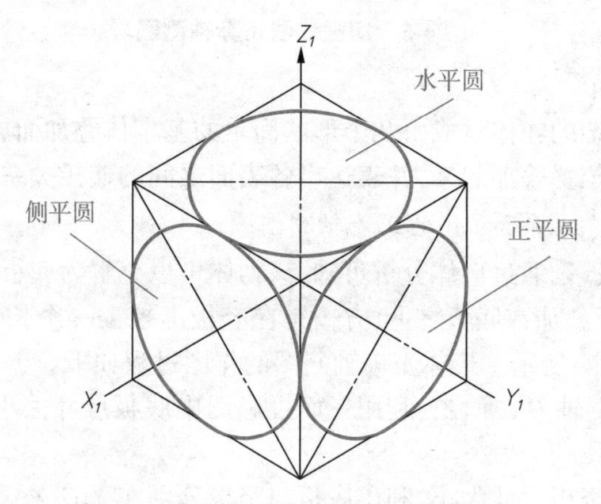

图 4-7　平行于坐标面圆的正等测投影

在实际作图中，一般不要求准确地画出椭圆曲线，经常采用“菱形法”进行近似作图，用四段圆弧连接成椭圆。下面以水平面上圆的正等轴测图为例，说明“菱形法”近似作椭圆的方法。如图 4-8 所示，其作图过程如下：

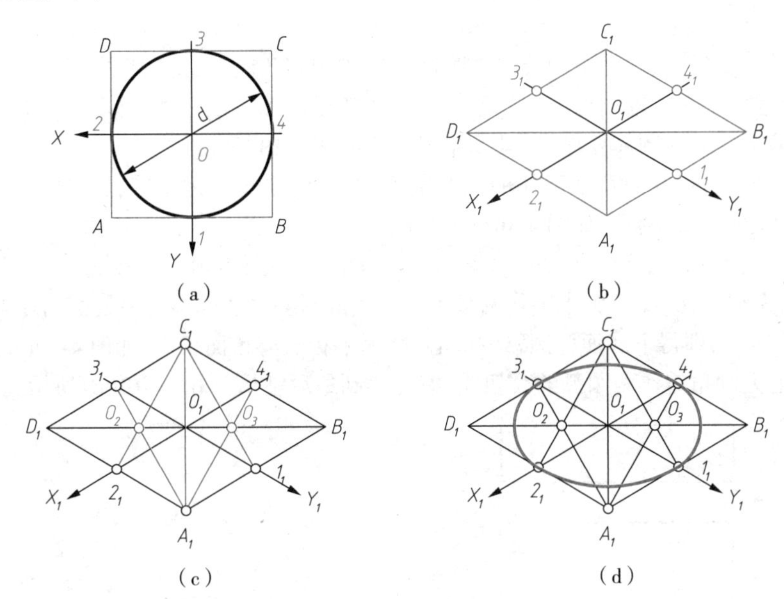

图 4-8　菱形法作近似椭圆

①通过圆心 O 作坐标轴 OX 和 OY，再作圆的外切正方形 $ABCD$，切点为 1、2、3、4，如图 4-8(a) 所示；

②作轴测轴 O_1X_1、O_1Y_1，从点 O_1 沿轴向量得切点 1_1、2_1、3_1、4_1，过这四点作轴测轴的平行线，得到菱形 $A_1B_1C_1D_1$ 即为外切正方形的正等轴测图，并作出菱形的对角线，如图 4-8(b) 所示；

③连接 2_1C_1 和 3_1A_1 得到交点各点 O_2，连接 1_1C_1 和 4_1A_1 得到交点各点 O_3，如图 4-8(c) 所示；

④分别以 O_2、O_3 为圆心，O_22_1、O_31_1 为半径画圆弧 2_13_1、4_11_1；再以 C_1、A_1 为圆心，C_12_1、A_14_1 为半径画圆弧 1_12_1、3_14_1，即得近似椭圆，如图 4-8(d) 所示；

例4-4　画出如图 4-9(a) 所示圆柱的正等轴测图。

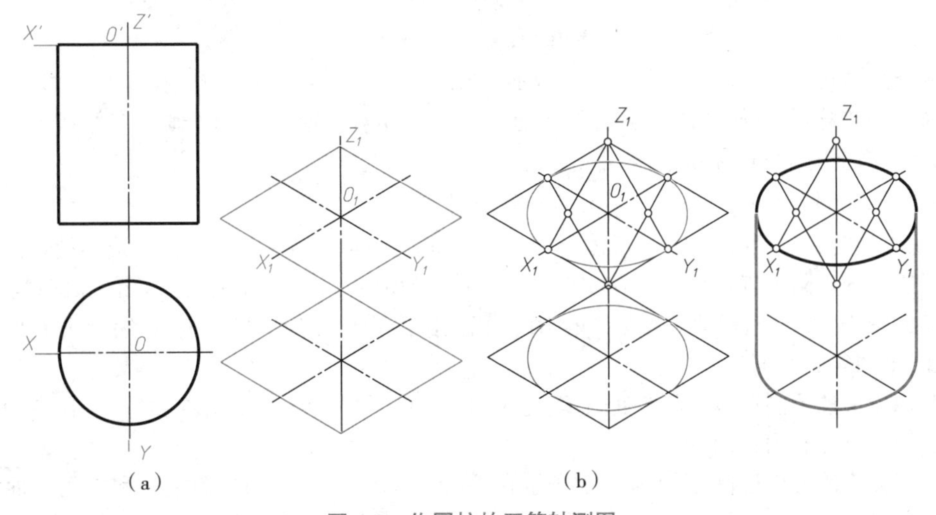

图 4-9　作圆柱的正等轴测图

解:先在给出的正投影图上定出坐标轴、原点的位置,并作圆的外切正方形;再画轴测轴及圆外切正方形的正等轴测图的菱形,用菱形法画顶面和底面上椭圆;然后作两椭圆的公切线;最后擦去多余作图线,描深后即完成全图,如图 4-9(b)所示。

2. 圆角的正等轴测图画法

在产品设计上,经常会遇到由四分之一圆柱面形成的圆角轮廓,此时就需画出由四分之一圆周组成的圆弧,而这些圆弧在轴测图上正好近似椭圆的四段圆弧中的一段,参见图 4-8。因此,这些圆角的画法可由菱形法画椭圆演变而来,具体作图方法如图 4-10 所示。

①若要绘制如图 4-10(a)所示形体的正等轴测图,先画出长方体正等轴测图,由角顶沿两边分别量取半径 R,得到 1_1、2_1 两点,如图 4-10(b)所示。

②通过 1_1、2_1 两点分别作两条边的垂线,相交于 O_1 点,如图 4-10(c)所示。

③以 O_1 点为圆心,O_11_1 长为半径作圆弧 1_12_1。用同样的方法作出另一处圆角 3_14_1,采用移心法将两圆心向下移动 h,即得下底面两圆弧的圆心,圆弧半径长与顶面相等,如图 4-10(d)所示。

④对于右前方圆角需作两圆弧的公切线,整理得到最后结果,如图 4-10(e)所示。

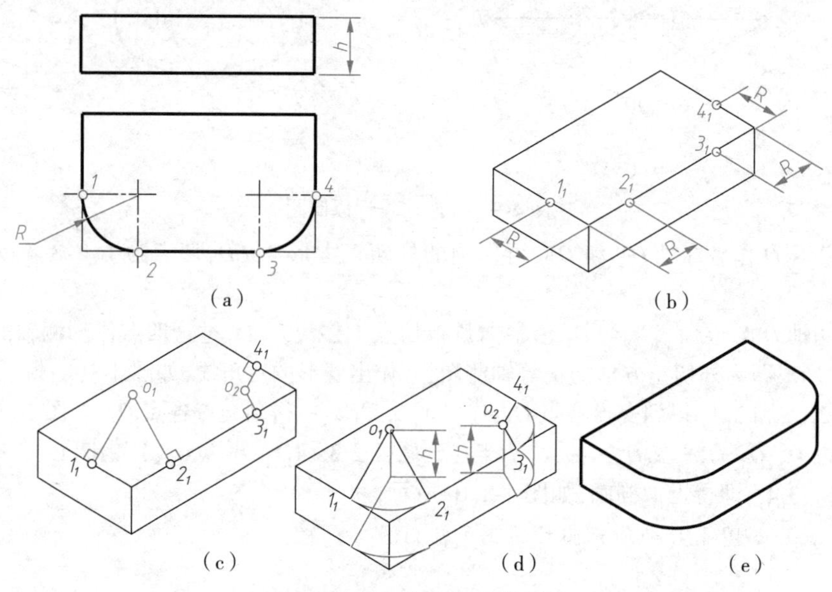

图 4-10　作圆角的正等轴测图

较复杂形体可看成由若干个基本体以叠加、切割等形式组合而成。因此在画正等轴测图时,应先进行形体构成分析,分析形体的组成部分、连接形式和相对位置,然后逐个画出各组成部分的正等轴测图,最后按照它们的连接形式整理完成全图。

例4-5　画出图 4-11(a)所示形体的正等轴测图。

解:根据给定的三面投影,通过形体分析可知,该物体可以看成一个横放的 L 形六棱柱经过两次切挖后形成。选定附加直角坐标系 $OXYZ$,如图 4-11(a)所示。该形体正等轴测图的作图过程如下:

①参考图 4-3 画出轴测轴 $O_1X_1Y_1Z_1$,利用三面投影图中形体外形尺寸关系,绘制出 L 形六棱柱的轴测图,如图 4-11(b)所示。

②利用菱形法绘制形体上部两处圆角,此时圆角所在平面平行于 $X_1O_1Z_1$ 坐标面,作右侧前后两圆弧的公切线,如图 4-11(c)所示。

③作形体正前方圆柱槽,采用菱形法分别在平行于 $X_1O_1Z_1$ 坐标面的前平面和中间平面上绘制椭圆,形成圆柱槽轴测图,如图 4-11(d)所示。

④作形体中间圆孔,采用菱形法分别在平行于 $X_1O_1Z_1$ 坐标面的中间平面和后表面上绘制椭圆,形成圆柱孔轴测图,如图 4-11(e)所示

⑤擦去作图线和多余线条,描深后即得形体的正等轴测图。如图 4-11(f)所示。

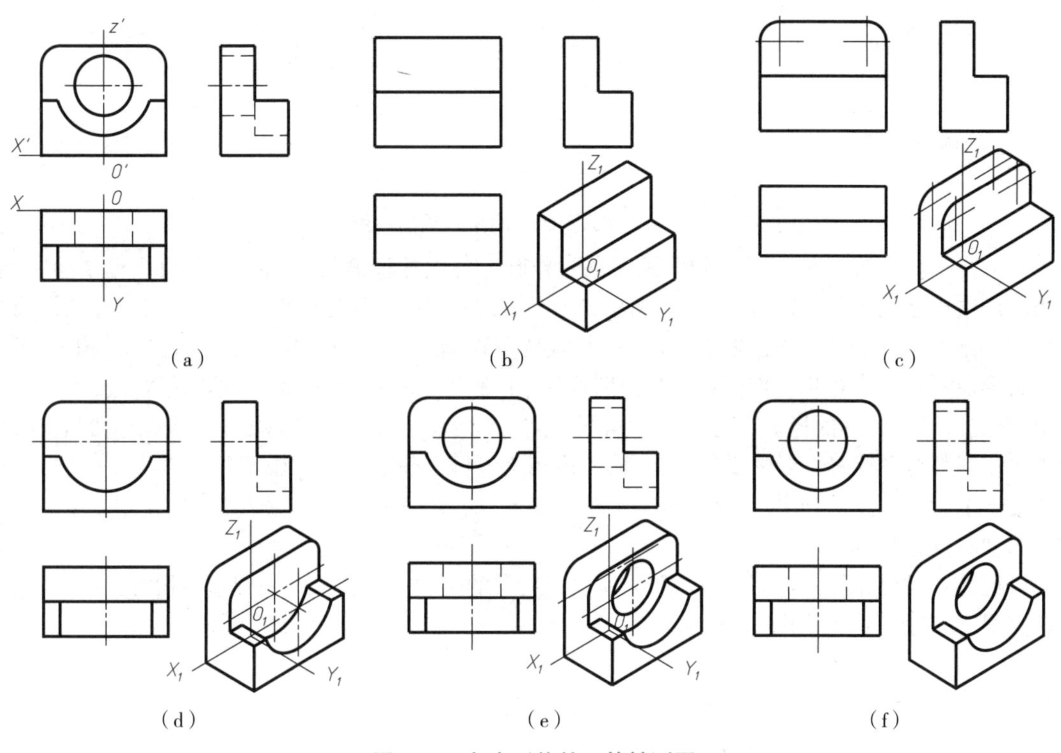

图 4-11　复杂形体的正等轴测图

4.3　斜二轴测图的画法

1. 轴间角和轴向伸缩系数

由于空间坐标轴与轴测投影面的相对位置可以不同,投影方向对轴测投影面倾斜角度也可以不同,所以斜轴测投影可以有许多种。最常采用的斜轴测图是使物体的 XOZ 坐标面平行于轴测投影面,称为正面斜轴测图。通常将斜二轴测图作为一种正面斜轴测图来绘制。

在斜二轴测图中,轴测轴 X_1 和 Z_1 仍为水平方向和铅垂方向,即轴间角 $\angle X_1O_1Z_1=90°$,物体上平行于坐标 XOZ 的平面图形都能反映实形,轴向伸缩系数 $p=r=2q=1$。为了作图简便,并使斜二轴测图的立体感强,通常取轴间角 $\angle X_1O_1Y_1=\angle Y_1O_1Z_1=135°$。图 4-12 给出了轴测轴的画法和各轴向伸缩系数。

2. 平行于坐标面的圆的斜二轴测图画法

平行于 $X_1O_1Z_1$ 面上的圆的斜二测投影还是圆,且大小不变。平行于 $X_1O_1Y_1$ 和 $Y_1O_1Z_1$ 面上的圆的斜二测投影都是椭圆,且形状相同,只是方位不一样。根据理论计算,椭圆的长轴与圆平面所平行的坐标面上的一根轴测轴成 $7°9'20''$(可近似为 $7°10'$)的夹角,长轴长度为 $1.06d$,短轴长度为 $0.33d$,d 为圆的直径。水平面上椭圆的长轴对 X_1 轴的偏转 $7°10'$,侧面上椭圆的长轴对 Z_1 轴的偏转 $7°10'$,如图 4-13(a)所示。

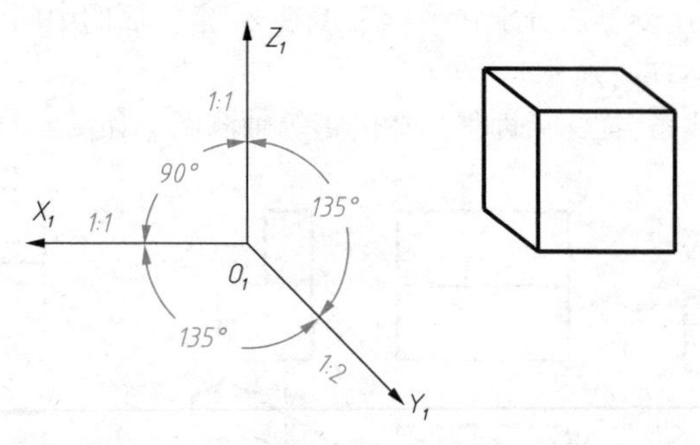

图 4-12　斜二轴测图的轴间角和轴向伸缩系数

对平行于水平面和侧平面上的椭圆，可通过作圆上各点的轴测投影的方法用曲线板来绘制；也可用八点法作近似椭圆。如图 4-13(b)所示，利用八点法作水平面上圆的斜二测椭圆。首先作圆心投影 O_1，沿 X_1 轴方向作直径投影 A_1B_1(其长度为 d)，沿 Y_1 轴方向作直径投影 C_1D_1(其长度为 0.5d)，形成椭圆的一对共轭直径；其次，分别过 A_1、B_1 和 C_1、D_1 作 Y_1 轴和 X_1 轴的平行线，得平行四边形(圆的外切正方形的投影)，连接两对角线；再次，作等腰直角三角形 $C_1E_1F_1$，以 C_1 为圆心，C_1E_1 为半径作圆弧与平行四边形中平行于 X_1 轴的边相交，过两交点作与 Y_1 轴平行的直线，分别与两对角线交于 1_1、2_1、3_1 及 4_1 四点；最后，顺序光滑连接 A_1、B_1、C_1、D_1 和 1_1、2_1、3_1、4_1 这八个点，即得到对应圆的轴测投影椭圆。

可见，圆的斜二测椭圆作图比较繁琐，所以当物体的某两个方向都存在圆形结构时，一般不用斜二轴测图，而采用正等轴测图。

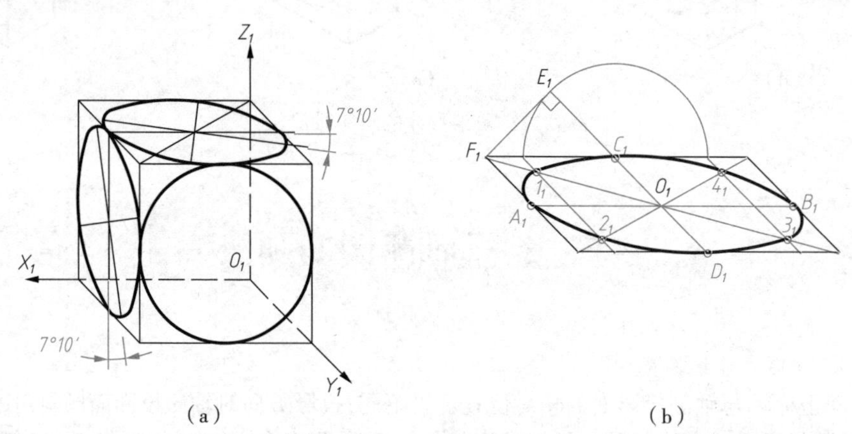

图 4-13　平行于坐标面圆的斜二测投影

3. 形体斜二轴测图画法

作轴测图时，在物体某一方向具有复杂形状或只在一个方向有圆的情况下，由于斜二轴测图能如实表达物体正面的形状，因而常选用斜二轴测图。

例4-6　画出如图 4-14(a)所示形体的斜二轴测图。

解：针对图 4-14(a)所示的形体，其斜二轴测图的作图过程如下：

①选定直角坐标系 $OXYZ$，原点位于正前方圆形的中心，并在视图上标注，如图 4-14(a)所示。画斜二测选取坐标系时，须让形体上的圆形所在平面平行于 XOZ 坐标面。

②参考图 4-12 画出轴测轴 $O_1X_1Y_1Z_1$，并在面 $X_1O_1Z_1$ 上画出正面形状，如图 4-14(b)所示。

③过正面图形上部各顶点，作与 OY_1 方向平行的线段，长度取 0.5y，按形体结构连接各条线段，如图 4-14(c)所示。

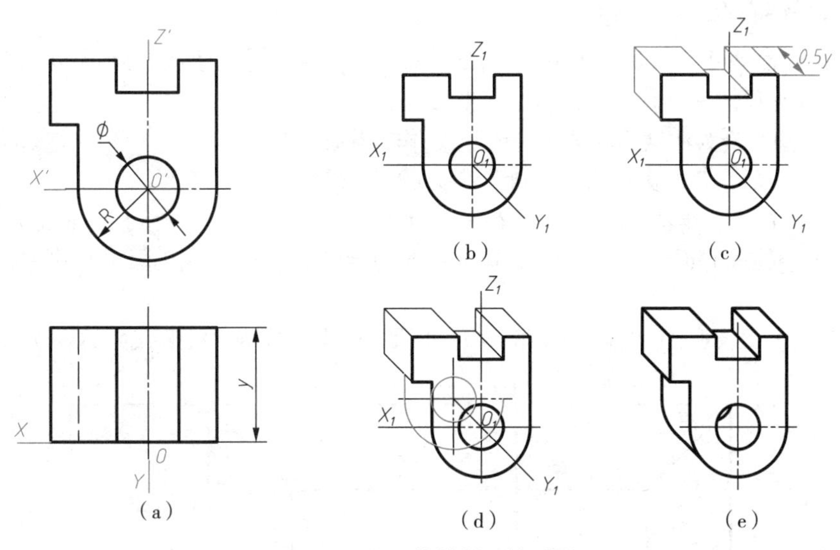

图 4-14　作形体的斜二轴测图

④将圆心 O_1 沿 OY_1 方向向后移 0.5y 距离，以此为圆心画出后表面上的圆及圆弧，如图 4-14(d)所示。

⑤作形体下部前后表面圆弧左侧的公切线，整理完善轮廓，加深线条得到形体斜二轴测图，如图 4-14(e)所示。

4.4　立体表面展开图

将立体表面无皱折地摊平在一个平面上的过程谓之立体表面展开，所得的平面图形称为展开图，如图 4-15 所示。事实上，立体表面可看作由若干小块平面组成，把表面沿适当位置截开，按每小块平面的实际形状和大小，无缝拼铺在同一平面上，即得到立体表面的展开图。

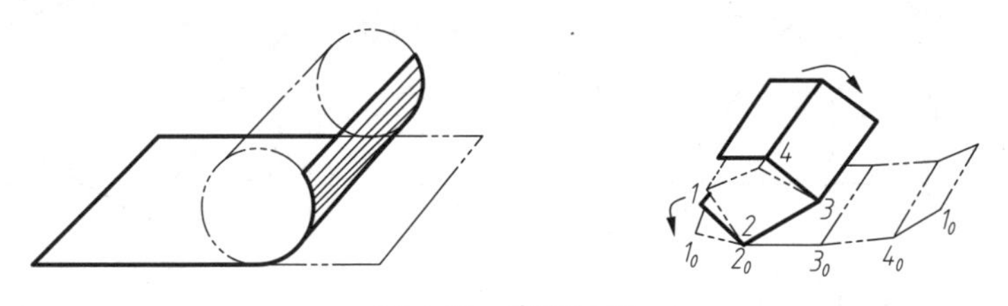

图 4-15　表面展开

工业中的各种钣金制品如锅炉、油罐、管道等，都是先根据它的正投影图绘制出展开图，然后按展开图在板材上划线、下料，最后铆焊成形。

根据立体结构不同，立体表面分为可展和不可展两种。在工程中，一般根据立体的投影图来作它的展开图。

4.4.1　平面立体表面的展开

多面体的表面由若干平面多边形组成，多面体的表面都为可展，画多面体展开图的根本问题是求各个面的实形。作图得到多面体各个面的实形后，以棱线为公共边依次将各面的实形排列在一个平面上，即得到多面体的表面展开图。

例4-7　作直四棱柱的展开图

解：仅考虑侧面展开。如图 4-16 所示，直四棱柱的底即为棱柱的法截面，在展开图上，法截面与棱柱表面的交线将展成一条直线。具体作图步骤如下：

①画出直线 AA，作为法截面轮廓线的展开线，作为作图基线。

②将法截面实形上各边实长依次移画到基线 AA 上，得到 B、C、D 各点。

③从 A、B、C、D 各点作基线的垂线，并在其上分别截取各棱的实长，得到Ⅰ、Ⅱ、Ⅲ、Ⅳ各点。如果取基线 AA 和棱柱底的正面投影共线，各棱的实长可自正面投影上直接画水平线求得，如图 4-16 所示。

④顺次连接Ⅰ、Ⅱ、Ⅲ、Ⅳ各点，多边形 A-Ⅰ-Ⅱ-Ⅲ-Ⅳ-Ⅰ-A 即为棱柱侧表面的展开图。

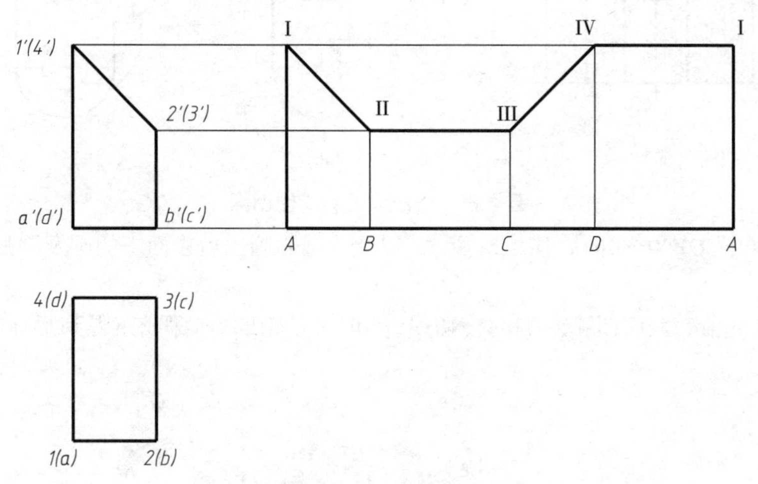

图 4-16　四棱柱展开

例4-8　已知截头三棱锥 $SABC$ 的投影图，如图 4-17(a) 所示，截交线为 DEF，试作展开图。

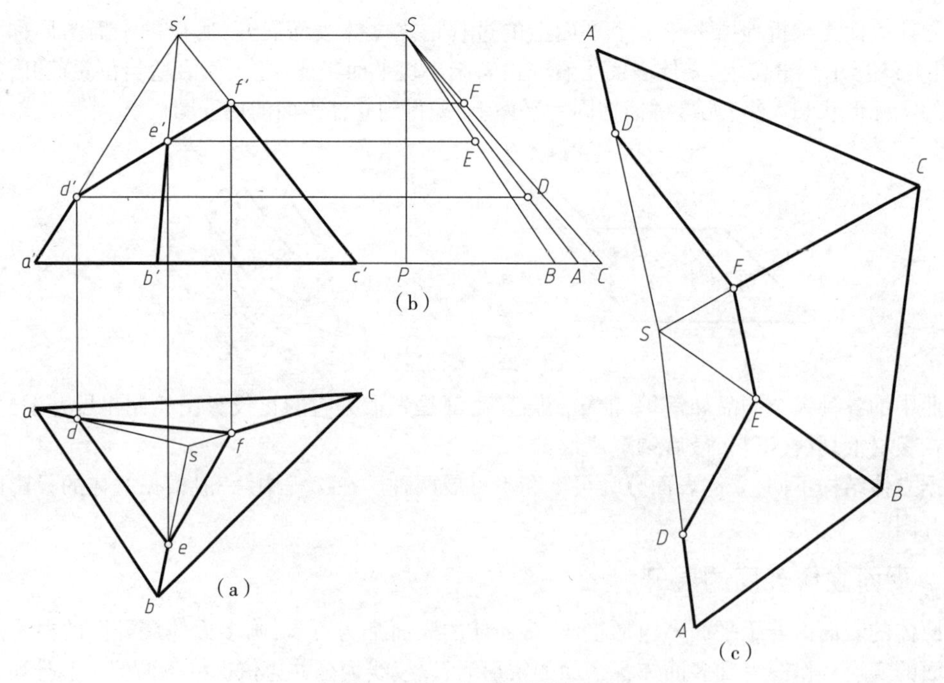

图 4-17　三棱锥表面展开

解：如图 4-17(a)所示，因为棱锥的侧面都是三角形，所以求出各个三角形的实形，便可得到其展开图。图中棱锥的底面为水平面，所以水平投影反映各条底边的实长，各棱边实长可以利用直接三角形法作得。作图步骤如下：

①直角三角形法求棱线的实长。如图 4-17(b)所示，在正面投影高度范围内作铅垂线 SP，过 P 作水平线，取 $PA=sa$，$PB=sb$，$PC=sc$，由此得到棱线实长 SA、SB 和 SC。

②截取棱锥被截取棱线长度。如图 4-17(a)所示，分别过 d'、e'、f' 作水平线，与相应棱线交于 D、E、F。

③作侧面实形。以 S 为顶点，从水平投影中量取底边实长 $AB=ab$，利用求得的棱线实长 SA、SB，便可作出棱面 ΔSAB 的实形。在实长 SA、SB 上分别定出点 D、E，作出截交线 DE。同理，可作出其余两个棱面的实形，依次拼画在一起，即得截头三棱锥的展开图，如图 4-17(c)所示。

4.4.2　可展曲面的展开

能够准确地展成平面图形的曲面为可展曲面。当直纹曲面上的相邻素线平行或相交，则该曲面是可展曲面，曲面体中的柱面、锥面为可展曲面。在对可展曲面进行展开时，把相邻两素线间的局部曲面视为平面片进行展开，即先将整体曲面进行细分，按后按类似平面体展开方法进行展开。

众所周知，圆柱面的展开图是一个矩形，边长分别等于圆柱法截面的周长和圆柱面的高。圆锥面的展开图是一个扇形，边长等于圆锥素线的长度 1，扇形张角 $\theta=\pi d/l$，d 为圆锥底圆直径。

工程实际作图中，取一定边数的内接棱柱和棱锥的侧面展开图来近似地作为圆柱和圆锥的侧面展开图。一般根据图形大小和要求精度选择内接多面体的边数，并用弦长替代弧长。

例4-9　已知斜截切圆柱的投影图，试作其侧面面的展开图。

解：柱面可看作棱线无穷多的直棱柱面。如图 4-18 所示，图中斜截圆柱面用斜截正十二棱柱代替。正棱柱底面的边数越多，其展开图精度愈高。作图步骤如下：

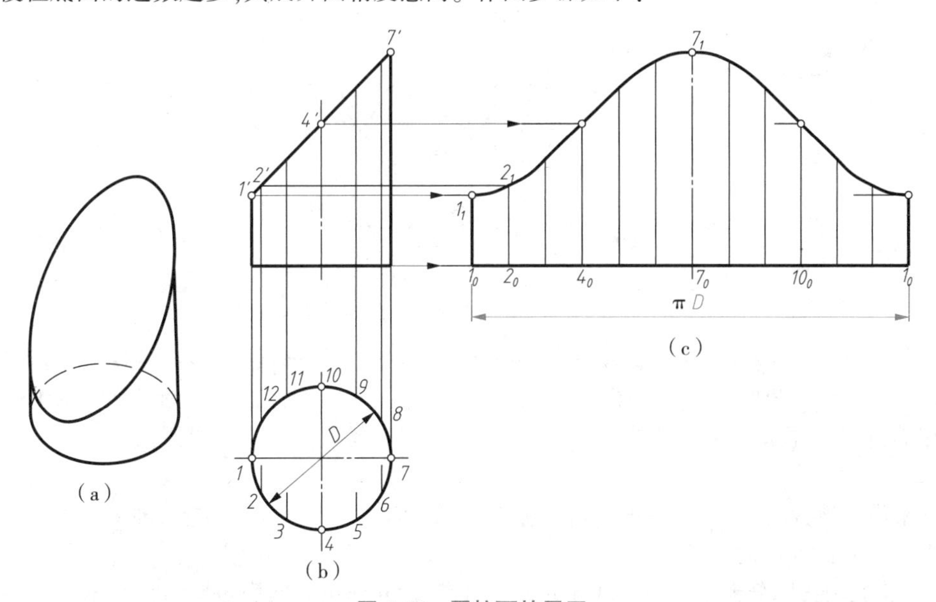

图 4-18　圆柱面的展开

(1)将圆柱底圆分为 12 等分，过底圆上各等分点作柱面素线的正面投影，它们反映素线的实长，并与正面投影中的截交线交于点 1′、2′、……、7′。

(2)将水平投影中的圆柱底圆展开成一条水平线，其长度等于 πD，并作相同的等分。为了便于作图，使此水平线与圆柱底圆的正面投影对齐，如图 4-18(c)所示。

(3)过水平展开线上各等分点 1_0、2_0、…作竖直线,利用正面投影并截取对应素线长度,得到各个端点 1_1、2_1、…。

(4)用光滑曲线连接各点,得到截交线的展开图,简称展开曲线。由展开曲线、两端素线和底圆展开线(水平线)所围成的图形,即为截头圆柱面的展开图,如图 4-18(c)所示。

例 4-10 如图 4-19(a)所示,已知斜截切圆锥的投影图,试作其展开图。

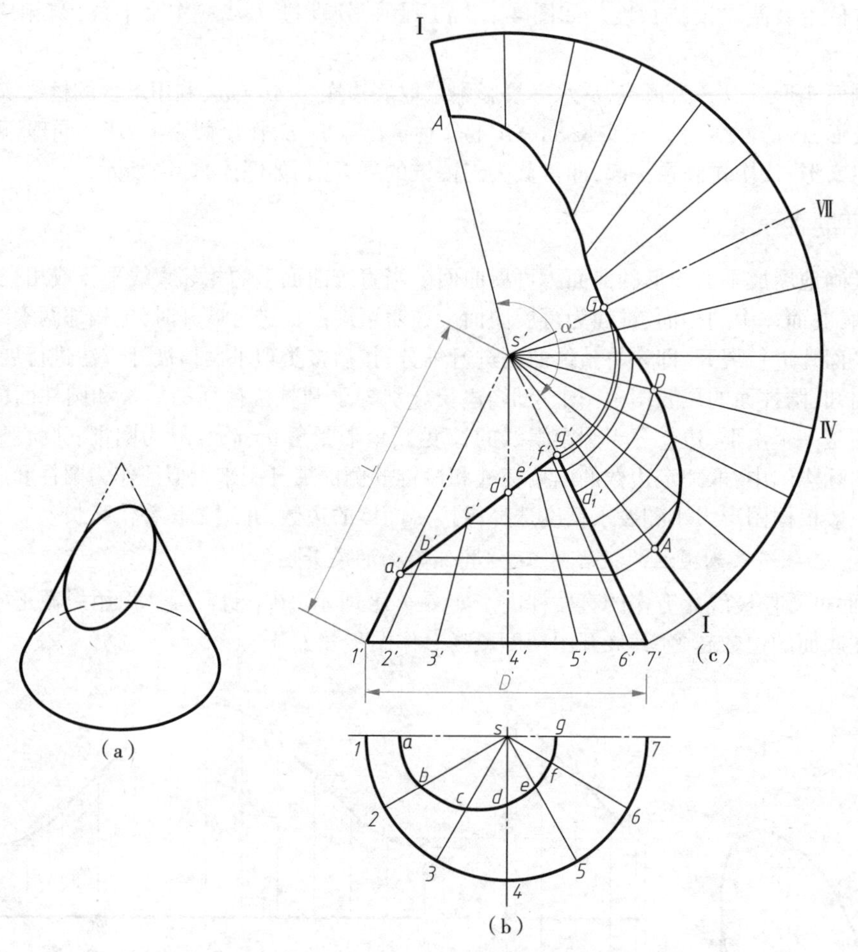

图 4-19 截头圆锥面的展开

解:圆锥面可看作棱线无穷多的棱锥面。锥面展开方法是从锥顶引出若干素线,把相邻两素线间的表面作为一个三角形平面。如图 4-19(b)所示,图中用正十二棱锥代替圆锥面。圆锥面上各素线长度相等,在正面投影中外形素线 $a'1'$ 和 $g'7'$ 反映实长。锥底圆的水平投影反映实形。作图步骤如下:

若圆锥没有被截断,则它的展开图为一扇形,扇形的半径 L 等于素线实长,即 $L=s'1'$。扇形的弧长等于直径为 D 的底圆的周长,

(1)可将底圆投影分为 12 等分,过各分点引出素线,并作出其两面投影。只画出了前半圆锥的投影,如图 4-19(b)所示。

(2)求过各个等分点的素线被截切后的实长。可通过截交线上点的正面投影 a'、b'、……、f' 作水平线,与外形素线 $g'7'$ 交于各点,从而得到被截断的各素线实长。

(3)以 s' 为圆心,素线实长 $s'1'$ 为半径画圆弧,同时将水平投影中的等分弧长截取到扇形的圆弧上,得点Ⅰ、……、Ⅳ、……、Ⅰ,圆弧Ⅰ-Ⅰ的长度近似的等于底圆的周长 πD。当然,也可以通过计算

扇形的圆心角 $\alpha=\frac{D}{L}\times180°$来作出扇形。

(4)在展开图的各素线上量取被截取部分长度,得各个端点 A、B、C、……。光滑连接各端点,由此得到截头正圆锥面的展开图,如图 4-19(c)所示。

为了便于作图,本例使展开图中扇形的圆心与锥顶正面投影 s′重合。当然,也可以将扇形的圆心布置在图中其他适当位置。

例4-11　作异径正三通管的展开图。

解:三通管结构的实质是两圆柱体相交(相贯),如图 4-20(a)所示的异径正三通管的大、小两个圆管的轴线是垂直相交的。作相贯体表面的展开图,首先要在投影图上准确地求出相贯线,并根据相贯线分开两曲面,然后分别画出两曲面的展开图。

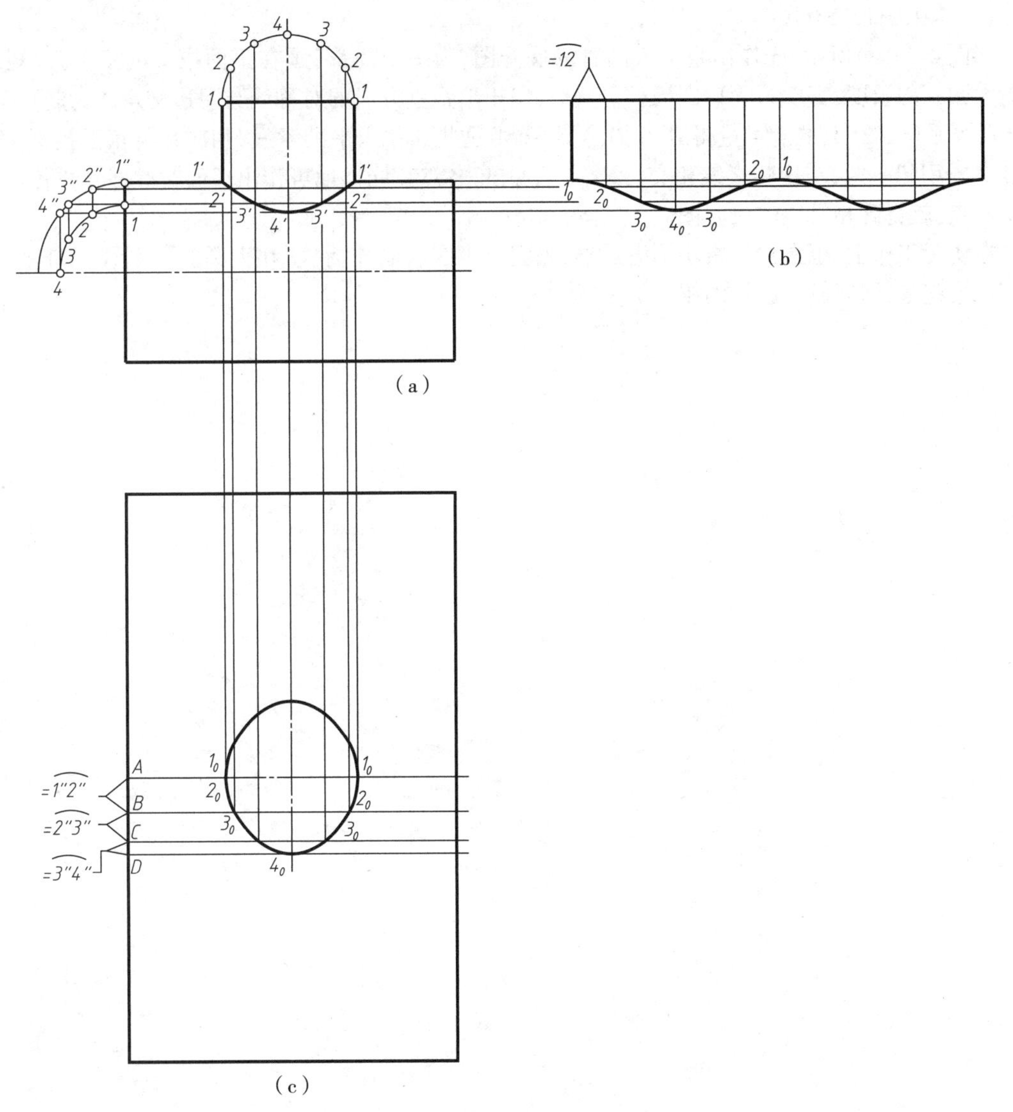

图 4-20　异径正三通管的展开

(1)作两圆管的相贯线

利用辅助平面法的原理,直接在正面投影中求作正三通管相贯线。由于这种方法作图紧凑,常用于实际工作中,作图的原理和过程如下:

①把小圆管顶端的前半圆绕直径旋转至平行于正面,并六等分。作出小圆管上诸等分素线,把它们想象为一系列平行于正面的辅助平面与小圆管相截或相切所得到的截交线或切线。

②把大圆管左端前上方的1/4圆旋转至平行于正面。再如图4-20(a)所示,以大圆圆心为圆心,用小圆管的半径作出1/4圆,进行三等分,由这些分点1、2、3、4作铅垂线,与表示大圆管口的1/4圆交得1″、2″、3″、4″诸点。再由点1″、2″、3″、4″作出大圆管上的诸素线。可以想象出这些素线就是上述相应的辅助平面(正平面)与大圆管上部所截得的截交线。

③大、小圆管相同编号的素线的交点1′、2′、3′、4′,就是相同的辅助平面与大、小圆管的截交线或切线的交点,即为相贯线上的点。顺序连接这些点的正面投影,就是相贯线的正面投影。

(2)作小圆管展开图

小圆管展开图的作法与作斜截圆柱展开图相同,如图4-20(b)所示。

(3)作大圆管展开图

如图4-20(c)所示,先作出整个大圆管的展开图,为一个矩形,画在正面投影的正下方,矩形长度为大圆管的长度,宽度为管口圆周长。然后,以矩形铅垂方向的对称线与左边交点A为起点,由点A分别按弧长1″2″、2″3″、3″4″量得B、C、D各点,并由这些点作水平的素线,相应地从正面投影1′、2′、3′、4′各点引铅垂线,与这些素线相交,得1_0、2_0、3_0、4_0各点。同样地可作出后面对称部分的各点。连接这些点,就得到相贯线的展开图。

在实际工作中,也常常只将小圆管放样,先完成小圆管制作后,凑在大圆管上划线开口,最后把两管焊接起来,即完成三通管的制作。

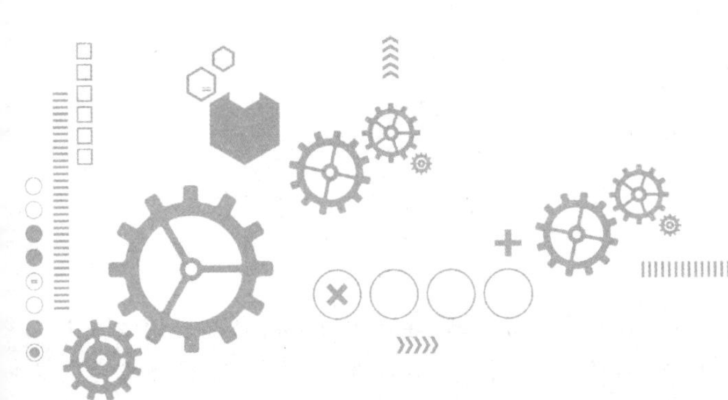

第5章 组合体三视图

一般的机械零件结构均可以抽象为几何形体,而比较复杂的立体可视为由若干个基本立体按照一定方式组合而成的。于是把由一些常见的简单立体经过某些方式组合而成的这类形体称为组合体。

如图5-1(a)为轴承座零件,如果略去零件上一些局部的、细微的工程结构,如顶部小圆柱凸台螺孔结构、大圆柱孔前后倒角以及零件上的铸造圆角结构等,只保留其主体结构,便形成了图5-1(b)所示的组合体。

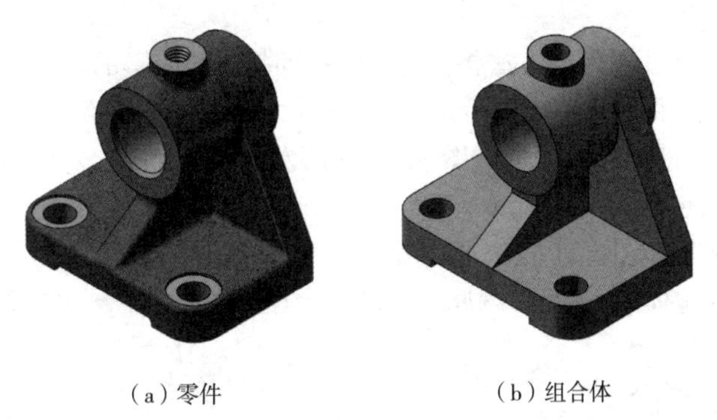

(a)零件　　(b)组合体

图5-1　零件与组合体

思维导图

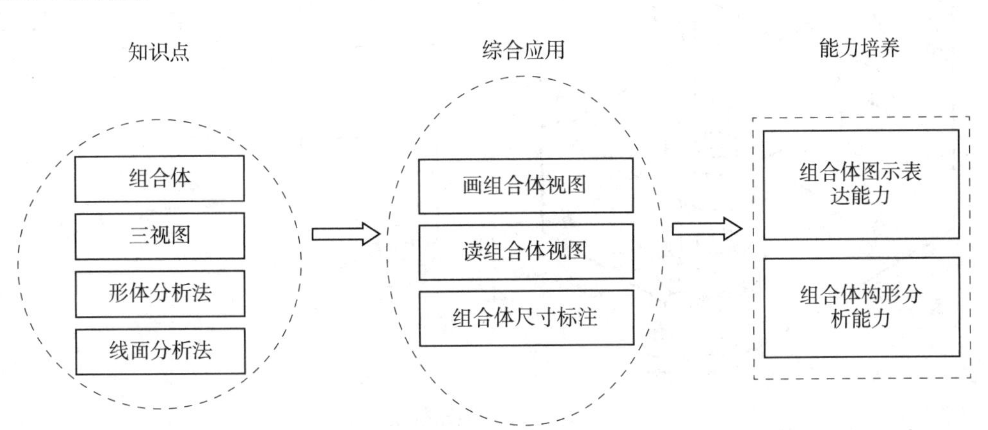

重点难点

1. 三视图及投影关系；
2. 组合体形体分析法；
3. 组合体视图阅读；
4. 组合体尺寸标注。

素质拓展

工件抽象为几何体，抓住对象的本质共性。理解形体分析法，学会通过分解与综合的方式来认识事物，也是处理工程问题的基本思路。组合体的尺寸标注，体验形体的数字化定义，兼顾整体与局部、主体与细节，训练养成严谨细致和认真负责的工作态度。组合体构形设计，训练发散思维，培养创新意识，打好工程产品设计的基础。

5.1 三视图及其投影关系

5.1.1 三视图的形成

在绘制机械图样时，用正投影的方法将机件向投影面投射所获得的图形称为视图。如图 5-2(a) 所示，在三投影面体系中，将机件由前向后投影，在 V 面内所获得的视图称为主视图；将机件由上向下投影，在 H 面内所获得的视图称为俯视图；把机件由左向右投影，在 W 面内所获得的视图称为左视图。

展开后三视图的配置如图 5-2(b) 所示。由于在工程图样中，视图主要用来表达物体的形状，而没有必要表达物体与投影面间的距离，因此在绘制组合体视图时不需画出投影轴；为使图形清晰，也不必画出投影连线。

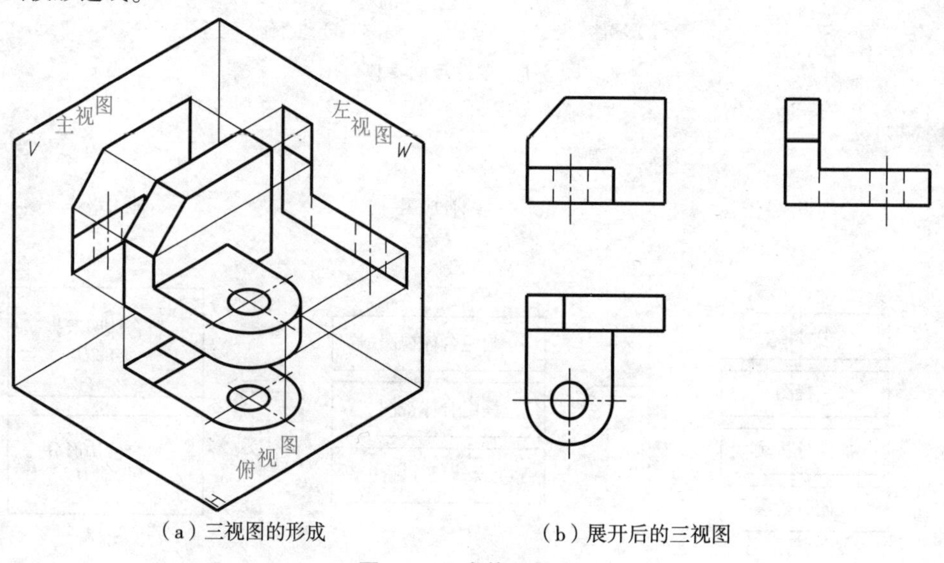

（a）三视图的形成　　（b）展开后的三视图

图 5-2　组合体三视图

5.1.2　三视图的投影关系

如图 5-3 所示三视图的位置关系为：俯视图位于主视图的正下方，左视图位于主视图的正右方。按照这种位置配置视图时，国家标准规定一律不标注视图的名称。

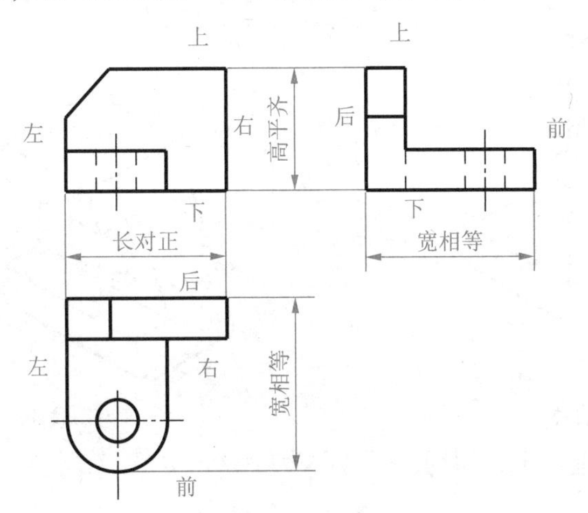

图 5-3　三视图的位置关系和投影规律

参考分析图 5-2 和图 5-3，可以看出：

主视图反映物体上下、左右的位置关系，即反映了物体的高度和长度；

俯视图反映物体的左右、前后的位置关系，即反映了物体的长度和宽度；

左视图反映了物体的上下、前后的位置关系，即反映了物体的高度和宽度。

由此可得出三视图的投影规律：

主、俯视图——长对正；

主、左视图——高平齐；

俯、左视图——宽相等。

三视图投影规律是组合体画图和读图所必须遵循的基本投影规律。不仅整个形体的投影要符合这个规律，形体局部结构的投影也必须符合这一规律。在应用投影规律作图时，要注意物体的上、下、左、右、前、后六个方位与视图的关系，特别是物体的前后方向的位置关系，如图 5-3 所示。俯、左视图远离主视图的一面为形体的前方，靠近主视图的一面为形体的后方。在俯、左视图上量取宽度时，不但要注意距离相等，还要前后方位的对应。

5.2　组合体形体分析法

5.2.1　组合体的组合形式

由简单立体形成组合体通常有叠加、切挖等组合形式。根据组合体的组合形式与形体特征，组合体可分为三类。

1. 叠加式组合体

由各种基本体通过简单叠加而成的组合体，称为叠加式组合体。如图 5-4(a)所示，该形体由三个长方体叠加而成。

2. 切挖式组合体

由一个基本体进行多次切挖(包括穿孔)而形成的组合体,称为切挖式组合体。如图 5-4(b)所示,该形体由一长方体切去形体 1 和形体 2 后形成的切挖式组合体。

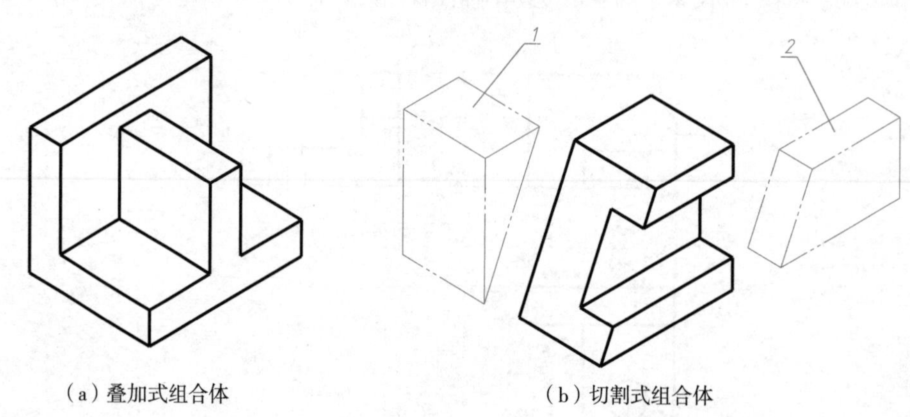

(a)叠加式组合体　　(b)切割式组合体

图 5-4　叠加式与切挖式组合体

3. 综合式组合体

由若干个基本体叠加和切挖形成的组合体,称为综合式组合体,这是最常见的组合体,如图 5-5 所示。

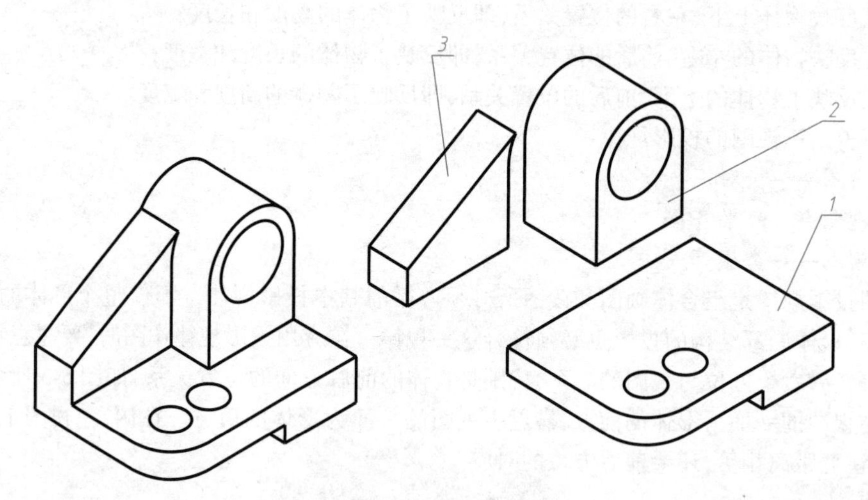

图 5-5　综合式组合体

该组合体是由底板 1、柱体 2 和肋板 3 经叠加而成。其中底板 1 是一长方体经切挖和穿孔后形成,柱体 2 是一长方体和一半圆柱体叠加后穿孔形成。

5.2.2　形体表面间的过渡关系

若干简单立体经叠加、切挖方式形成组合形体,这些简单立体的邻接表面之间可能产生平齐、相切和相交三种过渡关系。

1. 平齐

当两立体邻接表面共面时(可以是共平面或共曲面),两立体邻接表面不应有分界线,如图 5-6(a)中的平齐情况。当两立体邻接表面不平齐时,则两立体邻接表面应有分界线,如图 5-6(b)中的不平齐情况。

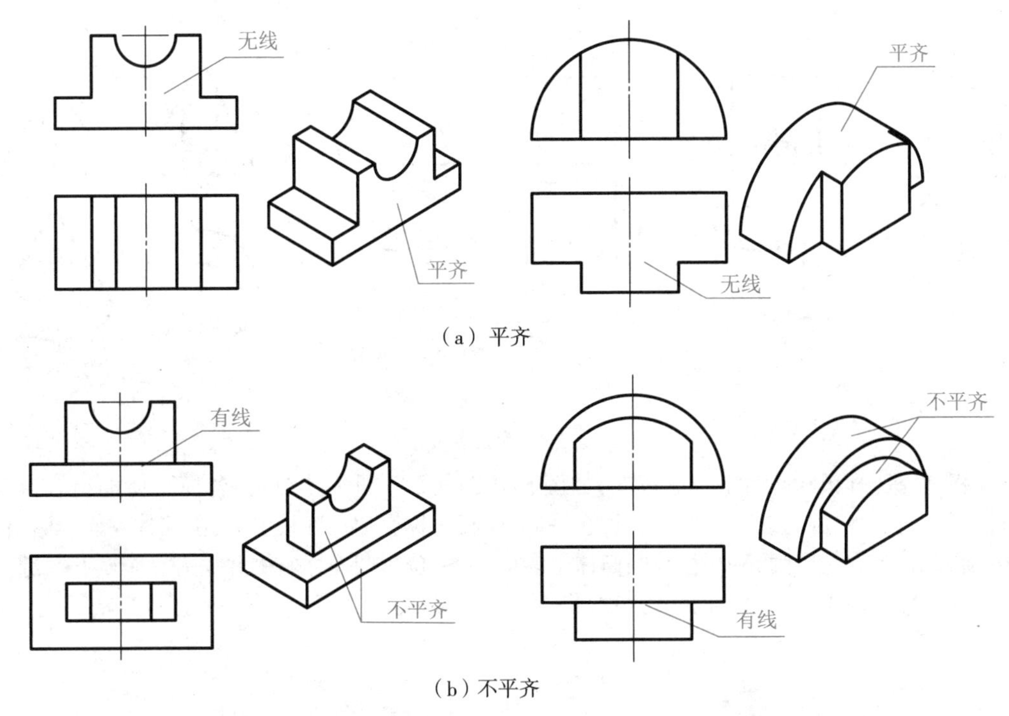

（a）平齐

（b）不平齐

图 5-6　表面平齐与不平齐

2. 相切

当两立体邻接表面相切时，由于相切是两个简单立体表面（平面与曲面或曲面与曲面）光滑过渡，此时两表面无明显的分界线，如图 5-7 所示，故相切处无线，而相应的轮廓线画到切点处为止。

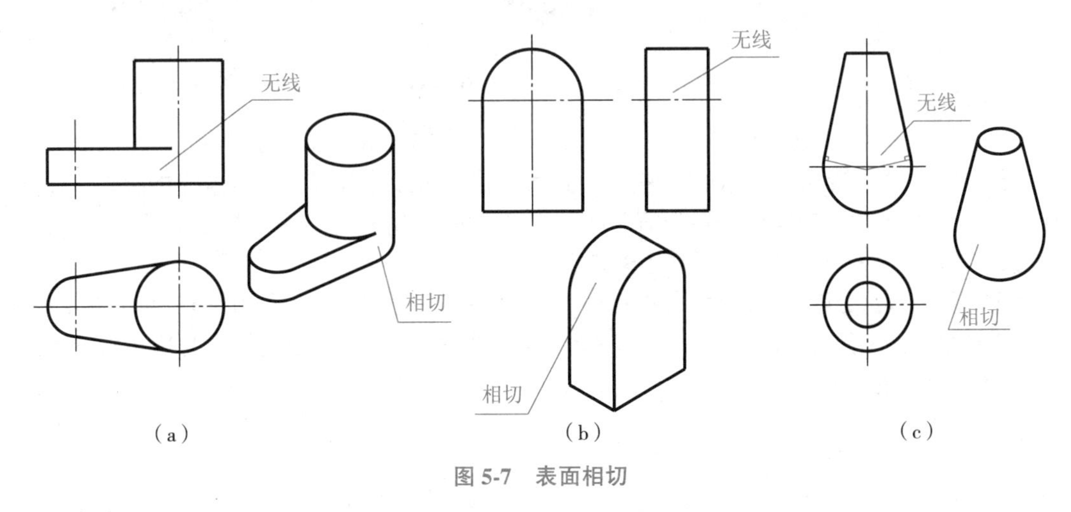

（a）　（b）　（c）

图 5-7　表面相切

3. 相交

两立体的邻接表面相交，邻接表面之间产生交线，需要在相交处要按投影关系画出表面交线。如图 5-8 中的相交情况。

5.2.3　形体分析法

任何复杂的形体都可以看成是由若干个简单立体组合而成，这些简单立体可以是前面学习过的基本体，也可以是基本体经过钻孔、切槽等加工而形成的立体。如图 5-9（a）所示的支座，可看成由

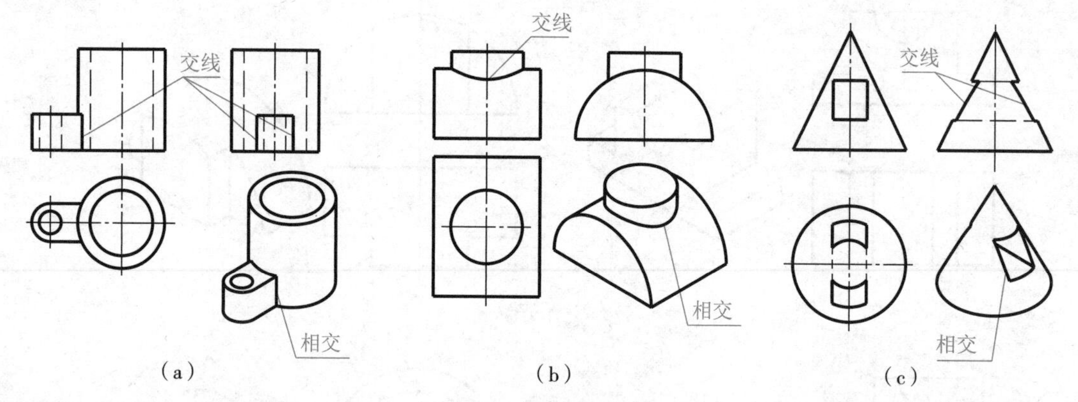

图 5-8 表面相交

圆筒、底板、肋板、耳板和凸台组合而成的，如图 5-9(b)所示。进一步分析，各简单体的组合形式及表面过渡关系：底板、圆筒以相切方式叠加在一起；肋板对称叠加在底板上方，圆筒体左侧；凸台位于圆筒体前方，并挖有一个圆孔；耳板与圆筒体上表面平齐，位于圆筒体右侧并挖有一个圆孔。综合上述信息，即可完整地想象出对象的结构与形状，完成了对形体的认识。

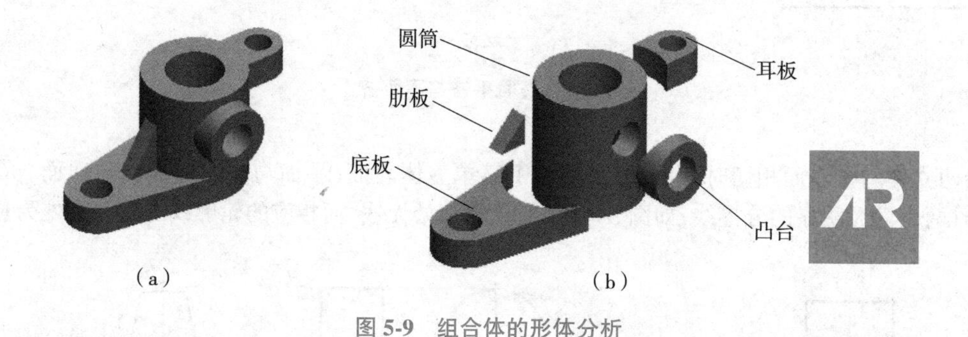

图 5-9 组合体的形体分析

将组合体分解为若干基本体的叠加或切挖，并分析这些基本体的相对位置、组合形式、表面过渡关系，便可产生对整个组合体形状的完整概念，这种方法称为形体分析法。形体分析法是一种分析复杂立体的方法，它将复杂问题分解为简单问题来进行处理，并通过综合分析形成总体认知，在画图、读图和标注尺寸的过程中都离不开形体分析法。

运用形体分析法分解组合体时，分解过程并非是唯一和固定的，分析的中间过程可能各不相同，但其最终结果都是相同的。因此，对一些常见的简单组合体，可以直接把它们作为构成组合体的立体，不必再作过细的分解。

5.3 组合体视图的画法

5.3.1 叠加为主的组合体视图的画法

形体分析法是画组合体视图的基本方法，对于叠加式组合体尤为有效。现以图 5-10 所示的轴承座为例来说明基于形体分析法绘制组合体三视图的方法和步骤。

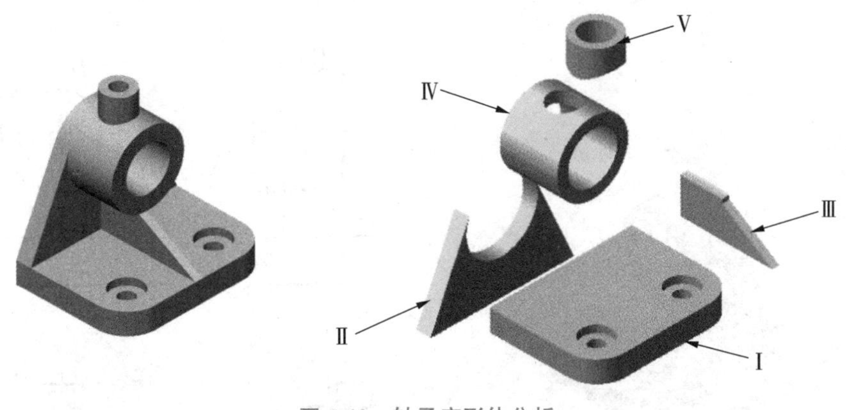

图 5-10　轴承座形体分析

1. 形体分析

图 5-10 所示的轴承座是用来支承轴的。应用形体分析法，可以把它分解成五部分：形体Ⅰ（安装用的底板）、形体Ⅱ（用来支承圆筒体的支承板）、形体Ⅲ（用来支承圆筒的筋板）、形体Ⅳ（与轴相配的圆筒体）和形体Ⅴ（注油用的凸台）。它们的基本组合方式都是叠加。其中位于底板Ⅰ上方的支承板Ⅱ其后表面与底板的后表面平齐，并与其上方的圆筒体Ⅳ表面相切；筋板Ⅲ对称叠加于底板的上方和支承板的前方，并与其上方的圆筒体表面相交；凸台Ⅴ位于圆筒体上方，并由凸台上表面挖一同轴的圆柱孔通向圆筒体内表面，因而在圆筒体内外表面均产生相贯线。

2. 选择主视图

在组合体三视图中，主视图是形体最主要的视图。选择主视图时首先确定组合体的安放位置，一般应将组合体放正，通常使组合体的底板朝下，使其主要表面平行或垂直于投影面，以便在投影时得到实形。其次是确定投射方向，一般应选择形状特征最明显，位置特征最多的方向作为主视图的投射方向，同时应考虑投影作图时避免在其他视图上出现较多的虚线，影响图形的清晰性和标注尺寸。

如图 5-11 所示的轴承座，通常将底板放为水平位置，并将圆筒体的轴线放置为与投影面垂直的位置。在 *A*、*B*、*C*、*D* 四个观察方向中，按照前面介绍的原则，选 *D* 方向则投影虚线太多，选 *C* 方向则会让左视图虚线较多，相比较而言，*A*、*B* 方向投影均可选做主视图。这里选择 *B* 方向做主视图方向，该轴承座的各基本体及它们之间的相对位置在此方向表达较为清楚，也能很好地反映该轴承座的形状特征。

3. 画组合体三视图

（1）确定绘图比例及图幅大小

要根据组合体的实际大小，按国标规定选择比例和图幅。一般情况下，应采用 1∶1 的比例作图。选择图幅时，应留有足够的空间标注尺寸。

（2）布置视图

总体上讲，应根据组合体的长度、高度、宽度在图纸上均匀布置三视图的位置。由于每一个视图反映形体两个方向的尺度关系，因此需要分析组合体的结构特点，找出长、宽、高三方向的度量基准对应的几何要素，这些几何要素的投影即成为视图的布局线，也是对应视图两个方向的基准线。常用的选作基准的几何要素有组合体的对称面、大的平面、回转体的轴线等。对于图 5-11 所示的组合体，选取左右对称面作为长度方向的基准，底面作为高度方向的基准，选取支承板的背面作为宽度方向的基准，在对应视图位置画出基准要素的投影，即完成了视图布局，如图 5-12（a）所示。

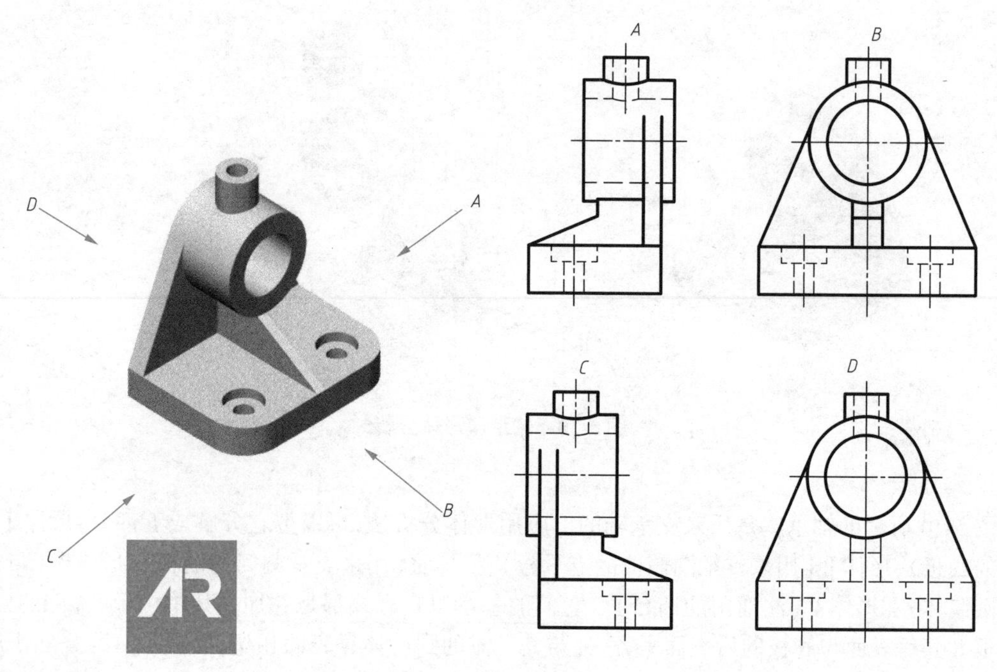

图 5-11 选择主视图

(3)画底稿

在视图布局基础上,逐一绘制各个简单形体的三面投影图,按照投影规律,三个视图同步绘制。一般先画主要形体、大形体,后画次要形体、小形体;对各形体先定位后定形,先主体后细节。在画每一个简单形体时,先从反映实形或有特征的视图开始,然后按投影关系画出其他视图。底稿中的图线应分出线型,线要画得细而轻淡,以便修改和保持图面整洁,如图 5-12(b)~图 5-12(g)所示。

(4)检查校对及加深图线

底稿完成后,要仔细检查全图,改正错误。准确无误后,按国家标准规定的线型将图线加粗、描深。描深时应先画圆或圆弧,后画直线;先画虚线、点画线、细实线,后画粗实线,画圆弧时应先小后大;画直线时,先水平线后竖直线再倾斜线。加深完成的视图如图 5-12(h)所示。

画图时应注意以下几点:

①运用形体分析法作图,针对组合体的各组成部分,从主要部分到次要部分、从大形体到小形体,逐个画出它们的三视图。绘图时,应先画出反映形状特征的视图,再画其他视图,三个视图应配合画出,视图之间要遵循“长对正、高平齐、宽相等”的关系。

②在作图过程中,每增加一个组成部分,要特别注意分析该部分与其他部分之间的相对位置关系和表面连接关系,同时注意被遮挡部分应及时改为虚线,避免画图时出错。

由上述分析可知,运用形体分析法把组合体分解为基本几何形体,可以把复杂的画、读组合体视图的问题,转化为简单地画、读基本几何形体视图的问题。如果能在理解的基础上记忆一些简单形体的三视图,就能保证正确而迅速地画图和读图。可见,形体分析法是学习画组合体三视图或读组合体三视图的最基本的方法。

5.3.2 切挖为主的组合体视图的画法

上例讨论的以叠加为主的组合体,其形体组成关系明确、容易识别,适于用形体分析法作图。在画由基本体挖切而成的组合体三视图时,除了基本体能直接按形体画图外,其切口部分不易直接按形体画图,通常采用线面分析法,按线面特性进行作图。

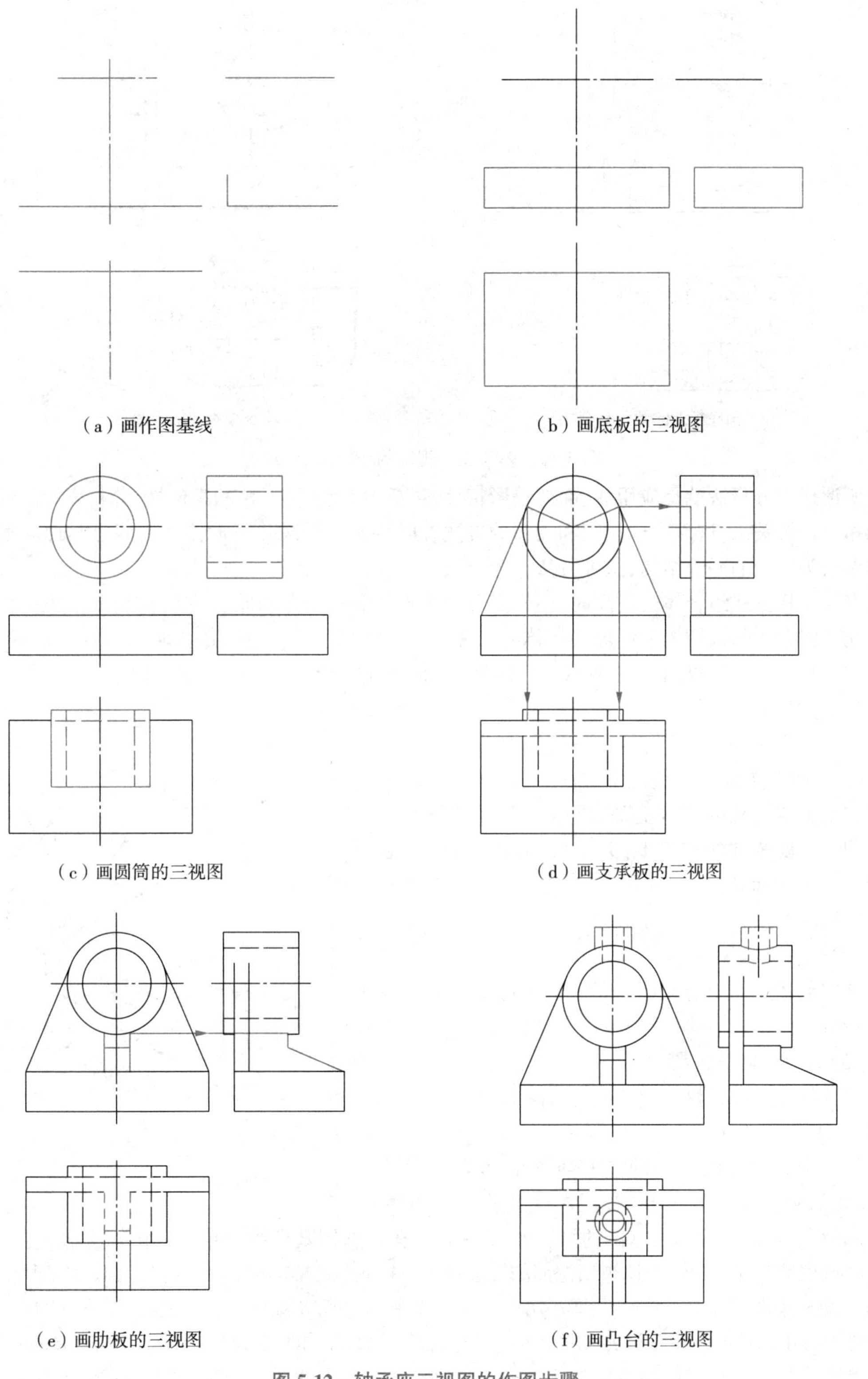

图 5-12　轴承座三视图的作图步骤

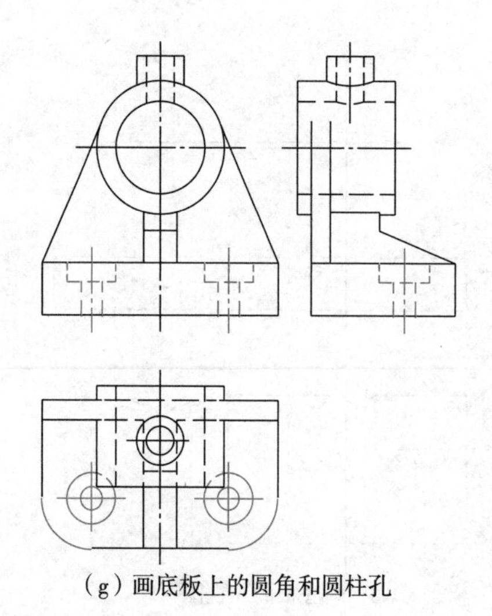

（g）画底板上的圆角和圆柱孔

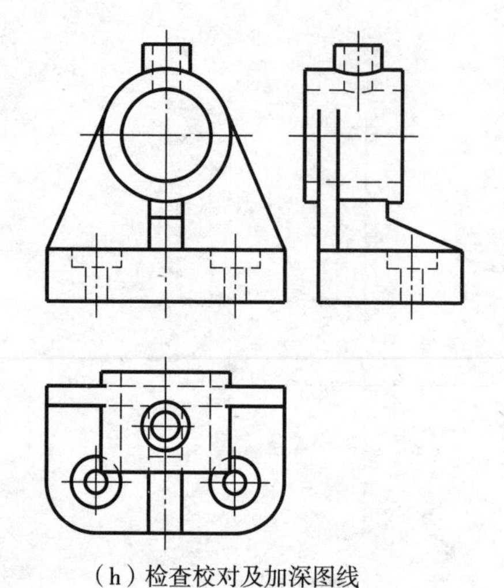

（h）检查校对及加深图线

图 5-12　轴承座三视图的作图步骤(续)

所谓线面分析法就是应用线、面的投影特性，包括积聚性、实形性和类似性，分析表面的性质、形状和相对位置关系，进而完成画图和读图的方法。以线面分析法分析形体时着眼点是面和线，对于形体中较为复杂的局部结构，这种方法尤为有效。

在绘制切挖式组合体的视图时，同样需要应用形体分析法分析形体的切挖构成关系。作图时，一般先画组合体未被切挖前的原始形体的三视图，然后再按切挖顺序，依次画出切挖后形成的各个表面的三视图。下面以图 5-13 所示组合体为例，说明切挖式组合体三视图的作图方法与步骤。

(1)形体分析

图 5-13 所示的压块组合体，未被切挖前的原形是一四棱柱，即长方体。压块成形过程：先用侧垂面 P 从左至右切去四棱柱的前方上部，再用正平面 T 和水平面 S 切去了四棱柱的前方下部，最后用两个对称的铅垂面 R 和侧垂面 Q 从前至后切去四棱柱上方中部而最终形成压块的形状。

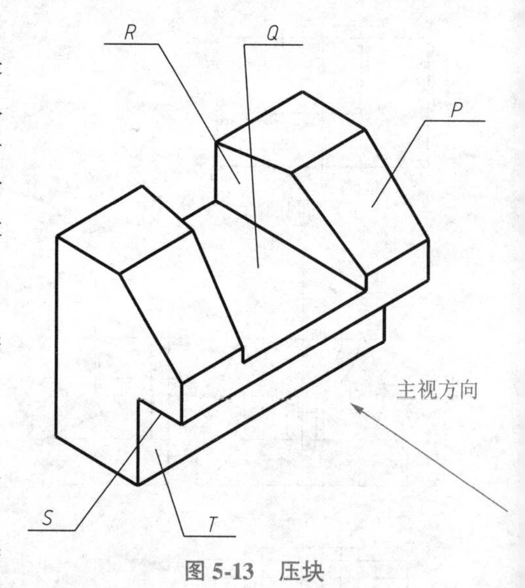

图 5-13　压块

(2)选择主视图

参照前述主视图选取原则，选择图 5-13 所示中箭头所指方向为主视图的投影方向。

(3)画组合体三视图

①选择比例和图幅。为了简化，作为示例讲解，这里按 1∶1 画图。

②视图布图。以压块的左右对称面作为长度基准，压块的背面作为宽度基准，压块底面作为高度基准，在三视图对应位置作出基准的投影，即为相应视图的作图基准线，如图 5-14(a)所示。

③画底稿。先画出组合体被切挖前的四棱柱的三视图，如图 5-14(b)所示；然后画被侧垂面 P 切挖后的三视图，如图 5-14(c)所示；再画下方被正平面 T 和水平面 S 截切后的三视图，如图 5-14(d)所示；最后画上方中部被两个铅垂面 R 和侧垂面 Q 截切后的三视图，如图 5-14(e)所示。图 5-14(e)中铅垂面 R 的水平投影为一条斜线，而对应的正面投影和侧面投影为形状类似的倾斜的五边形；同样侧垂面 Q 的侧面投影为一条斜线，而对应的水平投影和正面投影为形状类似的梯形。

④检查及描深图线。完成后的压块三视图如图 5-14(f)所示。

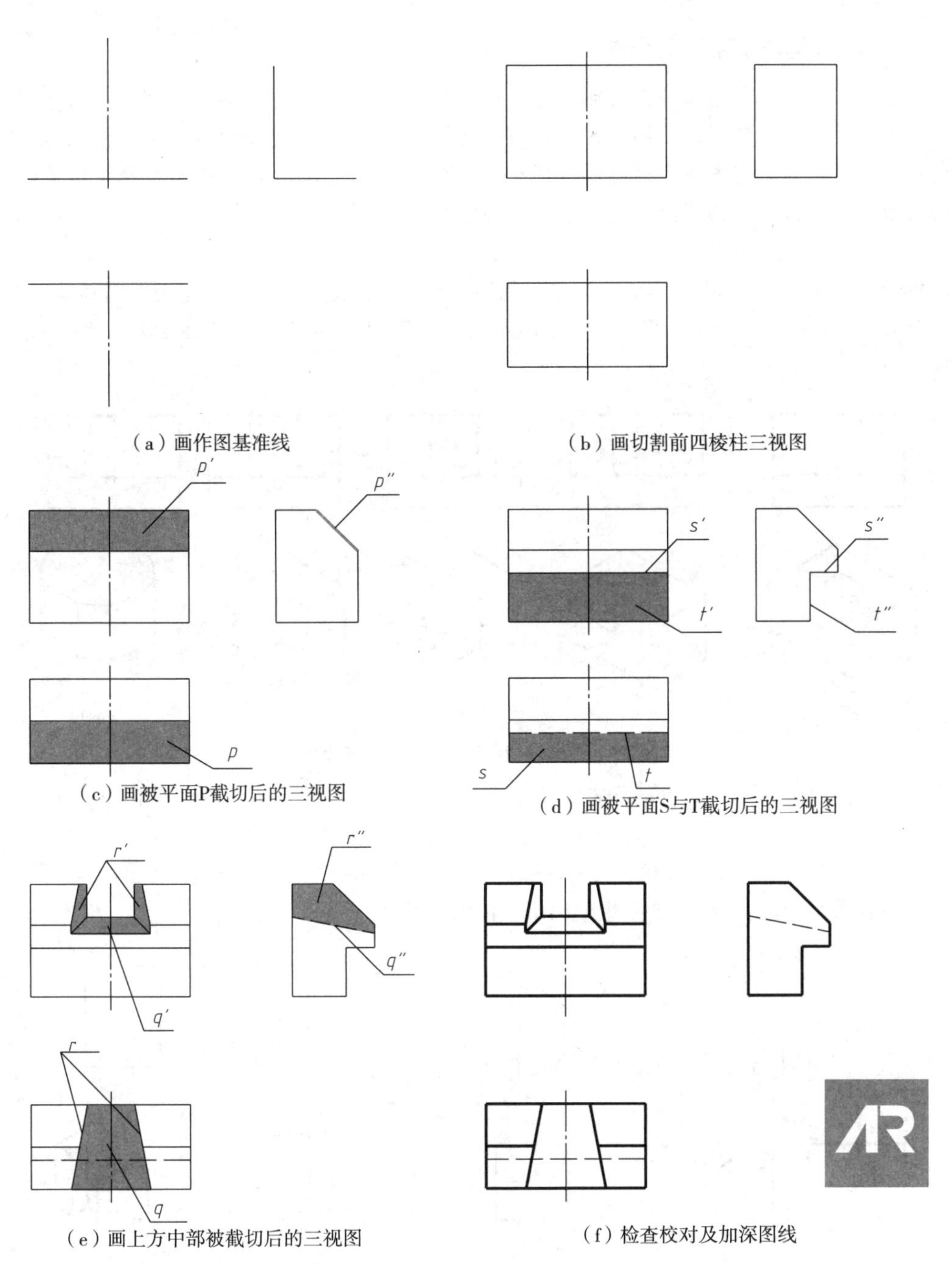

（a）画作图基准线　（b）画切割前四棱柱三视图

（c）画被平面P截切后的三视图　（d）画被平面S与T截切后的三视图

（e）画上方中部被截切后的三视图　（f）检查校对及加深图线

图 5-14　压块三视图的作图步骤

5.4　组合体视图的阅读

读图是画图的逆过程。画图是把空间的组合体用正投影法表示在平面上，而读图则是根据已画出的视图，运用投影规律，想象出组合体的空间形状。画图与读图相辅相成，培养训练形体分析和空间想象能力。

5.4.1 读图的基本方法和要领

读图基本方法仍然是形体分析法和线面分析法。根据形体的视图,逐个识别出各个形体,进而确定形体的组合形式和各形体间邻接表面的相互位置。初步想象出组合体后,还应验证给定的每个视图与想象的组合体的视图是否相符。当两者不一致时,必须按照给定的视图来修正想象的形体,直至各个视图都相符为止,此时想象的组合体即为所求。

1. 将各个视图联系起阅读

由投影规律可知,一个视图不能确定空间物体的形状。因此读图时应将主视图同其他视图联系起来综合考虑。如图 5-15 所示,根据一个视图至少可构思出图 5-15(a)~图 5-15(e)所示的这些空间形体。

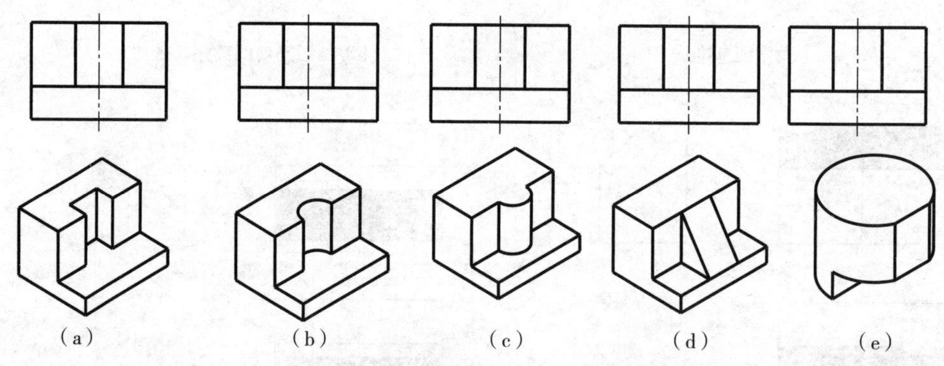

图 5-15 同一视图对应不同的形体

有时即使给出了两个视图也不能唯一确定形体的形状。如图 5-16(a)所示,由已知的主、俯两视图至少可构思出三种不同的形体,图 5-16(b)所示由已知的主、左两视图也至少可构思出三种不同的形体。图 5-17 中所示由已知的主、俯视图可想象出至少两种不同的形体。由此可见,看图时要把几个视图联系起来进行分析,才能想象出组合体的形状。

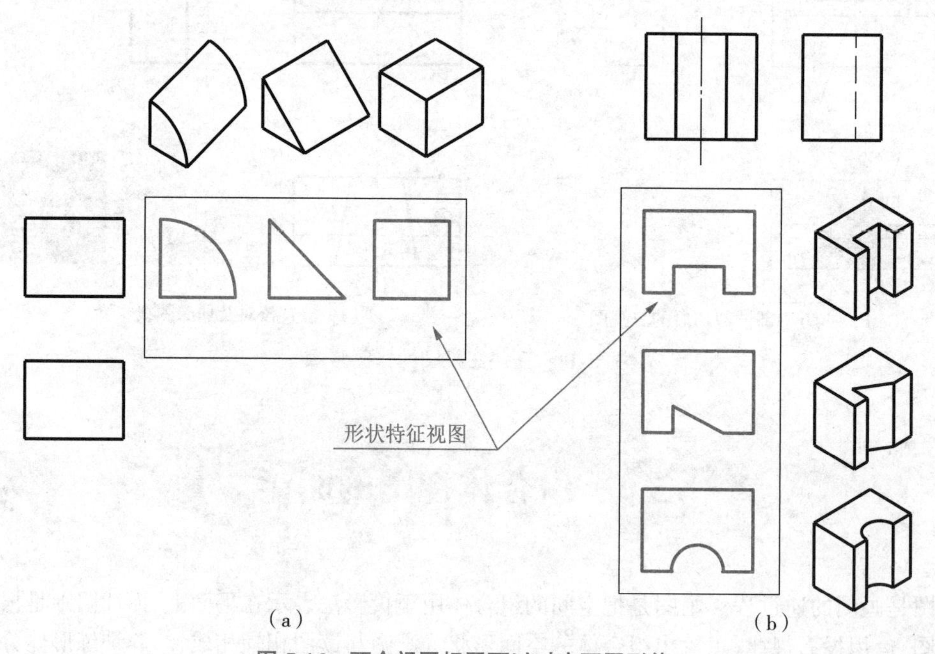

图 5-16 两个视图相同可以对应不同形体

2. 抓住形体特征视图

在形体各个视图中，最能反映形体形状特征的那个视图，称为形状特征视图，最能反映形体位置特征的那个视图，称为位置特征视图。如图 5-16(a)所示中的左视图与图 5-16(b)所示中的俯视图，都是形状特征视图，结合对应主视图能很快想象出形体的空间形状。图 5-17 中左视图为位置特征视图，能较清楚地反映形体内部两线框之间的位置关系。因此，看图时要善于找出反映组合体各组成部分的形状或位置特征的视图，并从该视图入手，根据投影关系找到各基本体所对应的其他视图，就能较快地想象出组合体各基本体的形状，最后达到看懂组合体视图的目的。

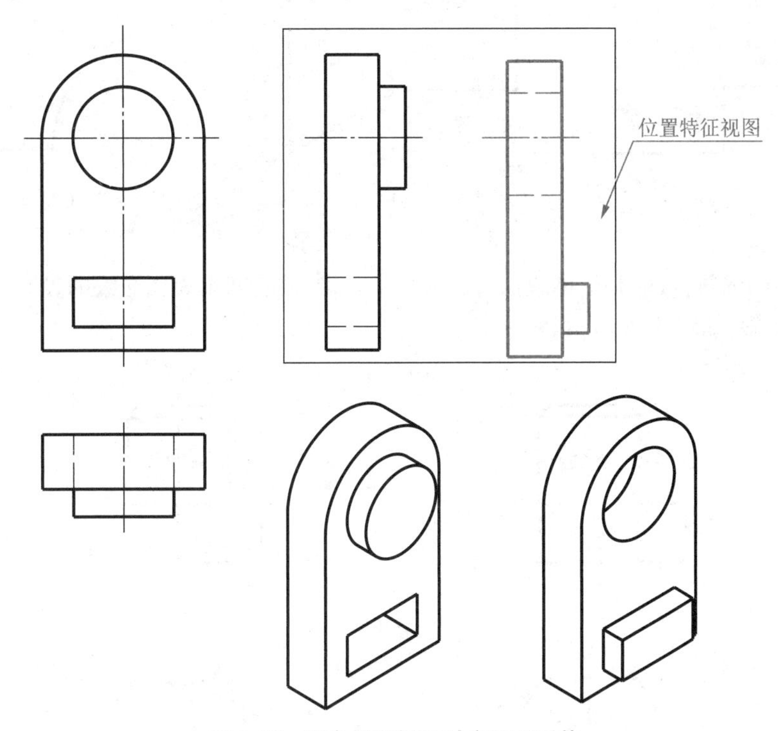

图 5-17　两个视图相同对应不同形体

3. 理解视图中图线和线框对应的空间元素

(1)视图中一个封闭线框一般情况下表示一个表面的投影。当视图中呈现线框套线框的情况时，则可能表示这个面是凸出、凹下、倾斜或是打通的孔，如图 5-18 所示。

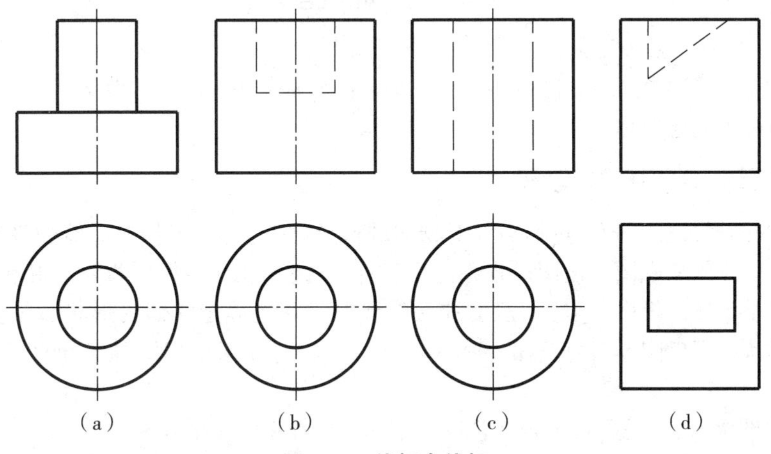

图 5-18　线框套线框

(2)当视图呈现为线框连线框时,表示两个面前后不同、高低不平或者相交,如图5-19所示。

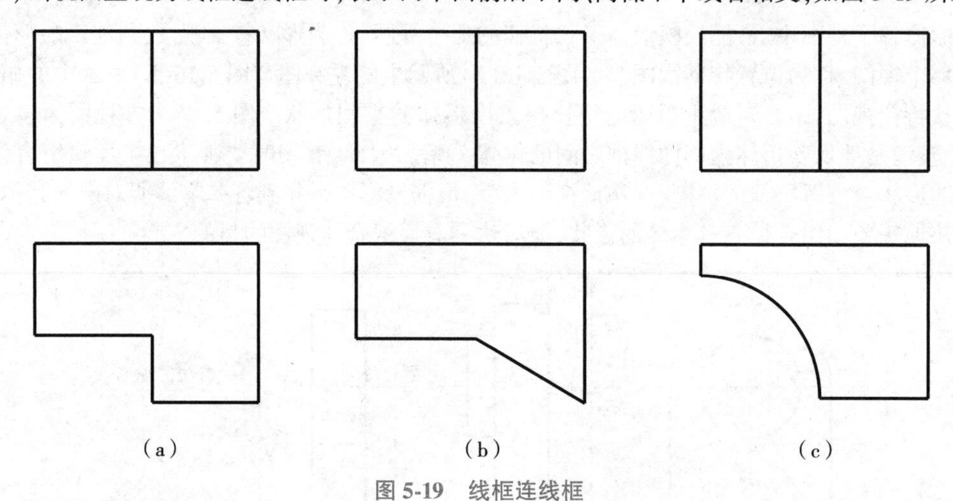

图5-19 线框连线框

(3)视图中的图线,可能是形体表面有积聚性的投影,或者两个表面交线的投影,也可能是曲面转向轮廓线的投影,如图5-20所示。

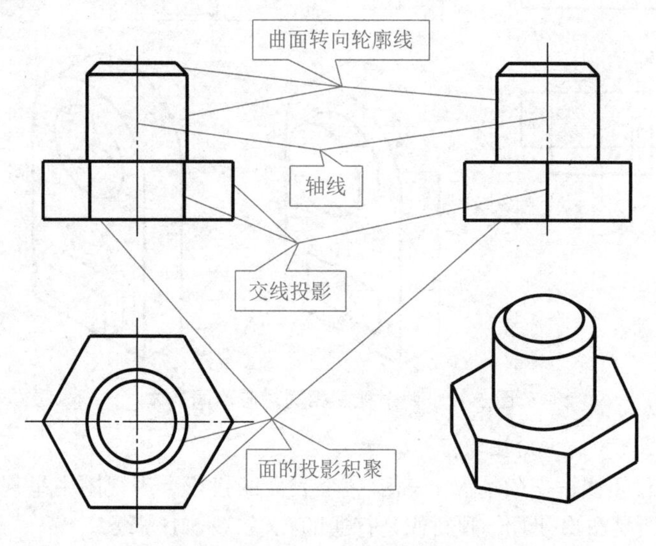

图5-20 视图中图线的含义

4. 利用线条线型的虚实变化区分形体

如图5-21所示,图5-21(a)与图5-21(b)三个视图对应形状相同,但由于两主视图中虚实线各异,从而得出两种不同的形体。

5.4.2 应用形体分析方法读图

读图是画图的逆过程。画图过程需要对物体进行形体分析,按照基本形体的投影特点,逐个画出各形体,完成物体的三视图。读图过程则是根据物体的三视图(或两个视图),用形体分析法分割视图,同样利用基本体的投影特点(一般对应一个线框),逐个确定它们的形状和位置,综合想象出物体的结构、形状。现以图5-22所示的轴承座三视图为例,介绍应用形体分析法读组合体视图的步骤。

(1)划分视图为若干线框,将组合体视图分解为若干简单立体的投影

利用形体分析方法,把一个视图分解成几个独立部分加以考虑,一般以主视图中的封闭线框

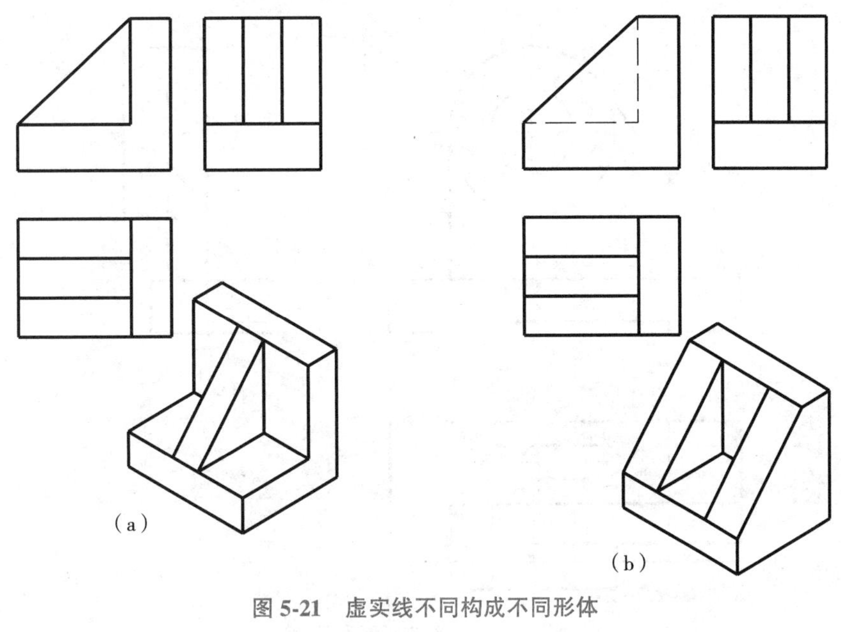

图 5-21　虚实线不同构成不同形体

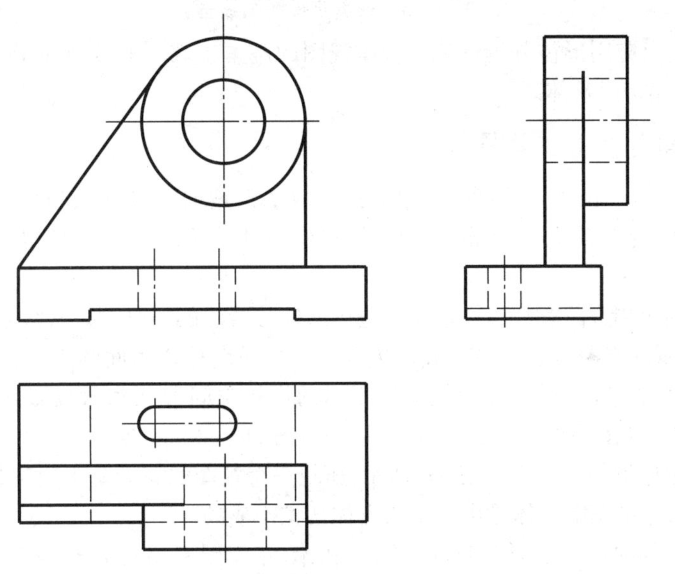

图 5-22　轴承座三视图

(实线框、虚线框或实线与虚线框)作为独立部分。如图 5-23 所示,从反映形体特征较多的主视图入手,将轴承座的视图分解为 1、2、3 三个封闭线框。

(2)利用投影规律找出各线框对应的三面投影,识别各简单形体

利用投影三等关系找出每个线框对应的三面投影,并依次想象出对应各形体的空间形状。如图 5-24(a)~图 5-24(c)所示,形体 1 为底板,它是一个长方体,在其下方中部从前向后切了一个矩形的通槽,并在底板后方中部挖去了一个长圆形的通孔;形体 2 为圆筒体,位于底板的上方;形体 3 为支承板,位于底板的上方,圆筒体的下方,并且与圆筒体表面相切,支承板的后表面与圆筒体的后表面平齐。

(3)根据各个部分在视图中的相对位置,综合起来得到组合体整体形状

在看懂每部分简单立体的基础上,再综合利用组合体三视图,进一步分析它们之间的组合方式和相对位置关系,从而想象出整体的形状。分析清楚底板、支撑板、圆筒体的相对位置,注意分析支撑板与圆筒体表面相切时三视图的正确表达方法。最后想象出轴承座空间形状,如图 5-24(d)所示。

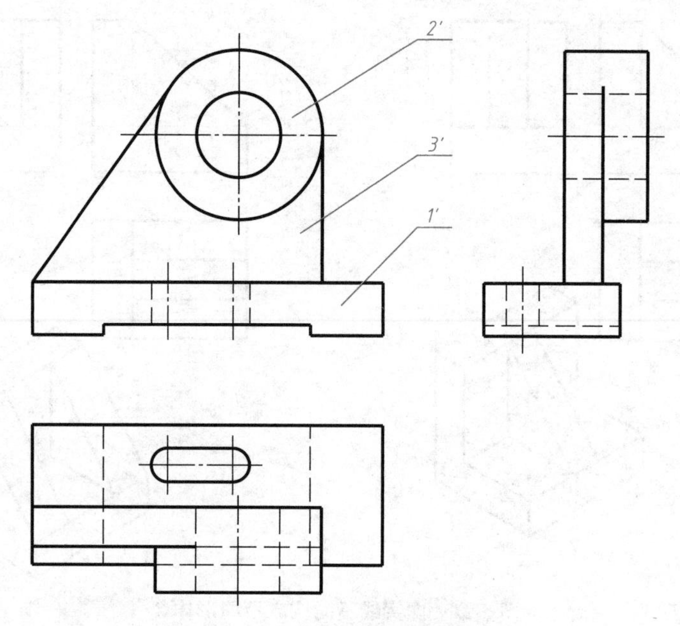

图 5-23　轴承座视图画线框

由此,可以归纳出应用形体分析法读组合体视图的基本步骤:(1)分解视图得线框;(2)对照投影识形体;(3)综合起来想整体。

5.4.3　应用线面分析方法读图

组合体也可以看成是由若干面(平面或曲面)、线(直线或曲线)所围成的。因此,线面分析法也就是把组合体分解为若干面和线,并根据投影关系确定它们之间的相对位置以及它们对投影面的相对位置的方法。

在阅读比较复杂的组合体视图时,往往在应用形体分析法的同时,对于比较难于理解的部分,需采用线面分析法来帮助想象分析。线面分析法看图的着眼点是线和面的投影,利用线面、尤其特殊位置的线面所表现出的投影特征,确定线框所表示的面的空间形状和对投影面的相对位置。现以图 5-25 所示的压块三视图为例,介绍用线面分析法看图的方法和步骤。

(1)分析构想原始形体。如图 5-25(a)所示,压块三个视图的轮廓基本上都是矩形,它的原始形体是个长方体,可以想象该组合体是由一个长方体切挖而成的。

(2)压块左上方的缺角。如图 5-25(b)所示,在俯、左视图上相对应的等腰梯形线框 p 和 p'',在主视图上与其对应的投影是一倾斜的直线 p',可见平面 P 是正垂面。因此,该缺角是由正垂面 P 截切长方体形成的。

(3)压块左方前、后对称的缺角。如图 5-25(c)所示,在主、左视图上方对应的投影七边形线框 q'和 q'',在俯视图上与其对应的投影为一倾斜直线 q,可见平面 Q 是铅垂面。这对缺角是由两个铅垂面截切长方体形成的。

(4)压块下方前、后对称的缺块。如图 5-25(d)、图 5-25(e)所示,它们是由两个平面切挖而成,其中一个平面 R 在主视图上为一可见的矩形线框 r',在俯视图上的对应投影为水平线 r(虚线),在左视图上的对应投影为直线 r'',可见平面 R 是正平面。另一个平面 S 在俯视图上对应的投影是有一边为虚线的直角梯形 s,在主、左视图上的对应投影分别为水平线 s'和 s'',可见平面 S 是水平面。于是压块下方前后面的缺块,分别由两对水平面和正平面截切长方体所形成。

(5)综合起来想象整体形状。通过上面的线面分析,弄清了压块的三视图上对应线面的含义,综合起来,便可想象出压块的整体形状,如图 5-25(f)所示。

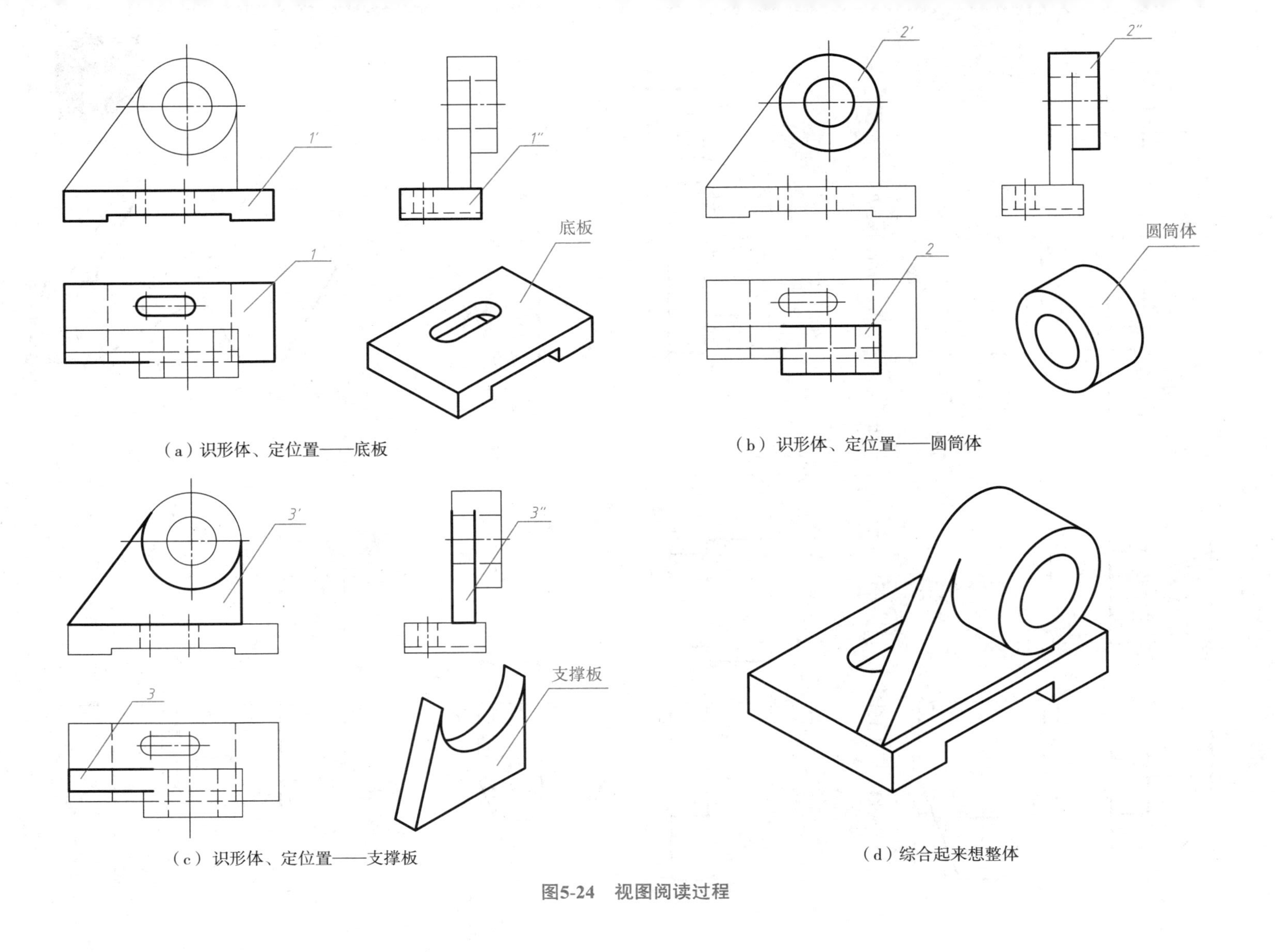
1'
1"
1
底板
（a）识形体、定位置——底板
2'
2"
2
圆筒体
（b）识形体、定位置——圆筒体
3'
3"
3
支撑板
（c）识形体、定位置——支撑板
（d）综合起来想整体

图5-24　视图阅读过程

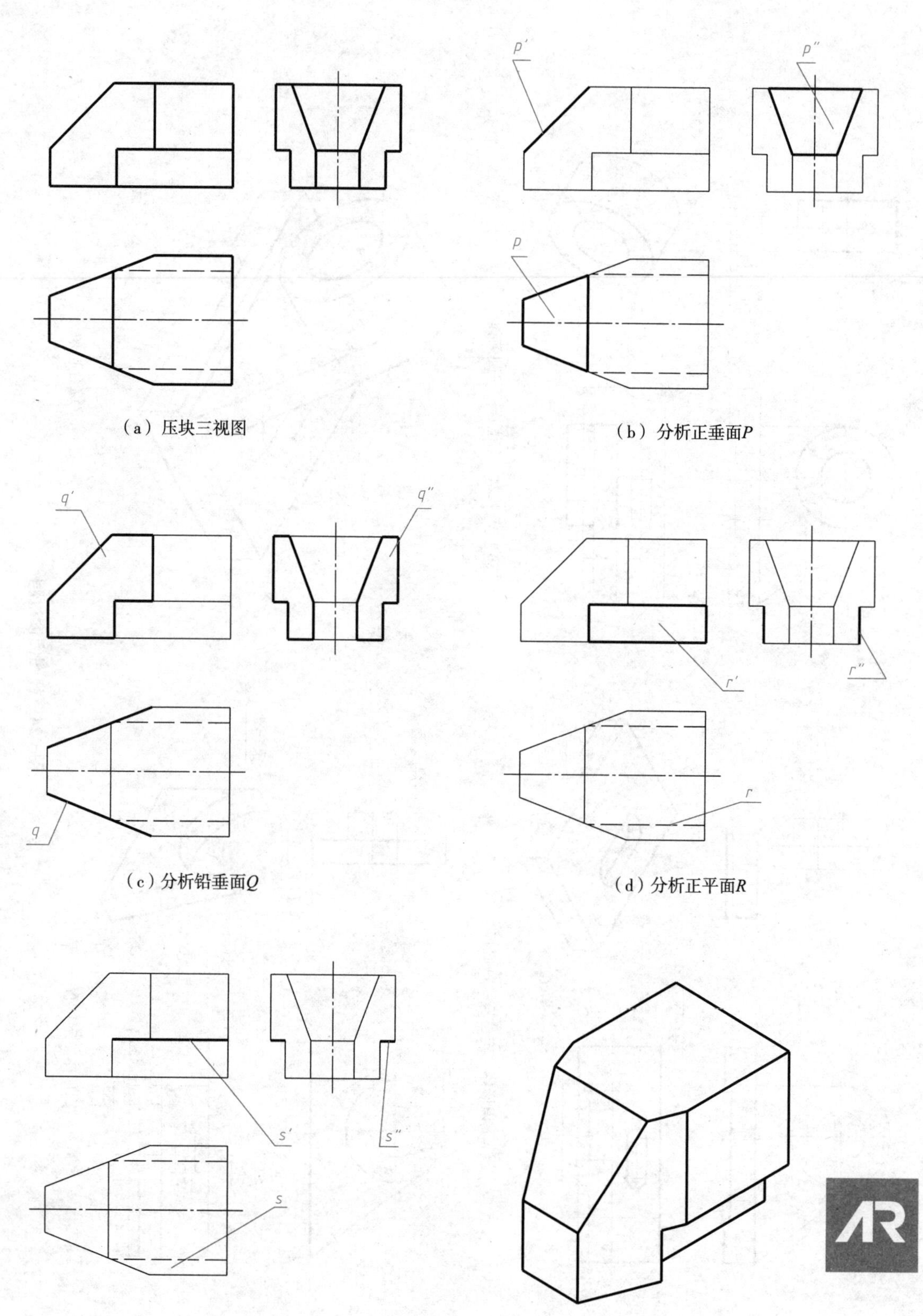

（a）压块三视图

（b）分析正垂面P

（c）分析铅垂面Q

（d）分析正平面R

（e）分析水平面S

（f）压块整体形状

图 5-25　读压块三视图

5.4.4　组合体视图阅读示例

读图本质是利用二维图纸空间的多个视图想象对应形体的三维空间结构，在头脑中形成三维形体概念。可见，读图最直接的结果是画出形体的轴测图，但画轴测图相对困难，也十分费时。因此，在进行读图和画图的训练时，经常采用已知组合体两视图补画第三视图的方式，即所谓“二求三”问题。解决这类问题，一般根据已知视图，应用形体分析法和线面分析法，分析和想象组合体的形状，在弄清组合体形状的基础上，按投影关系补画出所缺的视图。补画视图时，应根据各组成部分逐步进行。对以叠加方式为主的组合体，应先画各组成部分，后画出整体；对以切挖方式为主的组合体，应先画原形整体，后画切挖部分形成局部结构。一般按先实后虚，先外后内的顺序进行。

例5.1　根据如图5-26(a)所示支座组合体的主、俯视图，画出其左视图。

解：①阅读已知视图，想象组合体形状。

应用形体分析法，将主视图分解为a'、b'、c'三个线框，如图5-26(b)所示，分别对应A、B、C三个形体。利用投影关系，结合线面分析方法，把主视图与俯视图中三个线框对应各部分的投影分离出来，即可初步识别出各对应形体。

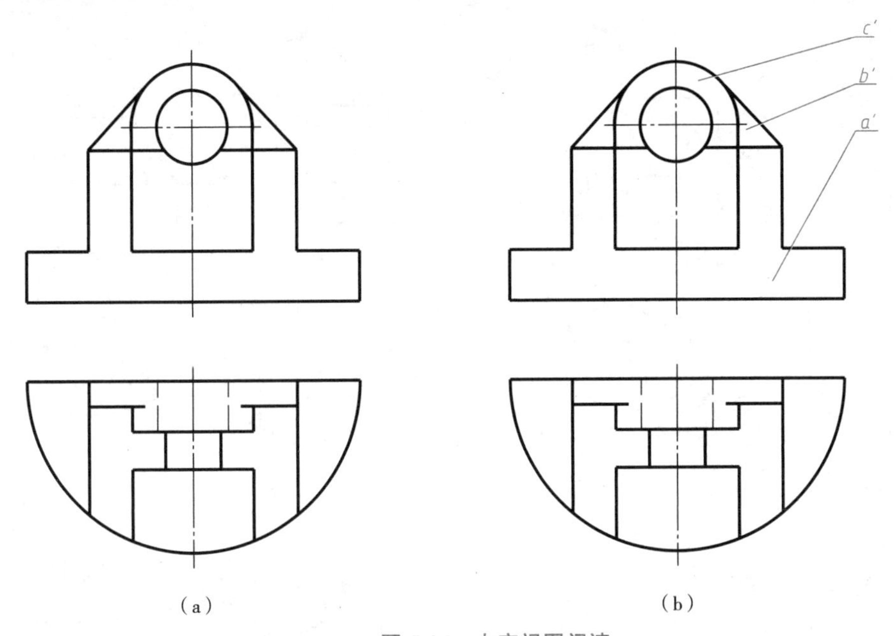

图5-26　支座视图阅读

形体A为一半圆柱体，在其左右两侧用水平面和侧平面对称的进行截切。在半圆柱体的前方中部，用两个侧平面、一个水平面和一个正平面由上向下切去了一个矩形的凹槽。在补画形体A底板的左视图时，应注意圆柱体被多次截切后截交线的正确画法，这也是本题的难点所在。

形体C为上部是半圆形、下部是矩形的柱体，上方有一个与圆柱面同心的圆柱通孔。该形体位于底板的上方中部，后表面与底板后表面平齐。

形体B为肋板，对称的放置在底板的上方，柱体的左右两侧，其后表面与底板后表面平齐，其上部与柱体上方的圆柱面相切。作图时要注意表面相切应无线，相应的轮廓线画到切点出为止。

②利用分析得到形体构造，绘制其第三个视图。

根据已给出的两个视图，利用投影视图的三等规律，逐一画出形体A、B、C的左视图，具体作图过程如图5-27(a)~图5-27(e)所示。

③检查无误后，擦去多余图线并加深线条，补画完成形体的左视图，如图5-27(f)所示。

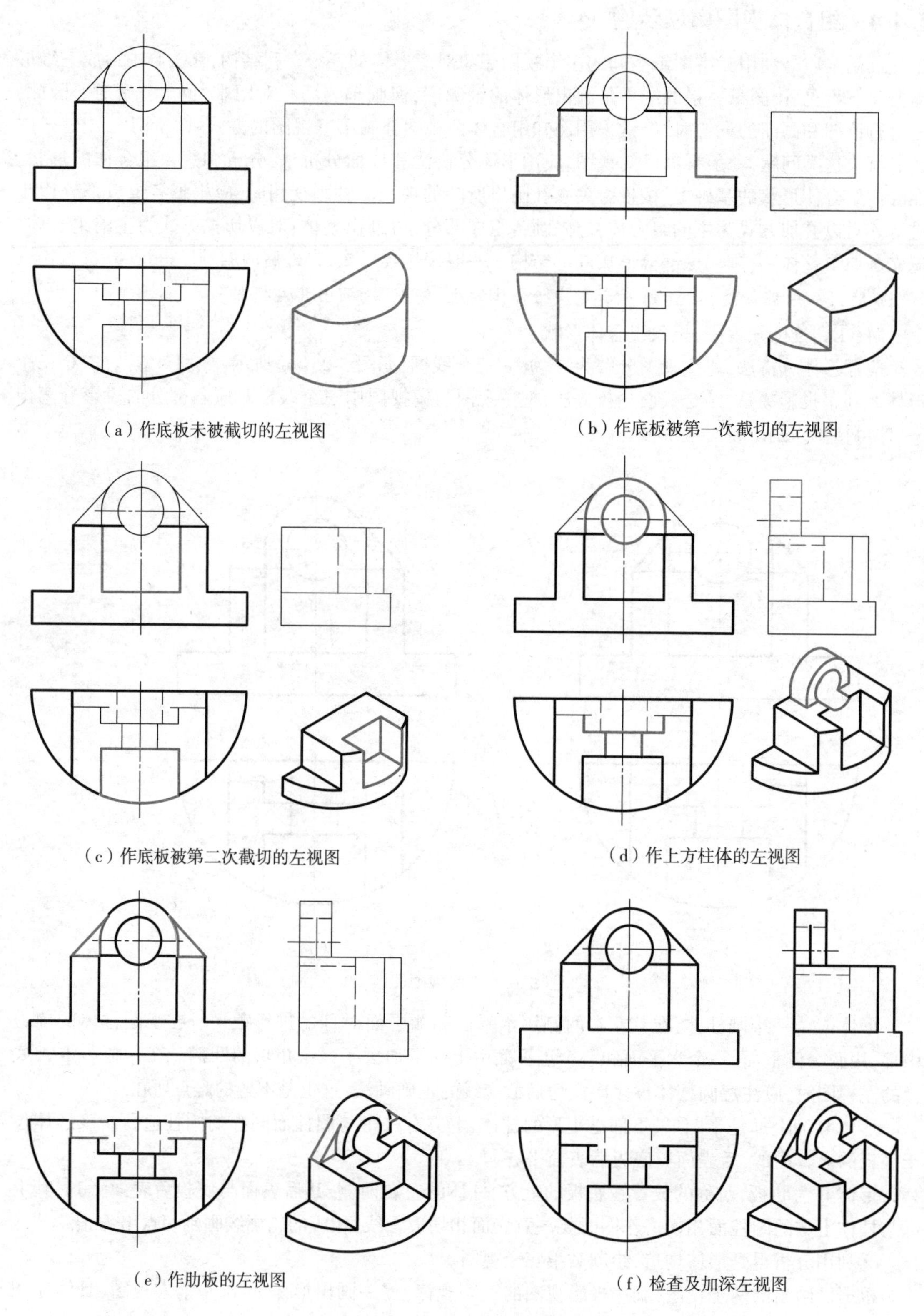

图 5-27　支座左视图作图过程

例5.2　由图 5-28 所示切挖体的主、左视图,补画其俯视图。

解:(1)阅读已知视图,想象组合体形状。

已知两视图都为直边多边形,可以认为该形体未被切挖前是一个长方体。组合体形成过程:先用正垂面截切长方体的左侧,再用侧垂面截切长方体的前部,最后在其中部用两个水平面、一个正平面从左至右挖切而成。

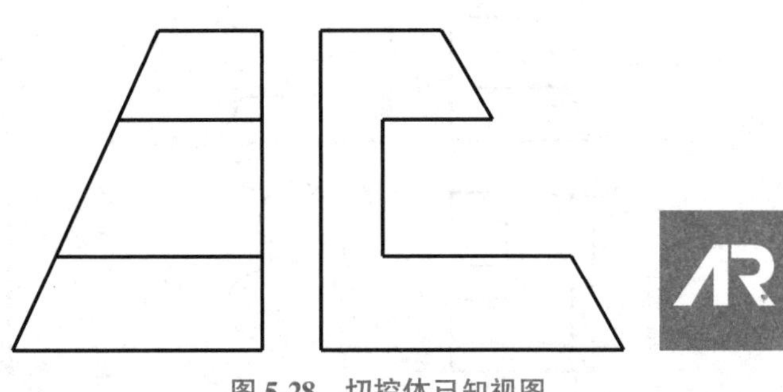

图 5-28　切挖体已知视图

(2)利用分析得到形体构造过程,绘制其第三个视图。

根据已给出的两个视图,利用投影视图的三等规律,画出长方体未被截切前的左视图,如图 5-29(a)所示。在此基础上,根据形体切挖过程,逐一画出被截切后的左视图。根据投影面垂直面的一面投影积聚,另外两面投影类似的投影特性,依次作出长方体被正垂面 P 和侧垂面 Q 截切后的三视图,如图 5-29(b)和图 5-29(c)所示。再根据投影面平行面的一面投影反映实形,另外两面投影积聚成与相应投影轴平行的直线这一投影特性,画出长方体中部被切去的凹槽部分的三视图,如图 5-29(d)所示。注意运用平面投影具有类似性的特性进行作图检查,如图 5-29(e)所示,图中正垂面的水平投影和侧面投影为类似的八边形。

(3)检查图形,擦去多余图线并加深线条,补画完成形体的俯视图,如图 5-29(f)所示。

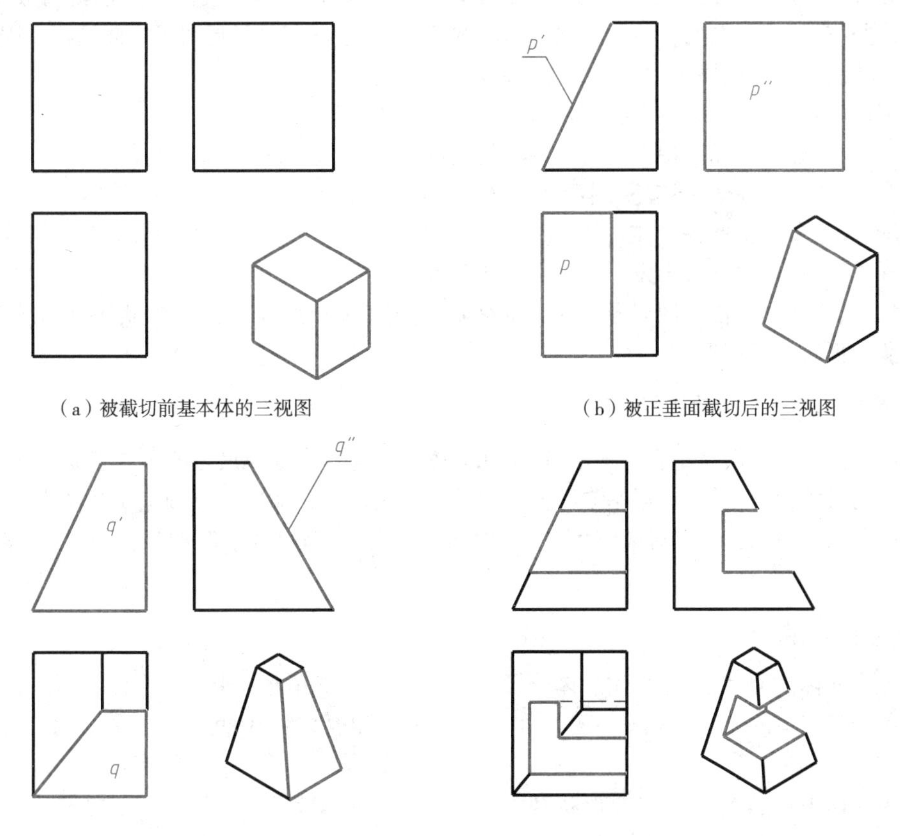

(a)被截切前基本体的三视图

(b)被正垂面截切后的三视图

(c)被侧垂面Q截切后的三视图

(d)切去中间凹槽的三视图

图 5-29　切挖体俯视图的作图过程

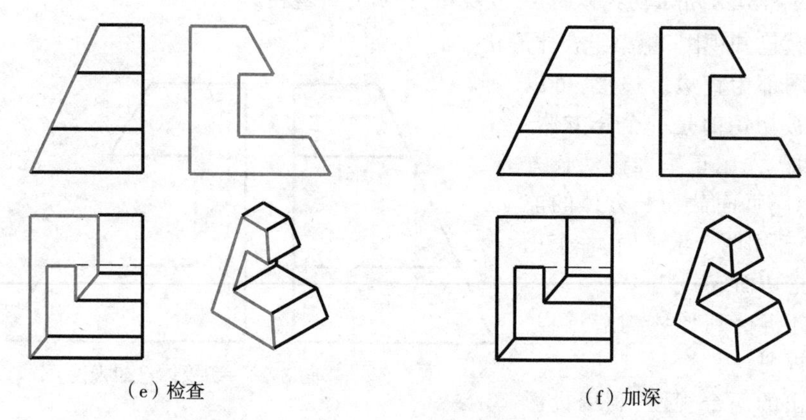

图 5-29 切挖体俯视图的作图过程(续)

5.5 组合体的尺寸注法

组合体的视图只能表达物体的形状,而形体各部分的真实大小及准确相对位置则要靠标注尺寸来确定,同时尺寸也可配合图形来说明物体的形状。组合体大多是由机器零件抽象而成的几何模型,这种模型省略了零件上的一些工艺结构,如:圆角、倒角、沟槽等,只保留了主体结构。因此,研究组合体尺寸注法是进行机械零件尺寸标注的基础。

尺寸标注的基本要求

①正确:须遵守国家标准中有关尺寸注法的规定。

②完全:尺寸标注齐全,不遗漏,不重复。

③清晰:尺寸布置要整齐、清晰,便于阅读。

④合理:标注的尺寸要符合设计要求及工艺要求。

注:对于尺寸标注的合理性与零件的功能及加工、测量和装配等密切相关,需要在后续课程中学习相关专业知识后逐渐掌握。

5.5.1 基本几何体的尺寸标注

组合体是由基本几何体组合而成的,基本几何体的尺寸是组合体尺寸的重要组成部分,因此,要标注组合体的尺寸,必须首先掌握基本几何体的尺寸注法。图 5-30(a)~5-30(i)为常见基本几何体的尺寸标注方法,并据此确定基本体大小,一般情况下尽可能参考给定的标注形式,不能多标注尺寸。

5.5.2 组合体的尺寸分析

为保证尺寸标注的完整性,采用形体分析方法将组合体分解为若干个基本体,进行尺寸标注时逐一标注各个基本体的大小和相对位置尺寸。因此,对于组合体尺寸,可按功能划分为三类尺寸。

(1)定形尺寸

确定组合体中各基本几何体的形状和大小的尺寸。如图 5-31 中主视图上的尺寸 $R10$、$\varnothing 10$、30 等。

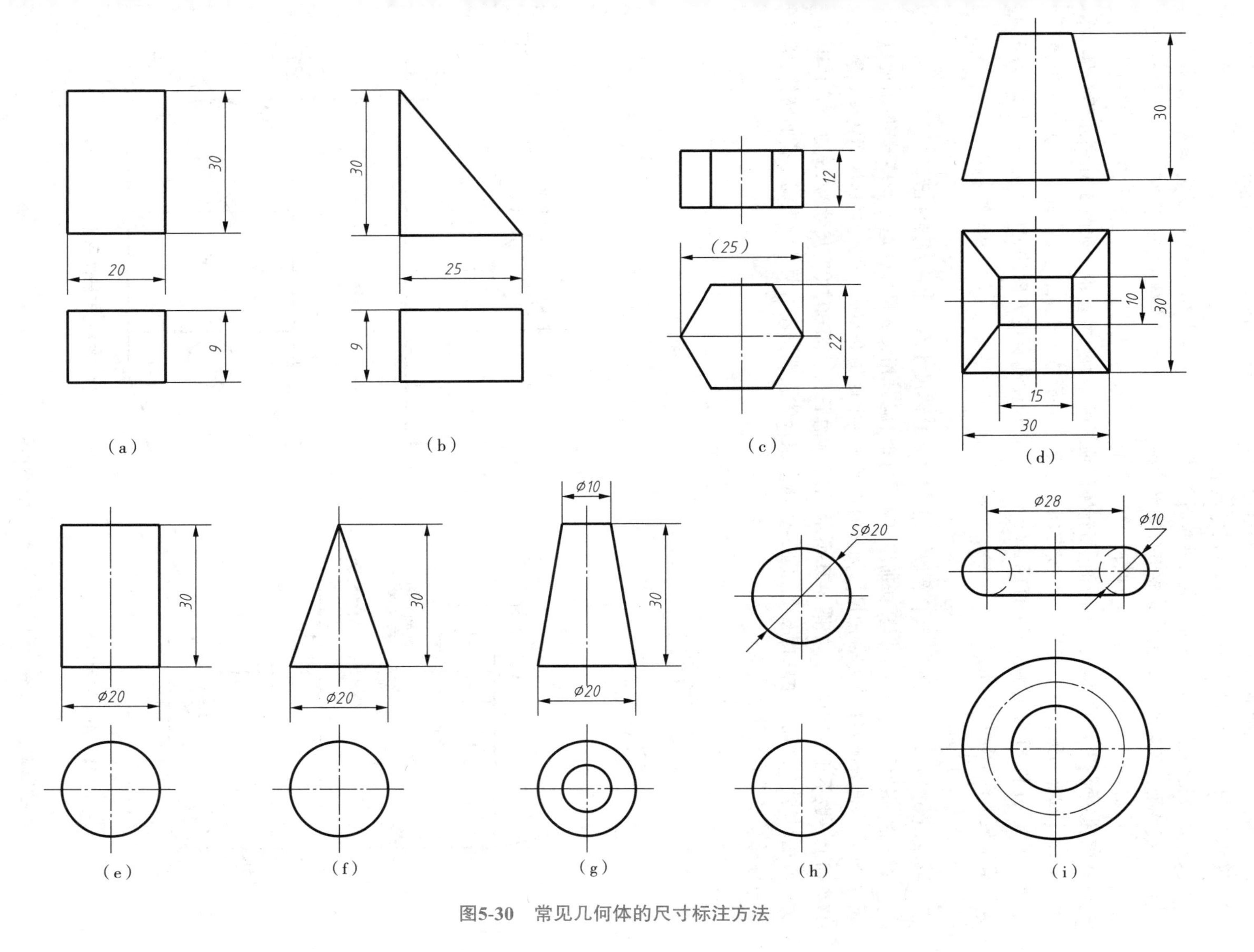

图5-30　常见几何体的尺寸标注方法

(2)定位尺寸

确定组合体中各基本几何体之间的相对位置的尺寸。由于形体是三维的,因此需要三个方向的定位尺寸。要标注定位尺寸,必须先选定尺寸基准。

尺寸基准指的是形体上用来确定尺寸位置的某一点、线或面几何元素,即以它作为基础来确定其他点、线或面的相对位置。为了完成组合体尺寸标注,需要在组合体的长、宽、高三个方向分别选定主要尺寸基准。当形体复杂时,允许有一个或几个辅助尺寸基准。针对组合体的不同结构特点,通常选用其底面、重要的端面、对称平面、回转体的轴线等作为尺寸基准。如图5-31所示组合体,长度方向尺寸基准为形体左右对称面,高度方向尺寸基准为形体下底面,宽度方向尺寸基准为形体后表面。尺寸20和20为底板上两个直径为⌀5圆柱孔在长度和宽度方向的定位尺寸,尺寸29为⌀10圆柱孔高度方向的定位尺寸。

(3)总体尺寸

确定组合体在三个方向总长、总宽、总高的尺寸。总体尺寸不一定都直接注出。

若定形、定位尺寸已标注完整,在加注总体尺寸时,应对相关的尺寸作适当调整,避免出现封闭尺寸链(这一部分内容将在零件图尺寸标注的合理性当中详细介绍)。另外,当标注回转体轮廓时,该方向上一般不注总体尺寸。如图5-31所示,组合体总长尺寸为30,总宽尺寸为25,在组合体上端为同心孔回转体,因而不注总高尺寸。图5-32所示组合体上端及左右两端均为同心孔回转体,所以不标注总长及总高尺寸。

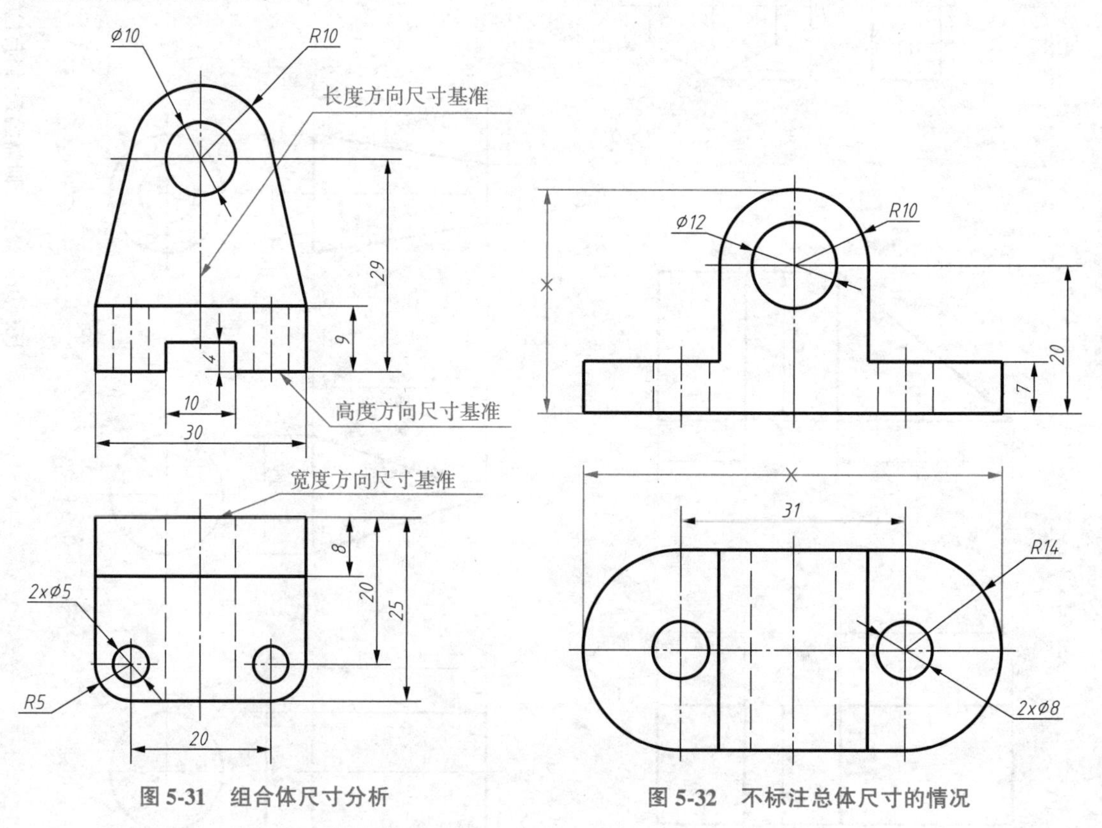

图5-31 组合体尺寸分析　　图5-32 不标注总体尺寸的情况

5.5.3 组合体的尺寸标注中需要注意的问题

1. 标注定形尺寸、定位尺寸

不可直接标注交线的尺寸,而应该标注产生交线的形体或截平面的定形尺寸、定位尺寸。

截交线的形状,取决于立体的形状、大小以及截平面与立体的相对位置。如图 5-33(a)中尺寸 64 为错误标注,不能直接标注截交线的定形尺寸,正确标注如 5-33(b)所示,应标注截平面的定位尺寸 25 及 40。同理,相贯线的形状取决于参与相交两立体的形状、大小及相对位置,只需注出参与相贯的各立体的定形尺寸及其相互间的定位尺寸,不能标注相贯线的尺寸。图 5-34(a)中尺寸 *R*34 为相贯线定形尺寸,是错误标注。正确注法如图 5-34(b)所示,应标注参与相交两圆柱的定位尺寸 58。注意回转体须以其轴线来确定其位置,不能用轮廓线来定位,如图 5-34(a)中的尺寸 24 是错误标注。

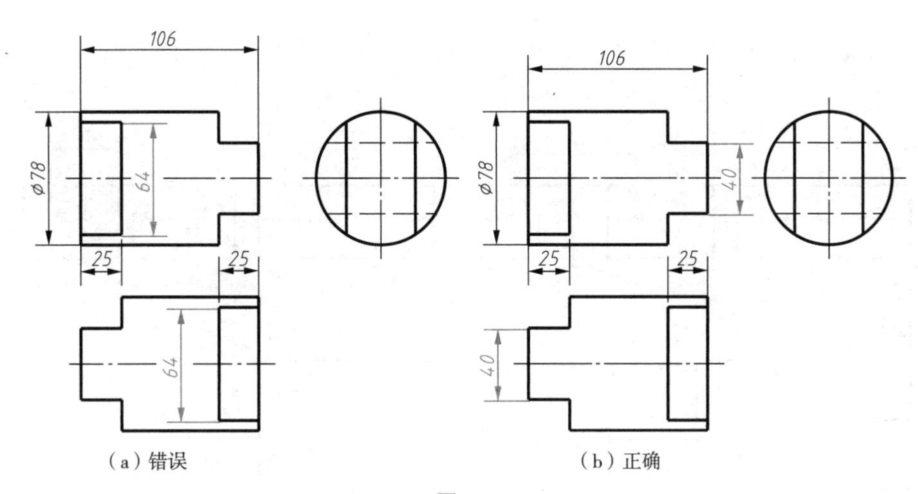

图 5-33

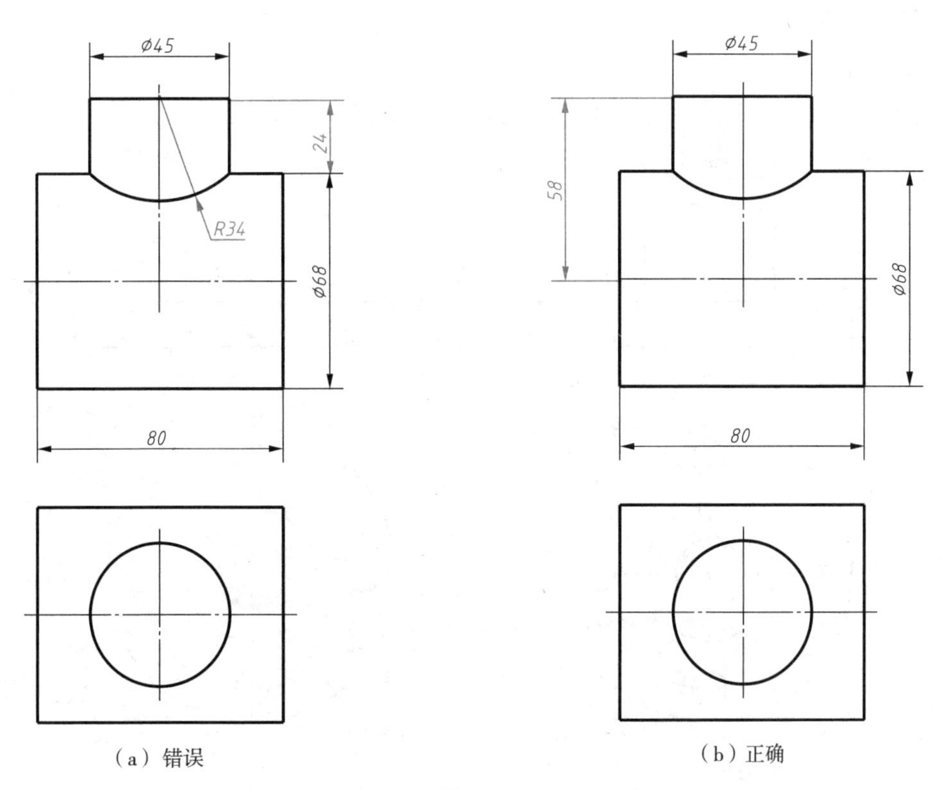

图 5-34

2. 便于看图,保证清晰

布置尺寸时应考虑便于看图,保证尺寸标注的清晰性。

①尺寸尽量注在投影图之外,与两投影图有关的尺寸最好注在两投影图之间,如图 5-35 所示。

②同轴回转体的各直径尺寸最好注在投影为非圆的视图上,如图 5-36 所示。

③同一要素的尺寸应尽可能集中标注在最能反映其形状特征的视图上。如孔的直径和深度、槽的深度和宽度等。如图 5-37(a)中底板上凹槽的高度尺寸 4 和长度尺寸 24 就集中标注在主视图上。

④如有可能,尽量避免在虚线上注尺寸。如图 5-36(a)中内圆柱直径尺寸∅48 可标注在俯视图中。

⑤尽量避免尺寸线相交,相互平行的尺寸,应按大小顺序排列,小尺寸在内,大尺寸在外,如图 5-37(a)所示。

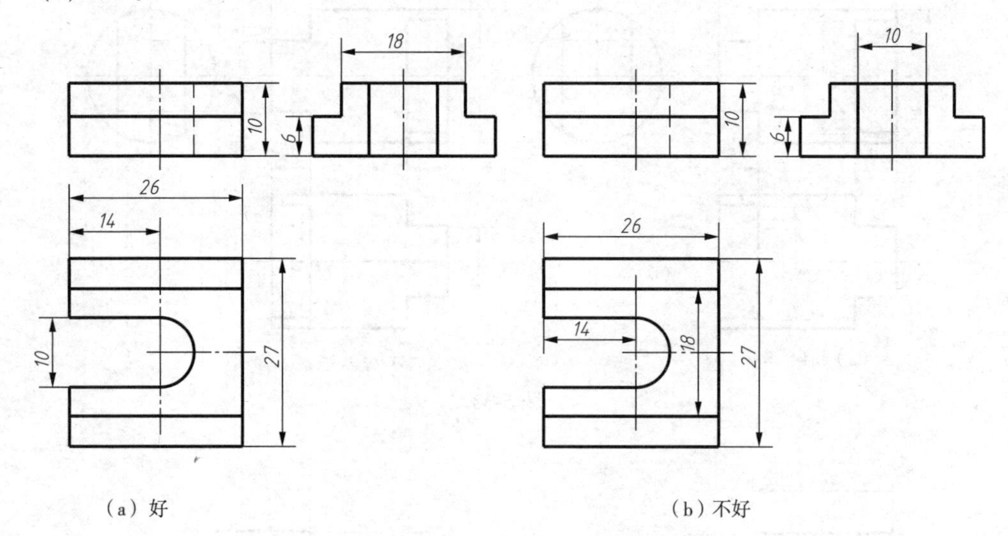

图 5-35 尺寸标注对比(一)

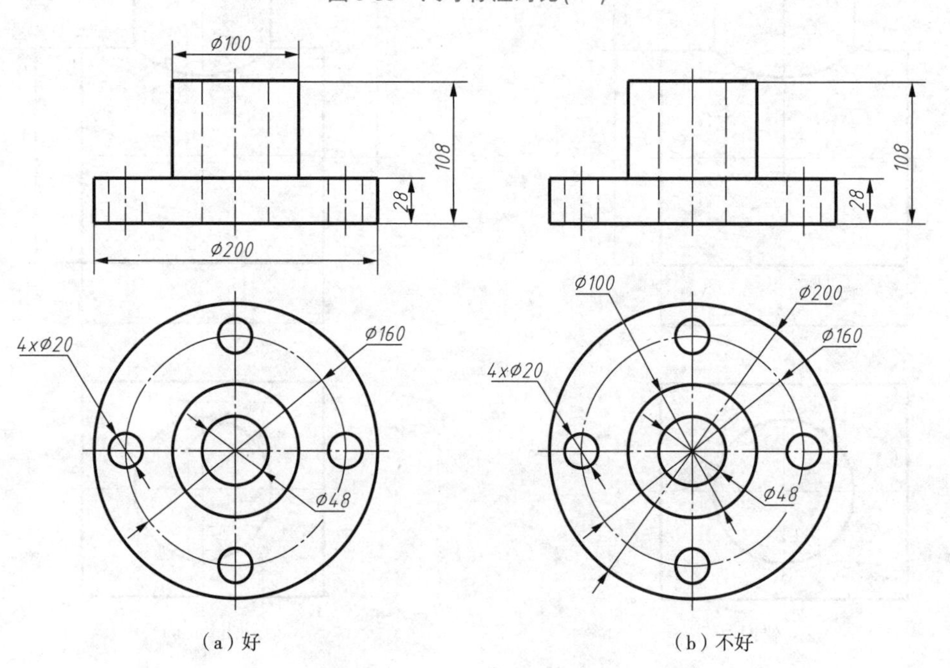

图 5-36 尺寸标注对比(二)

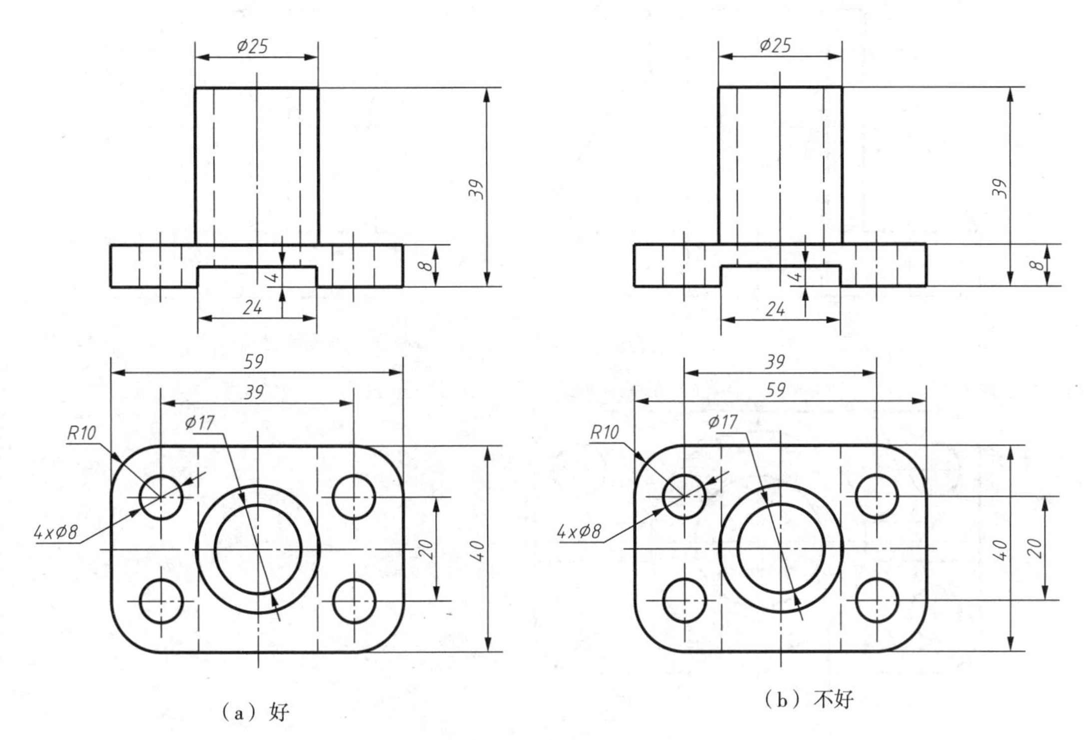

（a）好

（b）不好

图 5-37 尺寸标注对比(三)

5.5.4 组合体尺寸标注方法与步骤

现以支座组合体为例,介绍运用形体分析法标注组合体尺寸的具体步骤。

1. 形体分析

图 5-38 所示的支座,该组合体由底板、中间圆筒体、左右肋板和前方长方体四个基本体组成的形体,结构左右对称。

2. 确定尺寸基准

选取组合体左右对称面为长度方向基准,过圆筒体回转轴线的正平面为宽度方向基准,底板下底面为高度方向基准,如图 5-38 所示。

3. 标注各基本体的定位尺寸和定形尺寸

(1)底板

如图 5-39 所示,在俯视图中,标注底板四个圆柱孔在长度和宽度方向的定位尺寸 56、22;底板定形尺寸为 70、40、10、4×⌀8、*R*7。

(2)圆筒

如图 5-39 所示,标注圆筒的定形尺寸⌀34、⌀20、44。

(3)前方长方体

如图 5-40 所示,标注前方带有圆柱通孔的长方体定形尺寸 22、38、⌀12,圆柱通孔的宽度方向定位尺寸为 25,高度方向定位尺寸为 26。

(4)肋板

如图 5-40 所示,标注肋板宽度方向和高度方向定形尺寸 6,29,长度方向定形尺寸由底板长 70 确定。

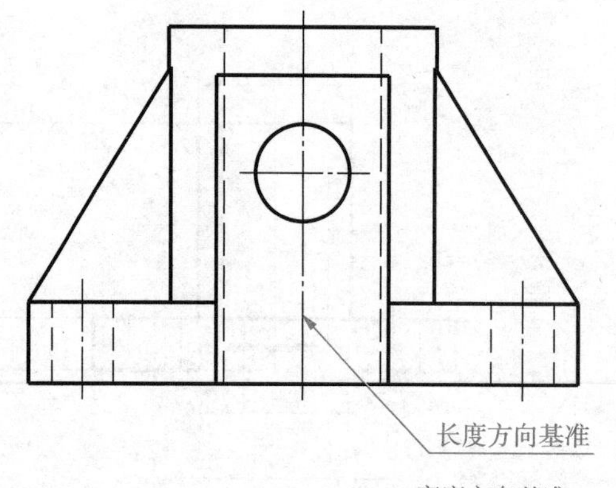

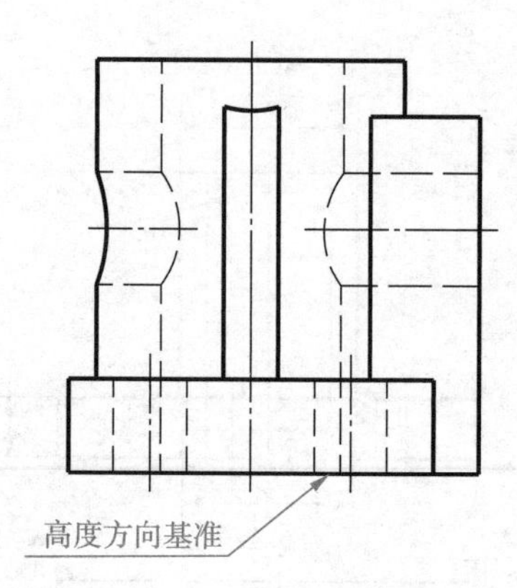

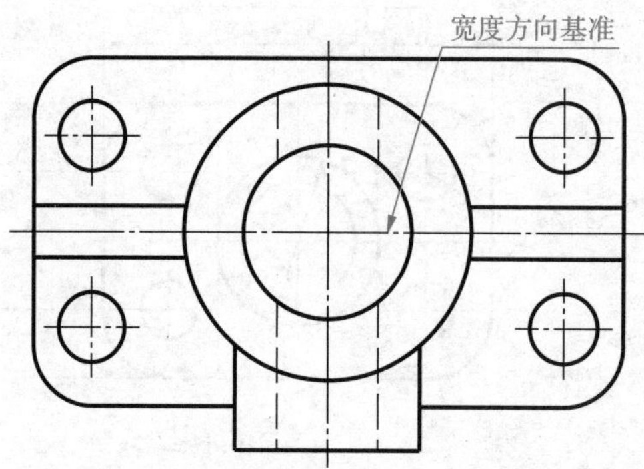

图 5-38　支座的尺寸基准

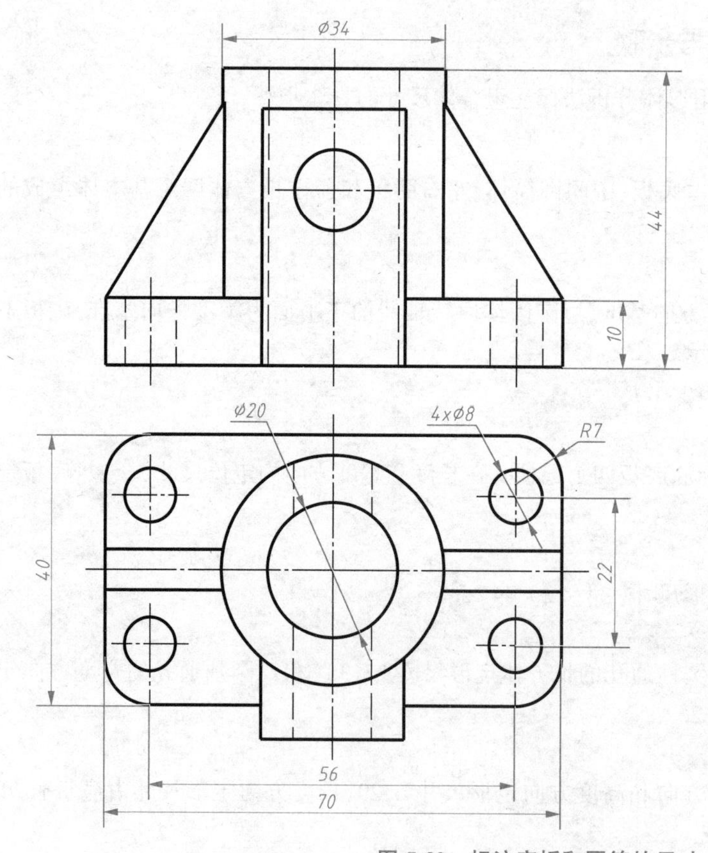

图 5-39　标注底板和圆筒的尺寸

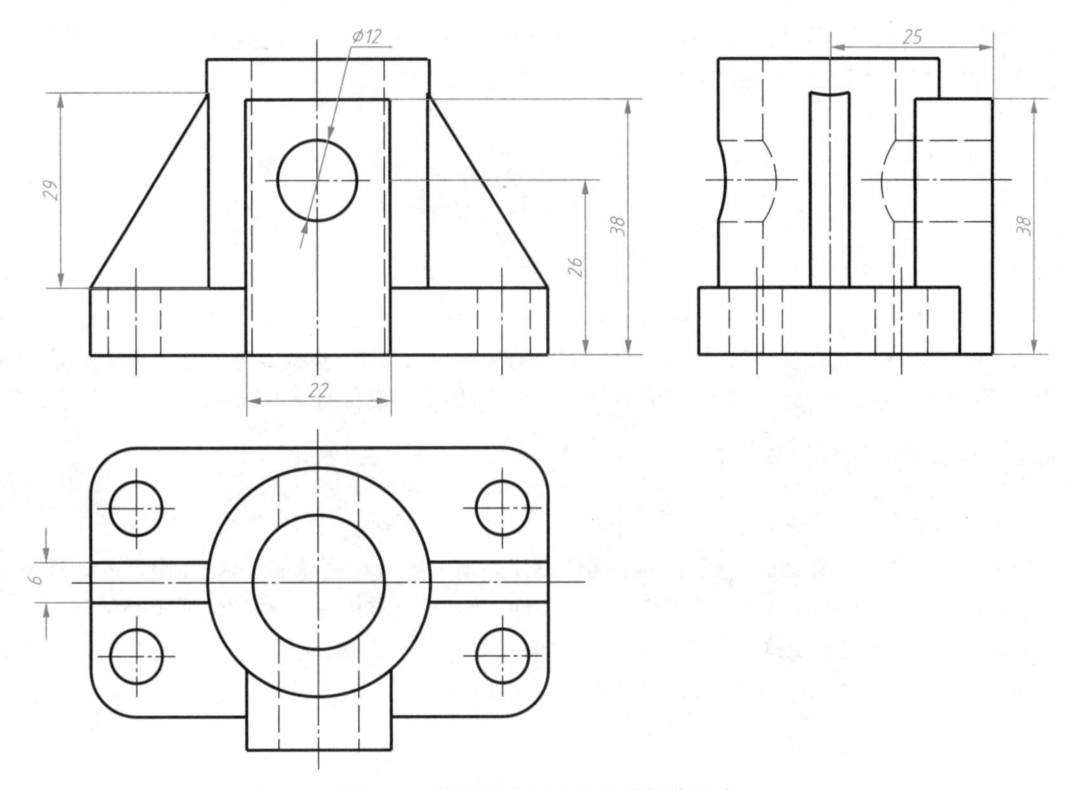

图 5-40　标注长方形凸台和肋板的尺寸

4. 标注总体尺寸

为了表示组合体外形的总长、总宽和总高,应标注相应的总体尺寸。如图 5-41 所示,支座总长尺寸为 70,总高尺寸为 44,总宽尺寸可由底板定形尺寸 40 与前方长方体定位尺寸 25 得出,无须单独标注。

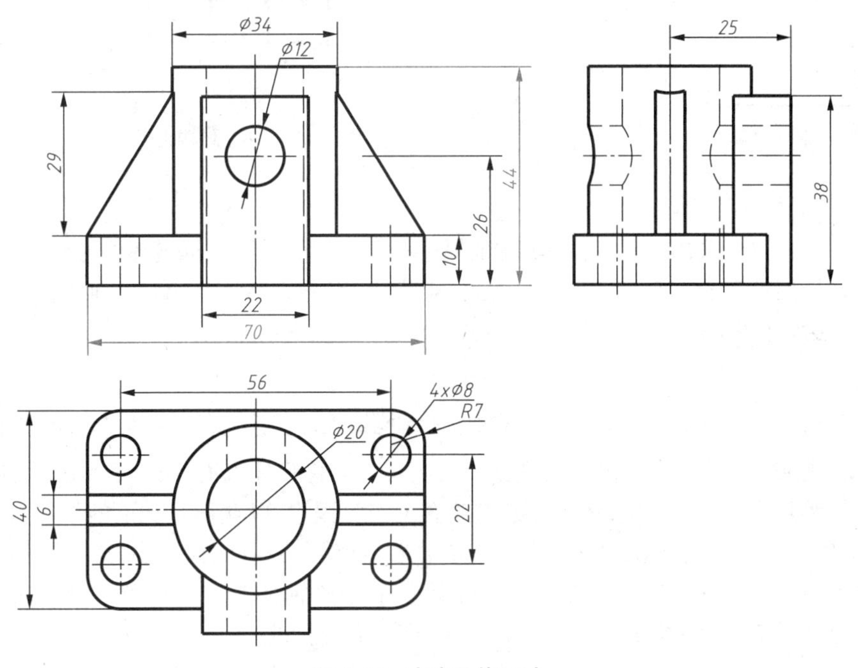

图 5-41　支座总体尺寸

最后,应用形体分析结果,逐个检查各组成形体的定形、定位尺寸,不遗漏也不重复,对标注不恰当的尺寸进行修改和调整,保证尺寸标注正确、完整、清晰。

5.6 组合体的构形设计

根据已知条件构思组合体的形状、大小并表达成图的过程称为组合体的构形设计。在掌握组合体读图与画图的基础上,进行组合体构形设计方面的训练,可以进一步提高空间想象能力及形体设计能力,有利于开拓思维,为机械零件的构形设计及今后的工程设计打下基础。

5.6.1 形体构形的基本要求

1. 构形须满足限定条件

构建任何形体都是有目的、有条件的。构形设计必须了解清楚题意和要求,在限定的条件下进行构思、设计。组合形体的构型设计仅限于几何条件。例如,要求构建一平面体,其上必须包含七种位置平面,图 5-42 就是满足这一限定条件而构建的一平面体。又如,构建一个形体,要求正面投影如图 5-43(a)所示,图 5-43(b)所示为满足条件的一个形体。

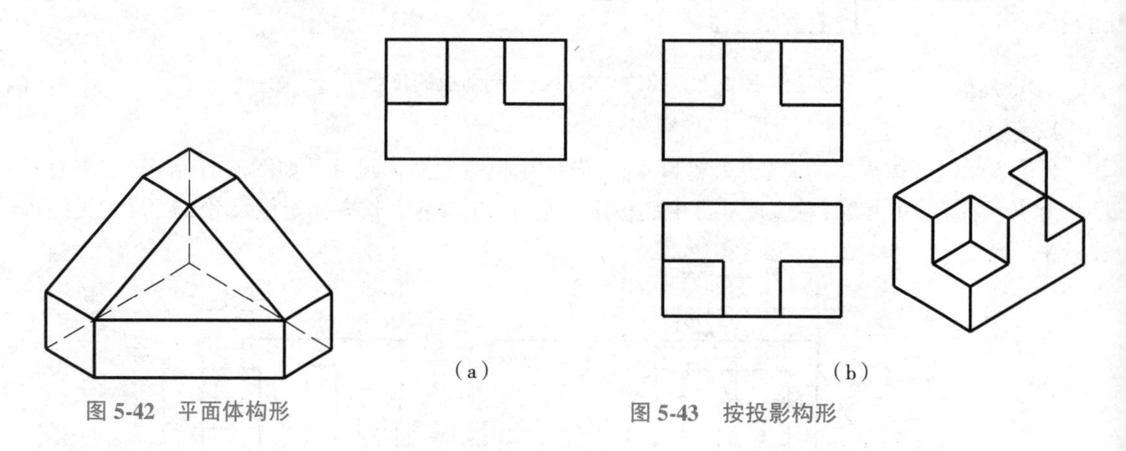

图 5-42 平面体构形　　图 5-43 按投影构形

2. 以基本几何体为构形的主要元素

复杂形体一般可以采用基本几何体组合而成,利用常见的平面体、回转体作为构形单元,便于理解、容易制作,同时便于绘图和标注尺寸。因此,基本形体的投影特点及相互之间的组合关系是构形设计的基础,必须熟练掌握、灵活应用。

3. 构形要能体现美感

构建形体遵循一定的美学规律,设计出的形体才能给人以美感。任何物体只要具备和谐的比例关系(如:黄金矩形、$\sqrt{2}$矩形等),便初具视觉上的美感。对称形体具有平衡与稳定感,如图 5-44 所示。构建非对称形体时,应注意形体大小及其位置分布等因素,以获得视觉上的平衡,如图 5-45 所示。运用对比的手法可以表现形体的差异,产生直线与曲线、凸与凹、大与小、高与低、实与虚、动与静的变化效果,避免造型的单调。如图 5-46(a)所示,在以平面体为主的构形中,局部设计成曲面,其造型效果就比图 5-46(b)所示的单独用平面体构型要富于变化。

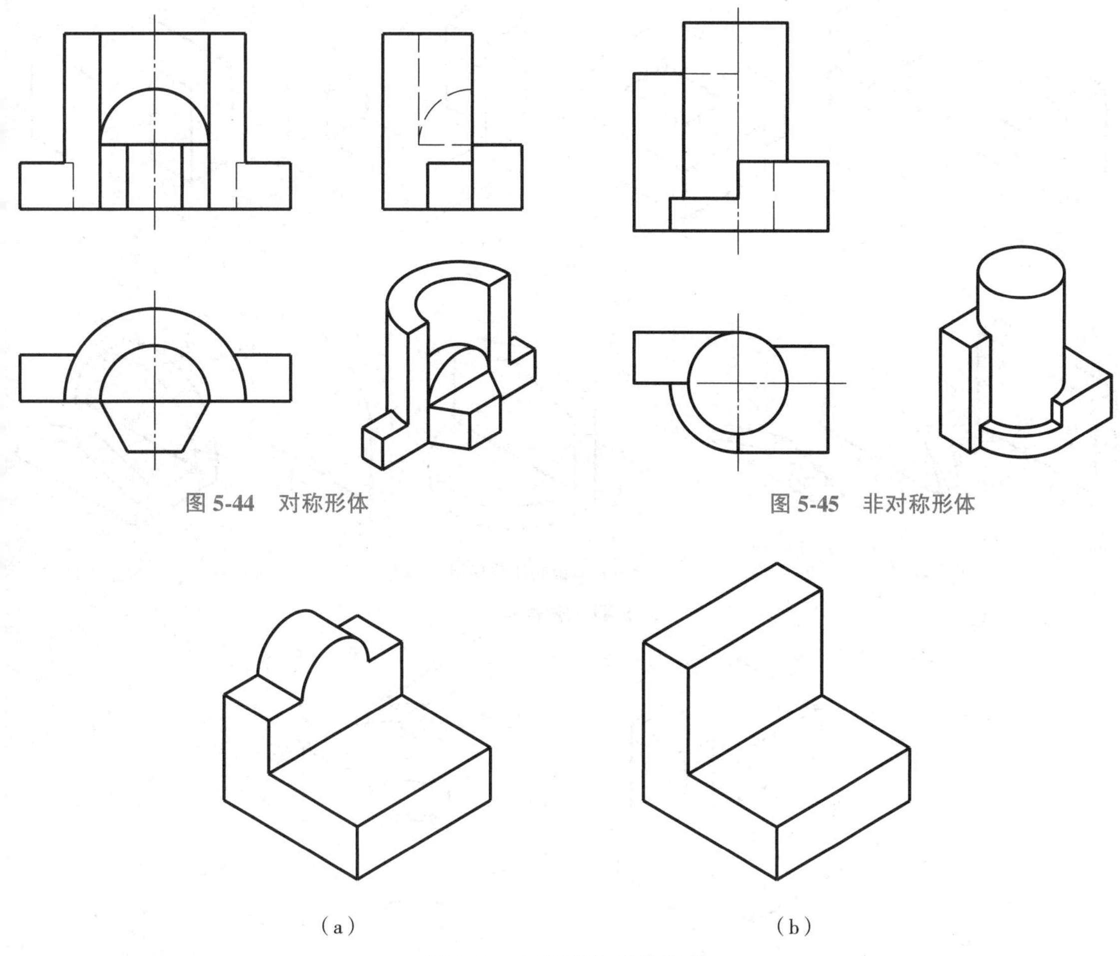

图 5-44　对称形体

图 5-45　非对称形体

（a）　（b）

图 5-46　运用对比手法构型

5.6.2　组合体构形设计的方法

构形过程是一个设计创造过程，需要充分发挥主观能动性，由不充分的条件构思出多种组合体是思维发散的结果。构形设计的基础是前面介绍的形体分析方法和线面分析方法，是工程图学中有关组合体方面基本知识，读者应自觉运用联想的方法多实践，尽可能构思多种结构方案，逐步使构思出的组合体新颖、独特。

1. 叠加法

形体叠加是构形的一种主要形式，即利用单一简单体，采用重复、变位、渐变、相似等组合方式构成新的形体，如图 5-47(a)所示；利用不同的简单体可以通过变换位置构成叠合、相切、相交等组合关系的新形体，如图 5-47(b)所示。

2. 切挖法

从某一简单形体出发，采用挖切方法，生成新的形体。切挖形体有多种方式：平面切挖、曲面切挖(包括贯通)、曲直综合切挖等。采用不同的切挖方式或变换切挖位置，会产生形态各异的立体造型。

图 5-48(a)表示用不同位置的平面对正立方体进行垂直和水平方向的切挖，形成大小、厚薄、高低错落的对比变化；同样，经过不同大小的圆柱面切挖正方体后得到如图 5-48(b)所示形体。

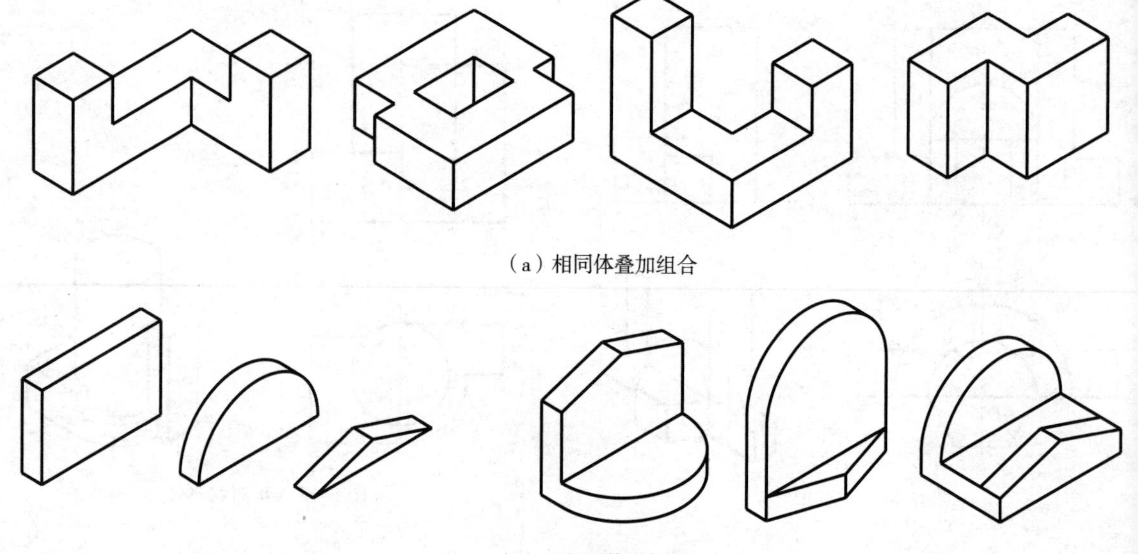

（a）相同体叠加组合

（b）不相同体叠加组合

图 5-47　叠加构形

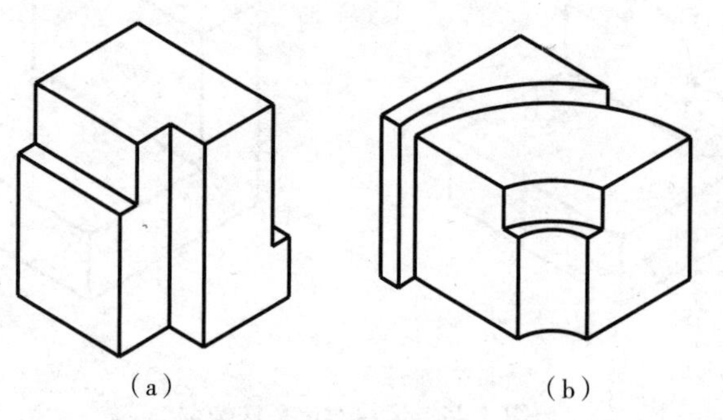

（a）　　（b）

图 5-48　切挖构形

3. 变换法

形体变换是通过改变构形参量或构形表面要素以形成一系列的相似形体。变换参量一般包括尺寸、形状、数量、位置、顺序、连接等。变换法可以产生多种创造性的设想，拓宽造型构思，是非常重要的构形方法。

如图 5-49（a）所示，将长方体按比例切挖出三个大小相同的小长方体，然后变换它们的位置，得到不同的组合形体，如图 5-49（b）所示。

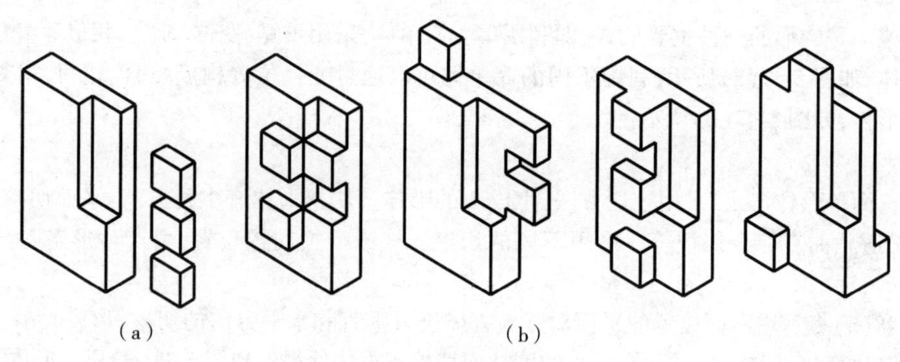

（a）　　（b）

图 5-49　变换构形

另一种常用变换方法是通过改变形体表面的凹凸、正斜、平曲来构思组合体，如图 5-50 所示，只要满足主视图的投影要求，便可以得到多种形体。对表面进行凹凸、正斜、平曲的联想，不仅对构思组合体有用，在读图中遇到难点，进行"先假定、后验证"时也会很有帮助。

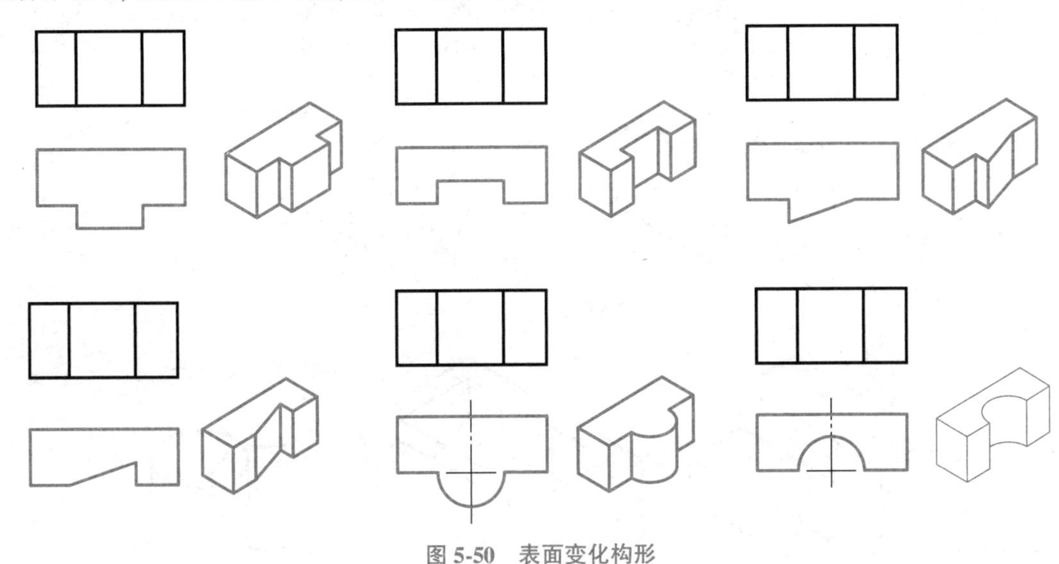

图 5-50　表面变化构形

4. 综合法

在实际构形设计构成中，往往不能单独用一种方法来完成，而是同时运用叠加法、切挖法和变换法进行构形设计，这称为综合法。这是构形设计的常用方法，如图 5-51 所示，满足同样的主视图投影条件，这里仅画出四个形体，实际上可以通过上述方法构思出更多的形体。

图 5-51　组合体构形

5.6.3 组合体构形设计应注意的问题

①形体构形设计的结果必须符合工程实际,并应当是一个可以利用的实体对象。在构形时需要注意,两几何体之间不能以点连接,如图 5-52 所示;两几何体之间也不能以线连接,如图 5-53 所示。

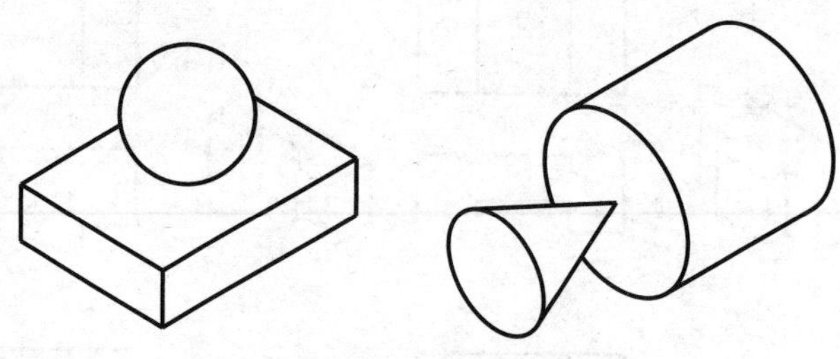

图 5-52 两体以点连接

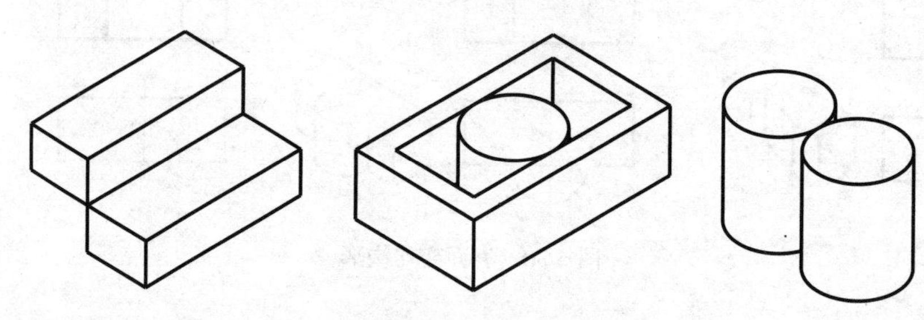

图 5-53 两体以线连接

②在一定的条件下进行形体构形设计是一个发散思维过程,而衡量构形结果可以参考三个指标:发散度,即构思出对象的数量;变通度,即构思出对象的类别;新异度,即构思出的对象新颖、独特的程度。想要构思出比较理想的组合体,则要熟悉与组合体有关的知识,同时多观察实物或轴测图,以积累形体构形设计的经验。

第 6 章 机件的图样画法

在生产中，由于使用要求不同，机件（包括零件、部件和机器）的结构形状是多种多样的。当机件的形状和结构比较复杂时，仅采用前面所介绍的三视图就难于把它们的内外形状准确、完整、清晰地表达出来。为了使图样能够完整、清晰地表达机件各部分的结构形状，便于画图和看图，GB/T 4458.1—2002《机械制图　图样画法 视图》、GB/T 4458.6—2002《机械制图　图样画法 剖视图和断面图》，以及 GB/T 16675.1—2012《技术制图　简化表示法》等国家标准，规定了绘制机件图样的各种表达方法，包括视图、剖视图、断面图、局部放大图和简化画法等。技术图样采用正投影法绘制，并优先采用第一角画法。因此，必须掌握好机件各种表达方法的特点、画法以及图形的配置和标注方法，以便能灵活地运用它们。

思维导图

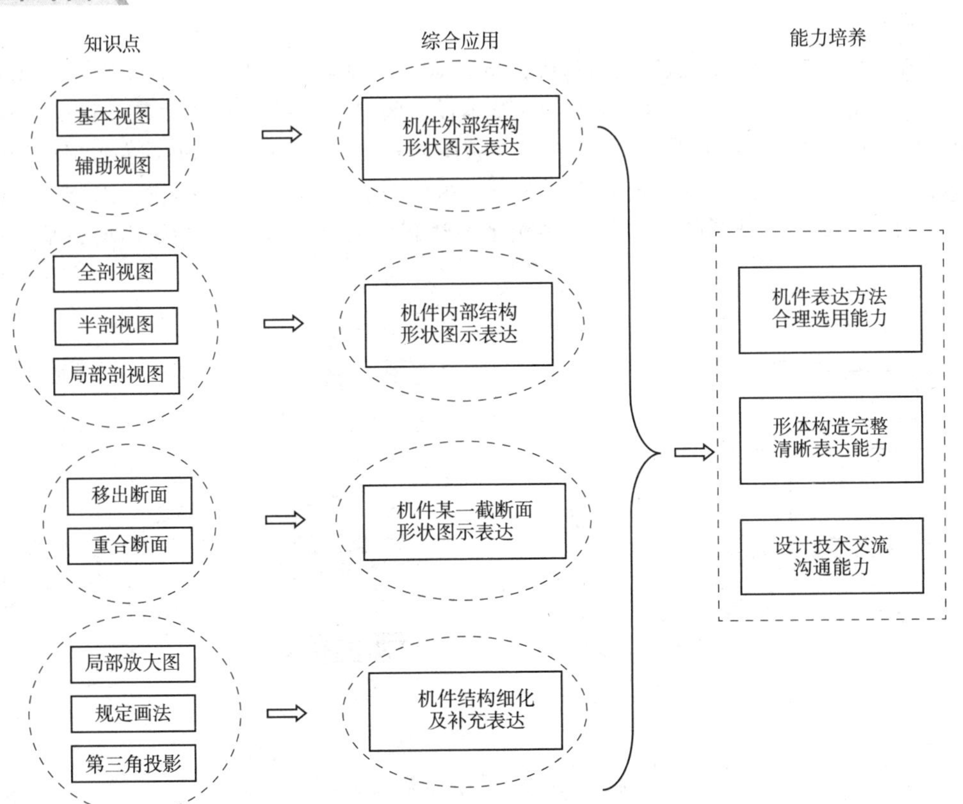

重点难点

1. 剖视图概念及选用；
2. 视图及剖视图的配置标注；
3. 具体机件的表达方案制定。

素质拓展

图形是工程师的语言，也是世界通用语言。理解各种投影表达方法，学会选择应用，实现工程设计对象几何结构的完整清晰表达。剖视假想表达法，由表及里，虚实分明，洞察对象，拨开云雾现青天。同时作为必要的补充，注意常规表达方法之外还有惯例，即习惯画法。理解选用表达方法和遵守规范规定，是培养工程素养的重要内容。另外，理解第三角投影的图示画法，扩大国际视野，适应国际间技术交流。

6.1 视图

视图主要用来表达机件的外部结构形状。视图通常有基本视图、向视图、局部视图和斜视图。向视图、局部视图和斜视图又称为辅助视图，它们用以表达基本视图尚未表达清楚的部分或局部倾斜的结构。

6.1.1 基本视图

根据国标规定，在原有三个投影面的基础上，再增设三个投影面，组成一个正六面体，如图 6-1(a)所示，把六面体的六个面作为投影面，称它们为基本投影面，将机件分别向六个基本投影面投射，所得的视图称为基本视图。除前面已介绍过的三个视图以外，还有右视图—由右向左投射所得到的视图，仰视图—由下向上投射所得到的视图，后视图—由后向前投射所得到的视图。对于形状比较复杂的机件，用两个或三个视图尚不能完整、清楚地表达它们的内外形状时，则采用增加基本视图来表达。

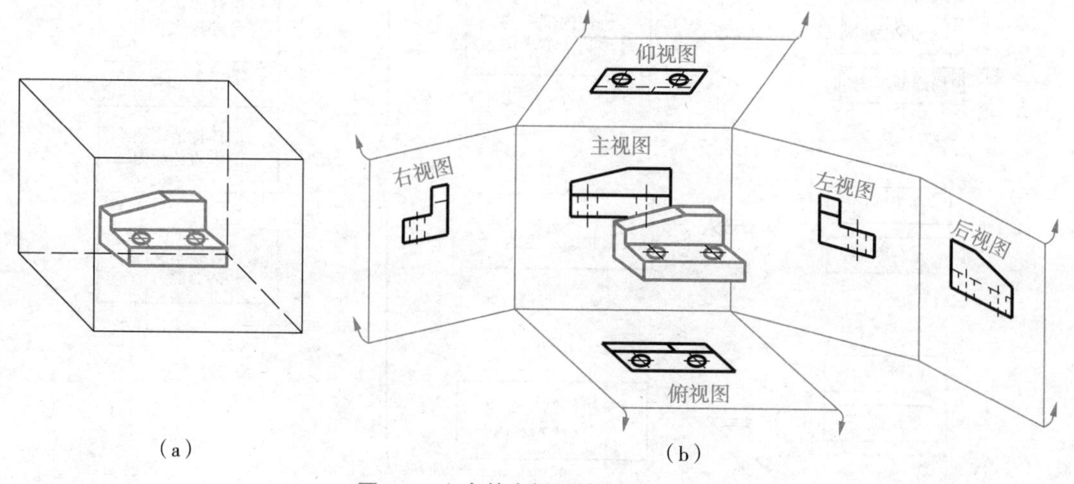

图 6-1　六个基本视图的形成及展开

1. 基本投影面的展开和基本视图的配置。

六个投影面在展开时,仍然保持 *V* 面不动,其他各个投影面如图 6-1(b)所示,展开到与 *V* 面在同一平面上,展开后各基本视图的配置关系如图 6-2 所示。在同一张图纸内,按图 6-2 配置视图时,一律不标注视图的名称。

2. 基本视图的投影规律及方位对应关系。

三视图的投影规律对六个基本视图仍然适合。

(1)六个基本视图的度量对应关系,仍保持"长对正、高平齐、宽相等",即主、俯、仰视图长对正并与后视图长相等;主、左、右、后视图高平齐;左、右、俯、仰视图宽相等。

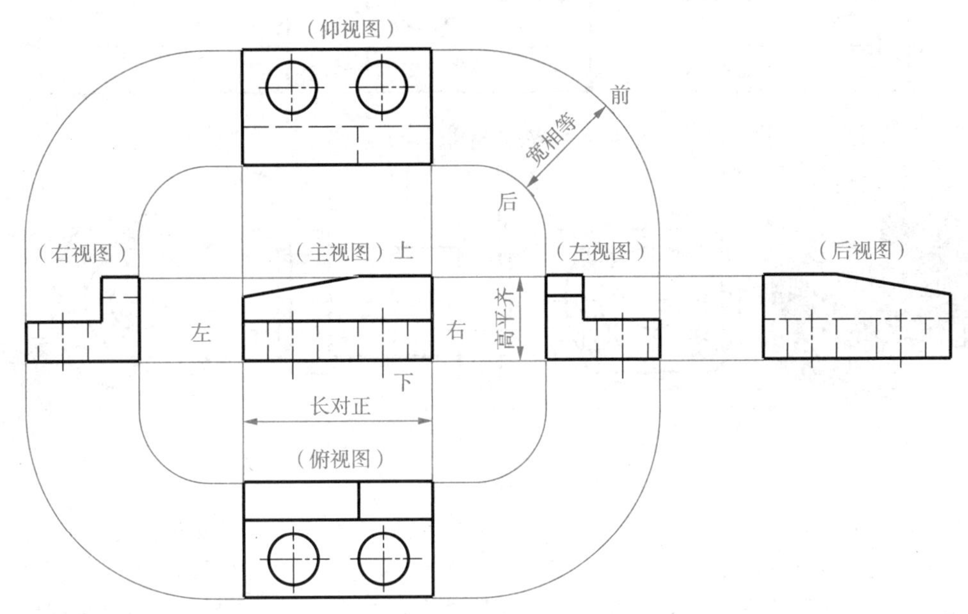

图 6-2 六个基本视图的配置

(2)六个基本视图的方位对应关系是:主、左、右、后四个视图的上、下与机件的上、下是相对应的;主、俯、仰三个视图的左、右与机件的左、右是相一致的,而后视图的左侧表示的是机件的右边,后视图的右侧表示的是机件的左边;俯、左、右、仰视图远离主视图的一侧表示的是机件的前面,而它们靠近主视图的一侧则表示机件的后面。

6.1.2 向视图

向视图是可自由配置的视图。六个基本视图如果不按图 6-2 配置时,可采用向视图。画向视图时应在视图的上方标出大写拉丁字母"×",称为"×"向视图,同时在相应的视图附近,用箭头指明投射方向,并注上同样的大写拉丁字母"×",如图 6-3 所示的 *A* 向视图、*B* 向视图和 *C* 向视图。

选用恰当的基本视图,可以较清晰地表达机件的形状。针对图 6-4(a)所示机件,选用了图 6-4(b)所示的主、左、右三个视图来表达机件的主体和左、右凸缘的形状,在左、右两个视图中省略了不必要的虚线。

6.1.3 局部视图

将机件的某一部分向基本投影面投射所得的视图称为局部视图。

当采用一定数量的基本视图后,该机件上仍有部分结构形状尚未表达清楚,而又没有必要再画出完整的基本视图时,可单独将这一部分的结构形状向基本投影面投影。因此,可以认为局部视图是由于表达的需要而仅画出物体一部分的基本视图。

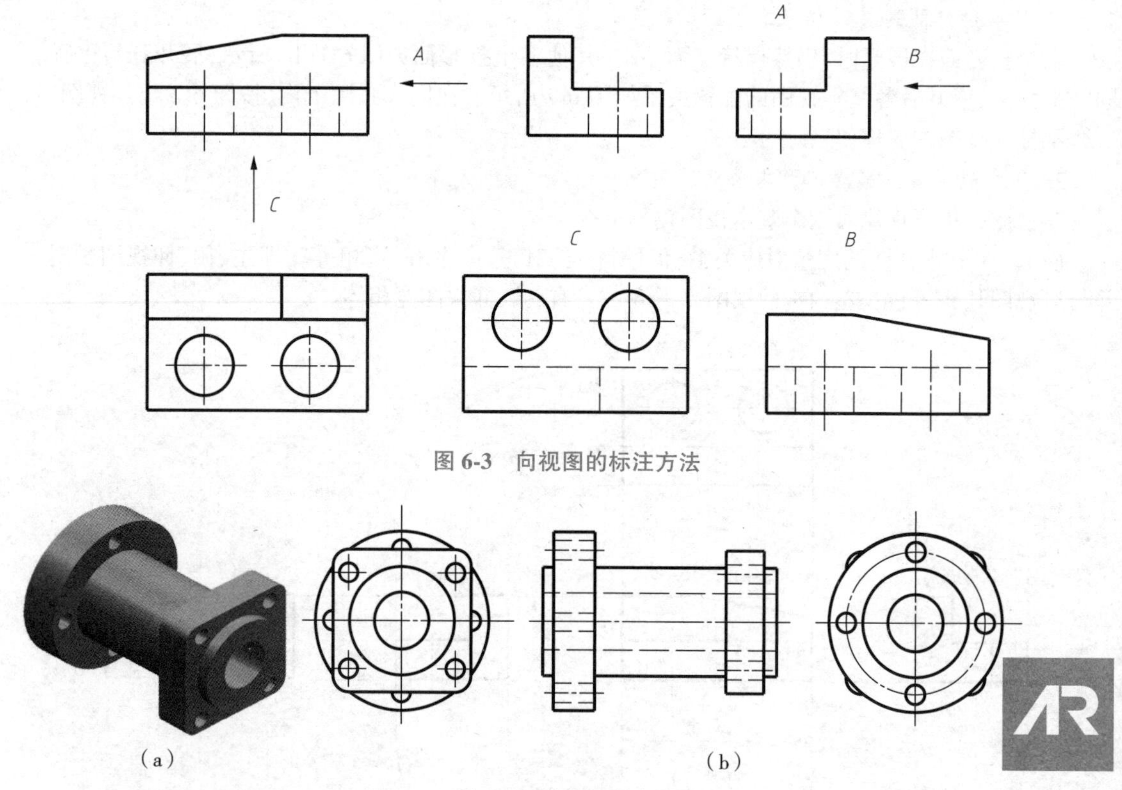

图 6-3　向视图的标注方法

图 6-4　基本视图应用

如图 6-5 所示部件,当画出其主、俯两个基本视图后,仍有两侧的凸台没有表达清楚。因此,需要画出表达该部分的局部左视图和局部右视图。局部视图可按基本视图的形式配置,中间没有其他图形隔开时,可以省略标记,也可按向视图的形式配置并标注,如图 6-5 中的“*A*”向局部视图。局部视图的断裂边界用波浪线画出。当所表达的局部结构是完整的,且外轮廓线又成封闭时,波浪线可省略不画,如图 6-5 中的“B”向局部视图。

用波浪线作为断裂线时,波浪线应画在机件的实体部分,不应超出断裂机件的轮廓线,也不能穿越机件中间的孔洞,图 6-6 为波浪线画法的正误对比说明。

6.1.4　斜视图

图 6-7(a)为压紧杆的三视图,由于压紧杆的左下部对 *H* 和 *W* 面部是倾斜的,所以,俯视图和左视图都不反映它的实形。这样,图 6-7(a)中的三个视图不仅画图比较困难,而且表达得也不清楚,看图不方便。为了清晰地表达压紧杆的倾斜表面,可以采用如图 6-7(b)所示方法。即设置一个平行于机件倾斜表面并垂直于某一基本投影面的新投影面,然后以垂直于倾斜表面的方向向新投影面投射,就得到反映它的实形的视图。将机件向不平行于任何基本投影面的平面投射所得的视图称为斜视图。

图 6-8 为斜视图的画法和标注规定。

(1)画斜视图时,必须在视图的上方用大写拉丁字母标注视图的名称“×”,在相应的视图附近用箭头指明投射方向,并注写相同的大写字母,如图 6-8(a)中的 *A* 视图。

(2)斜视图一般按投射关系配置,如图 6-8(a)所示,必要时也可配置在其他适当位置。在不致引起误解时,允许将图形旋转(旋转角度应小于 90°),标注形式为“×↶”或“↷×”,其中箭头称为旋转符号,它的方向代表旋转方向。表示该视图名称的大写拉丁字母应靠近旋转符号的箭头端,如

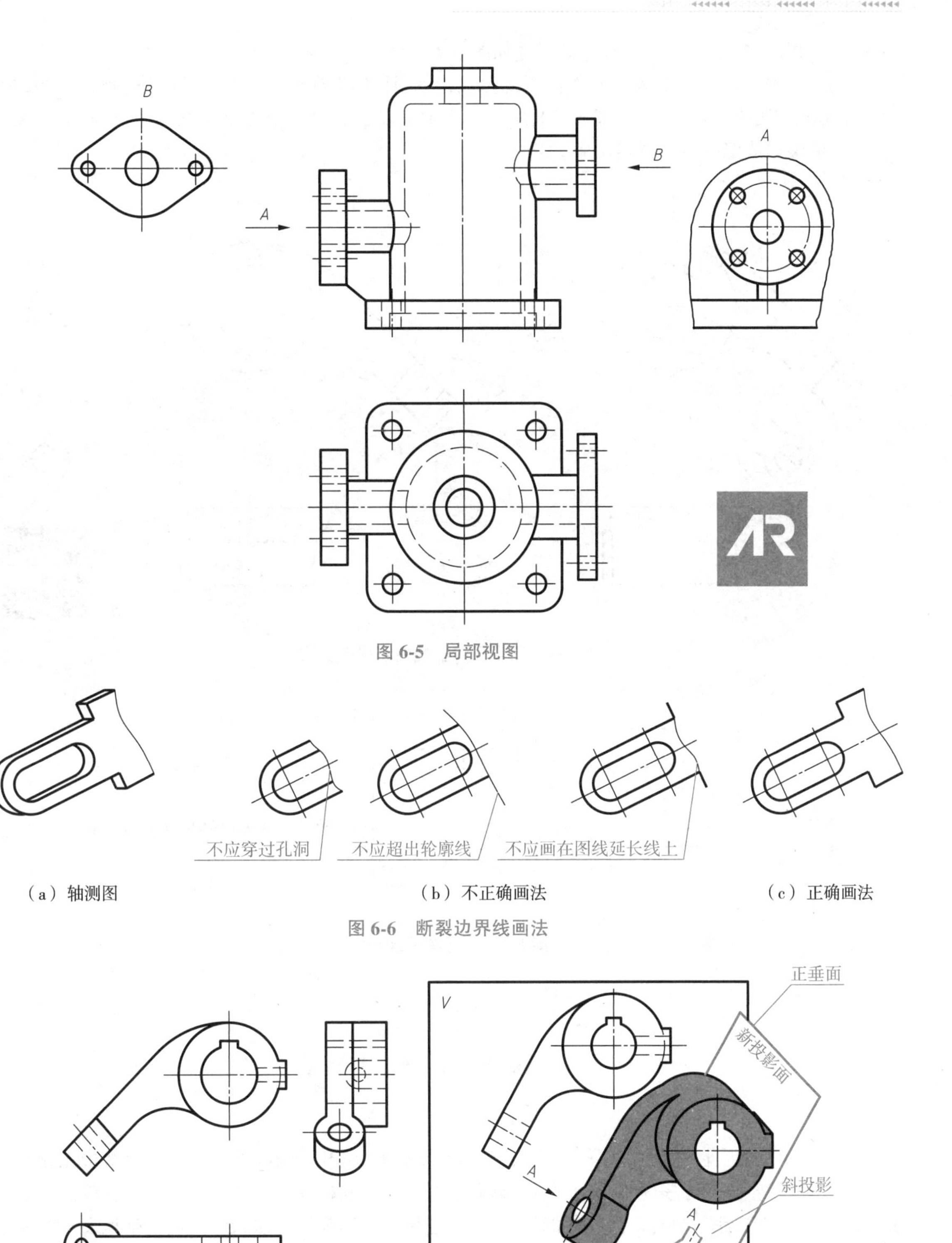

图 6-5　局部视图

图 6-6　断裂边界线画法

图 6-7　压紧杆的三视图及斜视图的形成

图 6-8(b)中的"⌒A"。旋转符号的尺寸如图 6-9 所示。

(3)斜视图一般只需要表达机件倾斜部分的形状,而不必画出其他部分的投影,倾斜结构的断裂边界用波浪线或双折线表示,如图 6-8 所示。如果所表示的倾斜结构是完整的,且外轮廓线又为封闭时,波浪线或双折线可省略不画。

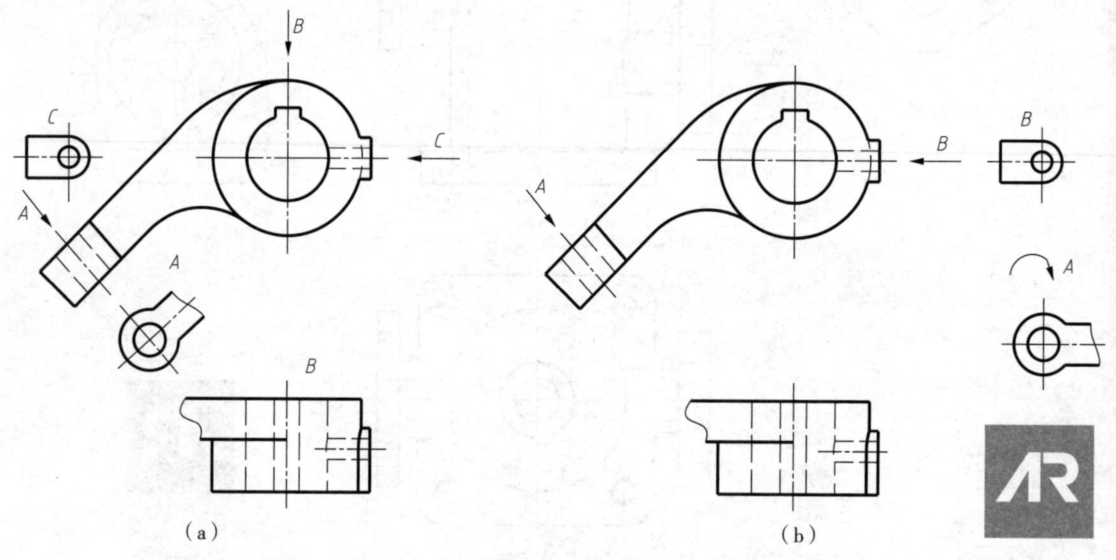

图 6-8 压紧杆的斜视图和局部视图

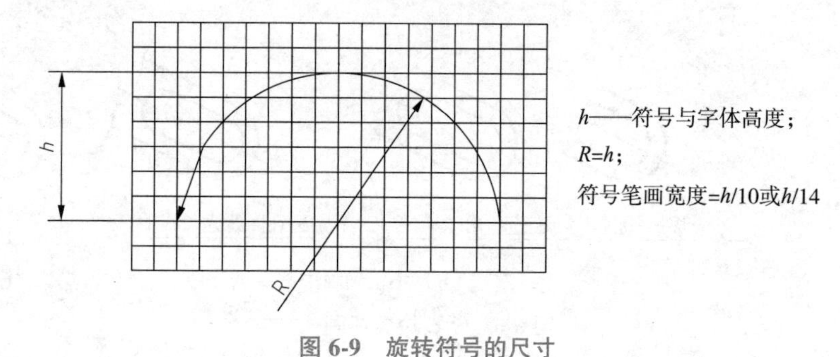

图 6-9 旋转符号的尺寸

6.2 剖视图

在视图中,表达机件的内部结构用虚线来表示,如图 6-10(b)所示,当机件的内部结构比较复杂时,在视图上就会出现许多虚线,影响图形清晰,这样给看图和标注尺寸都带来不便。在绘制技术图样时,应首先考虑看图方便,根据物体的结构特点,选用适当的表达方法,在完整、清晰地表示物体形状的前提下,力求制图简便。因此,为了清楚地表达机件的内部结构形状,国家标准 GB/T 17452—1998《技术制图 图样 画法 剖视图和断面图》规定了剖视图和断面图的概念、分类及标注,GB/T 4458.6—2002《机械制图 图样画法 剖视图和断面图》中规定了在机械图样上的剖视图、断面图的画法和标注方法,GB/T 17453—2005《技术制图 图样画法 剖面区域的表示法》中规定了剖面区域的表示方法。这些规定为清晰表达机件内部结构提供了有效的手段。

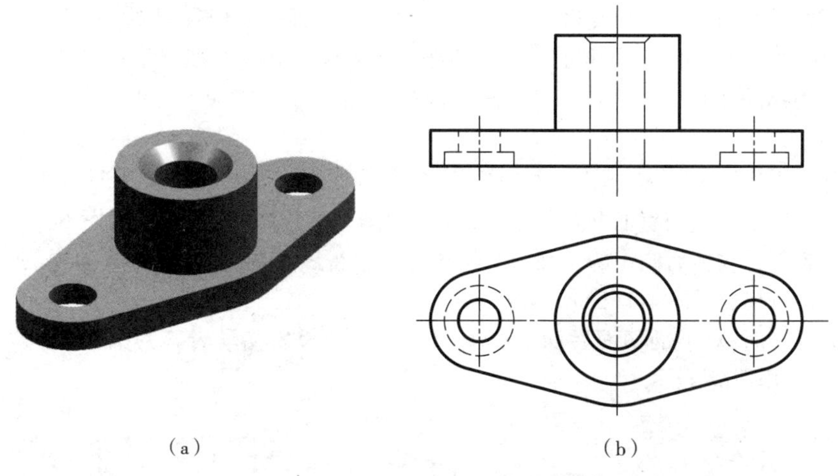

（a）　　（b）

图 6-10　机件的视图

6.2.1　剖视图的形成

假想用剖切面剖开机件，将处在剖切面和观察者之间的部分移去，将其余部分向投影面投射所得的图形称为剖视图，简称剖视。针对图 6-10(a)所示的机件，采用与 V 面平行的机件前后对称面作为剖切面，从上往下将机件一分为二，移走前面部分，将剩余部分作为一个整体向 V 面投影，即形成了剖视图，如图 6-11(a)所示。采用剖视后，主视图上机件内部不可见轮廓成为可见，直接用粗实线画出，这样图形清晰，就便于看图和标注尺寸了，如图 6-11(b)所示。显然采用剖视图的目的是为了表达机件内部的孔、洞、槽等结构，剖切面一般为平面，也可以是曲面。

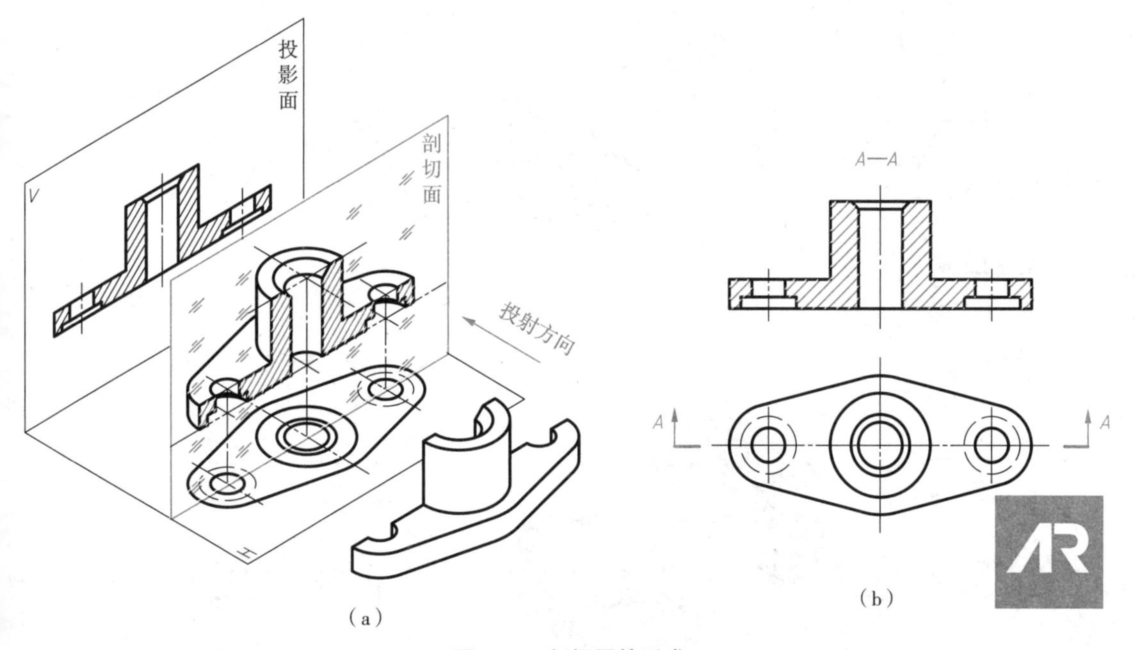

（a）　　（b）

图 6-11　剖视图的形成

6.2.2　剖视图的画法

1. 确定剖切面位置

确定剖切面的位置关键在于明确剖切的目的，让剖切面尽量通过机件较多的内部结构，同时尽量与对应视图的投影面平行。如要将图 6-10 所示机件的主视图画成剖视图,选择机件的前后对称面为剖切面,显然此剖切面通过了机件的内部结构(三组圆柱孔的轴线),同时该面平行于正面,如图 6-11 所示。如果需要将左视图或俯视图画成剖视图,剖切面一般应平行于侧面或水平面。

2. 画剖视图

将剩余部分看作一个整体,画出其在对应投影面上的视图,包括位于剖切面后面的机件的可见轮廓线和机件被剖切面截切后的断面轮廓线,在剖视图中均用粗实线画出,如图 6-11(b)所示。由于剖视图是假想剖开物体后画出的,因此,当物体的一个视图画成剖视图后,其他视图不受影响,仍应按完整的机件画出,如图 6-11(b)所示的俯视图。

在绘制剖视图时,对于剖切面后面的可见部分轮廓的投影初学者容易漏画,请读者认真分析图 6-12 所示中的几种情况。

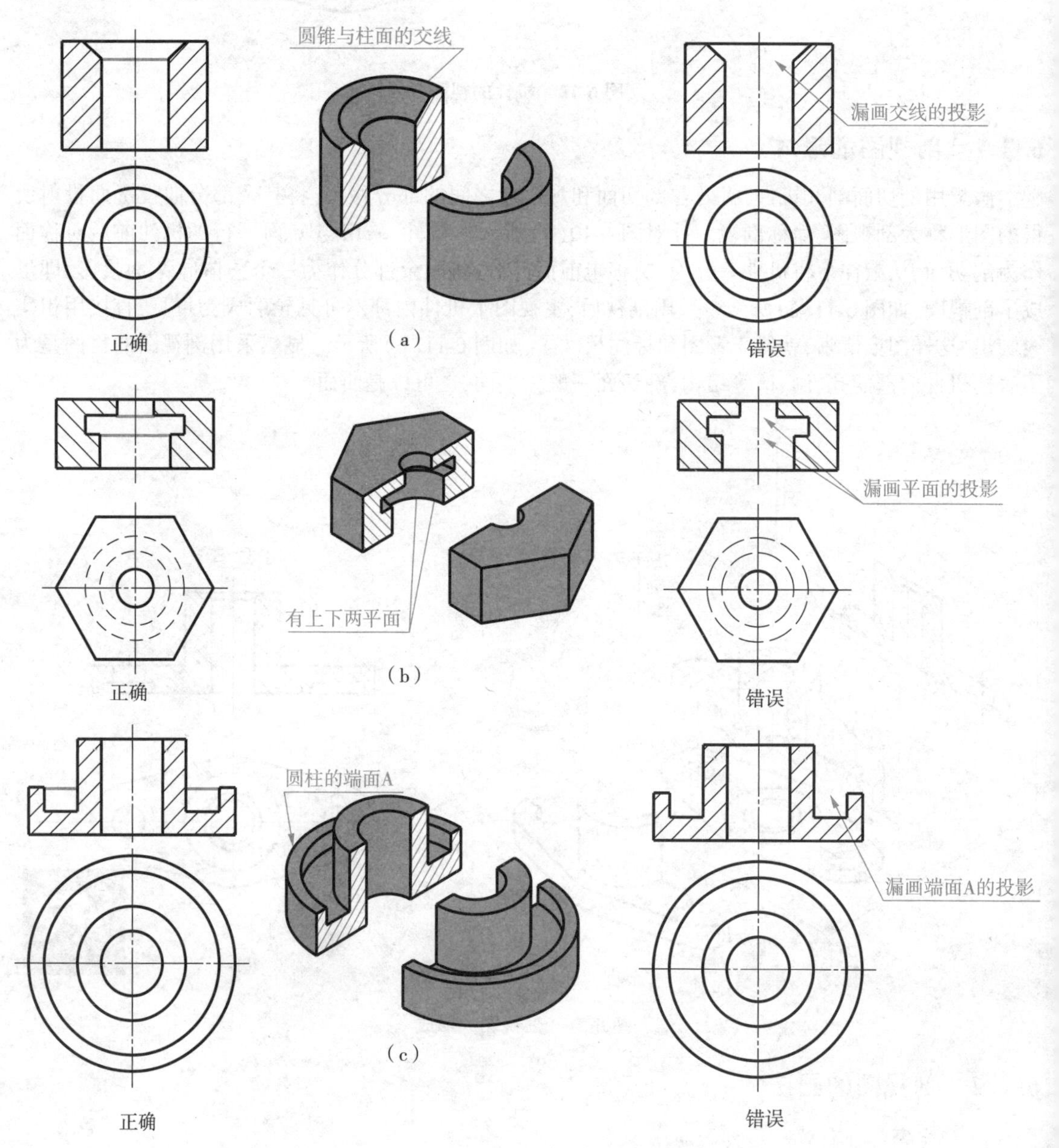

图 6-12 剖视图中不要漏画线

3. 画剖面符号

机件被剖开后,剖切面与物体的接触部分称为剖面区域。在机件的剖面区域内,应画上剖面符号,各种材料对应的剖面符号见表6-1。常见的金属材料的剖面符号画成与水平线成45°的细实线。注意同一机件的各个剖视图上,剖面线的方向、间隔应完全一致,剖面区域内标注数字、字母等处的剖面线须断开。

表6-1　剖面符号(GB/T4457.5—2013)

材料	剖面符号	材料	剖面符号
金属材料 (已有规定剖面符号者除外)	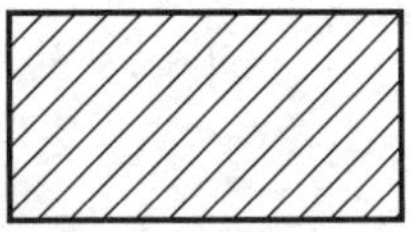	木质胶合板	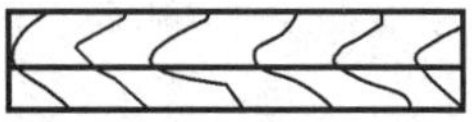
线圈绕组元件	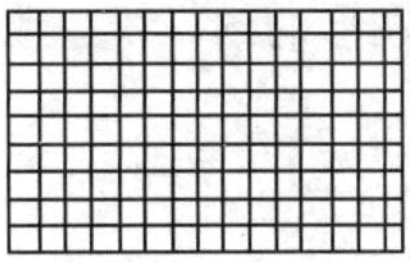	基地周围的泥土	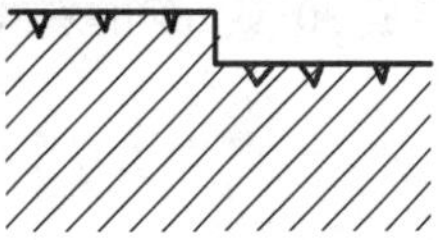
转子、电枢、变压器和电抗器等的叠钢片	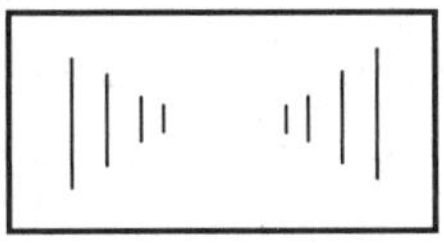	混凝土	
非金属材料 (已有规定剖面符号者除外)	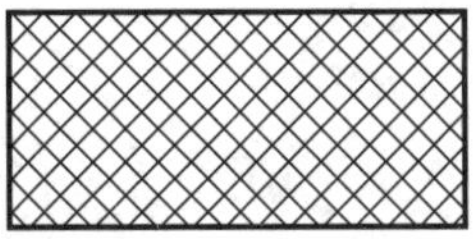	钢筋混凝土	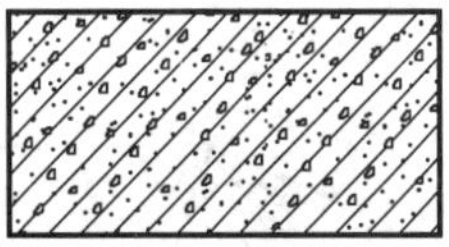
玻璃及观察用的其他透明材料	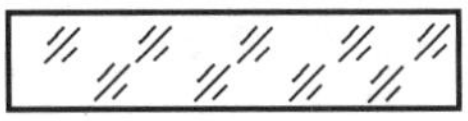	格网 (筛网、过滤网等)	
型砂、填沙、粉末冶金、砂轮、陶瓷刀片、硬质合金刀片等	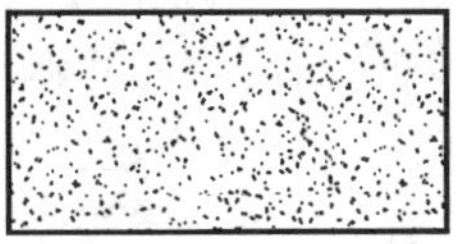	砖	

续上表

材料		剖面符号	材料	剖面符号
木材	纵剖面		液体材料	
	横剖面		气体材料	

当剖视图中的主要轮廓线与水平方向成 45°或接近 45°时,可将该图形的剖面线应画成与水平方向成 30°或 60°的斜线,但其倾斜的趋势仍须与其他图形的剖面线一致,如图 6-13 所示。

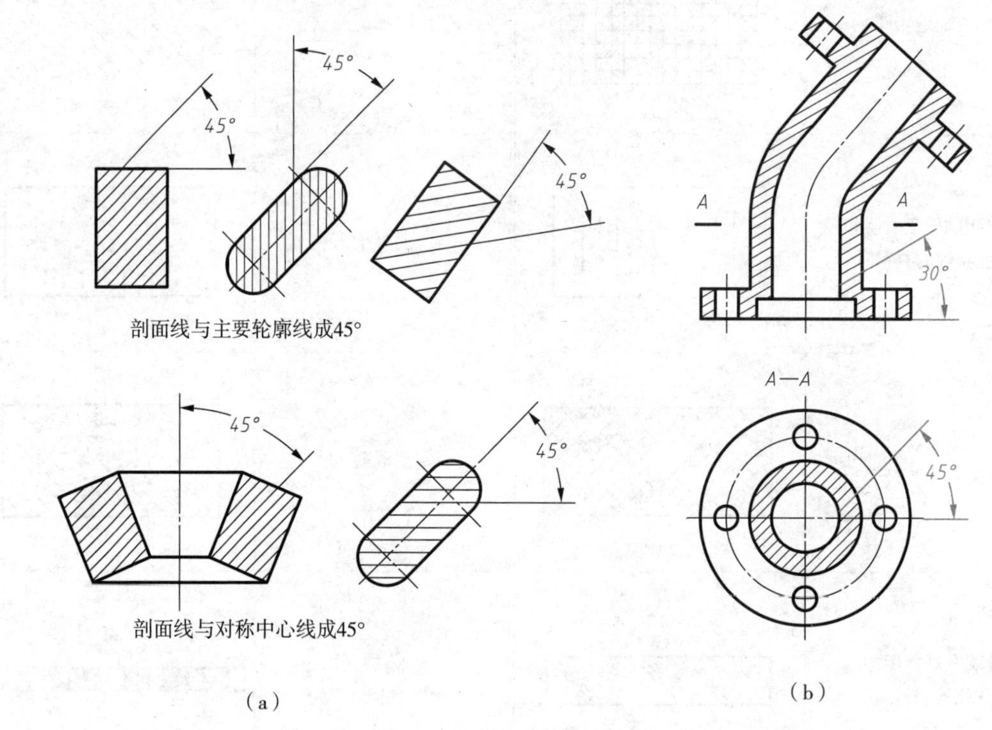

图 6-13　通用剖面线的画法

4. 剖视图的标注

为了看图方便,在画剖视图时,应将剖切位置、投射方向和剖视图名称标注在相应的视图上。

(1)剖切符号。剖切符号是指示剖切面起、讫和转折位置(用粗短画表示)及投射方向(用箭头表示)的符号。在相应的视图上画出粗短画(线宽为 $1d \sim 1.5d$,d 为粗实线线宽,线长 5~7 mm)以表示剖切位置,在起、讫粗短画两端的外侧画出与其相垂直的箭头表示投射方向。注意剖切符号尽量不与图形的轮廓线相交。

剖切线是用细点画线绘制的指示剖切面位置的图线,也可省略不画。

(2)剖视图的名称。在剖切符号旁标注大写拉丁字母“×”,并在剖视图的上方,用相同的大写拉丁字母标注出剖视图的名称“×—×”,如图 6-11(b)所示。

在下列情况下,剖视图的标注内容可以简化或省略:

①当剖视图按投影关系配置,中间又没有其他图形隔开时,可以省略箭头,如图 6-13(b)所示。

②当单一剖切面通过机件的对称平面或基本对称的平面,且剖视图按投影关系配置,中间又没有其他图形隔开时,可省略标注,如图 6-12 所示。

5. 剖视图中的虚线问题

在剖视图中,一般不再画出虚线轮廓,如图 6-14 所示。但对于机件中尚未表示清楚的不可见结构,在不影响剖视图清晰又可减少视图数量的情况下,允许画出少量的虚线,如图 6-15 所示,*A—A* 剖视图中的虚线框表达了形体下部型腔结构。

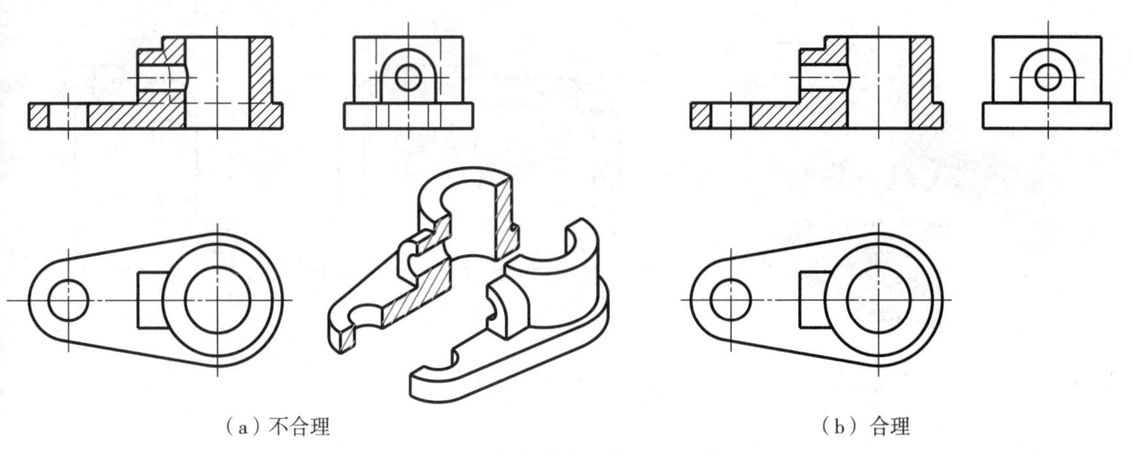

(a) 不合理　　(b) 合理

图 6-14　剖视图中一般不画虚线

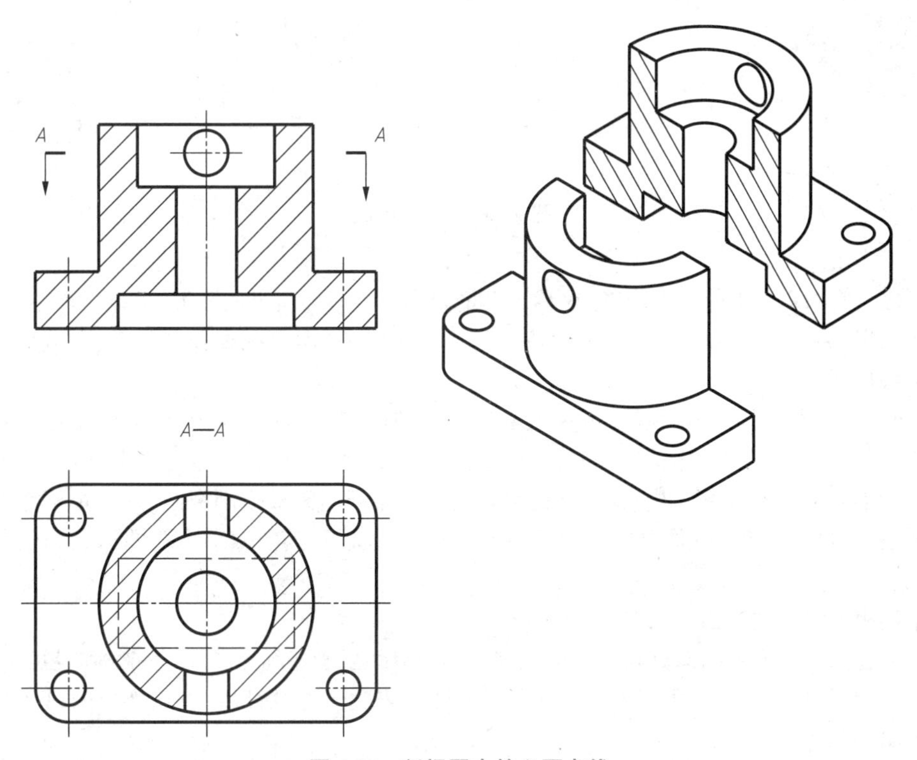

图 6-15　剖视图中的必要虚线

6.2.3 剖视图的种类

剖视图按剖切范围可分为全剖视图、半剖视图和局部剖视图三种。

1. 全剖视图

用剖切面完全地剖开机件所得的剖视图称全剖视图。如图 6-16 所示,主、左视图都是用一个平行于投影面的剖切面完全地剖开机件后得到的全剖视图。

全剖视图应按规定标注。图 6-16(b)所示全剖的主视图符合省略标注的规定,无须标注;而全剖的左视图则符合省略箭头的规定,因此标注了剖切位置及名称字母 *A—A*。

全剖视图侧重于表达机件的内部结构,所以全剖视图主要适用于外形简单、内部结构复杂的机件。

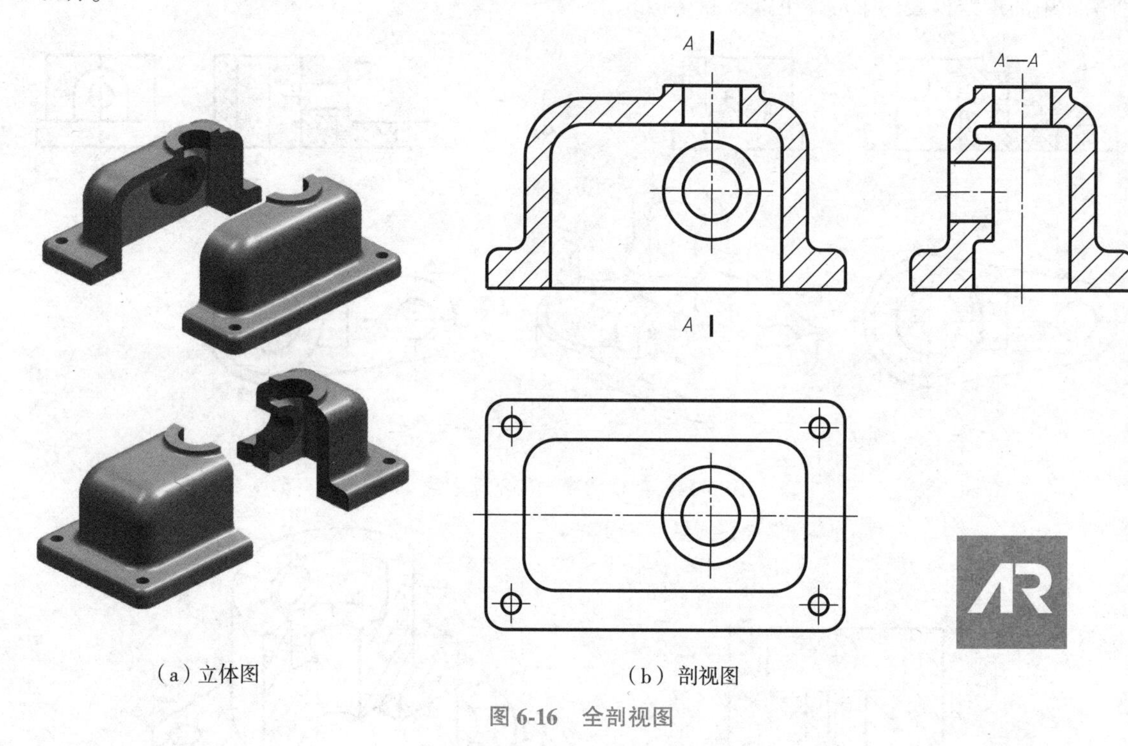

(a) 立体图　　(b) 剖视图

图 6-16　全剖视图

2. 半剖视图

当机件具有对称平面时,在垂直于对称平面的投影面上投射所得的图形,可以对称中心线为界,一半画成剖视,另一半画成视图,称为半剖视图。视图用以表达机件外部结构形状,剖视用以表达机件内部结构形状。

图 6-17(a)为零件的主、俯视图,可见该零件的内、外形都比较复杂,但前后和左右都对称。为了清楚地表达这个零件,采用图 6-17(c)所示的剖切方法,将主、俯视图都画成半剖视图,如图 6-17(b)所示,这种剖切方法兼顾了内、外形状的表达。如果主视图画成全剖视图,则顶板下方的凸台形状就不能表达清楚;如果俯视图画成全剖视图,则长方形顶板及其上四个小孔的形状和位置也不能表达出来。

画半剖视图时应注意如下几点:

①半剖视图的外形视图部分和内形剖视部分的分界线要画成细点画线,不能画成粗实线。

②由于图形对称,机件的内部形状已在半剖视图中表达清楚,所以在表达外形的另一半视图中虚线应省略不画。

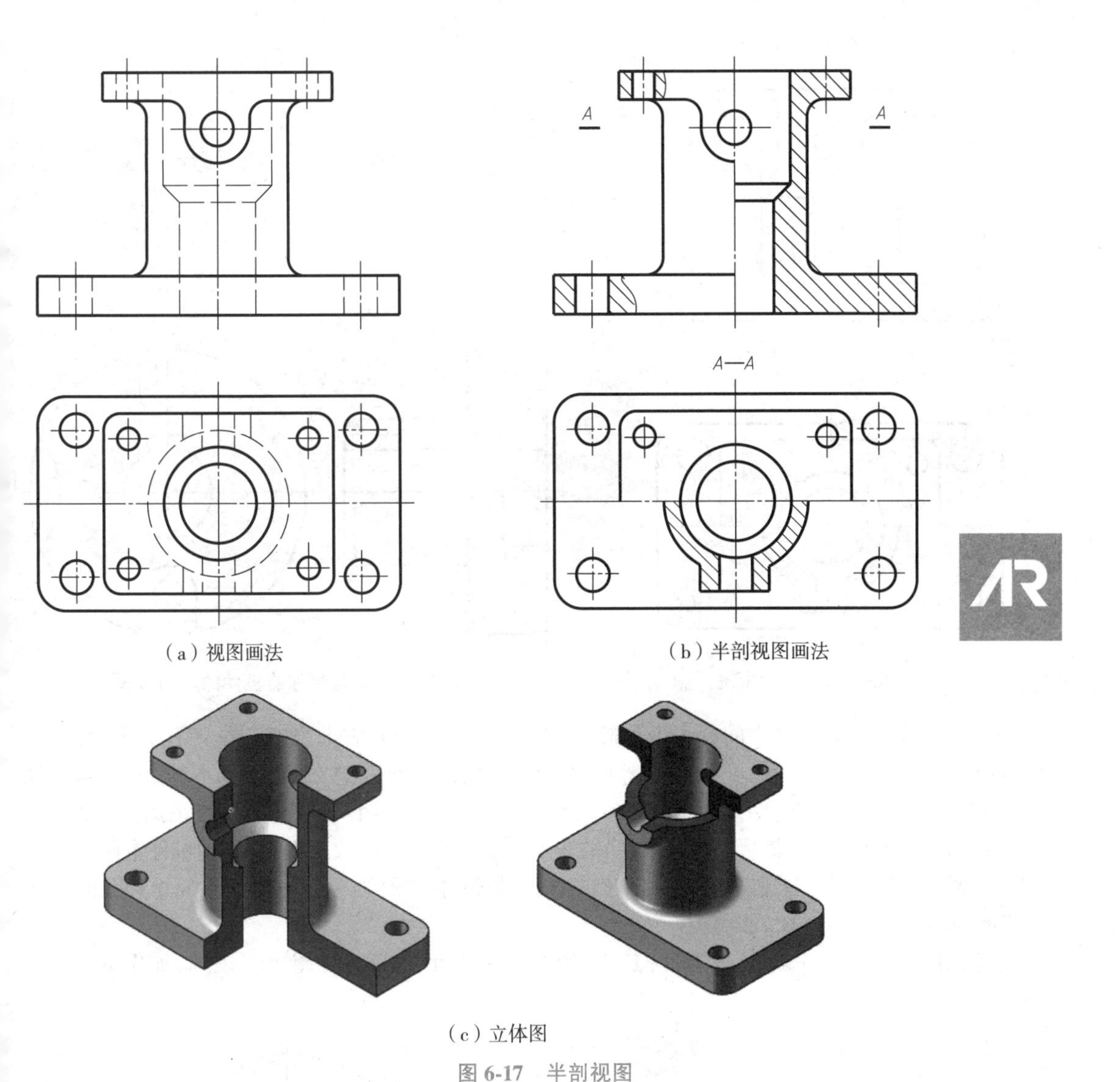

（a）视图画法

（b）半剖视图画法

（c）立体图

图 6-17　半剖视图

③半剖视图的标注和全剖视图的标注方法完全相同，如图 6-17（b）所示。

注意半剖视图中相关尺寸标注形式，如图 6-18 所示的部分尺寸。主视图中标注机件中间阶梯孔的直径⌀25 和⌀20，由于在表示外形半侧的视图上省略了阶梯孔投影虚线，因此尺寸线仅一端画出箭头，指到尺寸界限，而另一端只要略微超出对称中心线，无须画箭头。俯视图中表示机件中部外圆柱直径尺寸⌀42、表示机件上部外形宽度尺寸 50 和上部小圆孔在宽度方向定位尺寸 38，采用了相同标注形式。

半剖视图能同时表达机件的内、外结构，弥补了全剖视图不利于完整地表达机件外部结构的缺点，半剖视图常用于内、外形状都需要表达的对称机件。如果机件的形状接近于对称，且不对称的部分已另有图形表达清楚时，也可以画成半剖视图，如图 6-19 所示。如果机件虽具有对称面，但外形十分简单，则没有必要画成半剖视图。

3. 局部剖视图

用剖切面局部地剖开机件所得的剖视图称为局部剖视图。例如图 6-20（b）、图 6-21（b）所示的主、俯视图都是用一个平行于对应投影面的剖切面局部地剖开机件后所得到的局部剖视图。

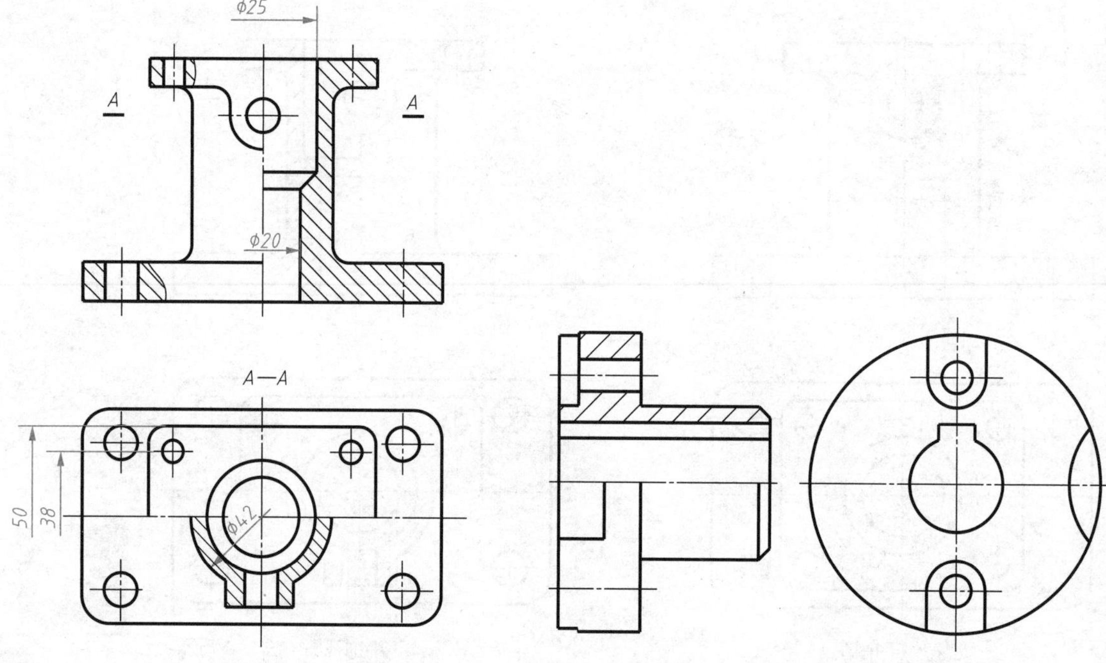

图 6-18　半剖视图中尺寸标注

图 6-19　接近对称的机件的半剖视图

如图 6-20(a)所示，零件中间有一个型腔，左右各开有一个槽，右前方有一个带孔的圆台凸起，左上方曲面上开有一个矩形孔，可见其内、外形都比较复杂，同时前后、左右、上下都不对称。要清楚地表达这个零件内外结构，它的两个视图既不宜用全剖视图，也不能用半剖视图，而是采用图 6-20(b)所示的局部剖视图来表达，兼顾了内、外形状的表达。如果主视图画成全剖视图，则机件右前方的带孔圆台的形状和位置就不能表达清楚；如果俯视图画成全剖视图，则左上方曲面上的矩形孔的形状和位置也不能完全表达出来。

同理，对于如图 6-21(a)所示零件，其主、俯视图都采用局部剖视图进行表达，如图 6-21(b)所示。

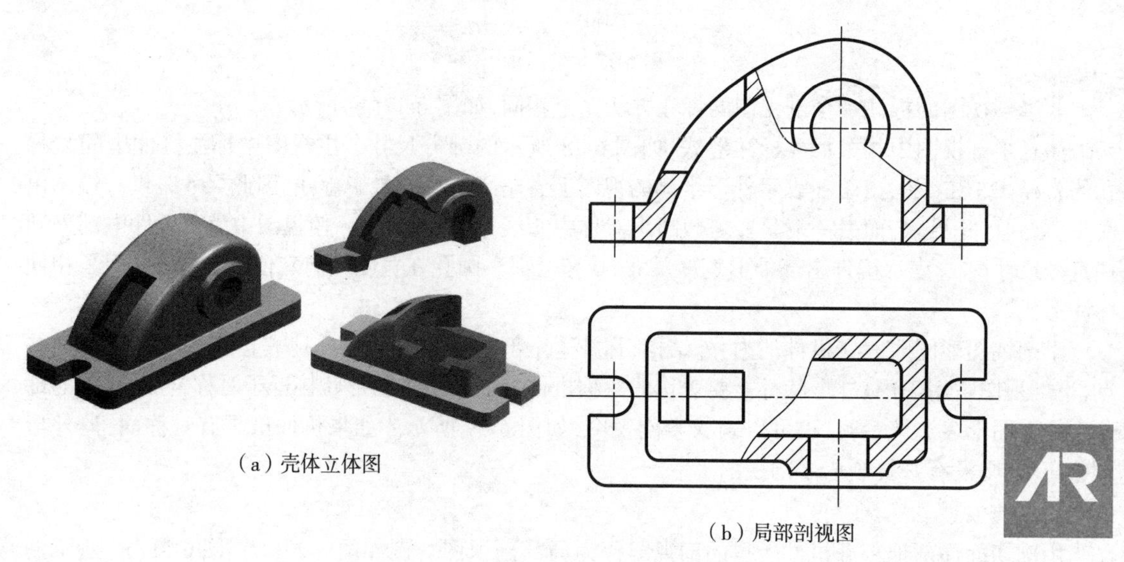

(a) 壳体立体图

(b) 局部剖视图

图 6-20　壳体局部剖视图表达方案

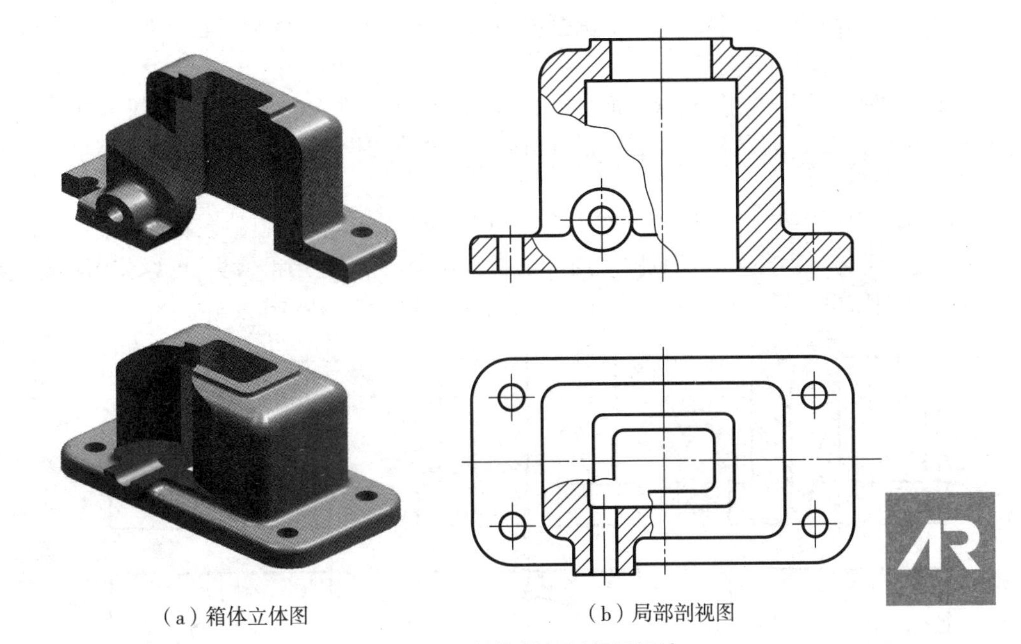

（a）箱体立体图　　（b）局部剖视图

图 6-21　箱体局部剖视图画法

画局部剖视图时，用波浪线表示剖切范围，波浪线代表机件断裂处的投影，因此，如遇孔、槽时，波浪线不能穿空而过，也不能超出视图的轮廓线，如图 6-22（a）所示；波浪线不能画在其他图线的延长线上，如图 6-22（b）所示；也不要与图形中其他图线重合，如图 6-22（c）所示；当被剖切的局部结构为回转体时，允许将该结构的中心线作为局部剖视与视图的分界线，如图 6-22（d）所示。

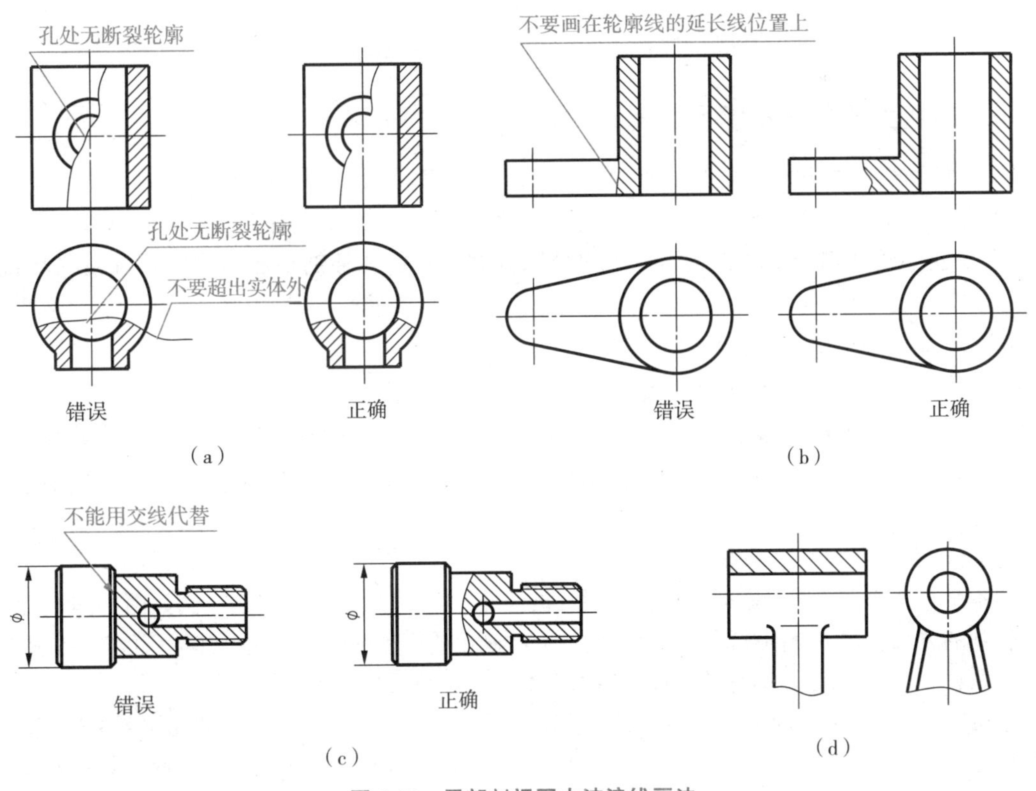

图 6-22　局部剖视图中波浪线画法

当单一剖切平面的剖切位置明显时,局部剖视图不必标注,如图 6-20 和图 6-21 所示。

局部剖视图一般适用于下列情况:

①不对称的机件,既需要表达其内部形状,又需要保留其局部外形,如图 6-20 和图 6-21 所示。

②对称的机件,但其图形的对称中心线正好与机件轮廓线的投影重合,因此不宜采用半剖视图,如图 6-23 所示。

在需要采用剖视图进行表达,但既不宜用全剖视图,也不宜用半剖视图时,则可采用局部剖视图,应用的关键在于选取适当的剖切范围。局部剖视图比较灵活,运用得恰当,可以使图形简明清晰。但在同一个视图中,局部剖视的数量不宜过多,否则会使图形表达过于零碎。

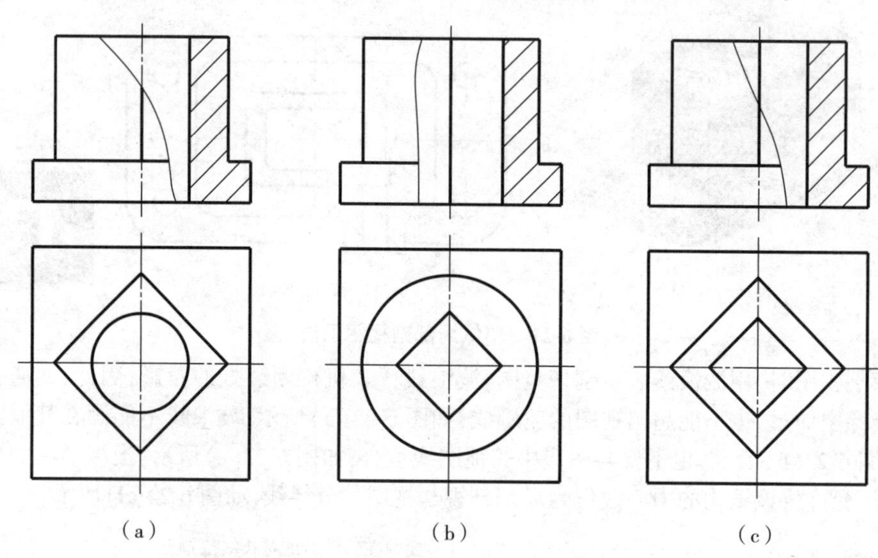

图 6-23 局部剖视图的几种形式

6.2.4 剖切面的形式及常用的剖切方法

由于机件的结构形状不同,形成剖视图时,应采用不同的剖切方法。可用单一剖切面剖开机件,也可用两个或两个以上的剖切面剖开机件,剖切面可以为平面或曲面。剖切面一般平行于基本投影面,但也可倾斜于基本投影面。下面分别介绍常见的几种剖切面的使用条件及其剖视图画法。

1. 单一剖切面

(1)平行于某一基本投影面的平面剖切

前面介绍的如图 6-16 所示的全剖视图、图 6-17 所示的半剖视图和图 6-20 所示的局部剖视图,均采用平行于某一基本投影面的单一平面剖开机件后所得到的。事实上,平行于基本投影面的平面剖切,是最常用的剖切方法。

(2)不平行于任何基本投影面的平面剖切

用不平行于任何基本投影面的剖切面剖开机件的方法,习惯上称为斜剖。例如图 6-24 所示,就是用斜剖的方法获得的全剖视图。采用斜剖的方法画出的剖视图必须标注出其剖切位置、投射方向和视图名称。要注意,表示名称的字母必须水平书写,如图 6-24(b)所示。

采用斜剖的方法画出的剖视图,其视图位置的配置与斜视图类似,即一般按投影关系配置,必要时可以配置在其他适当的位置。在不致引起误解时,允许旋转图形,但需加注旋转符号,如图 6-24(b)所示。

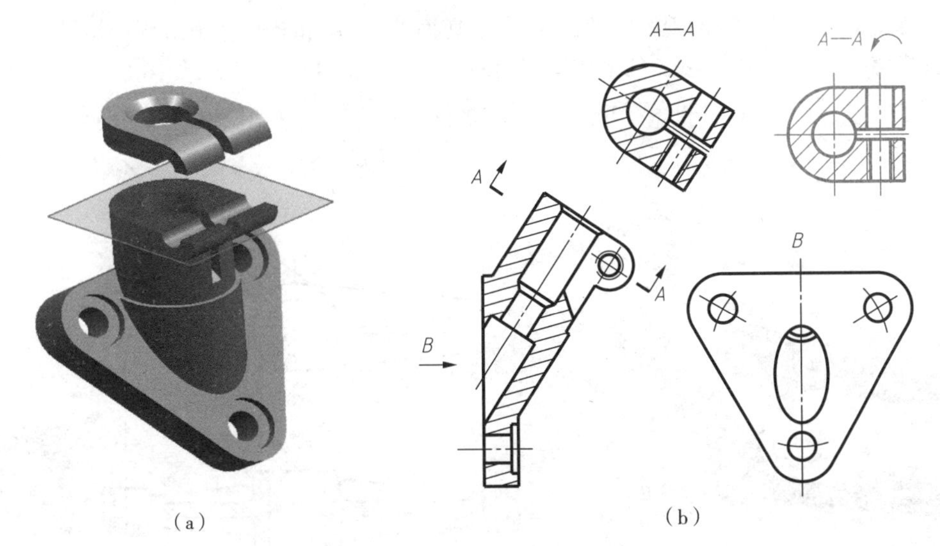

（a）　　（b）

图 6-24　斜剖视图的画法

（3）单一柱面剖切

如图 6-25 所示，为了表达扇形块上处于圆周分布的孔与槽等结构，可以采用圆柱面进行剖切。采用柱面进行剖切时，剖视图应按展开绘制。即将采用柱面剖切的机件展开至平行于投影面后，再画出剖视图，并在图名后加注“展开”二字，在剖视图上方标注“×—×展开”。

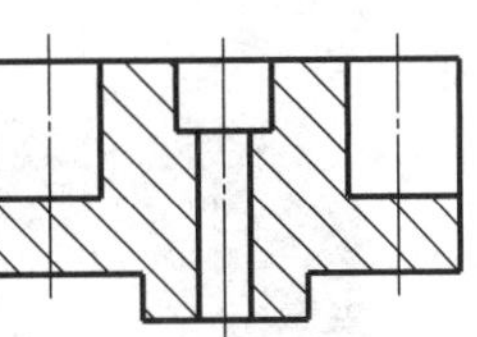

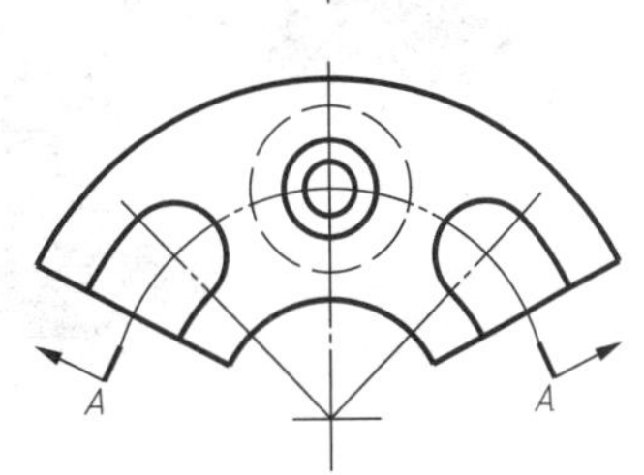

图 6-25　柱面剖切的画法

2. 几个相交的剖切面

用几个相交的剖切面（交线垂直于某一基本投影面）剖开机件形成的剖视图的方法，习惯上称为旋转剖。

采用相交的剖切面形成剖视图时，先假想按剖切位置剖切开机件，然后将被剖切面切着的结构及其有关部分绕两剖切面交线（旋转轴）旋转到与选定的投影面平行后再进行投影，如图 6-26 所示。

相交面剖切通常适用于具有较明显回转轴的机件。采用相交面剖切画剖视图时，剖切面后的其他结构一般仍按原来的位置投射，如图 6-27 所示机件上的油孔的投影。当剖切后产生不完整要素时，应将此部分按不剖绘制，如图 6-28 所示。

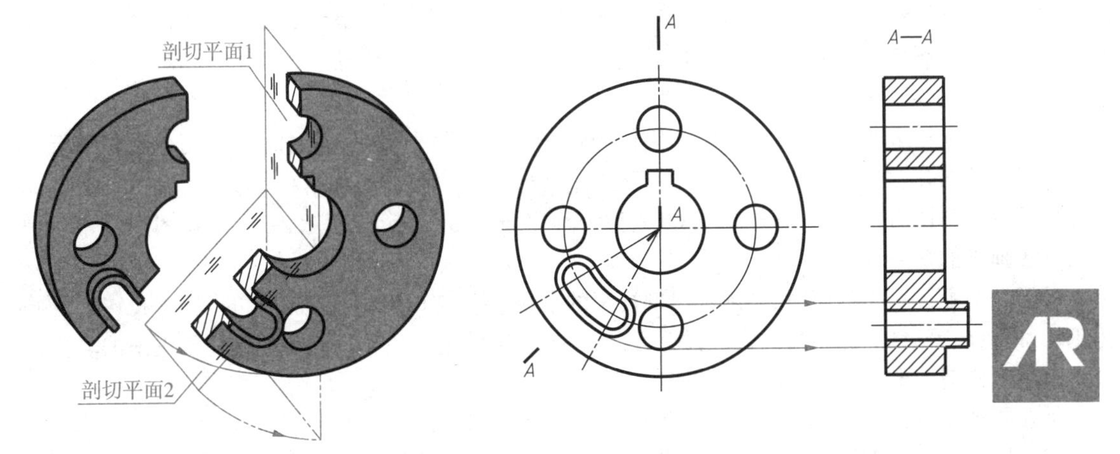

图 6-26　两相交平面剖视图的画法

采用相交面剖切画出的剖视图必须标注，在剖切面的起、讫和转折处画出剖切符号，注写字母，并用箭头指明投射方向，在剖视图的上方用相同的字母标注剖视图的名称，如图6-27、图6-28所示。当转折处空间有限，又不致引起误解时，允许省略字母。表示投射方向的箭头应与剖切符号垂直。

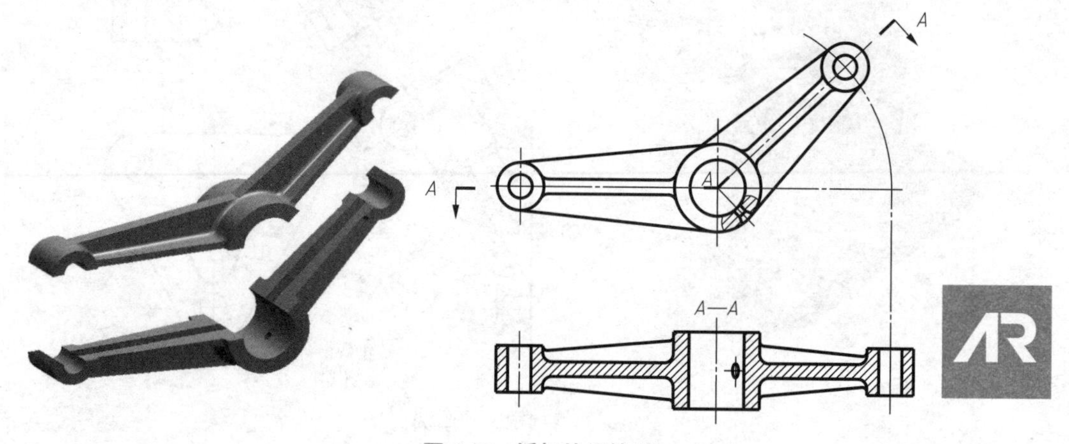

图6-27　摇杆的旋转剖

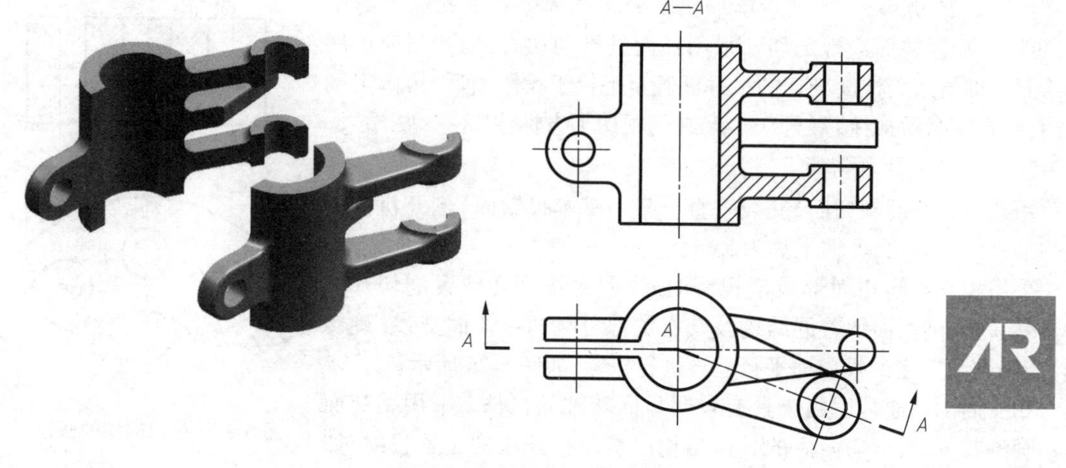

图6-28　夹臂套筒的旋转剖

采用相交剖面建立剖视图时，可采用展开画法，此时在对应剖视图上方标注“×—×展开”。如图6-29所示，是由多个相交平面剖切形成的“A—A展开”剖视图，即是将剖切后的机件断面连续展开到一个平行于侧立投影面的平面后画出的。

3. 几个平行的剖切面

当机件上有较多的内部结构形状，而它们的轴线又不在同一平面内，这时可用几个互相平行的剖切面将机件剖开，如图6-30(a)所示。由于这种组合的剖切面形态如阶梯状，因此习惯上把用几个互相平行的剖切面将机件剖开的剖切方法称为阶梯剖。图6-30(b)所示A—A剖视图即是用阶梯剖的方法画出的全剖视图。

采用几个平行平面剖切时，必须标出剖视图的名称、剖切符号，即在剖切面的起、讫和转折处画出剖切符号，注写字母，并用箭头指明投射方向，在剖视图的上方用相同的字母标注剖视图的名称。

采用阶梯剖画出剖视图时应注意以下几点：

①在剖视图中，不应画出两个剖切面转折处的投影，如图6-30(c)所示。

②剖切面转折处不应与图上的轮廓线重合，如图6-30(c)所示。

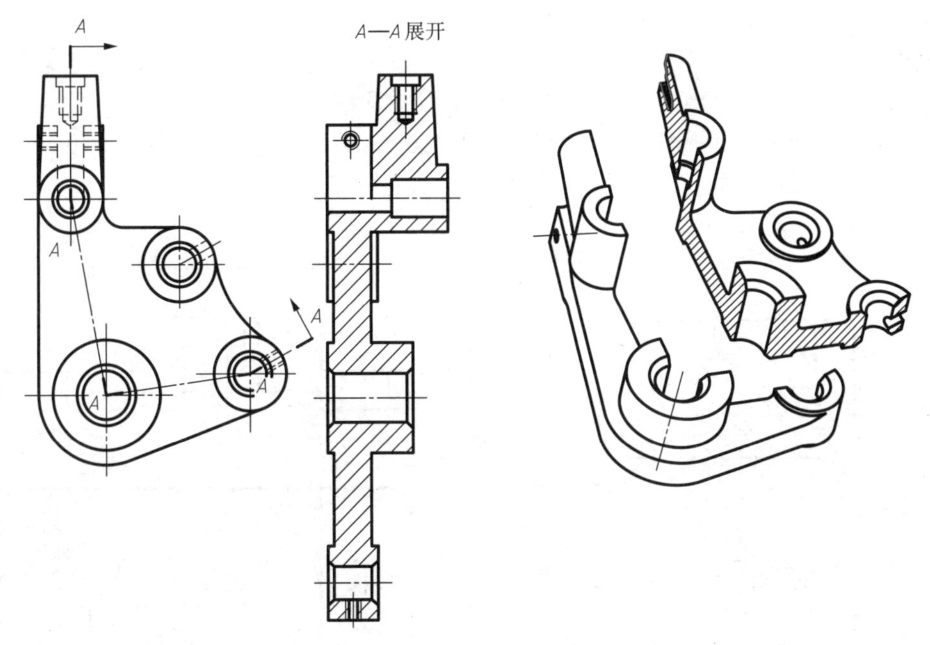

图 6-29　剖切展开画法

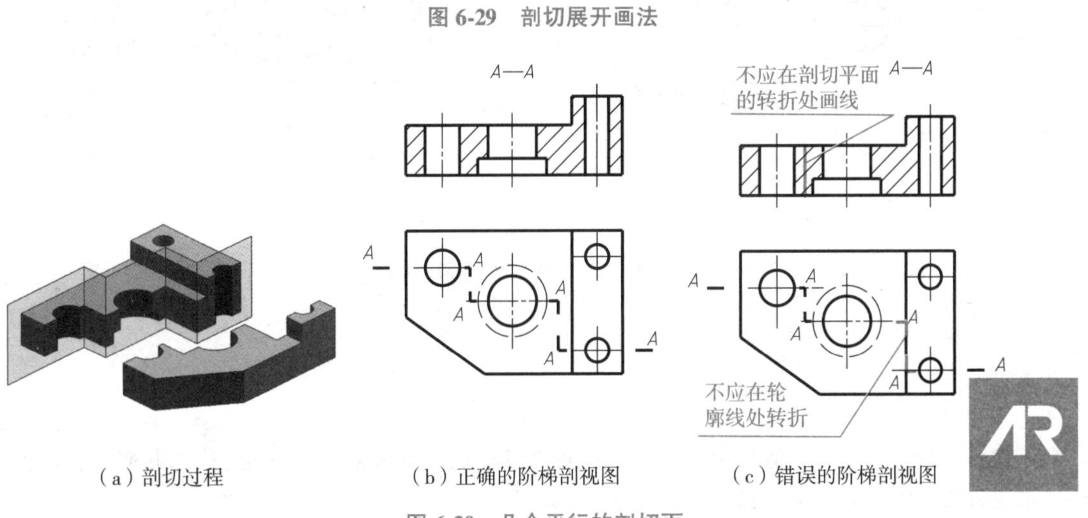

（a）剖切过程　（b）正确的阶梯剖视图　（c）错误的阶梯剖视图

图 6-30　几个平行的剖切面

③在剖视图中不应出现不完整要素，如图 6-31（b）所示。只有当两个要素在图形上具有公共对称中心线或轴线时，可以各画一半，此时应以对称中心线或轴线为界，如图 6-32 所示。

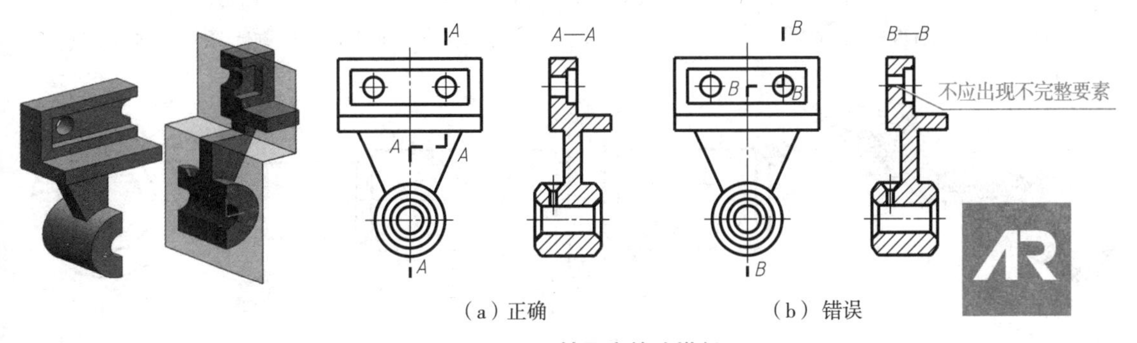

（a）正确　（b）错误

图 6-31　悬吊轴承座的阶梯剖

4. 组合的剖切面

当机件的内部结构形状较多,采用相交的剖切平面或平行的剖切平面仍不能表达完全时,可以采用多种剖面组合的方式来剖开机件,习惯上这种剖切方法称为复合剖。如图 6-33 所示的 A—A 是用复合剖的方法画出的全剖视图。复合剖切形成的剖视图需要标注,即要把剖切面位置、投射方向和剖视图名称全部标注出来。

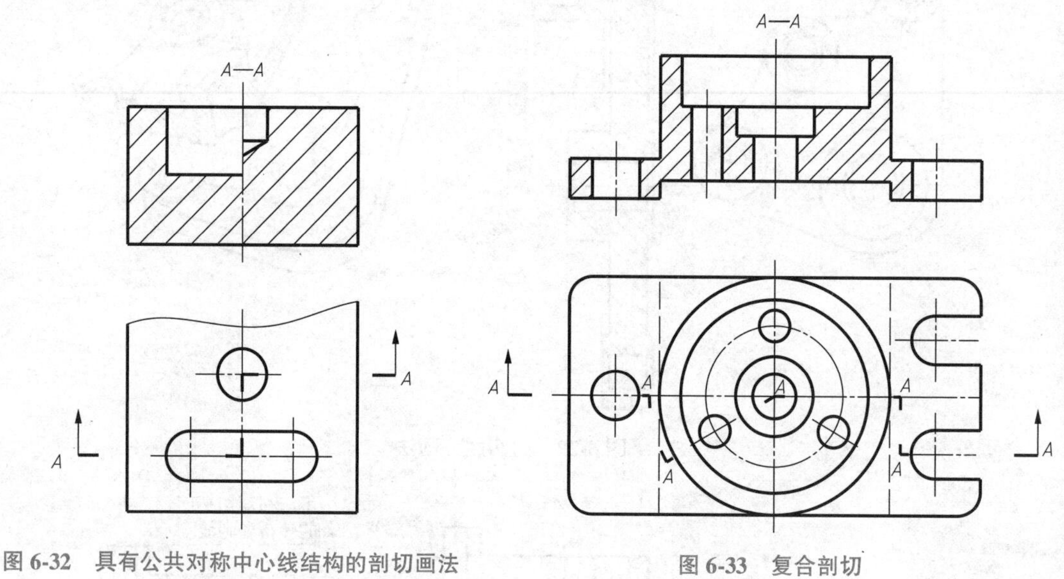

图 6-32 具有公共对称中心线结构的剖切画法　　图 6-33 复合剖切

6.3 断面图

6.3.1 基本概念

假想用剖切面将机件某处剖开,仅画出该剖切面与机件接触部分的图形,称为断面图,简称断面。国家标准 GB/T 4458.6—2002 中规定了断面图的表达方法。

图 6-34(b)所示是图 6-34(a)所示的轴的两个视图,在左视图上画出了表示各段直径不相同的轴和键槽、盲孔、通孔的投影,图形表达不清楚。为了得到键槽等结构所在的轴段断面的清晰形状,采用如图 6-35(a)所示剖切方式,即假想在键槽、盲孔和通孔处用垂直轴线的剖切面将轴切开,然后将得到的各个截断面图形旋转到与投影面共面的平面上,形成相应的三个断面图,如图 6-35(b)、(c)、(d)所示。

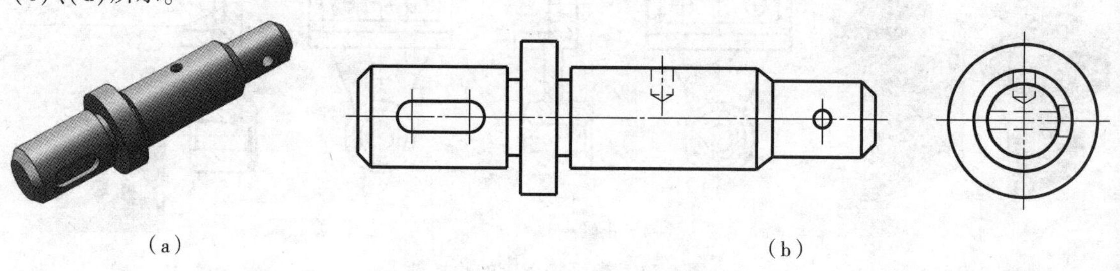

图 6-34 轴的轴测图与两视图

图 6-35(e)为 *A—A* 剖视图,对比图 6-35(b)与图 6-35(e)可知,断面图和剖视图的区别在于:断面图仅画出机件的断面形状,而剖视图则是将机件处在观察者与剖切面之间的部分移去后,将剩余部分作为一个整体投射到投影面上而形成的图形,即除了断面形状外、还要画出剖切面后机件留下的可见部分的投影。正因如此,在一些机件的表达中,采用断面图比剖视图显得更简洁。

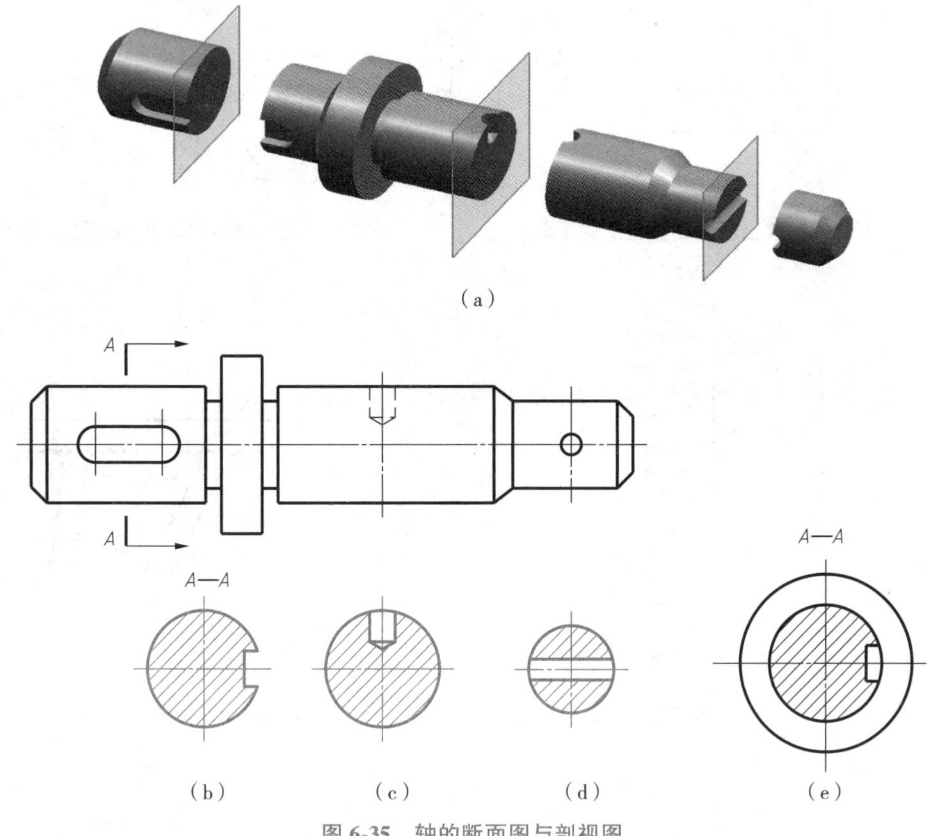

图 6-35 轴的断面图与剖视图

6.3.2 断面图的种类

根据断面图在绘制时所配置的位置不同,断面图分为移出断面图和重合断面图两种。

1. 移出断面图

画在视图轮廓线之外的断面图称为移出断面图,如图 6-35(b)、(c)、(d)、图 6-36 所示。

(1)移出断面图的画法

①移出断面图的轮廓线用粗实线绘制,同时画上剖面符号,剖面线方向与间隔应与原视图保持一致。

②移出断面图应尽量配置在剖切符号或剖切线(用细点画线表示)的延长线上,如图 6-35(c)、(d)、图 6-38 所示;必要时可配置在其他位置,如图 6-35(b)、图 6-36 所示;当断面图形对称时,断面图可画在视图的中断处,如图 6-37 所示;在不致引起误解时,允许将图形旋转,但必须用旋转符号注明旋转方向,符号的箭头端靠近图名的拉丁字母,如图 6-40 所示。

③当剖切面通过回转面形成的孔或凹坑轴线时,这些结构的断面图按剖视图绘制,即画成闭合图形,如图 6-35(c)、(d)、图 6-41 所示。

④当剖切面通过非圆孔,会导致出现完全分离的断面时,这些结构的断面图按剖视图绘制,如图 6-40 所示。

⑤由两个或多个相交剖切面剖切得到的移出断面图,中间应断开,每个剖切面都应垂直于所需表达机件结构的主要轮廓线或轴线,如图 6-39 所示。

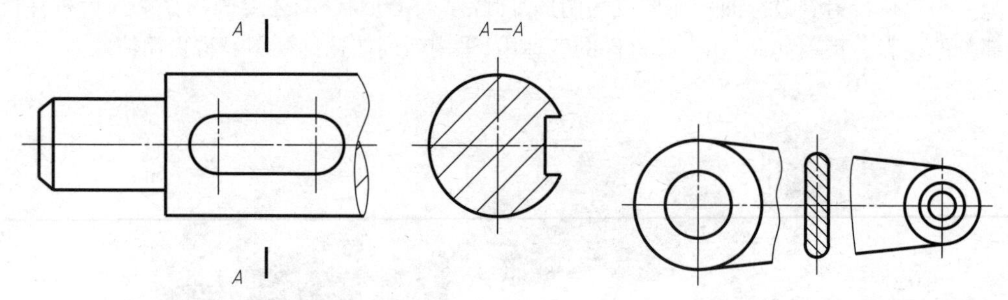

图 6-36 移出断面图按投影关系配置

图 6-37 移出断面图配置在视图中断处

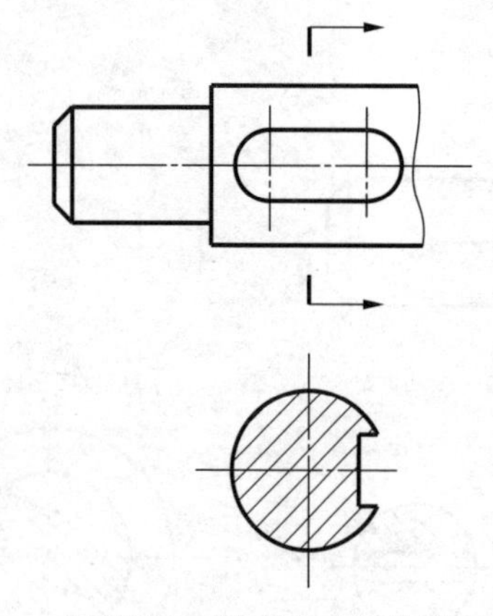

图 6-38 移出断面图配置在剖切符号延长线上

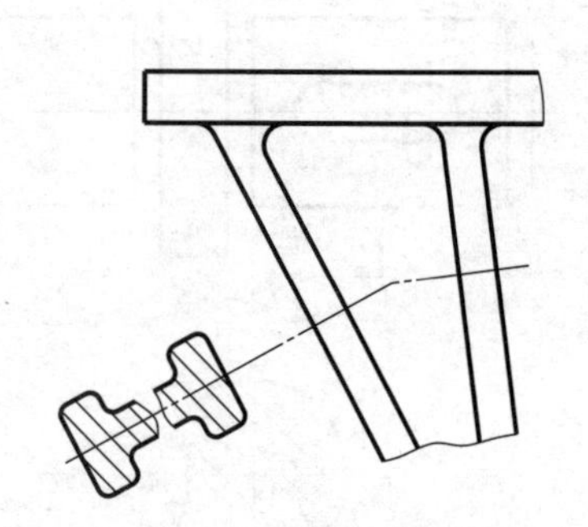

图 6-39 相交两剖切面得到的断面图

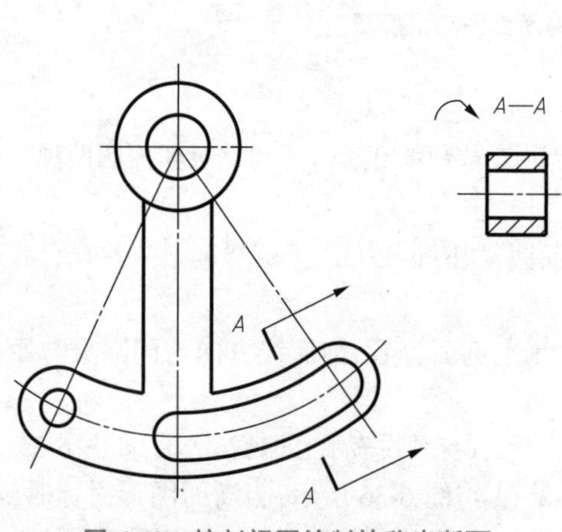

图 6-40 按剖视图绘制的移出断面

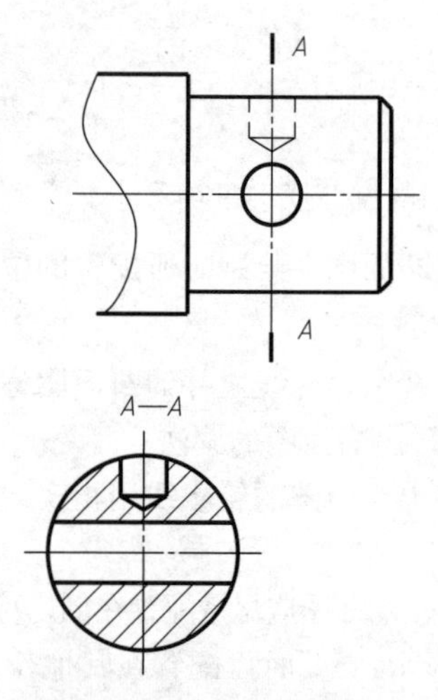

图 6-41 对称的移出断面

(2)移出断面图的标注

移出断面图一般应用剖切符号表示剖切位置,用箭头表示投射方向,并注上字母表示名称,在断面图上方应用同样的字母标出相应的断面图名称“×—×”。如图 6-35(b)、图 6-40 所示。在下面几种情况中,可以部分或全部省略标注。

①配置在剖切线延长线上的对称移出断面图，以及配置在视图中断处的移出断面图，不需标注，如图 6-35(c)、(d)、图 6-37 所示。

②配置在剖切线或剖切符号延长线上的不对称移出断面图，可省略字母，如图 6-38 所示。

③按投影关系配置的移出断面图，以及不配置在剖切符号延长线上的对称移出断面图，可省略箭头，如图 6-36、图 6-41 所示。

2. 重合断面图

画在视图轮廓线内的断面图称为重合断面图，如图 6-42 所示。

(1)重合断面图的画法

重合断面图的轮廓线用细实线绘制，同时画上剖面符号。当视图中的轮廓线与重合断面图形重叠时，视图中的轮廓线应连续画出，不可间断。肋板的重合断面可以仅画出一部分，如图 6-42(b)所示。

(2)重合断面图的标注

对称的重合断面不必标注，如图 6-42(a)和图 6-42(b)所示；不对称的重合断面，不必标注字母，但仍要画出剖切符号，如图 6-42(c)所示。

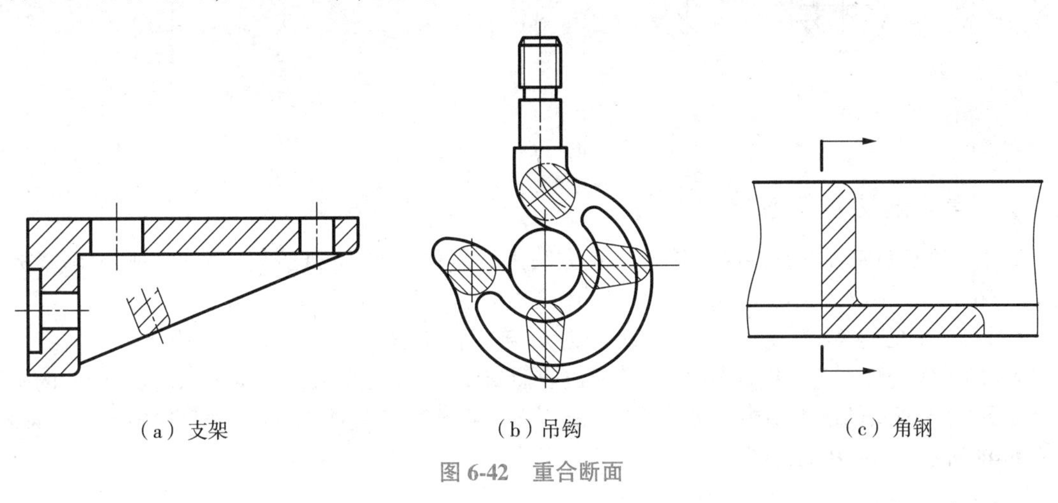

(a) 支架　　(b) 吊钩　　(c) 角钢

图 6-42　重合断面

6.4　其他表达方法

6.4.1　局部放大图

将图样中所表示机件上的部分结构，用大于原图形所采用的比例画出的图形，称为局部放大图。

局部放大图常用来表达图形过小或标注尺寸困难的机件上的一些细小结构，如轴上的退刀槽、端盖内的槽等。局部放大图可以画成视图、剖视图或断面图，它与被放大部分的表达方法无关，如图 6-43 所示。

画局部放大图的注意事项：

(1)局部放大图应尽量配置在被放大部位的附近。

(2)画局部放大图时，应用细实线圆圈出被放大部分的部位。同时有几处部位被放大时，必须用罗马数字依次标明被放大部位，并在局部放大图的上方中间标注出相应的罗马数字和采用的比例，罗马数字与比例之间的横线用细实线画出，如图 6-43(a)所示。

(3)当机件上仅有一个需要放大的部位时,在局部放大图上只需标注采用的比例即可,如图 6-43(b)所示。

(4)局部放大图与整体联系的部分用波浪线画出,若原图形与放大图均采用剖视,则剖面线不仅方向要相同,而且间隔也要相同,如图 6-43(b)所示。

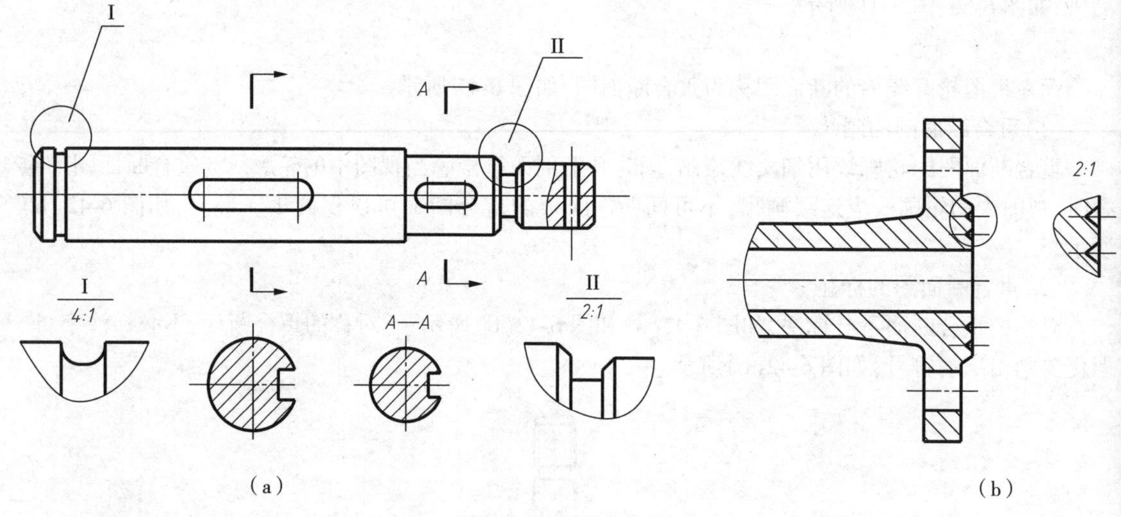

图 6-43　局部放大图

6.4.2　简化画法和其他规定画法

简化画法是对零件的某些结构图形表达方法进行简化,使图形既清晰又简单易画。国家标准 GB/T 16675.1—2012 和 GB/T 4458.1—2002 中给出的一些简化画法与规定画法。

(1)机件上的肋、轮辐及薄壁,如按纵向剖切(剖切面垂直于厚度方向),这些结构不画剖面符号,但要用粗实线将它与邻接部分分开(不画出表面交线)。如图 6-44 所示的 *A—A* 剖视中肋的画法以及如图 6-45 所示的剖视图中轮辐的画法。按其他方向剖切肋板或轮辐时,则仍须画出剖面符号,如图 6-44 所示的 *B—B* 剖视图。

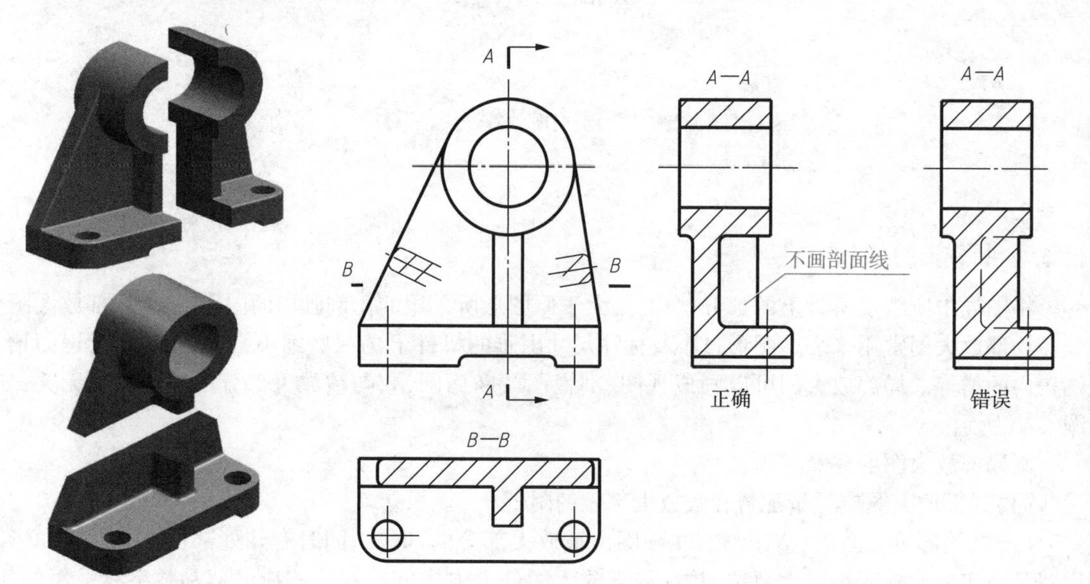

图 6-44　剖视图中肋的规定画法

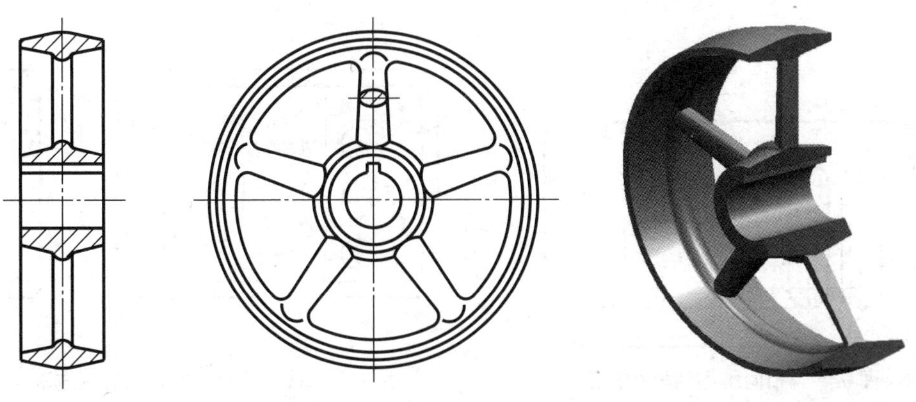

图 6-45　剖视图中轮辐的画法

（2）在不致引起误解的情况下，零件图中的移出断面允许省略剖面线，但剖切标注仍按规定给出，如图 6-46 所示。

（3）当机件回转体上均匀分布的肋、轮辐、孔等结构不处于剖切面上时，可将这些结构旋转到剖切面上画出，如图 6-47 所示。

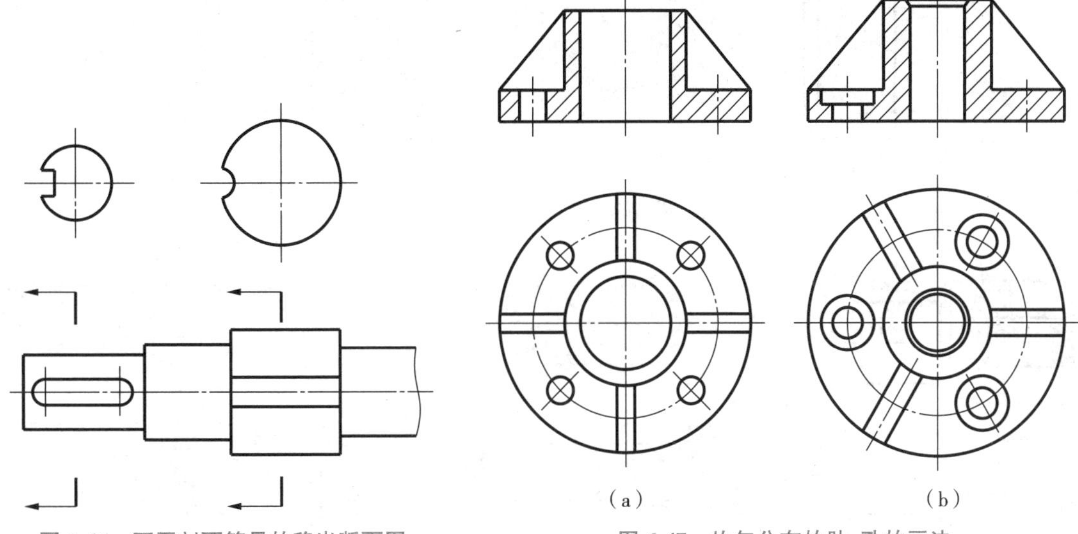

图 6-46　不画剖面符号的移出断面图

图 6-47　均匀分布的肋、孔的画法

（4）当机件具有若干相同结构（如齿、槽等），并按一定规律分布时，只需画出几个完整的结构，其余用细实线连接，但在图中必须标明该结构的总数，如图 6-48 所示。

（5）当零件上有若干直径相同且成规律分布的孔（如圆孔、螺孔、沉孔等），可以仅画出一个或几个，其余只需用点画线表示其中心位置，但在图中应注明孔的总数，如图 6-49 所示。

（6）滚花、槽沟等网状结构，应用粗实线在轮廓线内完全或部分地表示出来，并在零件图上或技术要求中注明这些结构的具体要求，如图 6-50 所示。

（7）机件上较小的结构所产生的截交线、相贯线，如果在一个图形中已表示清楚，则在其他图形中可以简化或省略，如图 6-51 所示。

（8）绘制零件上对称结构的局部视图时，可单独画出该结构的图形，如图 6-51（b）所示键槽的局部视图。

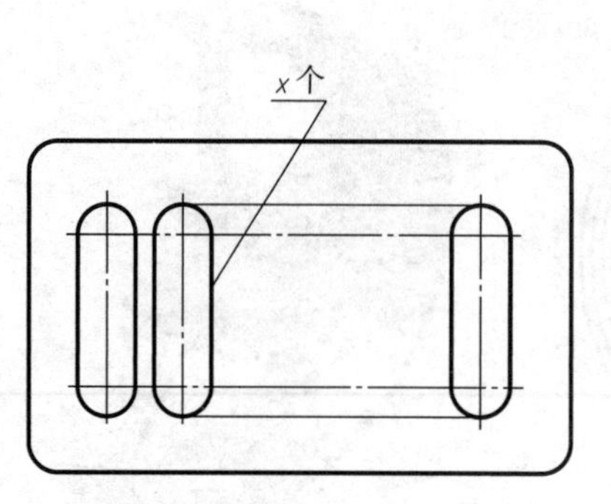

图 6-48 相同结构的表达方法

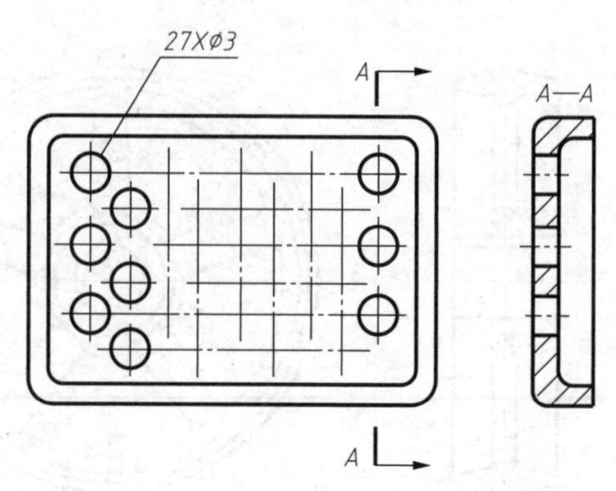

图 6-49 按规律分布的孔的表达方法

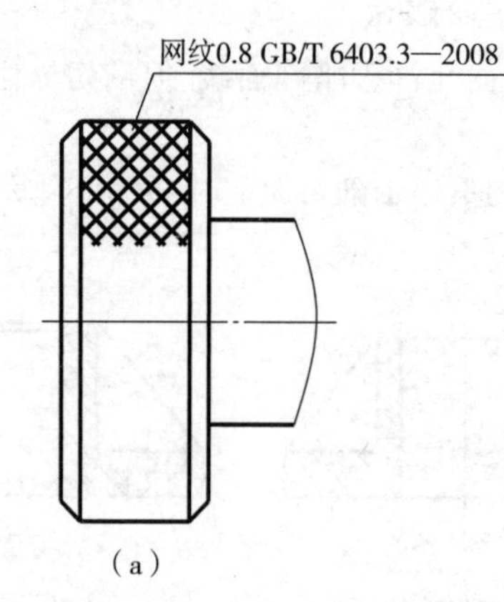

(a)

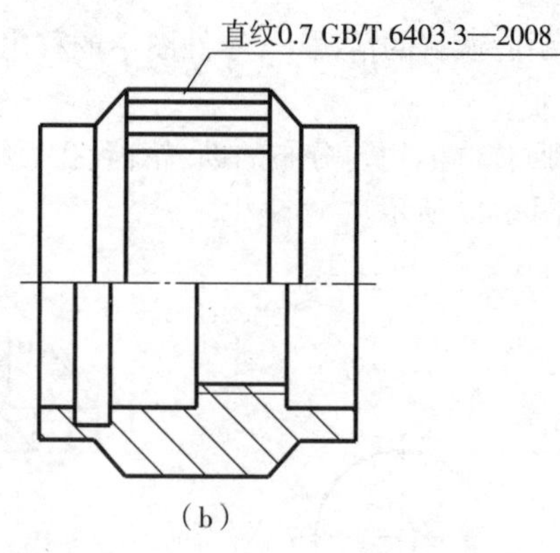

(b)

图 6-50 滚花的表达方法

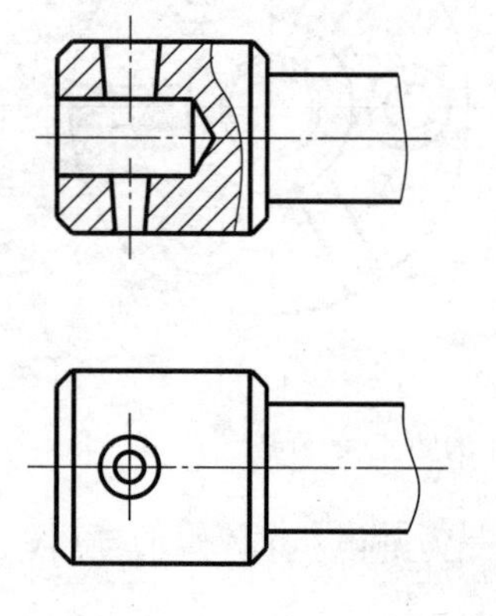

(a) 简化相贯线

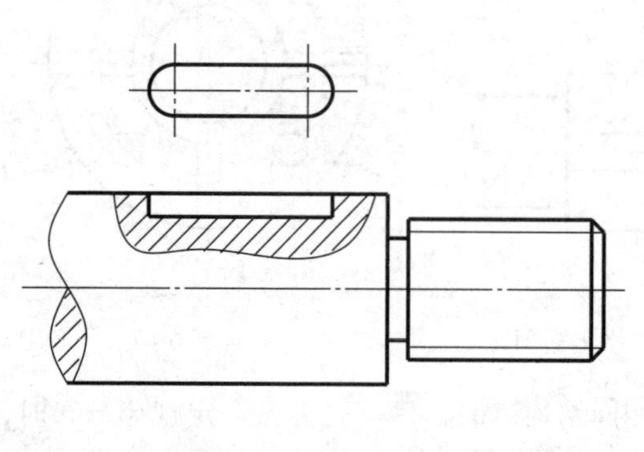

(b) 简化截交线和相贯线

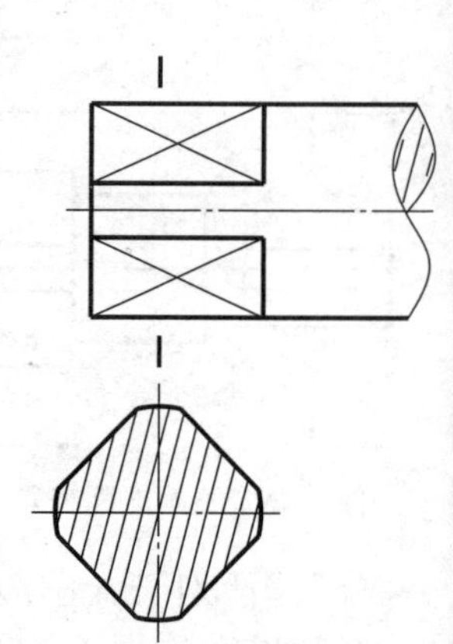

(c) 简化截交线

图 6-51 较小结构的简化画法

(9) 对于机件上斜度不大的结构,如在一个图形中已经表达清楚,则其他图形可以只按小端画出,如图 6-52 所示。

(10) 在不致引起误解时,对于对称机件的视图,可以只画一半或四分之一,并在对称中心线的两端画出两条与其垂直的平行细实线,如图 6-53 所示。

(11) 较长的机件(如轴、杆、型材、连杆等)沿长度方向的形状一致或按一定规律变化时,允许断开后缩短绘制,其断裂边界用细波浪线绘制,但必须按机件原来的实际长度标注尺寸,如图 6-54 所示。

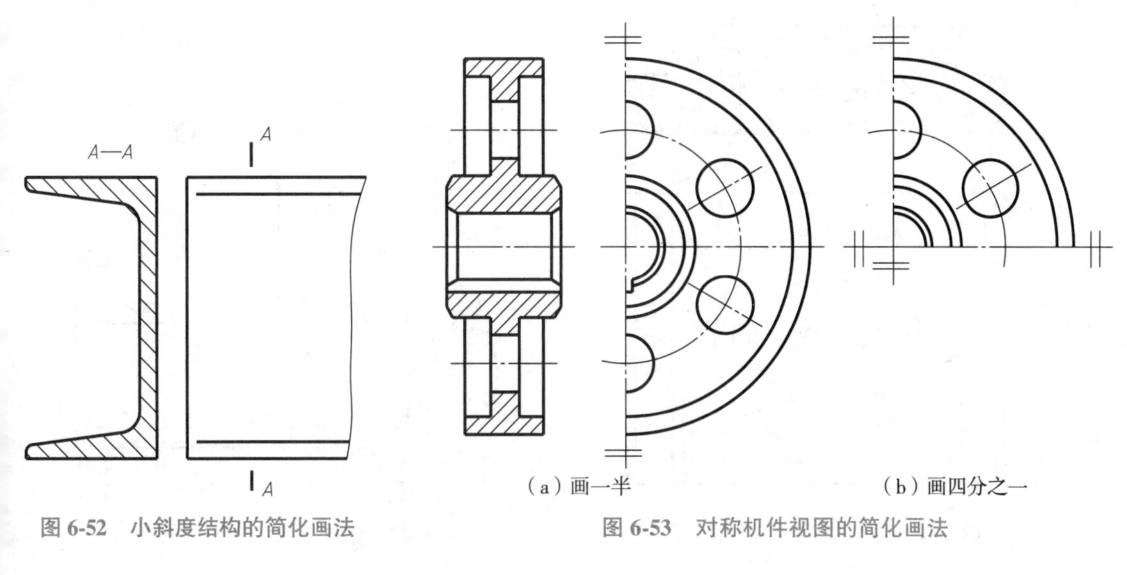

图 6-52 小斜度结构的简化画法

图 6-53 对称机件视图的简化画法

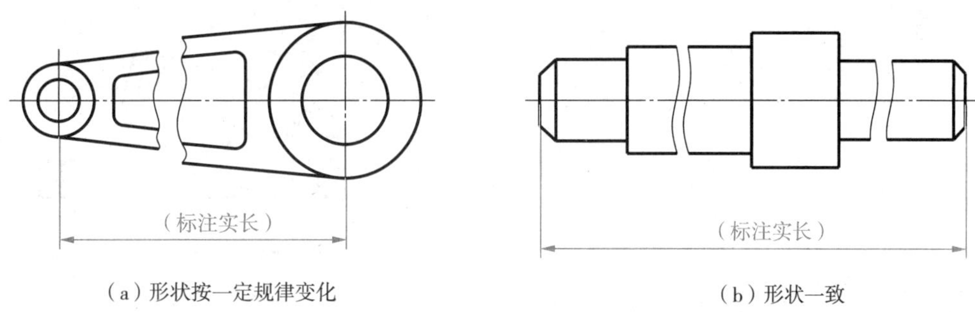

图 6-54 较长机件的折断简化画法

(12) 当现有图形不能充分表达平面时,为避免增加视图或断面图,可用平面符号(用两条细实线画出对角线)表示,如图 6-55 所示。

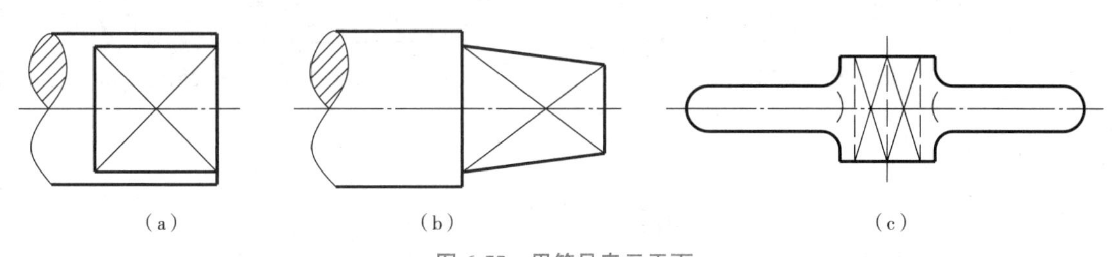

图 6-55 用符号表示平面

(13) 必要时,允许在剖视图中再作一次简单的局部剖视。采用这种表达方法时,两个剖面的剖面线应同方向、同间隔,但必须互相错开,并用引出线标注其名称,如图 6-56 所示。如果剖切位置明显,也可省略标注。

(14) 圆盘上均匀分布的直径相同的孔,可按图 6-57 所示的方法表示。

(15) 在需要表示位于剖切面前的零件结构时,这些结构按假想投影的轮廓线(细双点画线)绘制,如图 6-58 所示。

(16) 与投影面倾斜小于 30°的圆或圆弧,其投影可用圆或圆弧替代,如图 6-59 所示。

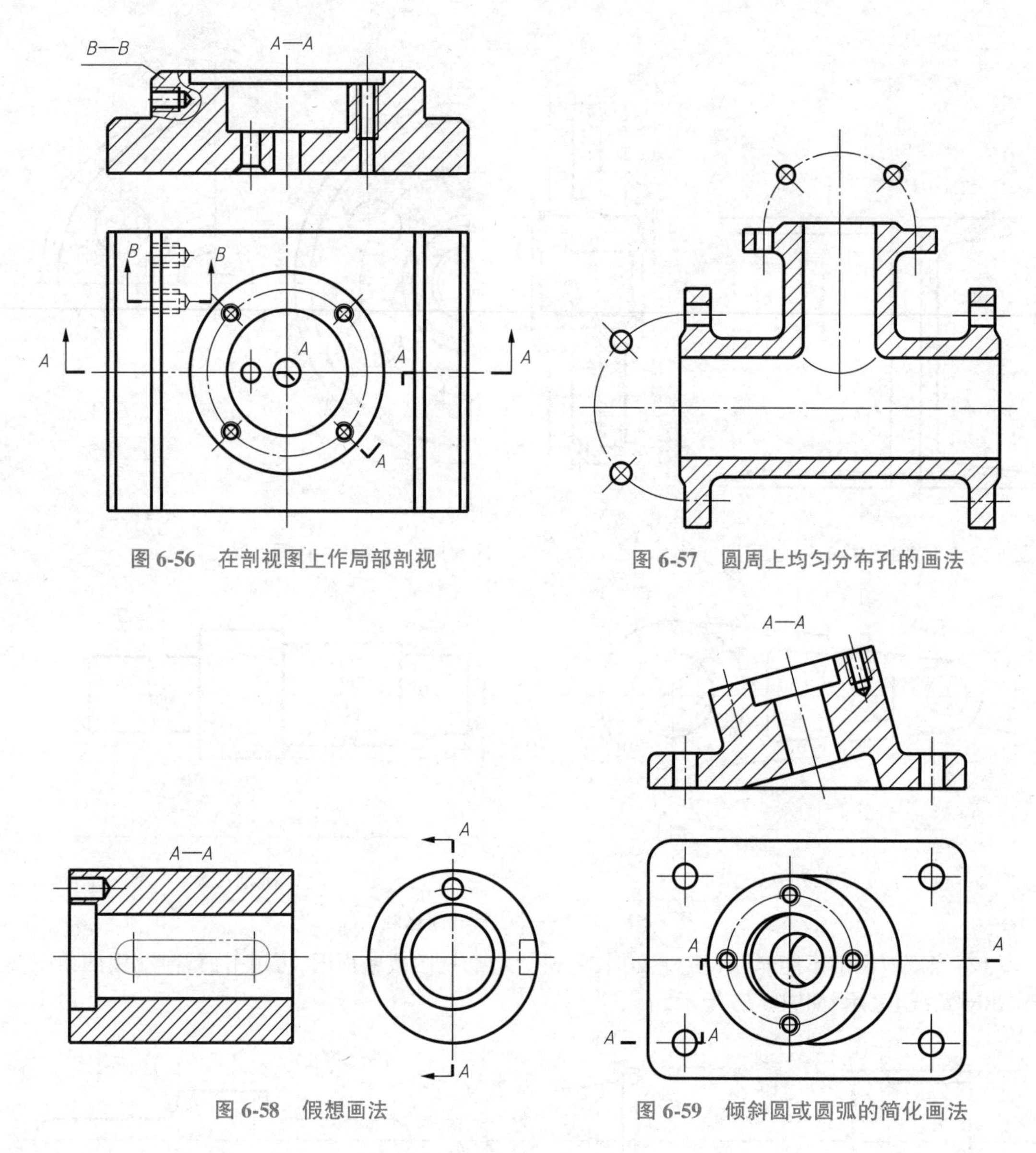

图 6-56 在剖视图上作局部剖视

图 6-57 圆周上均匀分布孔的画法

图 6-58 假想画法

图 6-59 倾斜圆或圆弧的简化画法

6.5 轴测剖视图的画法

为了在轴测图上表达立体的内部形状,也可假想用剖切面将立体的一部分剖去,即采取剖视画法。为了保持外形的清晰,不论立体是否对称,通常用两个相互垂直的平面(如两个坐标平面)将立体剖去四分之一,再画出其轴测图,即形成所谓轴测剖视图。

6.5.1 轴测剖视图的画法

轴测剖视图可以画成正等轴测图,也可画成斜二轴测图,轴测剖视图同时应遵循绘制轴测图的投影规律和基本步骤。具体画图时可采用下列两种方式进行。

1. 先画外形,再取剖视

图 6-60(a)为套筒的两视图和所选坐标系,首先按正等轴测投影绘制轴测轴;接着绘制底圆和顶圆外形(只画出可见部分),即画出未剖切前的正等轴测图,如图 6-60(b)所示;然后选取两个相互垂直的平面为剖切面,图中选择 *XOZ* 和 *YOZ* 平面将套筒切开,剖开断面如图 6-60(c)所示。最后绘制剖面线并加粗可见轮廓线,获得图 6-60(d)所示的轴测剖视图。

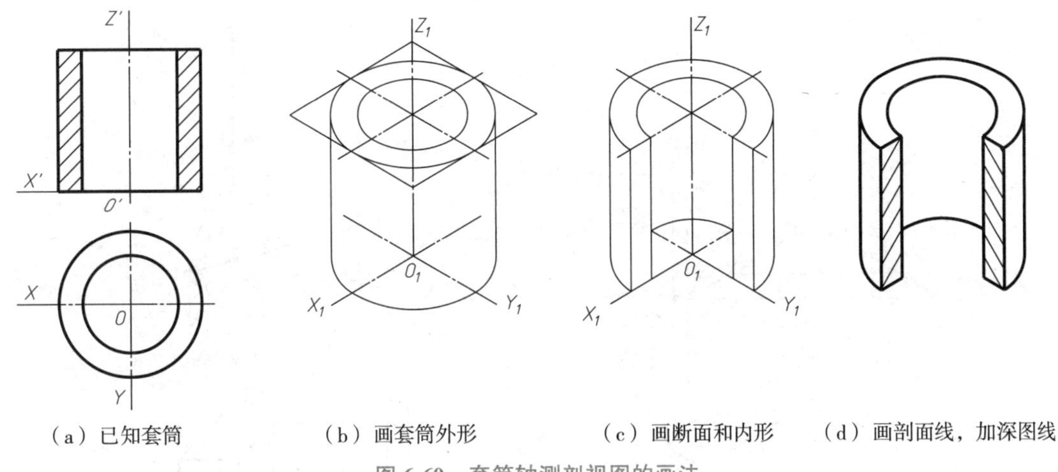

(a) 已知套筒　(b) 画套筒外形　(c) 画断面和内形　(d) 画剖面线,加深图线

图 6-60　套筒轴测剖视图的画法

2. 先画断面形状,后画外形投影

图 6-61 为支座的两视图和所选坐标系;选择 *XOZ* 和 *YOZ* 平面为剖切面切开支座,按正等轴测投影画出轴测轴和剖面的轴测投影,如图 6-61(b)所示;然后画出剖面后的可见轮廓线和剖面线,形成如图 6-61(c)所示的轴测剖视图。这种方式可不画出被切去部分的轮廓线,可提高作图速度。

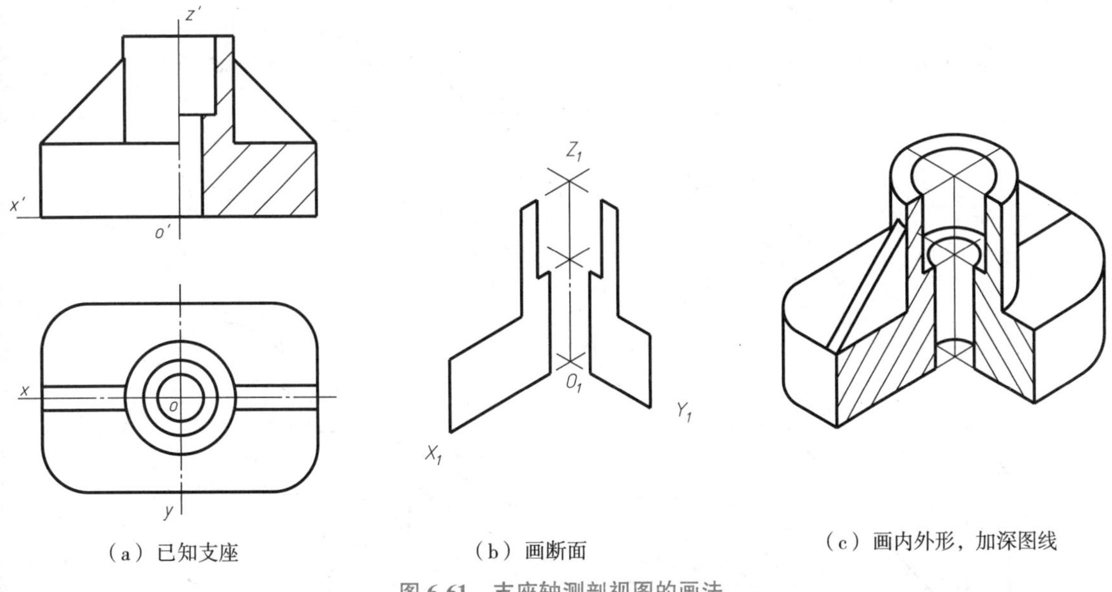

(a) 已知支座　(b) 画断面　(c) 画内外形,加深图线

图 6-61　支座轴测剖视图的画法

6.5.2　轴测剖视图的有关规定

(1)剖面线的画法。机件被剖切面所截切形成的断面上,应画剖面线,轴测图中剖面线的方向应按图 6-62 绘制。注意平行于三个坐标面的断面上的剖面线方向是不同的。

(2)当剖切面通过立体的肋或薄壁结构的纵向对称平面时,这些结构不画剖面线,而用粗实线将它们与邻接的部分分开,如图 6-61(c)所示。

(3)表示立体中间折断或局部断裂时,断裂处的边界线应画波浪线,并在可见断裂面内加画细点以代替剖面线,如图 6-63 所示。

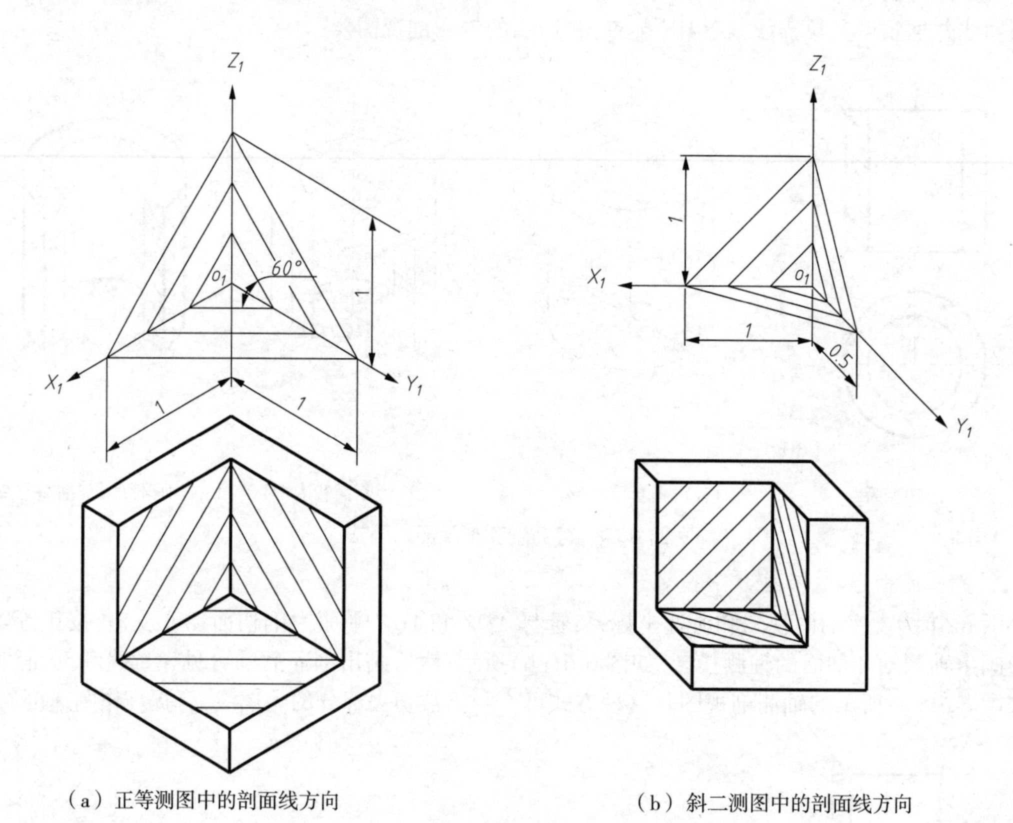

(a)正等测图中的剖面线方向 (b)斜二测图中的剖面线方向

图 6-62 轴测图中的剖面线方向

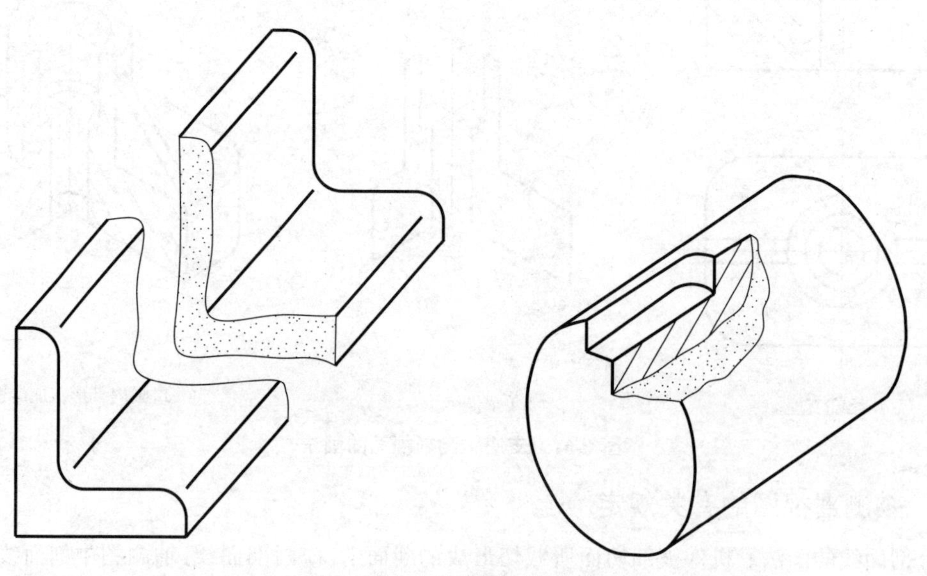

图 6-63 立体断裂面的画法

6.6 表达方法综合应用

前面介绍了机件的各种表达方法,包括视图、剖视图和断面图等,每种表达方法都有其特点和适用范围,需要注意合理选用。视图主要表达机件的整体构造和外形,剖视图主要表现机件的内部结构,断面图则用于表达机件某处截断面的形状。确定机件表达方案的原则是:首先考虑看图方便,在正确、清晰地表达机件内外结构和形状的前提下,力求绘图简便。其次明确每一个视图都有一个表达重点,各个视图之间相互补充。要完整清楚地表达给定的机件,应对机件进行结构分析和形体分析,根据机件的内部及外部结构特征确定采用的表达方法。由于表达方法的灵活多样,一个机件可以有多种表达方案,这就需要进行分析、比较,最后确定最佳的表达方案。

例6-1　如图6-64(a)所示的支架,制定其表达方案。

①形体分析。如图6-64(a)所示的支架,由上部圆筒、下部底板和连接这两部分的十字肋板组成,整体前后对称,但十字肋与底板不垂直,出现倾斜结构。如果用主、左、俯三个视图表达,如图6-64(b)所示,可以看到,上部圆筒的通孔只能用虚线表达,下部的底板在视图中不能反映实形;部分结构表达重复,无此必要。

②主视图选择及表达方法。利用前面组合体三视图中介绍的主视图选择原则,选择主视图投射方向,反映了支架的上中下结构特点,也便于画图。同时为表达支架的内外形状,主视图采用了局部剖视,既表达了上部圆筒的通孔和下部底板上的四个小通孔结构,又表达了圆筒、肋板和底板的相对位置关系。

③其他视图的选择及表达方法。在选择好主视图后,根据机件结构特点,对于尚未表达清楚的部分,需要增加视图进行表达。为表示圆筒与肋板的前、后相对位置,采用了 B 向局部视图,而俯视

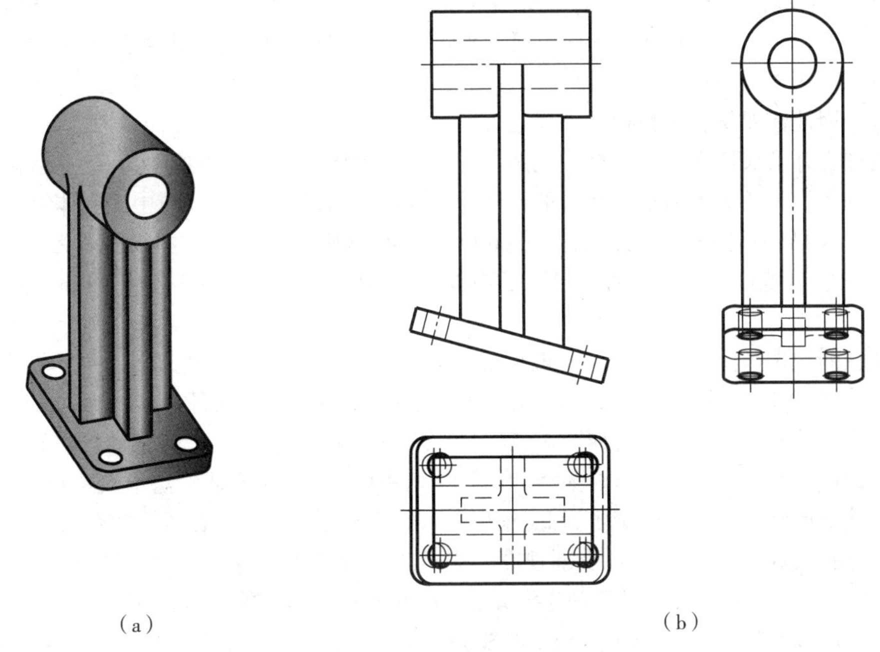

(a)　　(b)

图6-64　支架及其表达方案

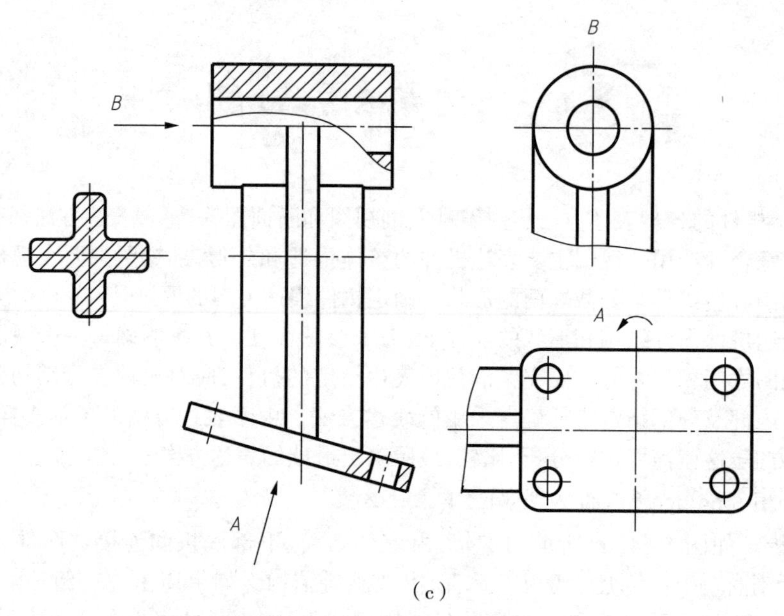

(c)

图 6-64　支架及其表达方案(续)

图不必画出。考虑底板处于倾斜位置,为表达底板的形状及其与十字肋的相对位置,采用了一个 A 向局部斜视图。中间十字肋结构则采用一个移出断面来表达。

综上所述,支架整体表达方案如图 6-64(c)所示。该方案采用了一个基本视图、一个局部视图、一个斜视图及一个断面图,四个图形各有表达的重点内容,相互补充,正确、完整、清晰地表达了支架的内外结构形状。

例6-2　如图 6-65(a)所示的四通管接头,制定其表达方案。

①形体分析。图 6-65(a)为一四通管接头,该机件可分为三部分:中间主体管、左通管和右通管,主体管的上下和左右管的端部各有一个形状不同的连接盘(也称法兰盘),左右通管的轴线不共面。如果用图 6-65(b)所示主、左、俯三个视图表达,可以看到,中间主体管通孔结构以及两侧通管的通孔结构只能用虚线表达,很不清晰;另外,右管端部的连接盘在视图中不能反映实形,且部分结构表达重复。因此需要重新选择视图及表达方案。

②主视图选择及表达方法。选择主视图方向使中间主体管处于铅垂位置,并让左通管的轴线与正立投影面平行。为了清楚表达四通管的连通情况,考虑左右通管的轴线与中间主体管的轴线不在同一面内,采用两个相交平面作为剖切面,图 6-65(c)为剖切后的轴测图。主视图画为全剖视图 *A—A*,图 6-65(e),它清楚地表达了四通管接头的内腔,也表达了四通管接头三个组成部分的上下相对位置。

③其他视图的选择及表达方法。一般应优选基本视图进行补充表达,同时结合应用剖视等方法,让一个视图表现较多的信息。如图 6-65(d)所示,采用两个平行平面作为剖切面,俯视图采用了阶梯剖方法画出的全剖视图 *B—B*,如图 6-65(e)所示,清楚地表达了左、右通管轴线间的夹角和主体管下方底盘的形状及其上孔的分布。显然,有了主、俯视图,四通管的结构基本表达清楚,但仍有三个管口的连接盘形状没有表达清楚。为此,采用 *C—C* 斜剖视图来表达右通管的管道和凸缘的形状及凸缘上两圆孔的分布,采用 *D—D* 全剖视图来表达左通管的管道、凸缘和肋板的形状及凸缘上孔的分布,采用 *E* 向局部视图来表达四通管接头上方凸缘的形状和孔的分布。

至此,形成了四通管接头的表达方案,如图 6-65(e)所示。仅用了五个图形就完整、清晰地表达了这一复杂机件。

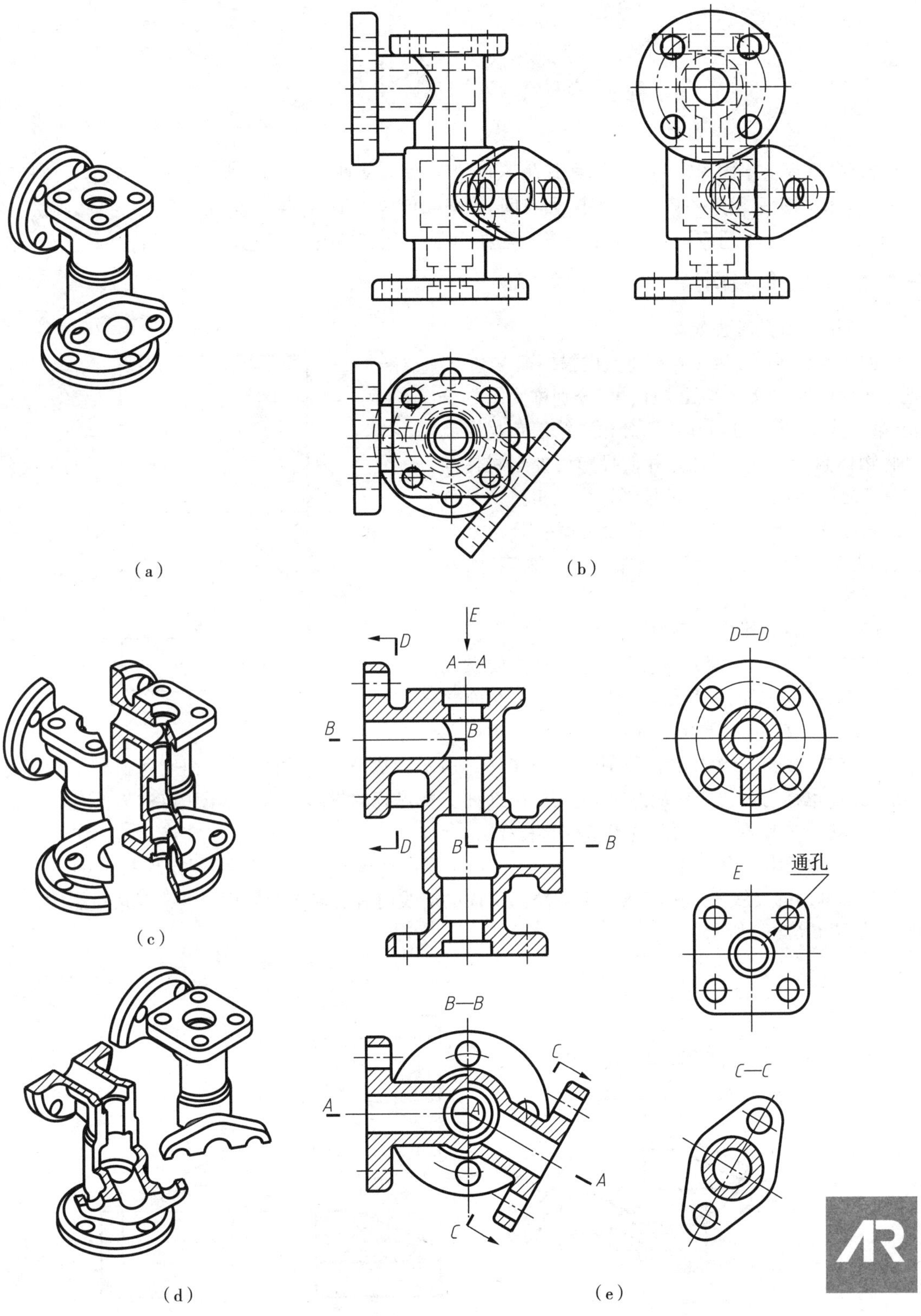

图 6-65 四通管接头及其表达方案

6.7 第三角投影

目前,世界上不同国家的工程图样画法不同,但主要有两种画法:第一角投影画法和第三角投影画法。有些国家采用第一角投影画法,如我国、德国和俄罗斯等,有些国家采用第三角投影画法,如美国、日本等。为了适应国际间技术交流的需要,下面对第三角投影画法作简单介绍。

6.7.1 第三角投影法

(1)第三角投影法概念

如图6-66所示,两个互相垂直的投影面 V 和 H,把空间分成四个分角Ⅰ、Ⅱ、Ⅲ、Ⅳ,分别称为第一分角、第二分角、第三分角和第四分角。第三角投影就是将物体置于第三分角内,并使投影面处于物体与观察者之间而形成的多面正投影。第三角投影又称第三角画法。简单地讲,把机件放在第一分角来表达,称为第一角画法;机件放在第三分角来表达,称为第三角画法。

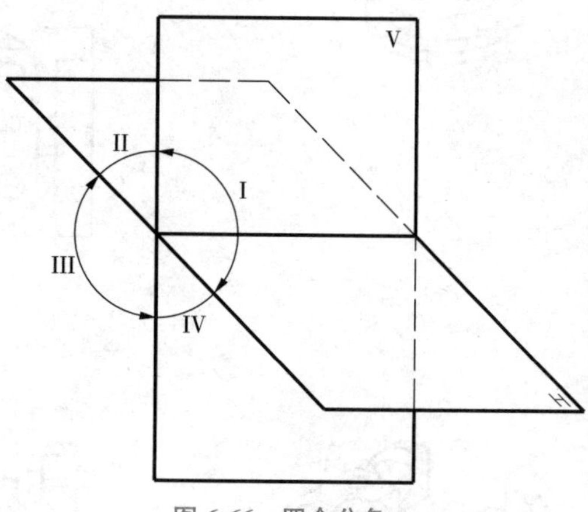

图6-66 四个分角

(2)第三角投影中的三视图

按第三角投影法定义,假想将所画机件放在三个相互垂直的透明的投影面体系中,即放在 H 面之下、V 面之后、W 面(也称 P 面)之左的空间,然后以正投影方式分别向三个投影面投射,如图6-67(a)所示。从前向后投射,在 V 面上所得到的投影称为前视图(也称为主视图);从上向下投射,在 H 面上所得到的投影称为顶视图(也称为俯视图);从右向左投射,在 W 面上所得到的投影称为右视图。

同样,为了将三视图绘制在同一平面上,将三个投影面展开成一个平面,规定保持 V 面不动,H 面绕它与 V 面的交线向上翻转90°,W 面绕与 V 面的交线向右旋转90°,即可得到第三角投影中的三视图,如图6-67(b)所示。

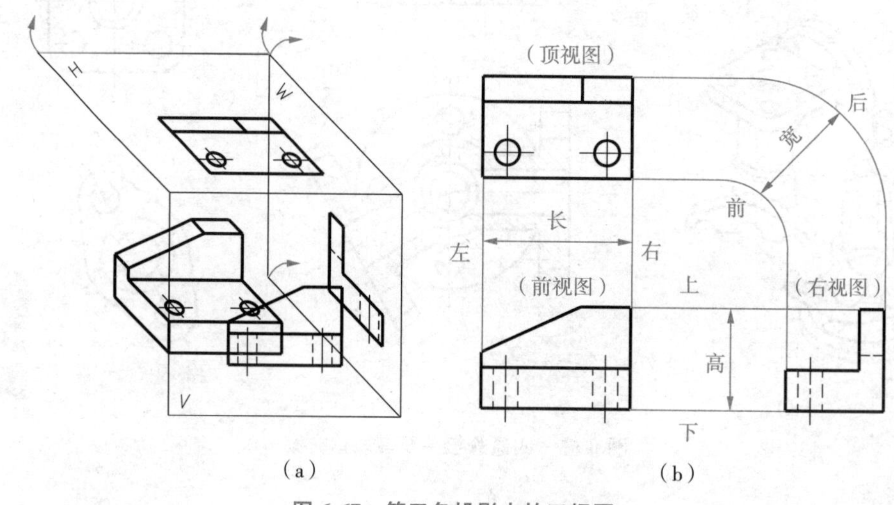

图6-67 第三角投影中的三视图

第三角投影中三个视图的位置关系：顶视图在主视图的上方，右视图在主视图的右方。三视图之间的投影"三等"关系仍然成立，即主视图和顶视图长对正，主视图和右视图高平齐，顶视图和右视图宽相等。

6.7.2　第三角投影法与第一角投影法的比较

第一角投影法是将所画机件置于观察者与投影面之间，保持观察者—机件—投影面的相对位置关系，并用正投影法来绘制的机件图样，如图 6-68（a）所示。第三角投影法是将所画机件放第三分角中，并使投影面（假设投影面使透明的）处于观察者与机件之间，保持观察者—投影面—机件的相对位置关系，也用正投影法来绘制的机件图样，如图 6-67（a）所示。可见，两种画法对于观察者、对象、投影面的相对位置关系的规定不同。

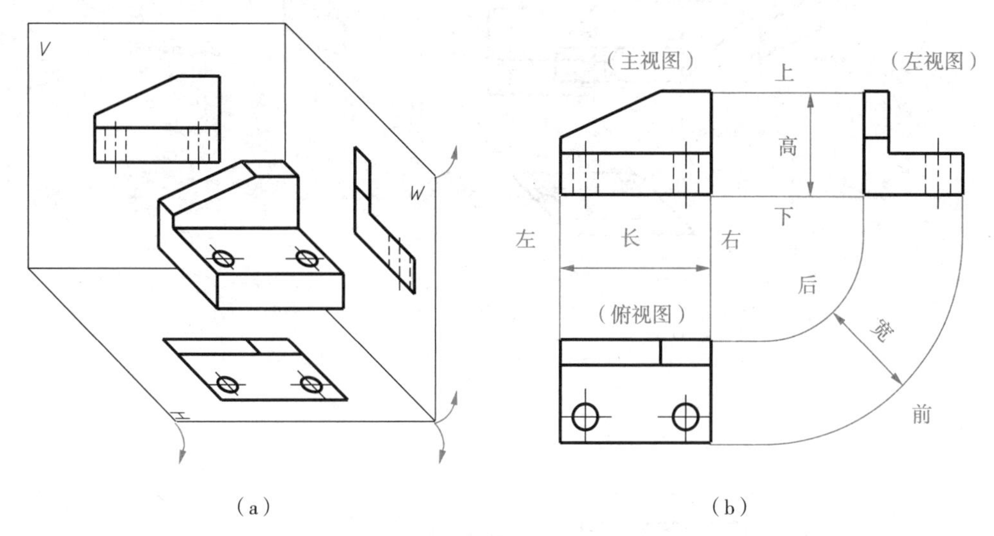

图 6-68　第一角投影中的三视图

用第三角投影法绘制的图样与第一角投影法一样，都是采用正投影法，展开投影面时都是规定保持 V 面不动，分别把 H、W 面各自绕它们与 V 面的交线旋转 90°，与 V 面展开成一个平面。因此，正投影法的规律，包括三投影的对应关系，如"三等"关系等，对两者都完全适用，这是它们的共同点，

但需要注意两者在展开时投影面翻转方向的不同。第一角画法中，投影面展开时，H 面和 W 面均顺着观察者的视线方向翻转；而在第三角画法中，H 面和 W 面均逆着观察者的视线方向翻转。于是也形成了视图配置位置的不同，以及在视图中反映前后位置关系的不同，如图 6-67 和图 6-68 所示。

假想将物体置于透明的长方体玻璃盒中，玻璃盒的六个表面形成六个投影面，同样形成六个基本视图，即已介绍的前视图、顶视图和右视图外，另三个视图分别为左视图、底视图（也称仰视图）和后视图。用第三角投影法所得的六个基本视图的展开如图 6-69（a）所示，六个视图的配置如图 6-69（b）所示。

在第三角投影画法中，顶视图、底视图、右视图、左视图靠近前视图的一边表示物体的前面；而在第一角投影画法中正好相反，俯视图、仰视图、右视图、左视图靠近主视图的一边表示物体的后面。

6.7.3　投影法识别符号

工程图样可以采用第一角投影画法，也可采用第三角投影画法，我国一般只允许采用第一角画法。按 GB/T 14692—2008《技术制图投影法》规定，当采用第一角画法时，一般不需要说明，必要时可画出投影法的识别符号来说明。

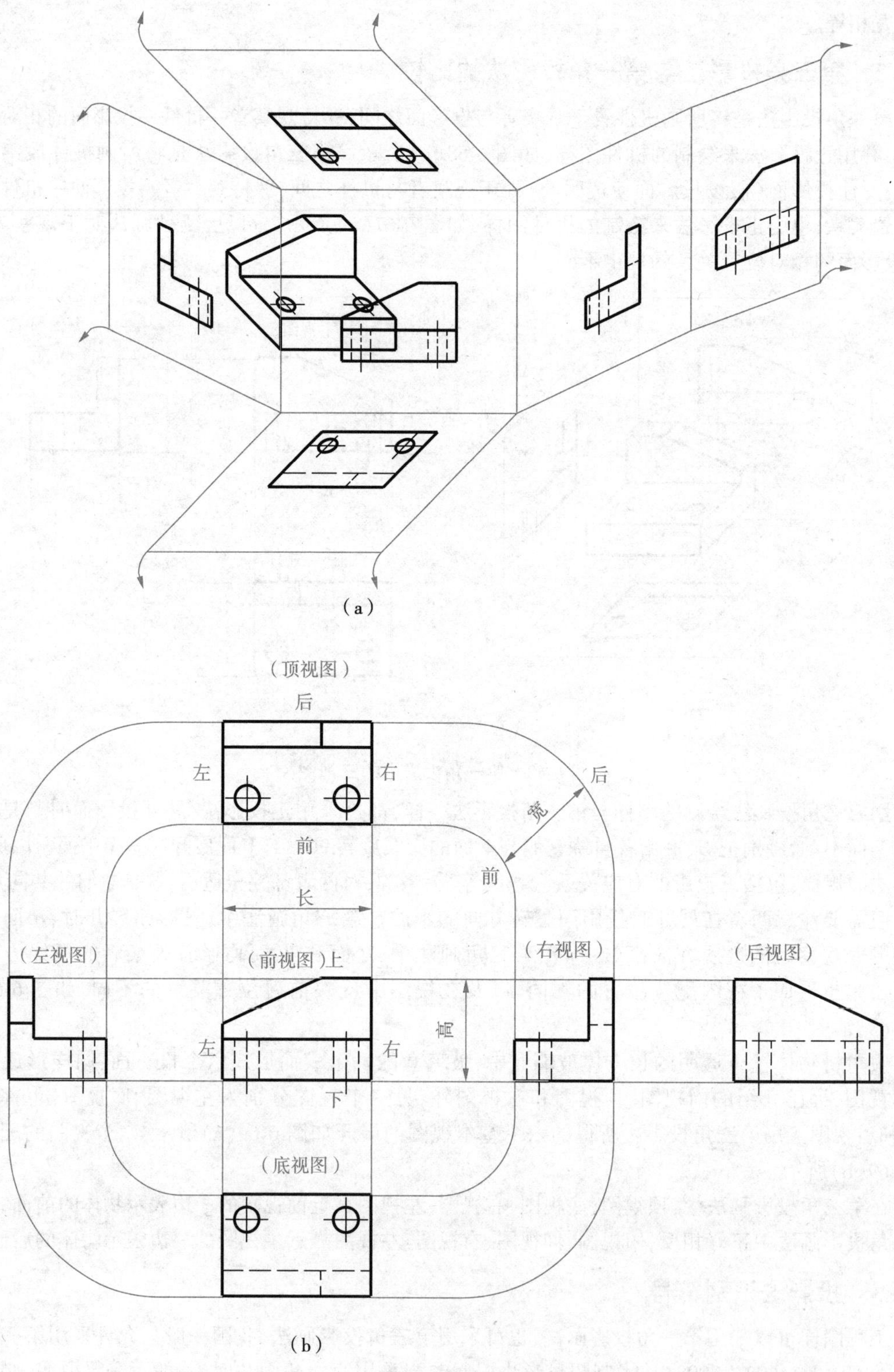

图 6-69　第三角投影法中的基本视图

按 GB/T 10609. 1—2008《技术制图标题栏》规定，在图纸标题栏的投影符号框格内（参见第 1 章图 1-4）标注第一角画法或第三角画法的投影识别符号，投影符号用粗实线和细点画线绘制，见图 6-70 所示。也可标在标题栏的上方或左方。该符号尺寸关系如图 6-71 相同，只是加画了中心线，并把符号对应两个图形沿左右方向拉开一点。如采用第一角画法，则可省略标注。

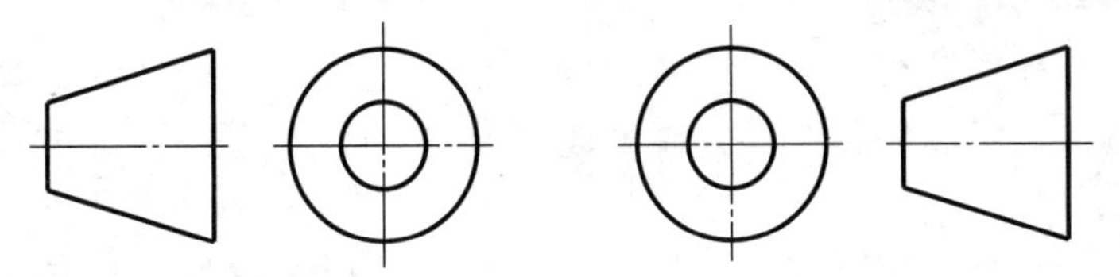

（a）第一角投影法的识别符号　　（b）第三角投影法的识别符号

图 6-70　投影识别符号

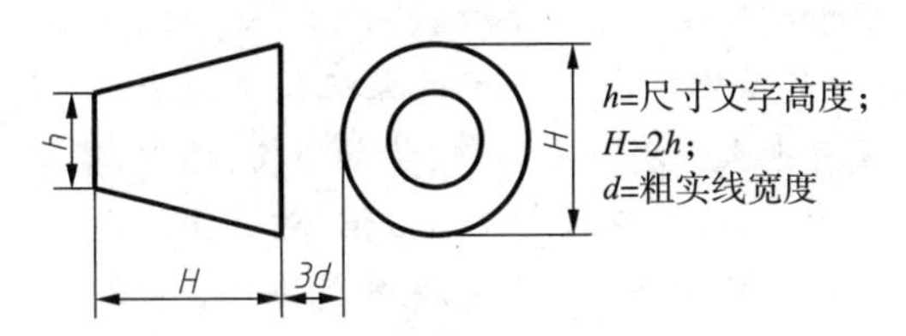

图 6-71　投影识别符号画法

第7章 标准件与常用件

常见的机器或设备都是由若干零件按照一定的装配关系组成的,不同的机器所包含的零件数量、种类和各个零件形状的差异也大。有一些零件,诸如螺栓、螺母、垫圈、键、销、齿轮、弹簧等,被广泛、大量应用在各种机器中。为了设计、制造和使用方便,对这些使用频繁的零件的结构形状和尺寸大小,由国家或行业发布技术标准作出了相应的规定即标准化,以便于专业厂批量生产。对于结构形状、尺寸、画法和标记等各个方面都标准化的零件称为标准件,如螺栓、螺母等;对于部分结构形状及尺寸参数进行了标准化的零件被称为常用件,如齿轮等。标准化了的结构称为标准结构。技术标准对这类零件的标准化结构规定了画法。

思维导图

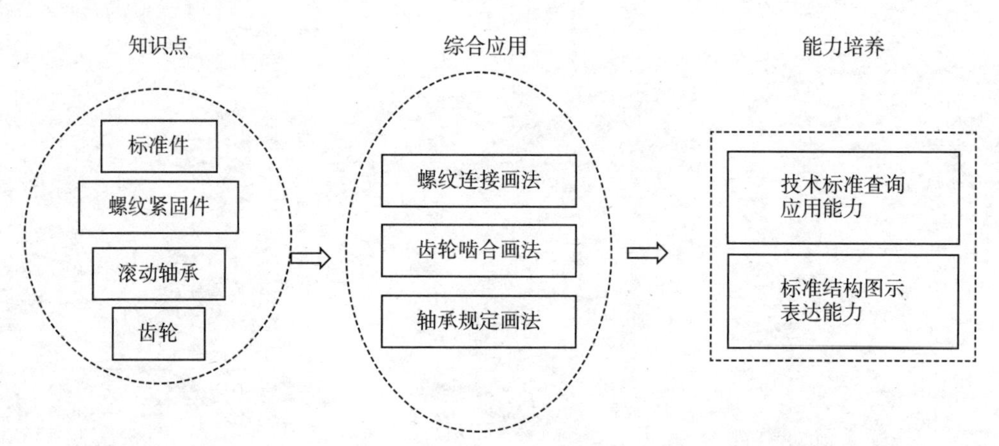

重点难点

1. 螺纹紧固件及其图示表达;
2. 常用件齿轮及其画法;
3. 滚动轴承及其图示表达。

素质拓展

标准化体现工程特征,没有方圆,不成规矩,严格遵守各种技术规范,潜移默化中提升工程素养。选用标准化的结构,包括零件、部件,可以提高产品设计效率,增强可靠性,降低成本。设计标准化,既是策略,也是方法,犹如搭积木,应用有限的模块,可以构建出千姿百态的对象。同时,标准结构的表达常常采用符号或规定画法,化繁为简,神似重于形似,突显抓主要矛盾的思维范式。

7.1　螺纹

7.1.1　螺纹的形成

螺纹是一种常见的连接和传动结构。一平面图形(如三角形、梯形、锯齿形、矩形等)沿圆柱(圆锥)表面上的螺旋线运动形成的具有相同断面的连续凸起和沟槽就称为螺纹。

在圆柱(圆锥)外表面形成的螺纹称为外螺纹,在圆柱(圆锥)内表面形成的螺纹称为内螺纹。螺纹表面凸起部分的顶端称为牙顶,螺纹表面沟槽部分的底部称为牙底。

螺纹加工形成的方法很多,主要有切削加工和滚压加工两类,常见的小批量或单件加工方法包括在车床上车削螺纹、用扳牙或丝锥加工螺纹等。图 7-1 所示在车床上车削外螺纹和内螺纹的情况,工件绕轴线作匀速回转运动,刀具沿轴线作匀速直线运动,当刀具切入工件一定深度即在工件表面切削出螺纹。图 7-2 表示丝锥攻螺纹的方法,对于直径较小的螺孔,可以采用这种方法,先用钻头钻孔,再用丝锥攻螺纹,需要注意的是,钻孔深度要大于螺纹长度。

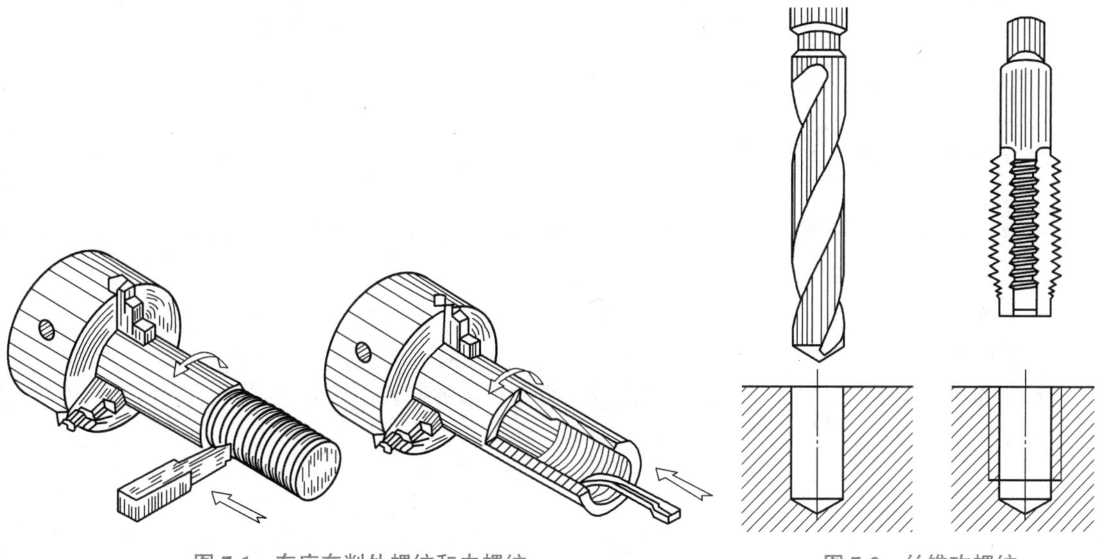

图 7-1　车床车削外螺纹和内螺纹　　　　图 7-2　丝锥攻螺纹

由于实际加工工艺和装配工艺需要,形成螺纹时产生了相关结构。

(1)为了防止螺纹端部损坏和便于旋合安装,通常在螺纹的起始处做出圆锥形的倒角,如图 7-3 所示。

(2)车削螺纹时,刀具接近螺纹终止处时,要逐渐离开工件,因而形成不完整的螺纹牙型,称这段牙型不完整的收尾部分为螺尾。为了避免出现螺尾,可在螺纹终止处预先加工出退刀槽,如图 7-3 所示。

(3)用丝锥加工不通孔内螺纹时,由于钻头的钻尖顶角接近 120°(一般为 118°),所以未穿盲孔的底部锥顶角画成 120°,如图 7-2、图 7-10(a)所示。

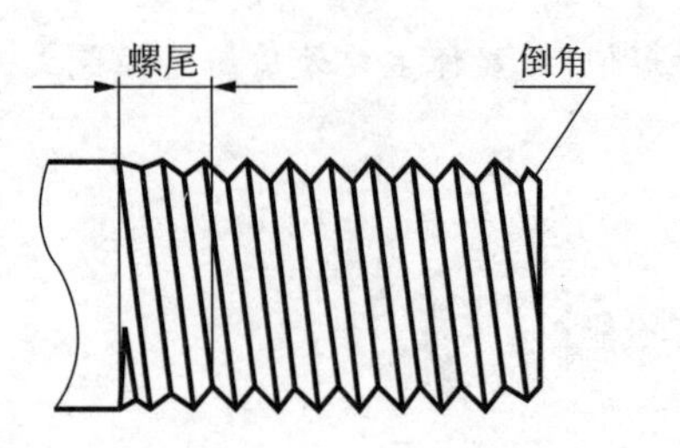

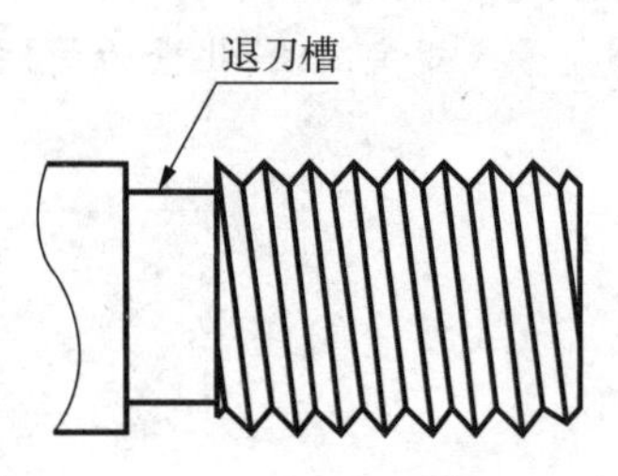

图 7-3 螺纹结构

7.1.2 螺纹的基本要素

螺纹由牙型、直径、螺距、线数和旋向五要素确定。在连接时,外螺纹和内螺纹都是成对旋合在一起使用的,只有当螺纹的五个要素完全相同时,两个螺纹才能正确旋合。

1. 牙型

牙型是指在通过螺纹轴线断面上螺纹的轮廓形状。常见的螺纹牙型有三角形、梯形、锯齿形、矩形等,如图 7-4 所示,不同的螺纹牙型有着不同的用途,一般三角形牙型的螺纹多用于连接,而梯形、锯齿形和矩形牙型的螺纹多用于动力的传递。

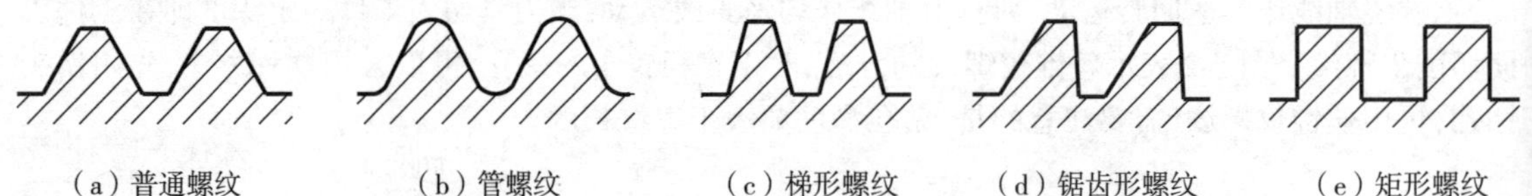

(a) 普通螺纹 (b) 管螺纹 (c) 梯形螺纹 (d) 锯齿形螺纹 (e) 矩形螺纹

图 7-4 螺纹的牙型

2. 直径

螺纹的直径分大径、小径和中径。

(1) 大径

螺纹的大径是指与外螺纹牙顶或内螺纹牙底重合的假想圆柱面的直径,如图 7-5 所示。外螺纹的大径用 d 表示,内螺纹的大径用 D 表示。代表螺纹规格的直径称为公称直径,公制螺纹的大径就是它的公称直径。

(2) 小径

螺纹的小径是指与外螺纹牙底或内螺纹牙顶重合的假想圆柱面的直径,如图 7-5 所示。外螺纹的小径用 d_1 表示,内螺纹的小径用 D_1 表示。

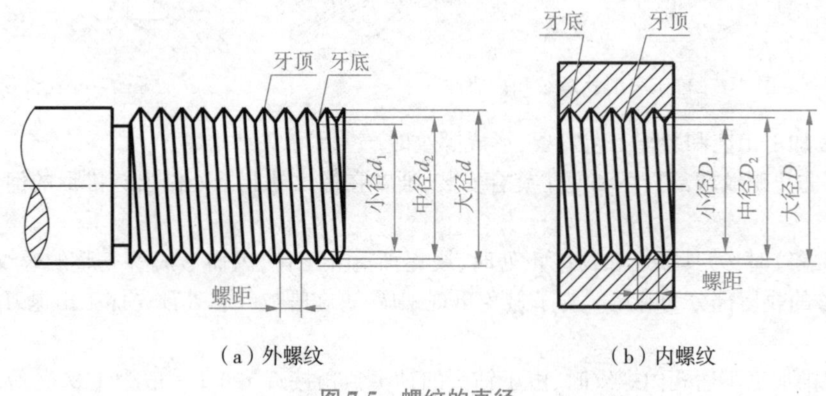

(a) 外螺纹 (b) 内螺纹

图 7-5 螺纹的直径

(3)中径

螺纹的中径是指母线通过牙型上的沟槽宽度与凸起宽度相等处的假想圆柱面的直径,如图 7-5 所示。外螺纹的中径用 d_2 表示,内螺纹的中径用 D_2 表示。

3. 线数

线数是指同一圆柱表面生成螺纹的螺旋线条数,用 n 表示。螺纹有单线和多线之分,沿一条螺旋线形成的螺纹称为单线螺纹;沿轴向等距分布的两条及两条以上螺旋线形成的螺纹称为多线螺纹,如图 7-6 所示。

4. 螺距和导程

螺距是指螺纹相邻两牙在中径上对应两点间的距离,用 P 表示。导程是指螺纹同一条螺旋线上相邻两牙在中径上对应两点间的距离,用 P_h 表示。对于单线螺纹,$P=P_h$;对于多线螺纹,$P_h=nP$,如图 7-6 所示。

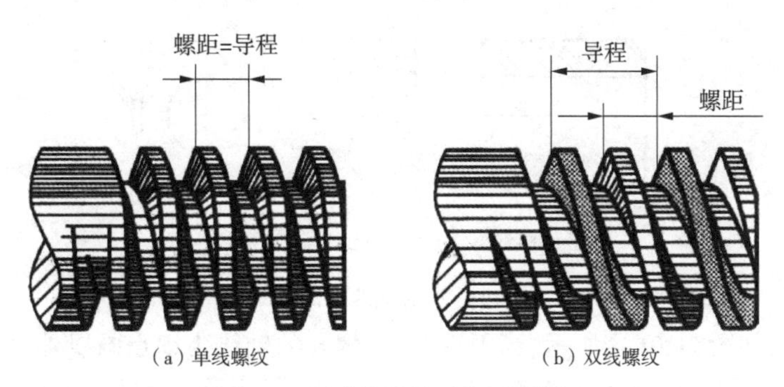

(a) 单线螺纹　(b) 双线螺纹

图 7-6　螺纹的线数、螺距和导程

5. 旋向

螺纹的旋向有右旋(RH)和左旋(LH)两种。内螺纹和外螺纹旋合时,顺时针旋转旋入的螺纹,称为右旋螺纹;逆时针旋转时旋入的螺纹,称为左旋螺纹,如图 7-7 所示。工程上常用右旋螺纹。

在螺纹的五个要素中,螺纹的牙型、直径和螺距是决定螺纹的最基本要素。为了便于设计计算和加工制造,国家标准对螺纹的牙型、直径和螺距做了规定。凡是这三项要素都符合标准的螺纹称为标准螺纹。而牙型符合标准,直径或螺距不符合标准的,称为特殊螺纹。对于牙型不符合标准的螺纹,则称为非标准螺纹。

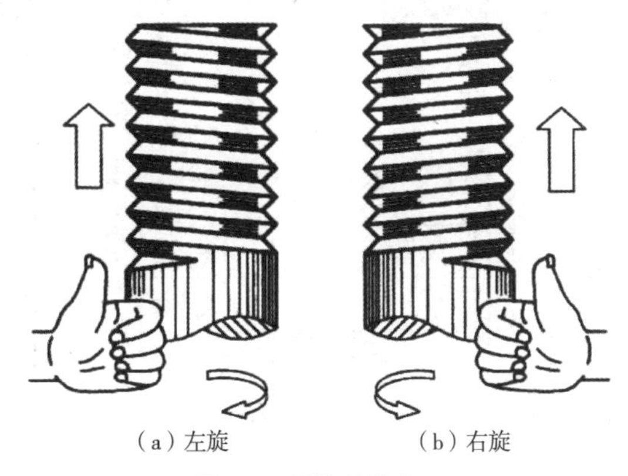

(a) 左旋　(b) 右旋

图 7-7　螺纹的旋向

7.1.3　螺纹的规定画法

1. 外螺纹的画法

在外螺纹投影为非圆的视图上,外螺纹的大径(牙顶线)和螺纹终止线画成粗实线;外螺纹的小径(牙底线)画成细实线,小径通常画成大径的 85%。在投影为圆的视图上,螺纹大径对应的牙顶圆画成粗实线;螺纹小径对应的牙底圆画成细实线,并且只画约 3/4 圈;螺纹末端倒角圆省略不画,具体画法如图 7-8 所示。对于有孔的外螺纹,一般采用剖视图画法,具体画法如图 7-9 所示。

2. 内螺纹的画法

采用剖视图表达内螺纹时,在内螺纹投影为非圆视图中,螺纹的大径(牙底线)画成细实线,螺纹的小径(牙顶线)画成粗实线,小径通常画成大径的 85%,螺纹的终止线画粗实线,剖面线画到螺

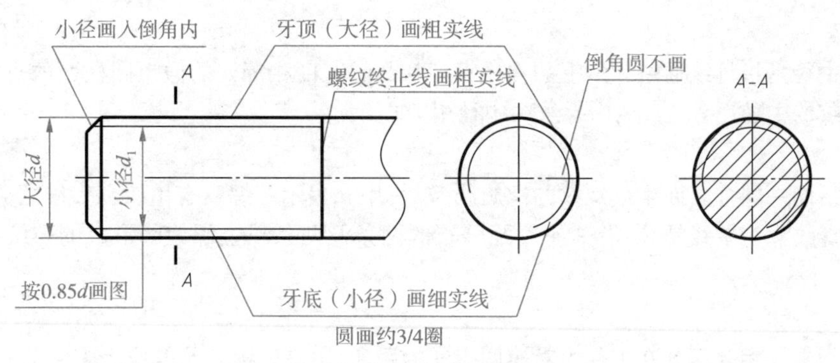

图 7-8　外螺纹的规定画法

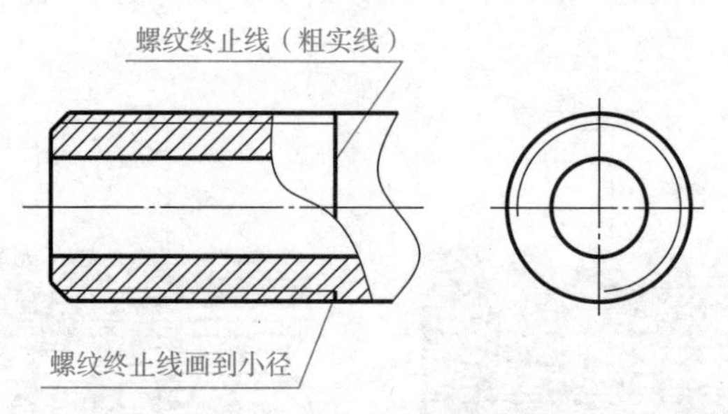

图 7-9　外螺纹剖视图画法

纹牙顶的粗实线处，如图 7-10(a)所示；当不剖时，除螺孔的轴线为细点画线外，所有图线均按虚线画出，如图 7-10(b)所示。在投影为圆的视图上，螺纹大径对应的牙底圆画成细实线，并且只画约 3/4 圈；螺纹小径对应的牙顶圆画成粗实线；螺纹倒角投影省略不画。具体画法如图 7-10(a)所示。另外，在绘制未穿通的螺孔时，一般应将钻孔深度和螺纹部分的深度分别画出，钻孔深度应比需要的螺孔深度深些，通常取为 0.5D，如图 7-10(a)所示的主视图中内螺纹结构。

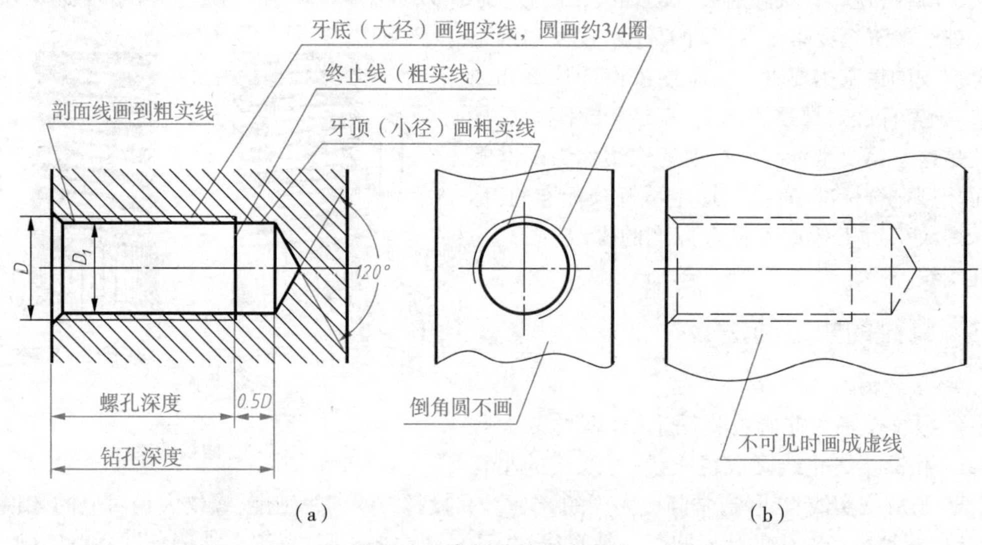

图 7-10　内螺纹的规定画法

3. 螺纹旋合的画法

内、外螺纹旋合在一起，即为螺纹联接，在以剖视图表达时，其旋合部分在作图时按照外螺纹的画法绘制，其余部分分别按照各自的画法表示，如图 7-11 所示。需要注意，表示大、小径的粗实线和细实线应分别对齐，与倒角大小无关。

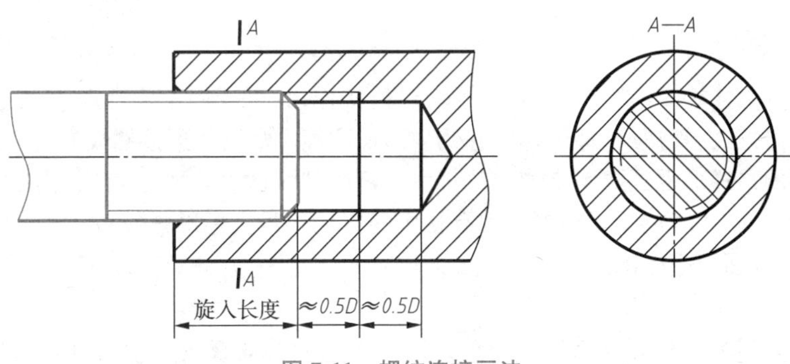

图 7-11　螺纹连接画法

4. 螺纹牙型的画法

当需要表示螺纹牙型时,可以按照图 7-12 所示画成局部剖视图或局部放大图,并标注所需的尺寸及有关要求。

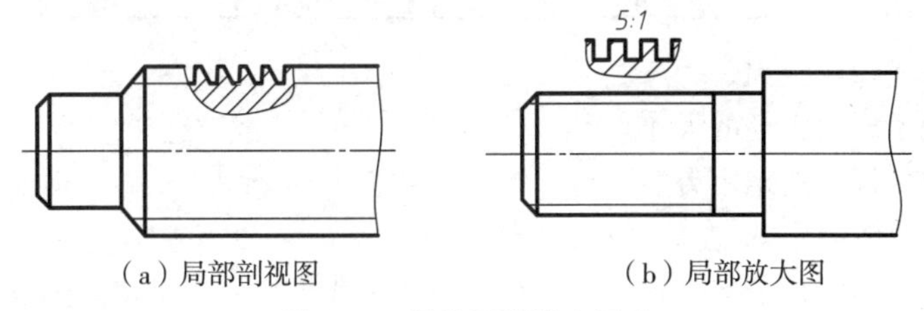

（a）局部剖视图　（b）局部放大图

图 7-12　螺纹牙型的表示法

5. 螺纹孔相交的画法

当两螺纹孔相交时,只画出螺纹牙顶的相交线,牙底的交线不画。图 7-13 分别为螺孔与螺孔、螺孔与光孔相交的画法。

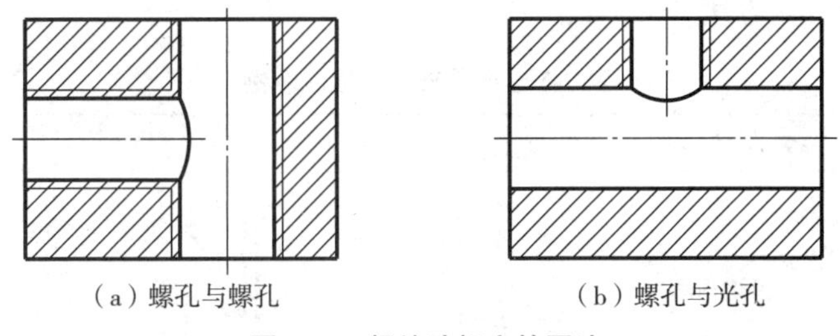

（a）螺孔与螺孔　（b）螺孔与光孔

图 7-13　螺纹孔相交的画法

6. 螺尾的画法

螺纹在车床上加工的时候,刀具在接近螺纹末尾的时候要逐渐离开工件,此时会形成一段不完整的螺纹牙型,称为螺尾。螺尾一般不画出,当需要画时,用与螺纹轴线成 30°的细实线表示,如图 7-14 所示。

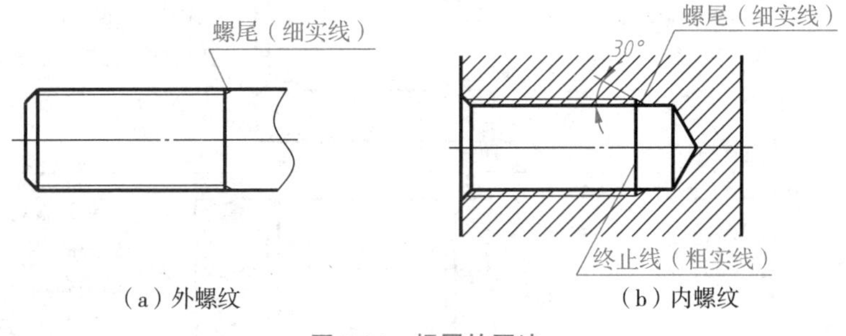

（a）外螺纹　（b）内螺纹

图 7-14　螺尾的画法

7.1.4 螺纹的标注

螺纹按用途分为连接螺纹和传动螺纹,前者起连接作用,后者用于传递动力和运动。螺纹按牙型一般可分为普通螺纹、管螺纹、梯形螺纹和锯齿形螺纹等。常见的连接螺纹有普通螺纹和管螺纹,而传动螺纹常用的是梯形螺纹或锯齿形螺纹。由于这些螺纹的规定画法相同,为区别它们,国家标准规定了各种螺纹的标注方法,每种螺纹都有相应的特征代号。标准螺纹的大径、螺距等参数已有规定,设计选用时查阅相应标准。

1. 普通螺纹

普通螺纹的牙型为三角形,牙型角为60°。同一大径的普通螺纹一般有几种螺距,螺距最大的一种称为粗牙普通螺纹,其余称为细牙普通螺纹。普通螺纹主要用于机器中零部件的连接,其标注格式为:

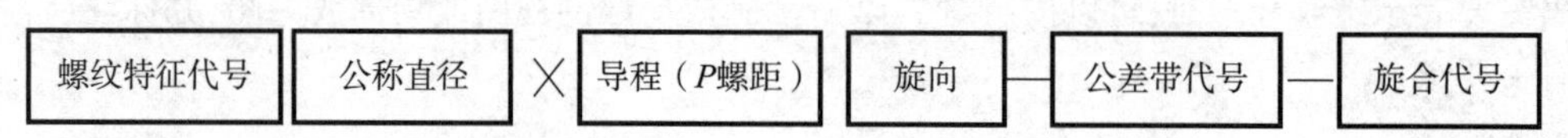

①特征代号:普通螺纹为M。

②公称直径:表示螺纹大径的大小。

③螺距:普通粗牙螺纹的螺距省略不标。

④旋向:右旋螺纹省略不标;左旋螺纹标"LH"。

⑤公差带代号:包括中径公差带代号与顶径的公差带代号。公差带代号由表示公差等级的数字和表示基本偏差的字母组成,其中内螺纹基本偏差用大写字母表示,外螺纹的基本偏差用小写字母表示。如果中径公差带和顶径公差带代号相同,则只注一个代号。

⑥旋合长度:普通螺纹的旋合长度有短、中、长三种,分别用S、N、L表示。中等旋合长度"N"一般省略不标;短、长旋合长度要标出"S"或"L"。

普通螺纹的具体标注方法见表7-1。

表7-1 普通螺纹的标注示例

螺纹种类	标注示例	标注图例	说明
粗牙普通螺纹M	M20-5g6g-s	M20-5g6g-s	粗牙普通外螺纹,公称直径20 mm,右旋,中径和顶径的公差代号分别为5g和6g,短旋合长度
	M20LH-6H	M20LH-6H	粗牙普通内螺纹,公称直径20 mm,左旋,中径和顶径公差带代号均为6H,中等旋合长度
细牙普通螺纹M	M20×1. 5-5g6g	M20x1.5-5g6g	细牙普通外螺纹,公称直径20 mm,螺距为1. 5 mm,右旋,中径和顶径公差带代号为5g和6g,中等旋合长度

2. 管螺纹

管螺纹是位于管壁上用于管子连接的螺纹,其牙型为三角形,牙型角为55°。管螺纹主要用于水管、油管、气管等管道的连接中。管螺纹分为用螺纹密封的管螺纹和非螺纹密封的管螺纹。螺纹密封管螺纹连接由圆锥外螺纹和圆锥内螺纹或圆柱内螺纹旋合得到,非螺纹密封管螺纹连接则由圆柱外螺纹和圆柱内螺纹旋合获得。

管螺纹的标注格式为:

①特征代号:非螺纹密封的管螺纹内、外螺纹的代号均为G。用螺纹密封的管螺纹的特征代号:与圆锥外螺纹旋合的圆锥内螺纹为 R_C,与圆锥外螺纹旋合的圆柱内螺纹为 R_P,与圆柱内螺纹旋合的圆锥外螺纹是 R_1,与圆锥内螺纹旋合的圆锥外螺纹是 R_2。

②尺寸代号:管螺纹的尺寸代号用英寸表示,与带有外螺纹的管子的孔径的英寸数相近。具体参数大小可以从有关表格查询。

③公差等级:只有非螺纹密封的外管螺纹有A、B两个精度等级,其余均不标。

④旋向:右旋螺纹省略不标;左旋螺纹标"LH"。

管螺纹的具体标注方法见表7-2。

表7-2　管螺纹的标注示例

螺纹种类	标注示例	标注图例	说明
非螺纹密封的管螺纹	G1A	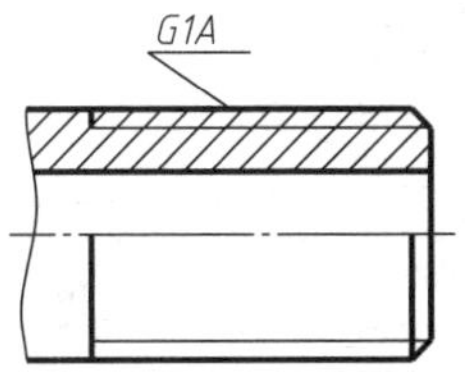 G1A	非螺纹密封的圆柱外螺纹,尺寸代号为1英寸,公差等级为A级,右旋
	G1/2LH	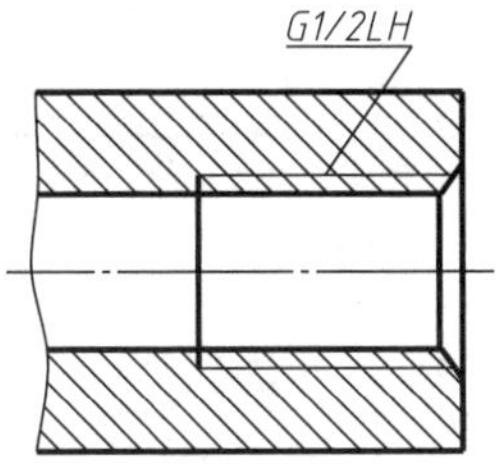 G1/2LH	非螺纹密封的圆柱内螺纹,尺寸代号为1/2英寸,左旋
用螺纹密封的管螺纹	Rc3/4	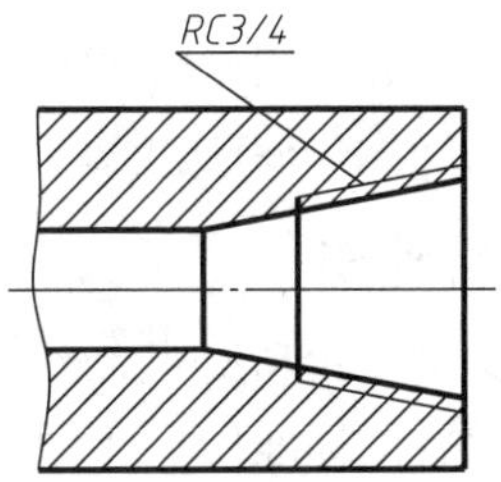 RC3/4	用螺纹密封的圆锥内螺纹,尺寸代号为3/4英寸,右旋

3. 梯形螺纹和锯齿形螺纹

梯形螺纹用来传递双向动力,如机床的丝杠。锯齿形螺纹用来传递单向动力,如千斤顶中的螺杆。它们的标注格式为:

螺纹特征代号 | 公称直径 × 导程(P螺距) | 旋向 — 公差带代号 — 旋合长度

①特征代号:梯形螺纹代号为 Tr;锯齿形螺纹代号为 B。

②公称直径:螺纹的大径。

③导程(*P* 螺距):单线螺纹只注螺距;多线螺纹注导程和螺距。

④旋向:右旋螺纹省略不标;左旋螺纹标"LH"。

⑤公差带代号:只标注中径公差带代号,其含义和普通螺纹相同。

⑥旋合长度:梯形螺纹和锯齿形螺纹的旋合长度有中和长两种,分别用 N 和 L 表示。中等旋合长度一般"N"省略不标;长旋合长度要标出"L"。

梯形螺纹和锯齿形螺纹的具体标注方法见表 7-3。

表 7-3 梯形螺纹和锯齿形螺纹的标注示例

螺纹种类	标注示例	标注图例	说明
梯形螺纹	Tr40×14(P7)LH-8e-L	Tr40x14 (P7) LH-8e-L	梯形螺纹,公称直径 40 mm,导程为 14 mm,螺距为 7 mm,双线左旋外螺纹,中径公差带代号为 8e,长旋合长度
锯齿形螺纹	B40×14(P7)-8e-L	B40x14 (P7) -8e-L	锯齿形螺纹,公称直径 40 mm,导程为 14 mm,螺距为 7 mm,双线右旋外螺纹,中径公差带代号为 8e,长旋合长度

7.2 螺纹紧固件

通过内、外螺纹的旋合来起连接和紧固作用的零件,称为螺纹紧固件。常用的螺纹紧固件有螺栓、螺钉、双头螺柱、螺母、垫圈等,均为标准件。

7.2.1 螺纹紧固件的标记及画法

螺纹紧固件属于标准件,其结构型式和尺寸都已经标准化。国家标准规定螺纹紧固件有完整和简化标记两种方法。完整标记由名称、标准代号、尺寸、性能等级或材料等级、热处理等组成,其标记形式如下:

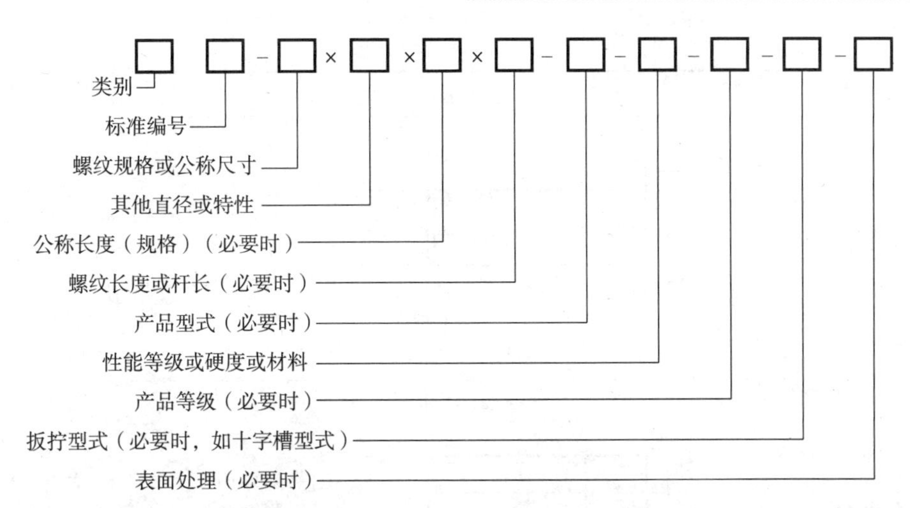

例如：六角头螺栓，公称直径 d=M10，公称长度为 45，性能等级为 10. 9 级，产品等级为 A 级，表面氧化。其完整标记为：

螺栓　GB/T 5728—2016M10×45-10. 9-A-O

在一般情况下，螺纹紧固件采用简化标记法，简化原则如下：

(1)类别(名称)、标准年代号及其前面的“-”，允许全部或部分省略。省略年代号的标准应以现行标准为准。

(2)标记中的“-”允许全部或部分省略；标记中“其他直径或特性”前面的“×”允许省略。

(3)当产品标准中只规定一种产品型式、性能等级或硬度或材料、产品等级、扳拧型式及表面处理时，允许全部或部分省略。

(4)写出螺纹紧固件的标准编号，不仅可以省略年代号，还可以省略标准编号前的螺纹紧固件名称。

上述螺栓的标记可简化为：

螺栓　GB/T 5782　M10×45

还可以进一步简化为：

GB/T 5782　M10×45

常用螺纹紧固件的标记见表 7-4。

表 7-4　常用螺纹紧固件及其标记示例

名称及标准号	图例	标记示例
六角头螺栓	M8 30	螺栓 GB/T 5782—2000　M8×30 螺纹规格：d=M8 公称长度：l=30 mm
双头螺柱	M10 b_m　45	双头螺柱 GB/T 898—1998　M10×45 螺纹规格：d=M10 公称长度：l=45 mm

续上表

名称及标准号	图例	标记示例
开槽盘头螺钉	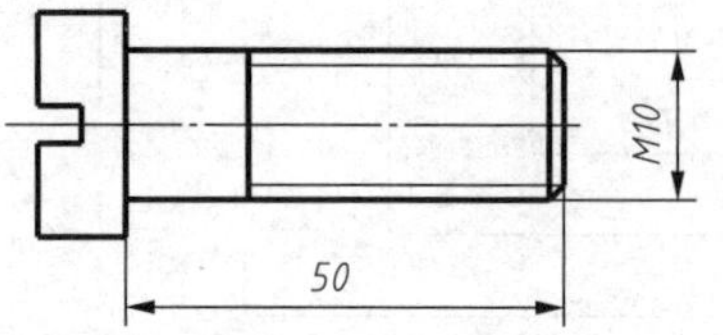	螺钉 GB/T 65—2000 M10×50 螺纹规格:d=M10 公称长度:l=50 mm
开槽沉头螺钉	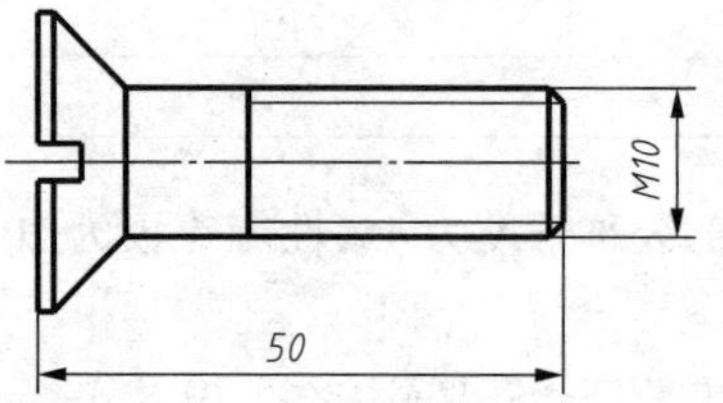	螺钉 GB/T 68—2000 M10×50 螺纹规格:d=M10 公称长度:l=50 mm
I 型六角螺母	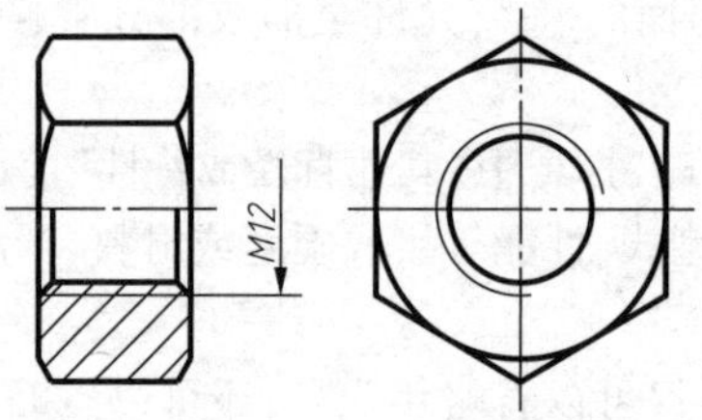	螺母 GB/T 6170—2000 M12 螺纹规格:D=M12
平垫圈 A 级	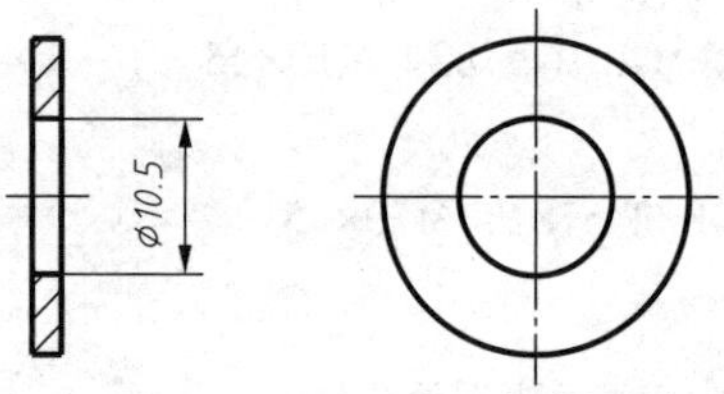	垫圈 GB/T 97. 1—2002 10-140HV 螺纹规格:d=10 mm 性能等级:140HV 级
标准型弹簧垫圈	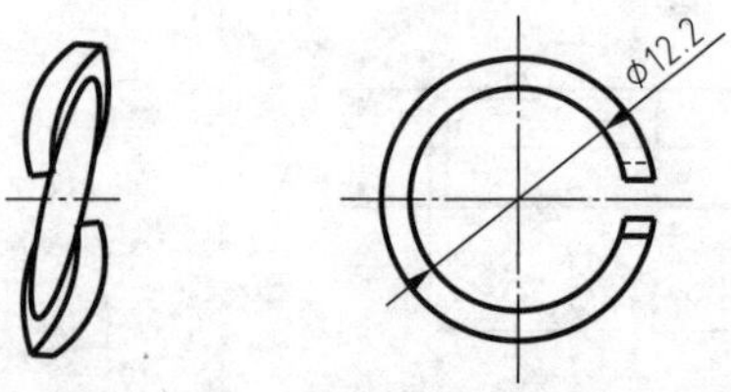	垫圈 GB/T 93—1987 12 螺纹规格:d=12 mm

螺纹紧固件各部分尺寸可以从相应技术标准中查出,参见本书附录。在画图过程中,为了简便和提高效率,大多不去查表而采用比例画法。所谓比例画法就是螺纹大径选定后,除了螺纹紧固件的有效长度要根据实际情况确定外,紧固件的其他各部分尺寸按照与螺纹大径 d 的一定比例来确定,并据此进行作图。

1. 六角螺母的比例画法

六角螺母各个部分尺寸及其表面的交线，都以螺纹公称直径 d 的比例关系画出，如图 7-15 所示。

2. 螺栓的比例画法

六角头螺栓各个部分尺寸与螺纹大径 d 的比例关系如图 7-16 所示。其中，六角头头部厚度为 $0.7d$，其余尺寸的比例关系和画法与六角螺母相同。

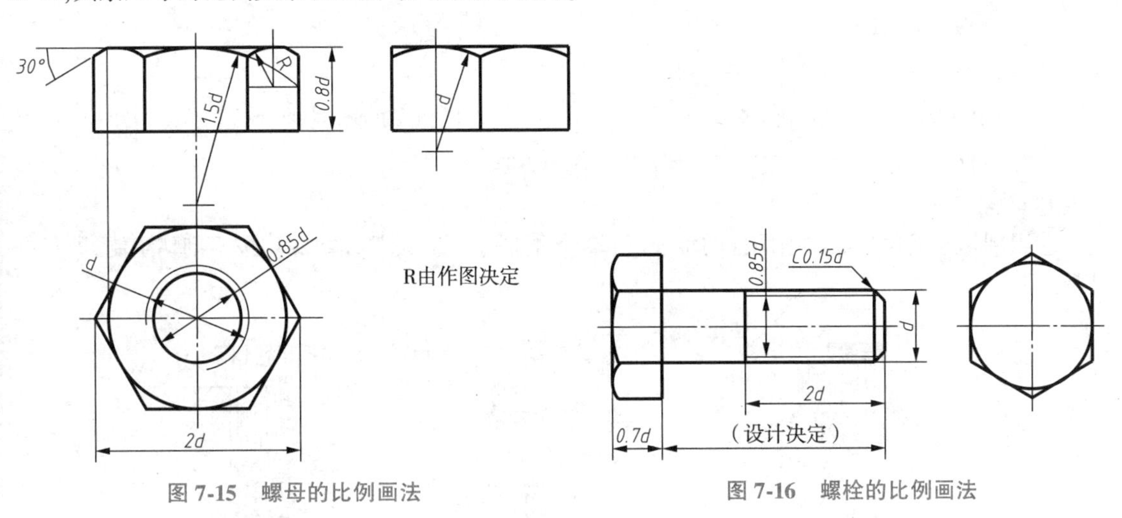

图 7-15　螺母的比例画法　　图 7-16　螺栓的比例画法

3. 双头螺柱的比例画法

双头螺柱的外形按图 7-17 所示规定画法绘制，其各部分尺寸与大径 d 的比例关系如图 7-17 所示。

4. 垫圈的比例画法

垫圈各个部分尺寸按与它相配的螺纹紧固件的大径 d 的比例关系画出，如图 7-18 所示。

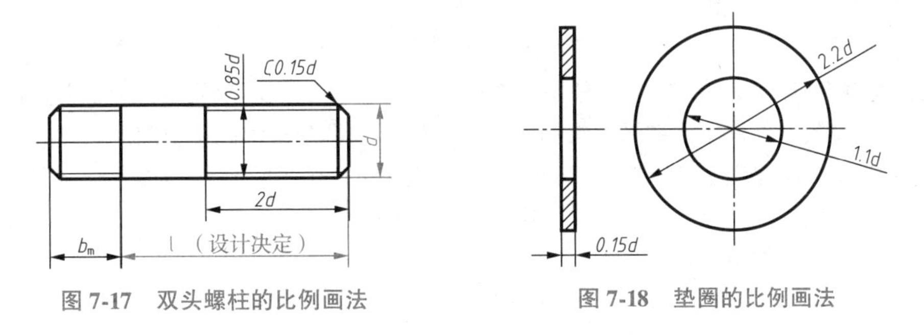

图 7-17　双头螺柱的比例画法　　图 7-18　垫圈的比例画法

5. 常用螺钉的比例画法

开槽圆柱头螺钉各个部分尺寸与螺纹大径 d 的比例关系，如图 7-19(a)所示；开槽沉头螺钉各个部分尺寸与螺纹大径 d 的比例关系，如图 7-19(b)所示。

7.2.2　螺纹紧固件连接装配图的画法

螺纹紧固件的连接形式主要有螺栓连接、双头螺柱连接和螺钉连接，如图 7-20 所示。画螺纹紧固件连接的装配图时，应遵守下列基本规定：

①两零件接触表面画一条线，不接触表面画两条线。

②相邻两零件的剖面线方向应相反，或方向一致，但间隔不等；同一零件在不同视图中的剖面线

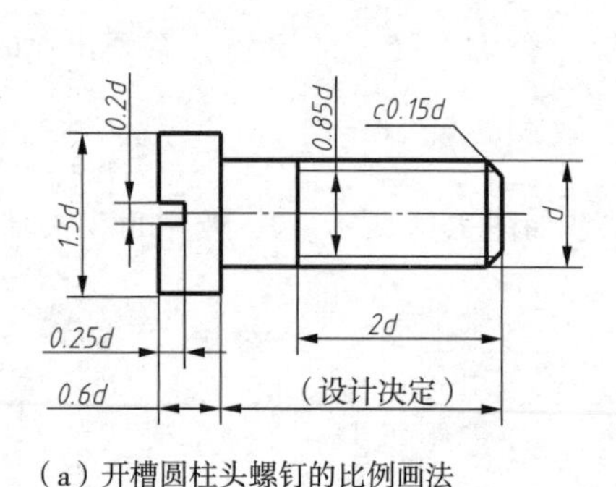

（a）开槽圆柱头螺钉的比例画法

（b）开槽沉头螺钉的比例画法

图 7-19　螺钉的比例画法

方向和间隔应一致。

③当剖切平面通过螺纹紧固件的轴线时，螺栓、螺柱、螺钉、螺母及垫圈均按不剖切绘制，即只画外形。

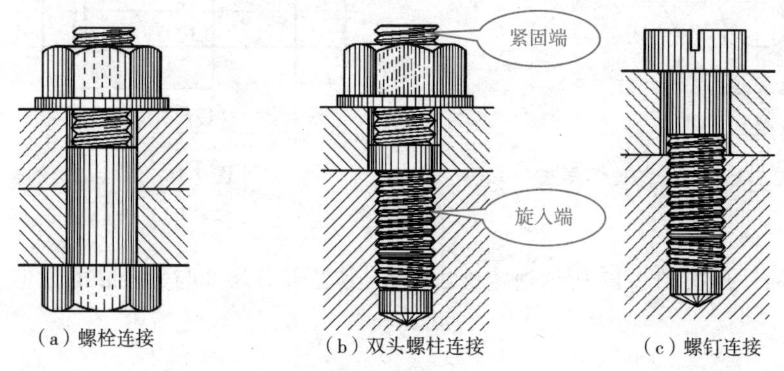

（a）螺栓连接　（b）双头螺柱连接　（c）螺钉连接

图 7-20　螺纹紧固件连接形式

1. 螺栓连接装配图画法

螺栓连接由螺栓、螺母和垫圈组成，适用于连接两个不太厚的并方便钻成通孔的零件，如图 7-20(a)所示。在表达螺栓连接的装配图中，一般主视图采用全剖视图表达连接关系，俯视图和左视图表达外形，图中的螺纹紧固件采用比例画法绘制，如图 7-21 所示，图中采用的平垫圈。

从图 7-21 可以看出，连接螺栓的有效长度按下式计算：

$$l=\delta_1+\delta_2+h+m+a$$

式中　δ_1,δ_2——两个被连接件的厚度；

h——垫圈的厚度，一般取 $h=0.15d$；

m——螺母的厚度，一般取 $m=0.8d$；

a——螺栓伸出端的长度，一般取 $a=(0.3\sim0.4)d$。

按照上式计算出连接螺栓长度数值 l 后，再查附录螺栓标准所规定的长度系列值，选取一个最接近的标准值 L 作为绘制螺栓的公称长度。

在绘制螺栓连接装配图时，还应注意：

①被连接件的孔径必须大于螺栓的大径，否则造成装配困难，画图时取孔径 $d_0=1.1d$。

②在剖视图中，被连接件的分界线应画到螺栓大径处。

③螺栓的螺纹终止线应低于通孔的顶面，且须画到被连接件孔中，以示拧紧螺母时有足够的螺纹长度，否则会觉得螺母拧不紧。

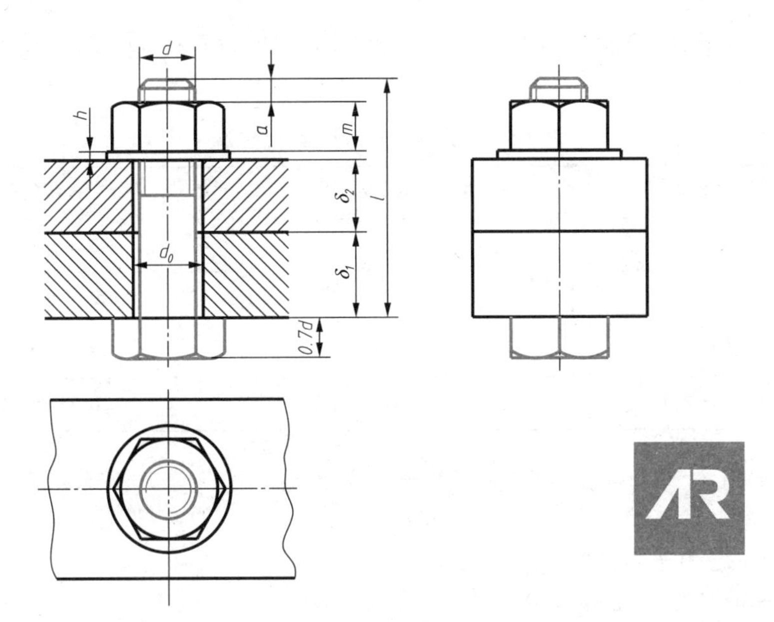

图 7-21　螺栓连接的画法

2. 双头螺柱连接装配图画法

双头螺柱连接由双头螺柱、螺母和垫圈组成，适用于被连接两零件之一较厚或不便钻成通孔的情况。所以应在较薄的零件上钻通孔，在较厚的零件上制出螺纹孔，如图 7-20(b)所示。双头螺柱两端都制有螺纹，一端旋入较厚零件的螺孔中，称为旋入端，旋入端的螺纹长度为 b_m；另一端穿过较薄零件上的通孔，套上垫圈，再用螺母拧紧称为紧固端，紧固端的螺纹长度为 $2d$，如图 7-17 所示。

双头螺柱连接装配图如图 7-22(a)所示，图中的螺纹紧固件采用比例画法绘制，被连接件的薄板上的光孔直径按 1.1d 绘制，如图 7-22(b)所示。从图 7-22(a)中可以看出，双头螺柱两端带有螺纹，上部紧固端画法和螺栓连接画法相似，下部旋入端旋入被连接件。

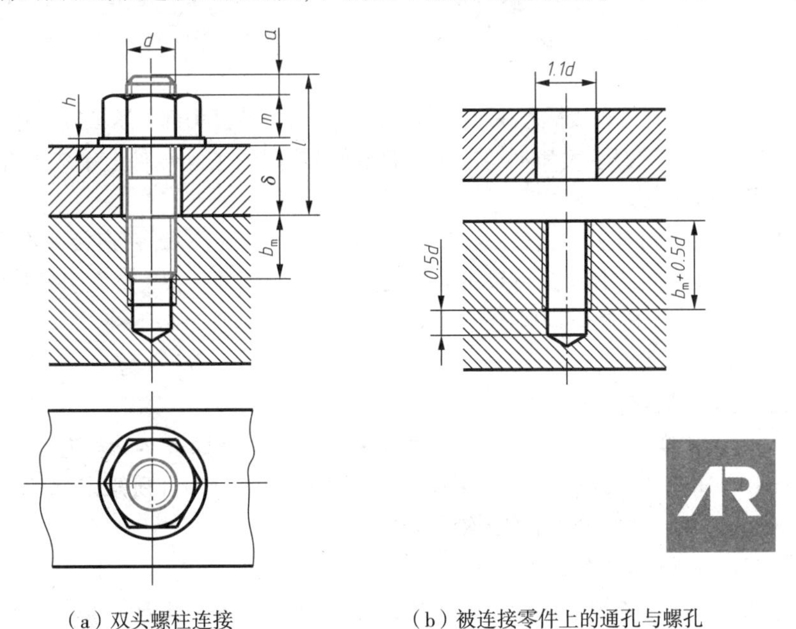

(a) 双头螺柱连接　　(b) 被连接零件上的通孔与螺孔

图 7-22　双头螺柱连接的画法

双头螺柱旋入端的螺纹长度为 b_m。其大小和旋入零件的材料有关,具体有四种长度规定,见表 7-5。

表 7-5 双头螺柱旋入长度 b_m 标准

被旋入零件的材料	旋入端长度 b_m	国标代号
钢、青铜、	$b_m=d$	GB/T 897—1988
铸铁	$b_m=1.25d$	GB/T 898—1988
铸铁和铝之间	$b_m=1.5d$	GB/T 899—1988
铝、有色金属及较软材料	$b_m=2d$	GB/T 900—1988

如图 7-22(a)所示,双头螺柱的有效长度应按下式计算:

$$l=\delta+h+m+a$$

式中 δ——较薄的光孔连接件厚度;

h——垫圈的厚度,一般取 $h=0.15d$;

m——螺母的厚度,一般取 $m=0.8d$;

a——螺柱伸出端的长度,一般取 $a=(0.3\sim0.4)d$。

按照上式计算出双头螺柱连接需要有效长度数值 l 后,再查附录双头螺柱标准所规定的长度系列值,选取一个最接近的标准值 L 为公称长度,作为绘图依据。

在绘制双头螺柱连接装配图时,还应注意:

①为了保证连接的牢固性,旋入端应全部拧入被连接件的螺孔内,画图时应使双头螺柱旋入端的螺纹终止线与被连接件的端面平齐。

②为确保旋入端全部旋入,被连接件上螺孔的螺纹深度应大于旋入端的螺纹长度,并且钻孔深度要大于螺孔深度。在画图时,螺孔深度可按 b_m+05d 画出,钻孔深度可按 b_m+d 画出,盲孔底部锥角为 120°,如图 7-22(b)所示。

3. 螺钉连接装配图画法

螺钉连接不用螺母,将螺钉直接拧入被连接件的螺孔里,依靠螺钉头部压紧被连接件,如图 7-20(c)所示。螺钉连接用于连接受力不大和不经常拆卸的零件,较薄的被连接件上钻成通孔,较厚的被连接件上加工出不通的螺纹孔。

螺钉根据头部形状不同有多种类型。图 7-23(a)所示为开槽沉头螺钉连接装配图,图 7-23(b)为开槽圆柱螺钉连接装配图。其中螺钉采用比例画法,被连接件的薄板上光孔直径按 1.1d 绘制。

从图 7-23 可以看出,连接螺钉需要的有效长度为:

$$l=\delta+b_m$$

式中 δ——钻成通孔的被连接件厚度;

b_m——螺钉旋入长度,其值和旋入零件的材料有关,具体可参照表 7-5 选取。

按照上式计算出连接螺钉的有效长度数值 l 后,再查附录螺钉标准所规定的长度系列值,选取一个最接近的标准值 l 为公称长度,并作为绘图依据。

在绘制螺钉连接装配图时,还应注意:

①为了表示螺钉头能压紧被连接件,螺钉的螺纹终止线应高出螺孔的端面,画在通孔范围内。

②螺钉头部的一字槽或十字槽的投影可以涂黑表示。螺钉头部槽口在投影为圆的视图上,应画成与中心线倾斜 45°。

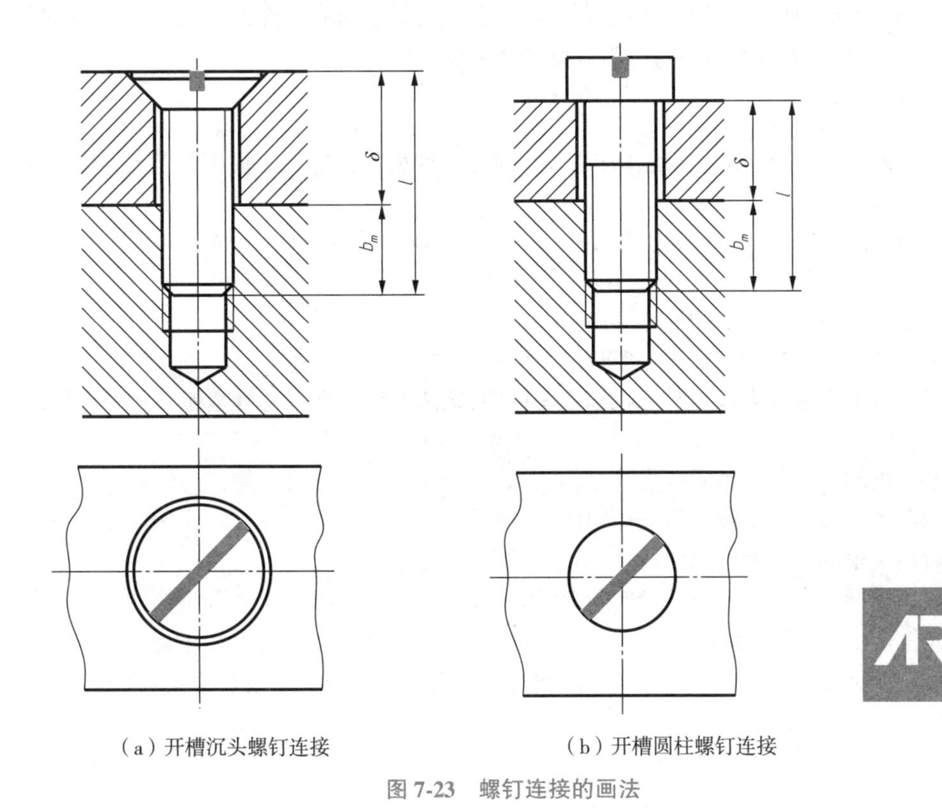

（a）开槽沉头螺钉连接　　（b）开槽圆柱螺钉连接

图 7-23　螺钉连接的画法

7.3　齿轮

齿轮是广泛应用于机器中的传动零件,常用齿轮把一个轴的转动传递给另一轴,达到传递动力、运动,改变运动方向及转速的目的。齿轮传动种类很多,常见的齿轮传动形式主要有以下三种,圆柱齿轮传动:用于两平行轴之间的传动;圆锥齿轮传动:用于两相交轴之间的传动;蜗杆蜗轮传动:用于两交叉轴之间的传动,如图 7-24 所示。

（a）圆柱齿轮

（b）锥齿轮

（c）蜗杆与蜗轮

图 7-24　常见的齿轮传动

按轮齿的轮廓曲线划分,可以分为渐开线齿轮、摆线齿轮及圆弧齿轮等,其中最为常用的是渐开线齿轮。本节参考标准 GB/T 4459. 2—2003 介绍齿轮表示法。

7. 3. 1 圆柱齿轮

圆柱齿轮按轮齿的方向划分直齿、斜齿、人字齿等。这里以标准的直齿圆柱齿轮为例来介绍齿轮的几何要素和尺寸关系。

直齿圆柱齿轮各部分的名称及代号如图 7-25 所示,齿轮圆周上的凸出部分称为轮齿,相邻两轮齿之间的空间称为齿槽。

①齿顶圆:连接齿轮各齿顶的圆,其直径用 d_a 表示;

②齿根圆:齿槽底部所确定的圆,其直径用 d_f 表示;

③分度圆:标准齿轮的齿顶圆与齿根圆之间的圆,该圆上齿厚圆弧与槽宽弧长相等,其直径用 d 表示;

④齿距:分度圆上相邻两齿同侧齿廓之间的弧长,分度圆上齿距用 p 表示;

⑤齿顶高:齿顶圆与分度圆之间的径向距离,用 h_a 表示;

⑥齿根高:齿根圆与分度圆之间的径向距离,用 h_f 表示;

⑦齿高:齿顶圆与齿根圆之间的径向距离,用 h 表示,$h=h_a+h_f$;

1. 直齿圆柱齿轮的基本参数

如图 7-26 所示,一对啮合的圆柱齿轮示意图,为了保证齿轮的正确啮合关系,应定义齿轮的一些基本参数。

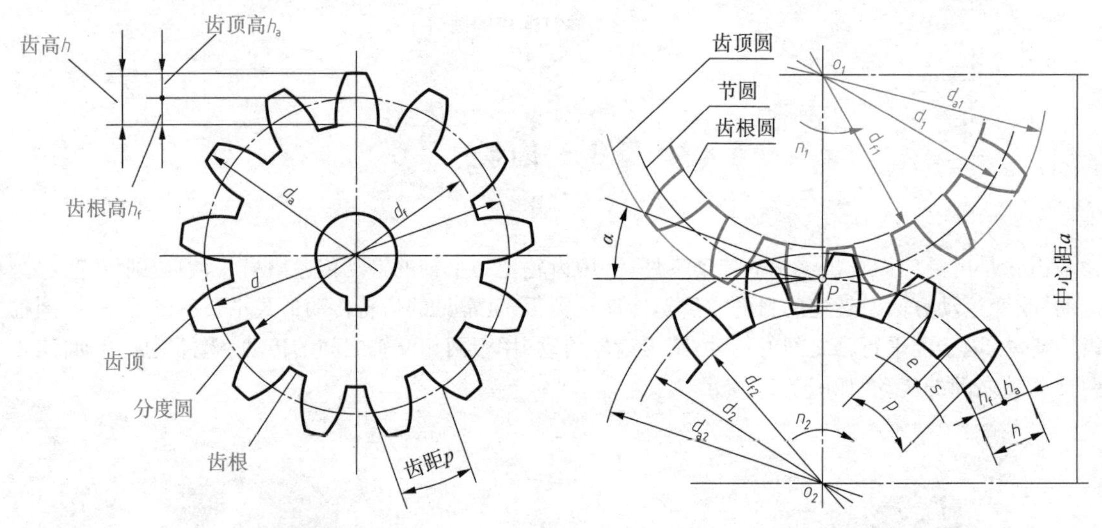

图 7-25　直齿轮各部分名称　　图 7-26　啮合的圆柱齿轮示意图

①节圆:O_1 和 O_2 分别为两啮合齿轮的中心,两齿轮的一对齿廓的啮合接触点是在连心线 O_1O_2 上的点 P(称为节点)。分别以 O_1 和 O_2 为圆心,O_1P 和 O_2P 为半径作圆,齿轮的传动可假想为这两个圆作无滑动的纯滚动。这两个圆称为齿轮的节圆。对于标准齿轮,节圆和分度圆重合。对于单个齿轮,分度圆是设计、制造齿轮时进行尺寸计算的基准圆,也是分齿的圆。

②齿数:齿轮上轮齿的总数,用 z 表示。

③模数:根据前面齿轮的参数定义,齿轮的分度圆周长 $=\pi d=zp$,即 $d=\frac{p}{\pi}z$。令 $\frac{p}{\pi}=m$,m 就是齿轮的模数,它等于齿距 p 与 π 的比值。因为两啮合齿轮的齿距必须相同,所以它们的模数也必须相等。

模数是齿轮设计、制造过程中一个重要的基本参数。若齿轮的模数大,其齿距就大,齿轮的轮齿就较厚,因此齿轮的承载能力就大。为了便于设计与加工,国家标准规定了系列标准模数的数值,见表 7-6。

表 7-6 齿轮标准模数 单位:mm

第一系列	1,1.25,1.5,2,2.5,3,4,5,6,8,10,12,16,20,25,32,40,50
第二系列	1.75,2.25,2.75,(3.25),3.5,(3.75),4.5,5.5,(6.5),7,9,(11),14,18,22,28,36,45

④齿形角:两齿轮啮合时,在节点 P 处两齿廓曲线的公法线(即齿廓的受力方向)与两节圆的内公切线(即节点 P 处的瞬时运动方向)之间所夹的锐角,称为齿形角,用 α 表示,我国标准齿轮的齿形角为 20°。

⑤中心距:两啮合齿轮轴线之间的最短距离称为中心距,用小写字母 a 表示。可按下式计算中心距:

$$a=(d_1+d_2)/2=m(z_1+z_2)/2。$$

渐开线标准直齿圆柱齿轮的几何尺寸计算都是以模数为基础的。在进行齿轮设计时,当齿轮的模数 m 和齿数 z 确定以后,齿轮的其他几何要素都可以由模数 m 和齿数 z 计算获得,表 7-7 给出了标准直齿圆柱齿轮主要几何要素的计算公式。

表 7-7 标准直齿圆柱齿轮几何要素计算公式

名 称	代 号	计算公式
分度圆直径	d	$d=mz$
齿顶圆直径	d_a	$d_a=m(z+2)$
齿根圆直径	d_f	$d_f=m(z-2.5)$
齿顶高	h_a	$h_a=m$
齿根高	h_f	$h_f=1.25m$
齿高	h	$h=h_a+h_f=2.25m$
齿距	p	$p=\pi m$
中心距	a	$a=m(z_1+z_2)/2$
传动比	i	$i=n_1/n_2=z_2/z_1$

2. 单个圆柱齿轮的画法

齿轮的轮齿部分按国标的规定画法绘制,其他结构按真实投影绘制。国标 GB/T 4459.2—2003 规定了轮齿的画法,如图 7-27 所示。

①在视图中,齿轮的齿顶圆和齿顶线用粗实线绘制;分度圆和分度线用细点画线绘制;齿根圆和齿根线用细实线绘制,也可省略不画,如图 7-27(a)所示。

②在剖视图中,当剖切平面通过齿轮的轴线时,轮齿一律按不剖绘制。这时,齿根线用粗实线绘制,如图 7-27(b)所示。

③对于斜齿和人字齿圆柱齿轮,可将非圆视图画成半剖视图或局部剖视图,在表示外形的部分画出三条与齿线方向一致的细实线,用来表示轮齿的方向,如图 7-28 所示。

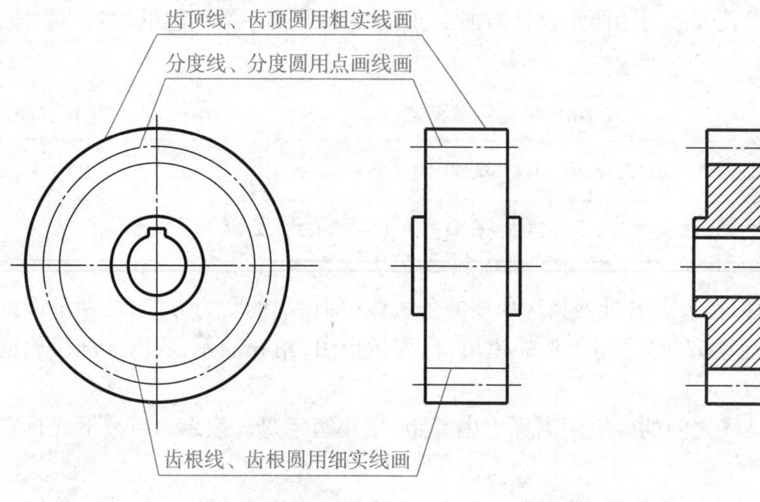

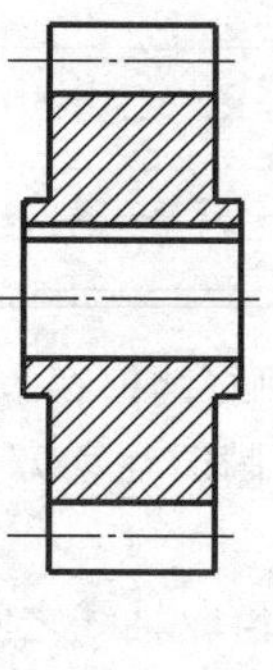

（a）直齿外形视图　　（b）直齿全剖视图

图 7-27　直齿圆柱齿轮画法

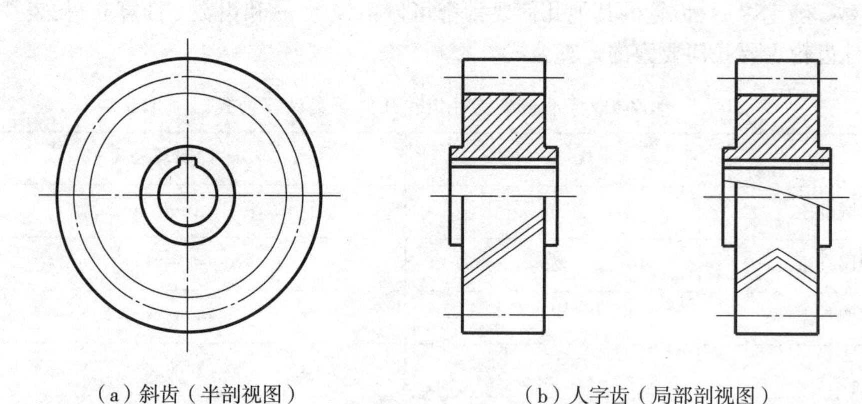

（a）斜齿（半剖视图）　　（b）人字齿（局部剖视图）

图 7-28　斜齿及人字齿圆柱齿轮画法

3. 圆柱齿轮啮合的画法

一对直齿圆柱齿轮啮合时，其模数和齿形角必须相等，两分度圆相切。

①在垂直于齿轮轴线的投影面的视图中，两分度圆相切，分度圆用细点画线绘制；啮合区内的齿顶圆均用粗实线绘制，如图 7-29(a)所示，也可省略，如图 7-29(b)所示。齿根圆均用细实线画，一般可以省略不画。

②在平行于齿轮轴线的投影面的视图中，啮合区内的齿顶线不需要绘出，节线（也是标准齿轮分度线）用粗实线绘制，其余地方的节线用细点画绘制，如图 7-29(b)所示。

③在平行于齿轮轴线的投影面的剖视图中，当剖切平面通过两啮合齿轮轴线时，在啮合区内，将一个齿轮的轮齿用粗实线绘制，另一个齿轮的轮齿被遮挡部分用虚线绘制。即两齿轮的分度线重合为一条点画线；两齿轮的齿根线都画成粗实线；两齿轮的齿顶线，一条画成粗实线，另一条被遮挡的部分画成虚线；相邻的齿顶线与齿根线之间应有间隙。如图 7-29(a)所示。

④在剖视图中，当剖切平面不通过啮合齿轮的轴线时，轮齿一律按不剖绘制。

斜齿或人字齿的齿轮啮合时，其投影为圆的视图画法与直齿轮啮合画法相同，非圆的外形视图中齿形图应对称画出，如图 7-29(c)所示。

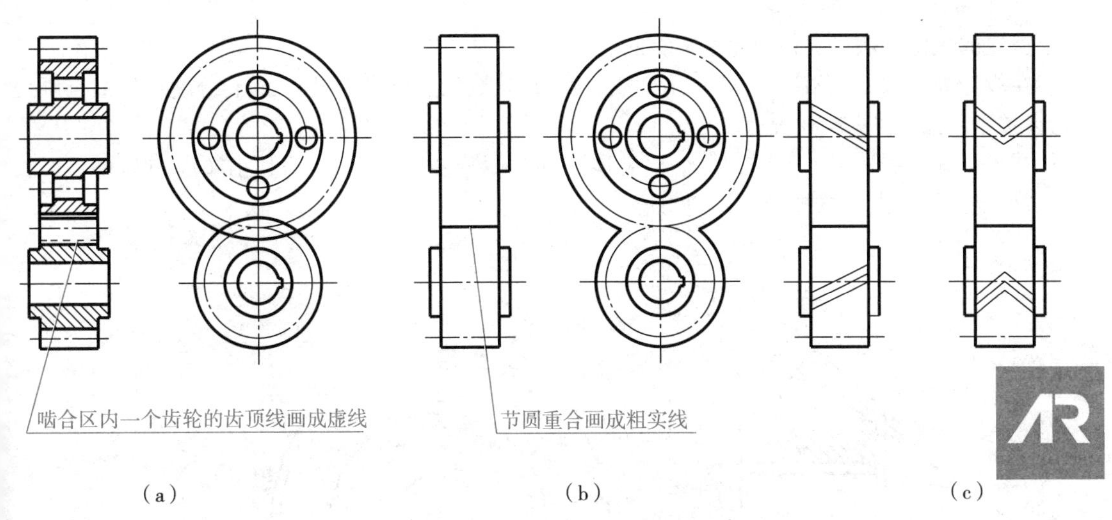

图 7-29　圆柱齿轮啮合的画法

7.3.2　锥齿轮

锥齿轮传动用于传递两相交轴之间的运动和动力。两轴的夹角可为任意值，但常用的轴交角为90°。锥齿轮齿形有直齿、斜齿之分，常用的是直齿锥齿轮，由于它的轮齿位于圆锥面上，因而轮齿一端大而另一端小，轮齿沿锥顶方向逐渐变小，模数和分度圆也随之变化。为使设计和制造方便，国家标准规定以大端端面模数为标准模数来计算大端轮齿各部分的尺寸。

1. 直齿锥齿轮各个部分名称和尺寸计算

锥齿轮各个部分名称如图 7-30 所示。直齿锥齿轮各个部分尺寸都与大端模数和齿数有关。轴线相交成 90°的直齿锥齿轮各部分尺寸计算公式见表 7-8。

表 7-8　锥齿轮各部分尺寸计算公式

各部分名称	代　号	公　式
分锥角	δ	$\tan\delta_1=z_1/z_2,\tan\delta_2=z_2/z_1$
分度圆直径	d	$d=mz$
齿顶高	h_a	$h_a=m$
齿根高	h_f	$h_f=1.2m$
齿顶圆直径	d_a	$d_a=m(z+2\cos\delta)$
齿顶角	θ_a	$\tan\theta_a=2\sin\delta/z$
齿根角	θ_f	$\tan\theta_f=2.4\sin\delta/z$
顶锥角	δ_a	$\delta_a=\delta+\theta_a$
根锥角	δ_f	$\delta_f=\delta-\theta_f$
外锥距	R	$R=mz/2\sin\delta$
齿宽	b	$b=(0.2\sim0.35)R$

2. 单个圆锥齿轮的画法

锥齿轮的规定画法与圆柱齿轮基本相同。

①在投影为非圆的视图上，一般采用剖视表达，齿顶线和齿根线用粗实线画，分度线用细点画线画，轮齿按不剖画，如图 7-30 所示。

②在投影为圆的视图上，只画大、小端齿顶圆和大端分度圆，其中大端和小端齿顶圆用粗实线画，大端分度圆用细点画线画，如图 7-30 所示。

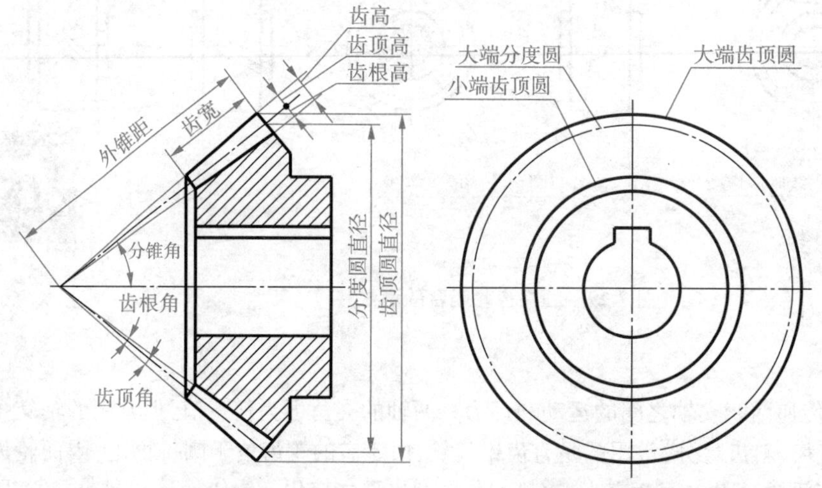

图 7-30 圆锥齿轮画法

3. 圆锥齿轮啮合的画法

锥齿轮啮合时，两分度圆锥相切，它们的锥顶交于一点。圆锥齿轮啮合的画法和圆柱齿轮啮合一样，一般采用全剖主视图和反映外形的左视图表达。画图时主视图多采用全剖视表示，以细点画线画出了分度线，啮合区的画法和圆柱齿轮啮合区画法一样，如图 7-31 所示。若为斜齿圆锥齿轮，则在外形图上加画三条平行的细实线表示轮齿的方向。

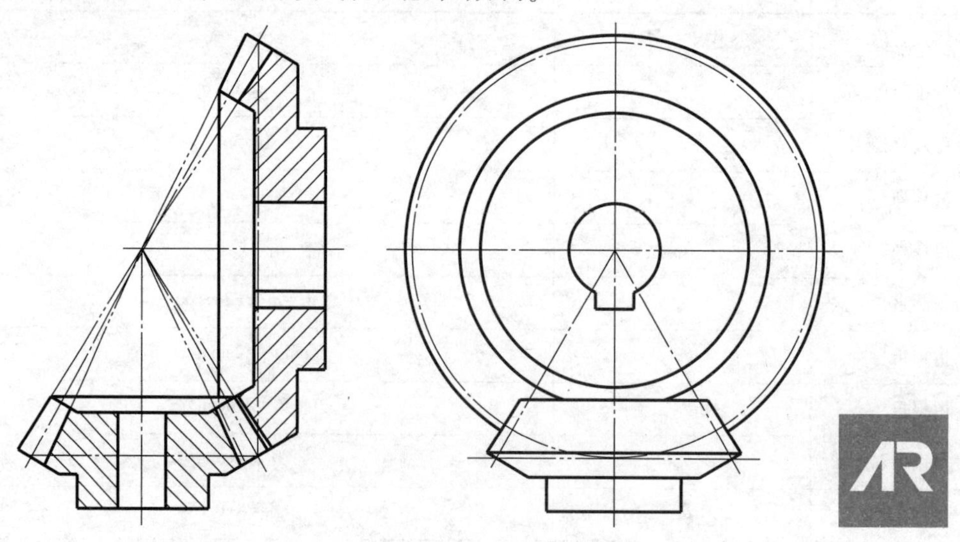

图 7-31 轴线正交的锥齿轮副啮合的画法

7.3.3 蜗轮蜗杆的规定画法

蜗杆与蜗轮用于垂直交叉的两轴之间的传动，其特点是传动比大，结构紧凑。通常蜗杆为主动件,蜗轮为从动件。蜗杆的外形很像一段带有梯形螺纹的螺杆,常见有单头和双头、左旋和右旋之分。蜗杆的齿数 z_1 相当于该螺杆上梯形螺纹的头数。

蜗轮则与斜齿圆柱齿轮相似,只是分度圆柱面改为了分度环面,蜗轮的齿顶和齿根也形成了圆环面。蜗轮齿数 z_2 远大于蜗杆齿数 z_1,蜗杆转过一周时蜗轮只转过一个齿或两个齿,因此蜗杆蜗轮机构通常用于减速传动,可以得到很大的降速比。

1. 蜗轮蜗杆的基本参数

蜗杆、蜗轮的模数是在通过蜗杆轴线并垂直于蜗轮轴线的主截面内度量。在主截面内,蜗轮的截面相当于一个齿轮,蜗杆的截面相当于一个齿条。因此,蜗杆和蜗轮啮合的条件是:蜗杆和蜗轮具有相同的模数,并且蜗杆的螺旋线升角等于蜗轮的螺旋角。

常用的蜗杆为阿基米德蜗杆,而蜗轮的齿形主要取决于蜗杆的齿形。蜗杆和蜗轮各部分名称分别如图 7-32 和图 7-33 所示。模数、蜗杆分度圆直径、蜗杆的头数和蜗轮的齿数是蜗杆蜗轮结构的基本参数,而各部分几何参数可按表 7-9 和表 7-10 和所示公式计算得到。

表 7-9　蜗杆的尺寸计算公式

各部分名称	代　号	公　式
分度圆直径	d_1	根据强度、刚度计算结果按标准选取
齿顶高	h_a	$h_a=m$
齿根高	h_f	$h_f=1.2m$
齿顶圆直径	d_{a1}	$d_{a1}=d_1+2m$
齿根圆直径	d_{f1}	$d_{f1}=d_1-2.4m$
导程角	γ	$\tan\gamma=mz_1/d_1$
轴向齿距	p_x	$p_z=\pi m$
导程	P_z	$P_z=z_1p_x$
螺纹部分长度	L	$L\geqslant(11+0.1z_2)m$,当 $z_1=1\sim2$ 时 $L\geqslant(13+0.1z_2)m$,当 $z_1=3\sim4$ 时

表 7-10　蜗轮的尺寸计算公式

各部分名称	代　号	公　式
分度圆直径	d_2	$d_2=mz_2$
齿顶高	h_a	$h=m$
齿根高	h_f	$h_f=1.2m$
齿顶圆(喉圆)直径	d_{a2}	$d_{a2}=d_2+2m=m(z_2+2)$
齿根圆直径	d_{f2}	$d_{f2}=d_2-2.4m=m(z_2-2.4)$
齿顶圆弧半径	R_a	$R_a=d_1/2-m$
齿根圆弧半径	R_f	$R_f=d_1/2+1.2m$
外径	D_2	$D_2\leqslant d_{a2}+2m$,当 $z_1=1$ 时 $D_2\leqslant d_{a2}+1.5m$,当 $z_1=2\sim3$ 时 $D_2\leqslant d_{a2}+m$,当 $z_1=4$ 时

续上表

各部分名称	代　号	公　式
蜗轮宽度	b_2	$b_2 \leqslant 0.75d_{a1}$，当 $z_1 \leqslant 3$ 时 $b_2 \leqslant 0.67d_{a1}$，当 $z_1 = 4$ 时
齿宽角	γ	$2\gamma = 45° \sim 60°$用于分度传动 $2\gamma = 70° \sim 90°$用于一般传动 $2\gamma = 90° \sim 130°$用于高速传动
中心距	a	$a = (d_1 + d_2)/2$

2. 蜗轮蜗杆画法

蜗杆的画法与圆柱齿轮基本相同。蜗杆常用一个主视图表示，为了表示齿形，一般可用局部剖或放大图画出几个齿的牙形，如图 7-32 所示。在外形视图中，蜗杆的齿根圆和齿根线用细实线绘制或省略不画。

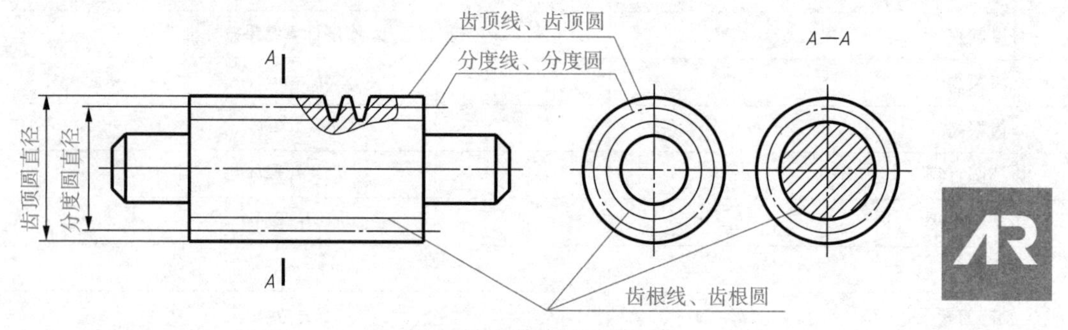

图 7-32　蜗杆的规定画法

蜗轮的画法如图 7-33 所示。在剖视图中，轮齿的画法与圆柱齿轮相同；在投影为圆的视图中，只画出分度圆和外圆，不画齿顶圆和齿根圆。

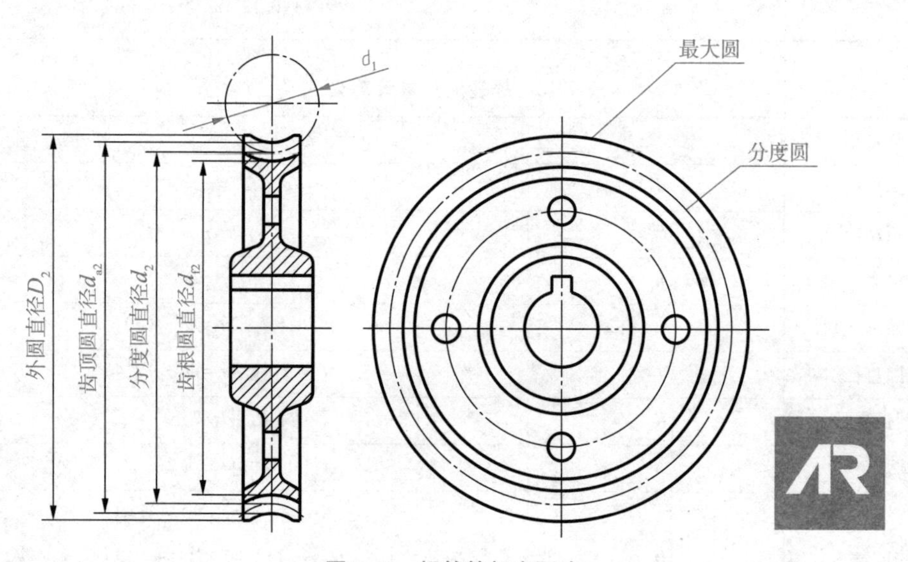

图 7-33　蜗轮的规定画法

蜗杆与蜗轮的啮合画法如图 7-34 所示。在垂直于蜗轮轴线投影面的视图上,蜗轮的分度圆与蜗杆的分度线要画成相切,啮合区的齿顶圆和齿顶线用粗实线画出;在垂直于蜗杆轴线的视图上,啮合区只画出蜗杆不画蜗轮,如图 7-34(a)所示。采用剖视图表示时如图 7-34(b)所示。即当剖切平面通过蜗轮轴线并垂直于蜗杆轴线时,在啮合区内将蜗杆的轮齿用粗实线绘制,蜗轮的轮齿被遮挡部分省略不画;当剖切平面通过蜗杆轴线并垂直于蜗轮轴线时,在啮合区内,蜗轮的外圆、齿顶圆可以不画,蜗杆的齿顶线也可省略不画。

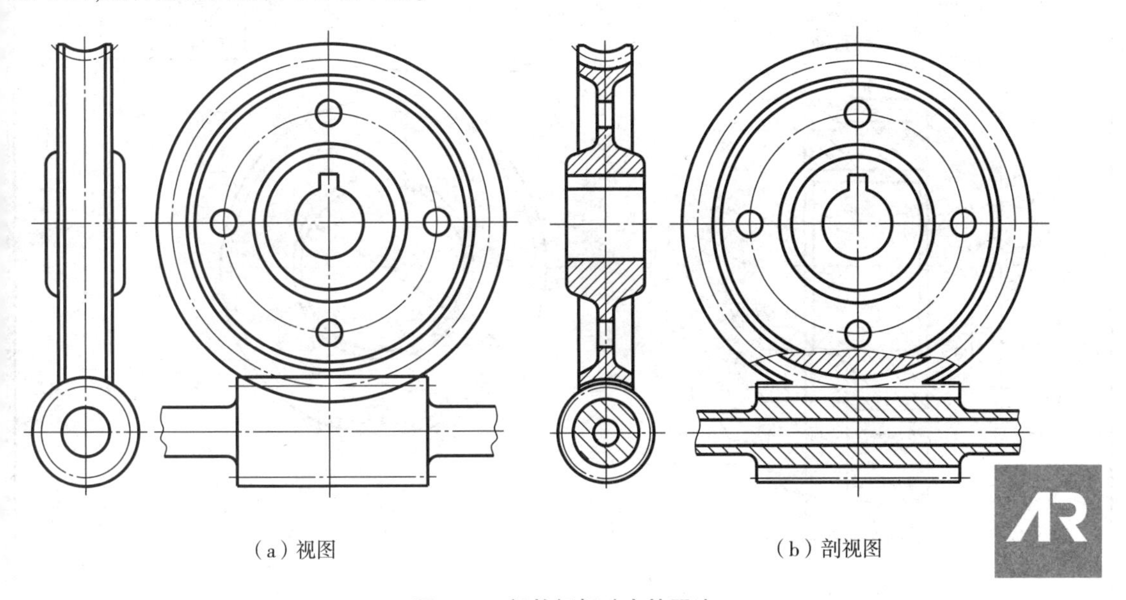

(a) 视图　　(b) 剖视图

图 7-34　蜗轮蜗杆啮合的画法

7.3.4　齿轮的测绘

在生产实践中,对原有机器进行维修和技术改造,或者模仿现有设备进行新产品开发时,往往要分析测量现有机器产品的一部分或全部的部件或零件,以形成技术文档,这个过程就称为机件测绘,常常包括部件测绘和零件测绘。齿轮的测绘主要指通过对齿轮实物进行测量和计算分析,确定齿轮有关参数和尺寸,进而绘制出齿轮零件图的过程。

这里以标准直齿圆柱齿轮为例,介绍齿轮测绘的内容和步骤。

①清洗齿轮,保持清洁,数出齿轮的齿数 z。

②测量出实际的齿顶圆直径 d_a'。对于齿数为偶数的齿轮,其齿顶圆直径即为直接测量外圆得的直径 d_a';对于齿数为奇数的齿轮,需要测出齿轮的安装孔径 D 和孔壁到齿顶的距离 $H_{顶}$,实际齿顶圆直径通过计算得到,即为 $d_a'=D+2H_{顶}$,如图 7-35 所示。

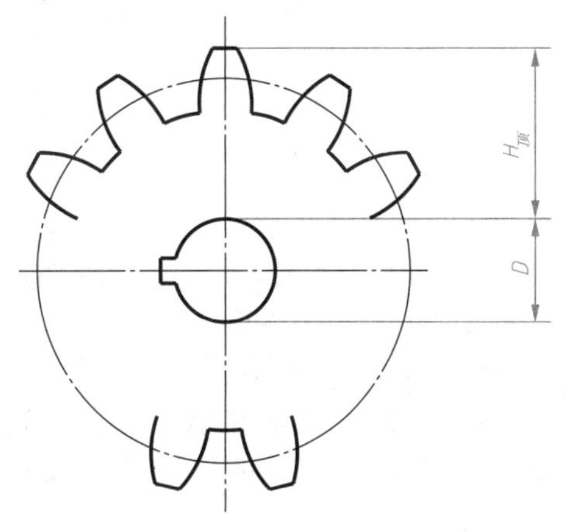

图 7-35　奇数齿齿顶圆直径

③确定模数 m。根据测量得到齿顶圆直径 d_a',由公式 $m=d_a'/(z+2)$ 计算初始模数,然后通过查标准模数表 7-6,选取和计算值相近的标准模数值,即为齿轮的模数。

④计算齿轮几何要素尺寸。根据前面所得的齿数 z 和模数 m 参数,参考表 7-7 计算确定齿轮各个几何要素尺寸。

⑤测量齿轮结构的其他部分尺寸,整理绘制出齿轮

零件工作图。齿轮零件图工作图除用视图表达形状外，还需根据生产要求，完整、合理地标出尺寸。轮齿部分只注出齿顶圆直径、分度圆直径及齿宽，齿根圆直径不注。同时需要在图纸的右上角给出齿轮参数表，列出齿轮模数、齿数、齿形角和精度等。齿轮的零件图如图 7-36 所示。

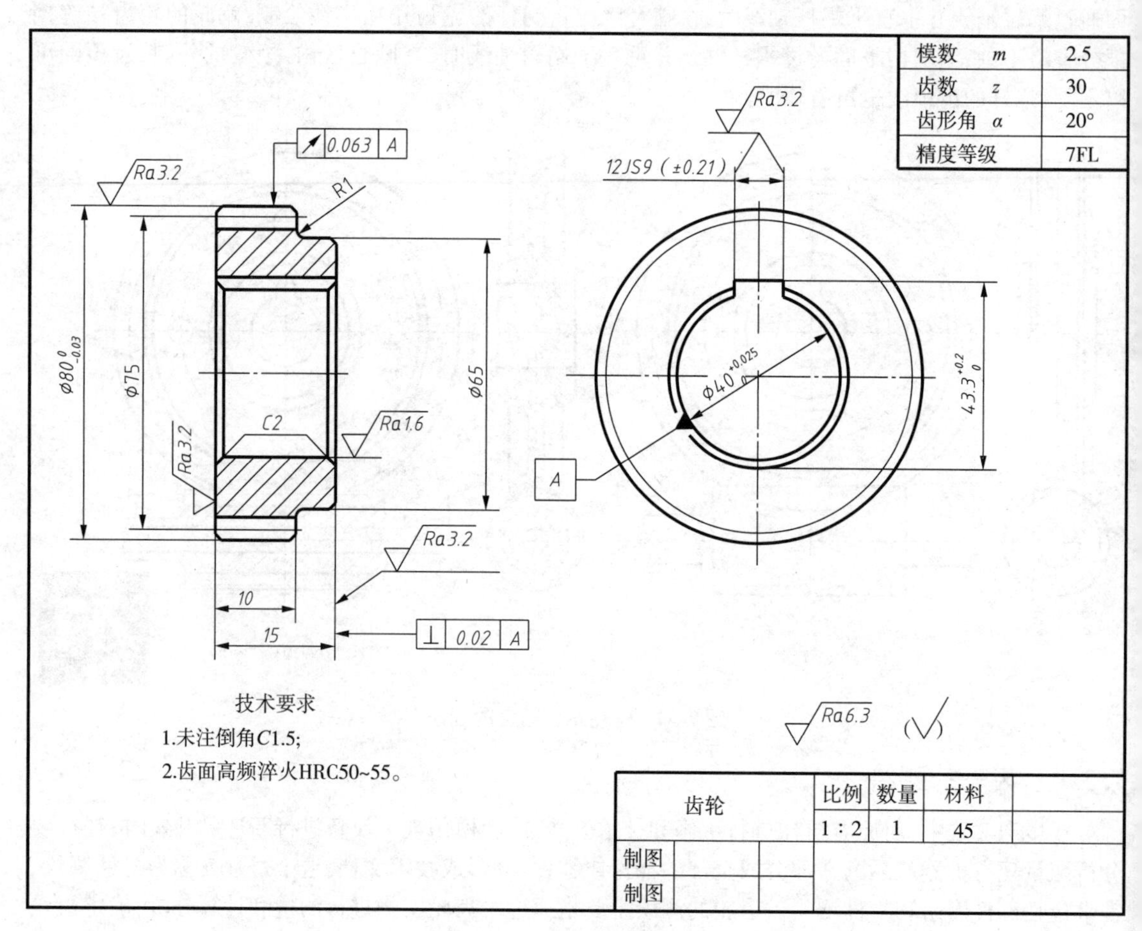

图 7-36　齿轮零件工作图

7.4　键、花键和销

7.4.1　键连接

键主要用于连接轴和安装在轴上的传动零件（如齿轮、带轮等），使它们一起转动，起到传递力和运动的作用，如图 7-37 所示。

1. 键及其规定标记

键作为标准件，常用的键主要有普通平键、半圆键和钩头楔键等三种。选用键时，只需根据用途、轴径、轮毂（轮盘上的孔）长度查标准选取键的类型和尺寸。表 7-11 为常用键的画法和规定标记的示例。

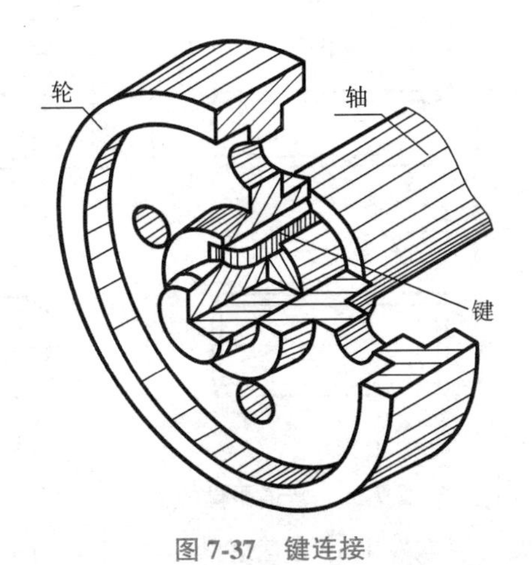

图 7-37　键连接

表 7-11　常用键的画法和标记

名　称	图　例	标记示例
普通平键 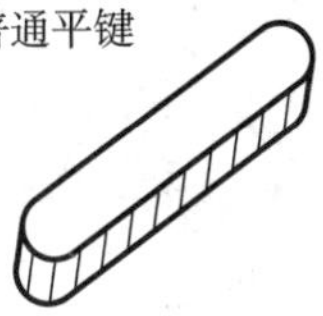	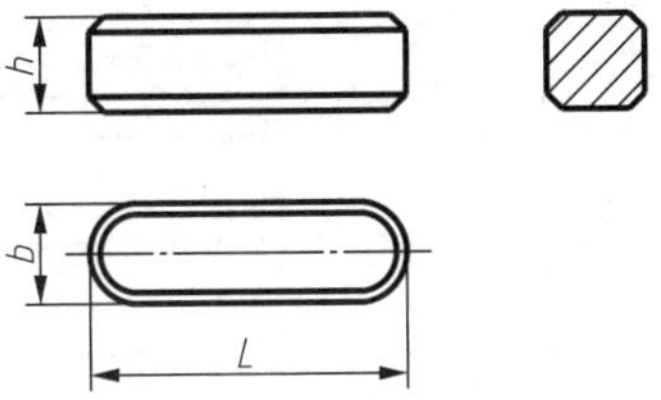	GB/T 1096—2003 键 18×11×100 表示宽度 $b=18$mm，高度 $h=11$ mm，长度 $L=100$ mm 的普通 A 型平键
半圆键 	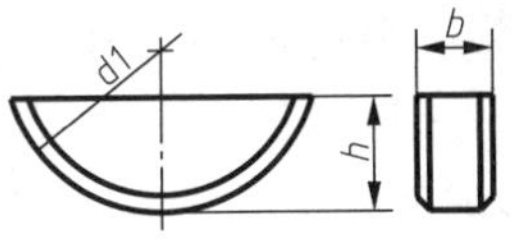	GB/T 1099. 1—2003 键 6×10×25 表示宽度 $b=6$ mm，高度 $h=10$ mm，直径 $d_1=25$ mm 的半圆键
钩头楔键 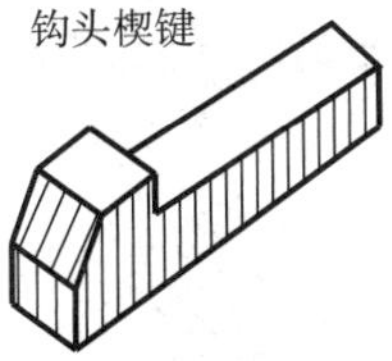	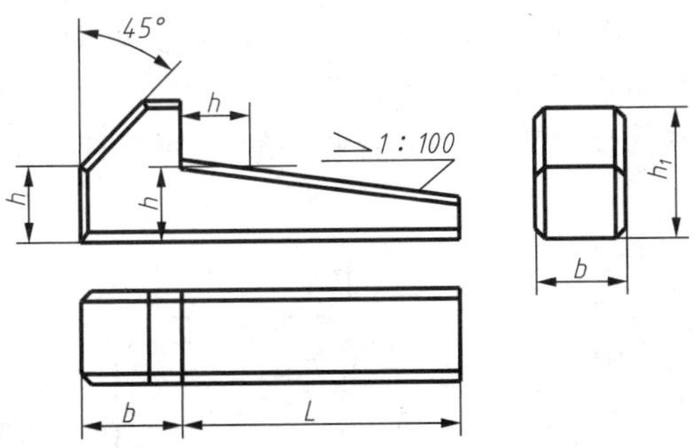	GB/T 1565—2003 键 18×11×100 表示宽度 $b=18$ mm，高度 $h=11$ mm，长度 $L=100$ mm 的钩头楔键

其中，普通平键又分 A 型（圆头）、B 型（平头）、C 型（单圆头）三种，如图 7-38 所示。在标记时，A 型平键省略 A 字母，而 B 型、C 型应写出 B 或 C 字母。

如 $b=18$ mm，$h=11$ mm，$L=100$ mm 的普通 C 型平键可标记为：

GB/T 1096—2003 键 C18×11×100

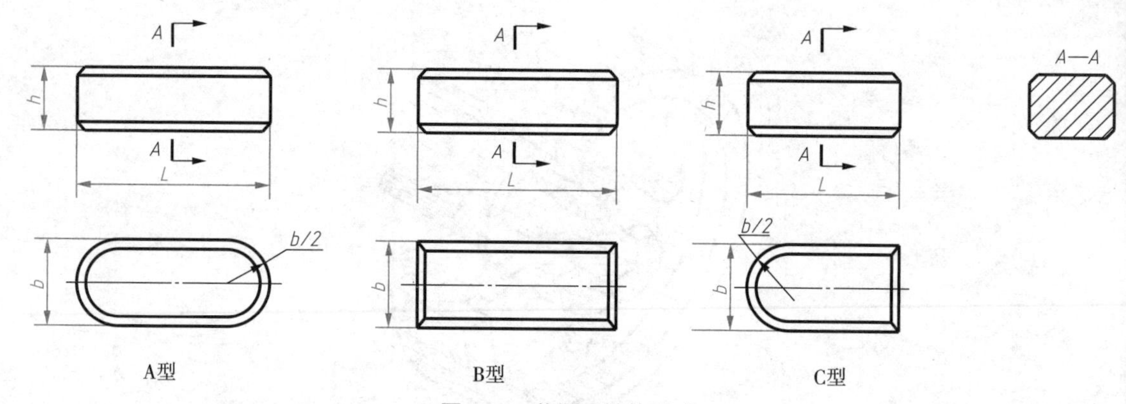

图 7-38　普通平键的型式

当使用键连接的时候,相关连接零件上需要有键槽与其配合。图 7-39 给出了轴上键槽和轮毂上键槽的画法和尺寸标注,具体尺寸可根据选用的键的尺寸查阅标准获得。

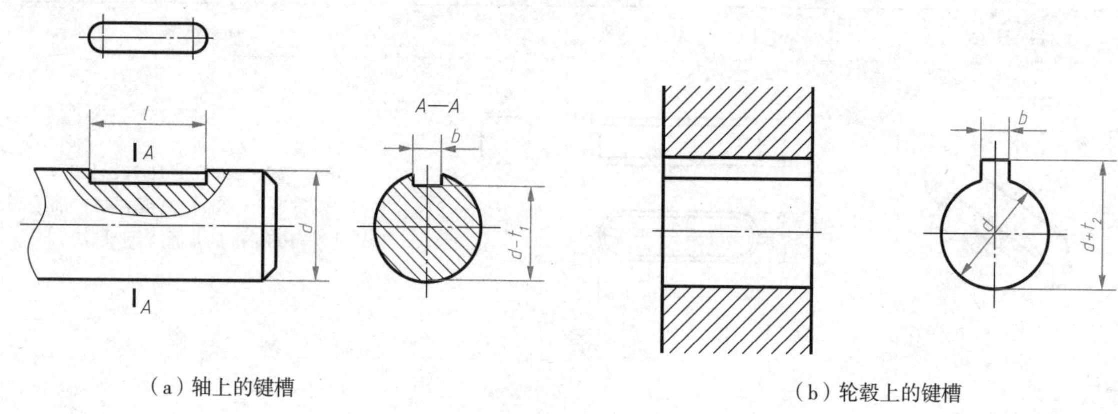

图 7-39　键槽的画法及尺寸标注

2. 键连接装配图的画法

键连接装配图表达轴、轮盘零件与键的装配关系,按照轴的直径、键的型式、键的计算长度,查阅标准手册,确定键的结构尺寸。键连接通常采用剖视图表达,当剖切平面沿键的纵向剖切时,键按不剖来绘制,轴采用局部剖视图;当剖切平面沿键的横向剖切时,键应画出剖面线。

普通平键和半圆键的两个侧面是工作面,键的侧面和键槽侧面接触以传递转矩;而键的顶面是非工作面,它与轮毂键槽顶面之间留有空隙。因此,在画普通平键和半圆键装配图的时候,键的侧面与键槽侧面之间、键底面与轴上键槽底面之间无间隙,只画一条线;而键的顶面与轮毂键槽顶面有间隙,应画为两条线,如图 7-40 所示。

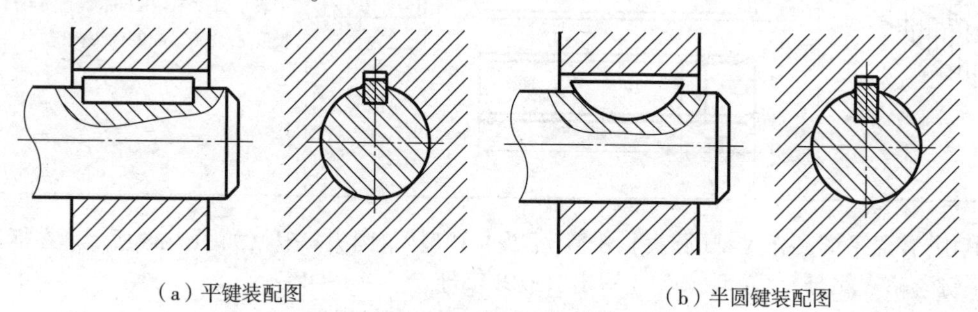

（a）平键装配图　　（b）半圆键装配图

图 7-40　键连接装配图的画法

钩头楔键上顶面有 1 : 100 的斜度,装配时沿轴向打入键槽内,直至打紧,钩头楔键正是依靠其顶面和底面与键槽的挤压而工作的。因此,在画钩头楔键连接的装配图时,其顶面和底面与键槽之间接触无间隙,画一条线;其侧面为非工作面,与键槽侧面不接触有空隙,应画两条线,如图 7-41 所示。

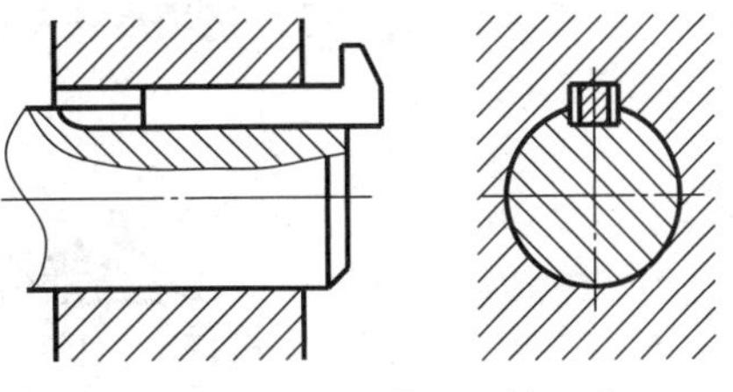

图 7-41　钩头楔键装配图的画法

7.4.2　花键连接

花键连接由内花键和外花键组成。内、外花键均为多齿零件,在内圆柱表面上的花键为内花键,在外圆柱表面上的花键为外花键。显然,花键连接是平键连接在数目上的发展。花键为标准结构,因为在轴上与毂孔上直接而均匀地制出较多的齿与槽,故花键连接受力较为均匀。

花键的齿形有矩形、渐开线等,其中矩形最为常见,其结构和尺寸已标准化。这里参考 GB/T 4459.3—2000 介绍花键表示方法。

1. 矩形花键的画法

(1)外花键

在平行于花键轴线的投影面的视图中,大径用粗实线,小径用细实线绘制,并用断面图画出一部分或全部齿形,如图 7-42 所示。花键工作长度的终止线和尾部长度的末端均用细实线绘制,并与轴线垂直,尾部画成与轴线成 30°的斜线。

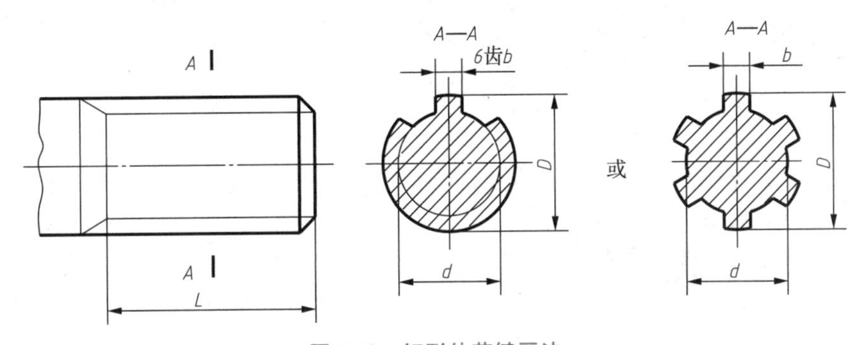

图 7-42　矩形外花键画法

(2)内花键

在平行于花键轴线的投影面的剖视图中,大径及小径均用粗实线绘制,并用局部视图画出一部分或全部齿形,如图 7-43 所示。

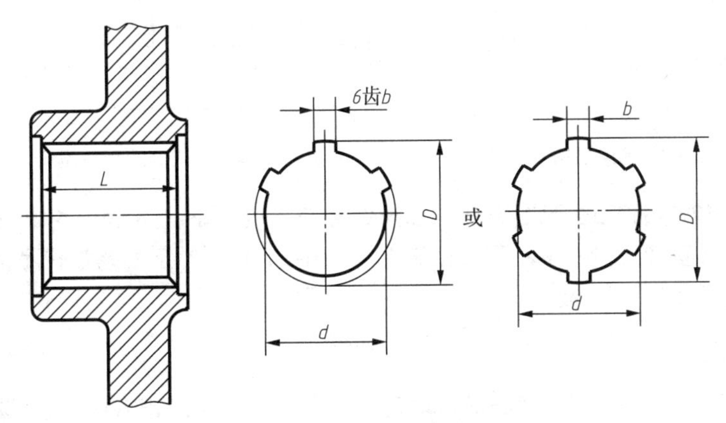

图 7-43　矩形内花键画法

在装配图中,花键连接用剖视图或断面图表示时,其连接部分按外花键绘制。矩形花键连接画法如图 7-44 所示。

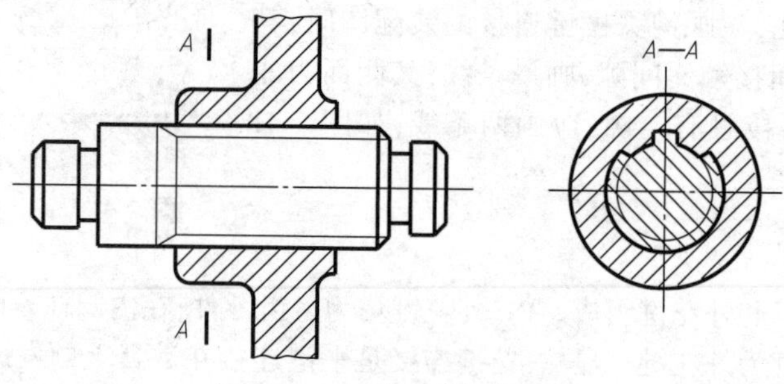

图 7-44 矩形花键联结画法

2. 渐开线花键的画法

渐开线花键的画法如图 7-45 所示,除分度圆和分度线用细点画线绘制外,其余部分除齿形不同外其余与矩形花键画法相同。

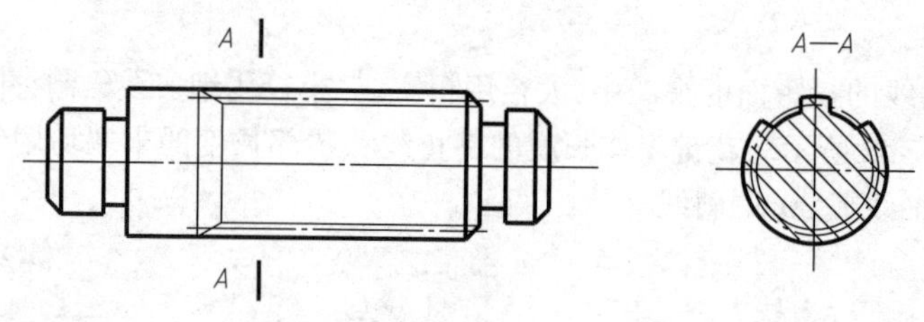

图 7-45 渐开线花键画法

3. 花键的标记

花键类型由图形符号表明,表示矩形花键的图形符号如图 7-46(a)所示,表示渐开线花键的图形符号如图 7-46(b)所示。

花键的标记应注写在指引线的基准线上,标注方法如图 7-47 所示。

注意:

垂直于花键轴线的投影面的视图按图 7-47 所示左视图绘制。

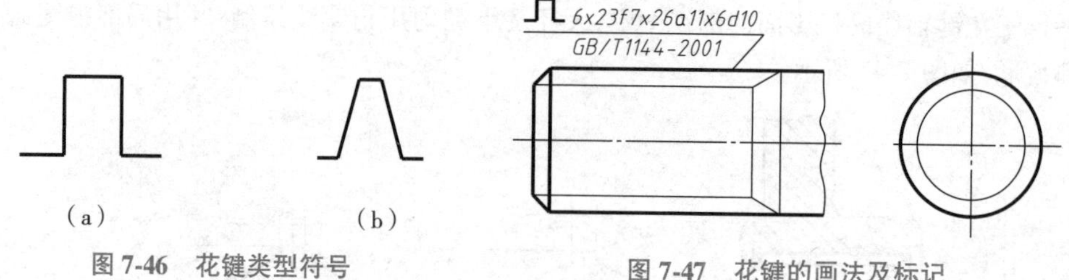

图 7-46 花键类型符号

图 7-47 花键的画法及标记

图 7-47 中矩形花键标记的含义:开头的图形符号表示矩形花键;6 表示 6 键;23 表示小径 d 为 23 mm,$f7$ 为小径公差带代号;26 表示大径 D 为 26 mm,$a11$ 为大径公差带代号;6 表示键宽 b 为 6 mm,$d10$ 表示键宽公差带代号。

7.4.3 销连接

销主要用于连接和固定零件,或在装配时起定位作用。常用的销有圆柱销、圆锥销和开口销。销作为标准件,其画法和标记都有标准规定,表 9-12 为常用销的画法和规定标记的示例。

表 7-12　常用销的画法和标记

名　　称	图　　例	标记示例
圆柱销	d L	销 GB/T 119.1—2000 10m6×40 表示公称直径 $d=10$ mm,公差为 m6,公称长度 $L=40$ mm 的圆柱销
圆锥销	1:50 d L	销 GB/T 117—2000 10×60 表示公称直径 $d=10$ mm,公称长度 $L=60$ mm 的 A 型圆锥销
开口销	b L a c d	销 GB/T 91—2000 5×50 表示公称直径 $d=5$ mm,公称长度 $L=50$ mm 的开口销

圆柱销有由 GB/T 119.1—2000 规定的和由 GB/T 119.2—2000 规定的两种,两者的区别在于热处理和不锈钢材质不同。圆锥销由 GB/T 117—2000 规定,分为 A 型(磨削)和 B 型(车削)两种,具有 1:50 的锥度,其公称直径指小端直径。画销连接装配图时,当剖切平面通过销的轴线时,销按不剖画,如图 7-48(a)所示圆柱销装配图和图 7-48(b)所示圆锥销装配图。

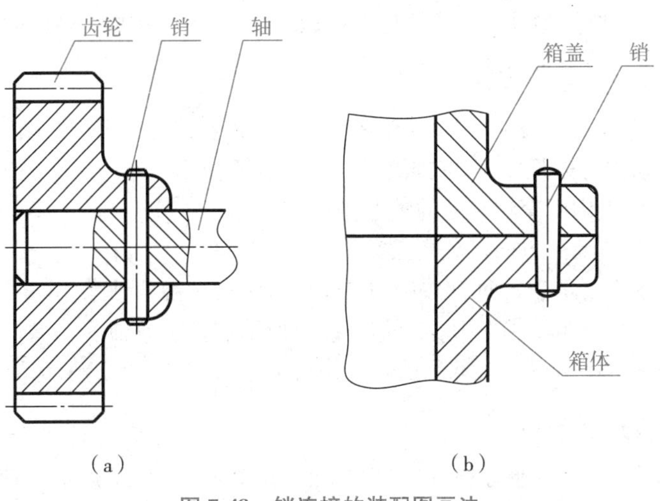

图 7-48　销连接的装配图画法

一般用销进行连接或定位的两个零件,其上的销孔是在装配时一起加工的,因此在相关零件图上应当注明“配作”或“与件××配作”文字,如图7-49所示。

开口销用于锁定螺母或垫圈,以防止松脱。在用带孔螺栓和六角开槽螺母进行连接时,用开口销穿过螺母的槽口和螺栓的孔,并让销的尾部叉开,防止螺母与螺栓松脱,如图7-50所示。

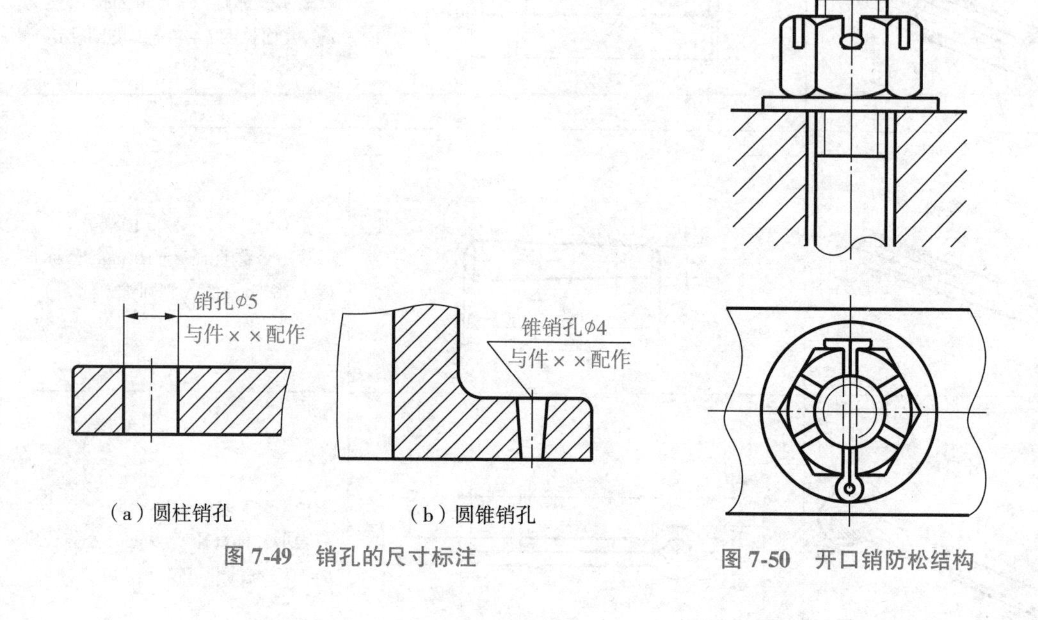

(a)圆柱销孔　(b)圆锥销孔

图7-49　销孔的尺寸标注

图7-50　开口销防松结构

7.5　滚动轴承

轴承是一种用来支承轴的组件,分为滚动轴承和滑动轴承。与滑动轴承相比,滚动轴承具有摩擦力小、效率高、启动灵活、润滑方便和易于互换等优点,被广泛应用于机器设备中。

滚动轴承属于标准组件,由专门的工厂生产,需用时可以按照设计要求,确定相应的型号选购即可。在设计绘图时,不必画出滚动轴承的零件图,只要在装配图中按规定画出即可。

7.5.1　滚动轴承的结构和类型

滚动轴承的种类很多,但其结构基本相同,通常由外圈(上圈)、内圈(下圈)、滚动体和保持架(隔离罩)组成,而滚动体可以是球体、圆锥滚子或圆柱滚子,如图7-51所示。工作时,通常外圈装在机座的孔内,固定不动,而内圈套在转动的轴上,随轴转动。

滚动轴承按其承受负荷的方向可分为三类:

(1)向心轴承——主要承受径向力,如图7-51(a)所示的深沟球轴承。

(2)推力轴承——主要承受轴向力,如图7-51(c)所示的推力球轴承。

(3)向心推力轴承——可以同时承受径向力和轴向力,如图7-51(b)所示的圆锥滚子轴承。

7.5.2　滚动轴承的代号和标记

滚动轴承的类型很多,为了便于选用,国家标准GB/T 272—2017规定了轴承的代号及表示方法。代号表示了滚动轴承的结构、尺寸、公差等级和技术性能等特性。滚动轴承代号用字母加数字

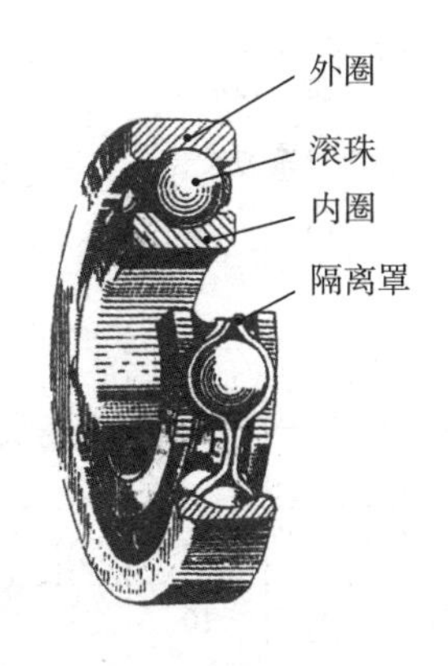

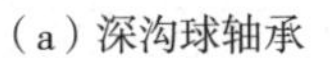
（a）深沟球轴承

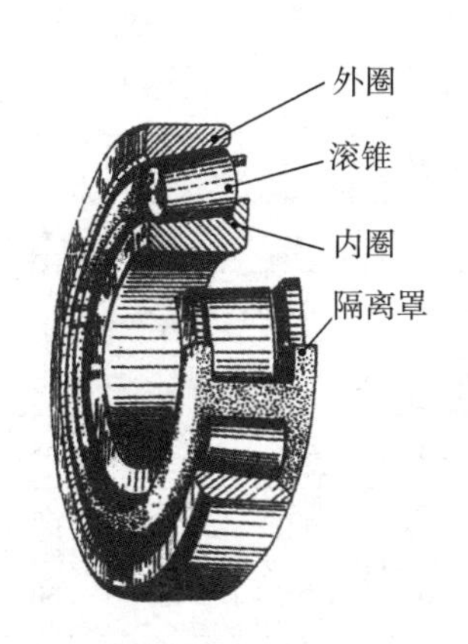

（b）圆锥滚子轴承

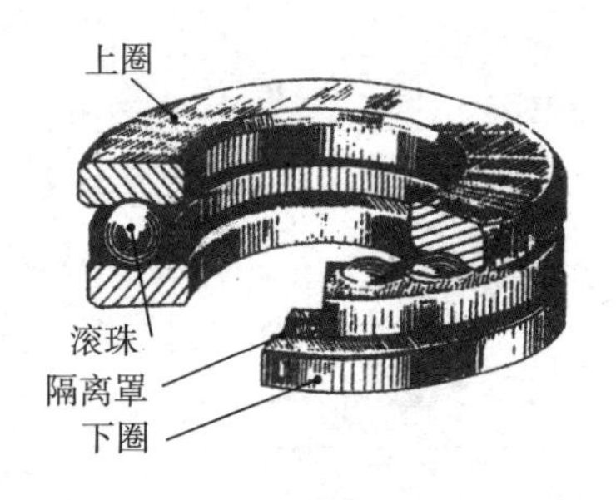

（c）推力球轴承

图 7-51　滚动轴承

组成，完整的代号由前置代号、基本代号和后置代号三部分构成。基本代号表示轴承的基本类型、结构和尺寸，是轴承代号的基础。轴承的后置代号是用字母和数字等表示轴承的结构、公差及材料的特殊要求等。轴承的前置代号用于表示轴承的分部件，用字母表示。这里介绍基本代号。

1. 基本代号的组成

基本代号由轴承类型代号、尺寸系列代号和内径代号三部分自左到右顺序排列组成，其基本格式如下：

轴承类型代号	尺寸系列代号	内径代号

（1）类型代号用阿拉伯数字或者大写拉丁字母表示，具体含义见表 7-13。类型代号有的可以省略。双列角接触球轴承的代号“0”均不写，调心球轴承的代号“1”有时可省略。也可采用标准号区分类型，每一类的轴承都有一个标准号，如双列角接触球轴承标准号为 GB/T 296-2015。

表 7-13　滚动轴承的类型代号

代　号	轴承类型	代　号	轴承类型
0	双列角接触球轴承	6	深沟球轴承
1	调心球轴承	7	角接触球轴承
2	调心滚子轴承和推力调心滚子轴承	8	推力圆柱滚子轴承
3	圆锥滚子轴承	N	圆柱滚子轴承，双列或多列用字母 NN 表示
4	双列深沟球轴承	U	外球面球轴承
5	推力球轴承	QJ	四点接触球轴承

（2）尺寸系列代号由轴承的宽（高）度系列代号（一位数字）和直径系列代号（一位数字）左右排列组合而成，它反映了同种轴承在内圈孔径相同时内、外圈的宽度、厚度的不同及滚动体大小的不同。向心轴承、推力轴承尺寸系列代号见表 7-14。

表 7-14　滚动轴承的尺寸系列代号

直径系列代号	向心轴承								推力轴承			
	宽度系列代号								高度系列代号			
	8	0	1	2	3	4	5	6	7	9	1	2
	尺寸系列代号											
7	—	—	17	—	37	—	—	—	—	—	—	—
8	—	08	18	28	38	48	58	68	—	—	—	—
9	—	09	19	29	39	49	59	69	—	—	—	—
0	—	00	10	20	30	40	50	60	70	90	10	—
1	—	01	11	21	31	41	51	61	71	91	11	—
2	82	02	12	22	32	42	52	62	72	92	12	22
3	83	03	13	23	33	—	—	—	73	93	13	23
4	—	04	—	24	—	—	—	—	74	94	14	24
5	—	—	—	—	—	—	—	—	—	95	—	—

尺寸系列代号有时可以省略:除圆锥滚子轴承外,其余各类轴承宽度系列代号“0”均省略;深沟球轴承和角接触球轴承的 10 尺寸系列代号中的“1”可以省略;双列深沟球轴承的宽度系列代号“2”可以省略。

(3)内径代号表示轴承内圈孔径。内圈孔径称为轴承公称内径,因其工作时与轴配合,是一个重要参数。内径代号一般也由两位数字组成,用来表示轴承的内径。内径代号数字为 00,01,02,03 时,分别表示内径 d=10,12,15,17 mm;代号为 04~99 时,代号数字乘以 5 即为轴承内径。当内径 d 为 0.6 到 10(非整数)或者 d≥500 或者 d=22、28、32 时,内径代号直接用内径毫米数表示,但要在数字前加“/”。

2. 滚动轴承的标记

滚动轴承的规定标记是:“滚动轴承 基本代号 标准编号”。举例说明如下:

(1)滚动轴承 6204　GB/T 276—2013

其中基本代号具体含义:6——类型代号,表示深沟球轴承;

2——尺寸系列代号,为 02 系列(省略 0);

04——内径代号,表示内径 d=20 mm。

(2)滚动轴承 320/32　GB/T 297—2015

其中基本代号具体含义:3——类型代号,表示圆锥滚子轴承;

20——尺寸系列代号,表示 20 系列;

32——内径代号,表示内径 d=32 mm。

(3)滚动轴承 51202　GB/T 301—2015

其中基本代号具体含义:5——类型代号,表示推力球轴承;

12——尺寸系列代号,表示 12 系列;

02——内径代号,表示内径 d=15 mm。

当只需表示类型时,常将右边的几位数用 0 表示,如 6000 就表示深沟球轴承,50000 就表示推力球轴承。

7.5.3　滚动轴承的画法

滚动轴承是标准件，因此不必画出零件图。国家标准 GB/T 4459.7—2017《机械制图滚动轴承表示法》规定了三种画法：通用画法、特征画法和规定画法。前两种属于简化画法，在同一图样中一般只采用这两种简化画法中的一种。因此，在装配图中，根据轴承的外径 D、内径 d、宽度 B 等尺寸，可以选用三种画法来表达滚动轴承。

1. 基本规定

(1)通用画法、特征画法及规定画法中的各种符号、矩形线框和轮廓线均用粗实线绘制。

(2)绘制滚动轴承时，其矩形线框或外形轮廓大小应与滚动轴承的外形尺寸一致，并与所属图样采用同一比例。

(3)在剖视图中，采用通用画法和特征画法绘制滚动轴承时，一律不画剖面线。采用规定画法绘制时，轴承的滚动体不画剖面线，其各套圈(内圈、外圈等)可画成方向和间隔相同的剖面线，如图 7-52(a)所示，在不致引起误解的情况下，也允许省略不画。若轴承带有其他零件或附件(偏心套、紧定套、挡圈等)时，其剖面线应与套圈的剖面线呈不同方向或间隔不同，如图 7-52(b)所示，在不致引起误解的情况下，也允许省略不画。

2. 通用画法

(1)在剖视图中，当不需确切表示滚动轴承的外形轮廓、载荷特性、结构特征时，可用矩形线框及位于线框中央正立的十字形符号表示，十字形符号不应与矩形线框接触，如图 7-53(a)所示，通用画法应绘制在轴的两侧，如图 7-53(b)所示。

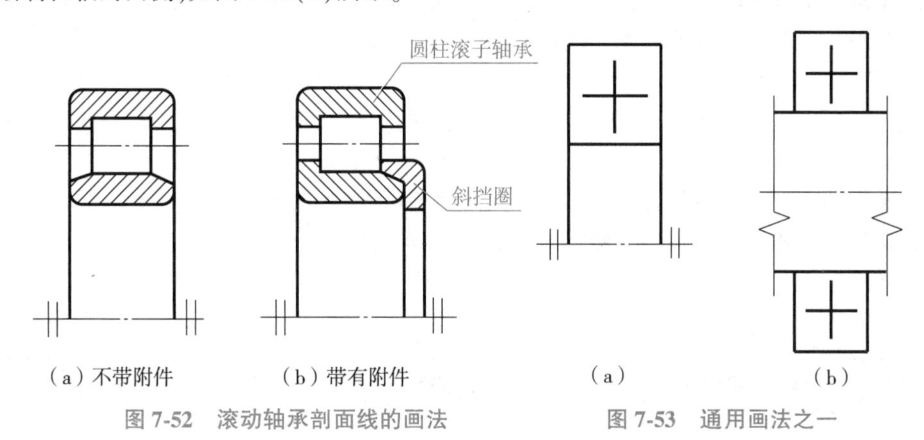

(a) 不带附件　(b) 带有附件

图 7-52　滚动轴承剖面线的画法

(a)　(b)

图 7-53　通用画法之一

(2)当需要表示滚动轴承的防尘盖和密封圈时，可按图 7-54(a)和图 7-54(b)绘制；当需要表示滚动轴承内圈或外圈有、无挡边时，可按图 7-54(c)和图 7-54(d)所示方法，在十字形符号上附加一短画表示内圈或外圈无挡边的方向。

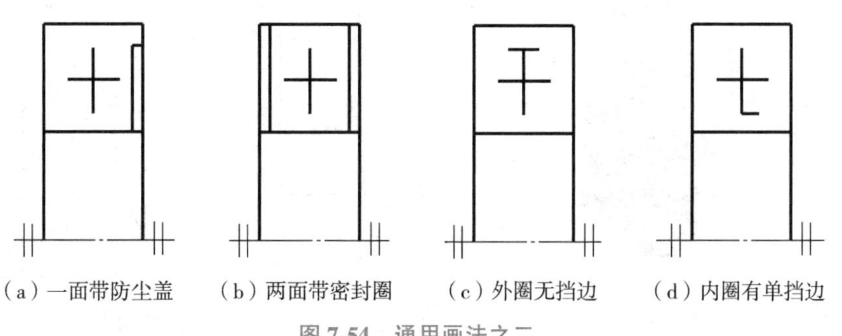

(a) 一面带防尘盖　(b) 两面带密封圈　(c) 外圈无挡边　(d) 内圈有单挡边

图 7-54　通用画法之二

（3）通用画法的尺寸比例关系如图 7-55 所示，对应滚动轴承的尺寸 d、A、B、D 可以从相关手册中查出。

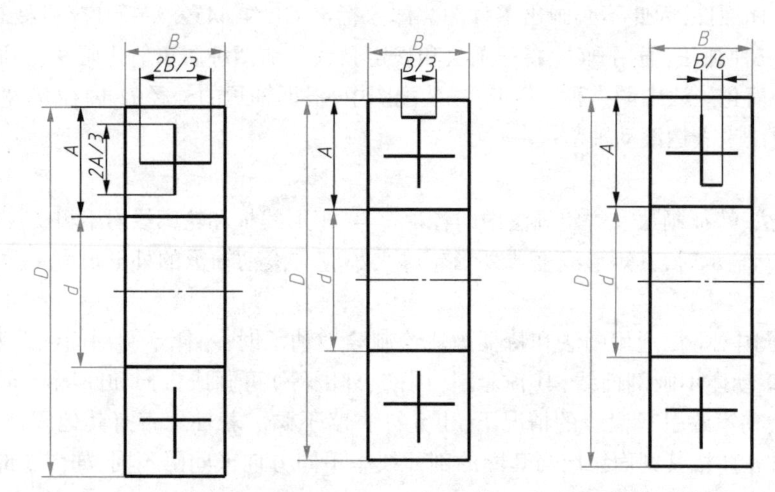

图 7-55　通用画法的尺寸比例

3. 特征画法

（1）在剖视图中，当需要较形象的表达滚动轴承的结构特征时，可采用在矩形线框内画出其结构要素符号的方法表示。常用轴承的特征画法见表 7-15。

（2）通用画法中有关防尘盖、密封圈、挡边、剖面轮廓和附件或零件画法也适用于特征画法。

（3）特征画法应绘制在轴的两侧。

4. 规定画法

（1）规定画法可以较为真实、形象地表达滚动轴承的结构、形状，表 7-15 给出了常见滚动轴承的规定画法。

（2）在装配图中，滚动轴承的保持架及倒角、圆角等可省略不画。

（3）规定画法一般绘制在轴的一侧，另一侧按通用画法绘制。

表 7-15　滚动轴承特征画法和规定画法

轴承类型	结构型式	特征画法	规定画法
深沟球轴承 （6000 型）		B 2B/3 A B/6 D d	B B/2 A A/2 A/2 60° D d

续上表

轴承类型	结构型式	特征画法	规定画法
圆锥滚子轴承（30000 型）	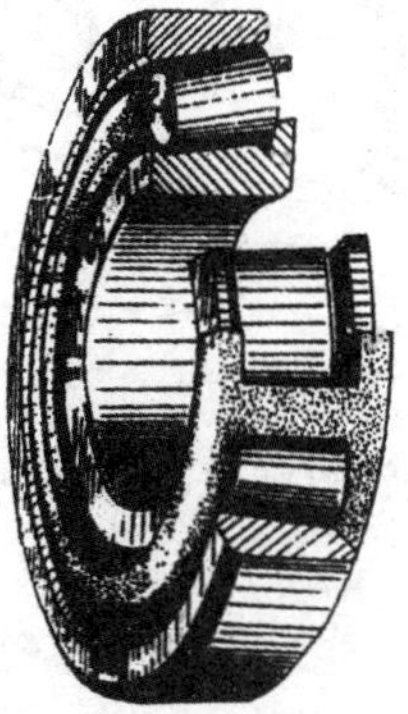	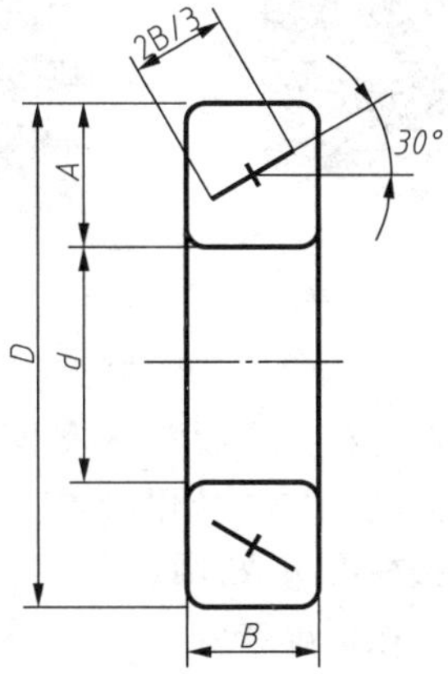	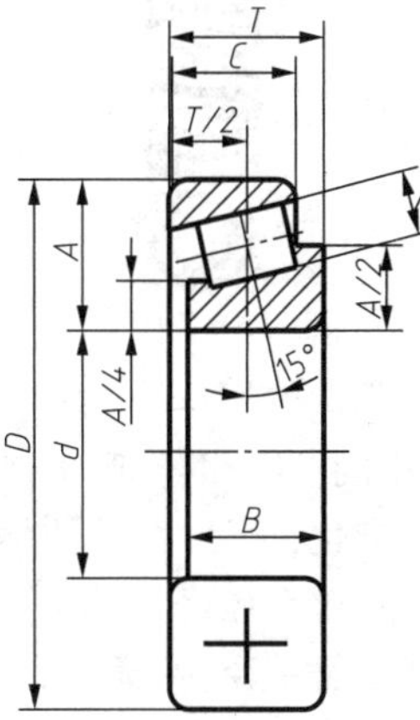
推力球轴承（51000 型）		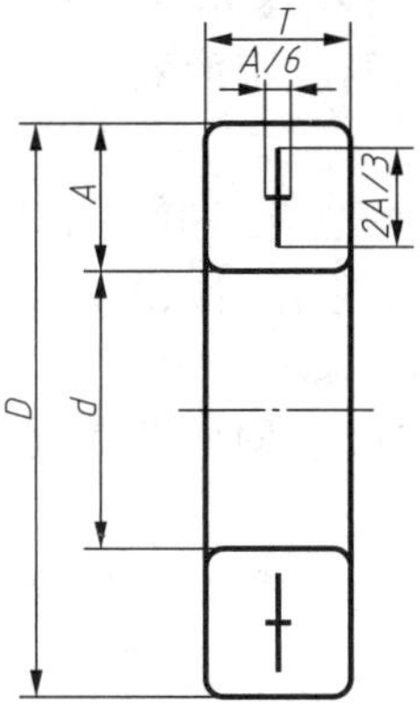	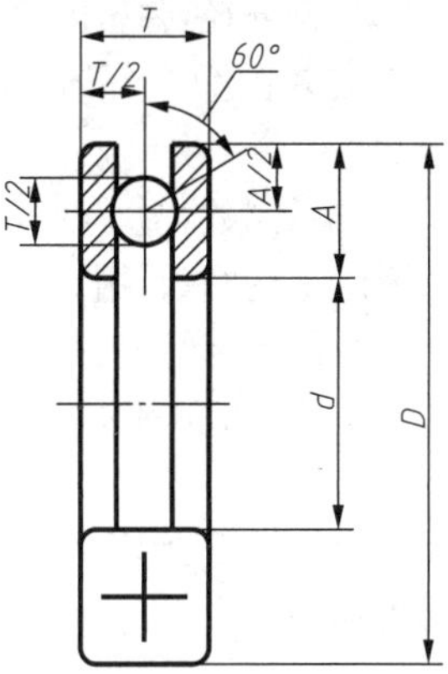

7.6　弹簧

弹簧是一种标准化的零件，广泛应用于各种机械设备中，它的主要功用有减振、夹紧、复位、储能和测力等。其特点是利用材料的弹性及结构特点，利用变形和蓄能来工作，当去除外力后即恢复原状。

弹簧的种类很多，按其外形可分为圆柱螺旋弹簧、涡卷弹簧、板弹簧等。按受力情况的不同，螺旋弹簧又可以分为拉伸弹簧、压缩弹簧和扭转弹簧等，如图 7-56 所示。本节主要介绍圆柱螺旋压缩弹簧的规定画法。

7.6.1　圆柱螺旋压缩弹簧各部分名称及尺寸关系

圆柱螺旋压缩弹簧如图 7-56(c)所示，这种弹簧使用最广泛。为了使压缩弹簧的端面与轴线垂直，在工作时受力均匀，在制造时将两端的几圈并紧、磨平。工作时，两端并紧磨平部分基本上不产生弹力，仅起支承或固定作用，称为支承圈。两端支承圈总数一般取 1.5 圈、2 圈或 2.5 圈。除支承

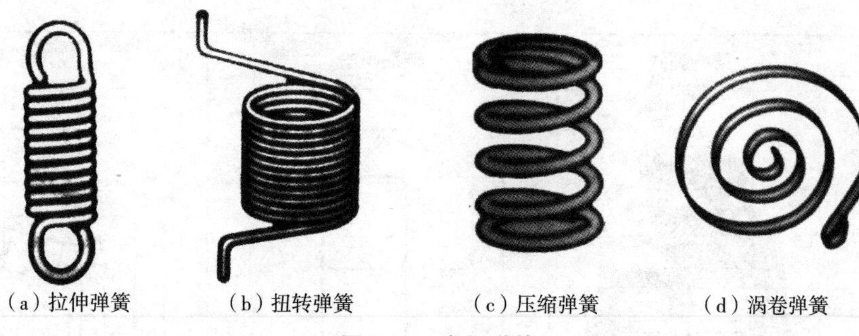

（a）拉伸弹簧　（b）扭转弹簧　（c）压缩弹簧　（d）涡卷弹簧

图 7-56　常用弹簧

圈外，中间节距相等、产生弹力的部分称为有效圈，有效圈数是计算弹簧刚度时用的圈数。弹簧的参数已标准化，设计时选用即可。弹簧有关参数如图 7-57 所示。

①簧丝直径：弹簧丝的直径，按标准选取，用 d 表示；

②弹簧中径：弹簧的平均直径，按标准选取，用 D 表示；

③弹簧内径：弹簧的最小直径，用 D_1 表示，$D_1=D-d$；

④弹簧外径：弹簧的最大直径，用 D_2 表示，$D_2=D+d$；

⑤有效圈数：弹簧中间保持相同节距的圈数，按标准选取，用 n 表示；

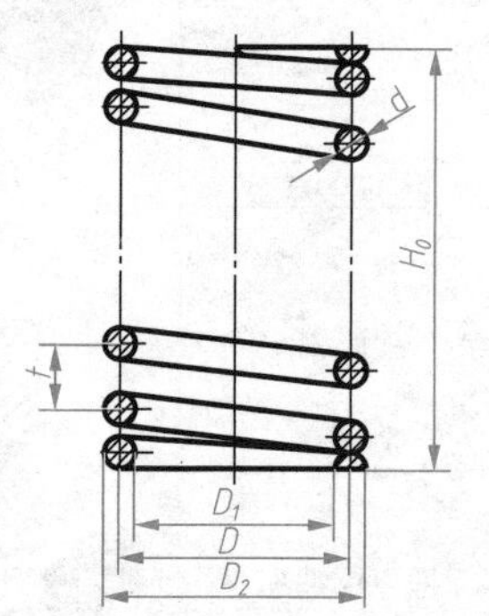

图 7-57　圆柱螺旋压缩弹簧各部分名称及代号

⑥支承圈数：为了使弹簧受力均匀，保证其工作平稳性，将弹簧两端并紧磨平的圈数，用 n_2 表示。一般有 1.5 圈、2 圈、2.5 圈等三种；

⑦总圈数：弹簧的有效圈数和支承圈数之和，用 n_1 表示，$n_1=n+n_2$；

⑧节距：两相邻有效圈对应点间的轴向距离，按标准选取，用 t 表示；

⑨自由高度：弹簧在不受外力作用时的高度，用 H_0 表示，$H_0=nt+(n_2-0.5)d$，计算后选取标准中的相近值；

⑩展开长度：制造弹簧时所需弹丝的长度，用 L 表示，$L=n_1\sqrt{(\pi D)^2+t^2}$。

7.6.2　圆柱螺旋压缩弹簧的规定画法

国家标准 GB/T 4459.4—2003《机械制图　弹簧表示法》规定了弹簧的视图、剖视图及示意图画法，如图 7-58 所示。

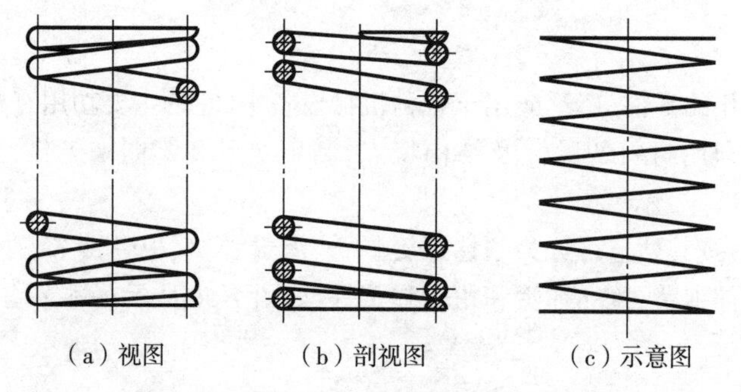

（a）视图　（b）剖视图　（c）示意图

图 7-58　圆柱螺旋压缩弹簧的规定画法

①在平行于螺旋弹簧轴线的投影面的视图中，弹簧各圈的轮廓线应画成直线。

②无论左旋还是右旋螺旋弹簧，均可画成右旋弹簧，对必须保证的旋向要求应在“技术要求”中注明。

③螺旋压缩弹簧，如要求两端并紧且磨平时，不论支承圈的圈数多少和末端贴紧情况如何，均按图 7-58 所示的形式绘制。

④有效圈数在 4 圈以上的螺旋弹簧，可以只画出其两端的 2 圈（不包括支承圈），中间各圈省略不画，用通过弹簧丝中心的细点画线连接起来，并且可以适当地缩短图形的长度，如图 7-59（a）所示。

⑤在装配图中，被弹簧挡住的结构一般不必画出。当螺旋弹簧中间各圈采用省略画法以后，可见轮廓从弹簧的外径或者中径画起，如图 7-59（a）所示。

⑥在装配图中，当簧丝直径小于或等于 2 mm 时，允许采用示意图画出，如图 7-59（b）所示。当弹簧被剖切时，也可用涂黑表示。

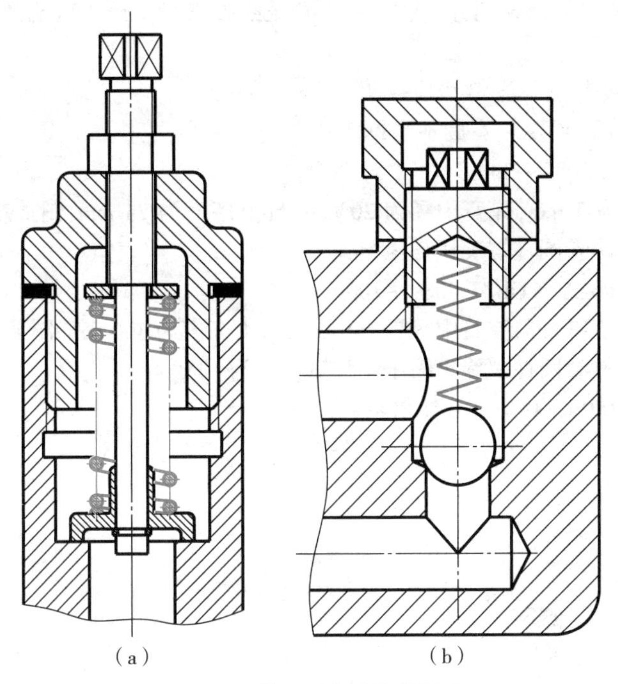

（a）　　（b）

图 7-59　装配图中弹簧的画法

若已知螺旋压缩弹簧的中径 D、簧丝直径 d、节距 t 和有效圈数 n，则可先计算出弹簧自由高度 H_0（在装配图中，H_0 采用受初始压力时的高度），然后按照下列步骤作图：

①根据弹簧的中径 D 和自由高度 H_0 画矩形 $ABCD$，如图 7-60（a）所示。

②已簧丝直径 d 为直径，画出支承圈部分的圆和半圆，如图 7-60（b）所示。

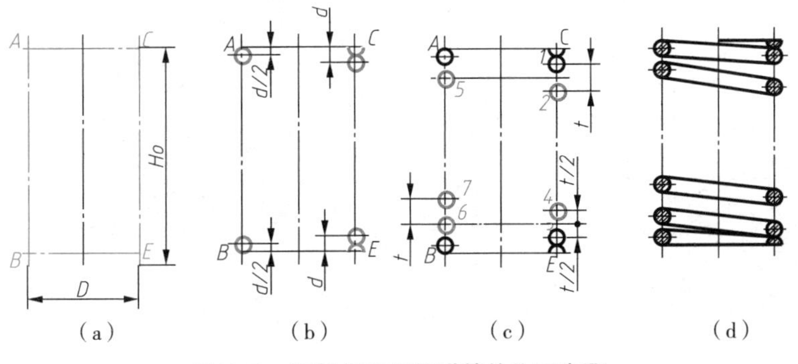

（a）　　（b）　　（c）　　（d）

图 7-60　圆柱螺旋压缩弹簧的作图步骤

③以节距 t 为间距，画出有效圈部分直径 d 的圆，如图 7-60(c) 所示。先根据节距 t 作出圆 2 和圆 4，然后从 1、2 和 3、4 的中点作水平线与 AB 相交，画出圆 5 和圆 6，根据节距 t，画出圆 7。

④按右旋方向作出相应圆的公切线及剖面线，即完成作图，如图 7-60(d) 所示。

7.6.3 圆柱螺旋压缩弹簧的标记

根据国家标准 GB/T 2089—2009 圆柱螺旋压缩弹簧的标记由类型代号、规格、精度代号、旋向代号和标准编号组成，其标记格式规定如下：

类型代号	$d \times D \times H_0$	—	精度代号	旋向	标准号

其中：类型代号"YA"为两端圈并紧磨平的冷卷压缩弹簧，"YB"为两端圈并紧制扁的热卷压缩弹簧；

精度代号，2 级精度制造不注，3 级应注明"3"；

旋向代号，左旋注明为"左"，右旋不注；

标准号，采用 GB/T 2089—2009。

示例 1：材料直径为 3 mm，弹簧中径为 20 mm，自由高度为 75 mm，制造精度为 2 级，旋向为左旋，两端圈并紧磨平的冷卷圆柱螺旋压缩压缩弹簧。

标记：YA　3×20×75-左　GB/T 2089—2009

示例 2：材料直径为 30 mm，弹簧中径为 150 mm，自由高度为 300 mm，制造精度为 3 级，旋向为右旋，两端圈并紧制扁的热卷圆柱螺旋压缩压缩弹簧。其为：

标记：　YB　30×150×300-3　GB/T 2089—2009

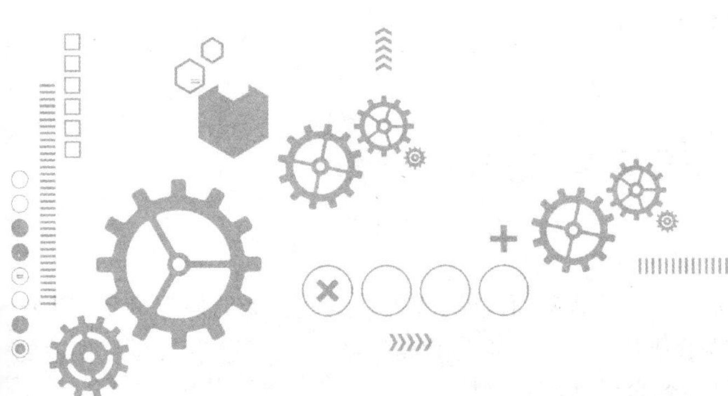

第8章 零件图

零件是组成机械产品(通常称为“机器”)的不可再分拆的最小单元。在机械产品的生产过程中,总是先制造出零件再装配成部件和整机,因此,零件也是制造机器时的基本制造单元。

零件图是用来指导和组织零件生产的图样,即零件图是表示零件结构、大小及技术要求的图样。零件结构是指零件的各组成部分及其相互关系,而技术要求是指为保证零件功能在制造过程中应达到的质量要求。

零件图是表达设计信息的主要载体,是制造和检验零件的依据。培养绘制和阅读零件图的基本能力是本课程的主要任务之一。

思维导图

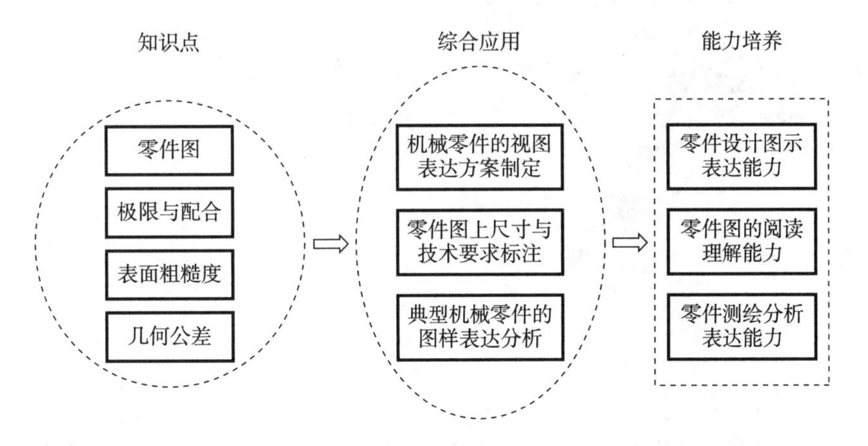

重点难点

1. 零件的视图表达方案;
2. 零件的尺寸标注;
3. 零件的技术要求。

素质拓展

机械产品的建造始于零件,零件是制造单元,也是功能载体,通过组装而形成机械产品。通过典型零件的图样表达分析,基于类比法融会贯通,提升零件设计表达能力,增强质量意识与职业素养。

图线字符,展现的功能需求,当准确表达;起笔落画,描绘的工程对象,当心存敬畏。方寸图纸,成就大国重器,是工程师的荣光,更是担当与情怀。

8.1 机械零件概述

任何机器或部件都是由若干个零件按一定要求装配而成的,零件是组成机器的最小单元。生产机器时,必须先制造零件,然后由零件组装形成机器。图 8-1 为管路系统中用于连接和开启管道的蝴蝶阀,包含 9 类不同的零件,各个零件具有各自的功能和结构。

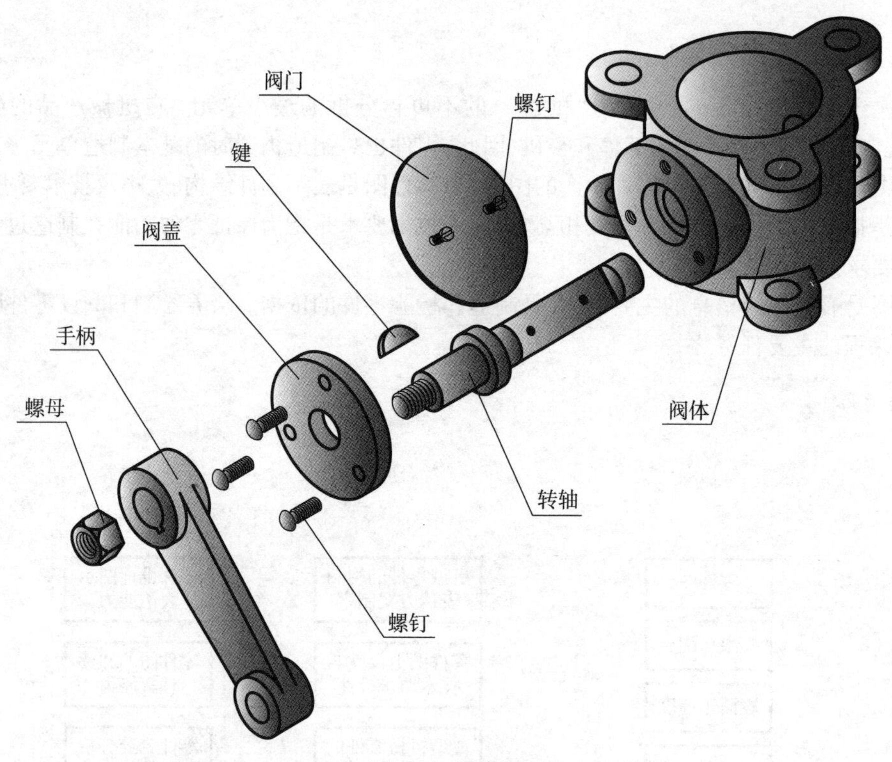

图 8-1 蝴蝶阀

8.1.1 零件结构分析

每个机械零件都要对应特定的功能,即零件具有功能属性,因此零件结构是由其功能决定的。同时,大多数的机械零件目前采取“减材料”的模式通过机械加工制造出来,这就要求零件结构应满足一定的工艺性。于是,机械零件的结构可以划分为主体结构、局部功能结构和局部工艺结构三个层次。图 8-2(a)所示齿轮油泵中的主动轴,可以看出其包含了多种结构。

1. 主体结构

主体结构是指零件中那些体积相对较大的主要基本形体及其相对关系,它们是形成零件的基础。设计零件时总是先进行主体结构造型,再以此为基础进行变化和细化。在绘图和读图时,可以把零件先抽象成由主体结构形成的组合体,使用前面章节介绍的组合体画图、读图和尺寸标注的方法进行分析和表达。

如图 8-2(a)所示的主动轴,其主体结构为图 8-2(b)所示的具有共同回转轴线的四段圆柱体。

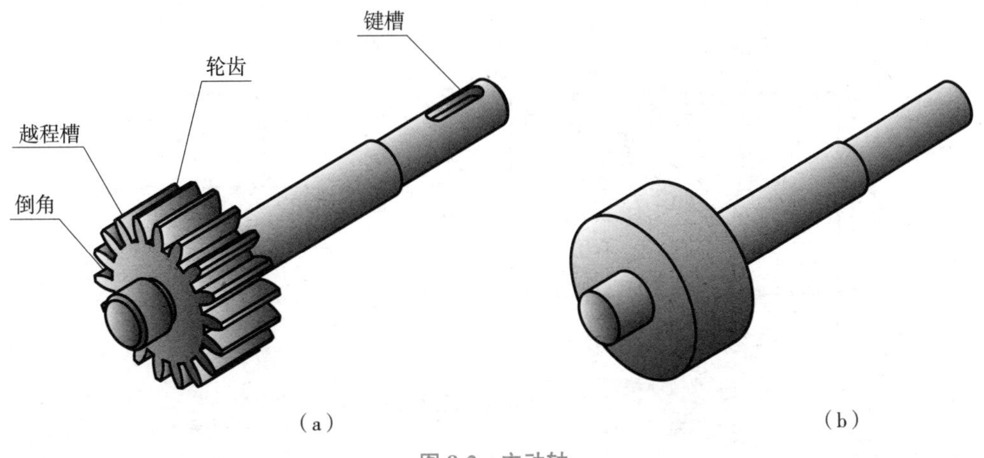

图 8-2　主动轴

2. 局部功能结构

局部功能结构是指为实现传动、连接等特定功能,在主体结构上制造出的局部结构。如图 8-2(a)所示的主动轴上的轮齿用来传动,键槽用来装键以实现连接和传动。它们是在各段圆柱体上制造出的局部功能结构。

局部功能结构在绘图表达时或如实绘出(如键槽和销孔)或用规定画法画出(如螺纹、轮齿和花键),再辅以规定标注。

3. 局部工艺结构

局部工艺结构是指为确保加工和装配质量而构造出的相对较小的辅助结构,如在 8-2(a)的主动轴上的倒角和越程槽。这些结构同样需要详细表达。

8.1.2　零件上常见工艺结构

一个特定的零件将对应一定的工艺属性,该特性规定了零件是一个采用现行方法可以做出来的形体结构。一般先通过铸造或锻造获得零件的毛坯,然后再利用机械加工方法获得所需零件的最终构造。为了满足制造工艺以及零件应用到产品中的装配工艺的需要,在零件结构上形成辅助细小结构,即是局部工艺结构。

机械制造的基本加工方法有:铸造、锻造、切削加工、焊接、冲压等。下面仅就铸造工艺和切削加工工艺对零件的结构要求作一介绍。了解这些结构,对于正确画出零件图形大有帮助。

1. 铸造工艺结构

一般铸造过程,是将熔化的金属浇入到具有与零件形状相适应的铸造型腔内,使其冷却凝固后获得铸造件。大部分机械零件都是先铸造成毛坯件,再对某些工件表面进行切削加工,从而获得符合设计要求和工艺要求的机械零件。

(1)铸造圆角

图 8-3(a)为砂型铸造示意图。为了满足铸造工艺要求,在铸件的各表面相交处都要做成圆角,称为铸造圆角,如图 8-3(b)所示。否则砂型在尖角处容易落砂,同时金属冷却时要收缩,在尖角处容易产生裂纹或缩孔。铸造圆角半径一般取壁厚的 0.4~1.2 倍。

(2)起模斜度

为了在铸造时便于将木模从砂型中取出,在铸件的内、外壁沿起模方向应当带有斜度,称为起模斜度,如图 8-3(b)所示。因倾斜度角度一般较小(1°~3°),在绘制零件图时可以不必画出。

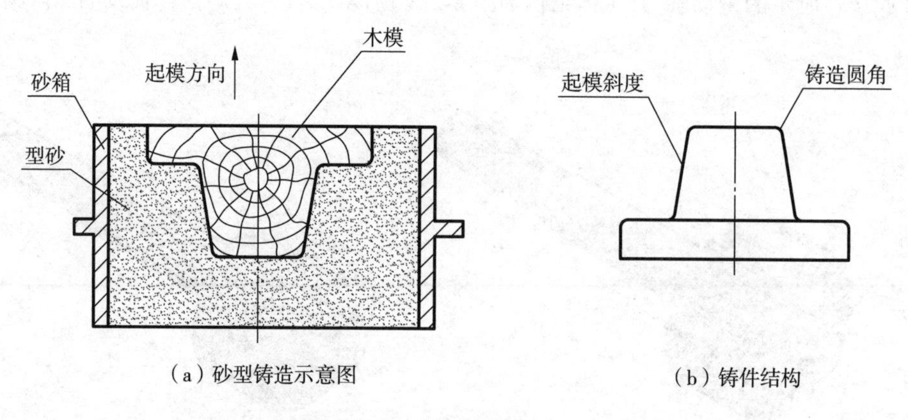

（a）砂型铸造示意图　（b）铸件结构

图 8-3　铸造工艺结构

（3）铸件的壁厚

铸件的壁厚应尽量保持一致，或应使其逐渐均匀地变化。否则，容易在冷却时因冷却速度不同而在厚壁处形成缩孔和裂纹，如图 8-4 所示。

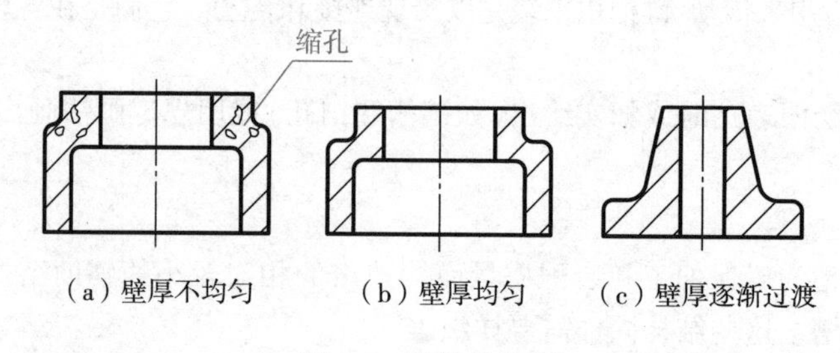

（a）壁厚不均匀　（b）壁厚均匀　（c）壁厚逐渐过渡

图 8-4　铸件的壁厚

2. 常见机械加工工艺结构

铸造件、锻造件等毛坯的工作表面，一般要在切削机床上进行加工，以获得要求的尺寸、形状和表面质量。切削加工是通过刀具和坯料之间的相对运动，从坯料上去除一定材料，从而达到要求的加工方法。对于有一定精度要求的零件，常常需要通过机械加工方法来获得，常见用去除材料的机加工方法有车、铣、刨、钻、磨等。这里列出了轴、孔类零件上常见的机加工工艺结构。

（1）倒角和倒圆

倒角是在轴端做出的小圆锥台和在孔口做出的小圆锥台孔，如图 8-5 所示。其作用是便于将轴装入孔内并去掉切削加工时形成的毛刺、锐边，从而保证操作安全。为避免阶梯轴轴肩的根部因应力集中而容易断裂，常常在轴肩根部加工出圆弧过渡面，即为圆角。倒角的参数包括宽度 b 和锥面母线与轴线的角度 α，一般取 α 为 45°，特殊情况下可取 30°或 60°。倒角为 45°时，可与轴向尺寸连注，C 表示 45 °的倒角，n 表示倒角的轴向长度，如 $C1$、$C2$ 等。倒角不是 45°时，尺寸应分开标注。倒角与圆角的画法及标注如图 8-6 所示。倒角与圆角的尺寸可由机械设计手册查到。

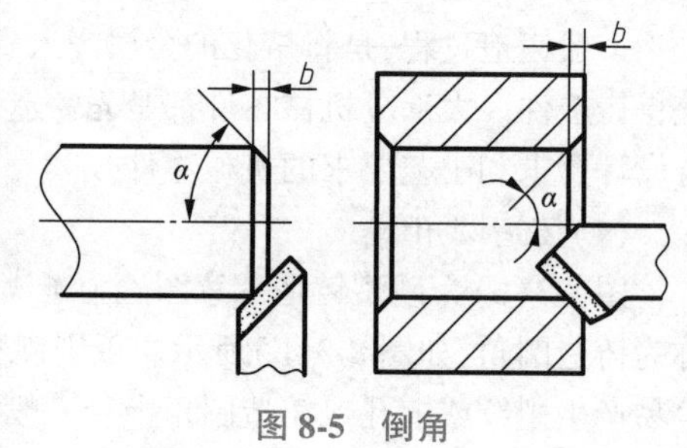

图 8-5　倒角

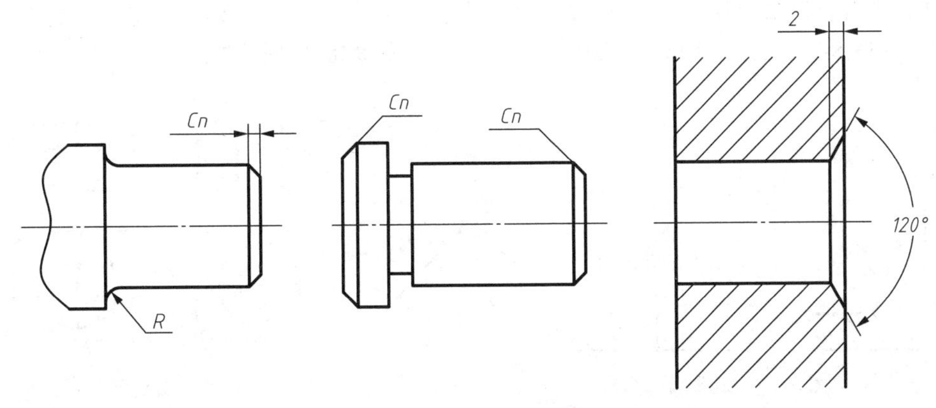

图 8-6　倒角与圆角的画法及标注

(2)退刀槽和越程槽

切削螺纹时,为了便于螺纹刀具退出,在螺纹终止端预先加工出圆槽,称为退刀槽,如图 8-7 所示;同时在磨削轴和孔时,为了便于砂轮略微越过加工面,应预先切出圆槽,称为越程槽,如图 8-8 所示。事实上,这些环形沟槽的作用一是保证加工到位,达到设计要求质量;二是保证装配时相邻零件的端面靠紧,确保功能实现。退刀槽和越程槽的结构尺寸系列可查阅机械设计手册。

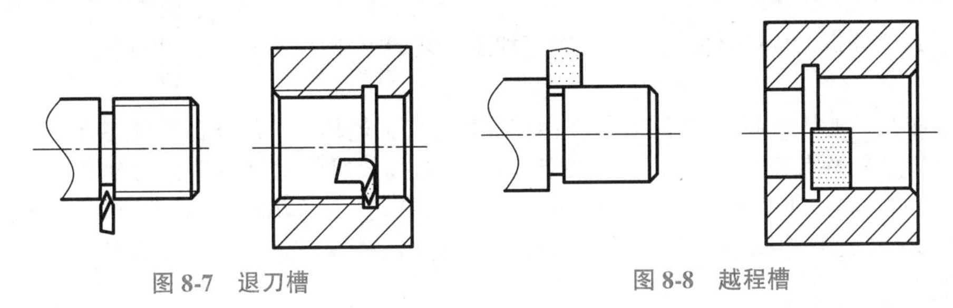

图 8-7　退刀槽　　　　图 8-8　越程槽

(3)钻孔结构

不通的孔(常称为盲孔)和台阶孔,大多采用麻花钻钻出,而钻头的头部有 118°左右的锥角,所以加工后留下钻头锥坑。画图时须画出 120°的锥孔,标注孔的深度尺寸时只注圆柱部分的深度,如图 8-9(a)所示;如果阶梯孔的大孔也是采用钻孔,则在大小孔之间存在 120°的圆锥台过渡部分,如图 8-9(b)所示。

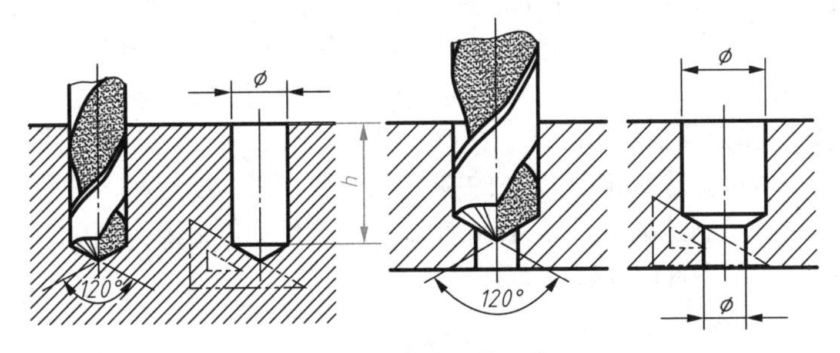

图 8-9　钻孔及其画法

钻孔时要求钻头轴线尽量垂直于孔的端面,以保证钻孔位置准确和避免钻头折断。对在斜面或曲面上钻孔,应先制成与所需孔轴线相垂直的平台或凹坑,如图 8-10 所示。

(4)凸台与凹坑

零件上与其他零件接触或配合的表面一般应进行切削加工。为了保证两零件表面良好的接触,同时减少加工面积降低制造费用,常在零件接触面处设计出凸台、凹坑或凹槽,从而将它与不加工的表面区分开来,如图 8-11 所示。注意同一表面上的凸台应尽量等高,以便于加工。

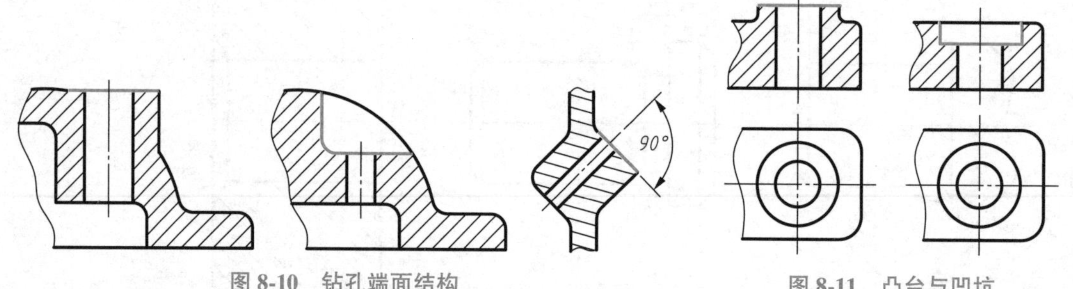

图 8-10　钻孔端面结构

图 8-11　凸台与凹坑

零件的局部工艺结构在制图表达时如实画出,可使图形细致、逼真,国家标准有规定的,可按规定简化或省略不画,以提高画图效率。

可以看出,机械零件是面向机械工程实践、具有工程背景的对象,不同于前面学习的组合体,具有局部功能结构和局部工艺结构,也是零件与组合体的主要区别。事实上,组合体可以看作是零件对象的几何抽象,反映了零件的主体结构,是学习零件结构的基础。

8.1.3　零件的分类

为了更好地分析、表达零件结构,以及制订加工工艺的需要,常常把零件进行分类。

1. 按结构特点分类

对于组成机器的机械零件,按其整体结构特征可分为回转体零件和非回转体零件两大类。进一步根据其功能结构特点、加工方法和视图特点综合考虑,一般可将常见零件分为轴套类、轮盘类、叉架类、箱壳类四大类。如在图 8-1 所示蝴蝶阀部件包含的零件中,转轴属轴套类,阀盖和阀门属于轮盘类,手柄属于叉架类,阀体属于箱壳类。一般地,具有相似结构的同类零件,其表达方案及加工工艺具有类似性。

2. 按通用性程度分类

按照零件功能的通用化程度,可分为标准件和非标准件。一般情况下,标准件起着连接、支承等通用功能作用,可以广泛地应用在各种机器中,如图 8-1 所示蝴蝶阀中的键、螺钉、螺母。专用零件是针对具体机器工作需要而开发的特殊机件,只能用于特定的机型当中,如图 8-1 所示蝴蝶阀中的转轴、阀门、阀体等。

为适应产品设计和合理组织生产的需要,在产品质量、品种规格、结构尺寸等方面规定统一的技术标准,称为标准化。经过优选、简化、统一,并给予标准代号的通用零、部件称为标准件。标准件的结构、形状、尺寸、规格都已按国家标准统一规定,有专业厂家生产,在各种机器中广泛、大量使用。常见的螺钉、螺母、垫圈和轴承都是标准件。在设计机器时不必画出它们的零件图,一般也不需自行制造,只需按规格选用即可。除标准件以外的零件为非标准件,也称为专用零件,是为某类(或某台)机器或部件特定设计和制造的。显然,在设计机器时这类零件需要完整、准确给予表达,并依据技术表达进行零件制造,即零件图要表达的对象是非标准件。

8.2　零件图的基本知识

表达单个机械零件的结构形状、尺寸大小及技术要求的图样叫做零件图,它是制造、加工和检验零件的依据,也是产品设计和制造过程中的重要技术资料。图 8-12 所示,是一个拨叉零件的零件图。

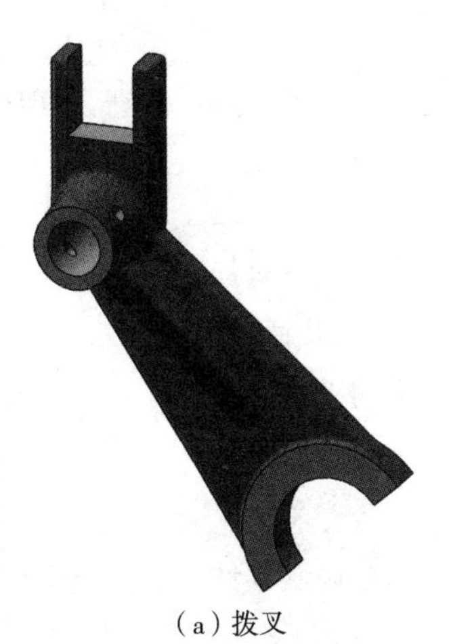

(a) 拨叉

8.2.1 零件图的内容

零件图是表示零件结构、大小及技术要求的图样。如图 8-12(a)所示拨叉零件,主要用在运动机构中,起着操纵及连接的作用,其零件图如图 8-12(b)所示,主要包括四个方面内容。

1. 一组视图

使用了符合技术制图标准的必要的视图、剖视图、断面及其他表达方法,将零件的内外结构形状完整、清晰地表达出来。如图 8-12 所示零件图,使用了全剖的主视图和左视图两个基本视图,另加两个断面图,清楚地表达该零件内外结构形状。

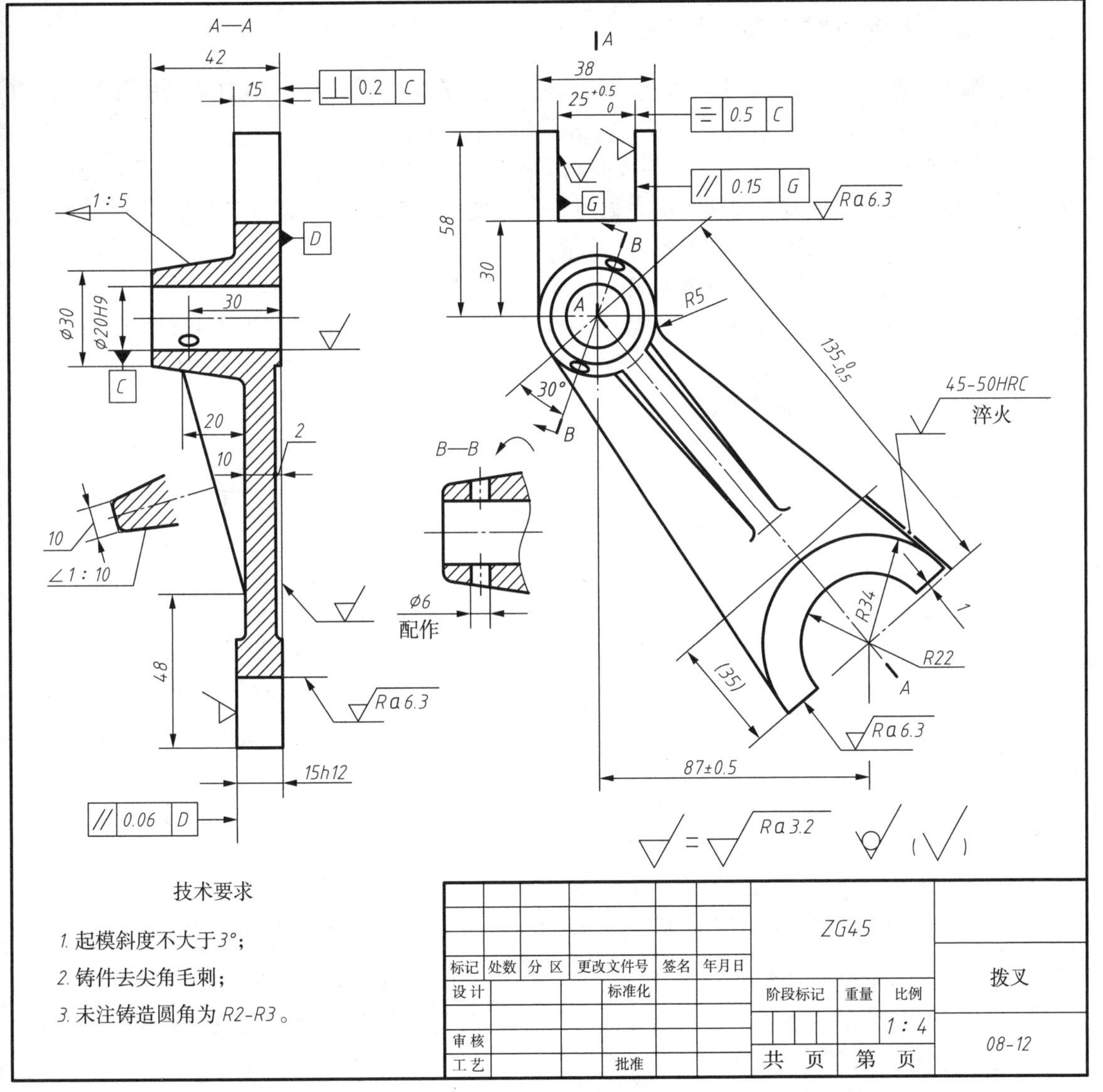

(b) 拨叉零件图

图 8-12 拨叉轴测图与零件图

2. 完整的尺寸

正确、完整、清晰、合理地标注制造零件所需的全部尺寸，把零件各部分的大小和位置确定下来，亦帮助说明形状。

3. 技术要求

用符号标注或文字说明零件在制造、检验过程中应达到的一些质量要求，如表面质量、尺寸极限偏差、几何公差和热处理要求等。如图 8-12 所示零件图，尺寸 $25_{0}^{+0.5}$ 给出尺寸的上、下偏差，符号标注 $\sqrt{Ra\,6.3}$ 表示对应表面加工的粗糙度要求，符号标注 | ⊥ | 0.2 | C | 表示对应表面垂直度几何公差要求。

4. 标题栏

说明零件的名称、材料、数量、绘图比例、图号及必要签署等内容，是零件图信息的文字索引，需要认真填写。

8.2.2 铸造圆角对零件视图的影响

铸造圆角是零件上最常见的局部工艺结构。通过铸造形成的零件毛坯，往往不是所有表面都需要进行切削加工的，而圆角的存在将对零件视图图样产生影响。

(1)零件上未经切削加工的铸造毛坯表面相交处呈现“圆角”，因而视图中相应地画出圆角，如图 8-13(a)所示；零件上经过切削加工的表面与铸造毛坯面相交，或两切削加工后表面相交时呈现“尖角”，图形中相应画出尖角，如图 8-13(b)所示。

(2)由于有铸造圆角的存在，铸造毛坯面之间的交线变得不够明显、清晰。为了区分不同表面，想象零件形状，在视图上仍需画出这种交线，此时称为过渡线。过渡线的求法与没有圆角时的交线求法完全相同，只是交线的起讫处与圆角的轮廓线断开。注意，过渡线用细实线绘制。

①当两曲面相交时，过渡线不应与圆角轮廓接触，如图 8-14 所示。

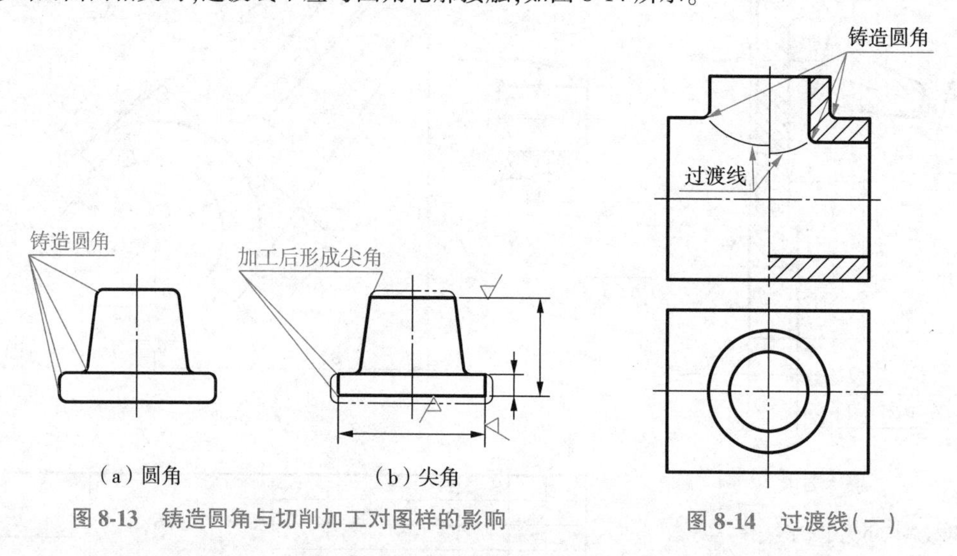

(a) 圆角　(b) 尖角

图 8-13　铸造圆角与切削加工对图样的影响

图 8-14　过渡线(一)

②当两曲面的轮廓线相切时，过渡线在切点附近应该断开，如图 8-15 所示。

③在画平面与平面、平面与曲面的过渡线时，应该在转角处断开，并加画过渡圆弧，其弯向与铸造圆角的弯向一致，如图 8-16 所示。

④零件上不同断面形状的肋板与圆柱的组合在有圆角过渡时画法如图 8-17 所示。可以看出，过渡线的形状取决于肋的断面形状及其与圆柱相交或相切的关系。

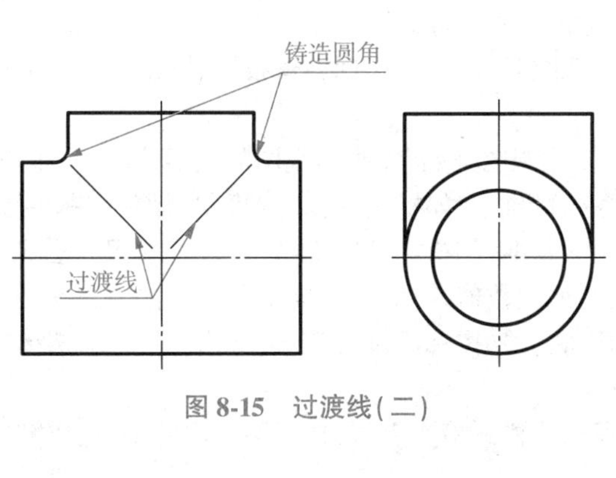

图 8-15　过渡线(二)

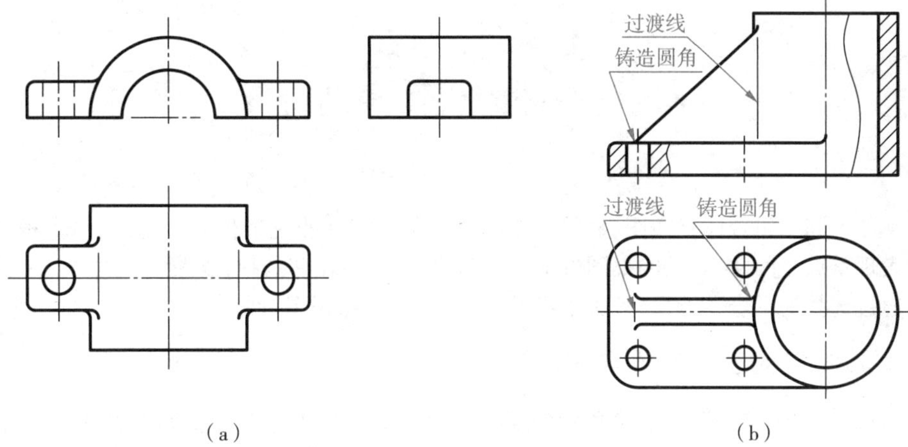

图 8-16　过渡线(三)

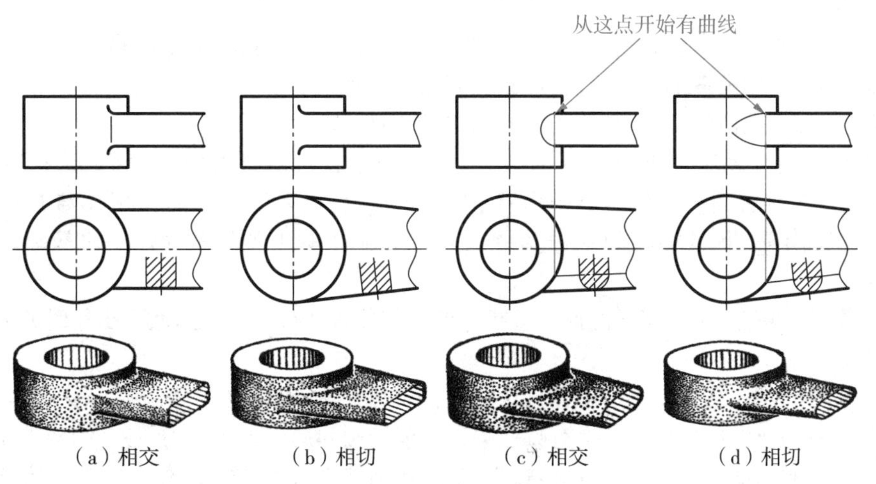

(a) 相交　(b) 相切　(c) 相交　(d) 相切

图 8-17　过渡线(四)

以上影响在锻造圆角存在时也同样产生。

8.2.3　建立零件图的基本过程

在机械产品的开发过程中,在详细技术设计阶段,大量的工作是绘制零件图。为使零件图表达合理、内容完整、制图规范,一般需要遵循下列步骤:

①零件功能结构分析,初步确定表达方案。

②确定作图比例、选定标准图幅及标题栏。

③视图布局。一般画出视图对称中心线、回转体投影轴线,布局各个视图,注意在视图之间预留足够的空间用于标注尺寸。

④绘制零件视图。一般从主视图开始,先画出视图的主要轮廓线,注意保持并利用视图之间投影相等关系;然后添加各个视图上的细节,如螺纹、倒角、圆角等;最后检查并描深图线,再画出剖面线。

⑤标注尺寸。先分析尺寸基准,剖析零件定形、定位尺寸及尺寸公差;然后布置尺寸,画出全部尺寸界限和尺寸线;最后填写尺寸数值。

⑥标注表面粗糙度及几何公差,按标准画出符号、框格、指引线,选择合理的精度数字,进行绘制标注,尤其注意数值书写方位。

⑦书写技术要求和填写标题栏。检查无误,在标题栏内签字,完成零件图。

8.3 零件的视图表达方案

零件视图不同于组合体三视图,显然视图的数目是由零件的复杂程度决定的,每个视图都必须有明确的表现重点。因此,零件的视图方案需要认真分析、对比和选择,以做到正确、完整、清晰地表达零件。通过选择视图表达方案,解决了零件图内容中“一组视图”问题。

8.3.1 零件的视图表达的要求和步骤

零件的视图表达方案的实质是综合运用前面所学的机件的各种表达方法,选取一组恰当的图形,把零件的内外结构形状表达清楚,为零件制造提供技术依据。一个合理的零件视图表达方案应该满足下列要求:

①正确:图样画法符合相关国家技术标准规定,各个视图之间投影关系正确。

②完整:零件整体及各部分的结构、形状及其相对位置关系表达完全且唯一确定。

③清晰:图形表现清楚,制图简便无重复,方便看图理解。

完成零件的视图表达总体上可分为三大步:首先是分析零件对象,然后是选择零件视图方案,最后是具体绘制视图。零件的结构形状和大小是由它在装配体中的作用及与其他零件之间的装配关系来确定的,因此零件的结构及特点分析是制订零件视图表达方案的基础。具体分析内容包括:

①分析零件的功能,明确其在部件和整机中的安装位置、定位及固定方法,工作时的运动方式和表现出的形态等。

②分析零件的具体结构。先用形体分析法分析主体结构,即零件主体由哪些基本体构成,相互位置和表面关系如何?再分析零件上有哪些局部功能结构和局部工艺结构,各个结构功用是什么?

③分析零件的制造过程和加工方法、加工状态,包括加工时零件的摆放位置、装卡方式和表现出的形态。

8.3.2 零件的视图方案的选择

完整清晰地表达零件结构形状的关键是合理地选择主视图和其他视图,以形成一个比较合理的表达方案。

1. 主视图的选择

主视图是表达零件形状和尺寸的最重要的一个视图。主视图选择的合理与否,直接关系到看图与画图的方便。前面讨论组合体三视图绘制时，介绍了主视图选取的基本原则，即形体自然摆放、最能反映结构形状特征，在选择零件主视图时同样需要遵守。这里，进一步介绍与零件主视图选择相关的零件安放方式及投射方向和表达方法选择两个方面的问题。

(1)确定零件的安放位置和主视图的投射方向

安放位置决定了零件相对基本投影面的方位关系，选择的原则是尽量符合零件的工作位置或主要的加工位置，同时应使零件的放置状态具有稳定感。

零件图的重要功用之一是用于指导零件制造，因此，主视图所表示的零件位置，最好能与该零件在机床上加工时的装夹位置一致，以便于生产加工时读图理解，即符合零件的加工位置原则。如图 8-18 所示轴套零件，让轴套的轴线水平放置，与加工装夹位置相符合；同时选取 *A* 向作为主视图的投射方向，相比较而言，若以 *B* 向作为主视图则不够合理。

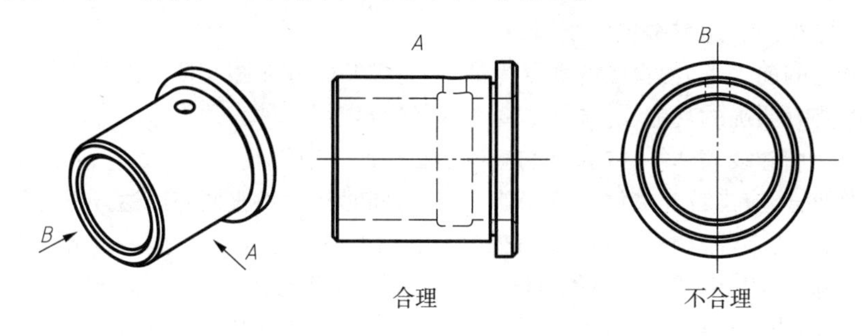

图 8-18　轴套主视图的选择

车床上加工的轴套类、盘盖类零件一般按加工位置放置绘制主视图。

有些零件加工面多，需要在各种不同的机床上加工，加工时的装夹位置各不相同，这时零件投影方位应该按照该零件在机器上的工作位置布局，以便直接对照装配，这就是符合零件的工作位置原则。如图 8-19 所示的铣刀头座零件，选取 *A* 向作为主视图，与铣刀头座在工作时的摆放位置一致，相比较而言，若以 *B* 向作为主视图则不够合理。

支架类、箱体类零件通常按照工作位置放置绘制主视图。

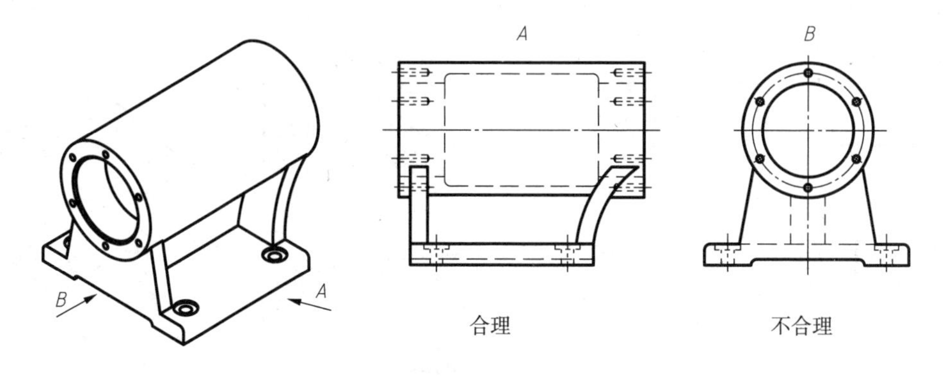

图 8-19　铣刀头座主视图的选择

(2)主视图表达方法选择

根据零件的功能和结构特点，选用课程中所学习的各种表达方法，包括全剖视、半剖视、局部剖视等，使得主视图所表达的信息尽可能多。针对具体零件，需要清楚主视图表现的侧重点是内部结构还是外部形状，如果采用剖视表达方法，那么一定要明确剖切位置和剖切范围。一般地讲，套类和箱体类零件主要用来包容其他零件，结构上多有型腔、孔洞，并有一定的加工精度要

求，因此多采用剖视来表达其内部构造。图 8-20 为轴套零件的主视图，采用全剖视图表达方法。对于轴或拨叉等实心零件，主视图多以表现外形为重点，必要时采用小范围的局部剖。

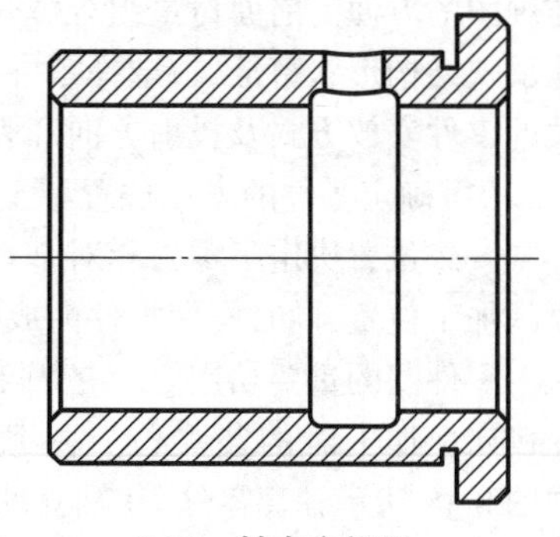
8-20 轴套主视图

2. 整体视图方案的选择

在主视图确定后，根据需要选择其他视图，并选择确定表达方法，以完成零件结构的完整表达。根据表达零件主体结构的需要，确定基本视图的数量，一般优选俯视图和左视图；然后根据结构特点和表达辅助结构需要，确定需要增加的辅助视图并选择恰当的表达方法。事实上，视图的数量主要取决于零件结构的复杂程度，同时也和表达方法的选择是否恰当有关。

确定零件整体视图表达方案主要原则如下：

①在表达清楚的前提下，使视图的数量为最少，力求制图和看图简便。

②每个视图要有明确的功能，优选基本视图，并结合应用多种表达方法。

③尽量避免使用虚线表达零件的结构，避免不必要的细节重复。

对于初学者而言，应当首先关注表达完整的问题，同时注意检查调整表达方案，充分考虑多种可能性。例如，对于某些零件，如果没有反映它的形状特征，视图再多也不解决问题。如图 8-21 所示的支架，如果没有俯视图，中间立柱可能是四棱柱、带圆角的四棱柱或圆柱体；同样如图 8-22 所示拨叉零件，其上肋板的边缘有可能是方形的，也可能是半圆形的，因此在已有的两视图没有表示清楚情况下，最好增加有一个断面图来表示它的截面形状。

下面以图 8-23 的摇臂座零件为例，分析讨论零件视图表达方案。

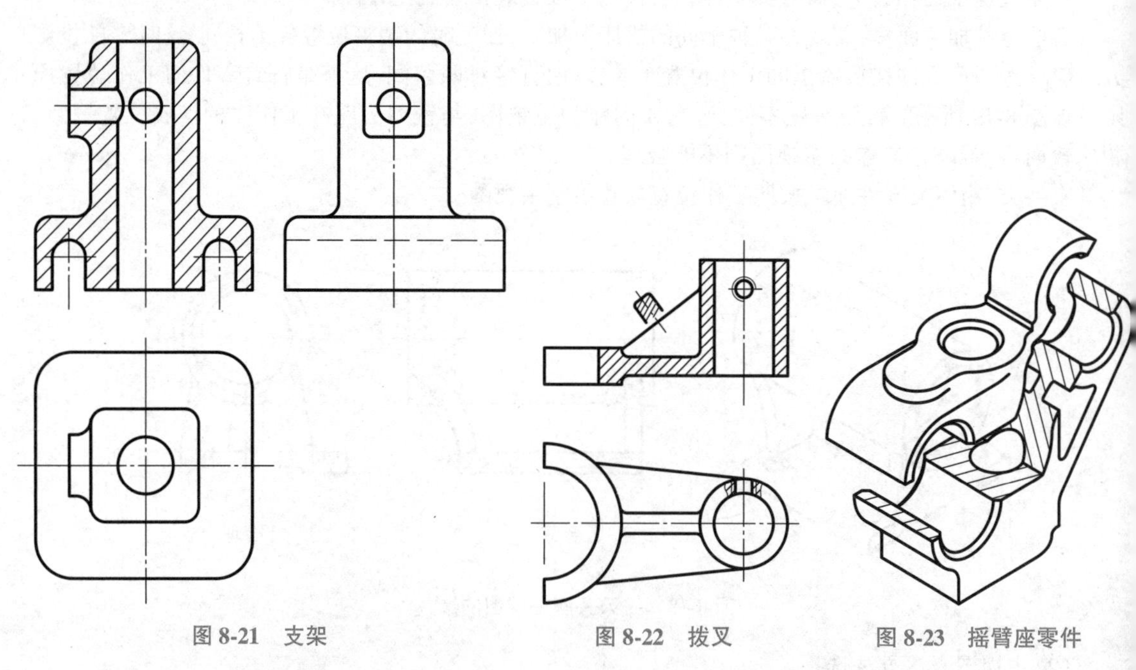
图 8-21 支架　　图 8-22 拨叉　　图 8-23 摇臂座零件

如图 8-23 所示的摇臂座零件，其主体由三段圆柱结构形成，选用相同的主视图，给出两种表达方案。图 8-24 所示的表达方案一，使用了八个视图。其中主、俯、左和仰视图，用来表达零件的外形，另外四个剖视图 *A—A*、*B—B*、*C—C* 和 *D—D*，分别用来表达零件的内部结构形状。

图 8-25 所示的表达方案二，共用了四个视图，其中主、俯视图上采用的局部剖视，兼顾表现零件的外部和内部结构形状。显然，两个方案比较，方案一相对零散，完全是需要表达什么就增加

视图画什么；而方案二进行了恰当的综合，除了做到完整、清晰外，而且比较简练，是一个较优的表达方案。

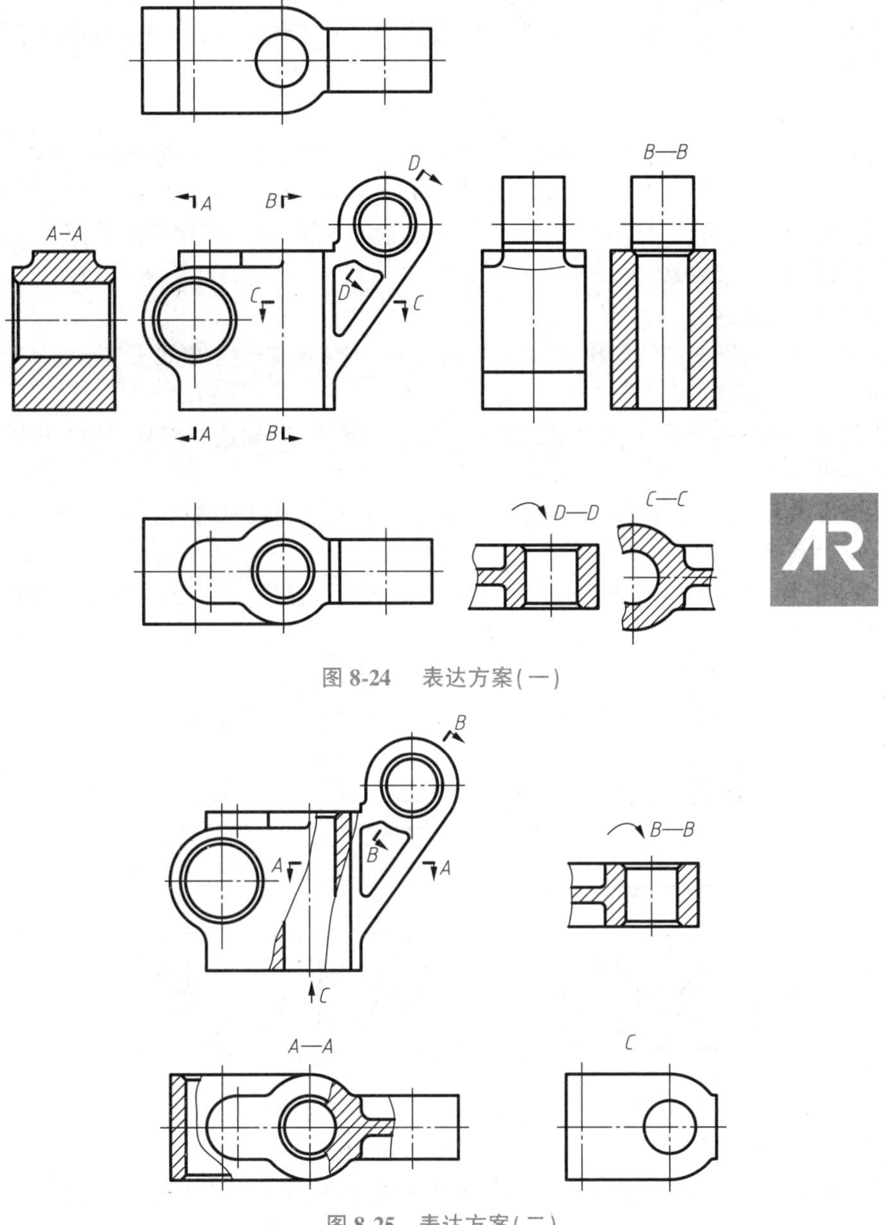

图 8-24　表达方案(一)

图 8-25　表达方案(二)

8.3.3　视图表达中几个问题的处理

1. 零件内部结构与外部形状的表达问题

在某一个视图上，为了清楚地表示零件的内部结构，常常采用剖视图；但剖开以后，又往往使外形变得不清晰，因而产生矛盾。为了解决好这个问题，可以从三个方面考虑：

①如果零件的内、外形状结构一个复杂、一个简单，在表达时就要突出主要矛盾，当外形复杂时以视图表达外形为主，当内部结构复杂时则以剖视表达为主。

②如果零件的内、外形结构都比较复杂，在同一视图上，它们的投影基本上又不重叠时，可以采

用局部剖视的形式,将内、外形同时表达清楚。

③如果零件的内、外形结构都比较复杂,在同一视图上,它们的投影又发生重叠,因而不能内外兼顾时,就应该分清内外结构形状中的主次关系,将主要的表示在基本视图上,次要的表示在辅助视图上。对于内、外形都很复杂的箱体类零件,常常是在同一方向既作出剖视图表现内部结构,又画出外形视图。

2. 集中表达与分散表达的问题

集中与分散是指把零件的各部分形状集中于少数几个视图来表示,还是分散在许多单独的图形上来表示。正确的处理这个问题的原则是力求看图方便,使看图者易于想出零件的完整形状。具体的处理时,每个视图所表示的内容要有合理安排,不要勉强求多,使图形繁杂混乱;也不要过多使用局部视图,使整体形状支离破碎。

3. 零件图上虚线的使用问题

因为虚线表达在看图时往往层次不明显,所以在图上应尽量避免用虚线来表示物体形状。虚线的使用一般按下面的原则:

①当零件某一部分的形状,已采用粗实线的图形表达清楚了,则这一部分结构在视图中呈现的虚线就不必画出。

②在一个视图上,画了虚线并不影响此视图的清晰,而且还可以省略另一个视图时,可以画出虚线,如图 8-26(a)所示。

③不影响图形的清晰,并且能使某一部分形状表示得更完整时,可以画出这部分形状的投影虚线,如图 8-26(b)所示。

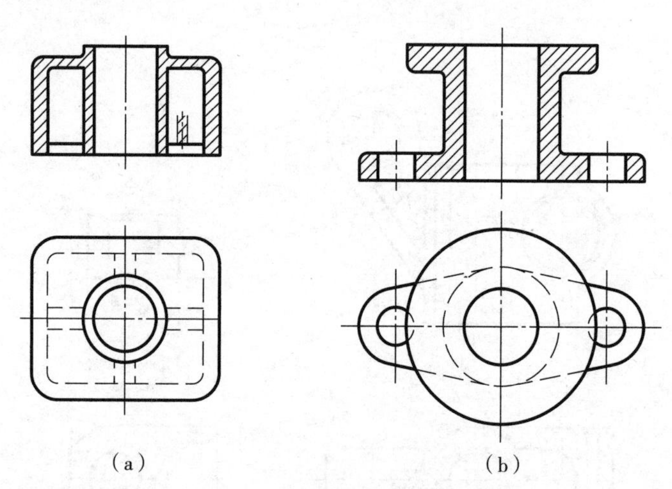

图 8-26　虚线应用示例

总之,对于同一零件,通常可有多种可行的表达方案,且往往各有优缺点,需全面地分析、比较。选择视图时,各视图要有明确的表达重点,在表达清楚、完整的前提下,尽量减少视图数量,便于画图和看图。

8.4　零件的尺寸标注

零件图上的尺寸是制造零件时加工和检验的依据,前面介绍的组合体视图尺寸标注是零件图尺寸标注的基础。零件图上标注的尺寸除应正确、完整、清晰外，还应使尺寸标注合理，即使所注尺寸满足设计要求和便于加工测量。本节重点介绍零件图上合理标注尺寸的一般规则和常见局部结构的尺寸习惯注法。

8.4.1　尺寸基准的选择

标注尺寸的起点称为尺寸基准。从几何结构角度看，基准一般是零件上的面或线，即可以是较大的加工面、结合面、对称面、端面、孔轴的轴线等。根据基准的作用不同，可以把零件的尺寸基准分成设计基准和工艺基准两类。

1. 设计基准

在设计零件时，保证功能、确定结构形状和相对位置时所选用的基准，即根据零件在机器中的位置、作用所选定的基准为设计基准。用来作为设计基准的，大多是工作时确定零件在机械或机构中位置的面、线或点，如图 8-27 所示。

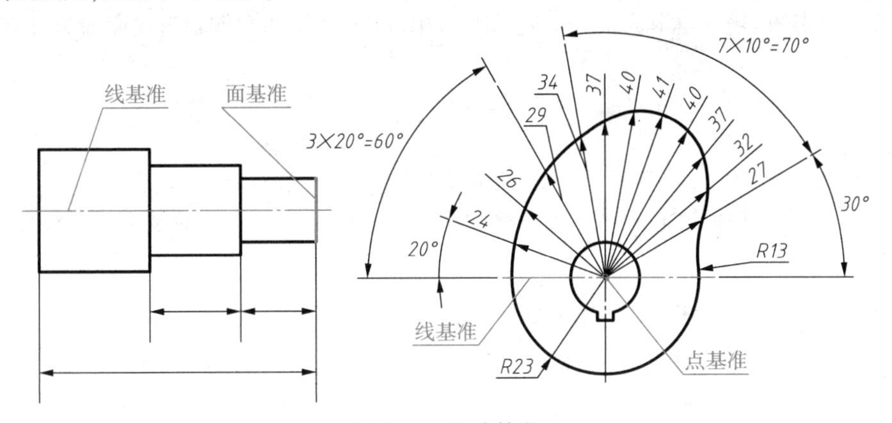

图 8-27　尺寸基准

如图 8-28 所示的轴承座，分别选底面和对称平面为高度方向和长度方向的设计基准。一般情况，轴通常要用两个轴承座来支承，两者的轴孔应在同一轴线上，而两个轴承座都以底面与机座贴合，所以，在设计时以底面为基准来确定轴孔的中心高度。同样，以对称平面来确定左右位置，即在设计时以对称面为基准来确定底板上两个穿螺栓孔的孔心距及其对于轴孔的对称关系，以保证二轴承座安装后轴孔同心。

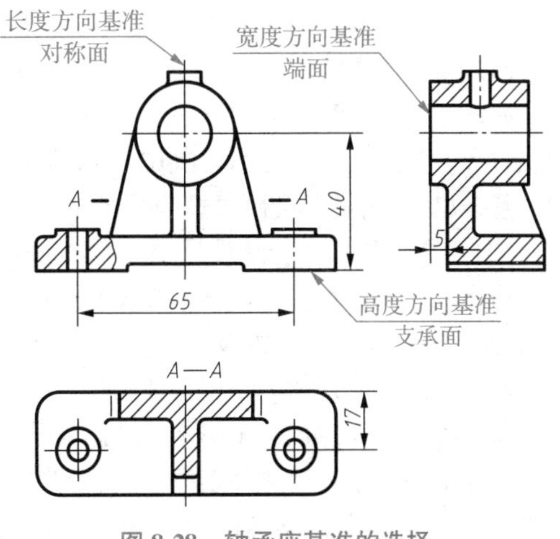

图 8-28　轴承座基准的选择

2. 工艺基准

工艺基准是在加工零件时，为保证加工精度并方便加工与测量而选用的基准。用来作为工艺基准的，大多是加工时用作零件定位的和对刀起点及测量起点的面、线或点。

如图 8-29 所示的阶梯轴，其轴向设计基准为左侧轴肩端面（工作时以其定位）。但若轴向尺寸均以此为起点标注，对加工、测量都不方便。考虑阶梯轴在车床上加工过程，以右端面为起点标注长度尺寸，便于加工测量。此时，右端面即为工艺基准。

尺寸基准进一步可分为主要基准和辅助基准。零件在长、宽、高三个方向应分别有一个设计基

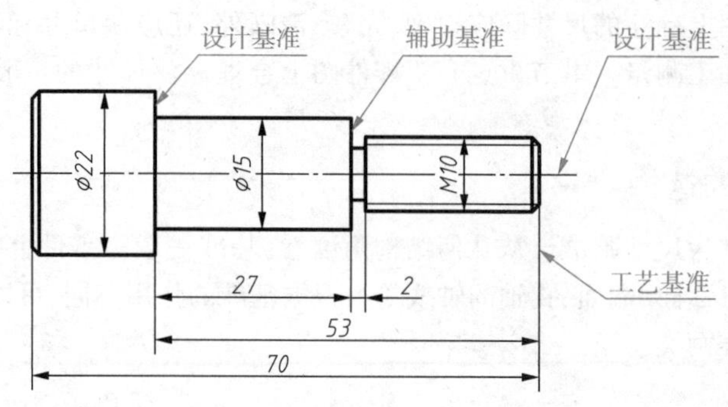

图 8-29　阶梯轴基准的选择

准,常常也称为主要基准。它们决定零件的主要功能尺寸。这些主要尺寸影响零件在机器中的工作性能、装配精度,因此,主要尺寸要从主要基准直接注出。另外,为了加工测量方便,往往在一个方向不止有一个尺寸基准,此时称其余的为辅助基准,如图 8-29 所示的右侧轴肩端面即为长度方向辅助基准。

注意:

辅助基准需要有尺寸与主要基准相联系,如图 8-29 所示的尺寸 27。

在进行零件图尺寸标注时,应尽可能使设计基准与工艺基准一致,这样既能满足设计要求,又便于加工测量。

8.4.2　零件图尺寸标注的一般原则

合理标注零件尺寸的前提是理解零件在机器或部件中的功能用途及装配关系,同时要清楚零件的制造加工过程,因此需要很强的机械工程背景知识,需要长期的学习积累。这里仅就尺寸合理标注的一般原则进行介绍。

1. 标注尺寸要满足设计要求

(1)具有装配关系的零件关联尺寸注法要一致

如图 8-30(a)所示,零件 1 和零 2 有装配关系,设计要求零件 1 沿零件 2 的导轨滑动,并且右侧面应对齐。为此,应采用图 8-30(b)所示的尺寸标注,尺寸 B 保证了两零件的配合,尺寸 C 则保证从同一基准出发,满足了设计要求。图 8-30(c)和图 8-30(d)的尺寸标注则不能满足设计要求。

(2)重要功能尺寸应从设计基准直接标出

功能尺寸指的是直接影响零件装配精度和工作性能的尺寸。这些尺寸应从设计基准出发直接注出,而不是用其他尺寸推算出来。

标注出的尺寸是加工时要保证的尺寸。由于种种因素(诸如机床精度、量具精度、加工者技术水平和经济效益等)的影响,这种“保证”不是保证尺寸值的绝对准确,而是保证控制其误差范围。与直接注出的尺寸有计算关系的“空出”尺寸,其误差为各注出尺寸误差的总和,显然精度大大低于直接注出的尺寸,是最不精确的尺寸。所以,功能尺寸必须直接注出。如图 8-31(a)所示,泵体的主动轴和从动轴之间的中心距 22 需要直接标出,而不采用图 8-31(b)所示标注形式。

2. 标注尺寸应避免出现封闭尺寸链

如图 8-32(a)所示,长度方向的尺寸 b、c、e、d 首尾相接,顺序排列,且有 b=c+e+d 的关系,这种情况的尺寸系列称为封闭尺寸链。尺寸 b、c、d、e 全部都直接注出来,则在加工制作时都要保证精度。但如前所述,由于加工时都会产生误差,尺寸 c、d、e 的误差会积累到尺寸 b 上,很难保证尺寸 b 的精度要求;或者为保证尺寸 b 的精度,就需要进一步提高尺寸 c、d、e 的精度,给加工增加难度。事

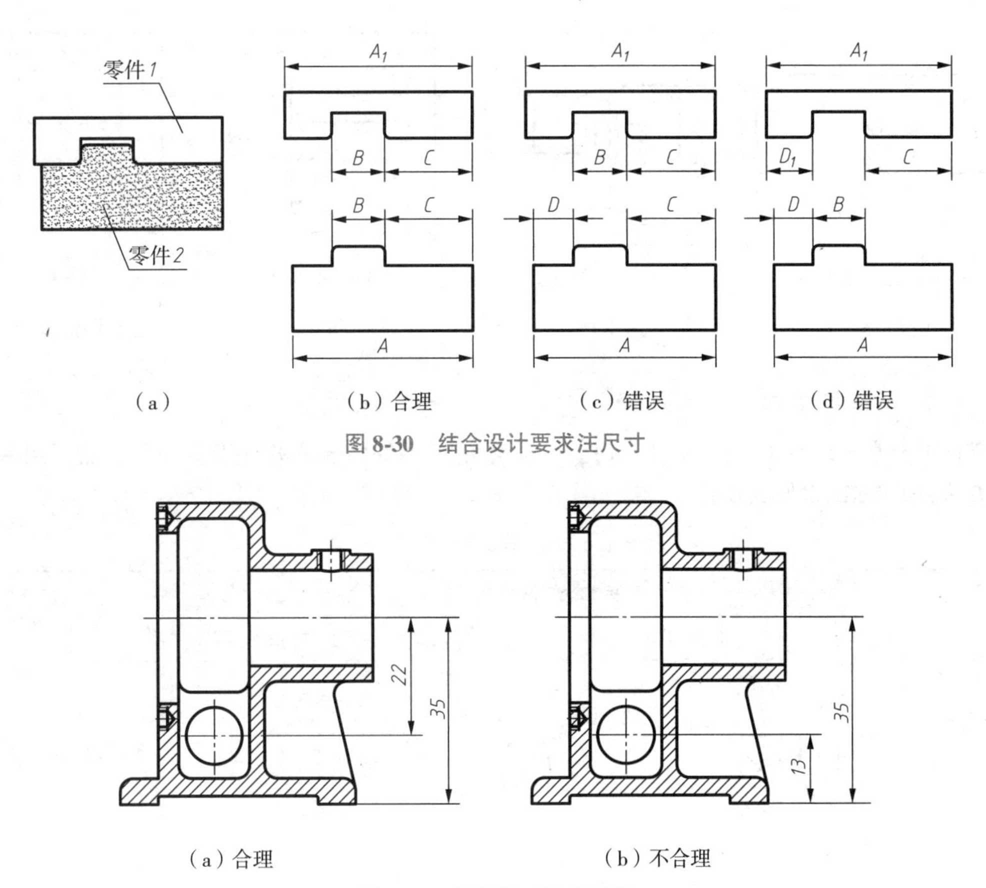

（a）　（b）合理　（c）错误　（d）错误

图 8-30　结合设计要求注尺寸

（a）合理　（b）不合理

图 8-31　主要尺寸标注示例

实上，这样做没有必要，也不合理。通常的处理方法是在尺寸链中选择一个相对不重要的尺寸不标注，形成开环，如图 8-32（b）所示。若要注出这个不重要的尺寸，则将尺寸数值用圆括号括起来，作为参考尺寸对待。

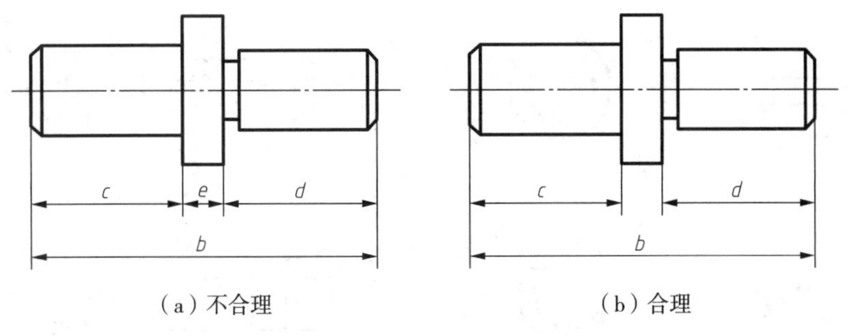

（a）不合理　（b）合理

图 8-32　避免出现封闭的尺寸链

3. 标注尺寸应考虑方便加工看图及尺寸检测

除了功能尺寸外，一般尺寸标注应考虑加工顺序和加工方法。如图 8-33 所示为一阶梯轴的尺寸标注，符合加工顺序，便于加工测量。

在不影响设计要求的情况下，标注时要尽量考虑方便尺寸测量。如图 8-34 所示的套筒，对于各段的长度尺寸标注，图 8-34（a）所示中间尺寸 b 测量比较困难，而改用图 8-34（b）所示标注尺寸 c，则测量方便多了。

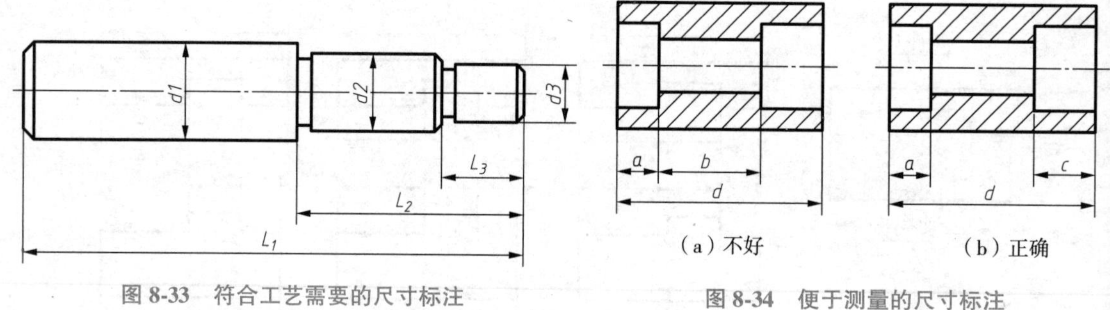

图 8-33　符合工艺需要的尺寸标注

图 8-34　便于测量的尺寸标注

8.4.3　常见典型局部结构的尺寸标注

零件上经常出现诸如光孔、螺孔、沉孔,以及倒角、键槽等局部结构,它们尺寸标注常采用一些习惯的方法,尺寸注法参见表 8-1。

表 8-1　常见局部结构的尺寸标注

结构类型	标注方法			说　明
	旁注法		普通注法	
光孔	4×Ø5↧10	4×Ø5↧10	4×Ø5 10	4 个⌀5 深 10 的孔
螺孔	4×M6-6H↧10 孔↧14	4×M6-6H↧10 孔↧14	4×M6-6H 10 14	4 个 M6-6H 的螺纹孔,螺纹孔深 10,作螺纹前钻孔深 14
柱形沉孔	4×Ø6.4 ⌴Ø12↧3	4×Ø6.4 ⌴Ø12↧3	Ø12 3 4×Ø6.4	4 个⌀6.4 带圆柱形沉头孔,沉孔为直径 12,深 3 的孔
锥形沉孔	4×Ø7 ⌵Ø13×90°	4×Ø7 ⌵Ø13×90°	90° Ø13 4×Ø7	4 个⌀7 带锥形埋头孔,锥孔口直径 13,锥面顶角为 90°
锪形沉孔	4×Ø7 ⌴Ø15	4×Ø7 ⌴Ø15	Ø15 4×Ø7	4 个⌀7 带锪平孔,锪平孔直径为 15。锪平孔不需标注深度,一般锪平到不见毛面为止

续上表

结构类型	标注方法		说明
	旁注法	普通注法	
锥销孔	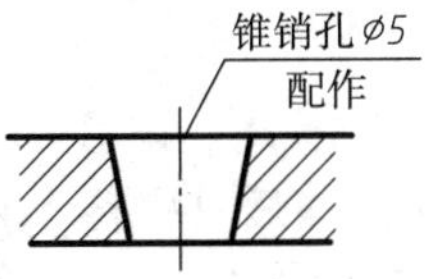 锥销孔 ∅5 配作	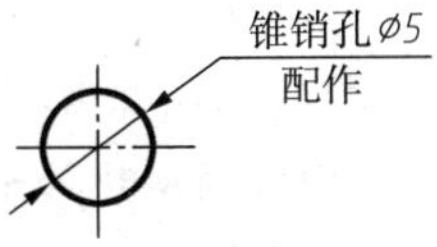 锥销孔 ∅5 配作	∅5 为圆锥销的小头直径
平键键槽	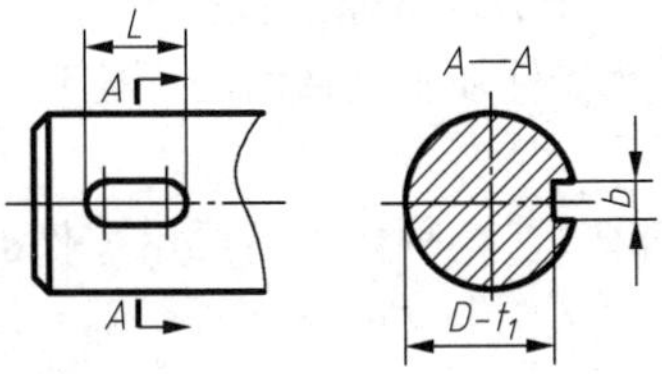 L, A, A—A, b, $D-t_1$	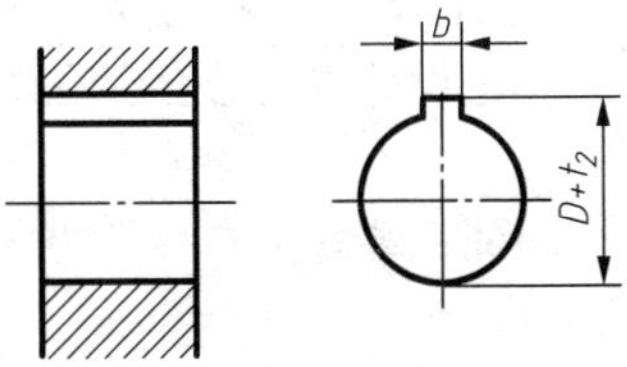 b, $D+t_2$	这样标注便于测量
半圆键键槽	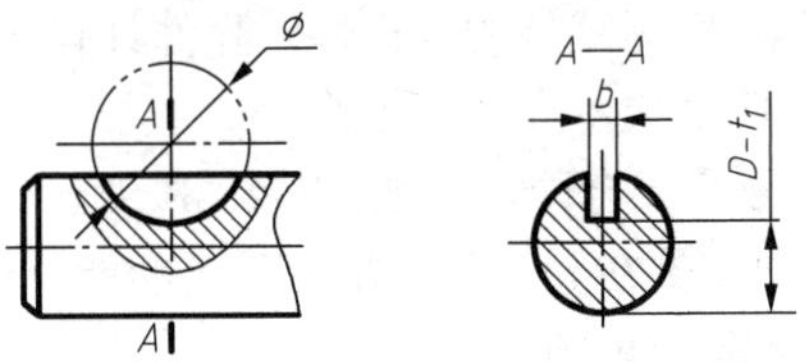 ∅, A	A—A, b, $D-t_1$	这样标注便于选择铣刀(铣刀直径为∅)及测量
退刀槽及越程槽	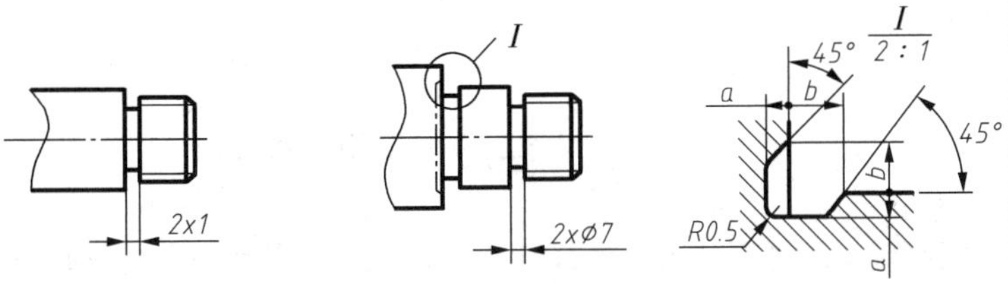 2x1	I, 2x∅7; I 2 : 1, 45°, a, b, 45°, R0.5, b, a	退刀槽一般可以按"槽宽×直径"或"槽宽×槽深"的形式标注，砂轮越程槽一般用局部放大图表示，尺寸从零件手册中查
倒角	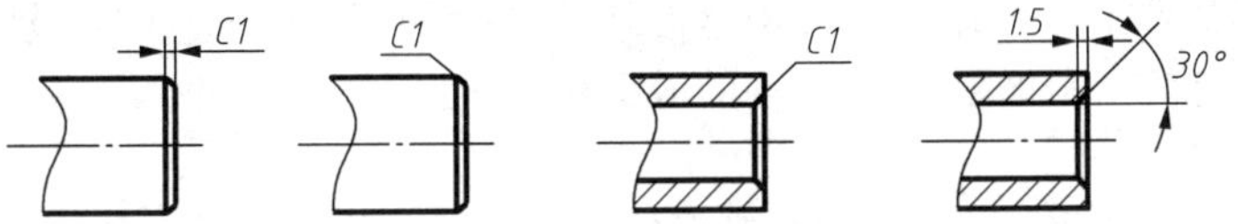 C1, C1	C1; 1.5, 30°	当倒角为45°，可以在倒角距离前加符号"C"；当倒角非45°，则分别标注
中心孔	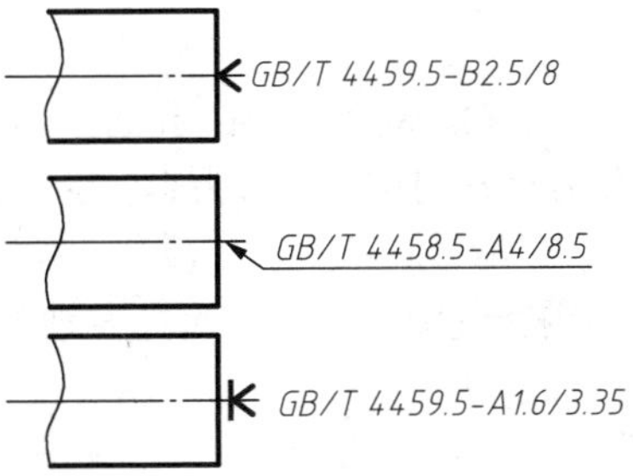 GB/T 4459.5-B2.5/8 GB/T 4458.5-A4/8.5 GB/T 4459.5-A1.6/3.35		上图表示B型中心孔，完工后在零件上保留。 中图表示A型中心孔，完工后在零件上保留与否都可以。 下图表示A型中心孔，完工后在零件上不允许保留

8.5 极限与配合

零件图中除了视图和尺寸外,还应具备加工和检验零件的技术要求。技术要求主要包括零件的表面结构要求、极限与配合、几何公差、材料及材料热处理、零件加工与质量检验要求等项目。这些技术要求,有的用规定的符号和代号直接标注在视图上,有的则以简明的文字注写在图样下方的空白处。

极限与配合是一项重要的技术要求,它的提出基于以下三个方面的原因:

(1)实际形成的零件与理论设计之间总会存在误差,因此零件加工制造时必须给尺寸一个允许变动的范围。

(2)组装成产品的零件之间在装配中有一定的松紧配合要求,这种要求需要由零件的尺寸偏差来满足。

(3)零件互换性的要求。产品装配时,在同种规格的零件中任取其中一个,不经挑选和修配,就能装到机器中去,并满足机器性能的要求,即为零件的互换性。零件具有互换性,不仅能组织大规模的专业化生产,而且可以提高产品质量、降低成本和便于维修。

为此,制定了 GB/T 1800. 1-2020 极限与配合国家标准,以及 GB/T 4458. 5-2003 尺寸公差与配合注法。在设计中选择极限与配合时,要使零件在制造与装配中满足功能要求的前提下,既经济合理、又便于制造,这样所确定的极限与配合才是合理的。

8.5.1 极限与尺寸公差

1. 相关术语介绍

为了有效标注尺寸公差,这里参考图 8-35 所示尺寸示例介绍相关术语。

(1)公称尺寸

公称尺寸是由图样规范确定的理想形状要素的尺寸。公称尺寸可以是一个整数或一个小数值,一般根据零件结构和工艺要求,通过设计计算或经验来确定。

(2)极限尺寸

制造时允许尺寸变动的两个极限值,当实际测量得到尺寸数值位于规定的这两个极限尺寸之间即为合格。允许的最大尺寸称为上极限尺寸,允许的最小尺寸称为下极限尺寸。

(3)极限偏差

极限尺寸减去公称尺寸所得到的代数差即为极限偏差。上极限尺寸和下极限尺寸减其公称尺寸所得的代数差分别称为上极限偏差和下极限偏差。

上极限偏差=上极限尺寸-公称尺寸

下极限偏差=下极限尺寸-公称尺寸

极限偏差数值可以是正值、负值或零。图家技术标准规定:孔的上、下极限偏差代号分别用大写字母 ES 和 EI 表示;轴的上、下极限偏差代号分别用小写字母为 es 和 ei 表示。

(4)尺寸公差

尺寸公差是允许的尺寸变动量,即上极限尺寸减下极限尺寸之差或上极限偏差减下极限偏差之差。尺寸公差是一个没有符号的绝对值。

(5)零线

在极限与配合的图示中,存在一表示公称尺寸的直线,并以其为基准确定偏差的位置。通常,零线沿水平方向绘制,如图 8-35 所示。

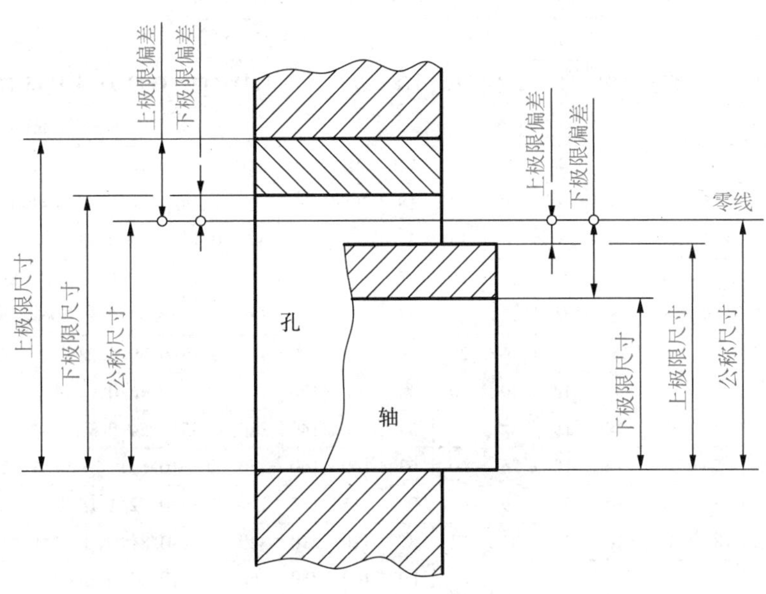

图 8-35　极限术语图例

(6)公差带

公差带是表示公差大小和相对零线位置的一个区域。为简化起见,由代表上极限偏差和下极限偏差的两条直线围成的矩形框图来表示,如图 8-36 所示。公差带由以下两个要素组成:“公差带大小”与“公差带位置”。前者指公差在零线垂直方向的高度,后者指公差带在沿零线垂直方向的坐标位置。

(7)标准公差

国家标准 GB/T 1800. 1—2020 极限与配合制中所规定的任一公差,称为标准公差。标准公差的具体数值由公称尺寸和公差等级来确定。标准公差等级用于确定尺寸精确程度,其代号用符号 IT 和数字表示。标准公差等级顺次划分为 IT01,IT0,IT1,…,IT18 共 20 个等级,其中字母 IT 表示标准公差,数值表示公差等级。IT01 公差值最小,精度最高;IT18 公差值最大,精度最低。同一公差等级对应所有公称尺寸的一组公差被认为具有同等精度。

在一般机器的配合尺寸中,孔用 IT6~IT12 级,轴用 IT5~IT12 级。在保证产品质量的条件下,应选用较低的公差等级,以降低成本。标准公差的数值取决于公差等级和公称尺寸,表 8-2 中列出了公称尺寸至 500 mm、公差等级由 IT1 至 IT18 级的标准公差数值。

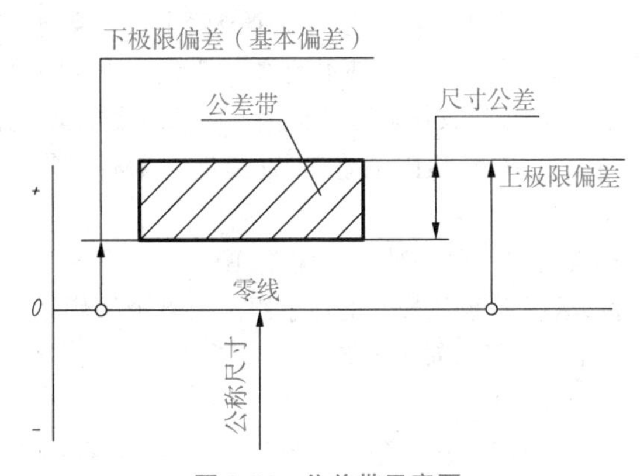

图 8-36　公差带示意图

表 8-2 标准公差数值(GB/T 1800.2—2020)

公称尺寸/mm		标准公差等级																	
		IT1	IT2	IT3	IT4	IT5	IT6	IT7	IT8	IT9	IT10	IT11	IT12	IT13	IT14	IT15	IT16	IT17	IT18
大于	至	μm											mm						
—	3	0.8	1.2	2	3	4	6	10	14	25	40	60	0.1	0.14	0.25	0.4	0.6	1	1.4
3	6	1	1.5	2.5	4	5	8	12	18	30	48	75	0.120	0.18	0.3	0.48	0.75	1.2	1.8
6	10	1	1.5	2.5	4	6	9	15	22	36	58	90	0.15	0.22	0.36	0.58	0.9	1.5	2.2
10	18	1.2	2	3	5	8	11	18	27	43	70	110	0.18	0.27	0.43	0.7	1.1	1.8	2.7
18	30	1.5	2.5	4	6	9	13	21	33	52	84	130	0.21	0.33	0.52	0.84	1.3	2.1	3.3
30	50	1.5	2.5	4	7	11	16	25	39	62	100	160	0.25	0.39	0.62	1	1.5	2.5	3.9
50	80	2	3	5	8	13	19	30	46	74	120	190	0.3	0.46	0.74	1.2	1.9	3	4.6
80	120	2.5	4	6	10	15	22	35	54	87	140	220	0.35	0.54	0.87	1.4	2.2	3.5	5.4
120	180	3.5	5	8	12	18	25	40	63	100	160	250	0.4	0.63	1	1.6	2.5	4	6.3
180	250	4.5	7	10	14	20	29	46	72	115	185	290	0.46	0.72	1.15	1.85	2.9	4.6	7.2
250	315	6	8	12	16	23	32	52	81	130	210	320	0.52	0.81	1.3	2.1	3.2	5.2	8.1
315	400	7	9	13	18	25	36	57	89	140	230	360	0.57	0.89	1.4	2.3	3.6	5.7	8.9
400	500	8	10	15	20	27	40	63	97	155	250	400	0.63	0.97	1.55	2.5	4	6.3	9.7

(8)基本偏差

在极限与配合制中,确定公差带相对零线位置的那个极限偏差称为基本偏差。它可以是上极限偏差,也可以是下极限偏差,一般为靠近零线的那个极限偏差。当公差带在零线上方时,基本偏差为下偏差;当公差带在零线下方时,基本偏差为上偏差,如图 8-37 所示。

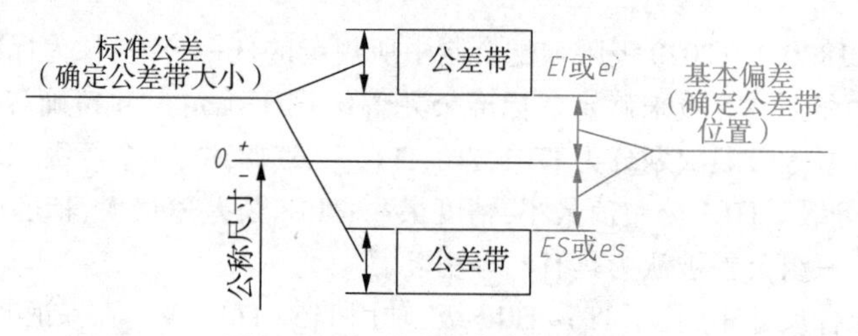

图 8-37 标准公差与基本偏差

国家标准 GB/T 1800.1—2020 极限与配合制中,对孔和轴各规定了 28 种不同状态的基本偏差。每一种基本偏差用一个基本偏差代号表示。代号为一个或两个拉丁字母,对孔用大写字母 A,…,ZC 表示;对轴用小写字母 a,…,zc 表示。这 28 种基本偏差形成系列,如图 8-38 所示。

除 H、h 外,同一种基本偏差代号的具体偏差数值因基本尺寸数值不同而不同,并由国家标准作出了详细规定,读者可以通过书后附录“极限偏差表”查阅获得具体数值。

(9)公差带代号

对于一个公称尺寸,取标准规定中的一种基本偏差,配上某一级标准公差,即形成一个公差带。用基本偏差代号的字母和标准公差等级代号中的数字组成公差带的代号,并以此来表示尺寸的公差带。如 H9、F8 等为孔公差带;h7、f7 等为轴公差带。

2. 零件图上公差标注

在零件图中标注线性尺寸公差的方法有很多,世界各国常用的有标注公差带代号、标注极限偏差、同时标注公差带代号和极限偏差以及标注极限尺寸等四种形式。其中标注极限尺寸的形式主要为美国、加拿大等国所采用,其余三种形式为多数国家所采用,我国也主要采用前三种形式。

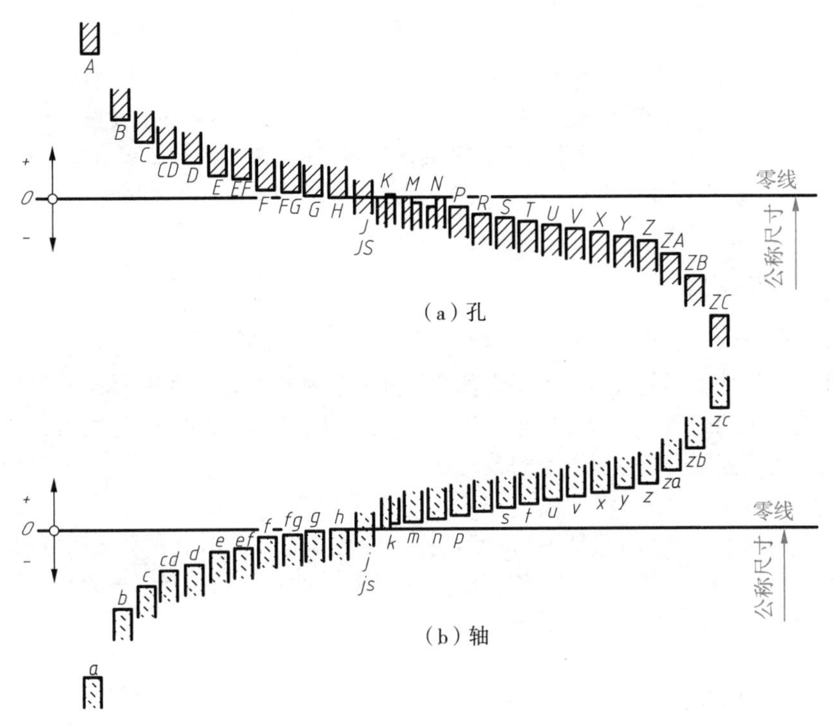

图 8-38　基本偏差系列

(1)标注公差带代号

对于采用标准公差的尺寸,可以直接在公称尺寸后标注公差带代号,即公差带代号写在基本尺寸的右边,如图 8-39 所示。标注公差带代号对公差等级的概念都比较明确,在图样中标注也简单。但缺点是具体的尺寸极限偏差不能直接看出,需要根据代号查阅基本偏差数值表。

(2)标注极限偏差

标注极限偏差的方法,直接把上、下极限偏差数值(以毫米为单位)标注在公称尺寸后面,是我国常用的一种方法,尺寸的实际大小比较直观明确。标注时,上极限偏差应注在公称尺寸的右上方,下极限偏差应与公称尺寸注在同一底线上,上下极限偏差的字号应比公称尺寸的数字的字号小一号,如图 8-40 所示。

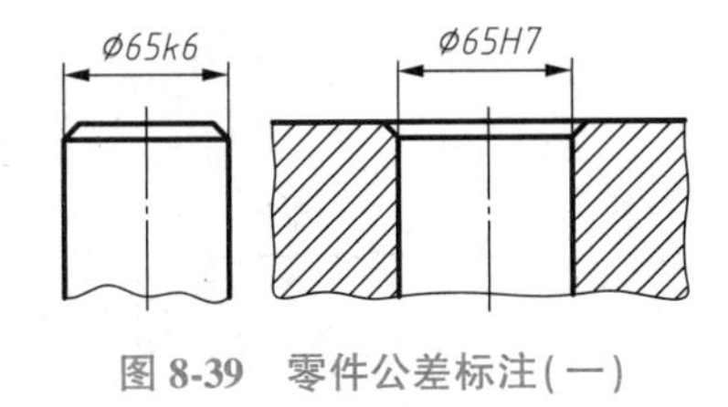

图 8-39　零件公差标注(一)

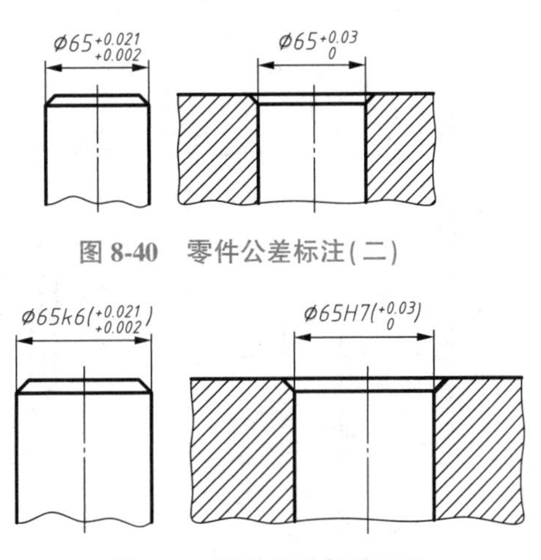

图 8-40　零件公差标注(二)

(3)同时标注公差带代号和极限偏差

同时标注公差带代号和极限偏差,对扩大图样的适应性和保证图样的正确性都有良好的作用。当同时标注公差带代号和相应的极限偏差时,极限偏差写在公差带代号的后方并加圆括号,如图 8-41 所示。

图 8-41　零件公差标注(三)

注意：

当标注极限偏差时，上下极限偏差的小数点必须对齐，小数点后的最后一位数若为“0”，一般不予注出；当上极限偏差或下极限偏差数值为“零”时，用数值“0”标出，并与下极限偏差或上极限偏差的小数点前的个位数对齐；当公差带相对于零线对称配置，即上下极限偏差的绝对值相同，偏差数字可注写一次，并在偏差数字与公称尺寸之间注出符号“±”，且两者数字字高相同。

8.5.2 配合与配合制

1. 配合

配合是指公称尺寸相同的并且相互结合的孔和轴的公差带之间的关系，体现孔轴相结合的松紧程度。孔的尺寸减去相配合轴的尺寸之差为正时是间隙，为负时是过盈。根据机器的设计和工艺要求，配合分为三类：间隙配合、过盈配合、过渡配合。

(1)间隙配合

保证具有间隙(包括最小间隙是零)的配合称为间隙配合。此时孔的公差带在轴的公差带之上，即孔的实际尺寸大于(或等于)轴的实际尺寸，如图8-42所示。当相互配合的两个零件需要相对运动或者无相对运动但要求拆卸非常方便时，采用间隙配合。

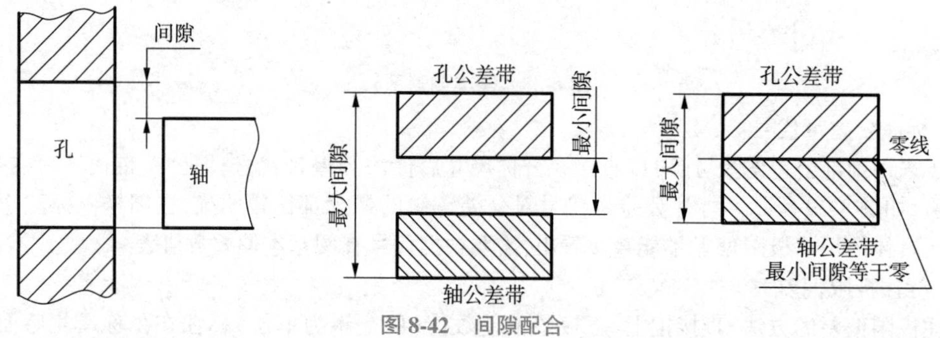

图8-42 间隙配合

(2)过盈配合

保证具有过盈(包括最小过盈是零)的配合称为过盈配合。此时孔的公差带在轴的公差带之下，即孔的实际尺寸小于(或等于)轴的实际尺寸，如图8-43所示。当相互配合的两个零件要求牢固连接、保持相对静止或者传递动力时，采用过盈配合。

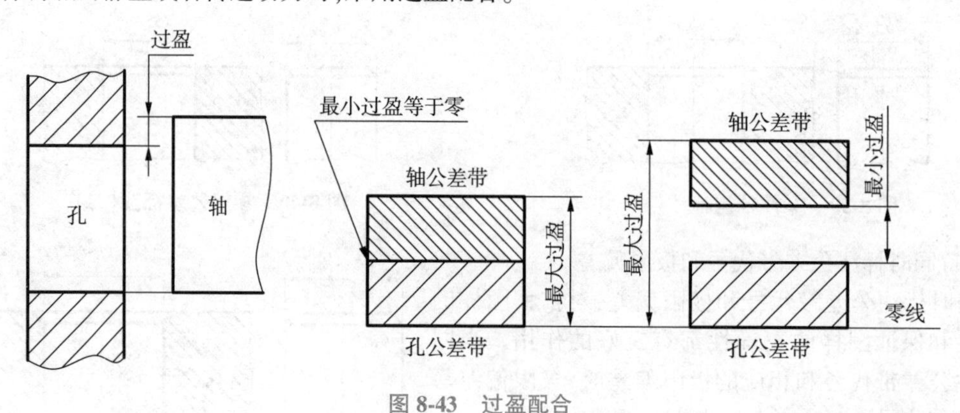

图8-43 过盈配合

(3)过渡配合

可能具有间隙或过盈的配合称为过渡配合。此时孔的公差带与轴的公差带相互交叠，即孔的实际尺寸可能是大于或小于或等于轴的实际尺寸，如图 8-44 所示。当相互配合的两个零件不允许有相对运动、轴孔对中性好，但又需拆卸时，采用过渡配合。

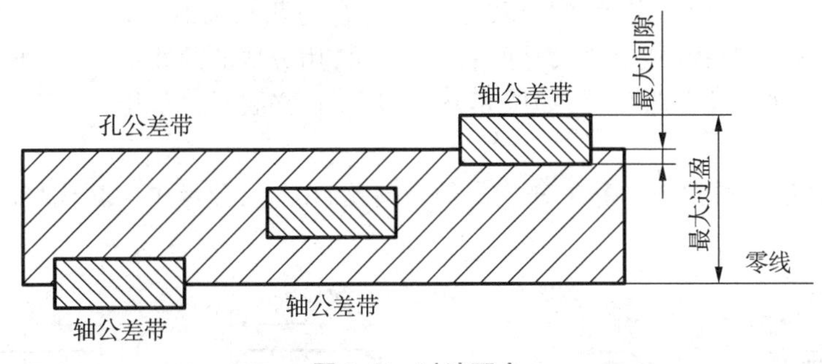

图 8-44 过渡配合

2. 配合制

同一极限制的孔和轴组成的一种配合制度，称为配合制。即在制造相互配合的零件时，使其中一种零件作为基准件，它的基本偏差固定，通过改变另一种零件的偏差来获得不同性质的配合。这样统一基准件的极限偏差，可以达到减少定位刀具和量具规格的数量。为了满足实际生产需要，国家标准规定了两种配合制：即基孔制配合和基轴制配合。一般优先选用基孔制配合。

(1) 基孔制配合

基本偏差为一定的孔的公差带，与不同基本偏差的轴的公差带形成各种配合的一种制度，称为基孔制配合，如图 8-45(a) 所示。在基孔制配合中，国家标准规定孔的下极限尺寸等于公称尺寸，即孔的下极限偏差为零。

基孔制配合的孔称为基准孔，其基本偏差代号为 H。在基孔制配合中的轴的基本偏差从 a 到 h 用于间隙配合，从 j 到 zc 用于过渡配合和过盈配合。

(2) 基轴制配合

基本偏差为一定的轴的公差带，与不同基本偏差的孔公差带形成各种配合的制度，称为基轴制配合，如图 8-45(b) 所示。国家标准规定轴的上极限尺寸等于公称尺寸，即轴的上极限偏差为零。

基轴制配合的轴为基准轴，其基本偏差代号为 h。在基轴制配合中的孔的基本偏差为 A～H 时用于间隙配合，从 J 到 ZC 用于过渡配合和过盈配合。

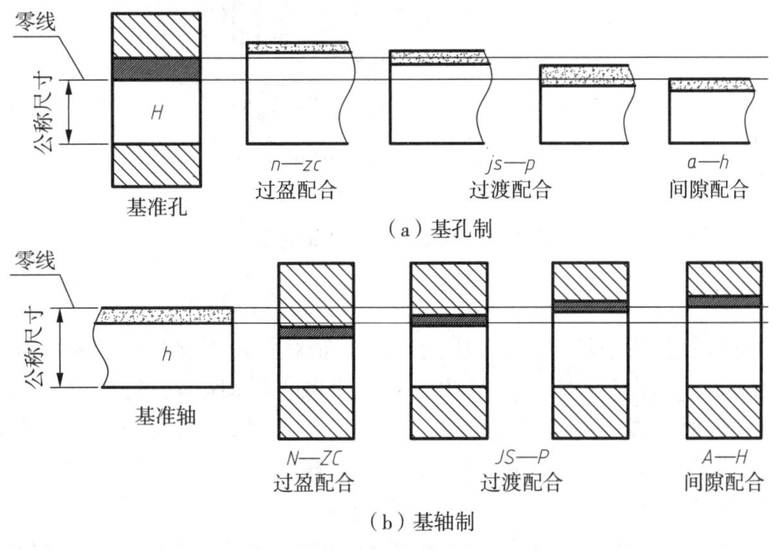

图 8-45 配合制

3. 配合在图样中的标注

(1)一般孔轴配合标注

配合关系可采用配合代号表示,配合代号由相配合的孔和轴的公差带代号组合而成。规定装配图中标注配合代号时,须在公称尺寸的右边(后面)用分数的形式注出,分子位置注孔的公差带代号,分母位置注轴的公差带代号,如图 8-46(a)所示。必要时也可用斜线隔开两公差带代号,如图 8-46(b)所示。

在孔轴配合标注中,通常分子中含 H 代号的为基孔制配合,分母中含 h 代号的为基轴制配合,如图 8-47 所示。

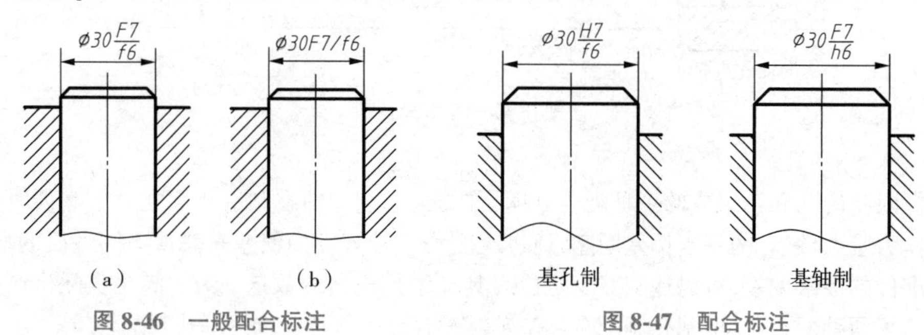

图 8-46 一般配合标注　　图 8-47 配合标注

(2)与标准件配合的配合标注

当标准件与自制的零件配合时,由于标准件的公差已由有关的标准所规定,例如滚动轴承、键等,为了简明起见,在图样中标注其配合时,仅标注自制的相配件的公差带代号,而不标注标准件的公差带。如图 8-48 所示,图中轴承内圈与轴配合为基孔制,仅标注轴的公差带 k6;图中轴承外圈与座孔配合为基轴制,仅标注座孔的公差带 J7。

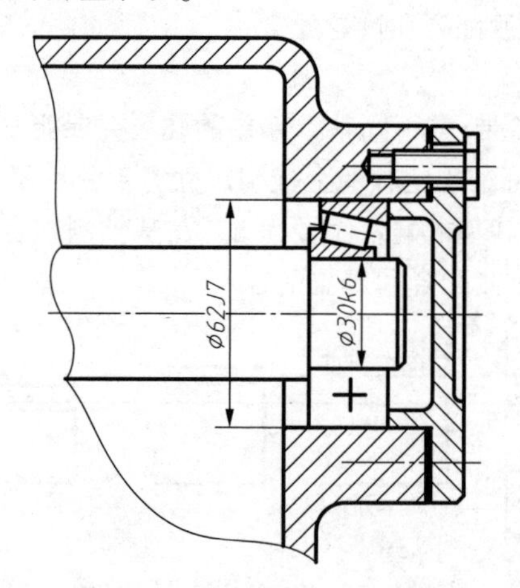

图 8-48 与滚动轴承的配合标注

8.5.3 一般公差

构成零件的所有要素总是具有一定的尺寸和几何形状。由于尺寸误差和几何特征(形状、方向、位置)误差的存在,为保证零件的使用功能就必须对它们加以限制,超出限制将会损害其功能。因此。零件在图样上表达的所有要素都有一定的公差要求,即对于没有在图样上直接给出公差的尺寸,并不是没有精度要求。事实上,为了全面保证产品质量,对于零件上的较低精度的非配合尺寸同样需要控制误差、规定公差。这种公差称为一般公差。一般公差是指在车间普通工艺条件下,机床设备可保证的公差,在正常维护和操作情况下,它代表车间通常的加工精度。

国家标准 GB/T 1804—2000《一般公差 未注公差的线性和角度尺寸的公差》对一般公差进行了规定。线性尺寸的一般公差主要用于低精度的非配合尺寸。采用一般公差的尺寸在正常车间精度保证的条件下,一般可不检验。采用一般公差的尺寸,在该尺寸后不需注出其极限偏差数值(这种不直接标注的公差又称未注公差)。

一般公差分精密(f)、中等(m)、粗糙(c)、最粗(v)4 个公差等级,极限偏差对称分布。表 8-3 为线性尺寸一般公差的极限偏差数值。

表 8-3 线性尺寸一般公差的极限偏差数值 单位:mm

公差等级	基本尺寸分段							
	0.5~3	>3~6	>6~30	>30~120	>120~400	>400~1 000	>1 000~2 000	>2 000~4 000
精密 f	±0.05	±0.05	±0.1	±0.15	±0.2	±0.3	±0.5	—
中等 m	±0.1	±0.1	±0.2	±0.3	±0.5	±0.8	±1.2	±2
粗糙 c	±0.2	±0.3	±0.5	±0.8	±1.2	±2	±3	±4
最粗 v	—	±0.5	±1	±1.5	±2.5	±4	±6	±8

若采用本标准规定的一般公差,应在技术要求说明、技术文件中注出本标准号及公差等级代号。例如选取中等级时,标注为:尺寸一般公差按 GB/T 1804—m。

8.6 几何公差及其标注

如图 8-49(a)所示的圆柱体,由于加工误差的原因,应该是直线的母线实际加工成了曲线,这就形成了圆柱体母线的形状误差。此外,实际加工直线、平面、圆形等轮廓形状时也会产生偏离理想形状的情况,即形成形状误差。同样,如图 8-49(b)所示的阶梯轴,由于加工误差的原因,出现了两段圆柱体的轴线不在同一直线上的情况,这就形成了轴线的实际位置与理想位置偏离的位置误差。此外,零件上几何要素之间的相互位置,如同心、对称、平行、垂直等关系发生偏离理想位置的情况,即形成了位置误差。显然,如果零件在加工时产生的形状误差或者是位置误差过大,将会影响产品质量和工作性能。为此,根据实际需要,当对零件有较高要求时,必须对这类误差进行限定。

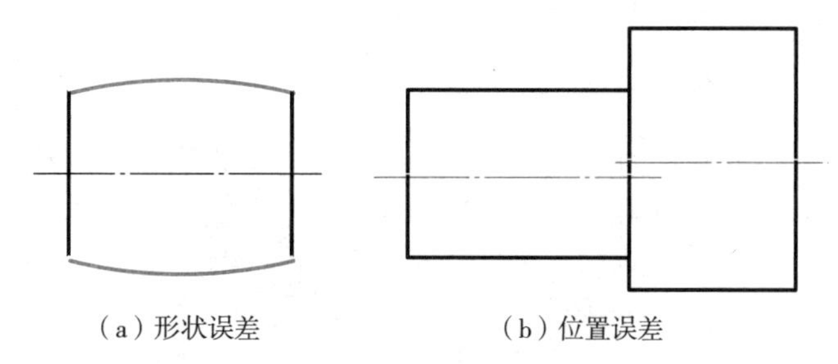

(a)形状误差　(b)位置误差

图 8-49 几何误差

零件的几何特征表现了零件的实际要素对其理想的几何要素的偏离情况,是决定零件功能的因素之一。几何公差是指零件的实际形状、实际方向和实际位置等对理想形状、理想方向和理想位置等的允许变动量。几何公差分为形状公差、位置公差、方向公差和跳动公差。合理确定零件的几何公差才能满足零件的使用性能与装配要求,它同尺寸公差、表面粗糙度一样,是评定零件质量的一项重要指标。这里,根据国家标准 GB/T 1182—2018《产品几何技术规范(GPS)几何公差形状、方向、位置和跳动公差标注》的规定,介绍几何公差概念及其标注方法。

8.6.1 几何公差的符号及相关概念

1. 要素

要素是工件上的特定部位,如点、线或面。这些要素可以是组成要素,如圆柱体的外表面;也可以是导出要素,如中心线或中心面。

2. 被测要素

需要给出几何公差的要素。

3. 基准要素

用来确定被测要素的方向或位置的要素。

4. 公差带

由一个或几个理想的几何线或面所限定的、由线性公差值表示其大小的区域。它限制了被测要素可变动的区域。根据公差的几何特征及其标注方式,公差带的主要形状有:两等距线或两平行线之间的区域,两同心圆之间的区域,一个圆柱面内的区域,一个圆内的区域,两等距面或两平行面之间的区域,两同轴圆柱面之间的区域等。

5. 几何特征符号

几何公差的类别以几何特征符号来表示。几何公差的几何特征符号见表 8-4。

表 8-4 几何公差的几何特征符号

公差类型	几何特征	符号	有无基准
形状公差	直线度	—	无
	平面度	⏥	无
	圆度	○	无
	圆柱度	⌭	无
	线轮廓度	⌒	无
	面轮廓度	⌓	无
方向公差	平行度	//	有
	垂直度	⊥	有
	倾斜度	∠	有
	线轮廓度	⌒	有
	面轮廓度	⌓	有
位置公差	位置度	⌖	有或无
	同心度(用于中心点)	◎	有
	同轴度(用于轴线)	◎	有
	对称度	⌯	有
	线轮廓度	⌒	有
	面轮廓度	⌓	有
跳动公差	圆跳动	↗	有
	全跳动	⌰	有

8.6.2 附加符号及其标注

1. 公差框格

用公差框格标注几何公差时,公差要求注写在划分成两格或多格的矩形框格内。如图 8-50(a)至图 8-50(e)所示,自左至右在框格内顺序标注以下内容:

第一格,标注几何特征符号。

第二格,标注公差值,以线性尺寸单位表示的量值。如果公差带为圆形或圆柱形,公差值前应加注符号“⌀”;如果公差带为圆球形,公差值前应加注符号“S ⌀”;框格中的数字与图中尺寸的数字同高。

第三格及以后各格,标注基准,用一个字母表示单个基准或用几个字母表示基准体系或公共基准。

公差框格图形采用细实线绘制,框格高度为图中文字高度的两倍,一般水平放置。

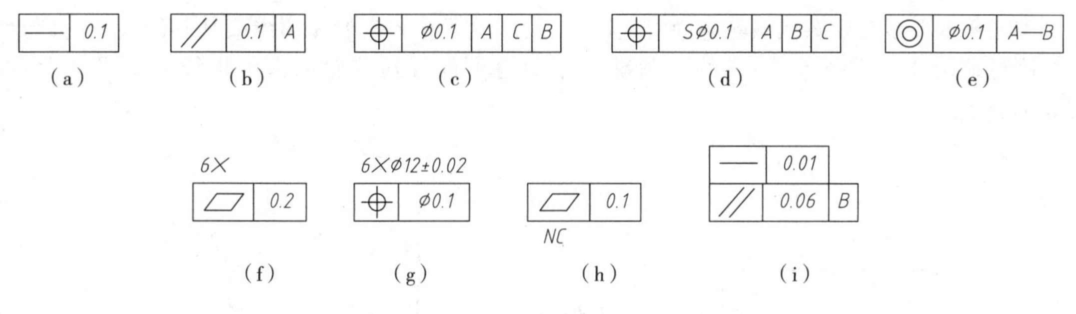

图 8-50 公差框格形式及标注内容

①当某项公差应用于几个相同要素时,应在公差框格的上方被测要素的尺寸之前注明要素的个数,并在两者之间加上符号“x”,如图 8-50(f)和(g)所示。

②如果需要限制被测要素在公差带内的形状,应在公差框格的下方注明。如图 8-50(h)所示中的 NC,NC 表示不凸起。

③如果需要就某个要素给出几种几何特征的公差,可将一个公差框格放在另一个的下面,如图 8-50(i)所示。

2. 被测要素

用指引线连接被测要素和公差框格。指引线引自框格的任意一侧,终端带一箭头。

①被测要素为组成要素,即当公差涉及轮廓线或轮廓面时,箭头指向该要素的轮廓线或其延长线,并且应与尺寸线明显错开,如图 8-51(a)、图 8-51(b)所示;箭头也可指向引出线的水平线,引出线引自被测面,如图 8-51(c)所示。

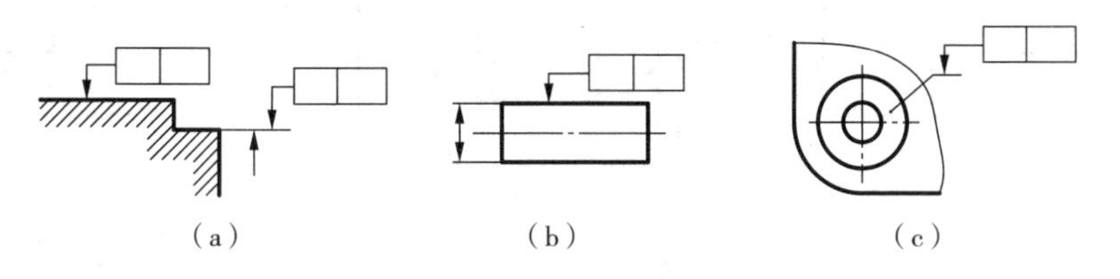

图 8-51 被测要素的标注(一)

②被测要素为导出要素,即当公差涉及要素的中心线、中心面或中心点时,指引线箭头应位于相应尺寸线的延长线上,如图 8-52 所示。

3. 基准要素

基准要素通过基准符号来表现。基准符号包括基准方框及与一个涂黑的或空白的基准三角形相连所构成,涂黑的或空白的基准三角形含义相同。基准符号采用细实线绘制,基准方框画为 2 倍字高的正方形,如图 8-53 所示。

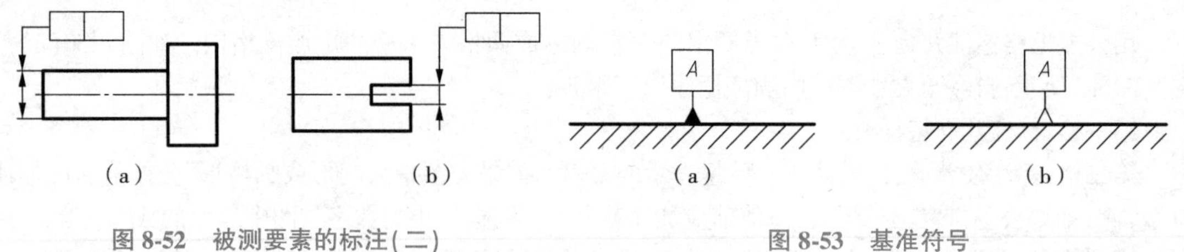

图 8-52　被测要素的标注(二)　　图 8-53　基准符号

与被测要素相关的基准用一个大写字母表示。字母须标注在基准方框内,同时表示基准的字母还应标注在公差框格第三格及后续框格内。

①当基准要素是轮廓线或轮廓面时,基准三角形放置在要素的轮廓线或其延长线上,且与尺寸线明显地错开,如图 8-54(a)所示;基准三角形也可放置在该轮廓面引出线的水平线上,如图 8-54(b)所示。

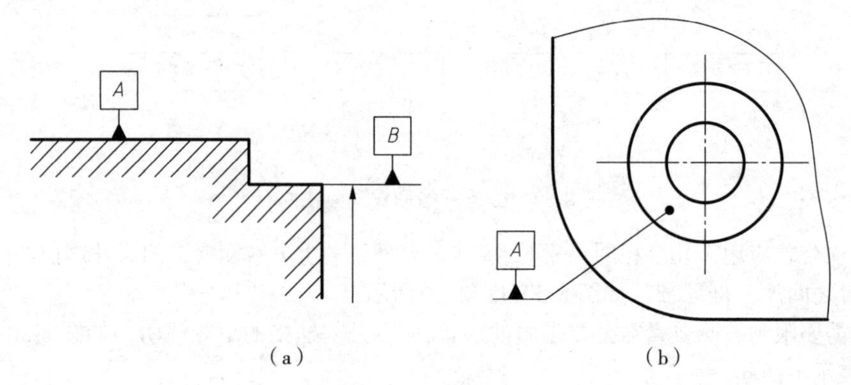

图 8-54　基准的标注(一)

②当基准是尺寸要素确定的轴线、中心平面或中心点时,基准三角形应放置在该尺寸线的延长线上,如图 8-55 所示。如果没有足够的位置标注基准要素尺寸的两个箭头,则其中一个箭头可用基准三角形代替,如图 8-55(b)和图 8-55(c)所示。

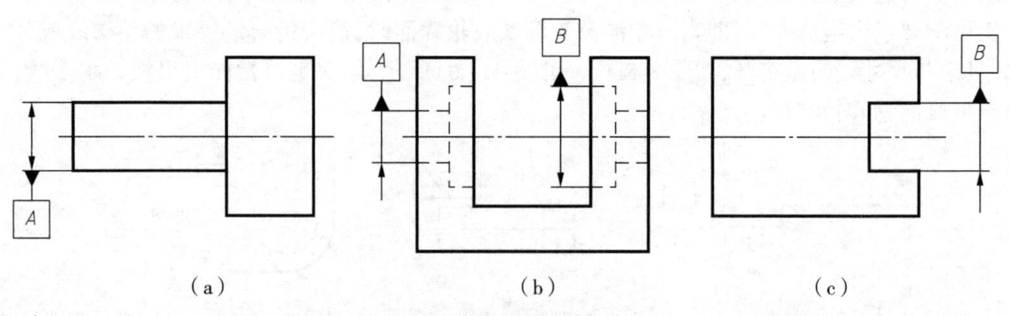

图 8-55　基准的标注(二)

③如果只以要素的某一局部作基准,则应用粗点画线表示出该部分并加注尺寸,如图 8-56 所示。

④以单个要素作基准时,在公差框格内用一个大写字母表示,如图 8-57(a)所示。以两个要素建立公共基准时,用中间加连字符的两个大写字母表示,如图 8-57(b)所示。以两个或三个基准建立基准体系(即采用多基准)时,表示基准的大写字母按基准的优先顺序自左至右填写在各框格内,如图 8-57(c)所示。

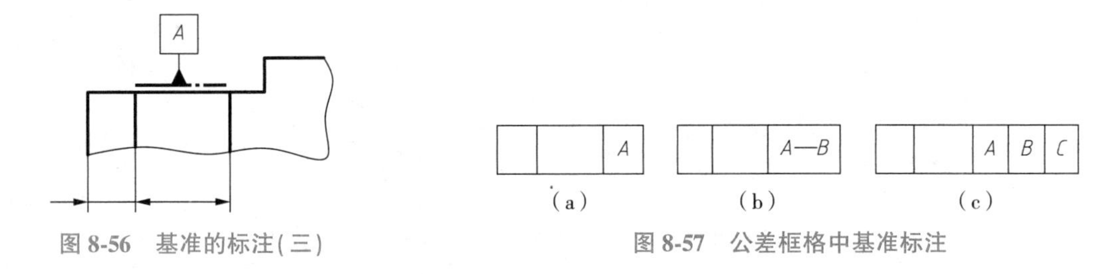

图 8-56　基准的标注(三)

图 8-57　公差框格中基准标注

8.6.3　几何公差标注示例

在图样上标注几何公差，首先根据对应零件的功能要求及结构特点，确定被测要素和公差类别，考虑是否需要基准要素，选定对应的几何特征符号。其次选定公差等级，查表给出公差值，还需要考虑公差带的形状，最后在图样上进行完整的标注。具体包括在恰当位置绘出公差框格，用带箭头的指引线将框格与被测要素相连；如果需要则绘制出基准符号，标注基准字母；在框格内填写几何特征符号、公差值及基准字母。注意字母大写，一律水平书写。

这里参考国家标准，给出部分的几何公差标注示例，可参考其标注形式并理解对应标注的意义。

1. 形状公差标注

(1) 直线度

图 8-58(a)为直线度公差标注示例，表示外圆柱面的提取(实际)中心线应限定在以理论中心线为轴线，直径等于∅0.08 的圆柱面内，即公差带是直径为∅t 的圆柱面所限定的区域，如图 8-58(b)所示。

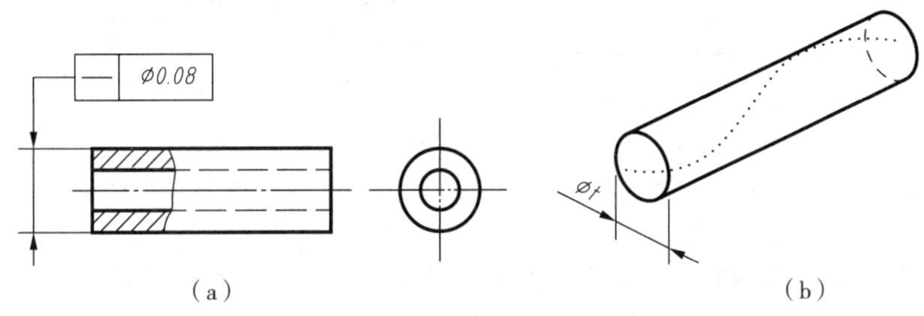

图 8-58　直线度公差标注

(2) 平面度

图 8-59(a)为平面度公差标注示例，表示提取(实际)表面应限定在间距等于 0.08 的两平行平面之间，即公差带是间距等于公差值 t 的两平行平面所限定的区域，如图 8-59(b)所示。

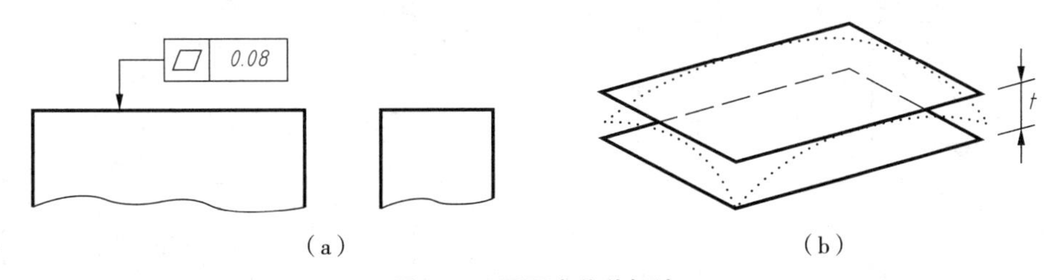

图 8-59　平面度公差标注

(3) 圆度

图 8-60(a)为圆度公差标注示例，表示在圆锥面任意横截面内，提取(实际)圆周应限定在半径差等于 0.1 的两同心圆之间，即公差带为在给定的横截面内，半径差等于公差值 t 的两同心圆所限定的区域，如图 8-60(b)所示。

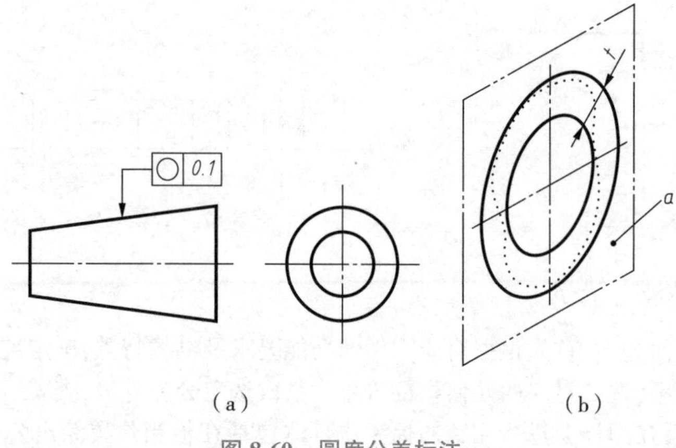

（a）　　　　（b）

图 8-60　圆度公差标注

(4)圆柱度

图 8-61(a)为圆柱度公差标注示例,表示提取(实际)的圆柱面应限定在半径差等于 0.1 的两同轴圆柱面之间,即公差带为半径差等于公差值 t 的两同轴圆柱面所限定的区域,如图 8-61(b)所示。

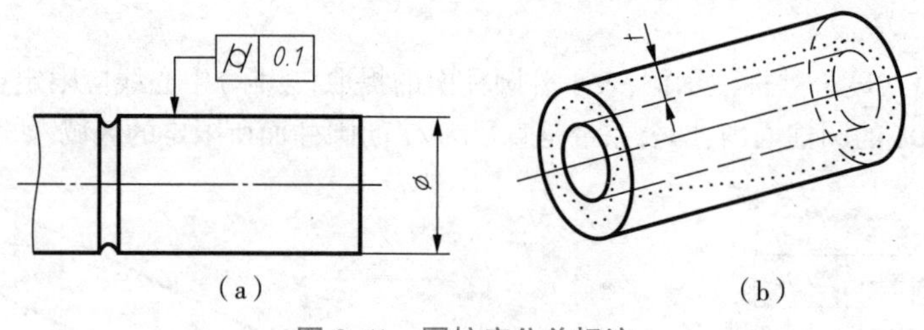

（a）　　　　（b）

图 8-61　圆柱度公差标注

2. 方向公差标注

(1)平行度

图 8-62(a)为线对基准面的平行度公差标注示例,表示提取(实际)的中心线应限定在平行于基准面 B、间距等于 0.1 的两平行平面之间,即公差带为平行于基准面、间距等于公差值 t 的两平行平面所限定的区域,如图 8-62(b)所示。

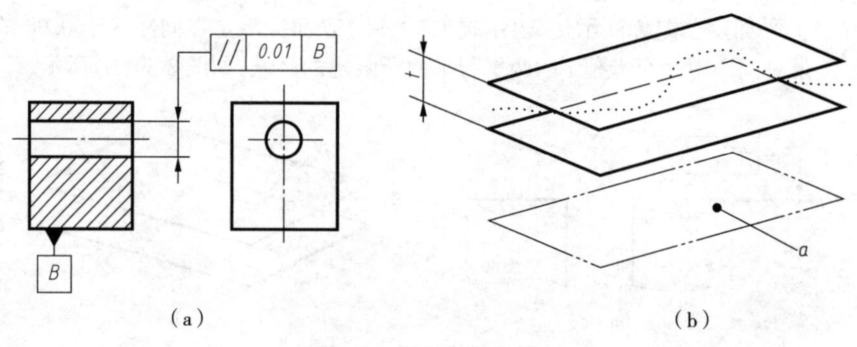

（a）　　　　（b）

图 8-62　平行度公差标注

(2)垂直度

图 8-63(a)为面对基准面的垂直度公差标注示例,表示提取(实际)表面应限定在垂直于基准面 A、间距等于 0.08 的两平行平面之间,即公差带为间距等于公差值 t、垂直于基准面的两平行平面所限定的区域,如图 8-63(b)所示。

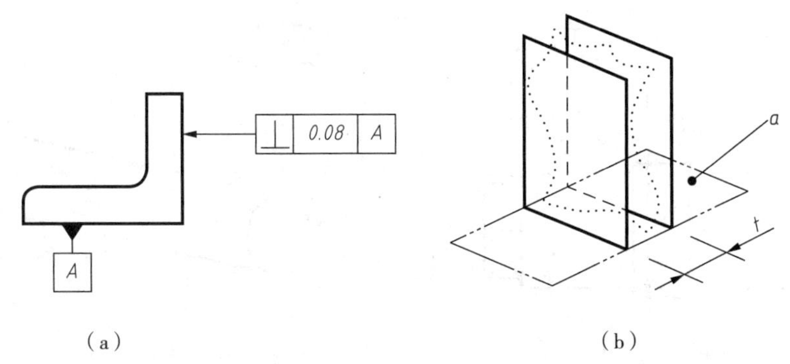

图 8-63 垂直度公差标注

3. 位置公差标注

(1)位置度

图 8-64(a)为线的位置度公差标注示例,表示提取(实际)中心线应限定在直径等于⌀0.08 圆柱面内,该圆柱面的轴线的位置应处于由基准面 *C*、*A*、*B* 及理论正确尺寸 100、68 确定的理论正确位置上,即公差带为直径等于公差值⌀t 的圆柱面所限定的区域,而该圆柱面的轴线的位置由基准面 *C*、*A*、*B* 及理论正确尺寸确定,如图 8-64(b)所示。

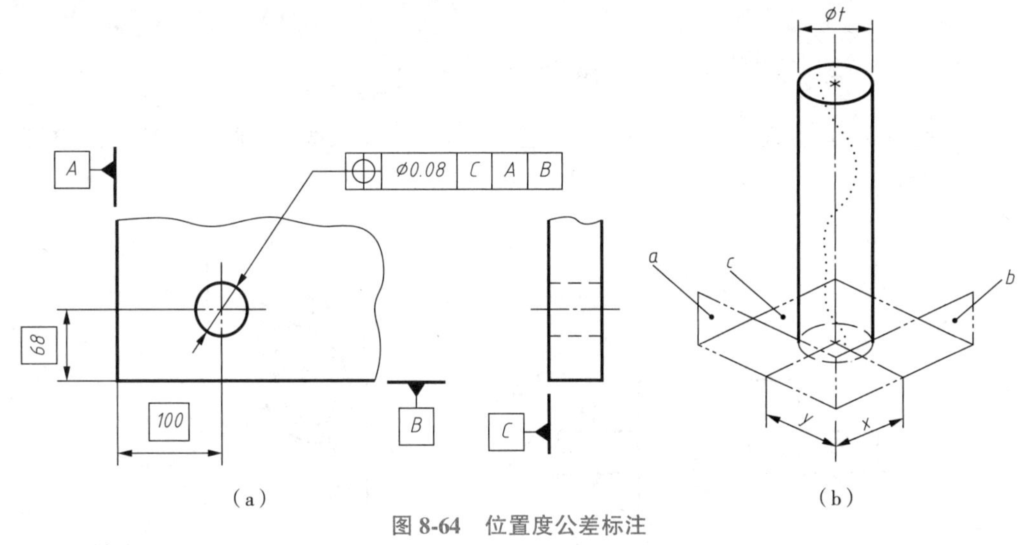

图 8-64 位置度公差标注

(2)同轴度

图 8-65(a)为轴线的同轴度公差标注示例,表示大圆柱面的提取(实际)中心线应限定在直径等于⌀0.08、以公共基准轴线 *A*—*B* 为轴线的圆柱面内,即公差带为直径等于公差值⌀t 的圆柱面所限定的区域,而该圆柱面的轴线与基准轴线重合,如图 8-65(b)所示。

(3)对称度

图 8-66(a)为对称度公差标注示例,表示提取(实际)中心面应限定在间距等于 0.08、对称于基准中心平面 *A* 的两平行平面之间,即公差带为间距等于公差值 t,对称于基准中心平面 *A* 的两平行平面所限定的区域,如图 8-66(b)所示。

4. 跳动公差标注

(1)圆跳动

图 8-67(a)为径向圆跳动公差标注示例,表示在任意一个垂直于公共轴线 *A*—*B* 的横截面内,提取(实际)圆应限定在半径差等于 0.1、圆心在基准轴线 *A*—*B* 上的两同心圆之间,即公差带为任意一

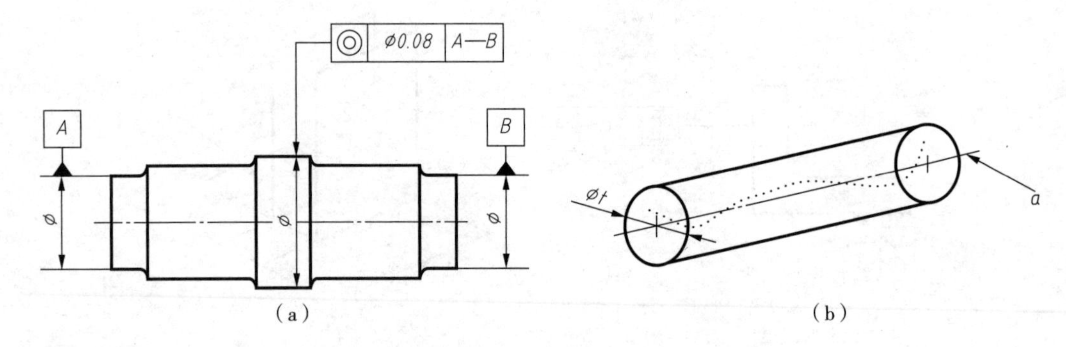

图 8-65　同轴度公差标注

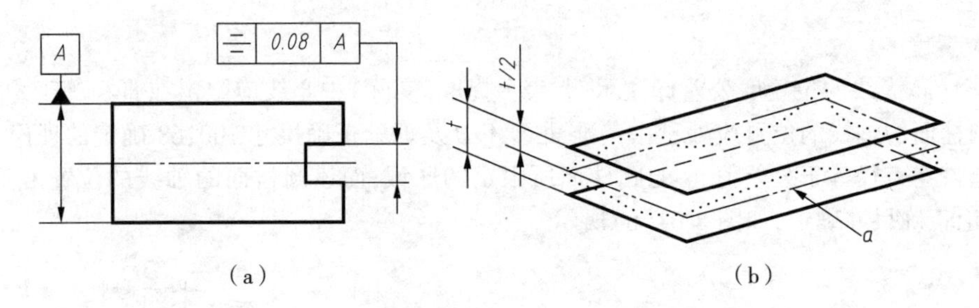

图 8-66　对称度公差标注

个垂直于基准轴线的横截面内,半径差等于公差值 t、圆心在基准轴线上的两同心圆所限定的区域,如图 8-67(b)所示。

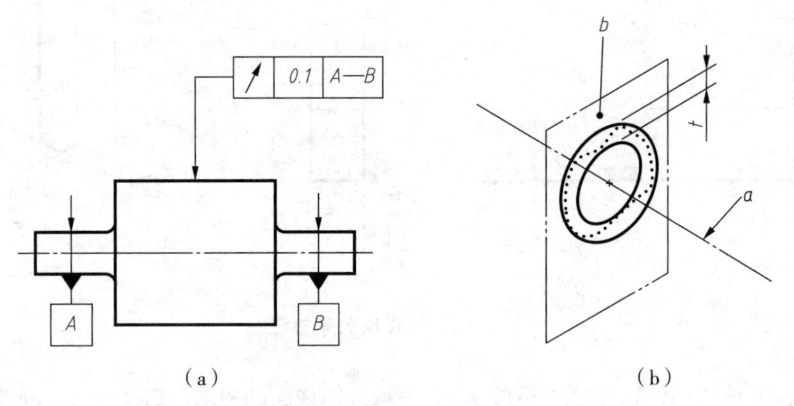

图 8-67　圆跳动公差标注

(2)全跳动

图 8-68(a)为轴向全跳动公差标注示例,表示提取(实际)表面应限定在间距等于 0.1 mm、垂直于基准轴线 D 的两平行平面之间,即公差带为间距等于公差值 t,垂直于基准轴线的两平行平面所限定的区域,如图 8-68(b)所示。

对于几何公差,一般零件的大部分要素遵循未注公差值的要求,不需在图样上注出。未注公差值符合一般工厂的常用精度等级,是常用设备在一般技术条件下能保证的精度。

国家标准 GB/T 1184—1996 对部分特征项目的未注公差值作了规定,将公差值划分为高(H)、中(K)、低(L)三个等级。若采用本标准规定的未注公差值,应在标题栏附近或在技术要求、技术文件中注出标准号及公差等级代号,如 GB/T 1184—K。

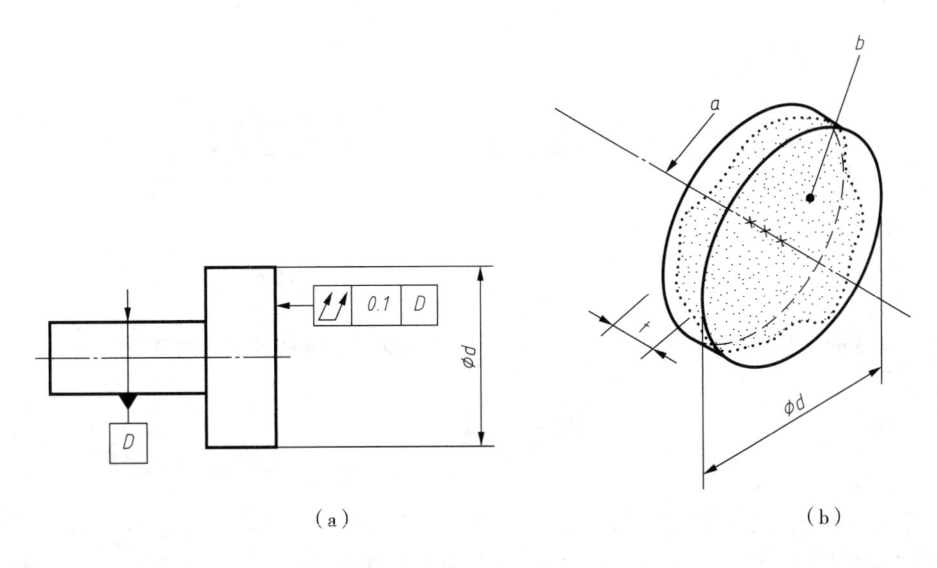

(a)　　(b)

图 8-68　全跳动公差标注

8.7　零件表面结构的表示法

零件图中除了图形和尺寸外，还需要有制造该零件时应满足的一些加工要求。这里讨论根据功能需求对零件的表面质量，即表面结构给出要求。表面结构的要求在图样上的表示法在 GB/T 131-2006《产品几何技术规范(GPS)技术产品文件中表面结构的表示法》中做了具体规定。零件在加工制造过程中，由于受到各种因素的影响，其表面将呈现各种类型的不规则状态，形成工件的几何特性，表现为尺寸误差、形状误差、粗糙度和波纹度等。粗糙度和波纹度都属于微观几何误差，它们严重影响产品的质量和使用寿命，在技术产品文件中必须对微观表面特征提出要求。

8.7.1　表面结构基本概念

零件经过机械加工后的表面，存在微观的高低不平的凸峰和凹谷，零件加工表面上具有的较小间距和峰谷所组成的微观几何形状特性称为表面粗糙度。在机械加工过程中，由于机床、工件和刀具系统的振动，在工件表面所形成的间距比粗糙度大的表面不平度称为波纹度。粗糙度轮廓、波纹度轮廓和原始轮廓构成零件的表面特征，统称为表面结构。如图 8-69 所示，对实际表面微观几何特征的研究采用轮廓法进行。

1. 评定表面结构常用轮廓参数

表示表面微观几何特性时要用表面结构参数。国家标准 GB/T 3505—2000 把三种轮廓分别称为 *R* 轮廓、*W* 轮廓和 *P* 轮廓，从这三种轮廓上计算所得的参数分别称为 *R* 参数、*W* 参数和 *P* 参数。这里仅介绍轮廓参数中评定表面粗糙度的轮廓参数。

(1)轮廓算术平均偏差 *Ra*

在一个取样长度内，轮廓偏距(即 *Z* 方向上轮廓线上的点与基准线之间的距离)绝对值的算术平均值，如图 8-70 所示。显然，*Ra* 数值大的表面较粗糙，*Ra* 数值小的表面较光滑。

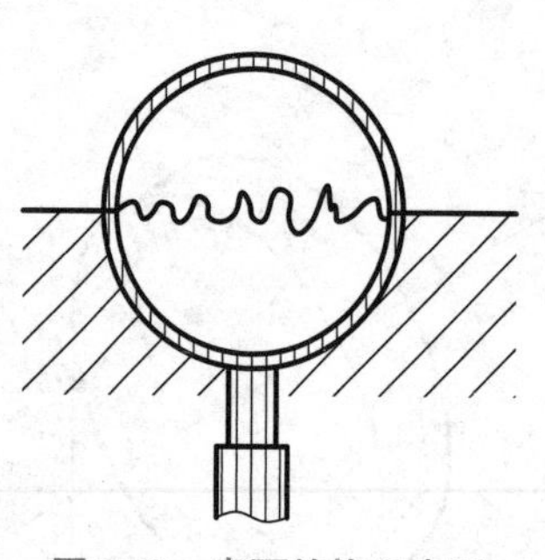
图 8-69　表面结构示意图

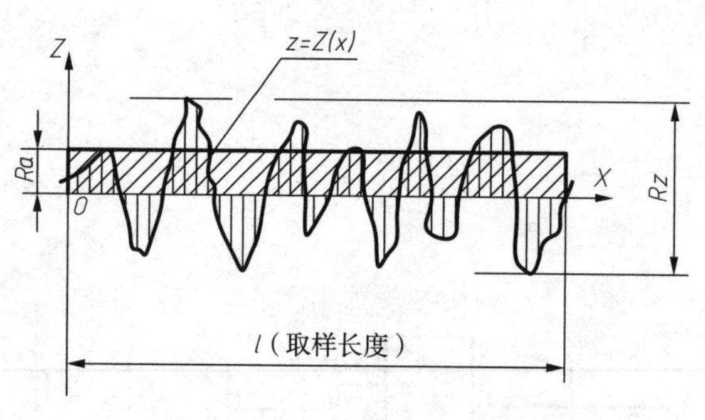

图 8-70　*Ra* 和 *Rz* 参数示意图

$$Ra = \frac{1}{l}\int_0^l |z(x)|\mathrm{d}x$$

（2）轮廓最大高度 *Rz*

在一个取样长度内，最大轮廓峰高和最大轮廓谷深之和即为轮廓最大高度，如图 8-70 所示。

根据国家标准表面粗糙度参数及其数值 GB/T 1031—2009 规定，表面粗糙度参数推荐优先选用轮廓算术平均偏差 *Ra*，*Ra* 取值见表 8-5；轮廓最大高度 *Rz* 的数值规定见表 8-6；表面粗糙度获得方法及应用举例见表 8-7。

表 8-5　轮廓的算术平均偏差 *Ra* 的规定值

单位：μm

Ra	0.012 0.025 0.05 0.01	0.2 0.4 0.8 1.6	3.2 6.3 12.5 25	50 100

表 8-6　轮廓的最大高度 *Rz* 的规定值

单位：μm

Rz	0.025 0.05 0.1 0.2	0.4 0.8 1.6 3.2	6.3 12.5 25 50	100 200 400 800	1600

表 8-7　表面粗糙度获得方法及应用举例

表面粗糙度		表面外观情况	获得方法举例	应用举例
Ra/μm	名称			
—	毛面	除净毛口	铸、锻、轧制等经清理的表面	如机床床身、主轴箱、溜板箱、尾架体等未加工表面
50 100	粗面	明显可见刀痕	经粗车、粗刨、粗铣等加工方法所获得的表面	没有要求的自由表面、粗糙度要求很低的加工面，如螺钉孔、倒角、机座底面等
25		可见刀痕		
12.5		微见刀痕		
6.3	半光面	可见加工痕迹	精车、精刨、精铣、刮研和粗磨	支架、箱体和盖等的非配合表面，一般螺栓支承面
3.2		微见加工痕迹		箱、盖、套筒要求紧贴的表面，键和键槽的工作表面
1.6		看不见加工痕迹		要求有不精确定心及配合特性的表面，如轴承的配合表面，锥孔等

续上表

表面粗糙度		表面外观情况	获得方法举例	应用举例
Ra/μm	名称			
0.8	光面	可辨加工痕迹方向	金刚石车刀精车、精铰、拉刀和压刀加工、精磨、珩磨、研磨、抛光	要求保证定心及配合特性的表面，如支承孔、衬套、胶带轮的工作面
0.4		微辨加工痕迹方向		要求能长期保证规定的配合特性的，公差等级为7级的孔和6级的轴
0.2		不可辨加工痕迹方向		主轴的定位锥孔，$d<20$ mm淬火的精确轴的配合表面

2. 极限值判断规则

被检查零件各个部位的表面结构，按规范测得轮廓参数值后，需要与图样上或技术产品文件中规定的值作比较，并采用极限值判断规则，以判断其是否合格。

(1) 16%规则

应用本规则时，如果所选参数在同一评定长度上的全部实测值中，超过图样上或技术产品文件中规定极限值的个数不超过实测值总数的16%，则该表面合格。16%规则为表面结构要求标注的默认规则，此时指明参数的上、下极限值，参数符号后没有"max"标记。

(2) 最大规则

如果参数的规定值为最大值，则在被检测表面的全部区域内测量得到的参数值一个也不应超过图样上或技术产品文件中的规定值。若规定最大值，应在参数符号后面增加"max"标记。

8.7.2 标注表面结构的图形符号及代号

在技术产品文件中对表面结构的要求可用图形符号表示，国家标准技术产品文件GB/T 131—2006对表面结构的表示法进行了规定。

1. 表面结构图形符号

(1) 基本图形符号

基本图形符号由两条不等长的与标注表面成60°夹角的直线组成，如图8-71所示。基本图形符号仅用于简化代号标注，没有补充说明时不能单独使用。

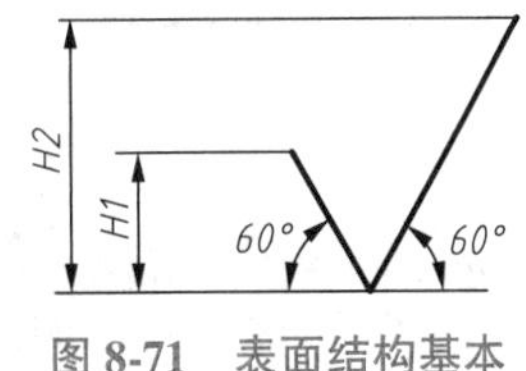

图8-71 表面结构基本图形符号

基本图形符号的各部分尺寸与字体大小有关，并有多种规格，见表8-8。例如，对于图样字高为3.5号字时，基本图形符号的尺寸$H_1=5$ mm，$H_2=10.5$ mm，符号宽度=0.35 mm。

表8-8 基本符号各部分尺寸

单位：mm

数字与字母高度 *h*	2.5	3.5	5	7	10
符号的线宽	0.25	0.35	0.5	0.7	1
高度 H_1	3.5	5	7	10	14
高度 H_2	7.5	10.5	15	21	30

(2) 扩展图形符号

要求去除材料的图形符号，如图8-72(a)所示，即在基本图形符号上加一短横，表示指定表面是用去除材料的方法获得，如通过机械加工获得的表面。

不允许去除材料的图形符号,如图 8-72(b)所示,即在基本图形符号上加一个圆圈,表示指定表面是用不去除材料的方法获得。

(3)完整图形符号

当要求标注表面结构特征的补充信息时,应在基本图形符号或扩展图形符号的长边上加一横线,即形成完整图形符号,如图 8-73 所示。在报告和合同的文本中用文字表达时,用 APA 表示图 8-73(a)所示符号,MRR 表示图 8-73(b)所示符号,NMR 表示图 8-73(c)所示符号。

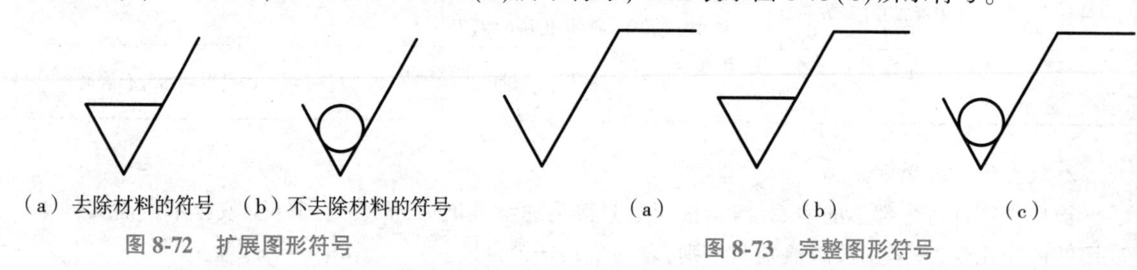

(a) 去除材料的符号 (b) 不去除材料的符号

图 8-72 扩展图形符号

(a) (b) (c)

图 8-73 完整图形符号

当在图样某个视图上构成封闭轮廓的各表面有相同的表面结构要求时,应在完整图形符号上加一圆圈,标注在图样中工件轮廓的封闭轮廓上,如图 8-74 所示。

2. 表面结构要求的注写位置

为了明确表面结构要求,除了标注表面结构参数和数值外,必要时应标注补充要求,补充要求包括传输带、取样长度、加工工艺、表面纹理及方向,加工余量等。在完整符号中,对表面结构的单一要求和补充要求应注写在图 8-75 所示的指定位置。

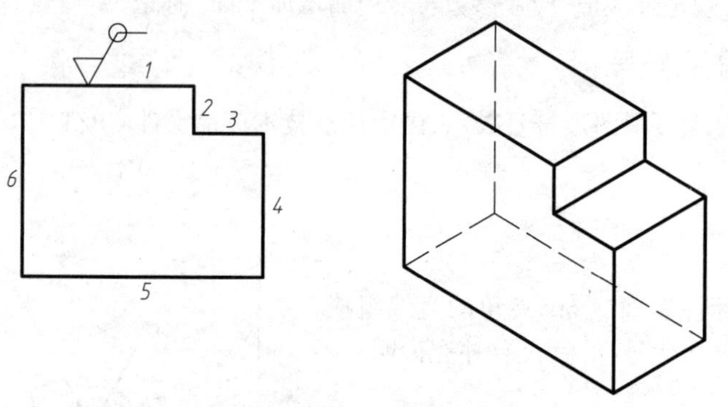

注:图示的表面结构符号是指对图形中封闭轮廓的六个面的共同要求(不包括前后面)

图 8-74 周边各面相同的表面结构要求的注法

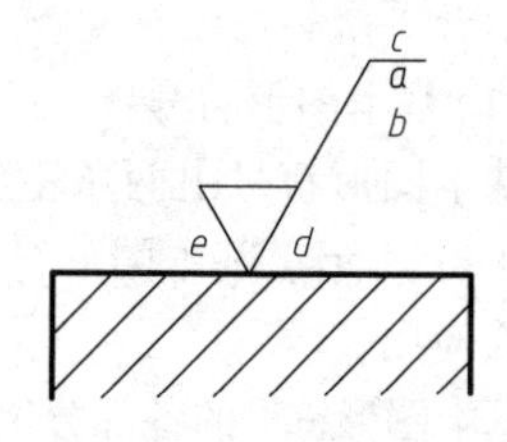

图 8-75 表面结构要求注写位置

表面结构补充要求包括表面结构参数代号、数值、传输带/取样长度。图 8-75 所示的各个位置的注写的内容如下:

(1)位置 a 注写表面结构的单一要求

在位置 a 标注表面结构参数代号及极限值,并在参数代号和极限值间应插入空格。

(2)位置 a 和 b 注写两个或多个表面结构要求

在位置 a 注写第一个表面结构要求,在位置 b 注写第二个表面结构要求。如果要注写第三个或多个表面结构要求,图形符号应在垂直方向扩大,以空出足够的空间。

在完整符号中表示双向极限时应标注极限代号,上限值在上方用 U 表示,下限值在下方用 L 表示,上下极限值为 16% 规则或最大化规则的极限值。

(3)位置 c 注写加工方法

在位置 c 注写加工方法、表面处理、涂层或其他加工工艺要求等。如车、磨、镀等加工表面。

(4)位置 d 注写表面纹理和方向

位置 d 用于注写所要求的表面纹理和纹理的方向,一般用符号表示,如"="、"X""M"等。

(5)位置 e 注写加工余量

注写所要求的加工余量,以毫米为单位给出数值。

3. 表面结构代号

在完整图形符号中注写了具体参数代号及数值要求等后,即形成了表面结构代号。表面结构代号及其示例的含义见表 8-9。

表 8-9 表面结构代号的意义及说明

符号	意义及说明
Ra 1.6	表示去除材料,单向上限值,默认传输带,R 轮廓,算术平均偏差 1.6 μm,评定长度为 5 个取样长度(默认),16%规则(默认)
Rz 0.4	表示不允许去除材料,单向上限值,默认传输带,R 轮廓,粗糙度的最大高度 0.4 μm,评定长度为 5 个取样长度(默认),16%规则(默认)
Rz_{max} 3.2	表示去除材料,单向上限值,默认传输带,R 轮廓,粗糙度最大高度 3.2 μm,评定长度为 5 个取样长度(默认),"最大规则"
U Ra_{mzx} 3.2 L Ra 0.8	表示不允许去除材料,双向极限值,两极限值均使用默认传输带,R 轮廓,上限值:算术平均偏差 3.2 μm,评定长度为 5 个取样长度(默认),"最大规则";下限值:算术平均偏差 0.8 μm,评定长度为 5 个取样长度(默认),"16%规则"(默认)

注:16%规则是所有表面结构标注的默认规则,最大规则应用于表面结构要求时,参数代号中应加上"max"。

8.7.3 表面结构要求在图样中的注法

表面结构要求对每一表面一般只标注一次,并尽可能注在相应的尺寸及其公差的同一视图上。除非特别说明,所标注的表面结构要求是对完工零件表面的要求。

1. 表面结构代号的标注位置与方向

表面结构代号的标注的总的原则是根据 GB/T 4458.4 的规定,使表面结构的注写和读取方向与尺寸注写和读取方向一致,如图 8-76 所示。

①表面结构要求可标注在轮廓线上,也可以标注在轮廓线的延长线上,其符号应从材料外部指向并接触表面。必要时,表面结构符号也标注在带箭头或黑点的指引线的水平线上,如图 8-77 所示。

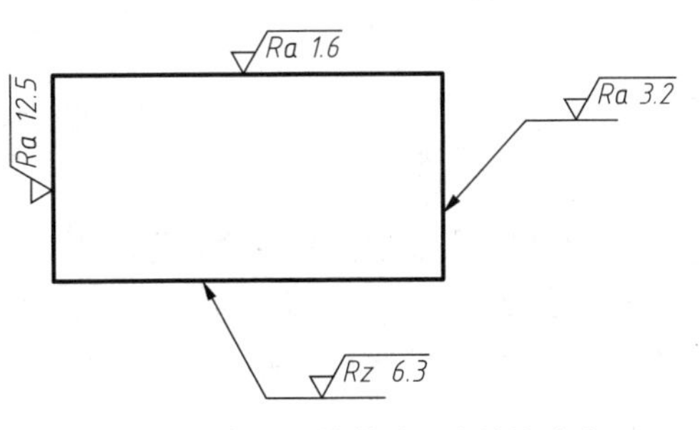

图 8-76 表面结构的注写和读取方向

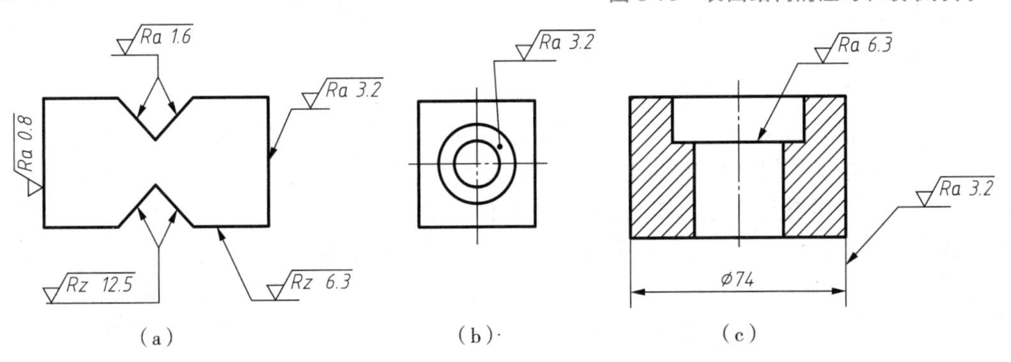

图 8-77 标注在轮廓线上或指引线上

②在不致引起误解的时候，表面结构要求可以标注在特征尺寸的尺寸线上，如图 8-78 所示。

③表面结构要求可标注在几何公差框格的上方，如图 8-79 所示。

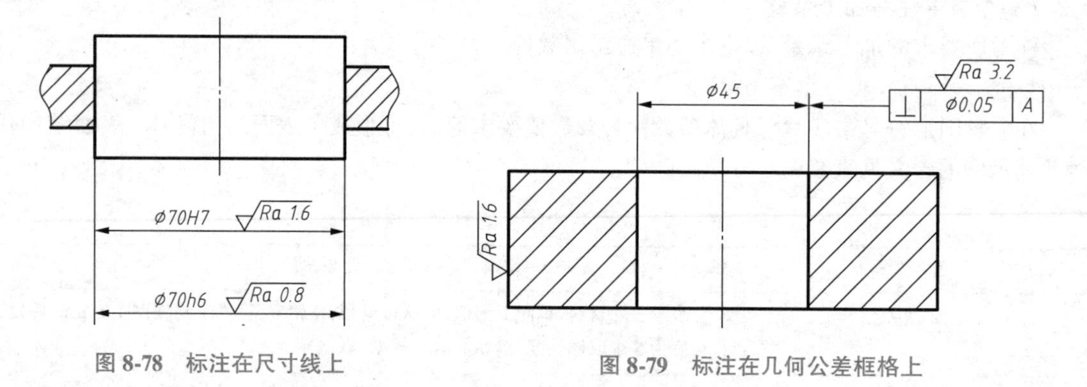

图 8-78　标注在尺寸线上　　　　图 8-79　标注在几何公差框格上

④圆柱和棱柱表面的表面结构要求只标注一次，如果每个棱柱表面有不同的表面结构要求，则应分别单独标注，如图 8-80 所示。

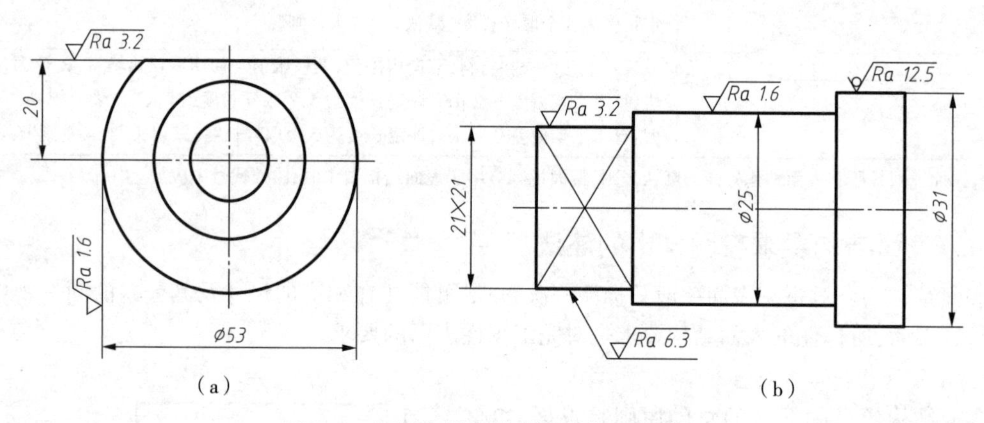

图 8-80　圆柱和棱柱的表面结构要求标注

2. 表面结构要求的简化注法

(1)有相同表面结构要求的简化注法

不同表面结构要求应直接标注在图形中。如果工件的多数(包括全部)表面有相同的表面结构要求，则其表面结构要求可统一标注在图样的标题栏附近。此时，表面结构要求的符号后面应按下列一种方式处理：

①在圆括号内给出无任何其他标注的基本符号，如图 8-81 所示。

②在圆括号内给出不同的表面结构要求，如图 8-82 所示。

(2)多个表面有共同要求的注法

当多个表面具有相同的表面结构要求或图纸空间有限时，可以采用简化注法。

方式之一，用带字母的完整符号的简化注法。可用带字母的完整符号，以等式的形式在图形或标题栏附近，对有相同表面结构要求的表面进行简化标注，如图 8-83 所示。

方式之二，只用表面结构符号的简化注法。用基本图形符号或扩展图形符号，以等式的形式给出对多个表面共同的表面结构要求。如图 8-84 所示，从左到右三个示例，分别表示未指定工艺方法的多个表面结构要求、去除材料的多个表面结构要求和不允许去除材料的多个表面结构要求。

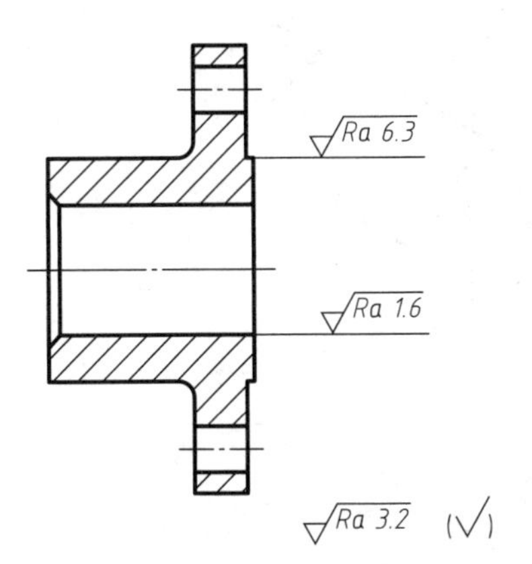

图 8-81　相同表面结构要求的简化注法(一)

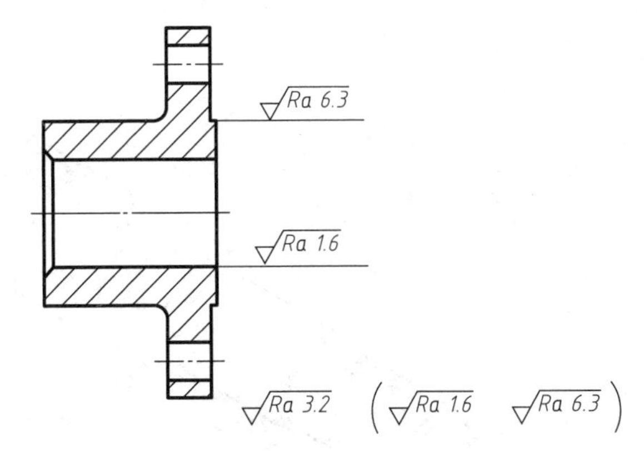

图 8-82　相同表面结构要求的简化注法(二)

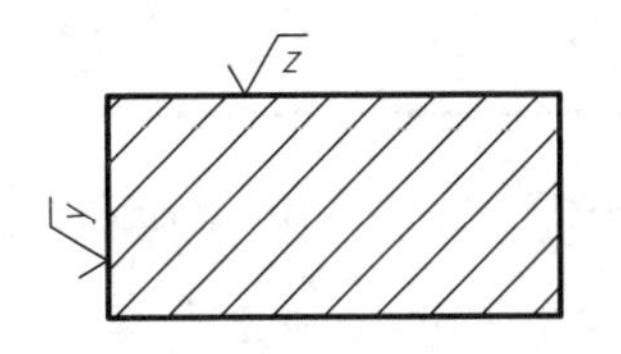

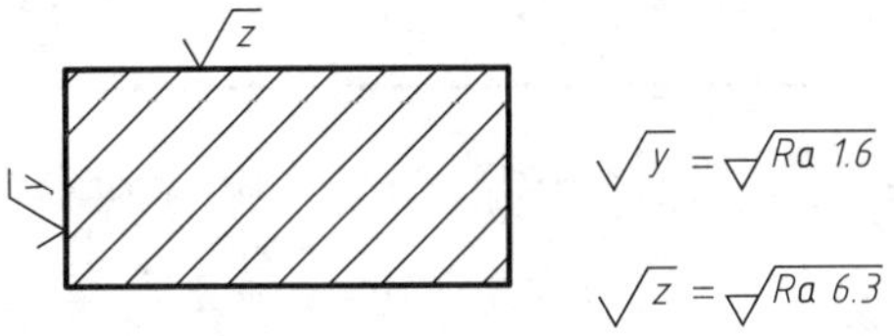

√y = √Ra 1.6

√z = √Ra 6.3

图 8-83　表面结构简化注法

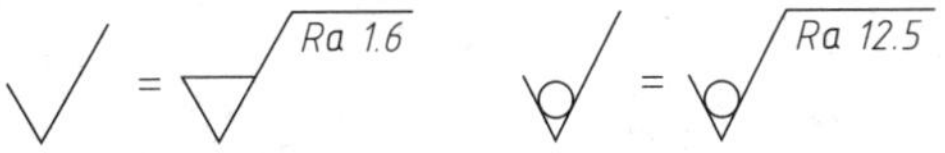

图 8-84　只用表面结构符号的简化注法

8.8　典型零件的图样表达分析

如前所述,常见的机械零件可大致分为轴套类零件、轮盘类零件、叉架类零件、箱体类零件等,而一般机器产品也主要由这几大类零件所组成。由于同类零件结构的相似性,因此它们的图样表达也有相似之处。可见,典型零件的表达图样,不仅是学习零件图知识的重要载体,而且也可为在进行机械产品设计时绘制零件图提供参考和借鉴。为此,本节分别给出四类零件示例,针对其零件图进行分析,着重讨论视图表达和尺寸标注。

8.8.1　轴套类零件

图 8-85 为蜗轮减速器中的蜗轮轴,是一典型的轴套类零件。图 8-86 为其对应的零件图。

1. 功能结构分析

轴类零件的主要功能是安装、支承传动件(如齿轮、链轮和带轮等),并传递运动和动力。套类零件的主要作用是直线运动导向、轴向零件定位等。它们都属于回转体结构零件,且结构长度与最大直径之比大于 1。

轴的毛坯多为型材或锻件,主体结构为若干段相互衔接且直径和长度不同的圆柱体(称为“轴段”),各段长度总和明显或远大于圆柱体直径。常见的轴类零件是各轴段具有共同轴线的阶梯轴。轴之所以做成“阶梯”状,一是为了便于轴上零件定位,二是为了便于轴上零件的装配。

轴上的常见局部功能结构有键槽、花键、螺纹、弹簧挡圈槽、销孔和装紧定螺钉用的凹坑等。轴上的常见局部工艺结构有倒角、退刀槽和越程槽以及中心孔。中心孔是在轴端中心处做出的小孔,供加工和检验时定位、装夹之用。国家标准规定了中心孔的结构和表示方法。

轴套类零件主要的加工方法为在车床上车削和在磨床上磨削。

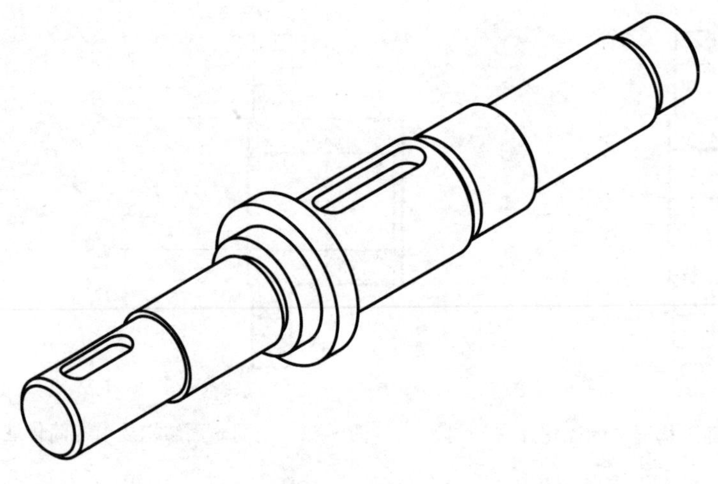

图 8-85　蜗轮轴

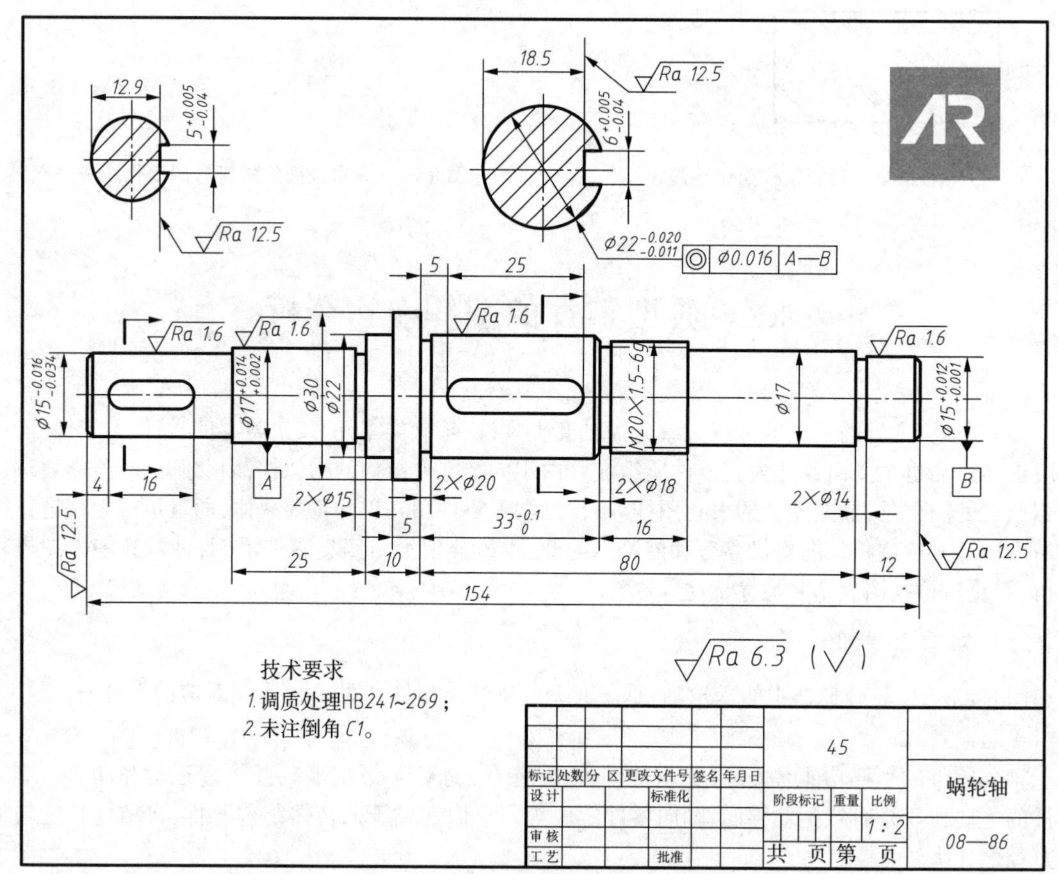

图 8-86　蜗轮轴零件图

2. 视图表达方案分析

图 8-86 为蜗轮轴的零件图，由一个主视图和两个断面图组成，形成完整的视图表达方案，是一典型的轴类零件的零件图。不失一般性，从中可以分析总结出这类零件的视图表达规律。

(1) 主视图中蜗轮轴的轴线呈水平状态布置，与车削、磨削的加工状态一致，便于加工者看图。主视图表达了轴上各轴段的长度、直径及各种结构的轴向位置。可见，主视图选择符合加工位置原则，并且满足表达零件结构、形状信息量最多的要求。

(2)对于实心轴，主视图以显示外形为主，其上的孔、槽结构可采用小的局部剖视表达。对于套类零件或空心轴，主视图则可采用全剖视、半剖视或大范围局部剖视表达。

(3)键槽、花键等结构须画单独的断面图，既清晰表达结构形式，又有利于尺寸和技术要求标注。

(4)必要时，某些细部结构用局部放大图表示，以利于确切表达形状、标注尺寸和技术要求，并使图面清晰。

可见，轴套类零件的主视图按加工位置使轴线水平放置，一般只需要一个基本视图，根据需要增加断面图及局部放大图等，形成完整的表达方案。

3. 尺寸标注分析

轴套类零件一般要注出表示直径大小的径向尺寸和表示各轴段长度的轴向尺寸。径向尺寸以回转轴线为基准，各轴段的直径尺寸以共同轴线为基准直接注出。轴向尺寸的基准根据零件的作用和装配要求确定，正确选择基准，合理标注轴向尺寸是轴套类零件标注尺寸的重点

根据轴上安装蜗轮的轴向定位要求，选择$\varnothing 30$的轴肩右侧面作为轴向尺寸定位基准，即为该轴的设计基准。以其为基准直接注出主要尺寸$33^{+0.1}_{0}$等，其余尺寸按加工顺序标注。另外，轴的两个端面是长度方向尺寸的辅助基准，相对不重要的轴段长度“空出”不注，避免形成封闭尺寸链。

可以看出轴向尺寸的标注始终围绕着保证功能(轴上零件定位)、方便加工和测量考虑。轴上各局部结构(如键槽、花键、螺纹、倒角、退刀槽和中心孔等)参数、规格应符合标准规定，尺寸注法应符合标准注法或习惯注法。

4. 技术要求

(1)轴的表面大都为切削加工表面。对于要求较高的配合表面，其粗糙度数值分别直接注出。一般表面则选择统一的经济粗糙度数值，统一标注。

(2)对于有一定配合及装配位置关系要求的结构，需选择相应的尺寸公差及几何公差数值，并在图样上直接注出。按未注公差处理的，可在技术要求项下标明。

(3)对于零件热处理的要求，可在技术要求项下注写说明。

8.8.2　轮盘类零件

轮盘类零件包括各种手轮、齿轮、皮带轮、法兰盘及端盖等，图 8-87 所示为一法兰盘零件，属于典型的轮盘类零件，图 8-88 为其对应的零件图。

1. 功能结构分析

轮盘类零件的主要功能为支承、连接、轴向定位以及密封等。此类零件主体结构特点为同一轴线的多个圆柱体或圆柱孔腔，直径明显大于轴向(长度或厚度)尺寸。有时由于安装位置的限制和结构需要，常将某一圆柱体切去一部分。常见局部功能结构为安装螺钉的螺纹孔或穿过螺钉的光孔(常为多个均布)、定位用的销孔、键槽、弹簧挡圈槽及润滑用的加油孔和油沟等。常见局部工艺结构为倒角、退刀槽等。

此类零件的毛坯多为铸造、锻造方法所形成，然后再以车、铣、钻、磨等切削加工方法完成主要表面的加工制造。

图 8-87 的法兰盘零件主要有三段同轴线的圆柱体构成。其中左侧短圆柱结构起定心作用；中间大圆柱体前后两侧分别切去一部分，并且沿其周向布置有四个台阶孔，用作安装连接的螺栓孔。

2. 视图表达方案分析

图 8-88 为法兰盘零件的零件图，采用主、左两个基本视图和一个局部放大图，主视图采用了全剖视图，完整地表达了法兰盘零件的内外结构和形状。综合零件结构特点，可以总结出轮盘类零件

的图示表达规律。

(1)轮盘中心轴线水平放置,并以过中心轴线的全剖视图为主视图。此时,主视图与轮盘类零件在车床和内、外圆磨床上加工时状态一致,便于加工者看图;亦符合表示零件结构、形状信息量最多的原则。

(2)左视图的作用是表示此类零件上沿周向分布的孔(槽)的情况。当出现形状变化时亦可用其表示。如图 8-88 所示,左视图表示了圆盘两边各切去一块的情况。

有时,当主视图确定后需要使用右视图而不宜使用左视图。此时,为了方便读图,常将右视图作向视图处理。如果需要左、右视图同时使用,可按基本视图配置来布局。

(3)某些局部结构因过小以致结构、形状表现不清或标注尺寸和技术要术有困难时,需画局部放大图。图 8-88 中的对法兰盘⌀55 圆柱根部的砂轮越程槽即采用局部放大处理。

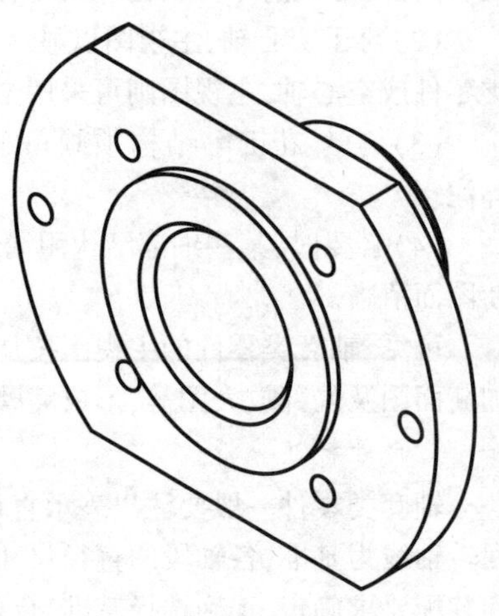
图 8-87 法兰盘

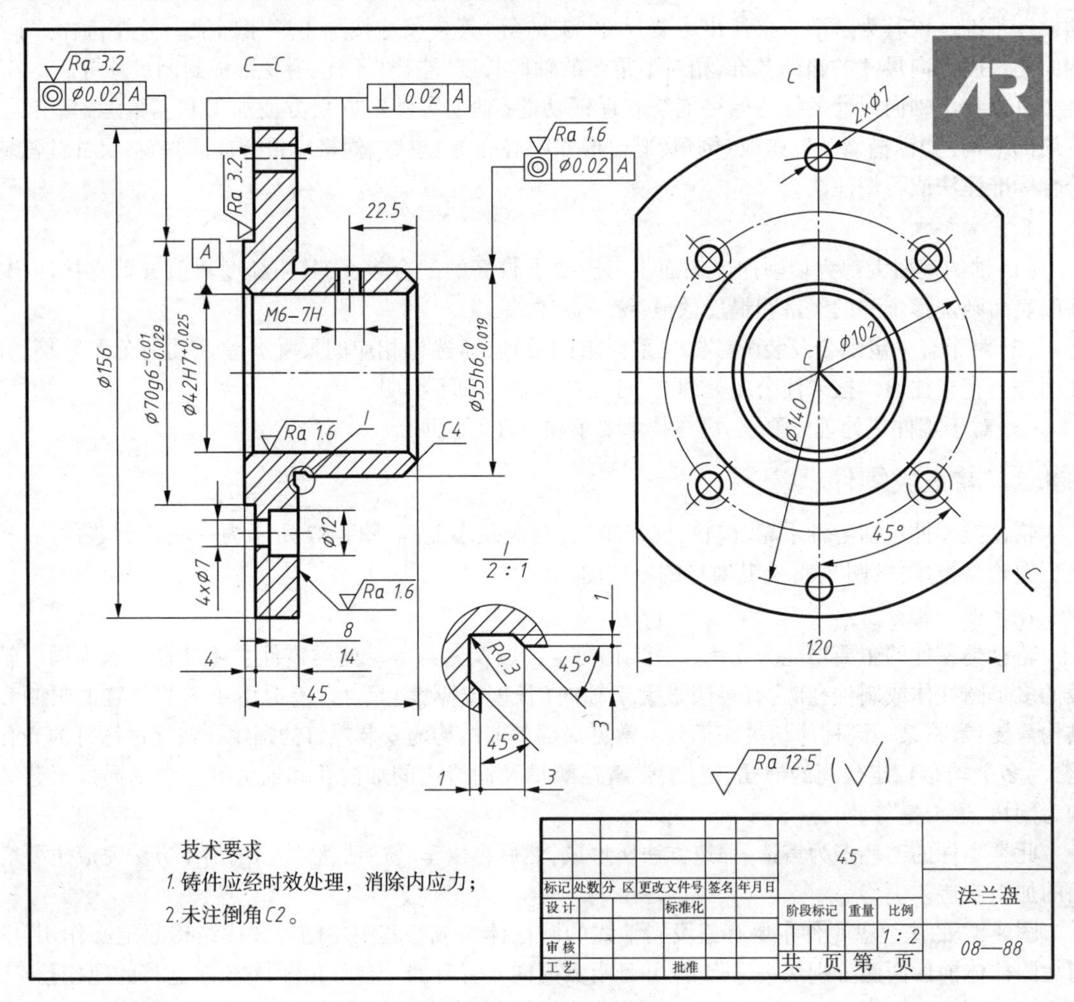

图 8-88 法兰盘零件图

可见,选择轮盘类零件的主视图时,一般按加工位置使轴线水平放置。同时以两个基本视图为主体形成此类零件的表达方案。

3. 尺寸标注分析

(1) 以轴线作为径向尺寸基准,把各主体圆柱直径尺寸标注在主视图中,不宜注在左视图或右视图的同心圆上。

(2) 正确选择长度方向的尺寸基准,要有利于保证功能和便于加工、测量。本例中,⌀156 圆柱的右端面为设计基准,据此直接标出大盘厚度 14 以及左端面凸起厚度尺寸 4;以左端面为辅助基准标注总长 45,以右端面为工艺基准标注 M6 孔的中心距离 22.5,便于加工控制和测量。

(3) 标注长度方向尺寸时,要注意当外、内形长度尺寸较多时,可把内、外尺寸分开在上、下两侧标注。

(4) 此类零件中均匀分布的孔、槽结构的定形及定位尺寸,应标注在左、右视图中,同时尽量使用国标推荐的简化注法。

4. 技术要求

由于此类零件的主要功能为支承、定位和连接,故外圆柱表面与内孔表面有同轴度要求,大端面有对轴线垂直度要求。这些几何公差要求用规定符号注出。

表面粗糙度和尺寸公差的要求和注法与轴套类零件基本相同。

8.8.3　叉架类零件

叉架类零件包括拨叉、连杆、拉杆和支架类零件。图 8-89 为一拨叉零件,属于较为典型的叉架类零件;图 8-90 为拨叉零件对应的零件图。

1. 功能结构分析

叉架类零件主要用在运动机构中,起着操纵、连接或支承的作用。

叉架类零件的主体结构可分为安装支承部分、工作部分和连接部分。因运动需要或空间限制,常将叉架类零件做成形状弯曲、倾斜结构,有时在叉杆上还制有凸台、凹坑。其局部功能结构主要是连接部分上的肋板,目的是既保证强度、刚度又减轻重量,肋板断面常为 L 形、T 形或 H 形。常见局部工艺结构为铸造圆角、起模斜度和倒角。

此类零件大多采用铸、锻形成毛坯,再经必要的铣、钻等切削加工而成。

如图 8-89 所示的拨叉零件,其主体结构包括下部圆柱体和上部矩形拨叉,分别起作安装支承和连接工作机构的作用,中间十字形肋板结构把上下部分连成整体,传递运动和能量。

图 8-89　拨叉

2. 视图表达方案分析

图 8-90 为拨叉零件图。采用主视图和左视图两个基本视图表现了拨叉主体结构,利用一个斜视图表达下部圆柱体上的凸台形状,采用断面图表现了中间连接部分十字肋结构。综合零件结构特点,可以总结出叉架类零件的图示表达规律。

(1) 一般在选择主视图观察方向时,总是将零件“摆正”,即让其处于平稳的自然状态,主要考虑便于画图,如果能同时反映工作状态则更好。

(2) 叉架类零件的形状有时比较复杂,有时工作位置亦不固定,因此以最能表现零件结构形状特征的视图为主视图。本例主视图清晰地表示了拨叉的三个组成部分及连接关系,即下部圆柱形、上部叉架以及连接部分的轮廓形状。

(3) 由于叉架类零件常常有弯曲和倾斜结构,仅用基本视图往往不能反映真实形状,所以常用斜视图、局部视图进行表达,如本例中的 *A* 向视图。

(4) 肋板结构一般采用断面图表示,本例中使用了 *B*—*B* 断面图。

可见,叉架类零件常常具有倾斜、弯曲结构,一般以最能反映其结构形状特征的视图作为主视图,同时考虑画图简便。一般需要两个或两个以上的基本视图,结合采用斜视图等其他方法,以形成该类零件的表达方案。

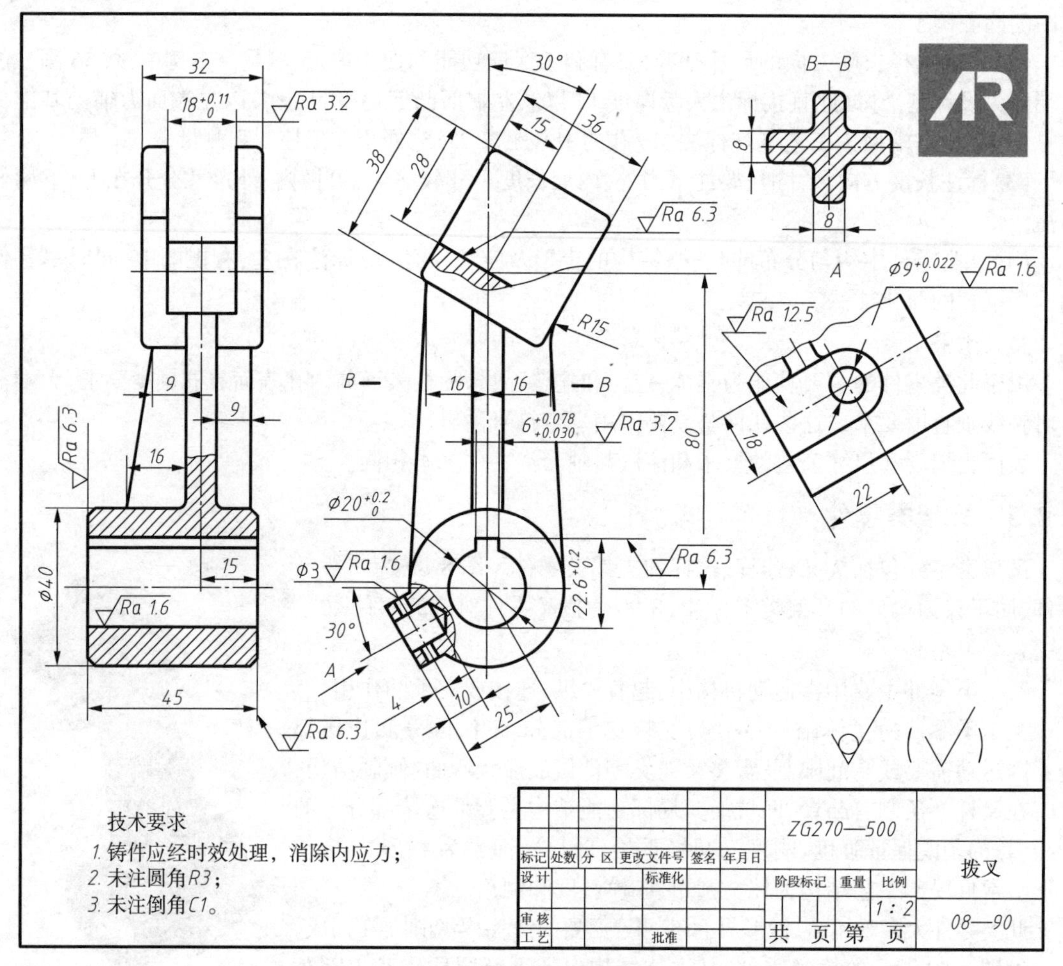

图 8-90　拨叉零件图

3. 尺寸标注分析

(1)选择三个方向尺寸基准。选择下部ϕ20 通孔的轴线作为高度方向的基准,长度方向选择上部叉槽对称中心面作为主要基准,而宽度方向的主要基准则采用过下部圆柱中心的对称面,参见本例左视图。据此合理地标注出各个部分定位尺寸。

(2)叉架类零件的中间连接部分常常表现为斜面构造和弯曲形状,结合其投影轮廓曲线形状,进行完整的定位、定形尺寸标注是这类零件尺寸标注的难点。本例情况相对比较简单,中间连接板主要为平面结构,其投影轮廓形状主要由直线段构成,并与主体构造相切。

4. 技术要求

叉架类零件在工程上广泛使用,其安装支承部分和工作部分的加工表面有一定尺寸精度和表面粗糙度要求。这类零件的主要几何公差要求是轴孔对底面的平行度要求和轴孔端面对孔轴线的垂直度要求,按规定注法标注即可。

8.8.4　箱壳类零件

箱壳类零件是组成部件和机器的重要零件,大多结构复杂,图 8-91 为蜗轮减速器的箱体零件,属于箱壳类零件。

1. 功能结构分析

箱壳零件的功能是包容、支承、安装、固定部件中的其他零件，并作为部件的基础与机架相连接。

箱壳零件的主体结构因功能需要不同而差异很大，但通常应包括四个结构部分：具有较大空腔的体身，安装、支承轴及轴承的轴孔，与机架相连的底板和与箱盖相连的顶板。这类零件上常见的局部功能结构有加强用的肋板；定位、安装用的凸台、凹坑或凸、凹导轨；定位用的销孔，安装、连接用的螺孔；定位或润滑用的沟槽等。常见的局部工艺结构有铸造圆角、起模斜度、倒角和退刀槽等。

绝大多数金属材料的箱壳零件由铸造形成毛坯，经划线、铣、镗、钻等多道切削加工工序，最后制造完成获得需要的零件。

图 8-91 为蜗轮减速器箱体零件，其主要构造为中间安装蜗轮和蜗杆的型腔，右侧水平通孔为安装蜗轮轴的轴孔，左端面为与减速器盖板零件相连的结合部，前后通孔为安装蜗杆轴的轴孔，下部为安装板结构。

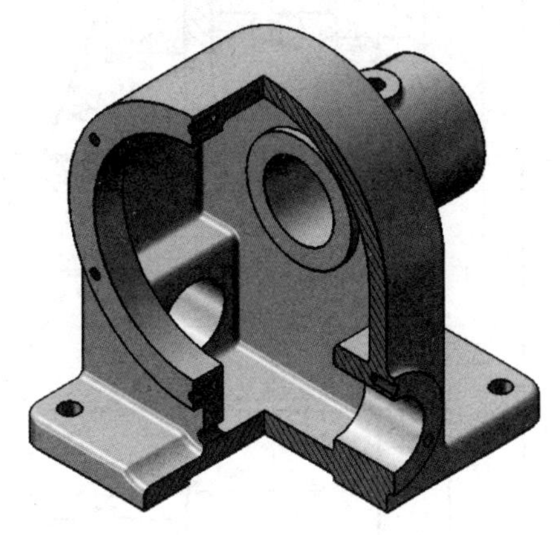

图 8-91　蜗轮减速器箱体

2. 视图表达方案分析

图 8-92 为蜗轮减速器箱体零件的零件图。采用主视图、俯视图和左视图三个基本视图来表现箱体内外主体结构，其中主视图采用了全部，左视图采用了半剖，另外还利用了两个局部视图，共同形成了零件视图表达方案。综合分析零件结构特点，可以总结出箱壳类零件的图示表达规律。

(1) 一般箱壳零件需要加工的面较多，加工位置不固定，因此反映箱壳工作状态和结构、形状特点是选择主视图的出发点。本例减速器箱体按工作位置摆放，并以反映其形状特征最明显的方向作为主视图的投射方向。

(2) 箱壳类零件的包容功能决定了其结构和加工要求的重点在于内腔，一般主视图采用剖视画法，可以是全剖视、半剖视或较大面积的局部剖视。必要时，可将主视外形图作为向视图处理。本例主视图采用了全剖视，完整表达减速器箱体的内部构造。

(3) 为了完全表达箱壳类零件复杂的内、外结构和形状，往往需要多个基本视图和一些局部视图，要注意合理配置视图位置和正确标注视图。本例选用俯视图表现减速器箱体外形及底部安装板结构，左视图采用半剖视图以综合表达左端面结构和蜗杆轴孔构造，另外还利用了两个局部视图分别表现下部通孔端面构造和中间肋板的位置。

(4) 为了表达完整和减少视图数量，可以适当地使用虚线，但注意不可多用。对于细部结构可用局部放大图，力求表达清晰。本例俯视图中的虚线框，表达了安装板底部凹进结构的形状。

可见，箱壳类零件结构较复杂，选择主视图时，应使零件摆放符合其在机器上的工作位置。一般需要三个或更多的基本视图为主体，辅之以局部视图、局部放大图等，构成完整的表达方案。

3. 尺寸标注分析

(1) 选择尺寸基准。箱壳类零件在长、宽、高三个方向的主要基准一般选用较大的最先加工面、结构对称面以及主要孔的轴线等。常常还需要辅助基准。注意在主要基准和辅助基准之间需要有联系尺寸。

本例中，长度方向的尺寸基准选择底部蜗杆轴孔的轴线，宽度方向的尺寸基准选择箱体结构前后对称面，而高度方向的尺寸基准则选择上部蜗轮轴孔的轴线。

(2) 箱壳零件结构、形状都比较复杂，要应用形体分析法进行尺寸标注。先对各个组成形体进

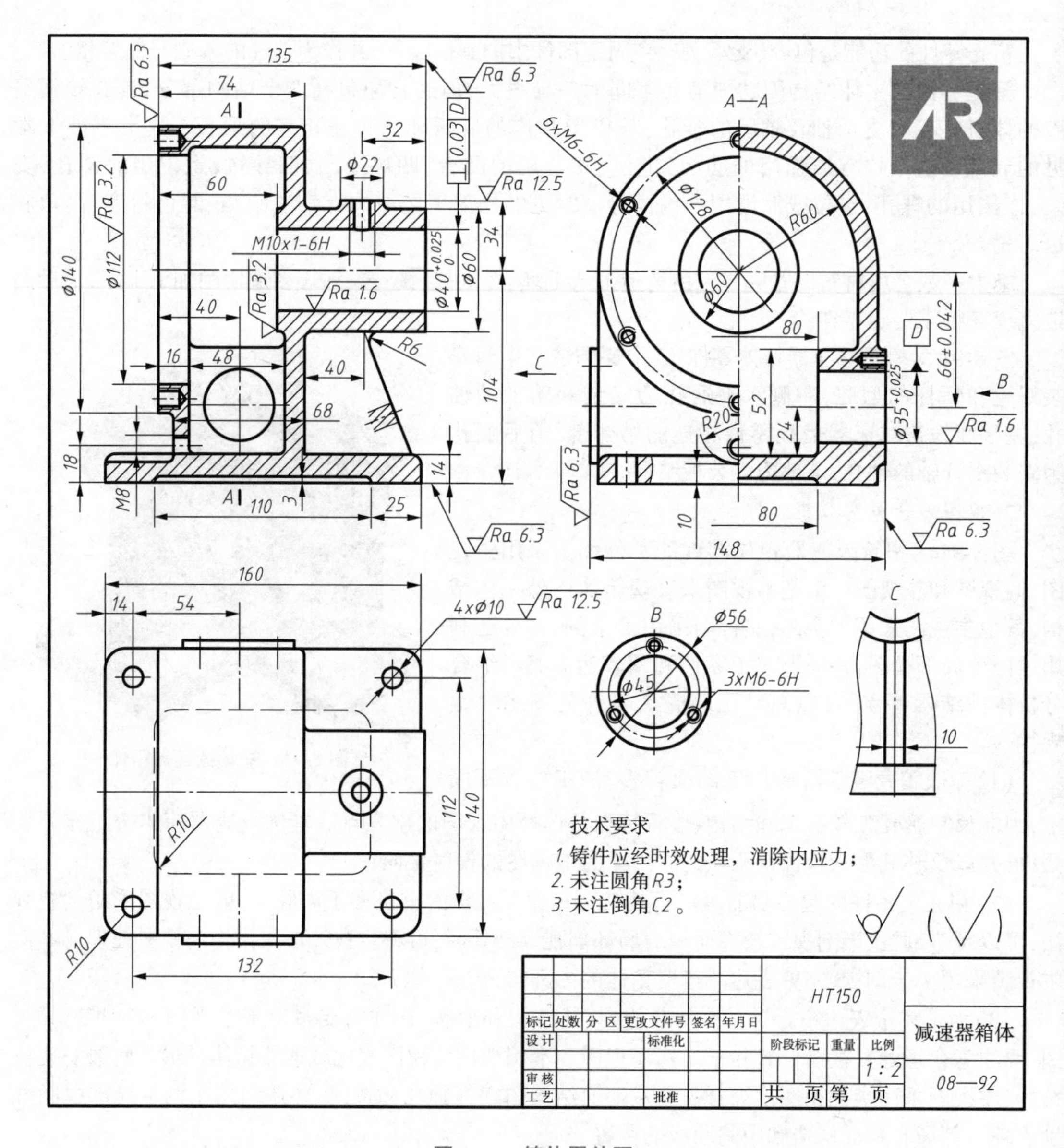

图 8-92　箱体零件图

行定形尺寸、定位尺寸标注，再考虑总体尺寸和合理标注的原则进行调整。

(3)一般箱壳零件上布置的孔洞较多，需要的定位尺寸也多，注意相关联的孔的中心轴线间的定位尺寸要直接标注，以保证精度。如本例中蜗轮轴孔中心线与蜗杆轴孔中心线之间的定位尺寸66。

(4)凡与其他零件有配合或装配关系的尺寸和影响机器性能的尺寸，均属主要尺寸，宜从设计基准直接注出，并注意与其他零件尺寸标注的一致性。

4. 技术要求

一般箱壳零件上主要孔之间的定位尺寸均有尺寸公差要求，主要轴孔端面对孔轴线有垂直度要求，而共轴线的孔与孔之间也常常有同轴度的要求。另外对于用铸造获得毛坯的箱壳件还有人工时效处理的要求。

8.9　零件图的阅读

根据零件图想象出该零件的空间结构形状、大小以及分析理解加工要求等，这一过程称之为读零件图。读图是工程技术人员必备的基本功。

工程设计人员在设计零件时，经常要参考同类机器零件的图样，这就需要看零件图。生产技术人员在制造零件时，也需要看懂零件图，想象零件结构和形状，了解各个部分尺寸及技术要求等，以便于加工出零件。检验、维修技术人员在检验维修机器和零件时也需要看零件图，以判断零件是否达到技术要求。

8.9.1　读零件图的方法和步骤

零件图是指导制造和检验零件的主要技术图样，因此，阅读理解零件图贯穿产品生产过程。读零件图时，需要联系零件在机器或部件中的位置、作用，以及同其他零件的关系，方能很好地理解零件图。一般识读零件图的过程如下。

(1)看标题栏，概略了解零件

零件图上的标题栏给出了所表达零件的索引信息，包含了零件的名称、材料、比例、质量等。从名称可以了解零件的用途及所属类别，根据所用材料可以大致知道形成零件的加工方法，而从绘图比例可以想象零件的真实大小。

(2)视图分析，想象结构形状

分析零件图中所采用的表达方法及各个视图之间的投影关系。先看主视图，然后看其他视图，并分析所采用的表达方法。各视图用了何种画法，若采用剖视图时，从零件哪个位置剖切，用何种剖切面进行剖切，向哪个方向投射；若为向视图时，从哪个方向投射，表示零件的哪个部位。

充分利用形体分析法，想象零件主体结构形状。同时，依靠典型局部功能结构和局部工艺结构的规定画法，帮助理解零件上相应的结构。在进行读图时一般按先易后难顺序展开，总是先整体，后局部；先主体，后细节。

(3)尺寸分析，理解技术要求

结合零件结构，分析零件的长、宽、高三个方向的尺寸基准，厘清零件的功能尺寸，找出各个部分的定形和定位尺寸。分析各个配合表面的尺寸公差、几何公差，以及各个表面的粗糙度要求等，了解零件加工方法。

(4)综合归纳，全面识别零件

零件图表达了零件的结构、尺寸及精度要求等内容，它们之间相互关联。因此，需要综合理解零件的结构形状和技术要求等信息，剖析零件的功能结构，了解零件用途，才能把握零件的全貌、看懂整张零件图。必要时，对照装配图了解零件的装配关系，以更加准确和详细的认识零件功能和结构。

8.9.2　读零件图实例分析

例8-1　阅读理解图8-93所示的支架零件图。

针对图8-93所示的零件图，其阅读理解过程如下。

(1)看标题栏，概略了解

由标题栏可知零件名称为支架，可见是起支承作用的支架类零件；材料代号为HT150，说明该零件用灰口铸铁材料制成，毛坯为铸件，经过切削加工制成；绘图比例为1：2，可想象零件实物比图样所绘大小大一倍。

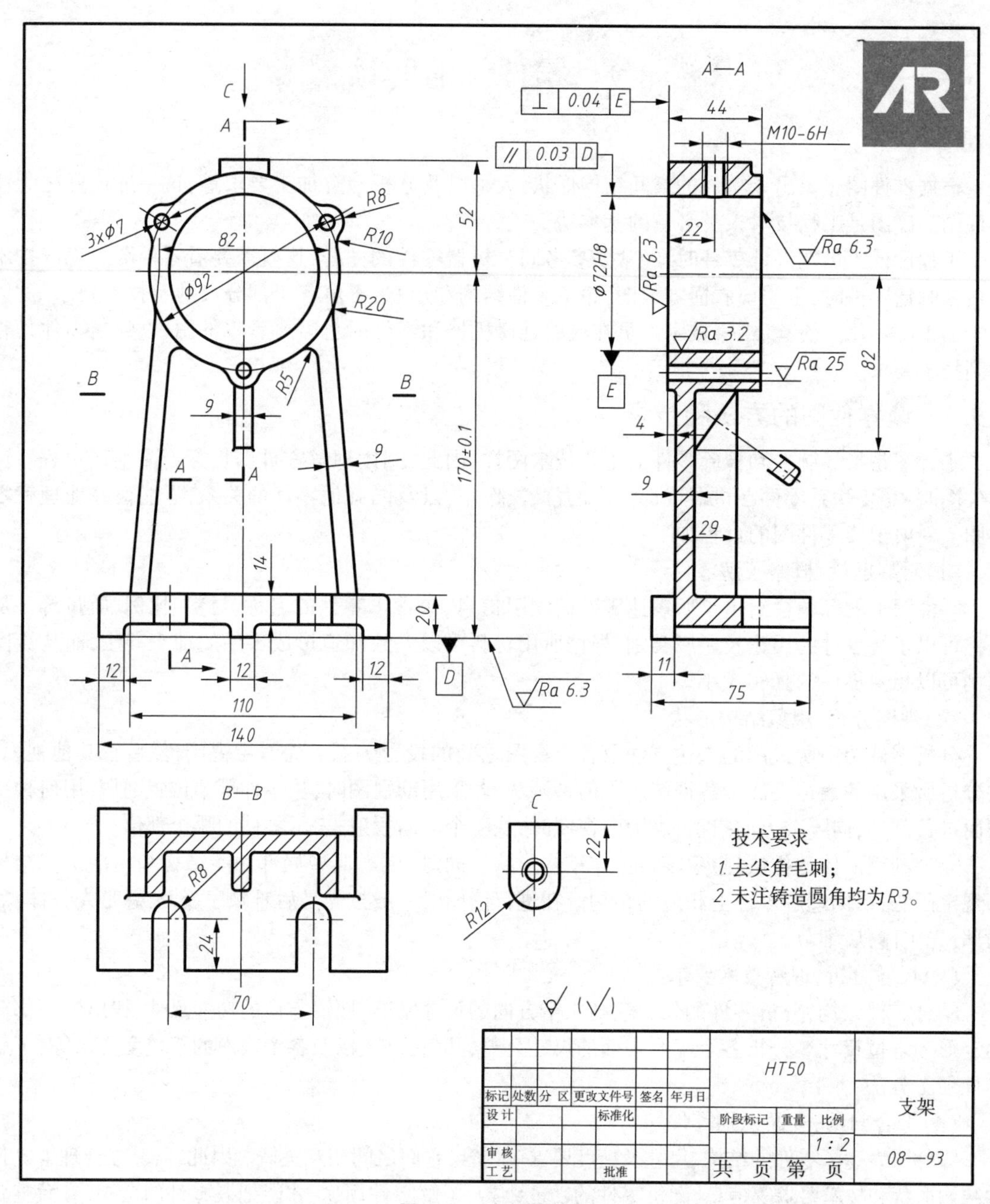

图 8-93　支架零件图

(2)分析视图,想象结构

零件整体表达方案采用了三个基本视图和一个局部视图。其中主视图体现了支架的工作位置和结构特征,显示出支架由上部支承结构、下部安装结构和中间连接结构三个部分组成。全剖视的左视图,重点表达了支承圆筒、连接部分结构及相互位置关系,注意左视图中肋板的规定画法。全剖的俯视图突出表现了中间连接肋板的断面形状和底板形状,而顶部凸台形状则用 C 向局部视图表示。

应用形体分析方法,结合分析视图表达方案,可以获得该零件图所示零件的结构形状如图 8-94 所示。

(3)分析尺寸,理解精度

支架的底面为装配基准面,它是高度方向的尺寸基准,标注出支承部位的中心高尺寸 170 ±0.1。支架结构左右对称,即选对称面为长度方向的尺寸基准,标注出安装槽的定位尺寸 70,还有尺寸 82、110、140、12 等。宽度方向则以上部支承圆筒的后端面为基准,标注出肋板的定位尺寸 4,以及顶部螺孔定位尺寸 22。

支架零件精度要求高的部位是工作部分,即上部支承圆筒。支承内孔尺寸精度 H8,中心高尺寸公差为±0.1,支承内孔轴线对底面有平行度要求,支承内孔端面对其轴线有垂直度要求,支承内孔表面粗糙度 *Ra* 的上限值 3.2 μm。

综合上述分析,零件的各部分结构及主要功用如图 8-94 所示。

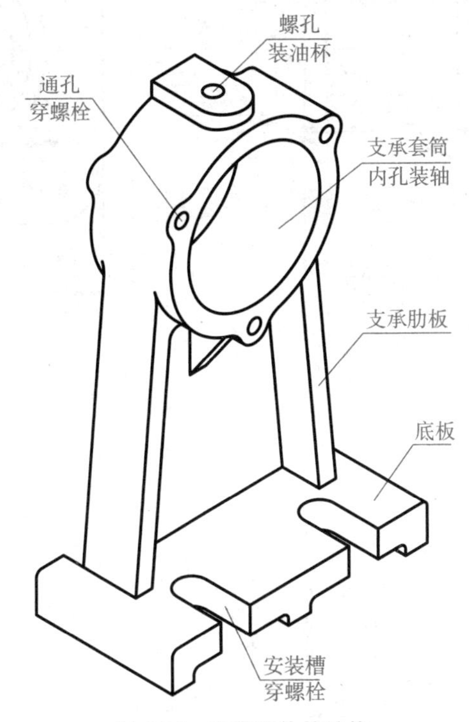

图 8-94　支架零件的结构

例8-2　阅读理解图 8-95 所示的阀体零件图。

以下是针对图 8-95 所示的阀体零件图的阅读理解过程。

(1)看标题栏,概略了解

看标题栏的目的是了解零件名称、材料,根据绘图比例想象零件实物大小,初步进行功能结构和制作过程分析。

①零件名称为"阀体",可知其用途是机器或部件的外壳,起容纳、支承、密封的作用,该零件属于箱壳类零件。

②材料代号为"ZG230—450",说明此零件选用铸钢材料,可知零件经铸造成形,然后通过对内外表面进行切削加工而制造出最终产品。

③比例为"1∶2",可以想象零件实物比图样所绘大小大一倍。

(2)分析视图方案,想象零件结构

①表达方案分析。这个阀体零件的表达采用了主、俯、左三个基本视图,并按标准视图位置配置。其中主、左视图分别采用了全剖视图和半剖视图,以表达其复杂的内部结构,而俯视图则主要表

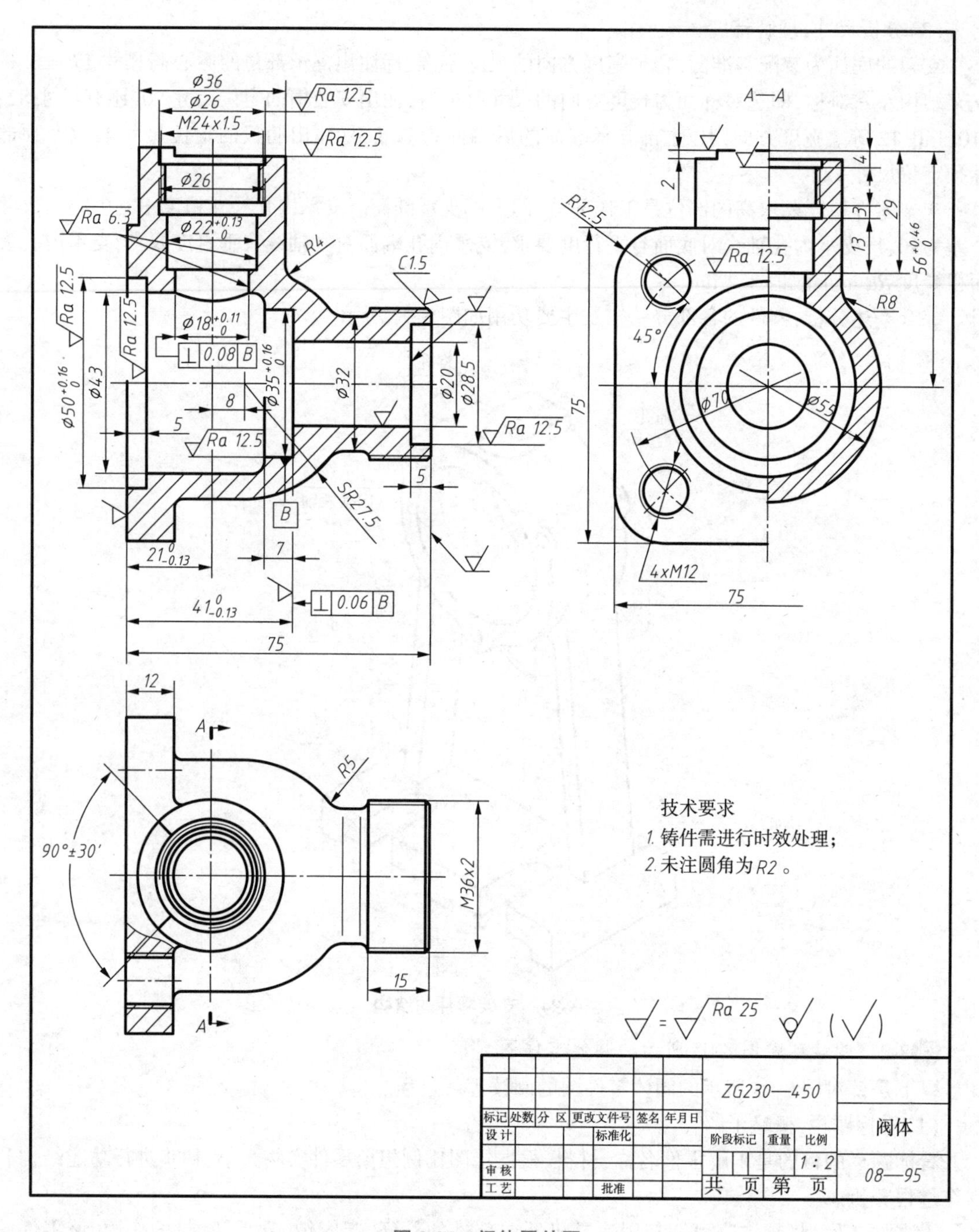

图 8-95 阀体零件图

达外形，同时采用局部剖表达阀体连接用的螺纹孔。

②整体结构形状分析。由于表示信息（结构、形状、尺寸、技术要求等）最多的那个视图应该作为主视图，因此看图时首先找主视图。同时应用前面介绍的组合体视图阅读的方法分析视图，想清零件的主体结构形状。以主视图为核心，按投影关系对照其余两个视图，同时结合标注类型，可以想象出整体构造。阀体上部为圆柱管状，圆柱管的下部与球形阀身相贯，球形阀身的内部沿左右方向的有一水平管道通路，通路右端外形为圆柱管形结构，通路左端为方形凸缘结构。从俯视图看出整个阀体呈前后对称结构。零件整体形状如图 8-96(a)所示。

③细部结构分析。读懂零件图,仅仅想象出总体结构是不够的,还必须详细地分析清楚零件的各个局部结构。既要利用视图进行投影分析,又要注意尺寸标注信息(如“∅”,“R”,“S∅”,“SR”等)。在进行分析时要注意先整体、后局部,先主体、后细节;划分区域,逐步分析;内、外形分开;先易后难。在读图过程中要做到:动眼看图、动手量图和动脑想物。

阀体的基本形状是球形壳体,左边方形凸缘上有四个螺孔,用于与阀盖相连接;上部圆柱筒内阶梯孔和环形槽,用于安装阀杆和密封填料等;阀体右端的外螺纹是为接入管路系统而设计的。对照主视图和俯视图可以看出,在阀体顶部有一个呈45°对称结构的扇形限位凸块,用来控制与之相连的转动件的旋转角度。

至此,可以想象出阀体零件的具体结构如图8-96(b)所示。

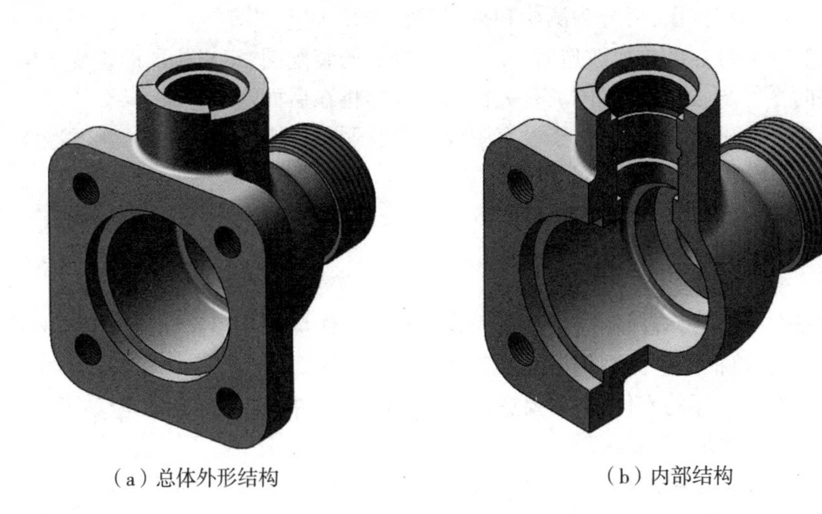

(a)总体外形结构　　(b)内部结构

图8-96　阀体零件结构

(3)分析尺寸,了解技术要求

①尺寸分析。通过零件结构分析和图中尺寸标注可以看出,长度方向的基准为上部竖直圆柱管的轴线,宽度方向的基准为零件的前后对称面,高度方向的基准则为右侧水平圆柱结构的轴线。另外还有长度方向和高度方向的辅助基准。由这些基准出发,可以确定各部分结构的定形、定位尺寸。如长度尺寸$21_{-0.13}^{0}$和$41_{-0.13}^{0}$,高度方向尺寸$56_{0}^{+0.46}$等。

阀体右端与管路系统相联接的外螺纹M36×2以及阀体上端的内螺纹M24×1.5是特性尺寸。这是阀体安装到管路系统的参考尺寸。

带有公差的尺寸为配合尺寸,如∅50H11就是阀体左端与阀盖相配合的尺寸。

方形凸缘上的四个螺孔尺寸4×M12及其定位尺寸∅70和45°,是与阀盖用螺柱连接时的安装尺寸。

②技术要求。表面粗糙度要求最高的是阀体内圆柱面∅22H11和∅18H11两处,其表面粗糙度*Ra*值为6.3 um,其他加工面的表面粗糙度*Ra*值是12.5 um和25 um。没有标注的表面均为无须机械加工的铸造表面,在零件图标题栏附近统一表示。

就图中给出的形位公差而言,共有两处垂直度要求。一处是∅18H11孔的轴线对*B*基准(∅35H11孔的轴线)的垂直度公差不大于0.08 mm;另一处是∅35H11孔的右端面对*B*基准的垂直度公差不大于0.06 mm。

用文字说明的技术要求,共有两条。一是为消除铸件的内应力,需要对零件进行时效处理;二是在视图上未注明的铸造圆角半径为*R*2。

(4)综合分析,全面认识零件

根据上面的分析,将视图、尺寸及技术要求等结合起来考虑,可以知道该零件用于管路系统连接并起开关作用的部件之中。通过铸造先得到毛坯,然后进行必要的机械加工,加工精度要求并不很高。更为详细的功能分析必须阅读相关装配图和技术文件。

8.10 零件测绘

在实际工作中绘制零件图,可分为测绘和拆图两种途径。

在设计新机器或旧机器的技术改造时,先要画出机器的装配图,定出机器的主要结构,再根据装配图画出各零件的零件图,这叫作拆图。有关拆图的内容将在后面章节详细介绍。

在仿制机器或进行机器修配时,由于没有图样,需要根据已有的机器零件,画出零件的工作图,这就是零件测绘。本节主要介绍这部分内容。

8.10.1 零件测绘的方法和步骤

1. 零件测绘一般过程

零件测绘一般在机器工作现场进行,因而受到时间及工作场所的限制。测绘工作的核心内容是画出测绘零件的草图,再根据草图整理后画出正规零件图。

在仿制机器和修配损坏的零件时,需要进行零件测绘。零件测绘的工作步骤如下。

(1)零件功能结构分析

分析零件在部件或机器中的作用和装配关系,分析其结构形状特点、所用材料和加工制造方法,明确其名称、用途和精度要求,初步拟定技术条件。

(2)制定表达方案

在结构分析基础上,参考典型零件表达方法,应用形体分析法及零件表达方案选取原则,选取主视图和其他视图及表达方法,形成零件整体表达方案。

(3)绘制零件草图

针对制订的零件表达方案以草图形式表现,即绘制零件草图。画零件草图时,不用绘图仪器,完全徒手在白纸或方格纸上画出。同时,零件各部分大小主要依靠目测,画图时据此保持各个部分相对大小比例关系。

(4)尺寸测量及草图整理

绘制草图时,先画图形,后量尺寸。即在布置全部尺寸画完尺寸线后,才一起测量填写真实尺寸数值。分析功能尺寸精度要求,工作表面加工要求,整理补充草图内容,包括添加技术要求,填写标题栏。

可见,测绘工作的重点绘制出零件草图。而画好零件草图,必须掌握好徒手画图技能、正确的零件图画图步骤和正确的尺寸测量方法。

2. 零件草图的画图步骤

零件草图画图步骤与画正规零件图基本相同,不同之处在于各个部分相对大小凭目测,采用徒手绘制。以图 8-97 所示法兰盘零件测绘为例,介绍测绘画图过程。由于该零件为轮盘类零件,因此可参考同类零件制定表达方案。具体绘制零件草图可按下列步骤进行。

①在图纸上画出图框和标题栏,明确看图方向。

②根据选定的表达方案,布置视图。画出对称中心线、主要轴线、基准线,把各视图的位置定下

来，各图之间要注意留有充分的标注尺寸的余地，如图 8-98(a)所示。

③利用形体分析方法，针对零件各个主要组成部分，详细地画出其外部和内部结构视图，注意保持各视图间的投影关系，如图 8-98(b)所示。

④根据零件上局部功能结构和工艺结构，在各视图上添加表达细节，如螺钉孔、销孔、倒角、圆角等。

⑤仔细检查草稿，删除多余线条，加深图线，并画剖面线，如图 8-98(c)所示。

⑥选择基准，分析布置尺寸，画出全部尺寸界线、尺寸线和箭头，注出表面粗糙度符号，如图 8-98(d)所示。

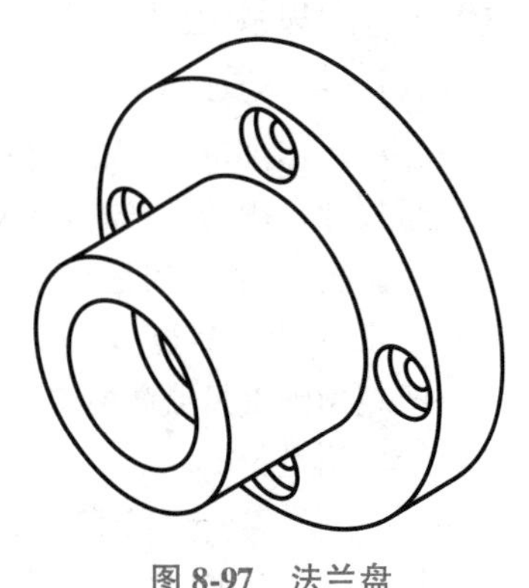

图 8-97　法兰盘

⑦逐个测量尺寸，填写尺寸数值。

⑧根据零件功能需求，添加尺寸精度、表面粗糙度、几何公差及技术要求。

⑨填写标题栏，完成全图。

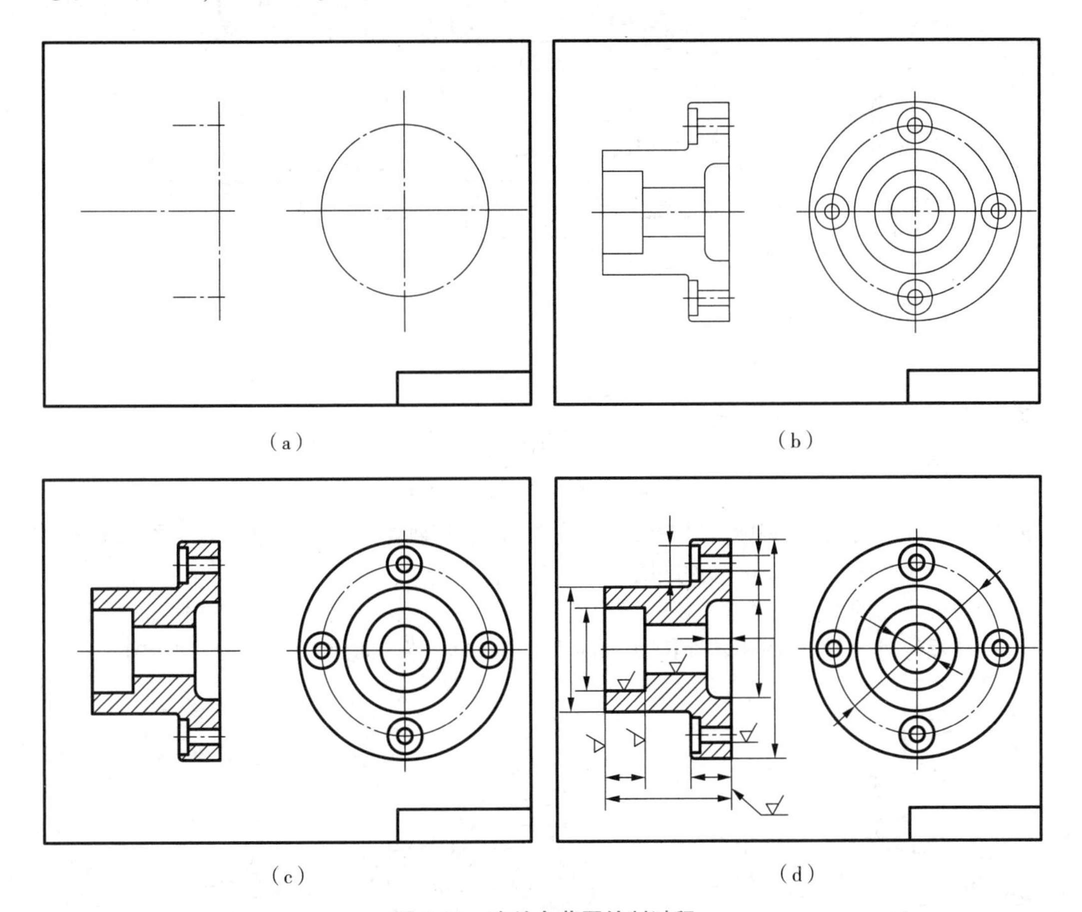

图 8-98　法兰盘草图绘制过程

零件草图常常在测绘现场画出，是后续工作绘制正规零件图的重要依据，因此，它应该具备零件图的全部内容，而绝非潦草之图。零件草图需要做到投影关系正确、各部分大小关系协调、视图和尺寸完全、字体工整、线型分明、图面清晰、技术要求完备，同样必须有图框、标题栏等。

8.10.2 常见测绘工具与零件尺寸测定方法

测量尺寸是零件测绘过程中的一个必要步骤。零件所有尺寸的测量应该在画出草图视图后集中进行,这样,不仅可以提高工作效率,而且可以避免错误和遗漏。

测量尺寸常用的工具有:直尺、内卡钳、外卡钳,游标卡尺,螺纹规、圆角规等。精密测量可用千分尺、高精度量具和专用量具等。

1. 线性尺寸的测量

一般利用钢直尺或游标卡尺直接测量线性尺寸,图 8-99(a)为用钢直尺测量长度;图 8-99(b)为用游标卡尺测量长度。

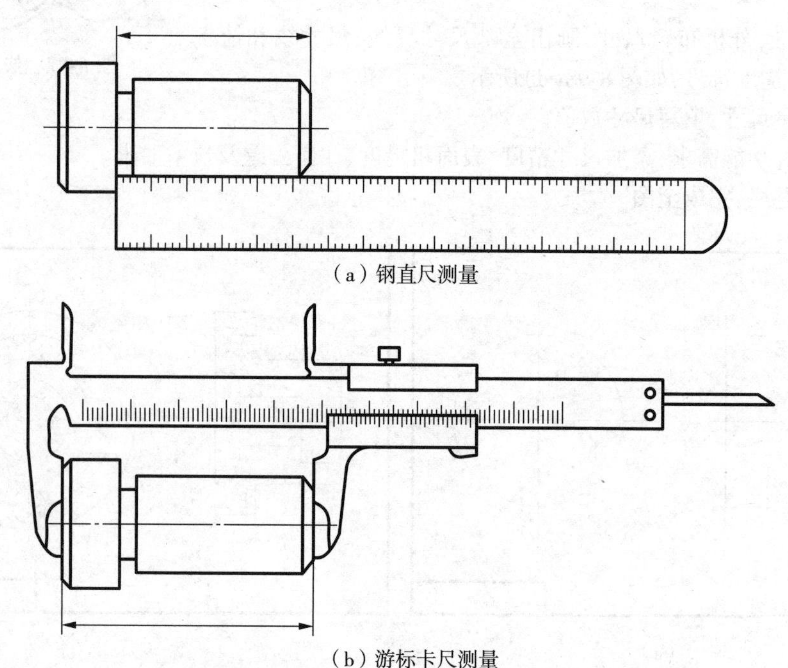

(a)钢直尺测量

(b)游标卡尺测量

图 8-99 直接测量线性尺寸

也可用内、外卡与钢尺、游标卡尺配合进行测量,利用几何关系通过简单计算得到需要的尺寸,即间接测量,图 8-100 为孔中心高度的测量。

同样,测量两孔的中心距也常采用间接测量方法。当孔径相等时,可按图 8-101(a)所示的方法测量;当孔径不等时,则可按图 8-101(b)所示的方法则量中心距,即此时中心距 $A=B+D1/2+D2/2$。

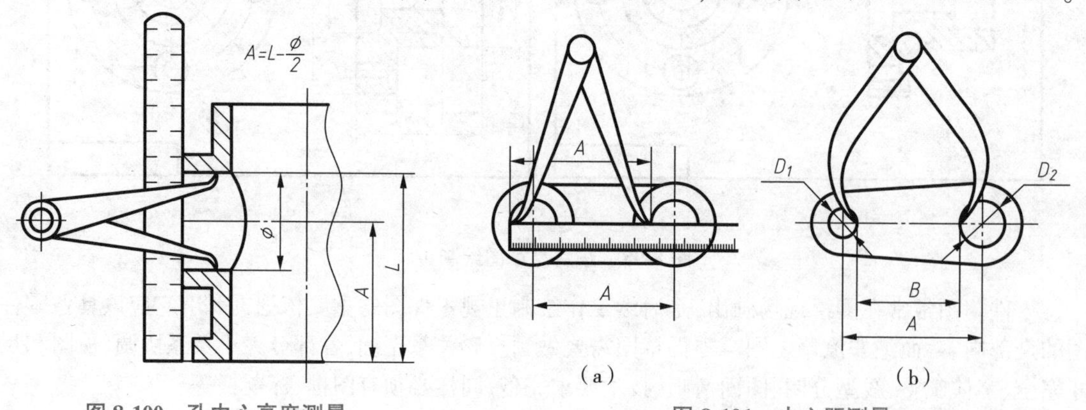

(a)

(b)

图 8-100 孔中心高度测量

图 8-101 中心距测量

2. 直径尺寸的测量

直径尺寸可用游标卡尺或内、外卡进行测量,也可用千分尺测量。图 8-102(a)为采用外卡测量轴的外径;图 8-102(b)为采用内卡测量孔内径;图 8-102(c)为采用游标卡尺测量内径和外径。游标卡尺可以直接读数,测量精度较高;内、外卡须借助钢尺来读数,测量精度相对较低。

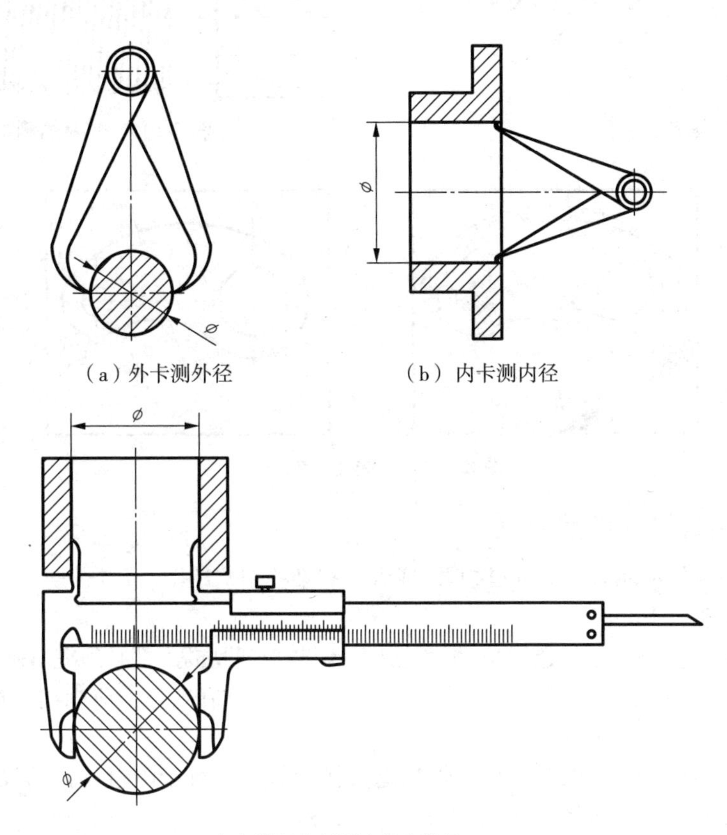

(a)外卡测外径　(b)内卡测内径

(c)游标卡尺测内径和外径

图 8-102　直径测量

3. 圆角半径的测量

可用圆角规测量圆角半径大小。圆角规由一组不同半径大小的内圆角和外圆角组成。测量时只要在圆角规中找出与被测量部分完全吻合的一片,记下其上的读数即可,如图 8-103 所示。对于铸造圆角一般目测估计其大小。

4. 螺纹参数的测量

对于螺纹结构需要测出螺纹公称直径和螺距的大小。对于外螺纹,测量大径和螺距;对于内螺纹,测量小径和螺距,然后查手册取标准值。对于螺距的测量可采用螺纹规直接测量,如图 8-104 所示;也可沿轴向量取多个齿距通过计算平均值获得。

5. 曲线轮廓的测量

对于精度要求不高的曲线轮廓的测量,可采用拓印法。即先在图纸上拓印出零件的曲线轮廓形状,然后用几何作图的方法求出各连接弧的半径尺寸和中心位置,如图 8-105 所示的圆弧半径尺寸 $R1$、$R2$、$R3$、$R4$ 等。

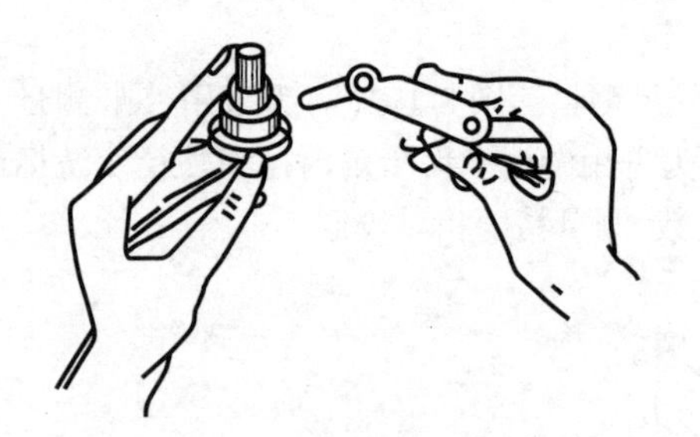

图 8-103　圆角的测量

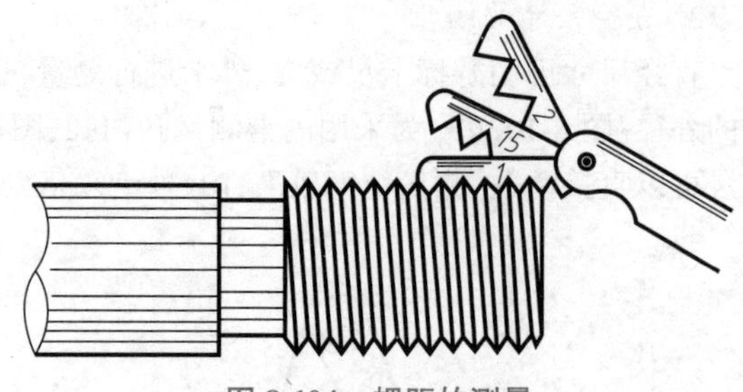

图 8-104　螺距的测量

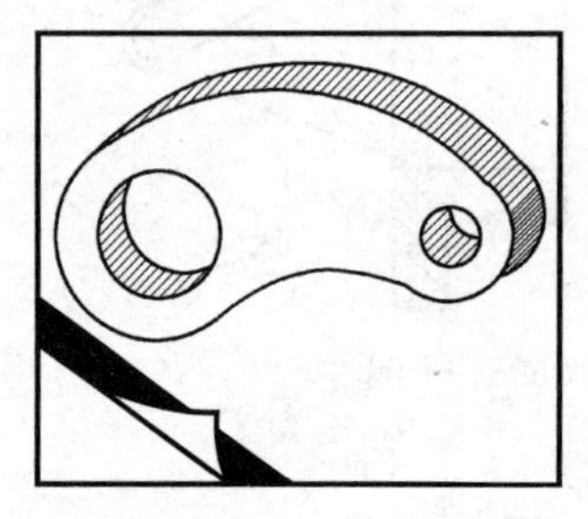

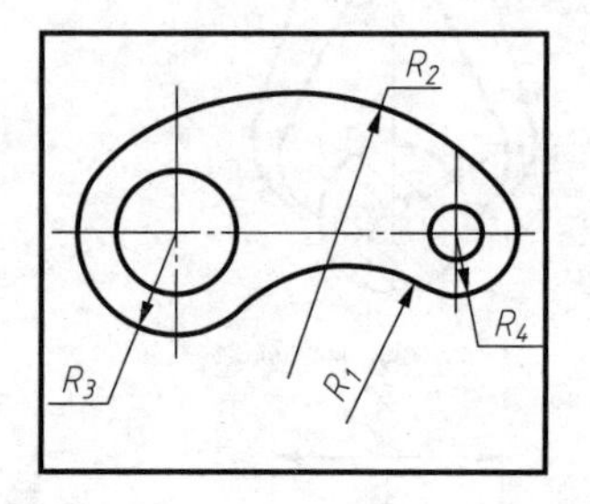

图 8-105　曲线轮廓的测量

8.10.3　零件测绘时的注意事项

由于实际被测零件可能有的局部已损坏，或者具有某些制造缺陷，或者长期使用磨耗等情况，因此测绘过程中要注意以下几点。

(1)零件上的工艺结构，如铸造圆角、倒角、退刀槽、凸台、凹坑等，都必须完整画出，不能省略。

(2)零件上的制造缺陷，如砂眼、缩孔、偏心、不对称和磨损痕迹等不应画出。对于不合理的结构，可以进行分析并适当改进。

(3)零件上的一些标准结构，如螺纹、键槽、退刀槽、倒角等，对于测量得到的尺寸数据，需要查阅对照有关技术标准规定，将测量数据标准化。

(4)测量尺寸的精度与尺寸要求要相适应，对不同精度的尺寸要选不同的量具。对于非重要尺寸和没有配合要求的尺寸，应按测得尺寸记录并尽可能取整。

(5)有配合要求或相互关联的尺寸应在测量后同时填入两个相关的草图中。在测量有配合要求的尺寸时，一般先测出它们的公称尺寸，其配合性质和相应的公差值应在功能分析的基础上，查阅有关手册确定。

(6)零件的技术要求，如表面粗糙度、热处理方式和硬度要求、材料牌号等可根据零件的作用、工作要求确定，也可参阅同类产品的图纸和资料类比确定。如需要特别关注的硬度也可通过硬度计测定。

(7)标准件无须要画出草图。但需要辨识其类别型式，测量出主要规格尺寸，并查阅有关技术标准，建立标准件列表备用。

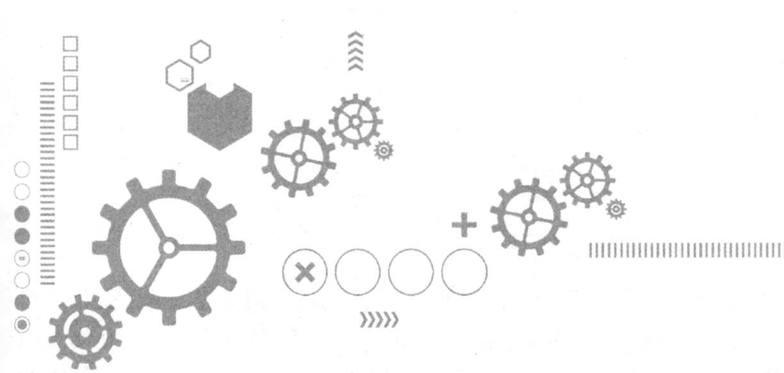

第9章 装配图

装配图是表达机器或部件各组成部分的相对位置、连接及装配关系的图样。表达整台机器的图样称为总装图；表达部件（即组成机器的相对独立的部分）的图样称为部件装配图。在设计、生产机器的过程中，装配图起着表达设计者的意图，指导生产、组装调试及检验的作用。另外在使用及修理机器时，也需要通过装配图来了解机器的构造、性能等。

本章将介绍装配图的基本内容、机器或部件的装配图画法、读装配图和由装配图拆画零件图的方法及部件测绘等内容。

思维导图

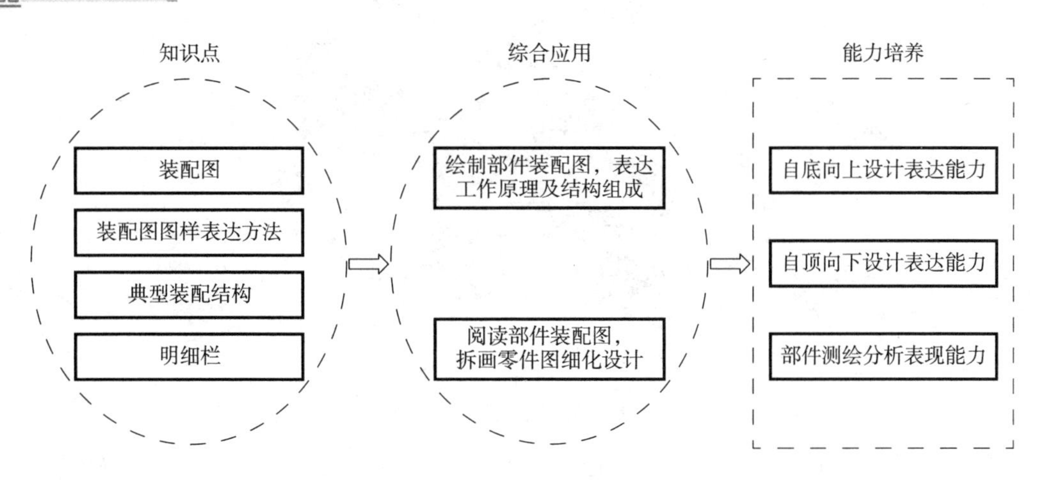

重点难点

1. 机器或部件的装配图画法；
2. 装配图的尺寸标注；
3. 由装配图拆画零件图；
4. 装配图图样表达方法。

素质拓展

机械强，工业强，则国家强。装配图作为表征产品整体信息的重要载体，一笔一画皆设计，无论

是自行车,还是航天器,都能用装配图来描绘,其体现的是设计能力。让我们引以为傲的大国重器,建造过程中利用了无数的图纸模型,张张图纸映射了设计师们拳拳赤子之心,一横一竖,方圆曲直,体现出攻坚克难、突破封锁的豪迈气势。

9.1 装配图的内容

如图 9-1 所示的轨行式主动车轮组,主要由双轮缘圆柱形车轮、主动轴、圆锥滚子轴承、角型轴承箱、轴套、闷盖和透盖等构成。角型轴承箱沿车轮滚动面对称布置,通过角型两端的安装孔实现轨行式主动车轮组与装备之间的螺栓连接。车轮与主动轴之间为平键连接,主动轴与角型轴承箱之间设置有圆锥滚子轴承,可实现车轮和主动轴相对于角型轴承箱的相对旋转运动。轴套用于调整角型轴承箱之间的轴向距离。运行机构电动机的输出扭矩经减速机放大后传递至主动轴,主动轴通过平键驱动车轮旋转,依靠车轮和轨道之间的摩擦力驱动装备的运行。

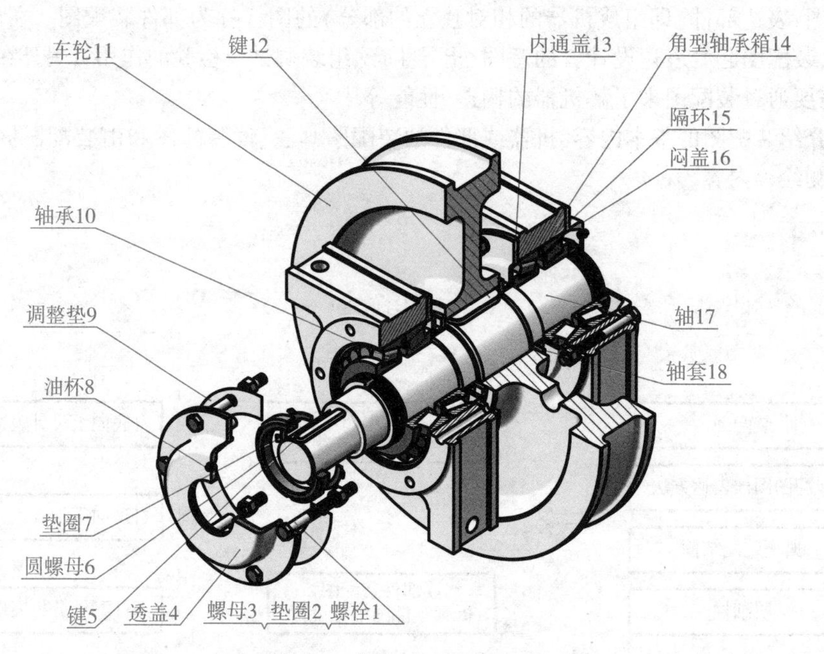

图 9-1 轨行式主动车轮组

轨行式主动车轮组广泛应用于桥门式起重机、隧道衬砌装备、架桥施工机械和各类特种设备的轨行式运行机构,已形成相关的技术标准,例如 JB/T 6392—2008《起重机车轮标准》等。

图 9-2 为轨行式主动车轮组装配图。它表达了主动车轮组的构成、零件之间装配关系,以及工作原理等。从图样中可以看出,一张完整的装配图包括了下列内容。

1. 一组视图

一组视图用来表达机器(或部件)的工作原理;组成部件的零(组)件;各个零(组)件之间的相互位置关系和连接装配关系;与其他部件或机座的连接、装配关系;主要零件的关键结构和形状。

本装配图包含两个视图,一个全剖主视图,主要反映部件的组成及各个零件相对位置与装配关系;左视图主要表示零件的外形。

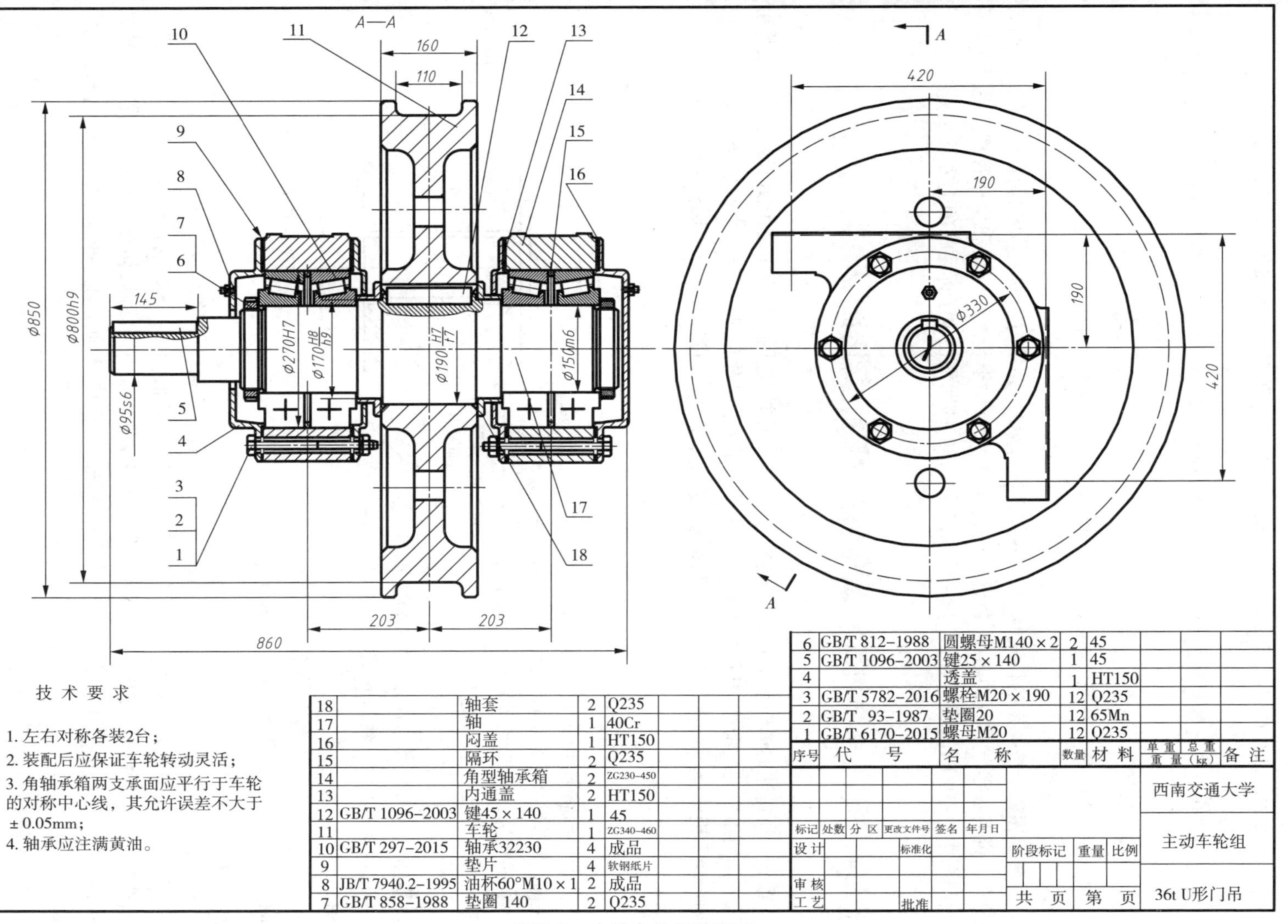

图9-2 主动车轮组装配图

2. 必要的尺寸

装配图中应标注反映机器(或部件)的性能、规格、安装情况、部件或零件间的相对位置、零件间的配合要求等必要的几类尺寸。如图中⌀95s6为规格尺寸,⌀170H8/h9为轴套与轴之间的配合尺寸。

3. 技术要求

技术要求用文字或符号注写出在图样上,表示对机器(或部件)的质量、装配、检验、使用等方面的要求。

4. 标题栏

用来表示部件或机器的名称、数量以及填写与设计有关的内容。

5. 零件序号和明细栏

在装配图样上按一定的格式,将各个零部件进行编号,并填写明细栏。零件序号和明细栏两者相配合来说明各零(组)件的名称、数量、材料、规格等,以便于装配图阅读和生产管理。在图9-2所示装配图中,主动车轮组共包括有18种不同零件,相应的明细栏位于标题栏的上方及左侧。

9.2 装配图的图样表达画法

第6章所讲述的机件常用的表达方法,在装配图中同样适用。但由于装配图所表达的对象是由若干零件所组成的装配体,其侧重点是表达机器或部件的工作原理、零部件之间的装配关系及主要结构形状。因此,绘制装配图时,还应遵循以下的规定画法,并可以使用特殊画法和简化画法。

9.2.1 规定画法

(1)两零件的接触表面和配合表面只画一条公用的轮廓线;不接触表面和非配合表面(基本尺寸不同)中间保持间隔,画出各自的轮廓线。即使间隙很小,也必须将其夸大画成两条线,如图9-3所示。

(2)为区分零件,两个(或两个以上)金属零件相互邻接时,剖面线的倾斜方面应相反,或者虽方向一致但间隙必须不等,如图9-3所示。

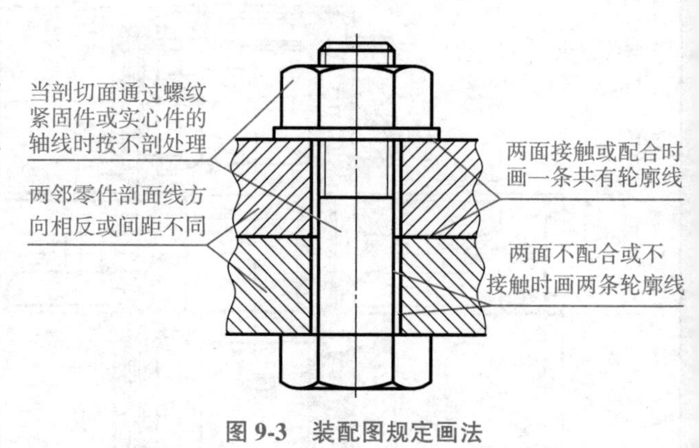

图9-3 装配图规定画法

同一零件在各视图上的剖面线方向和间隙必须一致,如图9-4中主视图和左视图上阀体的剖面线。

当零件厚度在2 mm以下时,剖切后允许以涂黑代替剖面符号,如图9-2中的垫片。

(3)在装配图中,对于螺栓等紧固件及实心零件,诸如轴、手柄、连杆、拉杆、球、销、键等,当剖切平面通过其基本轴线时(亦称"顺轴线剖切"),这些零件均按不剖绘制,如图9-3所示。如需要特别表示零件的构造如键槽、销孔等,则可采用局部剖视。当剖切平面垂直这些零件的轴线时,则应照常画出剖面线。

9.2.2 特殊画法

1. 拆卸画法

在装配图中,当某些零件遮住了所需表达的内容时,或者为了减少不必要的绘图工作量,可假想将某些零件拆卸后再绘制希望表达的部分，一般需要标注"拆去××等"字样来说明，如图 9-4 所示，图中左视图为拆去零件 13 扳手后画出的视图。但要注意，这种拆卸不能影响对装配体整体形象和功能的表达，不能仅仅是为了减少画图工作量。

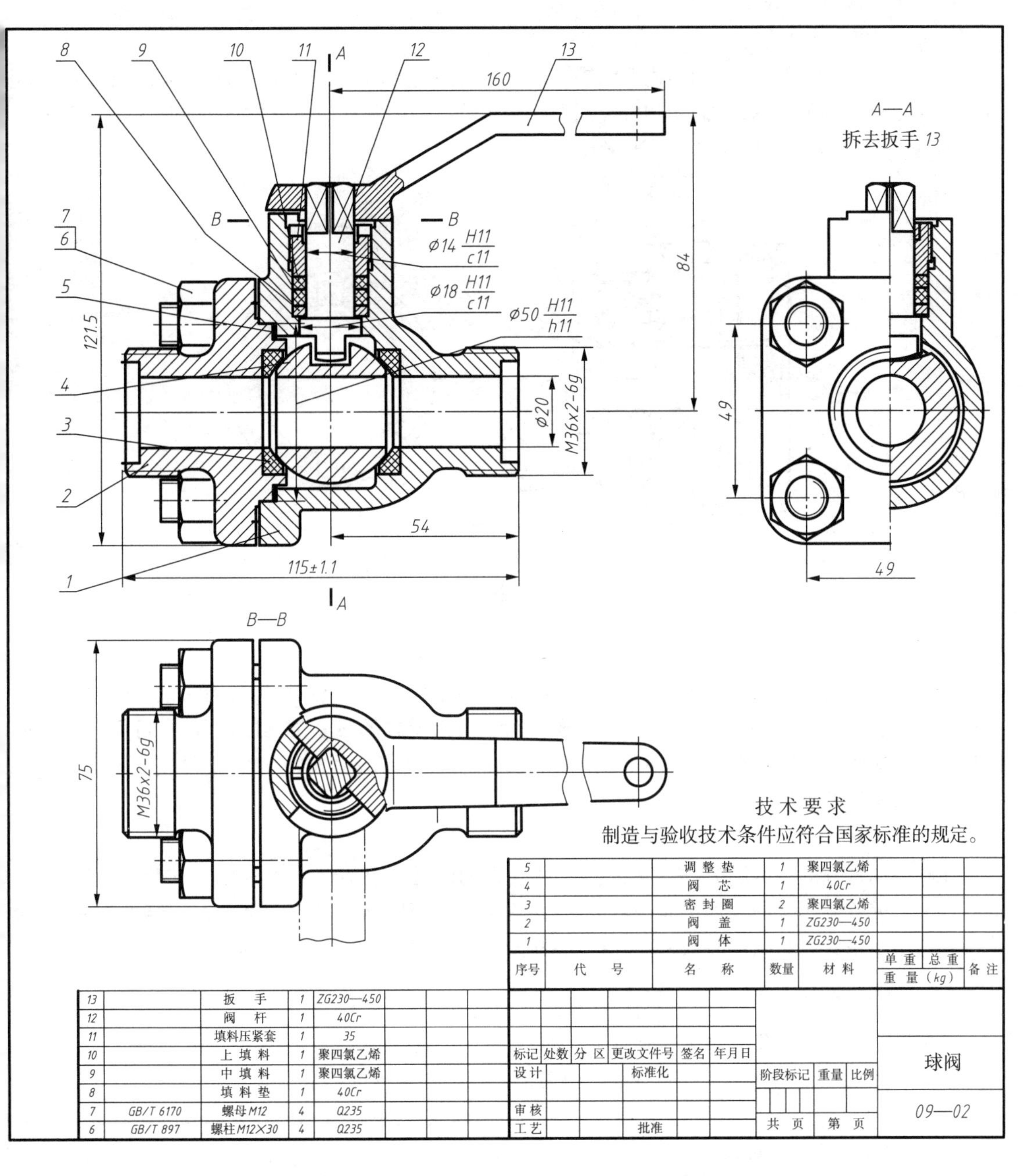

图 9-4　球阀装配图

2. 沿零件的结合面剖切

在画装配图时，可以假想沿零件的结合面进行剖切，此时在零件结合面上不画剖面线。如图 9-13 所示，齿轮油泵的左视图是沿泵体和泵盖的结合面剖切后再投射而得到的。此时，零件之间的结合面不画剖面线，但对于被剖切面切断的零件，如图中的螺钉断面则需画出剖面线。

3. 假想画法

为了表示运动零件的极限位置，或者表达与本部件有关联但不属于本部件的相邻零件（部件）时，可用双点画线画出相应的零部件。在图9-4所示的球阀装配图的俯视图上用双点画线画出了扳手的一个极限位置，比较形象地表达了扳手的工作运动范围。

4. 单独画出某个零件

在装配图中，为使某零件的结构形状表达清楚，可以单独画出该零件的视图，但必须在所画视图的上方注出该零件的视图名称，在相应视图的附近用箭头指明投射方向。在图9-5所示的转子泵装配图中，单独画出了压盖螺母 *A—A* 剖视图。

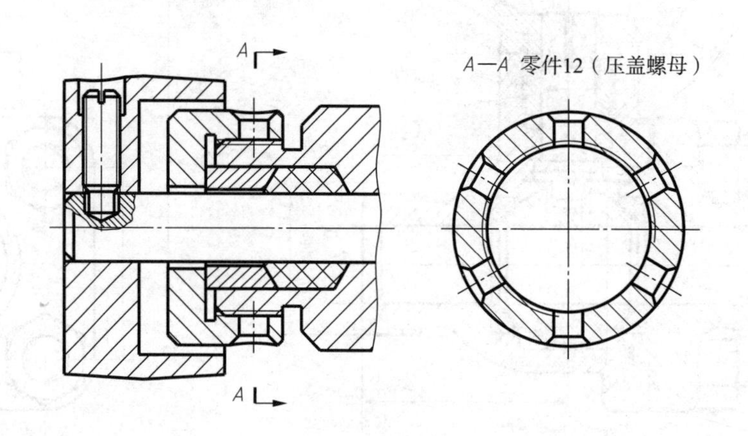

9-5　单独画法

5. 夸大画法

当遇到很薄、很细的零件，带有很小的斜度、锥度的零件或微小间隙时，若无法按全图绘图比例根据实际尺寸正常绘出，或正常绘出不能清晰表达结构或造成图线密集难以区分时，可将零件或间隙作适当夸大画出。图9-6中的垫片（涂黑部件）的厚度就作了夸大画出，轴承座端盖与轴之间的间隙也是夸大画出的。

6. 展开画法

在画传动系统的装配图时，为了在表示装配关系的同时能表示出传动关系，常按传动顺序，用多个在各轴心处首尾相接的剖切平面进行剖切，并将所得剖面顺序摊平在一个平面上绘出剖视图，称为展开画法。用此方法画图时，必须在所得展开图上方标出“×—×展开”字样。

9.2.3 简化画法

装配图中使用的简化画法主要有以下几种。

（1）在装配图中，零件上的倒角、圆角、退刀槽、滚花、刻线等可省略不画出。

（2）对于装配图中若干相同的零（组）件、部件，可以仅详细画出一处，其余则以点画线表示中心位置即可，如图9-6所示对螺钉组的处理。

（3）在装配图中，当剖切平面通过某些标准产品的组合件，或该组合件已在其他视图上清楚地表示了时，可以只画出其外形图。装配图中的滚动轴承需要表示结构时可在一侧用规定画法，另一侧用通用画法简化表示，如图9-6所示的轴承画法。

（4）在装配图中，螺母、螺栓的头部等允许采用简化画法，如图9-6所示。

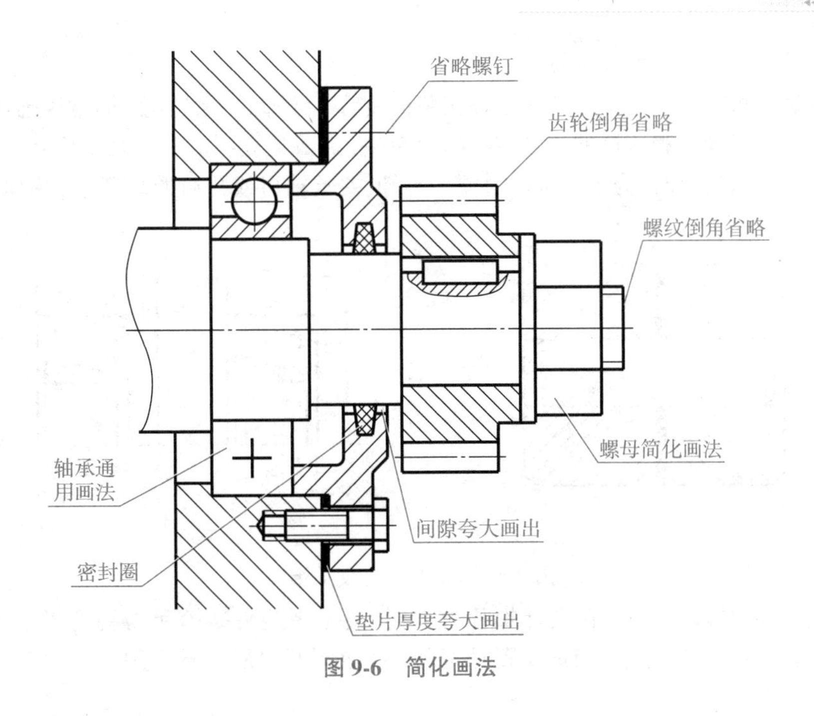

图 9-6　简化画法

9.3　典型装配结构

绘制装配图,需注意部件装配结构(即结构形式)的合理性,即在这种结构形式下,零件的加工和装配是否方便。不合理的结构,不仅给零件加工带来困难,而且产品的性能也难以保证,甚至造成整个部件报废。为此,这里就最常见的装配结构作一些介绍,以供画装配图时参考。

1. 装配接触面的合理配置

当两个零件接触时,两零件在同一方向上接触面的数量,不得多于一个,这样既可以保证接触良好,也便于零件加工,如图 9-7 所示。

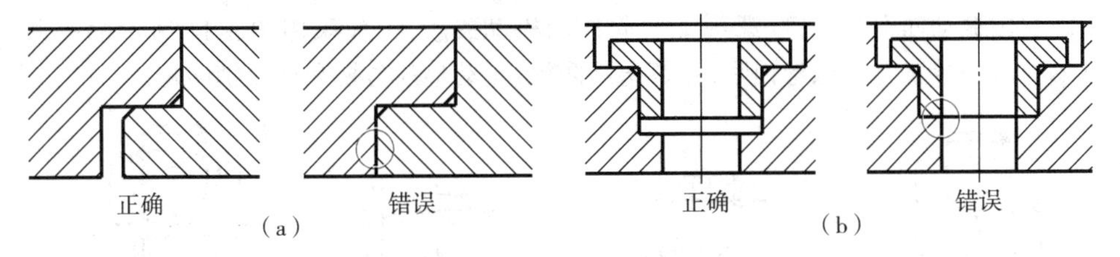

图 9-7　同方向接触面

轴、孔相互配合,且轴肩和孔的端面相接触的两零件,应在孔的接触端面上制成倒角或在轴肩根部切槽,也可将它们的接触表面的转角处设计成几何尺寸不等的倒角或圆角,以确保两表面良好的接触,如图 9-8 所示。

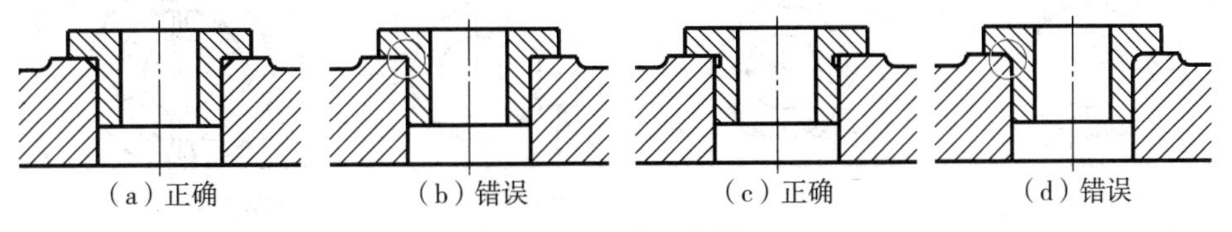

图 9-8　不同方向接触面

2. 结构设计时考虑拆装的可能性与方便性

①考虑拆装的可能性。为了保证两零件在装拆前后不致降低装配精度，通常用圆柱销或圆锥销将两零件定位。为了加工和装拆的方便，尽可能将销孔做成通孔，如图 9-9(a)所示。同理，滚动轴承常用轴肩进行轴向定位时，为了在维修时便于拆卸，要求轴肩或孔肩的高度应分别低于轴承内圈和外圈的厚度，如图 9-9(b)所示。

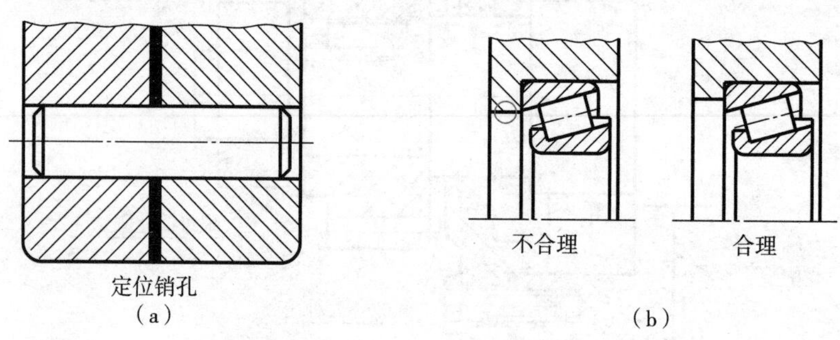

图 9-9 考虑拆卸方便的结构

②保证有足够的拆装空间。在设计螺栓位置时，要考虑装拆螺栓所需要的扳手活动空间，如图 9-10(a)所示。同样，在确定螺钉的位置时，需要留出拆装螺钉所需要的空间，如图 9-10(b)所示。

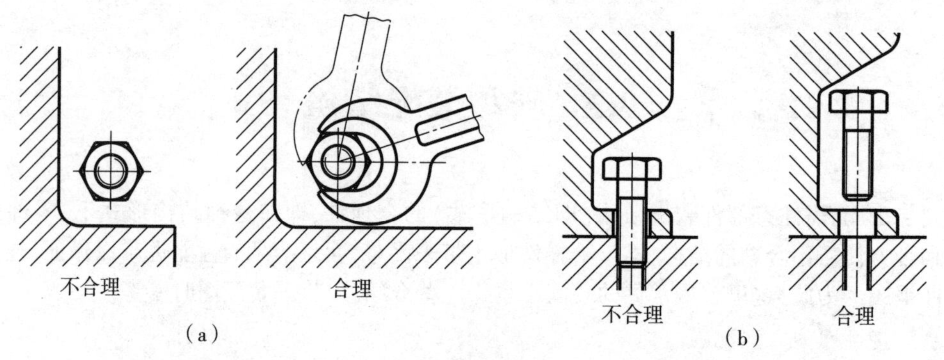

图 9-10 考虑装拆空间的结构

3. 连接中防松结构

为了防止因振动而引起螺钉、螺母等紧固件的松动或脱落，应采用图 9-11 所示的一些防松装置。常见的有防松装置有双螺母锁紧、弹簧垫圈防松、止动垫片防松和开口销防松。

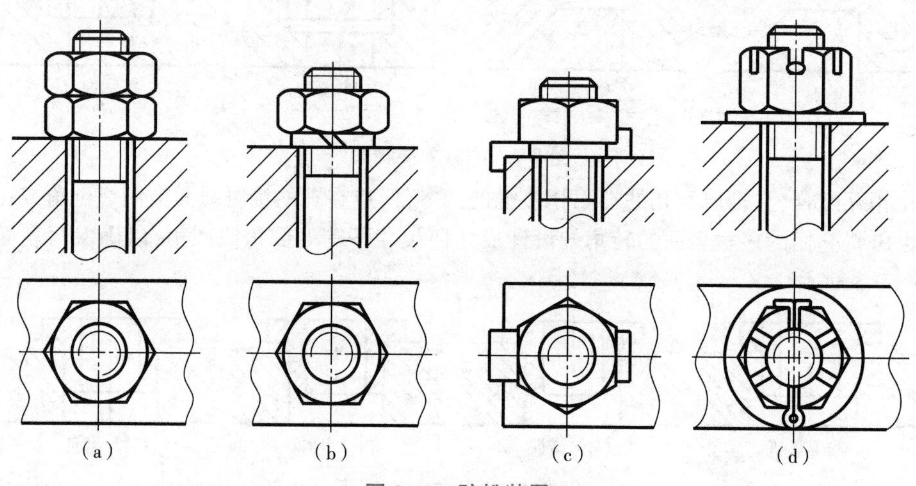

图 9-11 防松装置

4. 密封防漏结构

在机器或部件中，为了防止灰尘和水分的进入，以及防止轴承的润滑剂等内部液体的外漏，常常需要采用密封结构。图 9-6 为标准化的毡圈密封的方式，通过在端盖上开槽装入毡圈，实现了轴承密封。图 9-12 为一种典型的防漏结构，用压盖或螺母将填料压紧起到防漏作用。

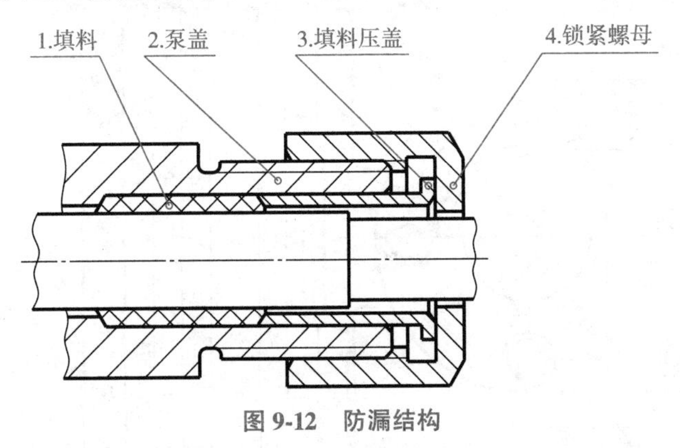

图 9-12　防漏结构

9.4　装配图中的尺寸标注

在装配图中标注尺寸的目的与在零件图中标注尺寸的目的完全不同。零件图中必须注出零件的全部尺寸以确定零件的形状和大小，用来作为加工零件的直接依据。装配图中只需注出必要的尺寸，以说明部件或机器的性能规格、零部件之间的装配关系、部件或机器的外形大小及对外安装连接关系即可。

一般情况下，装配图中标注下列五类尺寸。

1. 性能规格尺寸

表示部件或机器的性能和规格的尺寸，它们是设计和选用部件或机器的主要依据。如图 9-4 中，球阀的进、出油口的尺寸∅20。

2. 装配尺寸

(1) 零件间的配合尺寸

它表示了两个零件间的配合性质和工作状态，是分析部件工作原理的重要依据，也是设计零件和制定装配工艺的重要依据。如图 9-4 中阀体与阀杆的配合尺寸∅18H11/c11，阀体与阀盖的配合尺寸∅50H11/h11 均属此类。

(2) 重要的相对位置尺寸

重要的相对位置尺寸是零件之间或部件之间或它们与机座之间必须保证的相对位置尺寸。此类尺寸可以依靠具体制造零件时保证，也可以在装配时靠调整得到。图 9-13 左视图中两个啮合齿轮的中心距 35±0. 02 是一个重要相对位置尺寸，它决定了齿轮油泵能否正常工作。

3. 外形尺寸

外形尺寸表示部件或机器的总长、总宽和总高。如图 9-13 中齿轮油泵的长度尺寸 151，高度尺寸 116 和宽度尺寸 100。它们说明安装部件或机器时，以及部件或机器工作时所需空间，有时也说明部件或机器在包装、运输时所需空间。另外，当因部件中零件运动而使某方向总体尺寸为变化值时，应标明变化范围。

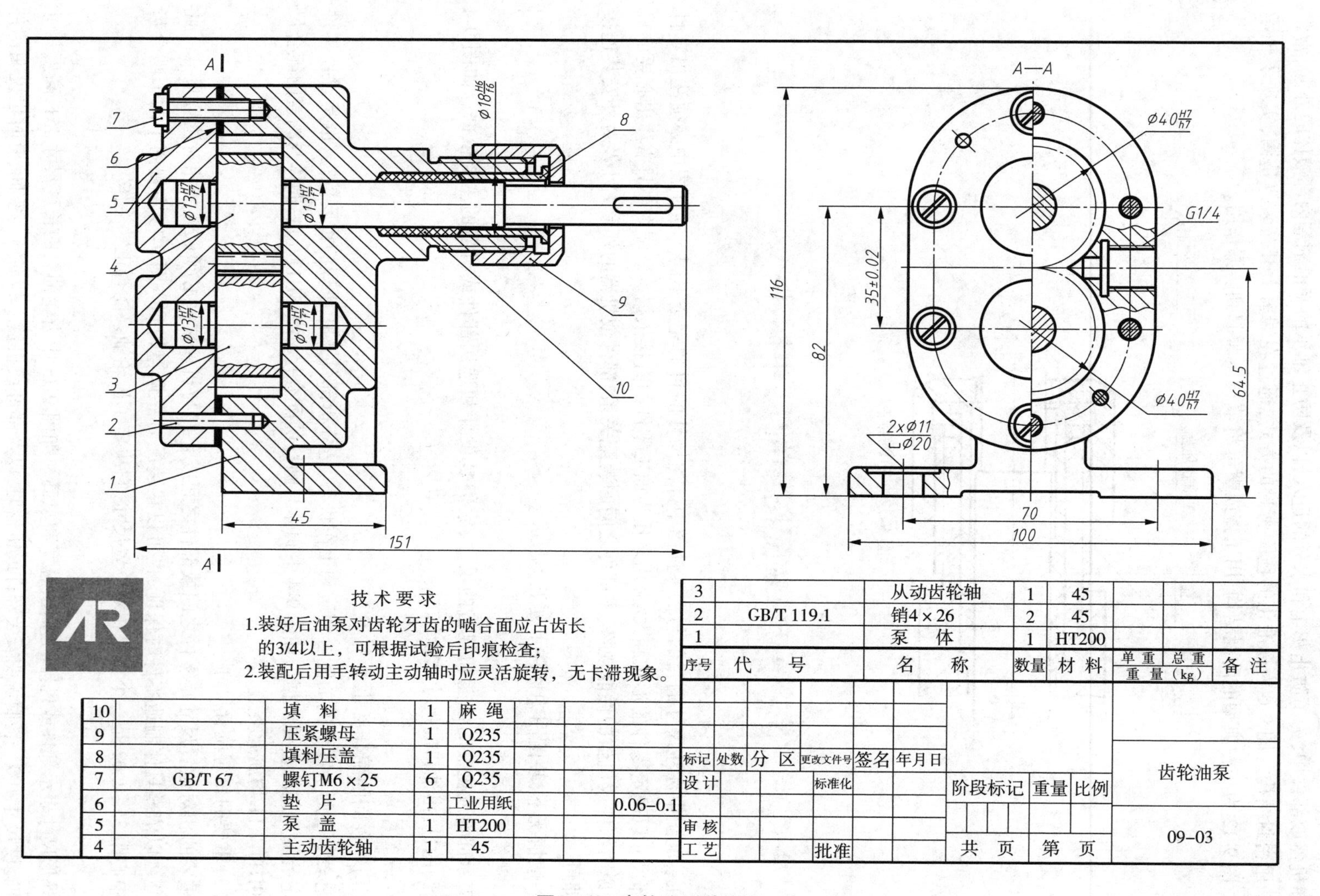

图9-13　齿轮油泵装配图

4. 安装尺寸

安装尺寸是指部件之间或部件与机体之间或机体与底座之间安装时需要的尺寸，包括安装定位和紧固用的孔、槽的定形、定位尺寸等。如图9-13所示的泵体与机座安装用的过孔2×⌀11和孔心距70。

5. 其他重要尺寸

主要零件的关键结构、形状尺寸，决定运动零件活动范围的极限尺寸等。

以上几类尺寸彼此并非绝对无关，实际上某些尺寸往往同时兼有不同作用。如图9-13中齿轮啮合中心距既是两啮合齿轮的重要相对位置尺寸，又是泵体的关键结构尺寸。另外，并不是所有的装配图都同时具备这几类尺寸，应根据具体情况进行分析，合理选择标注。

9.5 装配图中的零件序号和明细栏

为了看图方便和图样管理，装配图上对每个零件或部件应编写序号，并在标题栏的上方画出明细栏，然后将零件的有关信息填写到明细栏中，图中零、部件的序号应与明细栏中该零、部件的序号一致。

9.5.1 序号的编排方法

在装配图中，互不相同的零件对应顺序不同的编号；一个部件可以只编一个序号；同一装配图中相同的零件或部件一般只编一个序号。

1. 序号的注写形式

(1)在水平的基准(细实线)上注写序号，序号的字号比该装配图中所注尺寸数字的字号大一号或两号，如图9-14(a)所示。

(2)在圆(细实线)内注写序号，序号的字号比该装配图中所注尺寸数字的字号大一号或两号，如图9-14(b)所示。

(3)在指引线的非零件端的附近注写序号，序号的字号比该装配图中所注尺寸数字的字号大一号或两号，如图9-14(c)所示。

同一装配图中注写序号的形式应一致。

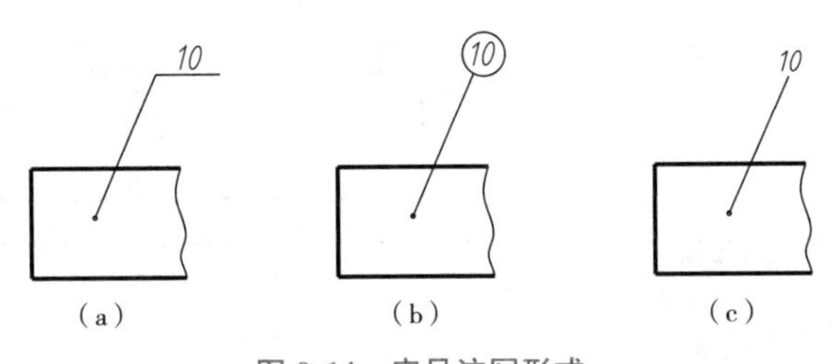

图9-14 序号注写形式

2. 序号标注方法

序号应注写在图形轮廓线的外边，并利用指引线(细实线)把被标注的零件或部件与序号联系起来。一般在所指零、部件的可见轮廓内画上一圆点，然后从圆点开始画指引线，如图9-15(a)所示；当所指部分为很薄的零件或涂黑的剖面，不便画圆点时，可在指引线末端画出箭头，并指向该部分轮廓，如图9-15(b)所示。

3. 几点说明

(1)指引线相互不能相交。当指引线通过有剖面线的区域时，它不应与剖面线平行。指引线可以画成折线，但只可折弯一次，如图9-15(c)所示。

(2)一组紧固件及装配关系清楚的零件组,可以采用公共指引线,如图 9-16 所示。

(3)零、部件序号应沿水平或竖直方向排列整齐(在一条直线上),优先采用在整个图面上按顺时针或逆时针方向顺序排列。如图 9-16 所示,零部件序号按顺时针方向增序排列。

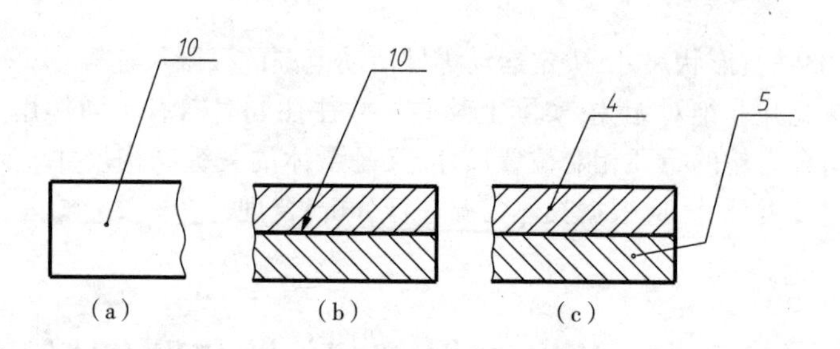

图 9-15 指引线与序号标注

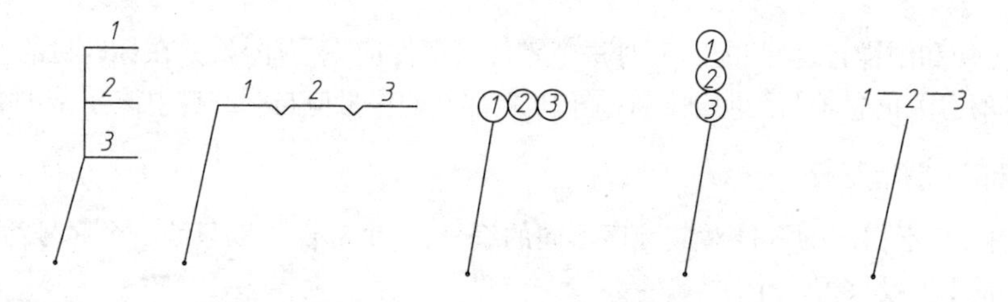

图 9-16 公共指引线的编注形式

9.5.2 明细栏

明细栏是装配图所表达的机器或部件中全部零、部件的详细目录。一般由序号、代号(图号)、名称、数量、材料、备注等内容组成,是对零、部件信息的简要描述。明细栏一般配置在标题栏的上方,并且自下而上逐行顺序填写,一般按左对齐方式在对应的栏格中书写内容。当由下而上延伸位置不够时,可紧靠标题栏的左边自下而上延续,如图 9-17 所示。

5		调整垫	1	聚四氯乙烯			
4		阀芯	1	40Cr			
3		密封圈	2	聚四氯乙烯			
2		阀盖	1	ZG230-450			
1		阀体	1	ZG230-450			
序号	代号	名称	数量	材料	单重	总重	备注
					重量(kg)		

13		扳手	1	ZG230-450			
12		阀杆	1	40Cr			
11		填料压紧套	1	35			
10		上填料	1	聚四氯乙烯			
9		中填料	1	聚四氯乙烯			
8		填料垫	1	40Cr			
7	GB/T 6170	螺母M12	4	Q235			
6	GB/T 897	螺柱M12×30	4	Q235			

标记	处数	分区	更改文件号	签名	年月日				
设计			标准化			阶段标记	重量	比例	球阀
审核									
工艺			批准			共 页	第 页		09-02

图 9-17 明细栏及其配置

明细栏的内容、格式在国家标准 GB/T 10609.2—2009 中有规定,明细栏一般由序号、代号、名称、数量、材料、重量(单件、总计)、分区、备注等组成,但也规定可按需要适当增减。

当装配图中不能在标题栏的上方配置明细栏时,可作为装配图的续页按 A4 幅面单独给出。此时明细栏的顺序应是由上而下延伸,还可连续加页,但应在明细栏的下方配置标题栏,并在标题栏中填写与装配图相一致的名称和代号。

9.6 绘制装配图的方法与步骤

装配图表达了部件或机器的组成和工作原理,画装配图是记录产品设计构思和表现产品结构的重要手段。在进行新产品开发时,首先要根据产品的功能需求,设计绘制出产品的装配图,然后根据装配图拆画出各个零件图,完成产品设计。为了进行产品维护或改良设计,需要对现有产品进行测绘,此时先测绘画出各个零件视图,然后根据机器或部件工作原理,绘制出装配图。

9.6.1 画装配图的两种方法

画装配图时,从画图顺序区分有以下两种方法。

①由内向外画法。从各装配线的核心零件开始,依据装配关系"由内向外"逐层扩展画出各个零件,最后画箱(壳)体等支撑、包容零件。此种方法的画图过程与大多数情况下设计过程相一致,画图的过程也就是设计的过程,在设计新机器绘制装配图(特别是绘制装配草图)时多被采用。

②由外向内画法。先将起支撑、包容作用的体量较大、结构较复杂的箱(壳)体或支架等零件画出,再根据装配线和装配关系"由外向内"逐次画出其他零件。此种画法多用于根据已有零件图"拼画"装配图的情况,如对已有机器进行测绘或整理新设计机器的技术文件。该方法的画图过程常常与具体的部件装配过程一致,便于空间想象。

9.6.2 画装配图的步骤和方法

这里采用第二种方法,即已知零件图拼画装配图,以绘制机用虎钳的装配图为例,介绍画装配图的作图步骤。

机用虎钳是一种装在机床工作台上,用来夹紧零件,以便进行机械加工的通用夹具,如图 9-18 所示。虎钳用螺栓通过钳座上安装孔装在机床工作台上。当用方孔扳手套入螺杆右端的方头,并转动螺杆时,由于螺杆的左端已被螺母及销轴向限制在钳座上,不能移动,故螺杆的转动就带动方块螺母和与之用螺钉相连的活动钳口做直线往复运动,从而使两护口板闭合或张开以夹紧或松开工件。两块护口板用沉头螺钉固定在钳座与活动钳口上,以便磨损后及时更换。同时,为了增加其耐磨性和使用期限,护口板经淬火热处理,达到一定的硬度。护口板表面的滚花网纹是用来增加对零件的夹持力的。

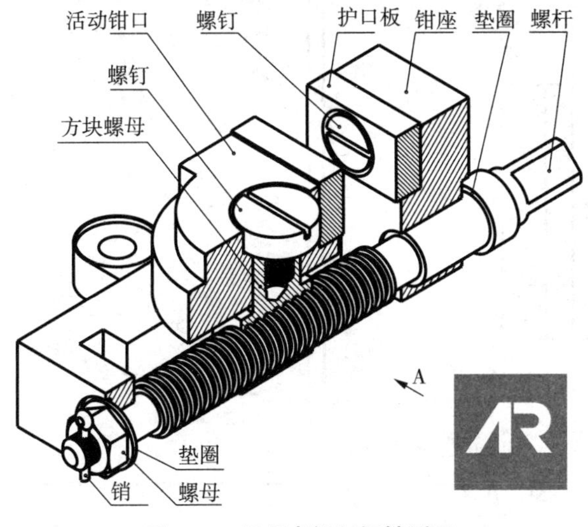

图 9-18 机用虎钳剖切轴测图

机用虎钳的主要零件的零件图如图 9-19 所示。

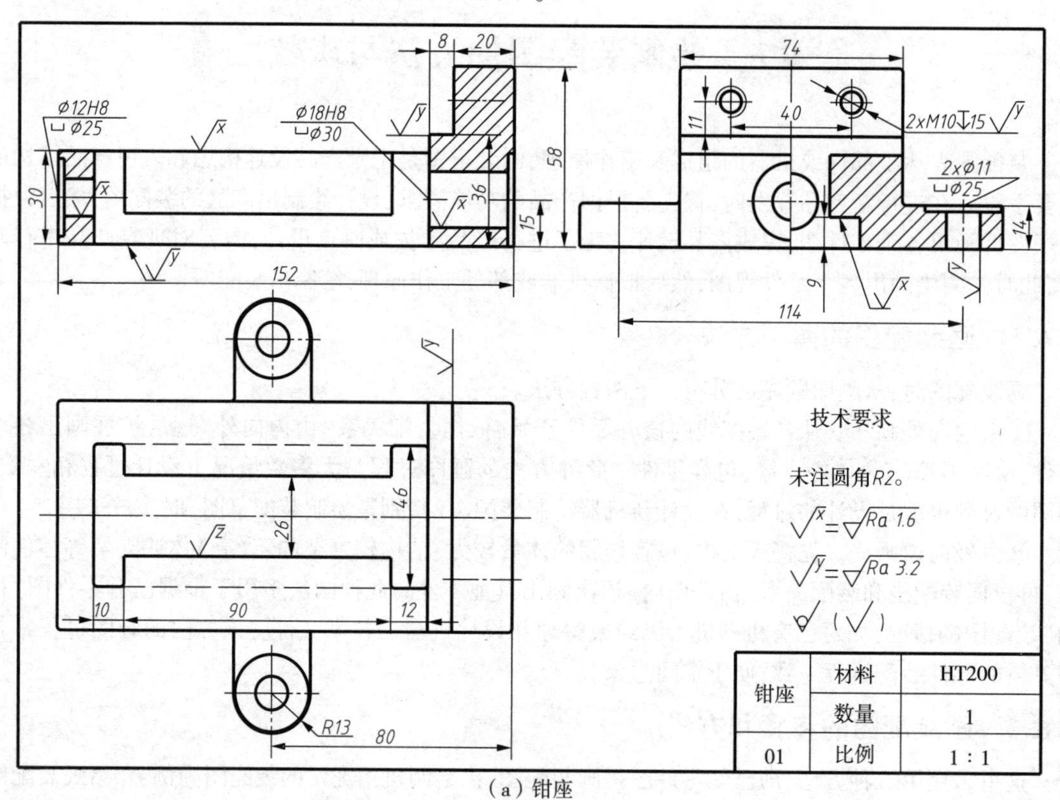

（a）钳座

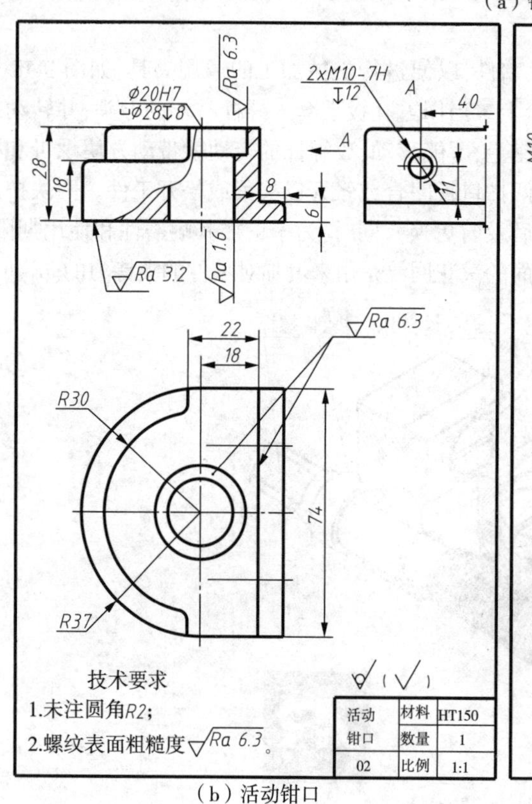

（b）活动钳口

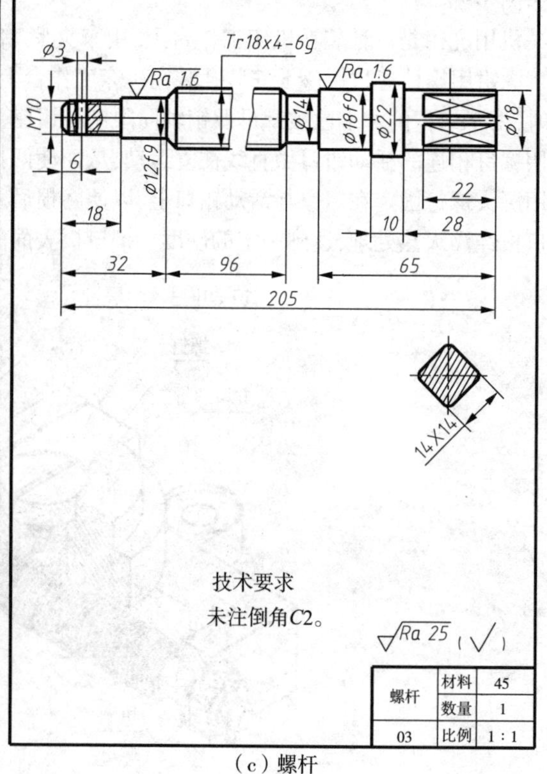

（c）螺杆

图 9-19　机用虎钳主要零件的零件图

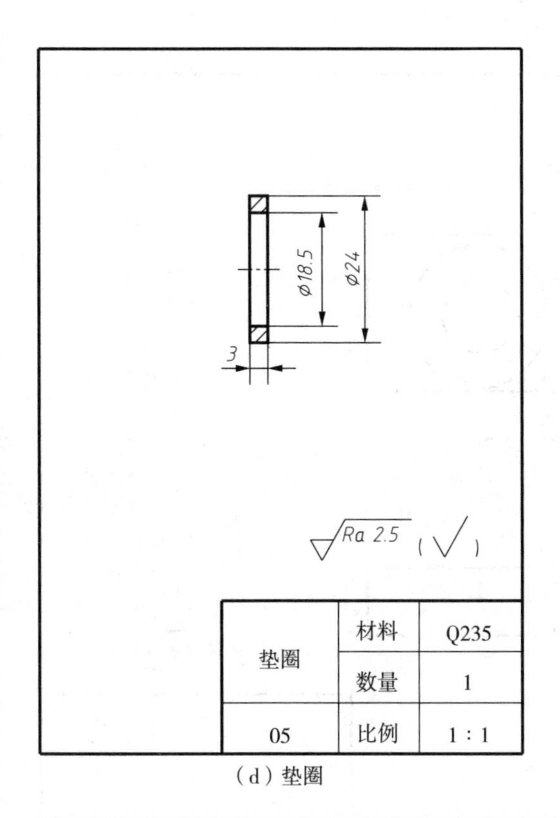

(d) 垫圈

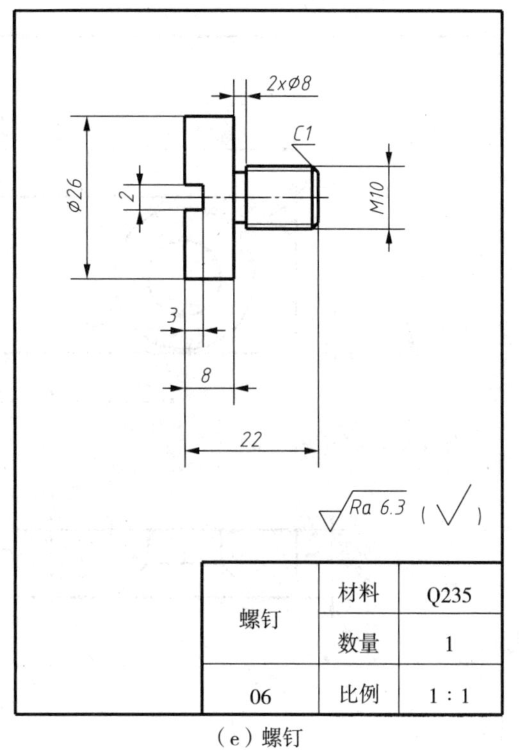

(e) 螺钉

M10
18
15
32
Tr18x4-7H
30
Ø20f9
Ra 1.6
C2
24
46
26
Ra 1.6
8
40
Ra 6.3 (√)

方块螺母	材料	45
	数量	1
04	比例	1 : 1

(f) 方块螺母

图 9-19　机用虎钳主要零件的零件图(续)

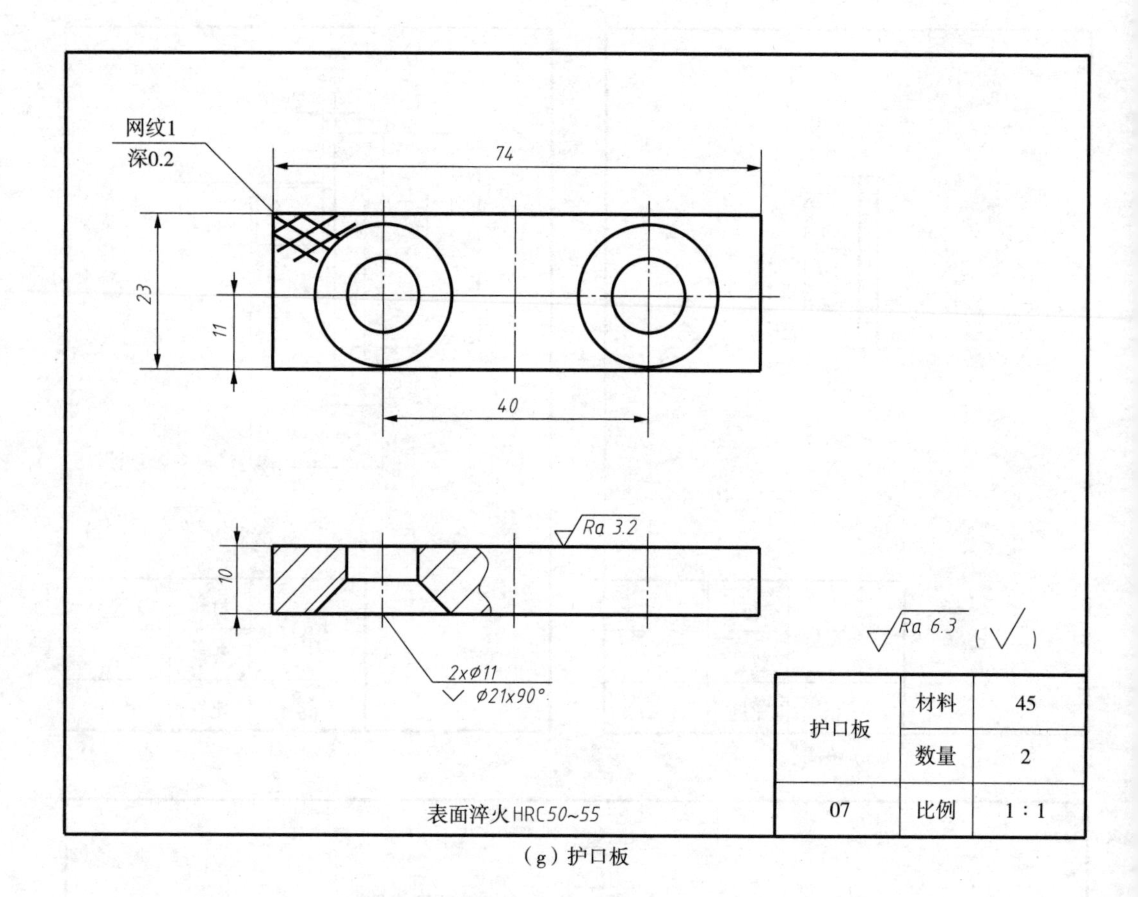

（g）护口板

图 9-19　机用虎钳主要零件的零件图(续)

1. 分析部件，确定表达方案

(1)了解部件的装配关系和工作原理

分析部件的功能和部件的组成；分析零件的相互位置和装配关系，厘清部件中的零件布局形成的主要装配线；分析各零件的运动情况和部件的工作原理；分析部件的工作状态和安装状态，与其他部件及机座的位置关系、安装、固定方式。这些都是正确画出装配图的基础。

如图 9-18 所示，机用虎钳有两条装配线，其中沿螺杆轴线方向形成一条主要装配线；活动钳口、方块螺母及螺钉的轴线形成另一条装配线。钳座为主要支承零件，支承包容虎钳其他零件，并与其他部件或机座实现安装连接。

(2)确定表达方案

首先，选择装配图的主视图，一般考虑下列原则。

①应能反映部件的工作状态或安装状态；

②应能反映部件的整体形状特征；

③应能表示主装配线上零件的装配关系；

④应能表示部件的工作原理；

⑤应能表示较多零件的装配关系。

综合考虑以上几方面，本例选择图 9-18 所示的 *A* 方向作为主视图方向，并作全剖视图，将虎钳工作原理、两条装配线上零件的装配关系表达出来。

其次，选择其他视图，形成完整表达方案。

①首先考虑选择其他基本视图，用适当的画法把主视图应兼顾的五项任务中未能完成的部分体现出来。

②选用基本视图或辅助视图，用适当的画法把未表示的剩余内容，诸如其他装配线、零散装配点、工作原理、对外安装关系及必要的零件结构、形状等表示出来。做到表达完整、正确，同时避免内容的重复表达。

因虎钳前后对称，选择了半剖的左视图，既表达了螺钉、方块螺母与螺杆的装配关系，同时将活动钳口与钳座等外形反映出来。俯视图采用了反映外形为主的局部剖视图，剖开部分将护口板与钳座螺钉联接关系表达出来。

对于制订的表达方案，需要进行检查和推敲。考虑组成部件的零（组）件是否表示完全，即每种零（组）件中起码在图样中出现过一次；部件工作原理是否得到充分表达；与工作原理有直接关系的各零件的关键结构、形状是否表示清楚；与其他部件和机座的连接、安装关系是否表示明确；投影关系是否正确，画法和标注是否正确、规范。

2. 绘制装配图的一般过程

如前所述，按画图顺序不同，绘制装配图可以划分为两种方法。但无论采用哪种方法，一般都应遵循一定的作图步骤。

(1)确定图幅

根据视图表达方案，以及部件大小与复杂程度，选取比例，确定图幅，画出图框并留出标题栏和明细栏的位置。

(2)布置视图

根据视图的数量及其轮廓尺寸，画出确定各视图的主要轴线（装配线）、对称中心线和作图基线（主要零件的基面或端面）来布局视图。本例分别以钳座底部前后安装孔轴线、部件前后对称面、螺杆轴线为长、宽、高三个方向的作图参照，来完成主要视图布局，如图 9-20(a)所示。注意，各视图之间要留有适当的位置，以便标注尺寸和编写零件序号。

(3)画各视图底稿

从主装配线入手，先画出主要支撑零件，然后“从外向内”逐步画出装配线上的各个零件。画图时一般从主视图开始，以主视图为中心，几个视图协作进行。

根据制定的机用虎钳的装配图的表达方案，首先画出其主要的支撑零件，即钳座零件的主要轮廓图，如图 9-20(b)所示。然后，按照装配关系，画出水平方向的主装配线。即在钳座零件基础上，以方头螺杆轴线定位画出方块螺母，装上方头螺杆，螺杆左端用螺母及销进行轴向固定，如图 9-20(c)所示。最后，基于方块螺母依次画出竖直装配线上的活动钳口与螺钉，以及固定在活动钳口与钳座上的两块护口板，如图 9-20(d)所示。

(4)校核检查，完成全图

完成视图底稿后，校核检查，擦去多余线条，然后画出剖面线，加深图线，注写尺寸。最后编写零、部件序号，绘制填写明细栏，书写技术要求，填写标题栏。绘制完成的机用虎钳装配图如图 9-21 所示。

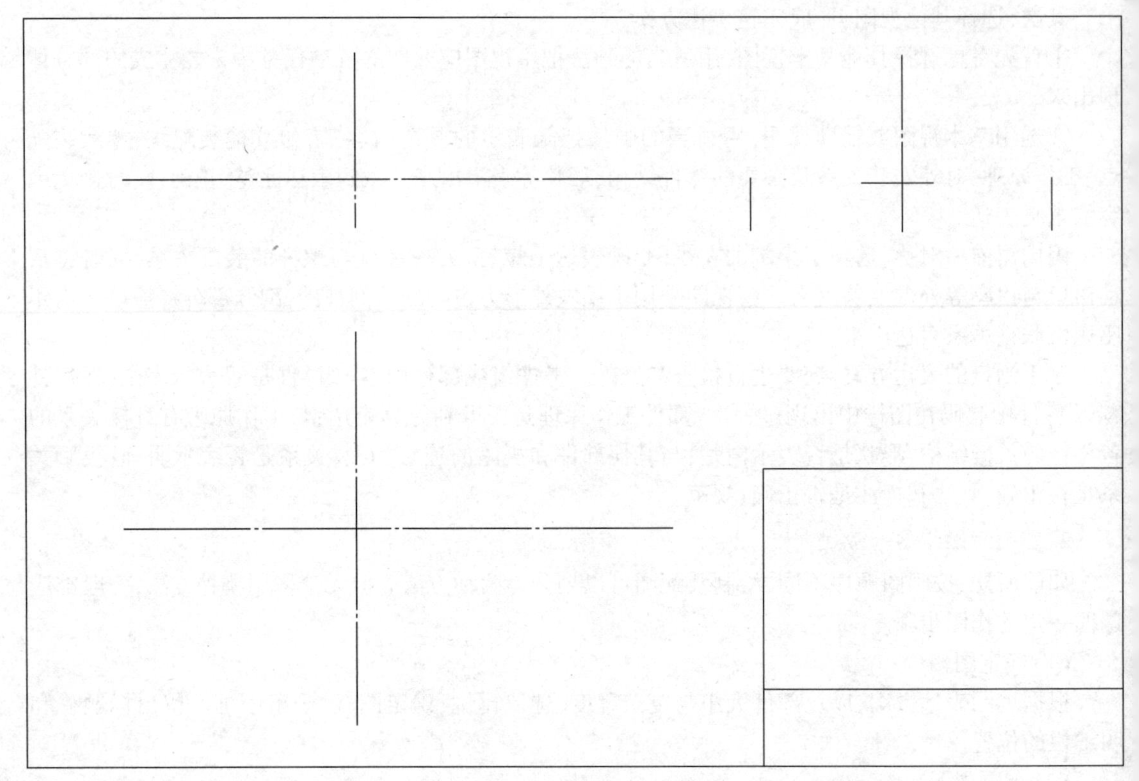

（a）布局视图

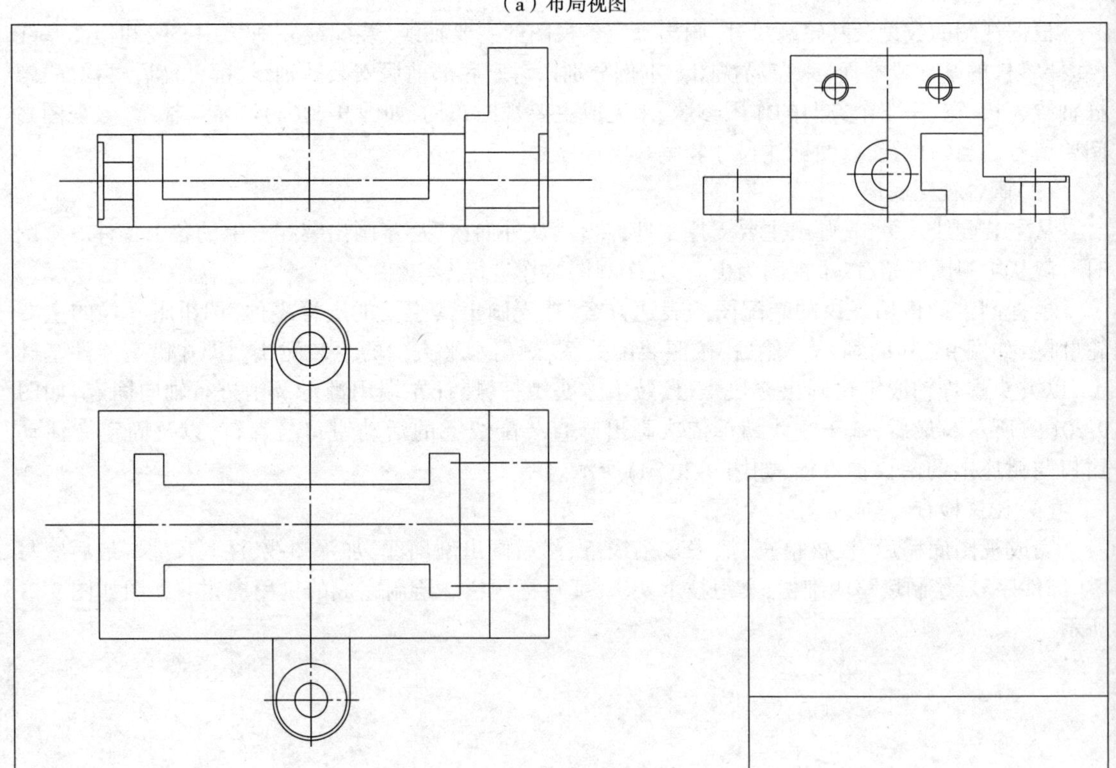

（b）钳座轮廓图

图 9-20　机用虎钳装配图作图步骤

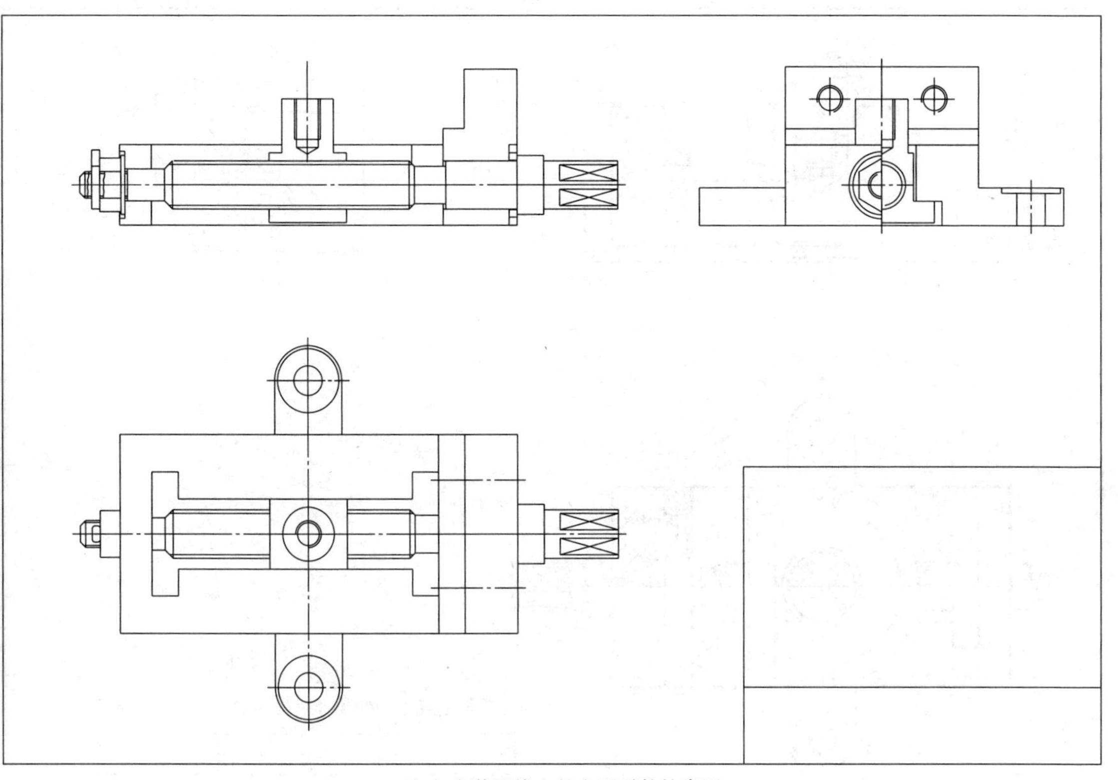

（c）主装配线上的主要零件轮廓图

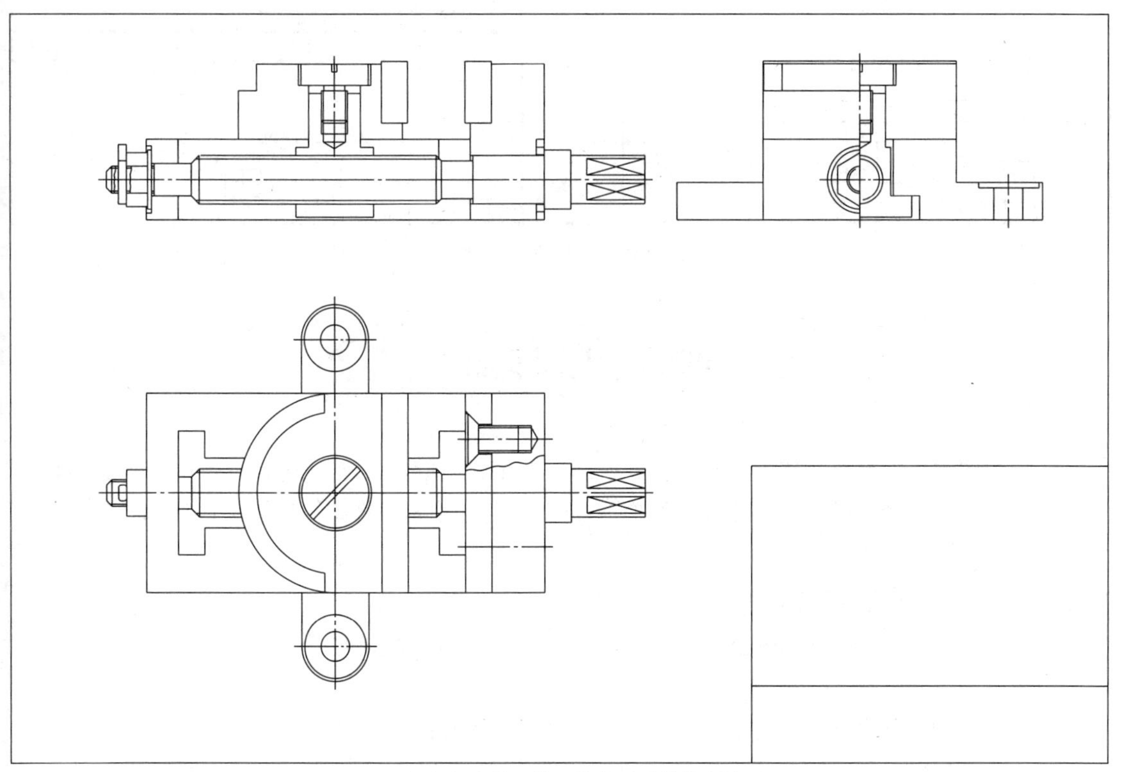

（d）竖直装配线上的主要零件轮廓图

图 9-20　机用虎钳装配图作图步骤(续)

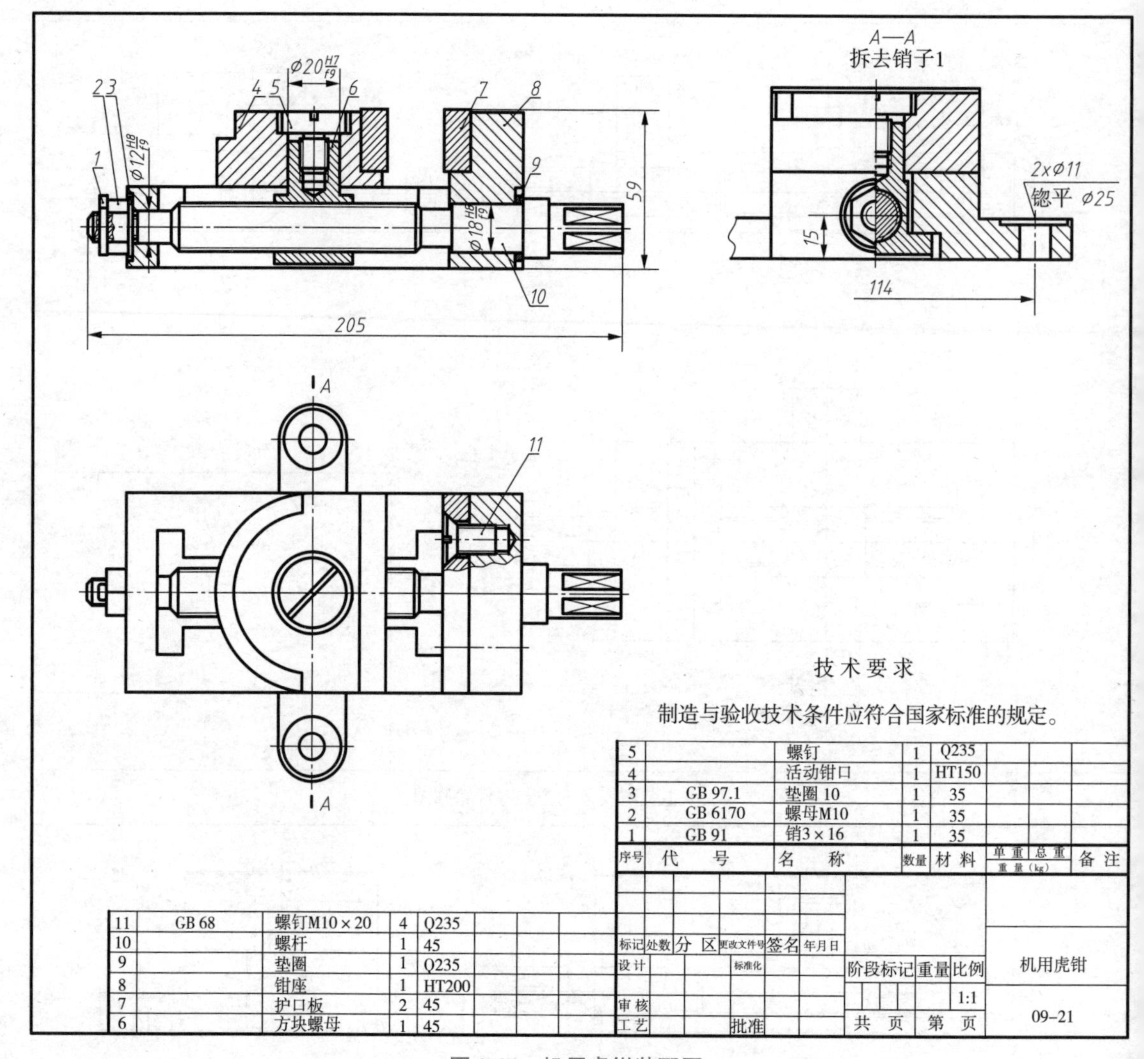

图 9-21　机用虎钳装配图

9.7　读装配图和拆画零件图

读装配图的目的是通过装配图了解机器或部件的用途、性能和工作原理；明确各个组成零件之间装配关系，各零件的定位和固定方式，各个零件的作用，并想象零件的结构形状；明确部件的使用、调整方法，以及各零件装、拆次序及方法。

9.7.1　读装配图的方法和步骤

以图 9-22 所示的蝴蝶阀装配图为例，说明读装配图的方法与步骤。

1. 浏览全图，概括了解部件全貌

（1）看标题栏，了解部件名称、用途和使用性能等，名称往往可以反映出部件功用。

（2）看零件序号和明细栏，了解部件由多少零件组成，有多少自制件，多少标准件，以判断部件复杂程度。了解各零件的名称、数量，找到它们在图中的位置。

（3）由绘图比例及装配图外形尺寸，了解部件的大小。

（4）分析视图，明确各视图所用图样画法和各视图的表达内容，了解图中表达了几条装配线和零散装配点。

图9-22所示部件名称为蝴蝶阀，阀一般是用来在管道中通、断汽、液流或控制其流量的。阀常常由阀体、阀盖、阀门（或阀杆、阀瓣）、密封装置和操纵机构五部分构成。蝴蝶阀亦是如此。由明细栏可知，蝴蝶阀由13种16个零件组成，结构比较简单。其中有5种标准件，其余为自制件。其外形尺寸约为140 mm×158 mm×64 mm。

蝴蝶阀装配图采用三个基本视图表达。局部剖的主视图表达部件的工作状态和整体形状特征，以画外形为主。左视图为A—A全剖视图，表示了一条竖直装配关系和两处螺钉装配关系，该装配线为此部件的主装配线。俯视图为B—B全剖视图，表示了一条水平装配线的装配关系。

2. 剖析视图，理解部件装配关系

首先，通过前面的视图分析可知，蝴蝶阀有两条装配线和两处螺钉装配关系。

然后，从主装配线入手，逐条地分析装配线，读懂装配关系。弄清楚各条装配线含哪些零件，各零件主要结构形状，各零件如何定位与固定，零件间的配合情况，零件的运动情况和零件的作用，以及如何完成零件的装拆。

读懂各条装配线的结构，是读装配图的重点，而其中的关键是有效地区分各个零件。

（1）利用装配图的规定画法来区分。例如，利用相邻两零件的剖面线方向不同或间隔不同，在图9-22所示的左视图上部很容易区分阀体和阀盖，阀盖和齿杆，阀盖和盖板；利用同一零件在各视图上的剖面线的方向和间隔必须一致，在俯视图与左视图中，可确定阀盖的轮廓、范围，并利用剖面线的不同与齿杆区分；在左视图中利用实心零件不剖的规定，可区分出阀杆。

（2）利用序号和指引线区分。例如，在左视图中利用"3"序号和指引线可区分两个同心小圆不是阀杆4上的沉孔或凸台，而是不同零件；"2"所指圆线框也不是阀杆4上的部分，而是另一零件。

（3）针对标准件或常用件，充分利用螺纹紧固件、齿轮及其啮合、键联接、滚动轴承等规定画法来区分零件和组件。也可利用典型零件机械结构知识来辨别零件。

通过视图阅读理解，对蝴蝶阀部件的装配关系分析如下：

左视图中反映的竖直装配线为主要装配线，有阀体、阀盖、阀门、阀杆、锥头铆钉、齿轮、半圆键和螺母8个零件，其中阀杆是此装配线的核心零件，它是一根具有五段结构的轴。阀杆下部第一段圆柱上挖去一块以装圆片状阀门，主视图中反映了阀门和阀杆用锥头铆钉铆合装配。阀杆下端装入阀体孔中，采用⌀16H8/f8配合，可轻松自如转动。阀杆上端装入阀盖中，也用⌀16H8/f8间隙配合，同样能自由转动。在阀杆顶部装有齿轮，以半圆键作周向定位和传递运动，在轴向靠齿轮下端面与阀杆轴肩定位，用螺母锁紧固定。可见，整串零件可以绕阀杆转动，以实现阀门的转动，起到截流或节流的作用，实现部件功能。

这部分与阀杆运动关联的零件，径向依靠阀体与阀盖的⌀16H8孔定位和固定，轴向依靠阀杆中间扁平台阶轴段卡在阀体顶部⌀30H7凹坑底面和阀盖⌀30h6凸台底面之间实现定位和固定。阀体与阀盖的定位与孔轴线对中是依靠凹坑与凸台的⌀30H7/h6配合表面，固定依靠螺钉7，即利用三个螺钉将盖板、阀盖固定在阀体上。

从俯视图中可以看到，另一条水平装配线为齿杆12装在阀盖孔中。齿杆12主要由两段圆柱组成，大直径段上制有齿条结构和一不通槽，小直径段制有螺纹。齿杆与阀盖孔的配合⌀20H8/f8为间隙配合，应能轻松移动或转动。另外，设计一柱端紧定螺钉11，以其柱端卡入齿杆的不通槽中，可防止齿杆转动及限制其抽出时的极限位置，保证齿条和齿轮正常啮合。

3. 综合分析，想象部件整体结构

在详细分析各装配线上零件的相互位置关系以及连接传动关系后，结合各个视图读懂主体零

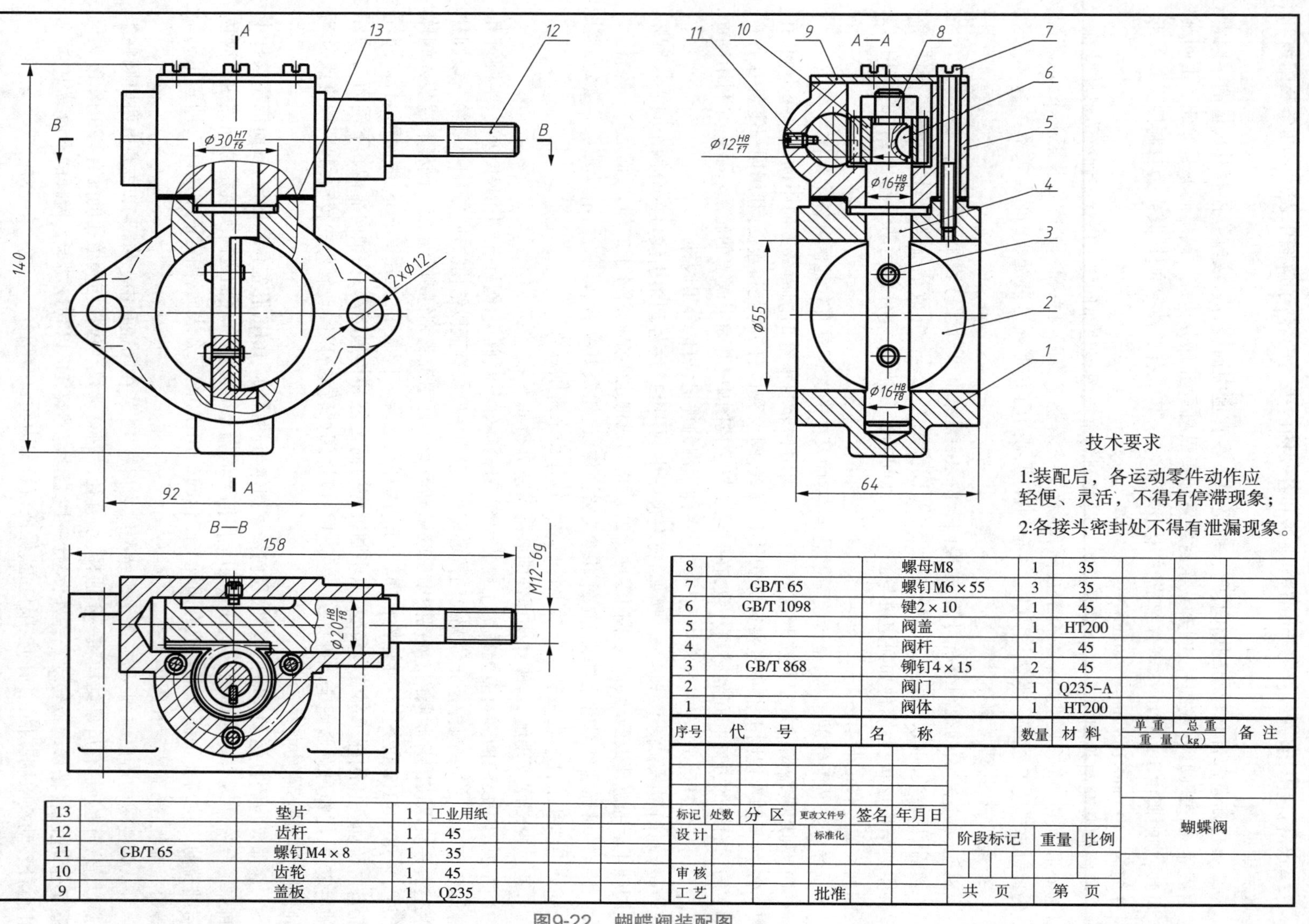

序号	代号	名称	数量	材料	单重 重量(kg) 总重	备注
13		垫片	1	工业用纸		
12		齿杆	1	45		
11	GB/T 65	螺钉M4×8	1	35		
10		齿轮	1	45		
9		盖板	1	Q235		
8		螺母M8	1	35		
7	GB/T 65	螺钉M6×55	3	35		
6	GB/T 1098	键2×10	1	45		
5		阀盖	1	HT200		
4		阀杆	1	45		
3	GB/T 868	铆钉4×15	2	45		
2		阀门	1	Q235-A		
1		阀体	1	HT200		

图9-22 蝴蝶阀装配图

件形状,综合起来想象部件的整体结构。

对于蝴蝶阀,装配图中反映出的两条装配线轴线垂直交叉,并通过齿杆与齿轮的啮合关系来传递运动与力量。其整体结构如图 9-23 所示。

4. 理解工作原理,确认部件功能

在部件结构分析基础上,进行机构运动分析,读懂部件的工作原理。结合前面的分析可以看出,蝴蝶阀是依靠齿轮、齿条机构传动来实现截流的。当外力推拉齿杆 12 使其左右移动时,带动与齿杆啮合的齿轮 10 旋转,而齿轮依靠半圆键带动阀杆转动,阀杆则带动与其铆接在一起的阀门转动。显然,通过阀门转动改变了阀体上 ∅55 孔道的流通面积,进而实现节流和增流的功能。

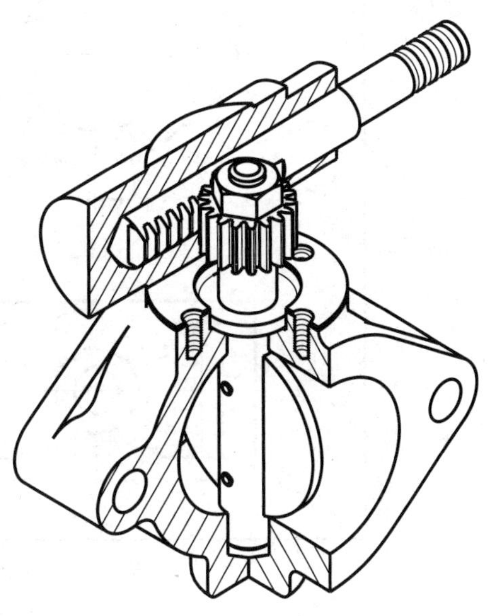

图 9-23　蝴蝶阀

9.7.2　由装配图拆画零件图

在设计新产品时,经常是根据功能要求先设计、绘制出部件装配图,确定零件主要结构,然后再依据装配图画出零件图,以确定各零件的结构、形状和大小。根据装配图画零件图的工作称为“拆图”,拆图的过程也是完成零件设计的过程。

参考图 9-22 所示的蝴蝶阀装配图,以拆画蝴蝶阀阀体零件为例,介绍实现拆图的步骤和方法。

1. 拆画零件视图

核心内容是根据装配图提供的信息,确定零件的结构和形状,然后再进行表达。

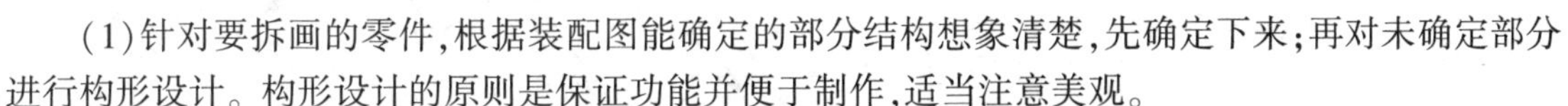

(1) 针对要拆画的零件,根据装配图能确定的部分结构想象清楚,先确定下来;再对未确定部分进行构形设计。构形设计的原则是保证功能并便于制作,适当注意美观。

从装配图上看,可以获得的阀体零件视图信息如图 9-24 所示。通过阅读分析知道,对于阀体来讲,不明确的结构有以下两处:

一是下端凸台,其作用是保证下部 ∅16 孔壁的厚度。依据主、左视图信息不能完全确定其形状,比如是圆柱或是正四棱柱,考虑便于制作设计成圆柱。

二是顶部与阀盖连接的凸台,其形状也未确定。根据装配图俯视图提供的阀盖断面形状,可知阀盖前半部分为圆柱形。为了使阀体与阀盖连接处表面光滑美观,所以阀体顶部凸台前半部分亦应为圆柱。它的后半部分可以为同一圆柱的后半部分,也可以设计成棱柱,使整个凸台“前圆后方”。考虑到阀盖零件上容纳齿杆的圆柱体处在后部,为了减少悬空,使支撑结合可靠,决定选用“前圆后方”结构,其形状如图 9-25 所示。

综上所述,通过阅读装配图获取零件信息,以及进行局部的构形设计,阀体零件的结构形状如图 9-26 所示。

(2) 根据零件类型,参考第 8 章所述原则和方法制订零件视图表达方案。

单个零件在装配图上的视图表达服从于“装配图表示装配关系和工作原理”的原则,零件图上的视图方案需按零件图要求重新考虑。尽管有时候二者可能是相同的,但仍然需要选择思考,而不能简单照抄装配图视图方案。

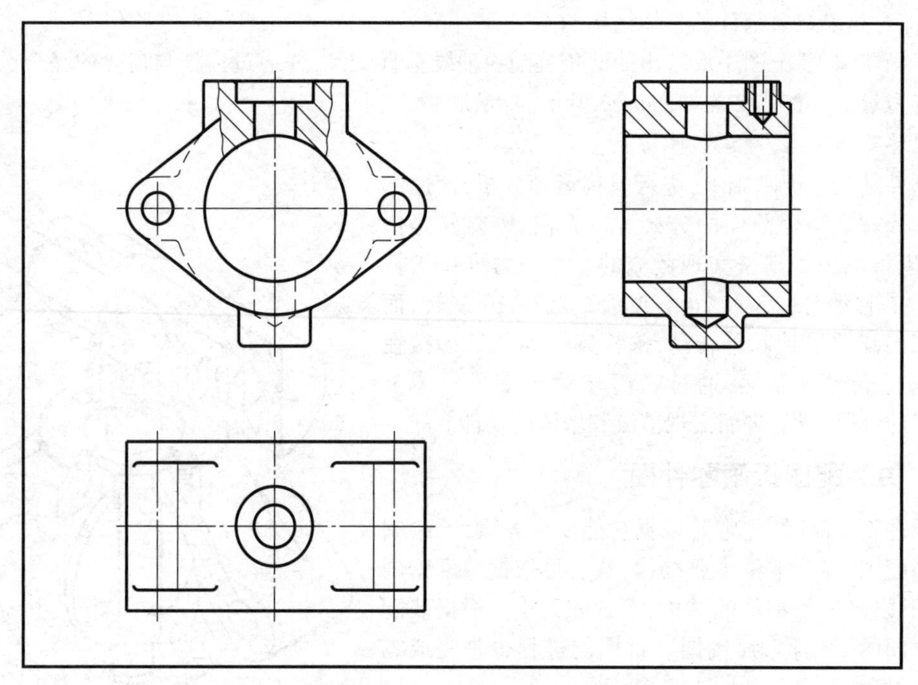

图 9-24 阀体零件的视图信息

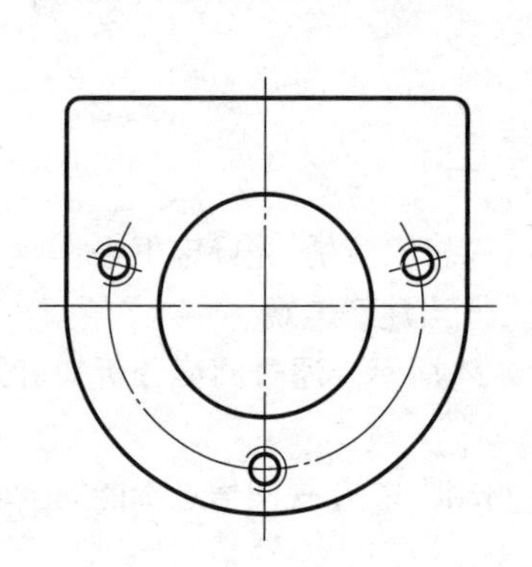

图 9-25 顶部凸台形状

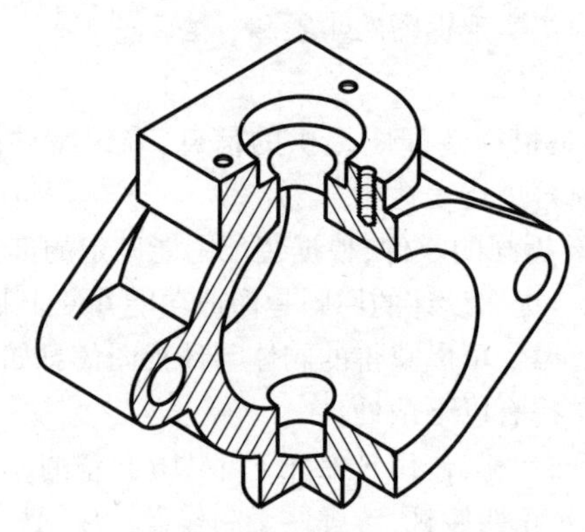

图 9-26 阀体的构造

阀体属于箱壳类零件,其视图方案采用主视图反映工作状态及形状特征,画成半剖视图;左视图画全剖视图,以表示⌀55 通孔及其与⌀16 孔连接状况;俯视图采用小范围局部剖视图,既完整表示出顶部凸台形状及其上 3 个 M6 螺孔分布情况,又较形象地反映了⌀12 孔的全通状况。阀体零件的整体表达方案如图 9-27 所示。

(3)依据制订的视图表达方案,按零件图绘图步骤和方法,细化绘制零件表达图样。

在装配中简化未画的倒角、圆角、沟槽等结构,在零件图中一般均应画出;符合国标规定,可简化不画的,要做正确标注。

2. 确定并标注零件尺寸

由装配图拆画零件图过程中,一方面从装配图提供的信息获取零件的主要形状结构和尺寸大小,另一方面也在进行构形设计,需要自主确定局部结构的形状和大小。一般地讲,拆图标注尺寸时,可以采用下列方法来确定尺寸数值:

(1)从装配图中直接获取,即凡装配图中已标注了的该零件尺寸可以直接“拆”下来。例如,阀

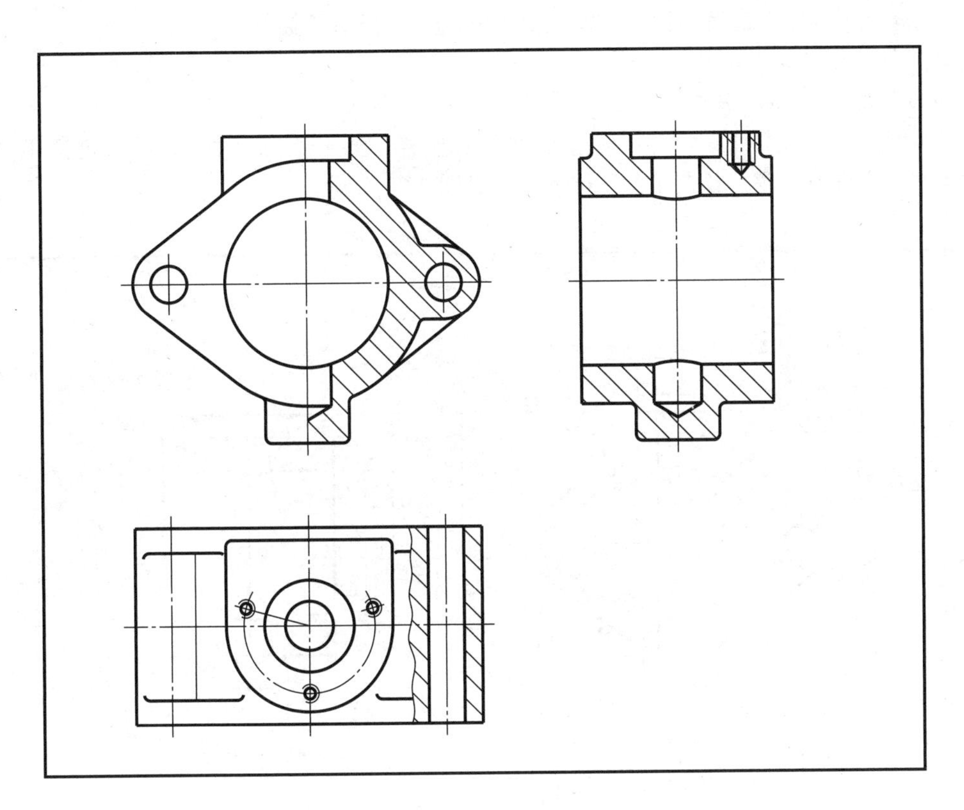

图 9-27 阀体的视图表达方案

体主视图所注尺寸∅30H7、∅16H8、2×∅12,俯视图中所注尺寸 92 和左视图所注尺寸∅55、64 均如此。

(2)根据明细栏信息查相关标准确定尺寸大小,凡与螺纹紧固件、键、销和滚动轴承等相连接之处的零件结构尺寸均按此处理。如阀体上 3 个螺孔大径(M6)按明细栏所注螺钉 07 的规格确定,其深度按规范确定。对于常见局部工艺结构如退刀槽、圆角等,标准亦有规定值或推荐值,应查阅确定后标注。

(3)根据设计公式计算出来。例如,在拆画齿轮零件图时,其分度圆、齿顶圆均应根据模数、齿数等基本参数计算出来。

(4)从装配图中按比例量出来。零件上的多数非功能尺寸均可如此确定下来,只是要注意尺寸数据的圆整。本例阀体中的定形尺寸∅80、*R*12 及 *R*28 等即是如此。

(5)按功能需要定下来。对于那些装配图中未给定的局部结构形状,应在设计其形状结构时将其尺寸定下来,例如阀体上部凸台后半部的宽度尺寸 28 即是这样确定的。

3. 分析零件功能作用,标注技术要求

(1)根据各表面作用确定其粗糙度要求。对于一般通用机械,其零件表面粗糙度 *Ra* 值选择建议如下:

配合表面:*Ra* 值取 3.2~0.8μm,尺寸公差等级高的 *Ra* 取较小值。

接触面:*Ra* 值取 6.3~3.2μm。例如零件的底面 *Ra* 值可取 3.2μm,一般的端面 *Ra* 值可取 6.3μm 等。

一般加工表面(工作中不与其他零件接触的表面),*Ra* 值取 25~12.5μm。

(2)根据装配图中的配合标注,按公差带代号查表标注对应尺寸公差,或直接标注尺寸公差带代号。

(3)对于重要的工作表面,根据需要确定形位公差要求并进行标注。

阀体零件的相关标注如图 9-28 所示。

4. 填写标题栏,完成零件图

根据装配图上明细栏中该零件相应内容,填写标题栏。至此,完成了根据蝴蝶阀装配图拆画阀体零件图的全部工作。最后绘制出的阀体零件图见图 9-28 所示。

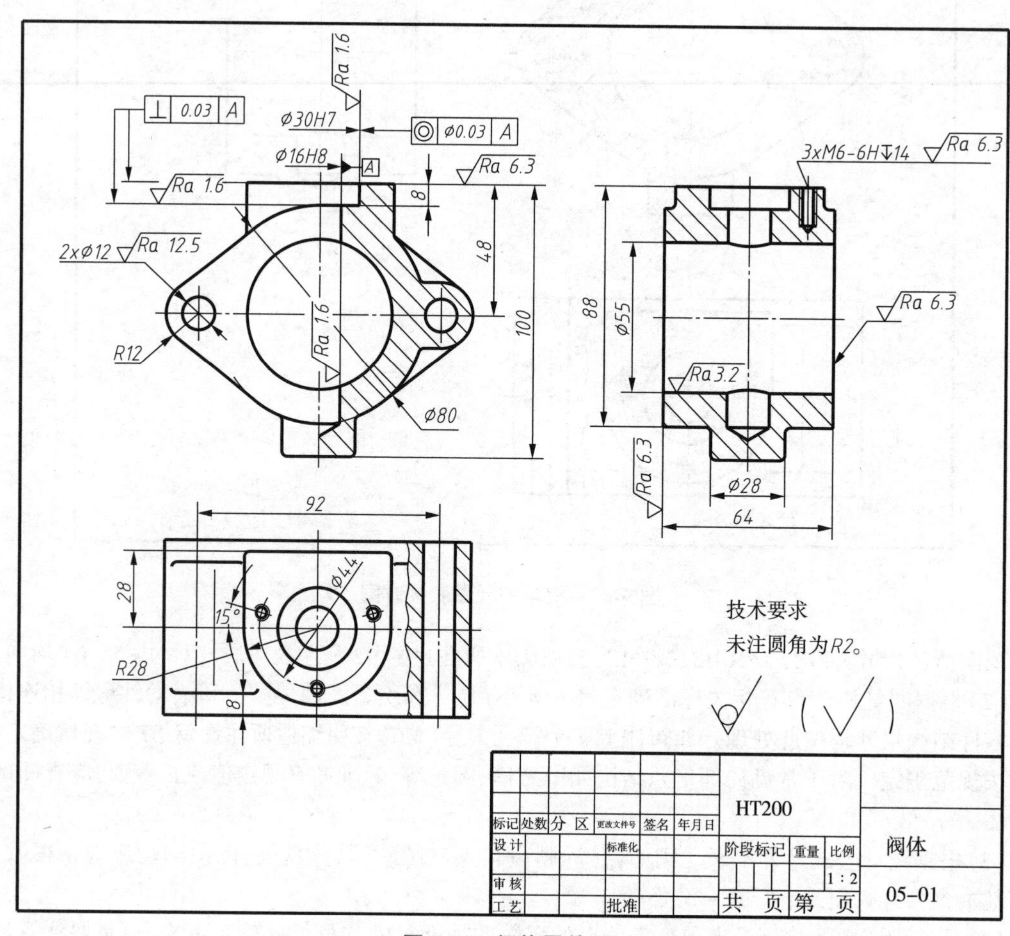

图 9-28 阀体零件图

9.8 部件测绘

对原有机器进行维修和技术改造,或者仿造现有设备,往往需要测绘机器的一部分或全部,称为部件测绘。测绘过程一般包括分析测绘对象,拆卸零部件,画装配示意图,测绘零件(非标准件)草图,画部件装配图,画零件图。以图 9-29 所示齿轮油泵为例,介绍部件测绘工作过程。

1. 分析测绘部件

通过观察实物和阅读参考资料,了解部件的用途、性能、工作原理、结构特点、零件间的装配关系和连接方式。

齿轮油泵是机器供油系统中的一个部件,其作用是将油送到有相对运动的零件之间进行润滑,

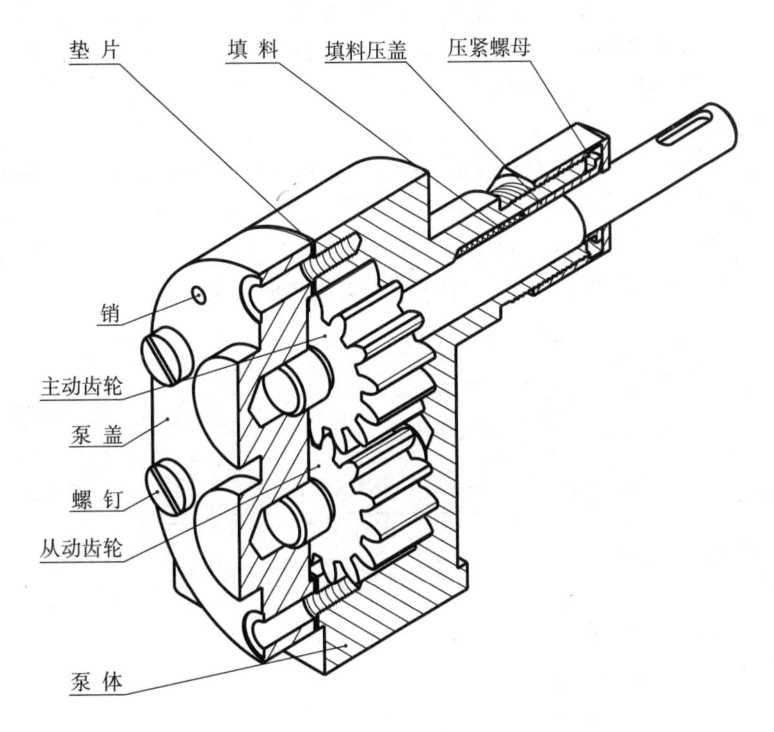

图 9-29　齿轮油泵

以减少零件的摩擦与磨损。图 9-29 所示的齿轮油泵是由泵体、泵盖、齿轮轴、转动齿轮、密封零件及标准件等所组成。泵体是齿轮油泵中的主要零件之一，它的内腔容纳一对吸油和压油的齿轮。齿轮轴和转动齿轮轴及其上的主、从动齿轮是油泵中的运动零件。油泵工作原理如图 9-30 所示。当泵体内腔中的齿轮按图示方向旋转运动时，齿轮啮合区右边的齿轮脱开，造成吸油腔容积增大，形成局部真空，油池中的油在大气压力作用下，被吸入泵腔内。旋转的齿轮将齿槽中的油不断地带到齿轮啮合区左边油腔，齿轮在压油腔中开始啮合，压油腔容积减少，压力增大，从而将油从出油口压出，通过管路将油输送到需要的部位。

拆开泵盖观察，如图 9-29 所示，该齿轮油泵共有 10 种零件，其中标准件两种。如图 9-30 所示，齿轮油泵有两条装配线，一条为主动齿轮装配线，以主动齿轮轴为核心，泵体为支撑。即主动齿轮轴装在泵体和泵盖的轴孔内，主动齿轮轴右端伸出端装有密封填料、压盖、压盖螺母。另一条为从动齿轮装配线，从动齿轮轴装在泵体和泵盖的轴孔内，与主动齿轮啮合。泵体与泵盖通过螺钉和销进行定位连接，垫片被压紧起密封作用；主动齿轮轴和从动齿轮轴通过两齿轮端面与泵盖内侧和泵体内腔的底面定位；主动齿轮轴外伸端装有密封填料，通过压盖压紧密封，并通过压盖螺母进行调节。

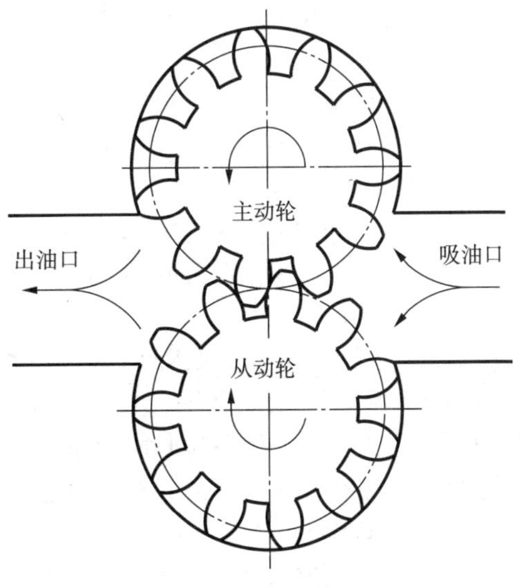

图 9-30　齿轮油泵工作原理

2. 拆卸零件

在了解部件结构基础上，制订拆卸方案，先拆开机盖,然后依次拆卸各个零件。拆卸时要避免零件的丢失和产生混乱,尽量分组存放保管,并给零件编号或扎标签,同时区分标准件和非标准件。要特别注意零件之间的装配关系,弄清配合性质。齿轮油泵中几处孔轴配合是简隙配合,拆卸也比较容易。

3. 画装配示意图

装配示意图是用简单的线条示意性地画出的表征部件或机器的图样,它用来表达机器或部件的装配关系、传动路线、大体结构和工作原理等。画装配示意图时假想部件是透明的,采用机械制图国家标准"机构运动简图符号"(GB/T 4460—2013)中规定的符号来表达相应的运动机构和传动关系,一般零件则画出大致轮廓形状即可。图 9-31 所示为齿轮油泵的装配示意图。

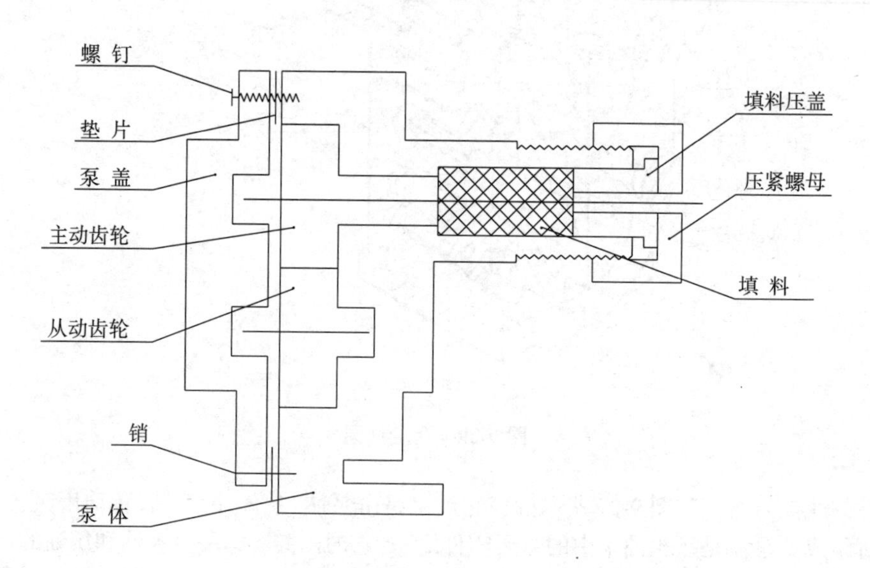

图 9-31 齿轮油泵装配示意图

4. 画零件草图

在完成部件分析后,按照第 8 章介绍的零件测绘方法和流程,对各个非标准零件进行测绘,画出零件草图;对各种标准件,通过测量尺寸后查阅标准,核对并写出规定标记。图 9-32 所示画出了齿轮油泵的各个零件图。

5. 画装配图

根据齿轮油泵的装配关系和工作原理,其装配图采用两个基本视图来表达,如图 9-13 所示。全剖的主视图表达了部件主要的装配关系及相关的工作原理,左视图沿左端盖与泵体结合面剖开,并局部剖出油口,表达了部件吸、压油的工作原理及其外部特征。

参考前面讨论的装配图绘制方法,齿轮油泵装配图作图过程如下:

(1)画出主视图与左视图的主要轴线(体现装配干线)、对称中心线或作图基线,完成视图布局,如图 9-33(a)所示。

(2)画出主要支撑零件泵体的主视图与左视图,如图 9-33(b)所示。

(3)按照装配关系,画出装配线上的主动齿轮轴与从动齿轮轴,如图 9-33(c)所示;画出泵盖,主动轴上的密封结构,如图 9-33(d)所示;画出螺钉、销钉、连接孔等细致结构,如图 9-33(e)所示。

(4)完成视图底稿后,须经过校核检查后再进行描黑加深,再画出剖面线、注写尺寸及公差配合等,如图 9-33(f)所示。

(5)编写零件序号,绘制填写明细栏,填写标题栏。最后完成的齿轮油泵装配图如图 9-33 所示。

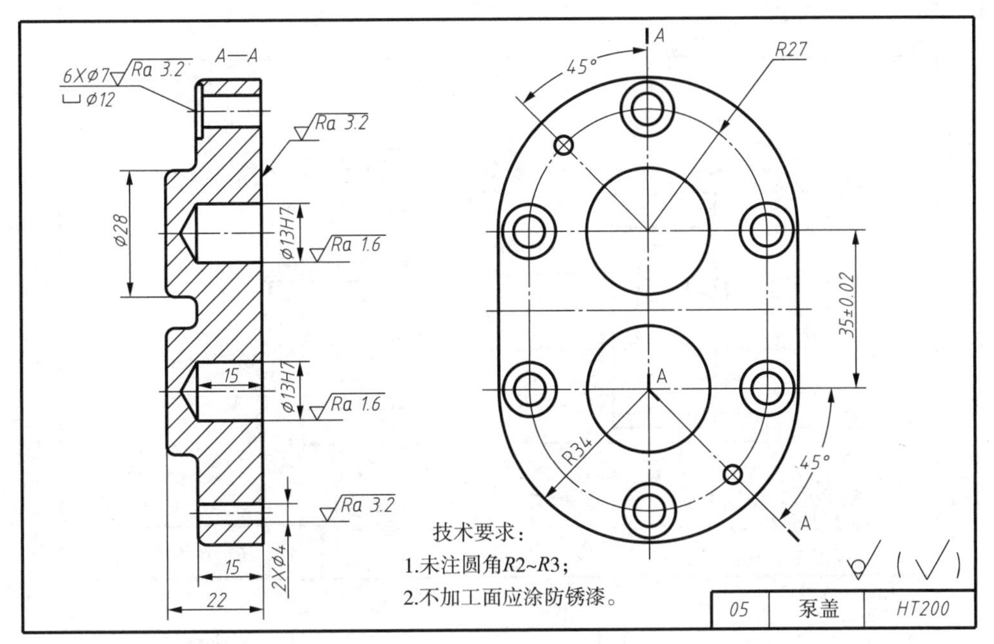

(a) 泵盖

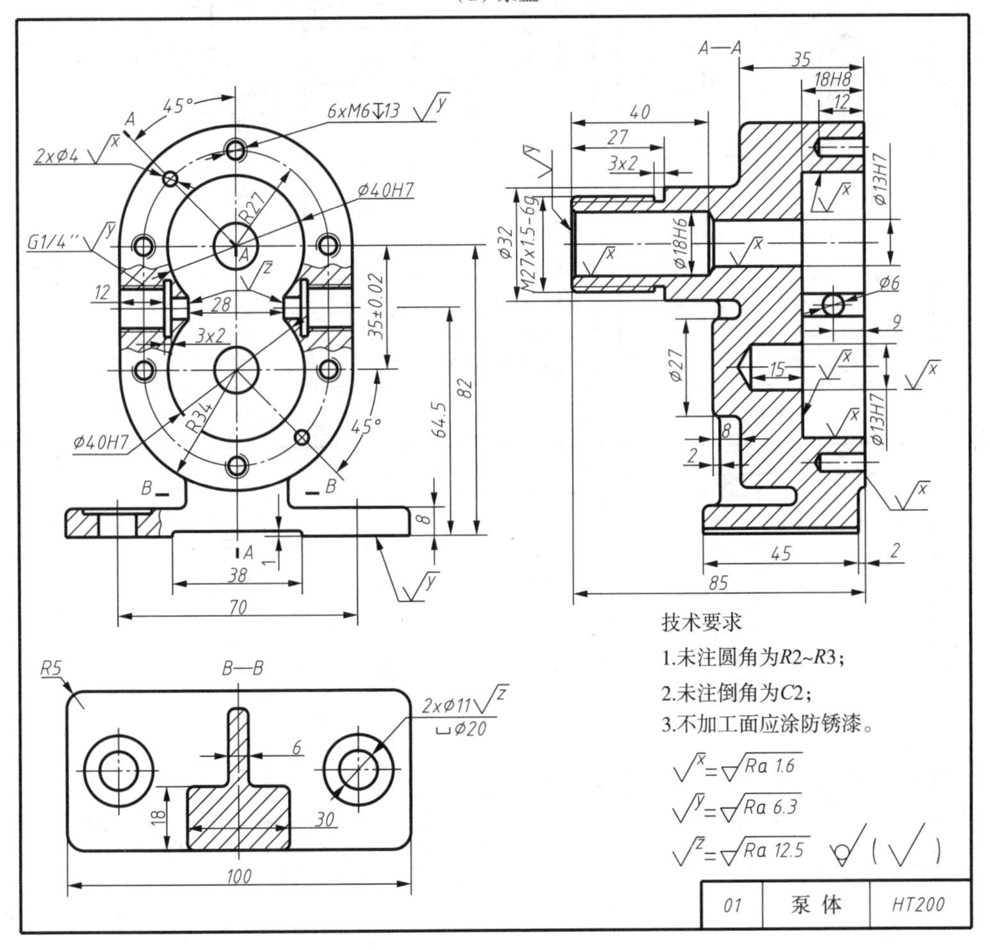

(b) 泵体

图 9-32　齿轮泵零件图

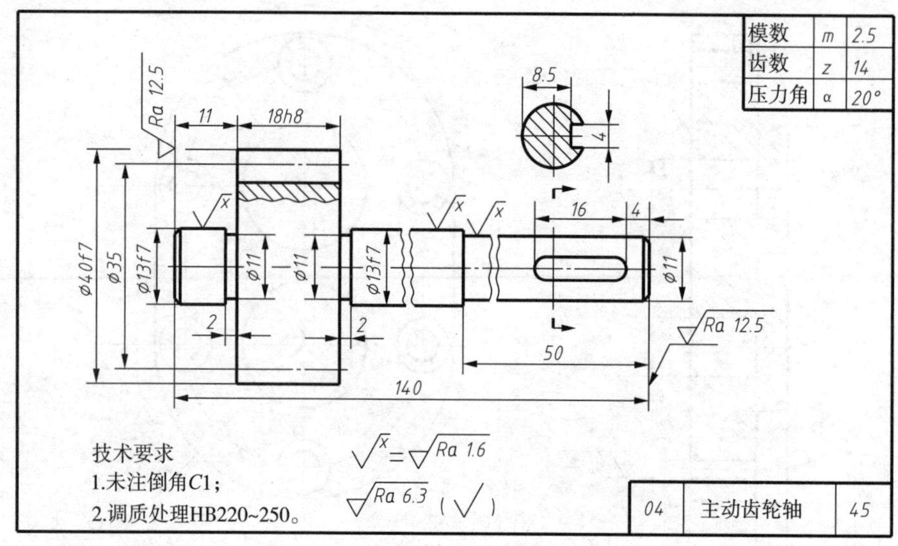

（c）主动齿轮轴

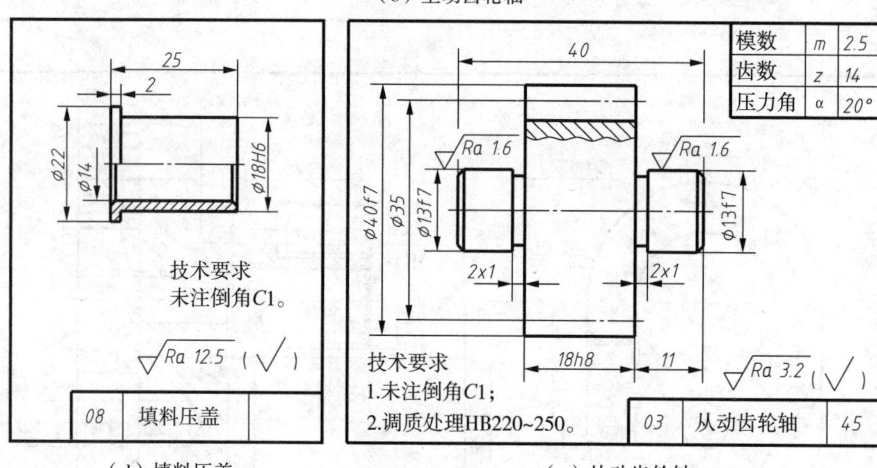

（d）填料压盖　　　　（e）从动齿轮轴

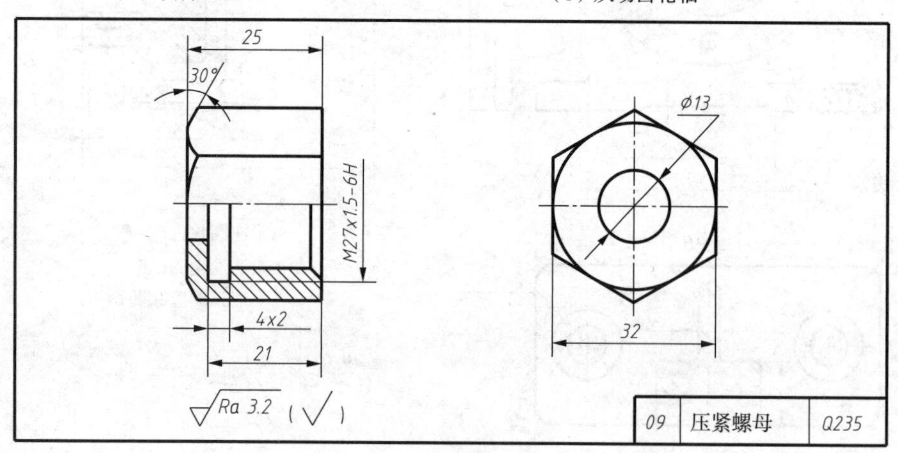

（f）压紧螺母

图 9-32　齿轮泵零件图(续)

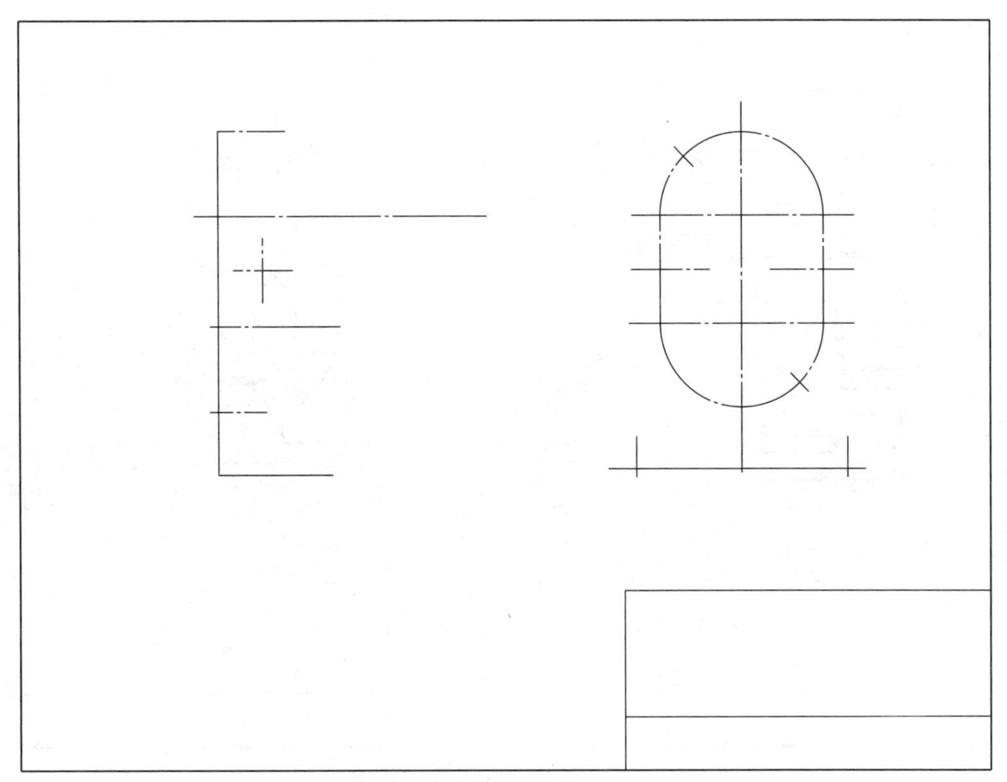

（a）视图布局

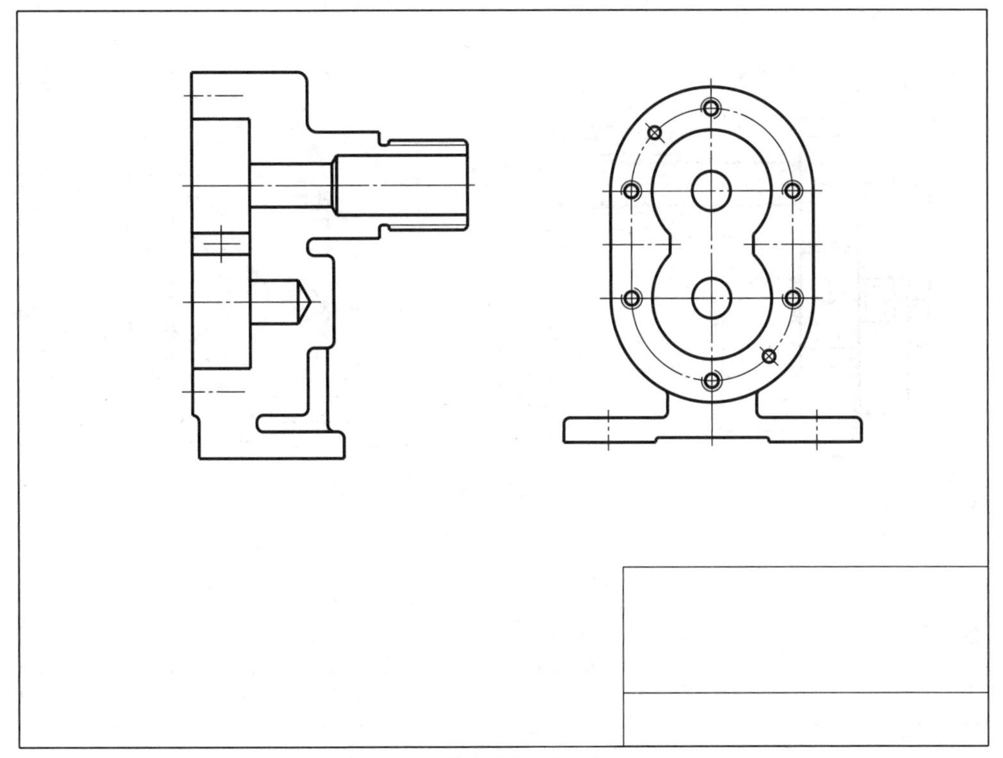

（b）泵体的主视图与左视图

图 9-33 齿轮泵装配图作图过程

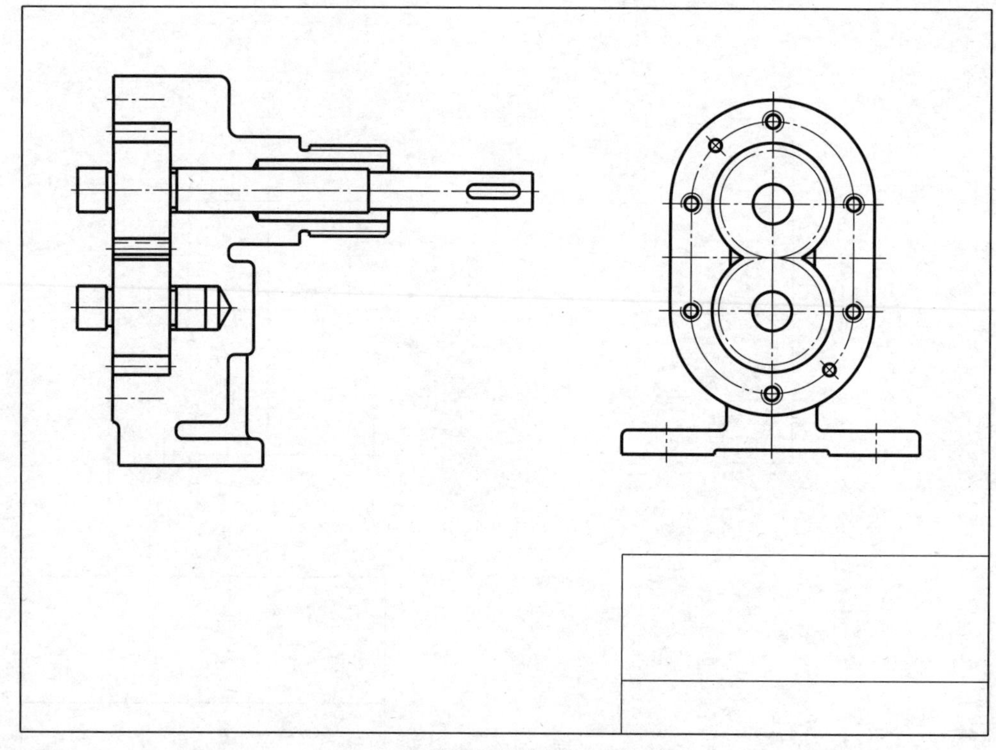

（c）画出主动齿轮轴与从动齿轮轴

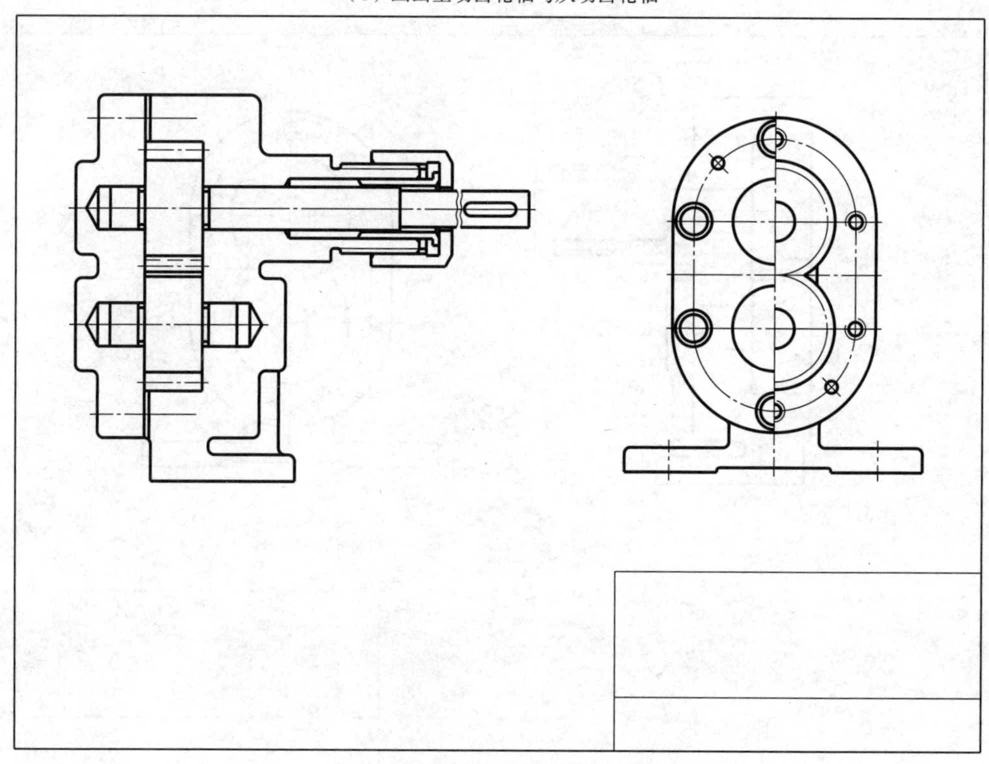

（d）画出泵盖，主动轴上的密封结构

图 9-33　齿轮泵装配图作图过程(续)

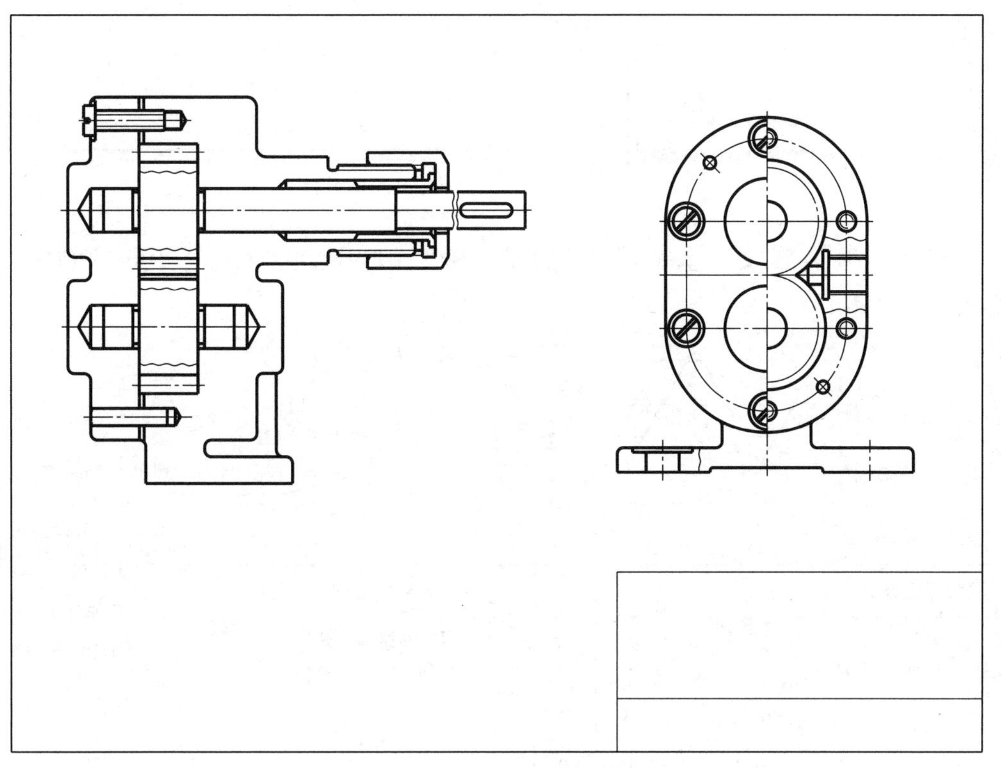

（e）画出螺钉、销钉、连接孔等结构

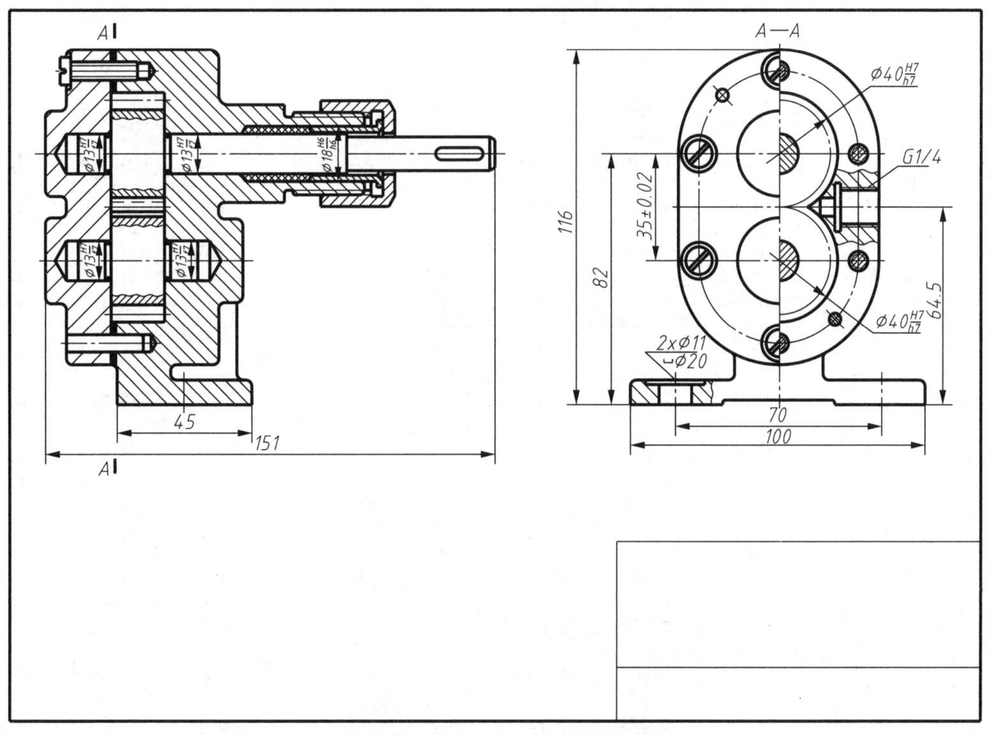

（f）校核检查图形，画出剖面线及标注尺寸

图 9-33　齿轮泵装配图作图过程(续)

附 录

附录 A　普通螺纹　基本尺寸(摘录 GB/T 193—2003、GB/T 196—2003)

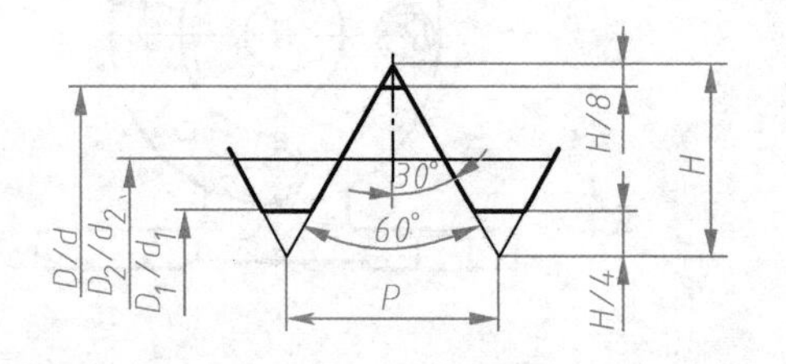

$$H=\frac{\sqrt{3}}{2}P=0.866P$$

标记示例:

M24×1.5 LH

表示公称直径 24 mm,螺距 1.5 mm 的左旋普通螺纹

单位:mm

公称直径 D、d			螺距 P	中径 D_2、d_2	小径 D_1、d_1	公称直径 D、d			螺距 P	中径 D_2、d_2	小径 D_1、d_1
第一系列	第二系列	第三系列				第一系列	第二系列	第三系列			
1			0.25	0.838	0.729		3.5		(0.6)	3.110	2.850
			0.2	0.870	0.783				0.35	3.273	3.121
	1.1		0.25	0.983	0.829	4			0.7	3.545	3.242
			0.2	0.970	0.883				0.5	3.675	3.459
1.2			0.25	1.038	0.929		4.5		(0.75)	4.013	3.688
			0.2	1.070	0.983				0.5	4.176	3.959
	1.4		0.3	1.205	1.075	5			0.8	4.280	4.134
			0.2	1.270	1.183				0.5	4.675	4.459
1.6			0.35	1.373	1.221			5.5	0.5	5.175	4.959
			0.2	1.470	1.383	6			1	5.350	4.917
	1.8		0.35	1.573	1.421				0.75	5.513	5.188
			0.2	1.670	1.583				(0.5)	5.676	5.459
	2		0.4	1.740	1.567			7	1	6.350	5.917
			0.25	1.838	1.729				0.75	6.513	6.188
	2.2		0.45	1.908	1.712				0.5	6.675	6.459
			0.25	2.038	1.929	8			1.25	7.188	6.647
2.5			0.45	2.208	2.013				1	7.350	6.917
			0.35	2.273	2.121				0.75	7.513	7.188
3			0.5	2.675	2.459				(0.5)	7.675	7.459
			0.35	2.773	2.621			9	(1.25)	8.188	7.647

续上表

公称直径 D、d			螺距 P	中径 D_2、d_2	小径 D_1、d_1
第一系列	第二系列	第三系列			
		9	1	8.350	7.917
			0.75	8.513	8.188
			0.5	8.675	8.459
10			1.5	9.026	8.376
			1.25	9.188	8.647
			1	9.360	8.917
			0.75	9.513	9.188
			(0.5)	9.675	9.459
		11	(1.5)	10.026	9.376
			1	10.350	9.917
			0.75	10.513	10.188
			0.5	10.675	10.459
12			1.75	10.863	10.106
			1.5	11.026	10.376
			1.25	11.188	10.647
			1	11.350	10.917
			(0.75)	11.513	11.188
			(0.5)	11.675	11.459
	14		2	12.701	11.835
			1.5	13.026	12.376
			(1.25)	13.188	12.647
			1	13.350	12.917
			(0.75)	13.513	13.188
			(0.5)	13.675	13.459
15			1.5	14.026	13.376
			(1)	14.350	13.917
16			2	14.701	13.835
			1.5	16.026	14.376
			1	16.350	14.917
			(0.75)	15.513	15.188
			(0.5)	15.675	15.459
		17	1.5	16.026	15.376
			(1)	16.350	15.917
	18		2.5	16.310	15.294
			2	16.701	15.835
			1.5	17.026	16.376
			1	17.350	16.917
			(0.75)	17.513	11.188
			(0.5)	17.675	17.459
20			2.5	18.376	17.294
			2	18.701	17.835
			1.5	19.020	18.376
			1	19.350	18.917
			(0.75)	19.513	19.188
			(0.5)	19.675	19.459
22			2.5	20.376	19.294
			2	20.701	19.835
			1.5	21.026	20.376
			1	21.350	20.917
			(0.75)	21.513	21.188
			(0.5)	21.675	21.459

备注:①直径优先选用第一系列,其次选用第二系列,第三系列尽可能不采用。

②第一、二系列中螺距的第一行为粗牙,其余为细牙,第三系列中螺距是细牙。

③括号内尺寸尽可能不用

附录 B 梯形螺纹的基本尺寸

(摘录 GB/T 5796.2—2005、GB/T 5796.3—2005)

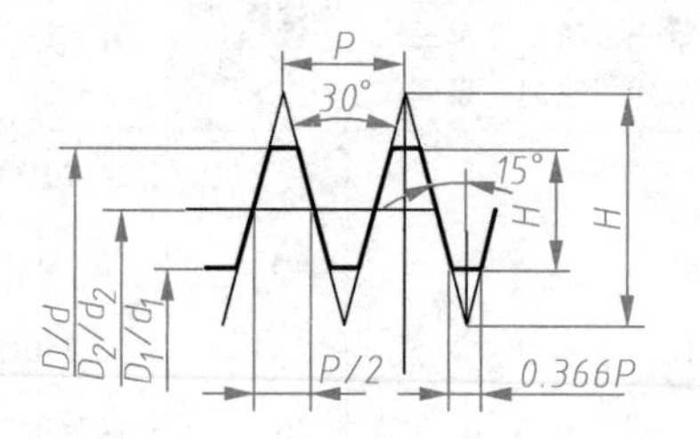

标记示例:

Tr40×14(P7)LH

表示公称直径 40 mm,导程 14 mm,螺距 7 mm 的双线左旋梯形螺纹

单位:mm

公称直径 d		螺距 P	中径	大径	小径	
第一系列	第二系列		$D_2=d_2$	D_4	d_3	D_1
8		1.5	7.25	8.30	6.20	6.50
	9	1.5	8.25	9.30	7.20	7.50
		2	8.00	9.50	6.50	7.00
10		1.5	9.25	10.30	8.20	8.50
		2	9.00	10.50	7.50	8.00
	11	2	10.00	11.50	8.50	9.00
		3	9.50	11.50	7.50	8.00
12		2	11.00	12.50	9.50	10.00
		3	10.50	12.50	8.50	9.00
	14	2	13.00	14.50	11.50	12.00
		3	12.50	14.50	10.50	11.00
16		2	15.00	16.50	13.50	14.00
		4	14.00	16.50	11.50	12.00
	18	2	17.00	18.50	15.50	16.00
		4	16.00	18.50	13.50	14.00
20		2	19.00	20.50	17.50	18.00
		4	18.00	20.50	15.50	16.00
	22	3	20.00	22.50	18.50	19.00
		5	19.50	22.50	16.50	17.00
		8	18.00	23.00	13.00	14.00
24		3	22.50	24.50	20.50	21.00
		5	21.50	24.50	18.50	19.00
		8	20.00	25.00	15.00	16.00
	26	3	24.50	26.50	22.50	23.00
		5	23.50	26.50	20.50	21.00
		8	22.00	27.00	17.00	18.00
28		3	26.50	28.50	24.50	25.00
		5	25.50	28.50	22.50	23.00
		8	24.00	29.00	19.00	20.00
	30	3	28.50	30.50	26.50	29.00
		6	27.00	31.00	23.00	24.00
		10	25.00	31.00	19.00	20.00
32		3	30.50	32.50	28.50	29.00
		6	29.00	33.00	25.00	26.00
		10	27.00	33.00	21.00	22.00
	34	3	32.50	34.50	30.50	31.00
		6	31.00	35.00	27.00	28.00
		10	29.00	35.00	23.00	24.00
36		3	34.50	36.50	32.50	33.00
		6	33.00	37.00	29.00	30.00
		10	31.00	37.00	25.00	26.00
	38	3	36.50	38.50	34.50	35.00
		7	34.50	39.00	30.00	31.00
		10	33.00	39.00	27.00	28.00
40		3	38.50	40.50	36.50	37.00
		7	36.50	41.00	32.00	33.00
		10	35.00	41.00	29.00	30.00

附录 C　55°非密封管螺纹(摘录 GB/T 7307—2001)

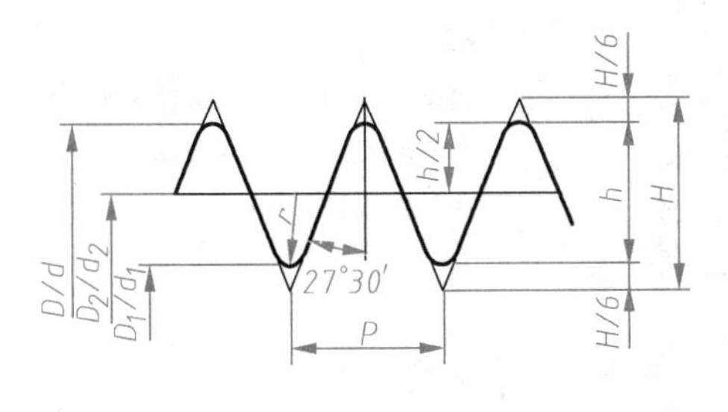

$P=25.4/n$

$H=0.960\ 491P$

标记示例:

G 1½ A

表示尺寸代号为 1½,A 级右旋外螺纹

单位:mm

尺寸代号	每 25.4 mm 内的牙数 n	螺距 P	牙高 h	圆弧半径 $r\approx$	基本直径		
					大径 $d=D$	中径 $d_2=D_2$	小径 $d_1=D_1$
1/16	28	0.907	0.581	0.125	7.723	7.142	6.561
1/8	28	0.907	0.581	0.125	9.728	9.147	8.566
1/4	19	1.337	0.856	0.184	13.157	12.301	11.445
3/8	19	1.337	0.856	0.184	16.662	15.806	14.950
1/2	14	1.814	1.162	0.249	20.955	19.793	18.631
5/8	14	1.814	1.162	0.249	22.911	21.749	20.587
3/4	14	1.814	1.162	0.249	26.441	25.279	24.117
7/8	14	1.814	1.162	0.249	30.201	29.039	27.877
1	11	2.309	1.479	0.317	33.249	31.770	30.291
11/8	11	2.309	1.479	0.317	37.897	36.418	34.939
1¼	11	2.309	1.479	0.317	41.910	40.431	38.952
1½	11	2.309	1.479	0.317	47.803	46.324	44.845
1¾	11	2.309	1.479	0.317	53.746	52.267	50.788
2	11	2.309	1.479	0.317	59.614	58.135	56.656
2¼	11	2.309	1.479	0.317	65.710	64.231	62.752
2½	11	2.309	1.479	0.317	75.184	73.705	72.226
2¾	11	2.309	1.479	0.317	81.534	80.055	78.576
3	11	2.309	1.479	0.317	87.884	86.405	84.926
3½	11	2.309	1.479	0.317	100.330	98.851	97.372
4	11	2.309	1.479	0.317	113.030	111.551	110.072
4½	11	2.309	1.479	0.317	125.730	124.251	122.772
5	11	2.309	1.479	0.317	138.430	136.951	135.472
5½	11	2.309	1.479	0.317	151.130	149.651	148.172
6	11	2.309	1.479	0.317	163.830	162.351	160.872

附录 D　六角头螺栓(摘录 GB/T 5780—2016)

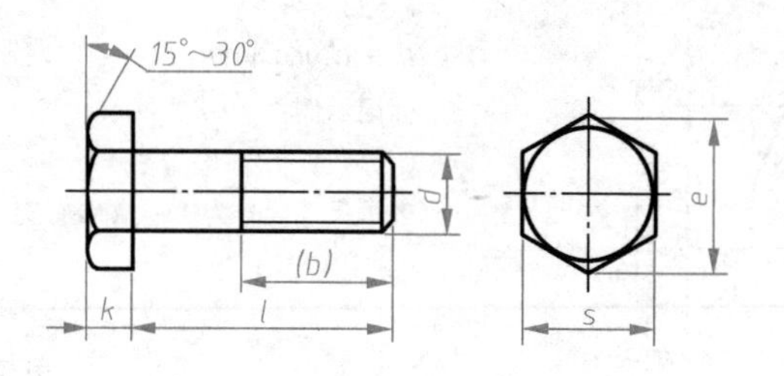

标记示例：

螺栓　GB/T 5780　M 12 × 80

表示螺纹规格　d = M12,

公称长度 l = 80 mm,C 级

单位:mm

螺纹规格 d		M5	M6	M8	M10	M12	(M14)	M16	(M18)	M20	(M22)	M24	(M27)
b 参考	l ≤125	16	18	22	26	30	34	38	42	40	50	54	60
	125~200	—	—	28	32	36	40	44	48	52	56	60	66
	L >200	—	—	—	—	—	53	57	61	65	69	73	79
e	min	8. 63	10. 89	14. 2	17. 59	19. 85	22. 78	26. 17	29. 50	32. 95	37. 20	39. 55	45. 2
k	公称	3. 5	4	5. 3	6. 4	7. 5	8. 8	10	11. 5	12. 5	14	15	17
s	max	8	10	13	16	18	21	24	27	30	34	36	41
l 范围	GB/T5780—2016	25~50	30~60	35~80	40~100	45~120	60~140	55~160	80~180	65~200	90~220	80~240	100~260

螺纹规格 d		M30	(M33)	M36	(M39)	M42	(M45)	M48	(M52)	M56	(M60)	M64	
b 参考	l ≤125	66	72	78	84	—	—	—	—	—	—	—	
	125~200	72	78	84	90	96	102	108	116	124	132	140	
	L >200	85	91	97	103	109	115	121	129	137	145	153	
a	max	14	10. 5	16	12	13. 5	13. 5	15	15	16. 5	16. 5	18	
e	min	50. 85	55. 37	60. 79	66. 44	72. 02	76. 95	82. 6	88. 25	93. 56	99. 21	104. 86	
k	公称	18. 7	21	22. 5	25	26	28	30	33	35	38	40	
r	min	1	1	1	1	1. 2	1. 2	1. 6	1. 6	2	2	2	
s	max	46	50	55	60	65	70	75	80	85	90	95	
l 范围	GB/T5780—2016	90~300	130~320	110~300	150~400	160~420	180~440	180~480	200~500	220~500	240~500	260~600	
l 系列		10、12、16、20~50(5 进位)、(55)、60、(65)、70~160(10 进位)、180、220、240、260、280、300、320、340、360、380、400、420、440、460、480、500											

附录 E　开槽圆柱头螺钉(GB/T 65—2016)开槽盘头螺钉(GB/T 67—2016)开槽沉头螺钉(GB/T 68—2016)开槽半沉头螺钉(GB/T 69—2016)

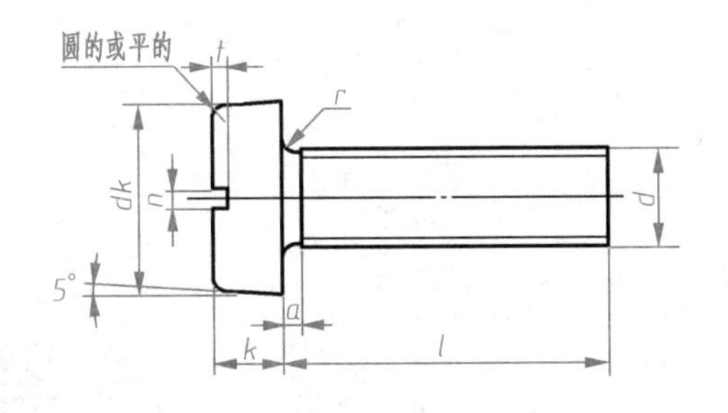

GB/T65—2016

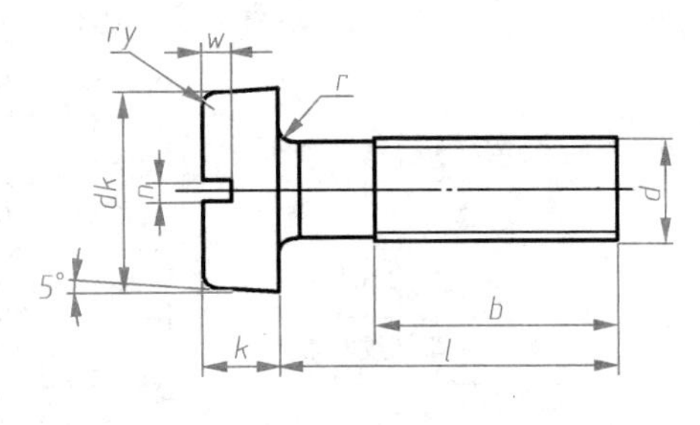

GB/T67—2016

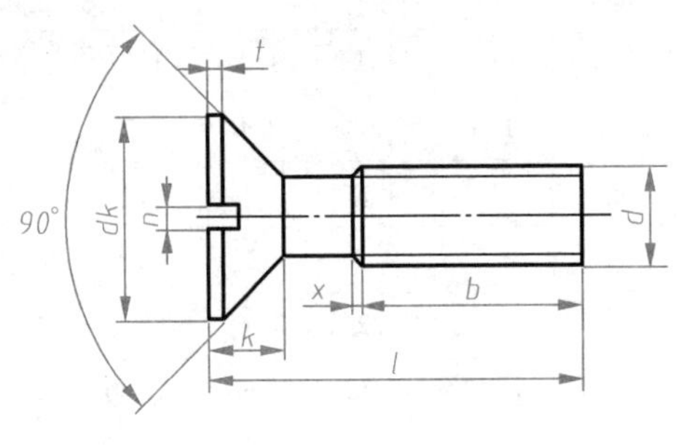

GB/T68—2016

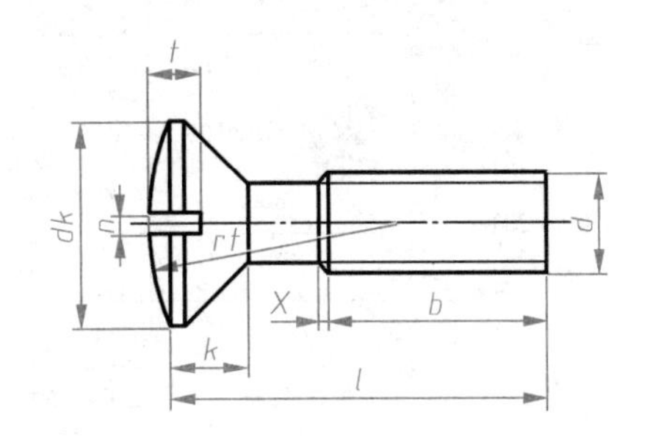

GB/T69—2016

标记示例:螺钉 GB/T 65—2016　M 10 × 30

表示螺纹规格 d=M10,公称长度 l= 30 mm 的开槽圆柱头螺钉

单位:mm

螺纹规格 *d*		M1.6	M2	M2.5	M3	M4	M5	M6	M8	M10
p		0.35	0.4	0.45	0.5	0.7	0.8	1	1.25	1.5
a	max	0.7	0.8	0.9	1	1.4	1.6	2	2.5	3
b	min	25				38				
n	公称	0.4	0.5	0.6	0.8	1.2		1.6	2	2.5
d_a	max	2.1	2.6	3.1	3.6	4.7	5.7	6.8	9.2	11.2
x	max	0.9	1	1.1	1.25	1.75	2	2.5	3.2	3.8
GB/T 65—2016	d_k max	3	3.8	4.5	5.5	7	8.5	10	13	16
	k max	1.1	1.4	1.8	2	2.6	3.3	3.9	5	6
	t min	0.45	0.6	0.7	0.85	1.1	1.3	1.6	2	2.4
	r min	0.1				0.2		0.25	0.4	
	l 范围公称	2~16	3~20	3~25	4~30	5~40	6~50	8~60	10~80	12~80
	全螺纹时最大长度	30				40				

续上表

螺纹规格 *d*			M1.6	M2	M2.5	M3	M4	M5	M6	M8	M10
GB/T 67—2016	d_k	max	3.2	4	5	5.6	8	9.5	12	16	20
	k	max	1	1.3	1.5	1.8	2.4	3	3.6	4.8	6
	l	min	0.35	0.5	0.6	0.7	1	1.2	1.4	1.9	2.4
	r	min	0.1				0.2		0.25	0.4	
	r_f	参考	0.5	0.6	0.8	0.9	1.2	1.5	1.8	2.4	3
	l 范围公称		2~16	2.5~20	3~25	4~30	5~40	6~50	8~60	10~80	12~80
	全螺纹时最大长度		30				40				
GB/T 68—2016 GB/T 69—2016	d_k	max	3	3.8	4.7	5.5	8.4	9.3	11.3	15.8	18.3
	k	max	1	1.2	1.5	1.65	2.7	2.7	3.3	4.65	5
	t min	GB/T68	0.32	0.4	0.5	0.6	1	1.1	1.2	1.8	2
		GB/T69	0.64	0.8	1	1.2	1.6	2	2.4	3.2	3.8
	r	max	0.4	0.5	0.6	0.8	1	1.3	1.5	2	2.5
	r_f	参考	3	4	5	6	9.5	9.5	12	16.5	19.5
	f		0.4	0.5	0.6	0.7	1	1.2	1.4	2	2.3
	l 范围公称		2.5~16	3~20	4~25	5~30	6~40	8~50	8~60	10~80	12~80
	全螺纹时最大长度		30				45				
l 系列			2、2.5、3、4、5、6、8、10、12、(14)、16、20、25、30、35、40、45、50、(55)、60、(65)、70、(75)、80								

注：*b* 不包括螺尾；括号内规格尽可能不采用

附录 F　开槽锥端紧定螺钉(GB/T 71—2018)
开槽平端紧定螺钉(GB/T 73—2017)
开槽长圆柱端紧定螺钉(GB/T 75—2018)

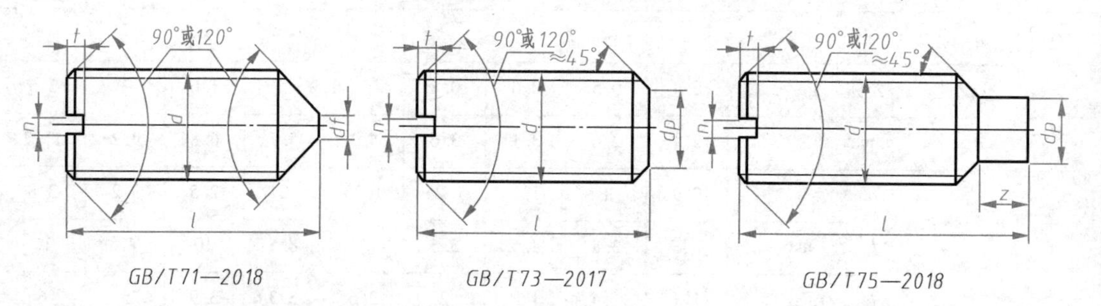

GB/T71—2018　　GB/T73—2017　　GB/T75—2018

标记示例：螺钉　GB/T 71　M 10 × 30

表示螺纹规格 d=M10，公称长度 l=30 mm 的开槽锥端紧定螺钉

单位：mm

螺纹规格 *d*	M1.2	M1.6	M2	M2.5	M3	M4	M5	M6	M8	M10	M12
d_p　max	0.6	0.8	1	1.5	2	2.5	3.5	4	5.5	7	8.5

续上表

螺纹规格 d		M1.2	M1.6	M2	M2.5	M3	M4	M5	M6	M8	M10	M12
n 公称		0.2	0.25	0.25	0.4	0.4	0.6	0.8	1	1.2	1.6	2
t max		0.52	0.74	0.84	0.95	1.05	1.42	1.63	2	2.5	3	3.6
d_t max		0.12	0.16	0.2	0.25	0.3	0.4	0.5	1.5	2	2.5	3
z max		—	1.05	1.25	1.5	1.75	2.25	2.75	3.25	4.3	5.3	6.3
l 范围	GB/T 71—2018	2~6	2~8	3~10	3~12	4~16	6~20	8~25	8~30	10~40	12~50	14~60
	GB/T 73—2017	2~6	2~8	2~10	2.5~12	3~16	4~20	5~25	6~30	8~40	10~50	12~60
	GB/T 75—2018	—	2.5~8	3~10	4~12	5~16	6~20	8~25	8~30	10~40	12~50	14~60
公称长度	GB/T 71—2018	2	2.5	2.5	3	3	4	5	6	8	10	12
	GB/T 73—2017	—	2	2.5	3	3	4	5	6	6	8	10
	GB/T 75—2018	—	2.5	3	4	5	6	8	10	14	16	20
l 系列		2、2.5、3、4、5、6、8、10、12、(14)、16、20、25、30、35、40、45、50、(55)、60										

备注:(1) 公称长度 l≤ 表内值时顶端制成 120°,l > 表内值时顶端制成 90°。
(2) 尽可能不采用括号内规格

附录 G　双 头 螺 柱

双头螺柱——$b_m = 1d$(GB/T 897—1988)　双头螺柱——$b_m = 1.25d$(GB/T 898—1988)

双头螺柱——$b_m = 1.5d$(GB/T 899—1988)　双头螺柱——$b_m = 2d$(GB/T 900—1988)

A 型

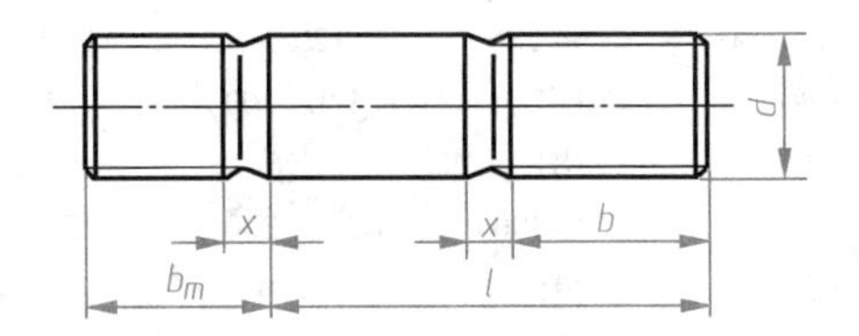

B 型

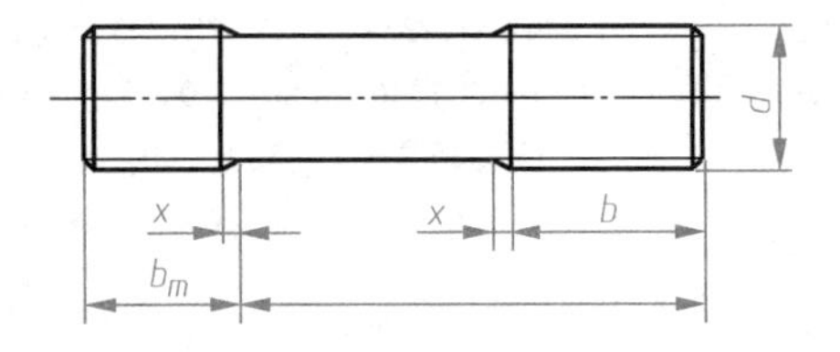

标记示例:螺柱　GB/T 898—1988　M10 × 50

表示两端均为粗牙普通螺纹,d=10 mm,l=50 mm,B 型,b_m = 1.25 d 的双头螺柱。

螺柱　GB/T 900—1988　AM10—M10×1×50

表示旋入端为粗牙普通螺纹、紧固端为螺距 P=1 mm 的细牙普通螺纹,d=10 mm,l=50 mm,A 型,b_m =2d 的双头螺柱。

单位:mm

螺纹规格 d		M5	M6	M8	M10	M12	M16
b_m	GB/T 897—1988	5	6	8	10	12	16
	GB/T 898—1988	6	8	10	12	15	20
	GB/T 899—1988	8	10	12	15	18	24
	GB/T 900—1988	10	12	16	20	24	32

续上表

螺纹规格 *d*	M5	M6	M8	M10	M12	M16
d	5	6	8	10	12	16
x	1.5*P*					
l/*b*	(16~22)/10 (25~50)/16	(20~22)/10 (25~30)/14 (32~75)/18	(20~22)/12 (25~30)/16 (32~90)/22	(25~28)/14 (30~38)/16 (40~120)/26 130/32	(25~30)/16 (32~40)/20 (45~120)/30 (130~180)/36	(30~38)/20 (40~55)/30 (60~120)/38 (130~200)/44

螺纹规格 *d*		M20	M24	M30	M36	M42	M48
b_m	GB/T 897—1988	20	24	30	36	42	48
	GB/T 898—1988	25	30	38	45	52	60
	GB/T 899—1988	30	36	45	54	65	72
	GB/T 900—1988	40	48	60	72	84	96
d		20	24	30	36	42	48
x		1.5*P*					
l/*b*		(35~40)/25 (45~65)/35 (70~120)/46 (130~200) /52	(45~50)/30 (55~75)/45 (80~120)/54 (130~200) /60	(60~65)/40 (70~90)/50 (95~120)/60 (130~200) /72 (210~250) /85	(60~75)/45 (80~110)/60 120/78 (130~200) /84 (210~300) /91	(60~80)/50 (85~110)/70 120/90 (130~200) /96 (210~300) /109	(80~90)/60 (95~110)/80 120/102 (130~200) /108 (210~300) /121
l 系列		16、(18)、20、(22)、25、(28)、30、(32)、35、(38)、40、45、50、(55)、60、(65)、70、(75)、80、(85)、90、(95)、100、110、120、130、140、150、160、170、180、190、200、210、220、230、240、250、260、280、300					

备注：①$b_m=d$ 一般用于钢对钢；$b_m=(1.25、1.5)d$ 一般用于钢对铸铁；$b_m=2d$ 一般用于钢对铝合金。

②*P* 表示螺距。

③尽可能不采用括号内的规格

附录 H　1 型六角螺母(GB/T 6170—2015)

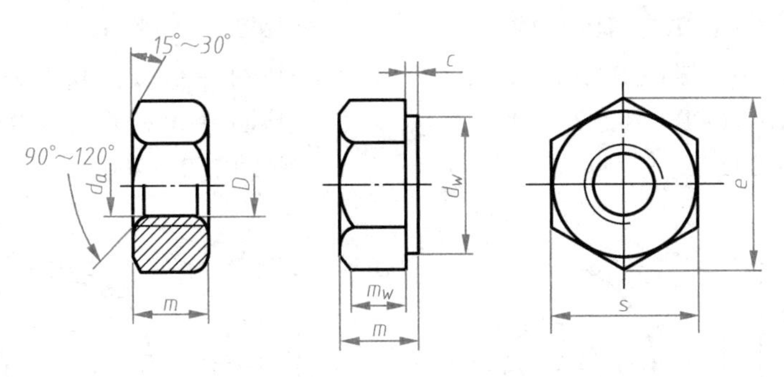

标记示例:

螺母 GB/T 6170—2015 M 12

表示螺纹规格 D=M12,产品等级为 A 级的 1 型六角螺母

单位:mm

螺纹规格 D	c	d_a		d_w	e	m		m_w	s	
	max	max	min	min	min	max	min	min	max	min
M1.6	0.2	1.84	1.6	2.4	3.41	1.3	1.05	0.8	3.2	3.02
M2	0.2	2.3	2	3.1	4.32	1.6	1.35	1.1	4	3.82
M2.5	0.3	2.9	2.5	4.1	5.45	2	1.75	1.4	5	4.82
M3	0.4	3.45	3	4.6	6.01	2.4	2.15	1.7	5.5	5.32
M4	0.4	4.6	4	5.9	7.66	3.2	2.9	2.3	7	6.78
M5	0.5	5.75	5	6.9	8.79	4.7	4.4	3.5	8	7.78
M6	0.5	6.75	6	8.9	11.05	9.2	4.9	3.9	10	9.78
M8	0.6	8.75	8	11.6	14.38	6.8	6.44	5.1	13	12.73
M10	0.6	10.8	10	14.6	17.77	8.4	8.04	6.4	16	15.73
M12	0.6	13	12	16.6	20.03	10.8	10.37	8.3	18	17.73
M16	0.8	17.3	16	22.5	26.75	14.8	14.1	11.3	24	23.67
M20	0.8	21.6	20	27.7	32.95	18	16.9	13.5	30	29.16
M24	0.8	25.9	24	33.2	39.55	21.5	20.2	16.2	36	35
M30	0.8	32.4	30	42.7	50.85	25.6	24.3	19.4	45	45
M36	0.8	38.9	36	51.1	60.79	31	29.4	23.5	55	53.8
M42	1	45.4	42	60.6	75.02	34	32.4	25.9	65	63.8
M48	1	51.8	48	69.4	62.6	38	36.4	29.1	75	74.1
M56	1	60.5	56	78.7	93.56	45	43.4	34.7	85	82.8
M64	1.2	69.1	64	88.2	104.86	51	49.1	39.3	95	92.8

备注:A 级用于 $D \leqslant 16$ 的螺母;B 级用于 $D>16$ 的螺母

附录Ⅰ 垫 圈

1. 小垫圈 —A 级(GB/T 848—2002)　　平垫圈 —A 级(GB/T 97.1—2002)

平垫圈倒角型 —A 级(GB/T 97.2—2002)　　平垫圈 —C 级(GB/T 95—2002)

特大垫圈 —C 级(GB/T 5287—2002)　　大垫圈 —A 和 C 级(GB/T 96—2002)

GB/T 97.1—2002　　GB/T 97.2—2002

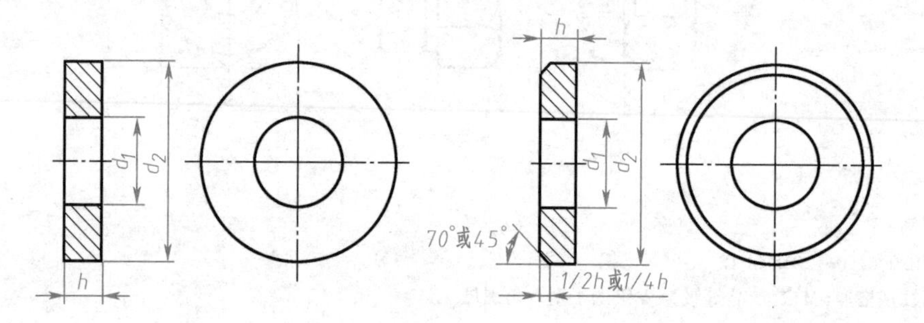

标记示例:垫圈 GB/T 95 8~100 HV 表示标准系列,公称尺寸 d=8 mm,性能等级 100 HV 的 C 级平垫圈

标记示例:垫圈 GB/T 97.2 8~140 HV 表示标准系列,公称尺寸 d=8 mm,性能等级 140 HV,倒角型 A 级平垫圈

单位:mm

公称尺寸	GB/T 95—2002			GB/T 97.1—2002			GB/T 97.2—2002			GB/T 5287—2002			GB/T 96—2002			GB/T 848—2002		
d	d_1	d_2	h	d_1	d_2	h	d_1	d_2	h	d_1	d_2	h	d_1	d_2	h	d_1	d_2	h
1.6	—	—	—	—	—	—	—	—	—	—	—	—	—	—	—	1.7	3.5	0.3
2	—	—	—	—	—	—	—	—	—	—	—	—	—	—	—	2.2	4.5	0.3
2.5	—	—	—	—	—	—	—	—	—	—	—	—	—	—	—	2.7	5	0.5
3	—	—	—	—	—	—	—	—	—	—	—	—	3.2	9	0.8	3.2	6	0.8
4	—	—	—	—	—	—	—	—	—	—	—	—	4.3	12	1	4.3	8	0.5
5	5.5	10	1	5.3	10	1	5.3	10	1	5.5	18	2	5.3	15	1.2	5.3	9	1
6	6.6	12	1.6	6.4	12	1.6	6.4	12	1.6	6.6	22	2	6.4	18	1.6	6.4	11	1.6
8	9	16	1.6	8.4	16	1.6	8.4	16	1.6	9	28	3	8.4	24	2	8.4	15	1.6
10	11	20	2	10.5	20	2	10.5	20	2	11	34	3	10.5	30	2.5	10.5	18	1.6
12	13.5	24	2.5	13	24	2.5	13	24	2.5	13.5	44	4	13	37	3	13	20	2
14	15.5	28	2.5	15	28	2.5	15	28	2.5	15.5	50	4	15	44	3	15	24	2.5
16	17.5	30	3	17	30	3	17	30	3	17.5	56	5	17	50	3	17	28	2.5
20	22	37	3	21	37	3	21	37	3	22	72	6	22	60	4	22	34	3
24	26	44	4	25	44	4	25	44	4	26	85	6	26	72	5	26	39	4
30	33	56	4	31	56	4	31	56	4	33	105	6	33	92	6	33	50	4
36	39	66	5	37	66	5	37	66	5	39	125	8	36	110	8	36	60	5

备注:(1)A 级、C 级为产品等级:A 级适用于精装配系列,C 级适用于中等装配系列,C 级垫圈没有 Ra3.2 和去毛刺的要求。

(2)GB/T 848—2002 主要用于带圆柱头螺钉,用于标准六角螺栓、螺钉和螺母

2. 标准弹簧垫圈(GB/T 93—1987)、轻型弹簧垫圈(GB/T 859—1987)、重型弹簧垫圈(GB/T 7244—1987)

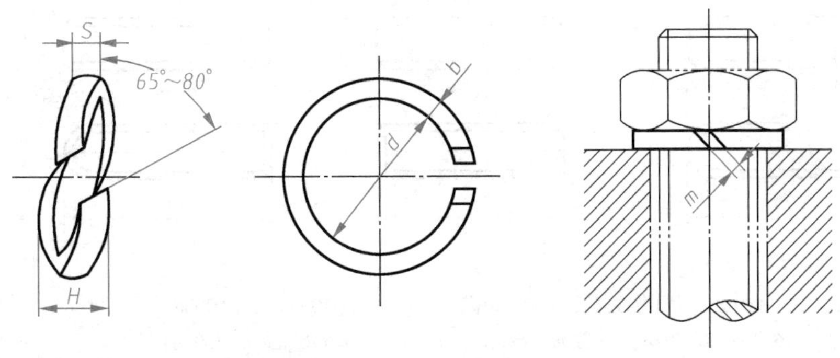

标记示例:垫圈 GB/T 93—1987 16

表示规格 16 mm,材料为 65Mn,表面氧化的标准型弹簧垫圈。

单位:mm

规 格(螺纹大径)	d min	GB/T 93—1987				GB/T 859—1987				GB/T 7244—1987			
		S 公称	b 公称	H max	m ≤	S 公称	b 公称	H max	m ≤	S 公称	b 公称	H max	m ≤
2	2.1	0.5	0.5	1.25	0.25	—	—	—	—	—	—	—	—
2.5	2.6	0.65	0.65	1.63	0.33	—	—	—	—	—	—	—	—
3	3.1	0.8	0.8	2	0.4	0.6	1	1.5	0.3	—	—	—	—
4	4.1	1.1	1.1	2.75	0.55	0.8	1.2	2	0.4	—	—	—	—
5	5.1	1.3	1.3	3.25	0.65	1.1	1.5	2.75	0.55	—	—	—	—
6	6.1	1.6	1.6	4	0.8	1.3	2	3.25	0.65	1.8	2.6	4.5	0.9
8	8.1	2.1	2.1	5.25	1.05	1.6	2.5	4	0.8	2.4	3.2	6	1.2
10	10.2	2.6	2.6	6.5	1.3	2	3	5	1	3	3.8	7.5	1.5
12	12.2	3.1	3.1	7.75	1.55	2.5	3.5	6.25	1.25	3.5	4.3	8.75	1.75
16	16.2	4.1	4.1	10.25	2.05	3.2	4.5	8	1.6	4.8	5.3	12	2.4
20	20.2	5	5	12.5	2.5	4	5.5	10	2	6	6.4	15	3
24	24.5	6	6	15	3	5	7	12.25	2.5	7.1	7.5	17.75	3.55
30	30.5	7.5	7.5	18.75	3.75	6	9	15	3	9	9.3	22.5	4.5
36	36.5	9	9	22.5	4.5	—	—	—	—	10.8	11.1	27	5.4
42	42.5	10.5	10.5	26.25	5.25	—	—	—	—	—	—	—	—
48	48.5	12	12	30	6	—	—	—	—	—	—	—	—

备注:m 应大于零

附录 J　普通型平键(GB/T 1096—2003)

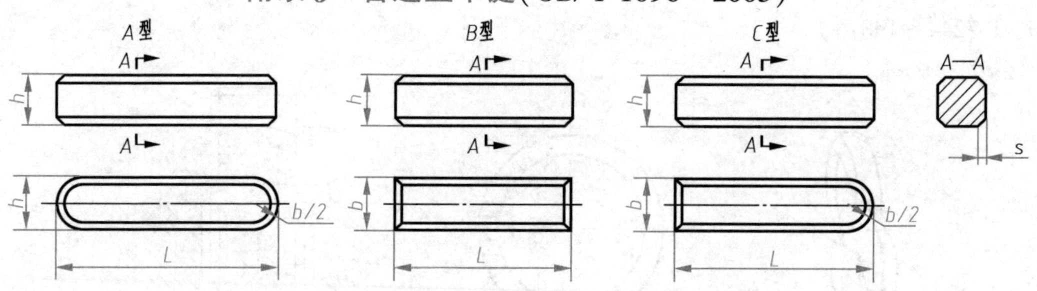

标记示例:

GB/T 1096—2003 键　16×10×100　表示圆头普通平键(A 型)$b=16$ mm,$h=10$ mm,$L=100$ mm

GB/T 1096—2003 键　B16×10×100　表示平头普通平键(B 型)$b=16$ mm,$h=10$ mm,$L=100$ mm

GB/T 1096—2003 键　C16×10×100　表示单圆头普通平键(C 型)$b=16$ mm,$h=10$ mm,$L=100$ mm

单位:mm

b	**公称尺寸**	2	3	4	5	6	8	10	12	14	16
	偏差 h9	0 -0. 025		0 -0. 030			0 -0. 036		0 -0. 043		
h	**公称尺寸**	2	3	4	5	6	7	8	8	9	10
	偏差 h11	0 -0. 06		0 -0. 075			0 -0. 090				
S		0. 16~0. 25			0. 25~0. 40			0. 40~0. 60			
L		6~20	6~36	8~45	10~56	14~70	18~90	22~110	28~140	36~160	45~180
b	**公称尺寸**	18	20	22	25	28	32	36	40	45	50
	偏差 h9	0 -0. 043	0 -0. 052				0 -0. 062				
h	**公称尺寸**	11	12	14	14	16	18	20	22	25	28
	偏差 h11	0 -0. 110						0 -0. 130			
S		0. 40~0. 60	0. 60~0. 80					1. 0~1. 2			
L		50~200	56~220	63~250	70~280	80~320	90~360	100~400	100~400	110~450	125~500

L 系列:6、8、10、12、14、16、18、20、22、25、28、32、36、40、45、50、56、63、70、80、90、100、110、125 等

附录 K 平键和键槽的断面尺寸(GB/T 1095—2003)

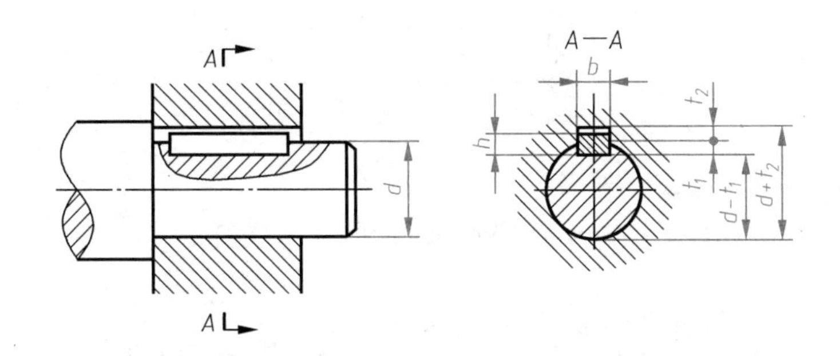

单位:mm

轴	键	键槽											
		宽度 *b*						深度				半径 *r*	
			极限偏差										
公称直径 *d*	公称尺寸 *b*×*h*	公称尺寸	较松键联结		一般键联结		较紧键联结	轴 t_1		毂 t_2			
			轴 H9	毂 D10	轴 N9	毂 JS9	轴和毂 P9	公称尺寸	极限偏差	公称尺寸	极限偏差	最小	最大
自 6~8	2×2	2	+0.025 0	+0.060 +0.020	-0.004 -0.029	±0.0125	-0.006 -0.031	1.2	+0.1 0	1	+0.1 0	0.08	0.16
<8~10	3×3	3						1.8		1.4			
<10~12	4×4	4	+0.030 0	+0.078 +0.030	0 -0.030	±0.015	-0.012 -0.042	2.5		1.8			
<12~17	5×5	5						3.0		2.3		0.16	0.20
<17~22	6×6	6						3.5		2.8			
<22~30	8×7	8	+0.036 0	+0.098 +0.040	0 -0.036	±0.018	-0.015 -0.051	4.0	+0.2 0	3.3	+0.2 0		
<30~38	10×8	10						5.0		3.3		0.25	0.40
<38~44	12×8	12	+0.043 0	+0.120 +0.050	0 -0.043	±0.0115	-0.018 -0.061	5.5		3.3			
<44~50	14×9	14						5.5		3.8			
<50~58	16×10	16						6.0		4.3		0.40	0.60
<58~65	18×11	18						7.0		4.4			
<65~75	20×12	20	+0.052 0	+0.149 +0.065	0 -0.052	±0.026	-0.022 -0.074	7.5		4.9			
<75~85	22×14	22						9.0		5.4			
<85~95	25×14	25						9.0		5.4			
<95~110	28×16	28						10.0		6.4		0.06	1.0
<110~130	32×18	32	+0.062 0	+0.180 +0.080	0 -0.067	±0.031		11.0		7.4			
<130~150	36×20	36						12.0	+0.3 0	8.4	+0.3 0		
<150~170	40×22	40						13.0		9.4			
<170~200	45×25	45						15.0		10.4			
<200~230	50×28	50						17.0		11.4			

备注:①在工作图中,轴槽深用 t_1 或($d-t_1$)标注,轮毂槽深用($d+t_2$)标注。

②键的材料常用 45 钢。

③键槽的极限偏差按轴(t_1)和轮毂(t_2)的极限偏差选取,但轴槽深($d-t_1$)的极限偏差值应取负号

附录 L　圆柱销(GB/T 119.1—2000)

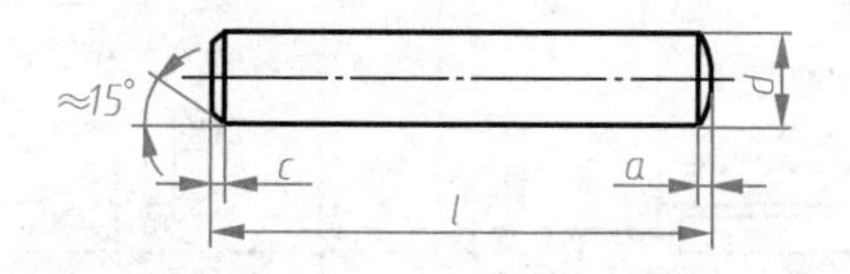

标记示例:销 GB/T 119.1—2000　8×30

表示公称直径 d=8 mm,长度 l=30 mm,材料为钢,不经表面处理的圆柱销。

单位:mm

d(公称直径)	0.6	0.8	1	1.2	1.5	2	2.5	3	4	5
c	0.12	0.16	0.20	0.25	0.30	0.35	0.40	0.50	0.63	0.80
L (商品规格范围公称长度)	2~6	2~8	4~10	4~12	4~16	6~20	6~24	8~30	8~40	10~50
d(公称直径)	6	8	10	12	16	20	25	30	40	50
c	1.2	1.6	2.0	2.5	3.0	3.5	4.0	5.0	6.3	8.0
L (商品规格范围公称长度)	12~60	14~80	18~95	22~140	26~180	35~200	50~200	60~200	80~200	95~200
l 系列	2、3、4、5、6、8、10、12、14、16、18、20、22、24、26、28、30、32、35、40、45、50、55、60、65、70、75、80、85、90、95、100、120、140、160、180、200									

附录 M　圆锥销(GB/T 117—2000)

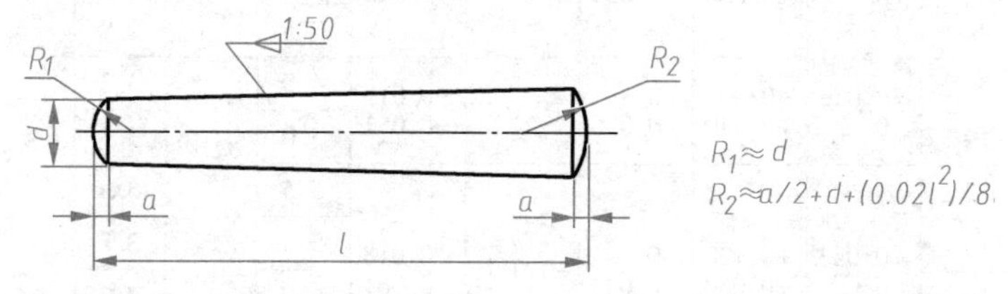

标记示例:销　GB/T 117—2000　10×70

表示公称直径 d=10 mm,长度 l=70 mm, 材料为 35 钢,热处理硬度 28~38 HRC,表面氧化处理的圆锥销。

单位:mm

d(公称直径)	0.6	0.8	1	1.2	1.5	2	2.5	3	4	5
a	0.08	0.1	0.12	0.16	0.2	0.25	0.3	0.4	0.5	0.63
L (商品规格范围公称长度)	4~8	5~12	6~16	6~20	8~24	10~35	10~35	12~45	14~55	18~60
d(公称直径)	6	8	10	12	16	20	25	30	40	50
a	0.8	1	1.2	1.6	2	2.5	3	4	5	6.3
L (商品规格范围公称长度)	12~60	14~80	18~95	22~140	26~180	35~200	50~200	60~200	80~200	95~200
l 系列	2、3、4、5、6、8、10、12、14、16、18、20、22、24、26、28、30、32、35、40、45、50、55、60、65、70、75、80、85、90、95、100、120、140、160、180、200									

附录 N　开口销(GB/T 91—2000)

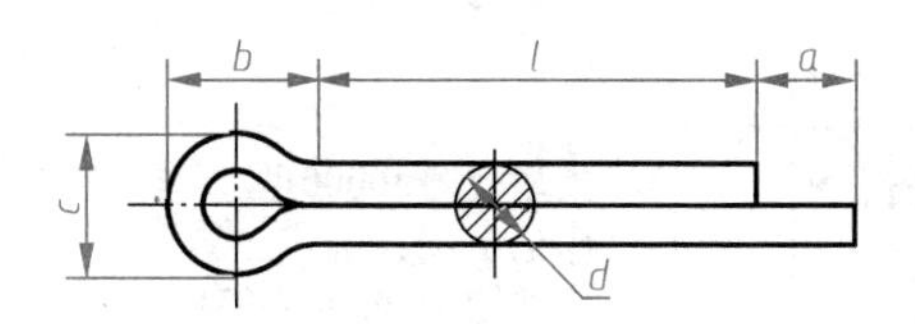

标记示例:销 GB/T 91—2000　8×30

表示公称直径 d=8 mm,长度 l=30 mm 的开口销

单位:mm

公称规格		0.6	0.8	1	1.2	1.6	2	2.5	3.2	4	5	6.3	8	10	12
d	min	0.4	0.6	0.8	0.9	1.3	1.7	2.1	2.7	3.5	4.4	5.7	7.3	9.3	11.1
	max	0.5	0.7	0.9	1	1.4	1.8	2.3	2.9	3.7	4.6	5.9	7.5	9.5	11.4
c	max	1	1.4	1.8	2	2.8	3.6	4.6	5.8	7.4	9.2	11.8	15	19	24.8
	min	0.9	1.2	1.6	1.7	2.4	3.2	4	5.1	6.5	8	10.3	13.1	16.6	21.7
b		2	2.4	3	3	3.2	4	5	6.4	8	10	12.6	16	20	26
a	max	1.6			2.5				3.2	4				6.3	

备注:①销孔的公称直径等于 d 公称。

②$a_{min}=1/2a_{max}$

附录O　深沟球轴承(GB/T 276—2013)

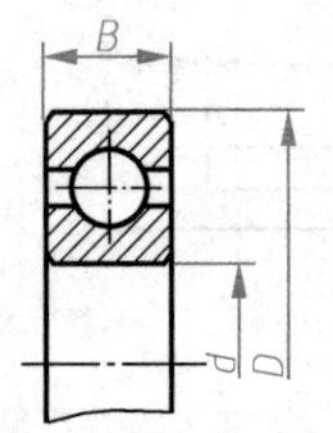

类型代号:6000型
标记示例:
滚动轴承 6208 GB/T 276—2013

轴承型号	尺寸/mm		
	d	*D*	*B*
尺寸系列代号01			
606	6	17	6
607	7	19	6
608	8	22	7
609	9	24	7
6000	10	26	8
6001	12	28	8
6002	15	32	9
6003	17	35	10
6004	20	42	12
6005	25	47	12
6006	30	55	13
6007	35	62	14
6008	40	68	15
6009	45	75	16
6010	50	80	16
6011	55	90	18
6012	60	95	18
尺寸系列代号02			
623	3	10	4
624	4	13	5
625	5	16	5
626	6	19	6
627	7	22	7
628	8	24	8
629	9	26	8
6200	10	30	9
6201	12	32	10
6202	15	35	11
6203	17	40	12
6204	20	47	14
6205	25	52	15
6206	30	62	16
6207	35	72	17

轴承型号	尺寸/mm		
	d	*D*	*B*
尺寸系列代号03			
634	4	16	5
635	5	19	6
6300	10	35	11
6301	12	37	12
6302	15	42	13
6303	17	47	14
6304	20	52	15
6305	25	62	17
6306	30	72	19
6307	35	80	21
6308	40	90	23
6309	45	100	25
6310	50	110	27
6311	55	120	29
6312	60	130	31
尺寸系列代号04			
6403	17	62	17
6404	20	72	19
6405	25	80	21
6406	30	90	23
6407	35	100	25
6408	40	110	27
6409	45	120	29
6410	50	130	31
6411	55	140	33
6412	60	150	35
6413	65	160	37
6414	70	180	42
6415	75	190	45
6416	80	200	48
6417	85	210	52
6418	90	225	54
6419	95	240	55

附录 P　圆锥滚子轴承(GB/T 297—2015)

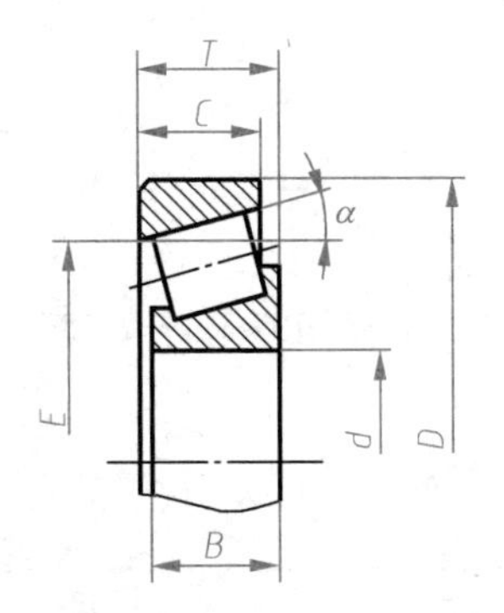

类型代号:30000型
标记示例:
滚动轴承 31208 GB/T 297—2015

轴承型号	尺寸/mm						
	d	*D*	*T*	*B*	*C*	*E*≈	*a*≈
尺寸系列代号 02							
30204	20	47	15.25	14	12	37.3	11.2
30205	25	52	16.25	15	13	41.1	12.6
30206	30	62	17.25	16	14	49.9	13.8
30207	35	72	18.25	17	15	58.8	15.3
30208	40	80	19.75	18	16	65.7	16.9
30209	45	85	20.75	19	16	70.4	18.6
30210	50	90	21.75	20	17	75	20
30211	55	100	22.75	21	18	84.1	21
30212	60	110	23.75	22	19	91.8	22.4
30213	65	120	24.75	23	20	101.9	24
30214	70	125	26.25	24	21	105.7	25.9
30215	75	130	27.25	25	22	110.4	27.4
30216	80	140	28.25	26	22	119.1	28
30217	85	150	30.5	28	24	126.6	29.9
30218	90	160	32.5	30	26	134.9	32.4
30219	95	170	34.5	32	27	143.3	35.1
30220	100	180	37	34	29	151.3	36.5
尺寸系列代号 03							
30307	35	80	22.75	21	18	65.7	17
30308	40	90	25.25	23	20	72.7	19.5
30309	45	100	27.75	25	22	81.7	21.5
30310	50	110	29.25	27	23	90.6	23
30311	55	120	31.5	29	25	99.1	25
30312	60	130	33.5	31	26	107.1	26.5
30313	65	140	36	33	28	116.8	29
30314	70	150	38	35	30	125.2	30.6
30315	75	160	40	37	31	134	32
30316	80	170	42.5	39	33	143.1	34
30317	85	180	44.5	41	34	150.4	36
30318	90	190	46.5	43	36	159	37.5
30319	95	200	49.5	45	38	165.8	40
30320	100	215	51.5	47	39	178.5	42

轴承型号	尺寸/mm						
	d	*D*	*T*	*B*	*C*	*E*≈	*a*≈
尺寸系列代号 22							
32206	30	62	21.5	20	17	48.9	15.4
32207	35	72	24.25	23	19	57	17.6
32208	40	80	24.75	23	19	64.7	19
32209	45	85	24.75	23	19	69.6	20
32210	50	90	24.75	23	19	74.2	21
32211	55	100	26.75	25	21	82.8	22.5
32212	60	110	29.75	28	24	90.2	24.9
32213	65	120	32.75	31	27	99.4	27.2
32214	70	125	33.25	31	27	103.7	28.6
32215	75	130	33.25	31	27	108.9	30.2
32216	80	140	35.25	33	28	117.4	31.3
32217	85	150	38.5	36	30	124.9	34
32218	90	160	42.5	40	34	132.6	36.7
32219	95	170	45.5	43	37	140.2	39
32220	100	180	49	46	39	148.1	41.8
尺寸系列代号 23							
32304	20	52	22.25	21	18	39.5	13.4
32305	25	62	25.25	24	20	48.6	15.5
32306	30	72	28.75	27	23	55.7	18.8
32307	35	80	32.75	31	25	62.8	20.5
32308	40	90	35.25	33	27	99.2	23.4
32309	45	100	38.25	36	30	78.3	25.6
32310	50	110	42.25	40	33	86.2	28
32311	55	120	45.5	43	35	94.3	30.6
32312	60	130	48.5	46	37	102.9	32
32313	65	140	51	48	39	111.7	34
32314	70	150	54	51	42	119.7	36.5
32315	75	160	58	55	45	127.8	39
32316	80	170	61.5	58	48	136.5	42
32317	85	180	63.5	60	49	144.2	43.6
32318	90	190	67.5	64	53	151.7	46
32319	95	200	71.5	67	55	160.3	49
32320	100	215	77.5	73	60	171.6	53

附录 Q 推力球轴承(GB/T 301—2015)

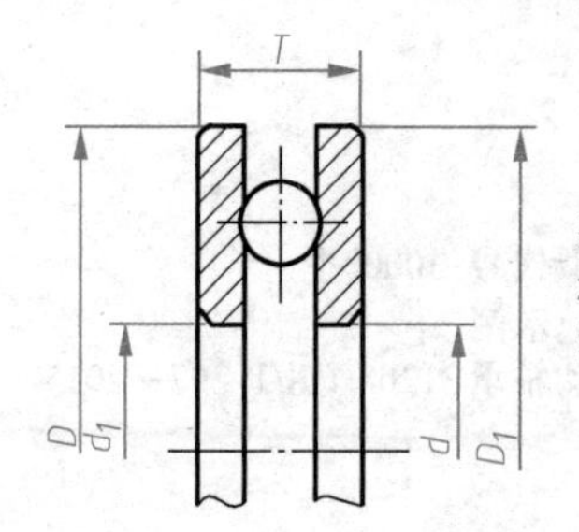

类型代号:50000型
标记示例:
滚动轴承51208 GB/T 301—2015

轴承型号	尺寸/mm				
	d	D	T	d_1	D_1
	尺寸系列代号 11				
51100	10	24	9	11	24
51101	12	26	9	13	26
51102	15	28	9	16	28
51103	17	30	9	18	30
51104	20	35	10	21	35
51105	25	42	11	26	42
51106	30	47	11	32	47
51107	35	52	12	37	52
51108	40	60	13	42	60
51109	45	65	14	47	65
51110	50	70	14	52	70
51111	55	78	16	57	78
51112	60	85	17	62	85
51113	65	90	18	67	90
51114	70	95	18	72	95
51115	75	100	19	77	100
51116	80	105	19	82	105
51117	85	110	19	87	110
51118	90	120	22	92	120
51120	100	135	25	102	135
尺寸系列代号 12					
51200	10	26	11	12	26
51201	12	28	11	14	28
51202	15	32	12	17	32
51203	17	35	12	19	35
51204	20	40	14	22	40
51205	25	47	15	27	47
51206	30	52	16	32	52
51207	35	62	18	37	62
51208	40	68	19	42	68
51209	45	73	20	47	73
51210	50	78	22	52	78

轴承型号	尺寸/mm				
	d	D	T	d_1	D_1
	尺寸系列代号 12				
51211	55	90	25	57	90
51212	60	95	26	62	95
51213	65	100	27	67	100
51214	70	105	27	72	105
51215	75	110	27	77	110
51216	80	115	28	82	115
51217	85	125	31	88	125
51218	90	135	35	93	135
51220	100	150	38	103	150
尺寸系列代号 13					
51304	20	47	18	22	47
51305	25	52	18	27	52
51306	30	60	21	32	60
51307	35	68	24	37	68
51308	40	78	26	42	78
51309	45	85	28	47	85
51310	50	95	31	52	95
51311	55	105	35	57	105
51312	60	110	35	62	110
51313	65	115	36	67	115
51314	70	125	40	72	125
尺寸系列代号 14					
51407	35	80	32	37	80
51408	40	90	36	42	90
51409	45	100	39	47	100
51410	50	110	43	52	110
51411	55	120	48	57	120
51412	60	130	51	62	130
51413	65	140	56	68	140
51414	70	150	60	73	150
51415	75	160	65	78	160
51416	80	170	68	83	170

附录 R　轴的极限偏差(摘录 GB/T 1800.2—2020)

公称尺寸/mm		常用公差带/μm												
		a	b		c			d				e		
大于	至	11	11	12	9	10	11	8	9	10	11	7	8	9
—	3	-270 -330	-140 -200	-140 -240	-60 -85	-60 -100	-60 -120	-20 -34	-20 -45	-20 -60	-20 -80	-14 -24	-14 -28	-14 -39
3	6	-270 -345	-140 -215	-140 -260	-70 -100	-70 -118	-70 -145	-30 -48	-30 -60	-30 -78	-30 -105	-20 -32	-20 -38	-20 -50
6	10	-280 -370	-150 -240	-150 -300	-80 -116	-80 -138	-80 -170	-40 -62	-40 -76	-40 -98	-40 -130	-25 -40	-25 -47	-25 -61
10	14	-290 -400	-150 -260	-150 -330	-95 -165	-95 -165	-95 -205	-50 -77	-50 -93	-50 -120	-50 -160	-32 -50	-32 -59	-32 -75
14	18													
18	24	-300 -430	-160 -290	-160 -370	-110 -162	-110 -194	-110 -240	-65 -98	-65 -117	-65 -149	-65 -195	-40 -61	-40 -73	-40 -92
24	30													
30	40	-310 -470	-170 -330	-170 -420	-120 -182	-120 -220	-120 -280	-80 -119	-80 -142	-80 -180	-80 -240	-50 -75	-50 -89	-50 -112
40	50	-320 -480	-180 -340	-180 -430	-130 -192	-130 -230	-130 -290							
50	65	-340 -530	-190 -380	-190 -490	-140 -214	-140 -260	-140 -330	-100 -146	-100 -174	-100 -220	-100 -290	-60 -90	-60 -106	-60 -134
65	80	-360 -550	-200 -390	-200 -500	-150 -224	-150 -270	-150 -340							
80	100	-380 -600	-220 -440	-220 -570	-170 -257	-170 -310	-170 -399	-120 -174	-120 -207	-120 -260	-120 -340	-72 -107	-72 -126	-72 -159
100	120	-410 -630	-240 -460	-240 -590	-180 -267	-180 -320	-180 -400							
120	140	-520 -710	-260 -510	-260 -660	-200 -300	-200 -360	-200 -450	-145 -208	-145 -245	-145 -305	-145 -395	-85 -125	-85 -148	-85 -185
140	160	-460 -770	-280 -530	-280 -680	-210 -310	-210 -370	-210 -460							
160	180	-580 -830	-310 -560	-310 -710	-230 -330	-230 -390	-230 -480							
180	200	-660 -950	-340 -630	-340 -800	-240 -355	-240 -425	-240 -530	-170 -242	-170 -285	-170 -355	-170 -460	-100 -146	-100 -172	-100 -215
200	225	-740 -1 030	-380 -670	-380 -840	-260 -375	-260 -445	-260 -550							
225	250	-820 -1 110	-420 -710	-420 -880	-280 -395	-280 -465	-280 -570							
250	280	-920 -1 240	-480 -800	-480 -1000	-300 -430	-300 -510	-300 -620	-190 -271	-190 -320	-190 -400	-190 -510	-110 -162	-110 -191	-110 -240
280	315	-1 050 -1 370	-540 -860	-540 -1 060	-330 -460	-330 -540	-330 -650							
315	355	-1 200 -1 560	-600 -960	-800 -1 170	-360 -500	-360 -590	-360 -720	-210 -299	-210 -350	-210 -440	-210 -570	-125 -182	-125 -214	-125 -265
355	400	-1 350 -1 710	-680 -1 040	-680 -1 250	-400 -540	-400 -630	-400 -760							

备注:公称尺寸小于 1 mm 时,各级的 a 和 b 均不采用。

续上表

公称尺寸/mm		常用公差带/μm															
		f					g			h							
大于	至	5	6	7	8	9	5	6	7	5	6	7	8	9	10	11	12
—	3	−6 −10	−6 −12	−6 −16	−6 −20	−6 −31	−2 −6	−2 −8	−2 −12	0 −4	0 −6	0 −10	0 −14	0 −25	0 −40	0 −60	0 −100
3	6	−10 −15	−10 −18	−10 −22	−10 −28	−10 −40	−4 −9	−4 −12	−4 16	0 −5	0 −8	0 −12	0 −18	0 −30	0 −48	0 −75	0 −120
6	10	−13 −19	−13 −22	−13 −28	−13 −35	−13 −49	−5 −11	−5 −14	−5 −20	0 −6	0 −9	0 −15	0 −22	0 −36	0 −58	0 −90	0 −150
10	14	−16 −24	−16 −27	−16 −34	−16 −43	−16 −59	−6 −14	−6 −17	−6 −24	0 −8	0 −11	0 −18	0 −27	0 −43	0 −70	0 −110	0 −180
14	18																
18	24	−20 −29	−20 −33	−20 −41	−20 −53	−20 −72	−7 −16	−7 −20	−7 −28	0 −9	0 −13	0 −21	0 −33	0 −52	0 −84	0 −130	0 −210
24	30																
30	40	−25 −36	−25 −41	−25 −50	−25 −64	−25 −87	−9 −20	−9 −25	−9 −34	0 −11	0 −16	0 −25	0 −39	0 −62	0 −100	0 −160	0 −250
40	50																
50	65	−30 −43	−30 −49	−30 −60	−30 −76	−30 −104	−10 −23	−10 −29	−10 −40	0 −13	0 −19	0 −30	0 −46	0 −74	0 −120	0 −190	0 −300
65	80																
80	100	−36 −51	−36 −58	−36 −71	−36 −90	−36 −123	−12 −27	−12 −34	−12 −47	0 −15	0 −22	0 −35	0 −54	0 −87	0 −140	0 −220	0 −350
100	120																
120	140	−43 −61	−43 −68	−43 −83	−43 −106	−43 −143	−14 −32	−14 −39	−14 −54	0 −18	0 −25	0 −40	0 −63	0 −100	0 −160	0 −250	0 −400
140	160																
160	180																
180	200	−50 −70	−50 −79	−50 −96	−50 −122	−50 −165	−15 −35	−15 −44	−15 −61	0 −20	0 −29	0 −46	0 −72	0 −115	0 −185	0 −290	0 −460
200	225																
225	250																
250	280	−56 −79	−56 −88	−56 −108	−56 −137	−56 −186	−17 −40	−17 −49	−17 −69	0 −23	0 −32	0 −52	0 −81	0 −130	0 −210	0 −320	0 −520
280	315																
315	355	−62 −87	−62 −98	−62 −119	−62 −151	−62 −202	−18 −43	−18 −54	−18 −75	0 −25	0 −36	0 −57	0 −89	0 −140	0 −230	0 −360	0 −570
355	400																

续上表

公称尺寸/mm		常用公差带/μm														
		js			k			m			n			p		
大于	至	5	6	7	5	6	7	5	6	7	5	6	7	5	6	7
—	3	±2	±3	±5	+4 0	+6 0	+10 0	+6 +2	+8 +2	+12 +2	+8 +4	+10 +4	+14 +4	+10 +6	+12 +6	+16 +6
3	6	±2. 5	±4	±6	+6 +1	+9 +1	+13 +1	+9 +4	+12 +4	+16 +4	+13 +8	+16 +8	+20 +8	+17 +12	+20 +12	+24 +12
6	10	±3	±4. 5	±7	+7 +1	+10 +1	+16 +1	+12 +6	+15 +6	+21 +6	+16 +10	+19 +10	+25 +10	+21 +15	+24 +15	+30 +15
10	14	±4	±5. 5	±9	+9 +1	+12 +1	+19 +1	+15 +7	+18 +7	+25 +7	+20 +12	+23 +12	+30 +12	+26 +18	+29 +18	+38 +18
14	18															
18	24	±4. 5	±6. 5	±10	+11 +2	+15 +2	+23 +2	+17 +8	+21 +8	+29 +8	+24 +15	+28 +15	+36 +15	+31 +22	+35 +22	+43 +22
24	30															
30	40	±5. 5	±8	±12	+13 +2	+18 +2	+27 +2	+20 +9	+25 +9	+34 +9	+28 +17	+33 +17	+42 +17	+37 +26	+42 +26	+51 +26
40	50															
50	65	±6. 5	±9. 5	±15	+15 +2	+21 +2	+32 +2	+24 +11	+30 +11	+41 +11	+33 +20	+39 +20	+50 +20	+45 +32	+51 +32	+62 +32
65	80															
80	100	±7. 5	±11	±17	+18 +3	+25 +3	+38 +3	+28 +13	+35 +13	+48 +13	+38 +23	+45 +23	+58 +23	+52 +37	+59 +37	+72 +37
100	120															
120	140	±9	±12. 5	±20	+21 +3	+28 +3	+43 +3	+33 +15	+40 +15	+55 +15	+45 +27	+52 +27	+67 +27	+61 +43	+68 +43	+83 +43
140	160															
160	180															
180	200	±10	±14. 5	±23	+24 +4	+33 +4	+50 +4	+37 +17	+46 +17	+63 +17	+51 +31	+60 +31	+77 +31	+70 +50	+79 +50	+96 +50
200	225															
225	250															
250	280	±11. 5	±16	±26	+27 +4	+36 +4	+56 +4	+43 +20	+52 +20	+72 +20	+57 +34	+66 +34	+86 +34	+79 +56	+88 +56	+108 +56
280	315															
315	355	±12. 5	±18	±28	+29 +4	+40 +4	+61 +4	+46 +21	+57 +21	+78 +21	+62 +37	+73 +37	+94 +37	+87 +62	+98 +62	+119 +62
355	400															

续上表

公称尺寸/mm		常用公差带/μm														
		r			s			t			u		v	x	y	z
大于	至	5	6	7	5	6	7	5	6	7	6	7	6	6	6	6
—	3	+14 +10	+16 +10	+20 +10	+18 +14	+20 +14	+24 +14	—	—	—	+24 +18	+28 +18	—	+26 +20	—	+32 +26
3	6	+20 +15	+23 +15	+27 +15	+24 +19	+27 +19	+31 +19	—	—	—	+31 +23	+35 +23	—	+36 +28	—	+43 +35
6	10	+25 +19	+28 +19	+34 +19	+29 +23	+32 +23	+38 +23	—	—	—	+37 +28	+43 +28	—	+43 +34	—	+51 +42
10	14	+31 +23	+34 +23	+41 +23	+36 +28	+39 +28	+46 +28	—	—	—	+44 +33	+51 +33	—	+51 +40	—	+61 +50
14	18							—	—	—			+50 +39	+56 +45	—	+71 +60
18	24	+37 +28	+41 +28	+49 +28	+44 +35	+48 +35	+56 +35	—	—	—	+54 +41	+62 +41	+60 +47	+67 +54	+76 +63	+86 +73
24	30							+50 +41	+54 +41	+62 +41	+61 +48	+69 +48	+68 +55	+77 +64	+88 +75	+101 +88
30	40	+45 +34	+50 +34	+59 +34	+54 +43	+59 +43	+68 +43	+59 +48	+64 +48	+73 +48	+76 +60	+85 +60	+84 +68	+96 +80	+110 +94	+128 +112
40	50							+65 +54	+70 +54	+79 +54	+86 +70	+95 +70	+97 +81	+113 +97	+130 +114	+152 +136
50	65	+54 +41	+60 +41	+71 +41	+66 +53	+72 +53	+83 +53	+79 +66	+85 +66	+96 +66	+106 +87	+117 +87	+121 +102	+141 +122	+163 +144	+191 +172
65	80	+56 +80	+62 +43	+73 +43	+72 +59	+78 +59	+89 +59	+88 +75	+94 +75	+105 +75	+121 +102	+132 +102	+139 +120	+165 +146	+193 +174	+229 +210
80	100	+66 +51	+73 +51	+86 +51	+86 +71	+93 +71	+106 +71	+106 +91	+113 +91	+126 +91	+146 +124	+159 +124	+168 +146	+200 +178	+236 +214	+280 +258
100	120	+69 +54	+76 +54	+89 +54	+94 +79	+101 +79	+114 +79	+110 +104	+126 +104	+136 +104	+166 +144	+179 +144	+194 +172	+232 +210	+276 +254	+332 +310
120	140	+81 +63	+88 +63	+103 +63	+110 +92	+117 +92	+132 +92	+140 +122	+147 +122	+162 +122	+195 +170	+210 +170	+227 +202	+273 +248	+325 +300	+390 +365
140	160	+83 +65	+90 +65	+150 +65	+118 +100	+125 +100	+140 +100	+152 +134	+159 +134	+174 +134	+215 +190	+230 +190	+253 +228	+305 +280	+365 +340	+440 +415
160	180	+86 +68	+93 +68	+108 +68	+126 +108	+133 +108	+148 +108	+164 +146	+171 +146	+186 +146	+235 +210	+250 +210	+227 +252	+335 +310	+405 +380	+490 +465
180	200	+97 +77	+106 +77	+123 +77	+142 +122	+151 +122	+168 +122	+185 +166	+195 +166	+212 +166	+265 +236	+282 +236	+313 +284	+379 +350	+454 +425	+549 +520
200	225	+100 +80	+109 +80	+126 +80	+150 +130	+159 +130	+176 +130	+200 +180	+209 +180	+226 +180	+287 +258	+304 +258	+339 +310	+414 +385	+499 +470	+604 +575
225	250	+104 +84	+113 +84	+130 +84	+160 +140	+169 +140	+186 +140	+216 +196	+225 +196	+242 +196	+313 +284	+330 +284	+369 +340	+454 +425	+549 +520	+669 +640
250	280	+117 +94	+126 +94	+146 +94	+181 +158	+290 +158	+210 +158	+241 +218	+250 +218	+270 +218	+347 +315	+367 +315	+417 +385	+507 +475	+612 +580	+742 +710
280	315	+121 +98	+130 +98	+150 +98	+193 +170	+202 +170	+222 +170	+263 +240	+272 +240	+292 +240	+382 +350	+402 +350	+457 +425	+557 +525	+682 +650	+822 +790
315	355	+133 +108	+144 +108	+165 +108	+215 +190	+226 +190	+247 +190	+293 +268	+304 +268	+325 +268	+426 +390	+447 +290	+511 +475	+626 +590	+766 +730	+936 +900
355	400	+139 +114	+150 +114	+171 +114	+233 +208	+244 +208	+265 +208	+319 +294	+330 +294	+351 +294	+471 +435	+492 +435	+566 +530	+696 +660	+856 +820	+1 036 +1 000

附录 S　孔的极限偏差(摘录 GB/T 1800.2—2020)

公称尺寸/mm		常用公差带/μm													
		A	B		C	D				E		F			
大于	至	11	11	12	11	8	9	10	11	8	9	6	7	8	9
—	3	+330 +270	+200 +140	+240 +140	+120 +60	+34 +20	+45 +20	+60 +20	+80 +20	+28 +14	+39 +14	+12 +6	+16 +6	+20 +6	+31 +6
3	6	+345 +270	+215 +140	+260 +140	+145 +70	+48 +30	+60 +30	+78 +30	+105 +30	+38 +20	+50 +20	+18 +10	+22 +10	+28 +10	+40 +10
6	10	+370 +280	+240 +150	+300 +150	+170 +80	+62 +40	+76 +40	+98 +40	+170 +40	+47 +25	+61 +25	+22 +13	+28 +13	+35 +13	+49 +13
10	14	+400 +290	+260 +150	+330 +150	+205 +95	+77 +50	+93 +50	+120 +50	+160 +50	+59 +32	+75 +32	+27 +16	+34 +16	+43 +16	+59 +16
14	18														
18	24	+430 +300	+290 +160	+370 +160	+240 +110	+98 +65	+117 +65	+149 +65	+195 +65	+73 +40	+92 +40	+33 +20	+41 +20	+53 +20	+72 +20
24	30														
30	40	+470 +310	+330 +170	+420 +170	+280 +120	+119 +80	+142 +80	+180 +80	+240 +80	+89 +50	+112 +50	+41 +25	+50 +25	+64 +25	+87 +25
40	50	+480 +320	+340 +180	+430 +180	+290 +130										
50	65	+530 +340	+389 +190	+490 +190	+330 +140	+146 +100	+170 +100	+220 +100	+290 +100	+106 +60	+134 +80	+49 +30	+60 +30	+76 +30	+104 +30
65	80	+550 +360	+330 +200	+500 +200	+340 +150										
80	100	+600 +380	+440 +220	+570 +220	+390 +170	+174 +120	+207 +120	+260 +120	+340 +120	+126 +72	+159 +72	+58 +36	+71 +36	+90 +36	+123 +36
100	120	+630 +410	+460 +240	+590 +240	+400 +180										
120	140	+710 +460	+510 +260	+660 +260	+450 +200	+208 +145	+245 +145	+305 +145	+395 +145	+148 +85	+185 +85	+68 +43	+83 +43	+106 +43	+143 +43
140	160	+770 +520	+530 +280	+680 +280	+460 +210										
160	180	+830 +580	+560 +310	+710 +310	+480 +230										
180	200	+950 +660	+630 +340	+800 +340	+530 +240	+240 +170	+285 +170	+355 +170	+460 +170	+172 +100	+215 +100	+79 +50	+96 +50	+122 +50	+165 +50
200	225	+1 030 +740	+670 +380	+840 +380	+550 +260										
225	250	+1 110 +820	+710 +420	+880 +420	+570 +280										
250	280	+1 240 +920	+800 +480	+1 000 +480	+620 +300	+271 +190	+320 190	+400 +190	+510 +190	+191 +110	+240 +110	+88 +56	+108 +56	+137 +56	+186 +56
280	315	+1 370 +1 050	+860 +540	+1 060 +540	+650 +330										
315	355	+1 560 +1 200	+960 +600	+1 170 +600	+720 +360	+299 +210	+350 +210	+440 +210	+570 +210	+214 +125	+265 +125	+98 +62	+119 +62	+151 +62	+202 +62
355	400	+1 710 +1 350	+1 040 +680	+1 250 +680	+760 +400										

备注：公称尺寸小于 1 mm 时，各级的 A 和 B 均不采用

续上表

公称尺寸/mm		常用公差带/μm														
		G		H							JS			K		
大于	至	6	7	6	7	8	9	10	11	12	6	7	8	6	7	8
—	3	+8 +2	+12 +2	+6 0	+10 0	+14 0	+25 0	+40 0	+60 0	+100 0	±3	±5	±7	0 −6	0 −10	0 −11
3	6	+12 +4	+16 +4	+8 0	+12 0	+18 0	+30 0	+48 0	+75 0	+120 0	±4	±6	±9	+2 −6	+3 −9	+5 −13
6	10	+14 +5	+20 +5	+9 0	+15 0	+22 0	+36 0	+58 0	+90 0	+150 0	±4.5	±7	±11	+2 −7	+5 −10	+6 −16
10	14	+17 +6	+24 +6	+11 0	+18 0	+27 0	+43 0	+70 0	+110 0	+180 0	±5.5	±9	±13	+2 −9	+6 −12	+8 −19
14	18															
18	24	+20 +7	+28 +7	+13 0	+21 0	+33 0	+52 0	+84 0	+130 0	+210 0	±6.5	±10	±16	+2 −11	+6 −15	+10 −22
24	30															
30	40	+25 +9	+34 +9	+16 0	+25 0	+39 0	+62 0	+100 0	+160 0	+250 0	±8	±12	±19	+3 −13	+7 −18	+12 −27
40	50															
50	65	+29 +10	+40 +10	+19 0	+30 0	+46 0	+74 0	+120 0	+190 0	+300 0	±9.5	±15	±23	+4 −15	+9 −21	+14 −32
65	80															
80	100	+34 +12	+47 +12	+22 0	+35 0	+54 0	+87 0	+140 0	+220 0	+350 0	±11	±17	±27	+4 −18	+10 −25	+16 −33
100	120															
120	140	+39 +14	+54 +14	+25 0	+40 0	+63 0	+100 0	+160 0	+250 0	+400 0	±12.5	±20	±31	+4 −21	+12 −28	+20 −43
140	160															
160	180															
180	200	+44 +15	+61 +15	+29 0	+46 0	+72 0	+115 0	+185 0	+290 0	+460 0	±14.5	±23	±36	+5 −24	+13 −33	+22 −50
200	225															
225	250															
250	280	+49 +17	+69 +17	+32 0	+52 0	+81 0	+130 0	+210 0	+320 0	+520 0	±16	±26	±40	+5 −27	+16 −36	+25 −56
280	315															
315	355	+54 +18	+75 +18	+36 0	+57 0	+89 0	+140 0	+230 0	+360 0	+570 0	±18	±28	±44	+7 −29	+17 −40	+28 −61
355	400															

续上表

公称尺寸/mm		常用公差带/μm														
		M			N			P		R		S		T		U
大于	至	6	7	8	6	7	8	6	7	6	7	6	7	6	7	7
—	3	−2 −8	−2 −12	−2 −16	−4 −10	−4 −14	−4 −18	−6 −12	−6 −16	−10 −16	−10 −20	−14 −20	−14 −24	—	—	−18 −28
3	6	−1 −9	0 −12	+2 −16	−5 −13	−4 −16	−2 −20	−9 −17	−8 −20	−12 −20	−11 −23	−16 −24	−15 −27	— —	—	−19 −31
6	10	−3 −12	0 −15	+1 −21	−7 −16	−4 −19	−3 −25	−12 −21	−9 −24	−16 −25	−13 −28	−20 −29	−17 −32	—	—	−22 −37
10	14	−4 −15	0 −18	+2 −25	−9 −20	−5 −23	−3 −20	−15 −26	−11 −29	−20 −31	−16 −34	−25 −36	−21 −39	—	—	−26 −44
14	18															
18	24	−4 −17	0 −21	+4 −29	−11 −24	−7 −28	−3 −36	−18 −31	−14 −35	−24 −37	−20 −41	−31 −44	−27 −48	—	—	−33 −54
24	30													−37 −50	−33 −54	−40 −61
30	40	−4 −20	0 −25	+5 −34	−12 −28	−8 −33	−3 −42	−21 −37	−17 −42	−29 −45	−25 −50	−38 −54	−34 −59	−43 −59	−39 −64	−51 −76
40	50													−49 −65	−45 −70	−61 −76
50	65	−5 −24	0 −30	+5 −41	−14 −33	−9 −39	−4 −50	−26 −45	−21 −51	−35 −54	−30 −60	−47 −66	−42 −72	−60 −79	−55 −85	−86 −106
65	80									−37 −56	−32 −62	−53 −72	−48 −78	−69 −88	−64 −94	−91 −121
80	100	−6 −28	0 −35	+6 −43	−16 −38	−10 −45	−4 −58	−30 −52	−24 −59	−44 −66	−38 −73	−64 −86	−58 −93	−84 −106	−78 −113	−111 −146
100	120									−47 −69	−41 −76	−72 −94	−66 −101	−97 −119	−91 −126	−131 −166
120	140	−8 −33	0 −40	+8 −55	−20 −45	−12 −52	−4 −67	−36 −61	−28 −68	−56 −81	−48 −88	−85 −110	−77 −117	−115 −140	−107 −147	−155 −195
140	160									−58 −83	−50 −90	−93 −118	−85 −125	−137 −152	−110 −159	−175 −215
160	180									−61 −86	−53 −93	−101 −126	−93 −133	−139 −164	−131 −171	−195 −235
180	200	−8 −37	0 −46	+9 −63	−22 −51	−14 −60	−5 −77	−41 −70	−33 −79	−68 −97	−60 −106	−113 −142	−101 −155	−157 −186	−149 −195	−219 −265
200	225									−71 −100	−63 −109	−121 −150	−113 −159	−171 −200	−163 −209	−241 −287
225	250									−75 −104	−67 −113	−131 −160	−123 −169	−187 −216	−179 −225	−317 −263
250	280	−9 −41	0 −52	+9 −72	−25 −57	−14 −66	−5 −86	−47 −79	−36 −88	−85 −117	−74 −126	−149 −181	−138 −190	−209 −241	−198 −250	−295 −347
280	315									−89 −121	−78 −130	−161 −193	−150 −202	−231 −263	−220 −272	−330 −382
315	355	−10 −46	0 −57	+11 −78	−26 −62	−16 −73	−5 −94	−51 −87	−41 −98	−97 −133	−87 −144	−179 −215	−169 −226	−257 −293	−247 −304	−369 −426
355	400									−103 −139	−93 −150	−197 −233	−187 −244	−283 −319	−273 −330	−414 −471

附录T 基孔制优先配合和常用配合(摘自GB/T 1800.1—2020)

基准孔	轴																				
	a	b	c	d	e	f	g	h	js	k	m	n	p	r	s	t	u	v	x	y	z
	间隙配合								过渡配合			过盈配合									
H6						H6/f5	H6/g5	H6/h5	H6/js5	H6/k5	H6/m5	H6/n5	H6/p5	H6/r5	H6/s5	H6/t5					
H7						H7/f6	◤H7/g6	◤H7/h6	H7/js6	◤H7/k6	H7/m6	◤H7/n6	◤H7/p6	H7/r6	◤H7/s6	H7/t6	◤H7/u6	H7/v6	H7/x6	H7/y6	H7/z6
H8					H8/e7	◤H8/f7	◤H8/g7	H8/h7	H8/js7	H8/k7	H8/m7	H8/n7	H8/p7	H8/r7	H8/s7	H8/t7	H8/u7				
				H8/d8	H8/e8	H8/f8		H8/h8													
			H9/c9	◤H9/d9	H9/e9	H9/f9		◤H9/h9													
H10			H10/c10	H10/d10				H10/h10													
H11	H11/a11	H11/b11	◤H11/c11	H11/d11				◤H11/h11													
H12		H12/b12						H12/h12													

注:①在基本尺寸小于等于3mm和在基本尺寸小于等于100mm时,为过渡配合。

②标注◤的配合为优先配合。

附录U 基轴制优先配合和常用配合(摘自GB/T 1800.1—2020)

基准轴	孔																				
	A	B	C	D	E	F	G	H	JS	K	M	N	P	R	S	T	U	V	X	Y	Z
	间隙配合								过渡配合			过盈配合									
h5						F6/h5	G6/h5	H6/h5	JS6/h5	K6/h5	M6/h5	N6/h5	P6/h5	R6/h5	S6/h5	T6/h5					
h6						F7/h6	◤G7/h6	◤H7/h6	JS7/h6	◤K7/h6	M7/h6	◤N7/h6	◤P7/h6	R7/h6	◤S7/h6	◤T7/h6	U7/h6				
h7					E8/h7	◤F8/h7		◤H8/h7	JS8/h7	K8/h7	M8/h7	N8/h7									
h8				D8/h8	E8/h8	F8/h8		H8/h8													
h9				◤D9/h9	E9/h9	F9/h9		◤H9/h9													
h10				D10/h10				H10/h10													
h11	A11/h11	B11/h11	◤C11/h11				◤H11/h11														
h12		B12/h12						H12/h12													

注:标注◤的配合为优先配合。

附录 V　常用的金属材料与非金属材料

1. 非金属材料

标准编号	名　称	牌号或代号	性能及应用举例	说　明
GB/T 5574—2008	普通橡胶板	1613	中等硬度,具有较好的耐磨性和弹性,适用于制作具有耐磨、耐冲击及缓冲性能好的垫圈、密封条和垫板等	
	耐油橡胶板	3707 3807	较高硬度,较好的耐溶剂膨胀性,可在-30～+100 ℃机油、汽油等介质中工作,可制作垫圈	
FZ/T 25001—2010	工业用毛毡	T112 T122 T132	用作密封、防漏油、防震、缓冲衬垫等	毛毡厚度 1.5～2.5 mm
GB/T 7134—2008	有机玻璃	PMMA	耐酸耐碱。制造具有一定透明度和强度的零件、油杯、标牌、管道、电气绝缘件等	分为有色和无色两种
QB/T 2200-1996	软钢纸板		供汽车、拖拉机的发动机及其他工业设备上制作密封垫片	纸板厚度 0.5～3 mm
JB/ZQ 4196—2011	尼龙棒材及管材	PA	有高抗拉强度和良好冲击韧性,可耐热达 100 ℃,耐弱酸、弱碱,耐油性好,灭音性好。可以制作齿轮等机械零件	
QB/T 5257—2018	聚四氟乙烯(板、棒)	PTFE	化学稳定性好,高耐热耐寒性,自润滑好,用于耐腐蚀耐高温密封件、密封圈、填料、衬垫等	

备注:QB—轻工行业标准;JB—机械行业标准;FZ—纺织行业标准

2. 金属材料

标准编号	名　称	牌　号	使用举例	说　明
GB/T 700—2006	普通碳素结构钢	Q215	受力不大的螺钉、凸轮、轴、焊接件等	“Q”表示普通碳素钢,符号后的数字表示材料的抗拉强度
		Q235	螺栓、螺母、拉杆、轴、连杆、钩等	
		Q255	金属构造物中的一般机件、拉杆、轴等	
		Q275	重要的螺钉、销、齿轮、连杆、轴等	
GB/T 699—2015	优质碳素结构钢	30	曲轴、轴销、连杆、横梁等	数字表示平均含碳量的万分数,含锰在 0.7%～1.2% 时需注出“Mn”
		35	螺栓、键、销、曲轴、摇杆、拉杆等	
		40	齿轮、齿条、链轮、凸轮、曲柄轴等	
		45	齿轮轴、联轴器、活塞销、衬套等	
		65Mn	大尺寸的各种扁、圆弹簧。如发条等	
GB/T 1299—2014	碳素工具钢	T8 T8A	用于制造能随震动工具。如简单的模子、冲头、钻中等硬度的钻头	用“T”后附以平均含碳量的千分数表示。有 T7～T13

续上表

标准编号	名　称	牌　号	使用举例	说　明
GB/T 3077—2015	合金结构钢	15Cr	船舶主机用螺栓、活塞销、凸轮等	
		35SiMn	齿轮、轴以及430 ℃以下的重要紧固件	
		20Mn2	小齿轮、活塞销、气门推杆、钢套等	
GB/T 11352—2009	铸钢	ZG 310-570	齿轮、机架、汽缸、联轴器等	
GB/T 9439—2010	灰铸铁	HT150	端盖、泵体、阀壳、底座、工作台等	“HT”为灰铸铁代号，后面数字表示抗拉强度
		HT200 HT350	汽缸、机体、飞轮、齿轮、齿条、阀体	
GB/T 5231—2022	普通黄铜	H62	弹簧、垫圈、螺帽、销钉、导管	“H”表示黄铜，62表示含铜量
GB/T 1176—2013	38黄铜	ZCuZn38	弹簧、螺钉、垫圈、散热器	“ZCu”表示铸造铜合金
GB/T 1173—2013	铸造铝合金	ZL102	支架、泵体、汽缸体	ZL102表示含硅10%~13%，其余为铝的铝硅合金
		ZL104	风机叶片、汽缸头	
GB/T 3190—2020	变形铝及铝合金	1060	储槽、热交换器、深冷设备	
		2A13	适用中等强度零件，焊接性能好	

附录W　常用的热处理和表面处理名词解释

名　词		说　明	应　用
退　火		将钢件加热到临界温度以上(一般是710~715 ℃，个别合金钢800~900 ℃)30~50 ℃，保温一段时间，然后缓慢冷却(一般在炉中冷却)	用来消除铸、锻、焊零件的内应力，降低硬度，便于切削加工，细化金属晶粒，改善组织，增加韧性
正　火		将钢件加热到临界温度以上，保温一段时间，然后在空气中冷却，冷却速度比退火快	用来处理低碳和中碳结构钢及渗碳零件，使其组织细化，增加强度与韧性，减少内应力，改善切削性能
淬　火		将钢件加热到临界温度以上，保温一段时间，然后在水、盐水或油中(个别材料在空气中)急速冷却，使其得到高硬度	用来提高钢的硬度和强度极限。但淬火会引起内应力使钢变脆，所以淬火必须回火
回　火		回火是将淬硬的钢件加热到临界点以下的温度，保温一段时间，然后在空气中或油中冷却下来	用来消除淬火后的脆性和内应力，提高钢的塑性和冲击韧性
调　质		淬火后在450~650 ℃进行高温回火，称为调质	用来使钢获得高的韧性和足够的强度。重要的齿轮、轴及丝杆等零件需调质处理
表面淬火	火焰淬火	用火焰或高频电流将零件表面迅速加热至临界温度以上，急速冷却	使零件表面获得高硬度，而心部保持一定的韧性，既耐磨又能承受冲击。表面淬火常用来处理齿轮等
	高频淬火		

续上表

名　词	说　明	应　用
渗碳淬火	在渗碳剂中将钢件加热到900~950 ℃,停留一定时间,将碳渗入钢表面,深度为0.5~2 mm,淬火后回火	增加钢件的耐磨性能、表面强度、抗拉强度及疲劳极限。适用于低碳、中碳(含碳量小于0.40%)结构钢的中小型零件
氮　化	氮化是在500~600 ℃通入氨的炉子内加热,向钢的表面渗入氮原子的过程。氮化层为0.025~0.8 mm,氮化时间需40~50 h	增加钢件的耐磨性能、表面硬度、疲劳极限和抗蚀能力。适用于合金钢、碳钢、铸铁件,如机床主轴、丝杆以及在潮湿碱水和燃烧气体介质的环境中工作的零件
碳氮共渗	在820~860 ℃炉内通入碳和氮,保温1~2 h,使钢件的表面同时渗入碳、氮原子,可得到0.2~0.5 mm氰化层	增加表面硬度、耐磨性、疲劳强度和耐蚀性。用于要求硬度高、耐磨的中小型及薄片零件和刀具等
固溶处理和时效	低温回火后,精加工之前,加热到100~160 ℃,保持10~40 h。对铸件也可以用天然时效(放在露天中一年以上)	使工件消除内应力和稳定形状,用于量具、精密丝杆、床身导轨、床身等
发　黑 发　蓝	将金属零件放在很浓的碱和氧化剂溶液中加热氧化,使金属表面形成一层氧化铁所组成的保护性薄膜	防腐蚀、美观。用于一般连接的标准件和其他电子类零件
硬　度	检测材料抵抗硬物压入其表面的状况。HB用于退火、正火、调质的零件;HRC用于淬火、回火及表面渗碳、渗氮等处理的零件;HV用于薄层硬化的零件	硬度代号:HB——布氏硬度 HRC——洛氏硬度 HV——维氏硬度

参 考 文 献

[1] 刘朝儒,吴志军,高政一,等. 机械制图. [M]5 版. 北京:高等教育出版社,2006.

[2] 何铭新,钱可强,徐祖茂. 机械制图. [M]7 版. 北京:高等教育出版,2016.

[3] 田怀文,王伟. 机械工程图学[M]. 成都:西南交通大学出版社,2006.

[4] 童秉枢,吴志军,李学志,等. 机械 CAD 技术基础. [M]3 版. 北京:清华大学出版社,2008.

[5] 国家质量监督检验检疫总局. 中华人民共和国国家标准:机械制图[S]. 北京:中国标准出版社,2002.

[6] 大连理工大学工程图学教研室. 画法几何学. [M]7 版. 北京:高等教育出版社,2011.

[7] 大连理工大学工程图学教研室. 机械制图. [M]7 版. 北京:高等教育出版,2013.

[8] 谭建荣,张树有,陆国栋,等. 图学基础教程. [M]3 版. 北京:高等教育出版社,2009.

[9] 陆国栋,张树有,谭建荣,等. 图学应用教程. [M]2 版. 北京:高等教育出版社,2009.

[10] Frederick E. GIESECKE, Alva MITCHELL, et al. Modern Graphics Communication(Fourth Edition)[M]. Upper Saddle River, New Jersey: Pearson Education, Inc., 2010

[11] Gary R. Bertoline, Eric N. Wiebe. Technical Graphics Communication[M]. New York: McGraw-Hill Higher Education, 2003

[12] 冯娟,杨惠英,王玉坤. 机械制图. [M]4 版. 北京:清华大学出版社,2018.

[13] 吴艳萍,程莲萍. 机械制图[M]4 版. 北京:科学出版社,2022.

[14] 段辉,管殿柱. 现代工程图学基础[M]. 北京:机械工业出版社,2010.

[15] 杨月英,马晓丽. 机械制图[M]2 版. 北京:机械工业出版社,2022.